정석코딩 학원

"일타 강사와 함께하는 찐개발자 특급 코스."

신청은 여기서

castello@jungsukcoding.com
http://www.jungsukcoding.com

기초부터 프로젝트까지 탄탄한 커리큘럼

Level1 (4주)	**기본 프로그래밍 - 기본 알고리즘과 문제해결 능력을 길러줌** 문제풀이 300+개, Java 프로그래밍, TDD, HTML & CSS
Level2 (4주)	**웹 프로그래밍 - 웹 관련 이론과 스프링 프레임워크 & DB** 웹 기초, JavaScript, SQL, Spring, MyBatis
Level3 (4주)	**개인 프로젝트 - 쇼핑몰 사이트 제작** DB모델링, git, Spring Boot, JPA, 코드 리뷰
Final Project (8주)	**팀 프로젝트 - 4~6명의 팀으로 포트폴리오 제작** React, SQL 심화, Spring Security, 웹 최적화, 웹 보안

쾌적하고
넓은 강의장

외부 소음을
완전차단하는
이중창

최고급
공기청정기

카페처럼 편안한 휴게실
(냉장고, 전자렌지, 정수기)

넓고 쾌적한 강의실
(518, 423호)

전자키
개인사물함

2인용
넓은 책상
(180cm)

오래 앉아도
피로가 적은
고급 의자

3개의
스터디룸 &
회의실

인스타그램 - https://www.instagram.com/jungsukcoding

〔FAQ〕 자주 묻는 질문들 - https://codechobo.tistory.com/36

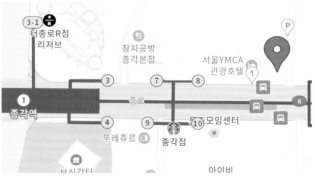

학원 위치 : 서울 종로구 종로2가 서울 YMCA빌딩 5층 517호

Java의 정석

기초편

남궁 성 지음

도우출판

머리말

왜 자바를 배워야 할까요?

자바(Java)는 웹(web)과 모바일(안드로이드)을 비롯한 다양한 분야에서 사용되는 가장 인기 있는 언어이기 때문입니다. 그리고 취업시장 특히 국내에서 자바 개발자를 압도적으로 선호하고 있는 현실입니다. 마지막으로 자바를 통해 컴퓨터 과학 관련 지식과 알고리즘을 배우는데 있어서 다른 언어보다 자바가 유리하기 때문이라고 말씀 드릴 수 있습니다.

자바의 정석은 어떤 책인가요?

10년 넘게 국내 자바 베스트 셀러 자리를 지켜온 책입니다. 책 내용의 우수성은 이미 수많은 독자분들에 의해 검증되었고요. 단순히 자바에 대한 것만이 아니라 프로그래밍을 배우는데 필요한 기본기를 쉽고 빠짐없이 자세하게 설명합니다.(15년 동안 저자가 직접 독자분들의 질문을 빠짐없이 답변). 특히 객체지향개념은 프로그래밍에 있어서 매우 중요한 역할을 하는데, 대부분의 저자들은 쉬워보이는 책을 만들기 위해 객체지향개념에 대한 설명을 소홀히 하고 있습니다. 그러나 자바의 정석은 객체지향개념을 자세하고 원리까지 깊이 있게 설명합니다.

자바의 정석 기초편과 자바의 정석의 차이는?

자바의 정석은 전공자나 프로그래밍을 직업으로 삼으려는 사람을 대상으로 집필한 책이라서 실무에 적응할 수 있는 수준의 실력을 갖추게 하는 것이 목표입니다. 그러나 요즘 코딩 열풍이 불기 시작하면서 프로그래밍을 배우려는 사람들이 많아지고 좀더 쉽게 프로그래밍을 접할 수 있기를 원하는 독자들의 요구가 늘어났습니다. 이에 부응하려면 난이도를 낮춘 입문서가 필요하다고 생각해서 집필한 책이 바로 자바의 정석 기초편입니다. 그렇다고 해서 내용이 부실한 것은 아닙니다. 기본기는 착실히 다져주면서 응용부분에 대한 내용만 줄였을 뿐입니다. 수업시간에 프로그래밍을 어려워하는 학생과 소통하며 난이도를 조정하였고, 이미 200명이 넘는 베타리더들에 의해 검증되고 호평받았습니다.

이 책으로 공부하는 방법을 알려주세요.

1장부터 9장까지는 자바 프로그래밍을 하는데 필수적인 기본적인 내용을 다루었습니다. 별책 부록인 핵심요약 핸드북(pdf)을 한 번 읽어보면 자바에 대한 전체적인 윤곽이잡힐 것입니다. 앞부분부터 모든 것을 완전히 공부하는 것보다 그림을 그리듯이 전체적인 밑그림을 그려가면서 점차적으로 세부적인 부분을 완성해 가는 것이 좋습니다.

　그 다음에는 1장부터 하나하나 자세히 공부해 나갑니다. 처음에는 객체지향개념부분인 6장과 7장이 어렵겠지만 이해되는 만큼만 이해하고 넘어가세요. 이렇게 3~4번 반복한 다음에는 6장과 7장을 집중적으로 5번 정도 반복하세요. 생각보다 시간 많이 안걸립니다. 이정도면 자바에 대한 기초는 확실해집니다. 이제 11장과 14장을 공부하세요. 11장은 이책의 전체적인 수준을 봤을 때 난이도가 높은 편이기 때문에 처음에는 '어떠한 클래스들이 있고 어떻게 사용하는구나.'라는 정도만 이해하고 반복을 통해 완전히 이해하시기 바랍니다. 나중에 자료구조를 배울 때 많은 도움이 될 겁니다. 12장, 13장, 15장은 필요할 때 공부하셔도 좋습니다.

공부하다 모르는 것 있으면 책 한번 더 읽어보고 그래도 모르겠으면 저에게 질문하세요. 책 관련 질문은 코드초보스터디(https://cafe.naver.com/javachobostudy)에서 제가 직접 자세히 답변해드리고 있습니다. 벌써 15년째 해오고 있습니다.

독자분들이 혼자서 공부하실 수 있도록 유튜브(youtube.com)에 무료강좌를 제공하고 있습니다. 계속 업데이트 될 예정이니 꼭 구독해주시고 좋아요도 많이 눌러주세요.

맺음말

이 책이 나오기까지 모든 과정을 함께 해준 주연, 직접 실습해가며 꼼꼼하게 리뷰해준 나의 제자들, 작은 오타까지 싸그리 잡아주신 200여명의 베타리더분들, 옆에서 조언을 아끼지 않으며 응원해준 우리 까팀 형제와 기적 멤버들 모두 고맙습니다. 바쁘다는 핑계로 놀아주지 못한 아이들아 미안하다. 그리고 묵묵히 가정을 안녕히 지켜주는 아내에게 사랑과 감사의 마음을 전합니다.

저자 남궁 성

목차

Chapter 1	자바를 시작하기 전에

01 자바(Java)란? ··· 2
02 자바의 역사 ·· 3
03 자바의 특징 ·· 4
04 자바 가상 머신(JVM) ··· 6
05 자바 개발도구(JDK) 설치하기 ··· 7
06 자바 개발도구(JDK) 설정하기 ··· 11
07 자바 API문서 설치하기 ·· 15
08 첫 번째 자바 프로그램 작성하기 ··· 16
09 자바 프로그램의 실행과정 ·· 18
10 이클립스 설치하기 ··· 19
11 이클립스로 자바 프로그램 개발하기 ··· 23
12 이클립스의 뷰, 퍼스펙티브, 워크스페이스 ································· 26
13 이클립스 단축키 ·· 28
14 이클립스의 자동 완성 기능 ··· 30
15 주석(comment) ·· 32
16 자주 발생하는 에러와 해결방법 ··· 34
17 책의 소스와 강의자료 다운로드 ··· 36
18 이클립스로 소스파일 가져오기 ·· 38
19 이클립스에서 소스파일 내보내기 ··· 41

Chapter 2	변수

01 화면에 글자 출력하기 – print( )과 println( ) ······························ 46
02 덧셈 뺄셈 계산하기 ·· 47
03 변수의 선언과 저장 ·· 48
04 변수의 타입 ··· 50
05 상수와 리터럴 ·· 51
06 리터럴의 타입과 접미사 ·· 52
07 문자 리터럴과 문자열 리터럴 ··· 53
08 문자열 결합 ··· 54
09 두 변수의 값 바꾸기 ·· 55

10 기본형과 참조형 ··· 56

11 기본형의 종류와 범위 ··· 57

12 printf를 이용한 출력 ··· 58

13 printf를 이용한 출력 예제 ·· 59

14 화면으로부터 입력받기 ··· 61

15 정수형의 오버플로우 ··· 62

16 부호있는 정수의 오버플로우 ··· 64

17 타입 간의 변환방법 ·· 66

연 습 문 제 ··· 67

Chapter **3** **연산자**

01 연산자와 피연산자 ·· 70

02 연산자의 종류 ··· 71

03 연산자의 우선순위 ·· 72

04 연산자의 결합규칙 ·· 73

05 증감 연산자 ++과 — ·· 74

06 부호 연산자 ··· 76

07 형변환 연산자 ··· 77

08 자동 형변환 ··· 78

09 사칙 연산자 ··· 79

10 산술 변환 ·· 80

11 Math.round( )로 반올림하기 ··· 83

12 나머지 연산자 ··· 84

13 비교 연산자 ··· 85

14 문자열의 비교 ··· 86

15 논리 연산자 && || ! ·· 87

16 논리 부정 연산자 ·· 90

17 조건 연산자 ··· 91

18 대입 연산자 ··· 93

19 복합 대입 연산자 ·· 94

연 습 문 제 ··· 95

Chapter 4   조건문과 반복문

01 if문 ··· 98

02 조건식의 다양한 예 ·································· 99

03 블럭{} ·· 100

04 if-else문 ·· 101

05 if-else if문 ·· 102

06 if-else if문 예제 ································· 103

07 중첩 if문 ·· 104

08 중첩 if문 예제 ···································· 105

09 switch문 ··· 106

10 switch문의 제약조건 ·························· 107

11 switch문의 제약조건 예제 ················· 108

12 임의의 정수만들기 Math.random( ) ···· 109

13 for문 ·· 110

14 for문 예제 ·· 112

15 중첩 for문 ·· 113

16 while문 ··· 115

17 while문 예제1 ····································· 116

18 while문 예제2 ····································· 117

19 do-while문 ·· 118

20 break문 ·· 119

21 continue문 ·· 120

22 break문과 continue문 예제 ··············· 121

23 이름 붙은 반복문 ······························· 122

24 이름 붙은 반복문 예제 ······················ 123

연 습 문 제 ·· 125

Chapter 5   배열

01 배열이란? ··· 130

02 배열의 선언과 생성 ···························· 131

03 배열의 인덱스 ···································· 132

04 배열의 길이(배열이름.length) ···················· 133

05 배열의 초기화 ······························ 134

06 배열의 출력 ······························· 135

07 배열의 출력 예제 ·························· 136

08 배열의 활용(1) - 총합과 평균 ·············· 137

09 배열의 활용(2) - 최대값과 최소값 ··········· 138

10 배열의 활용(3) - 섞기(shuffle) ············· 139

11 배열의 활용(4) - 로또 번호 만들기 ·········· 140

12 String배열의 선언과 생성 ················· 141

13 String배열의 초기화 ····················· 142

14 String클래스 ·························· 143

15 String클래스의 주요 메서드 ·············· 144

16 커맨드 라인을 통해 입력받기 ·············· 145

17 이클립스에서 커맨드라인 매개변수 입력하기 ····· 146

18 2차원 배열의 선언 ························ 147

19 2차원 배열의 인덱스 ····················· 148

20 2차원 배열의 초기화 ····················· 149

21 2차원 배열의 초기화 예제1 ················ 150

22 2차원 배열의 초기화 예제2 ················ 151

23 2차원 배열의 초기화 예제3 ················ 152

24 Arrays로 배열 다루기 ···················· 153

연 습 문 제 ····························· 154

Chapter 6   객체지향 프로그래밍 l

01 객체지향 언어 ····························· 160

02 클래스와 객체 ···························· 161

03 객체의 구성요소 - 속성과 기능 ············· 162

04 객체와 인스턴스 ·························· 163

05 한 파일에 여러 클래스 작성하기 ············ 164

06 객체의 생성과 사용 ······················ 165

07 객체의 생성과 사용 예제 ·················· 168

08 객체배열 ······························· 169

09 클래스의 정의(1) – 데이터와 함수의 결합 ················· 170

10 클래스의 정의(2) – 사용자 정의 타입 ····················· 171

11 선언위치에 따른 변수의 종류 ··························· 173

12 클래스 변수와 인스턴스 변수 ··························· 174

13 클래스 변수와 인스턴스 변수 예제 ····················· 175

14 메서드란? ··· 176

15 메서드의 선언부 ····································· 177

16 메서드의 구현부 ····································· 178

17 메서드의 호출 ······································ 179

18 메서드의 실행 흐름 ··································· 180

19 메서드의 실행 흐름 예제 ······························ 181

20 return문 ··· 182

21 반환값 ··· 183

22 호출스택(call stack) ································· 184

23 기본형 매개변수 ····································· 185

24 참조형 매개변수 ····································· 186

25 참조형 반환타입 ····································· 187

26 static 메서드와 인스턴스 메서드 ······················ 188

27 static 메서드와 인스턴스 메서드 예제 ··················· 189

28 static을 언제 붙여야 할까? ··························· 190

29 메서드 간의 호출과 참조 ······························ 191

30 오버로딩(overloading) ······························· 192

31 오버로딩(overloading) 예제 ·························· 194

32 생성자(constructor) ································· 195

33 기본 생성자(default constructor) ····················· 196

34 매개변수가 있는 생성자 ······························ 198

35 매개변수가 있는 생성자 예제 ·························· 199

36 생성자에서 다른 생성자 호출하기 – this( ) ··············· 200

37 객체 자신을 가리키는 참조변수 – this ··················· 202

38 변수의 초기화 ······································ 203

39 멤버변수의 초기화 ··································· 204

40 멤버변수의 초기화 예제1 ····························· 205

41 멤버변수의 초기화 예제2 ····························· 206

연 습 문 제 ·· 207

Chapter 7 객체지향 프로그래밍 II

01 상속 ···································· 222

02 상속 예제 ···························· 224

03 클래스 간의 관계 - 포함관계 ·········· 225

04 클래스 간의 관계 결정하기 ············ 226

05 단일 상속(single inheritance) ········ 227

06 Object클래스 - 모든 클래스의 조상 ···· 228

07 오버라이딩(overriding) ·············· 229

08 오버라이딩의 조건 ··················· 230

09 오버로딩 vs. 오버라이딩 ············· 231

10 참조변수 super ····················· 232

11 super( ) - 조상의 생성자 ············ 233

12 패키지(package) ···················· 234

13 패키지의 선언 ······················ 235

14 클래스 패스(classpath) ·············· 236

15 import문 ··························· 237

16 static import문 ····················· 238

17 제어자(modifier) ···················· 239

18 static - 클래스의, 공통적인 ·········· 240

19 final - 마지막의, 변경될 수 없는 ······ 241

20 abstract - 추상의, 미완성의 ·········· 242

21 접근 제어자(access modifier) ········· 243

22 캡슐화와 접근 제어자 ················ 244

23 다형성(polymorphism) ··············· 246

24 참조변수의 형변환 ·················· 248

25 참조변수의 형변환 예제 ·············· 249

26 instanceof 연산자 ··················· 250

27 매개변수의 다형성 ·················· 251

28 매개변수의 다형성 예제 ·············· 253

29 여러 종류의 객체를 배열로 다루기 ····· 254

30 여러 종류의 객체를 배열로 다루기 예제 ·· 255

31 추상 클래스(abstract class) ··········· 257

32 추상 메서드(abstract method) ········· 258

33 추상클래스의 작성 ···································· 259

34 추상클래스의 작성 예제 ···························· 261

35 인터페이스(interface) ································ 263

36 인터페이스의 상속 ································· 264

37 인터페이스의 구현 ································· 265

38 인터페이스를 이용한 다형성 ························ 266

39 인터페이스의 장점 ································· 267

40 디폴트 메서드와 static메서드 ······················ 268

41 디폴트 메서드와 static메서드 예제 ·················· 269

42 내부 클래스(inner class) ···························· 270

43 내부 클래스의 종류와 특징 ························· 271

44 내부 클래스의 선언 ································ 272

45 내부 클래스의 제어자와 접근성 ···················· 273

46 내부 클래스의 제어자와 접근성 예제1 ··············· 274

47 내부 클래스의 제어자와 접근성 예제2 ··············· 275

48 내부 클래스의 제어자와 접근성 예제3 ··············· 276

49 내부 클래스의 제어자와 접근성 예제4 ··············· 277

50 내부 클래스의 제어자와 접근성 예제5 ··············· 278

51 익명 클래스(anonymous class) ······················ 279

52 익명 클래스(anonymous class) 예제 ················· 280

연 습 문 제 ··· 281

Chapter 8   예외처리

01 프로그램 오류 ····································· 292

02 예외 클래스의 계층구조 ··························· 293

03 Exception과 RuntimeException ······················ 294

04 예외 처리하기 – try-catch문 ······················ 295

05 try-catch문에서의 흐름 ··························· 296

06 예외의 발생과 catch블럭 ·························· 297

07 printStackTrace( )와 getMessage( ) ·················· 299

08 멀티 catch블럭 ··································· 300

09 예외 발생시키기 ·································· 301

10 checked예외, unchecked예외 ···································· 302

11 메서드에 예외 선언하기 ······································· 303

12 메서드에 예외 선언하기 예제1 ······························ 304

13 메서드에 예외 선언하기 예제2 ······························ 305

14 finally블럭 ·· 306

15 사용자 정의 예외 만들기 ····································· 307

16 사용자 정의 예외 만들기 예제 ······························ 308

17 예외 되던지기(exception re-throwing) ················· 310

18 연결된 예외(chained exception) ························· 312

19 연결된 예외(chained exception) 예제 ·················· 314

연 습 문 제 ··· 316

Chapter **9**   **java.lang패키지와유용한 클래스**

01 Object클래스 ··· 324

02 Object클래스의 메서드 – equals( ) ····················· 325

03 equals( )의 오버라이딩 ····································· 326

04 Object클래스의 메서드 – hashCode( ) ················· 327

05 Object클래스의 메서드 – toString( ) ··················· 328

06 toString( )의 오버라이딩 ··································· 329

07 String클래스 ··· 330

08 문자열(String)의 비교 ······································ 331

09 문자열 리터럴(String리터럴) ······························ 332

10 빈 문자열(empty string) ·································· 333

11 String클래스의 생성자와 메서드 ························· 334

12 join( )과 StringJoiner ····································· 337

13 문자열과 기본형 간의 변환 ································· 338

14 문자열과 기본형 간의 변환 예제 ··························· 339

15 StringBuffer클래스 ··· 340

16 StringBuffer의 생성자 ····································· 341

17 StringBuffer의 변경 ·· 342

18 StringBuffer의 비교 ·· 343

19 StringBuffer의 생성자와 메서드 ·························· 344

20 StringBuffer의 생성자와 메서드 예제 ···································· 346

21 StringBuilder ··· 347

22 Math클래스 ·· 348

23 Math의 메서드 ··· 349

24 Math의 메서드 예제 ·· 350

25 래퍼(wrapper) 클래스 ··· 351

26 래퍼(wrapper) 클래스 예제 ··· 352

27 Number클래스 ··· 353

28 문자열을 숫자로 변환하기 ·· 354

29 문자열을 숫자로 변환하기 예제 ··· 355

30 오토박싱 & 언박싱 ··· 356

31 오토박싱 & 언박싱 예제 ·· 357

연 습 문 제 ··· 358

Chapter **10** **날짜와 시간 & 형식화**

01 날짜와 시간 ·· 366

02 Calendar클래스 ··· 367

03 Calendar 예제1 ·· 368

04 Calendar 예제2 ·· 370

05 Calendar 예제3 ·· 371

06 Calendar 예제4 ·· 372

07 Calendar 예제5 ·· 373

08 Date와 Calendar간의 변환 ··· 374

09 형식화 클래스 ··· 375

10 DecimalFormat ··· 376

11 DecimalFormat 예제1 ··· 377

12 DecimalFormat 예제2 ··· 378

13 SimpleDateFormat ·· 379

14 SimpleDateFormat 예제1 ··· 380

15 SimpleDateFormat 예제2 ··· 381

16 SimpleDateFormat 예제3 ··· 382

연 습 문 제 ··· 383

Chapter **11**	컬렉션 프레임워크

01 컬렉션 프레임워크 ··· 388

02 컬렉션 프레임워크의 핵심 인터페이스 ································· 389

03 Collection인터페이스 ·· 390

04 List인터페이스 ·· 391

05 Set인터페이스 ·· 392

06 Map인터페이스 ·· 393

07 ArrayList ·· 394

08 ArrayList의 메서드 ·· 395

09 ArrayList 예제 ·· 396

10 ArrayList의 추가와 삭제 ·· 398

11 Java API소스보기 ·· 399

12 LinkedList ·· 400

13 LinkedList의 추가와 삭제 ·· 401

14 ArrayList와 LinkedList의 비교 ·· 402

15 Stack과 Queue ·· 403

16 Stack과 Queue의 메서드 ·· 404

17 Stack과 Queue 예제 ·· 405

18 인터페이스를 구현한 클래스 찾기 ······································· 406

19 Stack과 Queue의 활용 ·· 407

20 Stack과 Queue의 활용 예제1 ·· 408

21 Stack과 Queue의 활용 예제2 ·· 409

22 Iterator, ListIterator, Enumeration ···································· 411

23 Iterator, ListIterator, Enumeration 예제 ······························ 412

24 Map과 Iterator ·· 413

25 Arrays의 메서드(1) – 복사 ·· 414

26 Arrays의 메서드(2) – 채우기, 정렬, 검색 ······························ 415

27 Arrays의 메서드(3) – 비교와 출력 ·· 416

28 Arrays의 메서드(4) – 변환 ·· 417

29 Arrays의 메서드 예제 ·· 418

30 Comparator와 Comparable ·· 420

31 Comparator와 Comparable 예제 ·· 421

32 Integer와 Comparable ·· 422

33 Integer와 Comparable 예제 ·· 423

34 HashSet ·· 424

35 HashSet 예제1 ·· 425

36 HashSet 예제2 ·· 426

37 HashSet 예제3 ·· 427

38 HashSet 예제4 ·· 428

39 TreeSet ·· 429

40 이진 탐색 트리(binary search tree) ·· 430

41 이진 탐색 트리의 저장과정 ·· 431

42 TreeSet의 메서드 ··· 432

43 TreeSet 예제1 ··· 433

44 TreeSet 예제2 ··· 434

45 TreeSet 예제3 ··· 435

46 HashMap과 Hashtable ·· 436

47 HashMap의 키(key)와 값(value) ·· 437

48 HashMap의 메서드 ··· 438

49 HashMap 예제1 ·· 439

50 HashMap 예제2 ·· 441

51 HashMap 예제3 ·· 442

52 Collections의 메서드 – 동기화 ··· 443

53 Collections의 메서드 – 변경불가, 싱글톤 ··· 444

54 Collections의 메서드 – 단일 컬렉션 ·· 445

55 Collections 예제 ··· 446

56 컬렉션 클래스 정리 & 요약 ·· 448

연 습 문 제 ·· 449

Chapter **12**   **지네릭스, 열거형, 애너테이션**

01 지네릭스(Generics) ··· 458

02 타입 변수 ·· 459

03 타입 변수에 대입하기 ·· 460

04 지네릭스의 용어 ·· 461

05 지네릭 타입과 다형성 ·· 462

06 지네릭 타입과 다형성 예제 ·· 463

07 Iterator⟨E⟩ ·· 464

08 HashMap⟨K,V⟩ ·· 465

09 제한된 지네릭 클래스 ·· 466

10 제한된 지네릭 클래스 예제 ·· 467

11 지네릭스의 제약 ·· 468

12 와일드 카드 ·· 469

13 와일드 카드 예제 ··· 470

14 지네릭 메서드 ··· 471

15 지네릭 타입의 형변환 ·· 473

16 지네릭 타입의 제거 ·· 474

17 열거형(enum) ··· 475

18 열거형의 정의와 사용 ··· 476

19 열거형의 조상 – java.lang.Enum ··· 477

20 열거형 예제 ·· 478

21 열거형에 멤버 추가하기 ·· 479

22 열거형에 멤버 추가하기 예제 ·· 480

23 애너테이션이란? ·· 481

24 표준 애너테이션 ·· 483

25 @Override ··· 484

26 @Deprecated ·· 485

27 @FunctionalInterface ·· 486

28 @SuppressWarnings ·· 487

29 메타 애너테이션 ·· 488

30 @Target ·· 489

31 @Retention ·· 490

32 @Documented, @Inherited ··· 491

33 @Repeatable ··· 492

34 애너테이션 타입 정의하기 ··· 493

35 애너테이션의 요소 ··· 494

36 모든 애너테이션의 조상 ·· 497

37 마커 애너테이션 ·· 498

38 애너테이션 요소의 규칙 ·· 499

39 애너테이션의 활용 예제 ·· 500

연 습 문 제 ··· 502

Chapter **13**　쓰레드

01 프로세스(process)와 쓰레드(thread) ··· 506

02 멀티쓰레딩의 장단점 ··· 507

03 쓰레드의 구현과 실행 ··· 508

04 쓰레드의 구현과 실행 예제 ··· 509

05 쓰레드의 실행 – start( ) ··· 510

06 start( )와 run( ) ··· 511

07 main쓰레드 ·· 512

08 싱글쓰레드와 멀티쓰레드 ··· 513

09 싱글쓰레드와 멀티쓰레드 예제1 ··· 514

10 싱글쓰레드와 멀티쓰레드 예제2 ··· 515

11 쓰레드의 I/O블락킹(blocking) ··· 517

12 쓰레드의 I/O블락킹(blocking) 예제1 ··· 518

13 쓰레드의 I/O블락킹(blocking) 예제2 ··· 519

14 쓰레드의 우선순위 ··· 520

15 쓰레드의 우선순위 예제 ··· 521

16 쓰레드 그룹(thread group) ··· 523

17 쓰레드 그룹(thread group)의 메서드 ··· 524

18 데몬 쓰레드(daemon thread) ··· 525

19 데몬 쓰레드(daemon thread) 예제 ··· 526

20 쓰레드의 상태 ··· 527

21 쓰레드의 실행제어 ··· 528

22 sleep( ) ··· 529

23 sleep( ) 예제 ··· 530

24 interrupt( ) ·· 531

25 interrupt( ) 예제 ··· 532

26 suspend( ), resume( ), stop( ) ··· 533

27 suspend( ), resume( ), stop( ) 예제 ··· 534

28 join( )과 yield( ) ··· 535

29 join( )과 yield( ) 예제 ··· 536

30 쓰레드의 동기화(synchronization) ··· 537

31 synchronized를 이용한 동기화 ··· 538

32 synchronized를 이용한 동기화 예제1 ··· 539

33 synchronized를 이용한 동기화 예제2 ⋯⋯⋯⋯⋯⋯⋯⋯⋯⋯⋯⋯ 540

34 wait( )과 notify( ) ⋯⋯⋯⋯⋯⋯⋯⋯⋯⋯⋯⋯⋯⋯⋯⋯⋯⋯⋯⋯ 541

35 wait( )과 notify( ) 예제1 ⋯⋯⋯⋯⋯⋯⋯⋯⋯⋯⋯⋯⋯⋯⋯⋯ 542

36 wait( )과 notify( ) 예제2 ⋯⋯⋯⋯⋯⋯⋯⋯⋯⋯⋯⋯⋯⋯⋯⋯ 545

연 습 문 제 ⋯⋯⋯⋯⋯⋯⋯⋯⋯⋯⋯⋯⋯⋯⋯⋯⋯⋯⋯⋯⋯⋯⋯⋯⋯⋯ 548

Chapter 14 람다와 스트림

01 람다식(Lambda Expression) ⋯⋯⋯⋯⋯⋯⋯⋯⋯⋯⋯⋯⋯⋯⋯ 552

02 람다식 작성하기 ⋯⋯⋯⋯⋯⋯⋯⋯⋯⋯⋯⋯⋯⋯⋯⋯⋯⋯⋯⋯⋯ 553

03 람다식의 예 ⋯⋯⋯⋯⋯⋯⋯⋯⋯⋯⋯⋯⋯⋯⋯⋯⋯⋯⋯⋯⋯⋯⋯ 554

04 람다식은 익명 함수? 익명 객체! ⋯⋯⋯⋯⋯⋯⋯⋯⋯⋯⋯⋯⋯ 555

05 함수형 인터페이스(Functional Interface) ⋯⋯⋯⋯⋯⋯⋯ 556

06 함수형 인터페이스 타입의 매개변수, 반환 타입 ⋯⋯⋯⋯⋯ 557

07 java.util.function패키지 ⋯⋯⋯⋯⋯⋯⋯⋯⋯⋯⋯⋯⋯⋯⋯ 559

08 java.util.function패키지 예제 ⋯⋯⋯⋯⋯⋯⋯⋯⋯⋯⋯⋯ 561

09 Predicate의 결합 ⋯⋯⋯⋯⋯⋯⋯⋯⋯⋯⋯⋯⋯⋯⋯⋯⋯⋯⋯ 562

10 Predicate의 결합 예제 ⋯⋯⋯⋯⋯⋯⋯⋯⋯⋯⋯⋯⋯⋯⋯⋯ 563

11 컬렉션 프레임웍과 함수형 인터페이스 ⋯⋯⋯⋯⋯⋯⋯⋯⋯ 564

12 컬렉션 프레임웍과 함수형 인터페이스 예제 ⋯⋯⋯⋯⋯⋯ 565

13 메서드 참조 ⋯⋯⋯⋯⋯⋯⋯⋯⋯⋯⋯⋯⋯⋯⋯⋯⋯⋯⋯⋯⋯⋯ 566

14 생성자의 메서드 참조 ⋯⋯⋯⋯⋯⋯⋯⋯⋯⋯⋯⋯⋯⋯⋯⋯⋯ 567

15 스트림(stream) ⋯⋯⋯⋯⋯⋯⋯⋯⋯⋯⋯⋯⋯⋯⋯⋯⋯⋯⋯⋯ 568

16 스트림의 특징 ⋯⋯⋯⋯⋯⋯⋯⋯⋯⋯⋯⋯⋯⋯⋯⋯⋯⋯⋯⋯⋯ 569

17 스트림 만들기 – 컬렉션 ⋯⋯⋯⋯⋯⋯⋯⋯⋯⋯⋯⋯⋯⋯⋯⋯ 571

18 스트림 만들기 – 배열 ⋯⋯⋯⋯⋯⋯⋯⋯⋯⋯⋯⋯⋯⋯⋯⋯⋯ 572

19 스트림 만들기 – 임의의 수 ⋯⋯⋯⋯⋯⋯⋯⋯⋯⋯⋯⋯⋯⋯ 573

20 스트림 만들기 – 특정 범위의 정수 ⋯⋯⋯⋯⋯⋯⋯⋯⋯⋯ 574

21 스트림 만들기 – 람다식 iterate( ), generate( ) ⋯⋯ 575

22 스트림 만들기 – 파일과 빈 스트림 ⋯⋯⋯⋯⋯⋯⋯⋯⋯⋯ 576

23 스트림의 연산 ⋯⋯⋯⋯⋯⋯⋯⋯⋯⋯⋯⋯⋯⋯⋯⋯⋯⋯⋯⋯⋯ 577

24 스트림의 연산 – 중간연산 ⋯⋯⋯⋯⋯⋯⋯⋯⋯⋯⋯⋯⋯⋯⋯ 578

25 스트림의 연산 – 최종연산 ⋯⋯⋯⋯⋯⋯⋯⋯⋯⋯⋯⋯⋯⋯⋯ 579

26 스트림의 중간연산 – skip( ), limit( ) ·· 580

27 스트림의 중간연산 – filter( ), distinct( ) ·· 581

28 스트림의 중간연산 – sorted( ) ·· 582

29 스트림의 중간연산 – Comparator의 메서드 ··································· 583

30 스트림의 중간연산 – map( ) ·· 585

31 스트림의 중간연산 – map( ) 예제 ··· 586

32 스트림의 중간연산 – peek( ) ·· 587

33 스트림의 중간연산 – flatMap( ) ··· 588

34 스트림의 중간연산 – flatMap( ) 예제 ·· 589

35 Optional〈T〉 ·· 590

36 Optional〈T〉객체 생성하기 ·· 591

37 Optional〈T〉객체의 값 가져오기 ·· 592

38 OptionalInt, OptionalLong, OptionalDouble ·································· 593

39 Optional〈T〉 예제 ··· 594

40 스트림의 최종연산 – forEach( ) ·· 595

41 스트림의 최종연산 – 조건검사 ··· 596

42 스트림의 최종연산 – reduce( ) ··· 597

43 스트림의 최종연산 – reduce( )의 이해 ·· 598

44 스트림의 최종연산 – reduce( ) 예제 ··· 599

45 collect( )와 Collectors ·· 600

46 스트림을 컬렉션, 배열로 변환 ·· 601

47 스트림의 통계 – counting( ), summingInt( ) ·································· 602

48 스트림을 리듀싱 – reducing( ) ·· 603

49 스트림을 문자열로 결합 – joining( ) ·· 604

50 스트림의 그룹화와 분할 ··· 605

51 스트림의 분할 – partitioningBy( ) ·· 606

52 스트림의 분할 – partitioningBy( ) 예제 ··· 608

53 스트림의 그룹화 – groupingBy( ) ·· 611

54 스트림의 그룹화 – groupingBy( ) 예제 ·· 613

55 스트림의 변환 ··· 618

연 습 문 제 ··· 620

Chapter 15   입출력

01 입출력(I/O)과 스트림(stream) ·· 624

02 바이트 기반 스트림 – InputStream, OutputStream ·· 625

03 보조 스트림 ·· 626

04 문자기반 스트림 – Reader, Writer ·· 627

05 바이트 기반 스트림과 문자 기반 스트림의 비교 ·· 628

06 InputStream과 OutputStream ·· 629

07 InputStream과 OutputStream 예제1 ·· 630

08 InputStream과 OutputStream 예제2 ·· 631

09 InputStream과 OutputStream 예제3 ·· 632

10 FileInputStream과 FileOutputStream ·· 634

11 FileInputStream과 FileOutputStream 예제1 ··· 635

12 FileInputStream과 FileOutputStream 예제2 ··· 636

13 FilterInputStream과 FilterOutputStream ·· 637

14 BufferedInputStream ·· 638

15 BufferedOutputStream ·· 639

16 BufferedOutputStream 예제 ·· 640

17 SequenceInputStream ··· 642

18 SequenceInputStream 예제 ··· 643

19 PrintStream ·· 644

20 문자 기반 스트림 – Reader ·· 645

21 문자 기반 스트림 – Writer ·· 646

22 FileReader와 FileWriter ··· 647

23 StringReader와 StringWriter ·· 649

24 BufferedReader와 BufferedWriter ·· 650

25 InputStreamReader, OutputStreamWriter ·· 651

26 표준 입출력(Standard I/O) ··· 653

27 표준 입출력의 대상변경 ·· 654

28 표준 입출력의 대상변경 예제 ·· 655

29 File ··· 656

30 File 예제1 ··· 657

31 File 예제2 ··· 659

32 File 예제3 ··· 660

33 File 예제4 ·· 661

34 직렬화(serialization) ···································· 662

35 ObjectInputStream, ObjectOutputStream ···· 663

36 직렬화가 가능한 클래스 만들기 ···················· 665

37 직렬화 대상에서 제외시키기 – transient ········ 666

38 직렬화와 역직렬화 예제1 ······························ 667

39 직렬화와 역직렬화 예제2 ······························ 668

40 직렬화와 역직렬화 예제3 ······························ 669

연 습 문 제 ·· 670

Chapter 16 네트워킹

01 네트워킹(networking)이란? ·························· 676

02 클라이언트와 서버(client & server) ·············· 677

03 IP주소(IP address) ···································· 678

04 네트워크 주소와 호스트 주소 ························ 679

05 InetAddress클래스 ···································· 680

06 InetAddress클래스 예제 ···························· 681

07 URL(Uniform Resource Locator) ················ 682

08 URL클래스 ·· 683

09 URL클래스 예제 ··· 684

10 URLConnection클래스 ······························· 685

11 URLConnection클래스 예제1 ······················ 687

12 URLConnection클래스 예제2 ······················ 688

13 URLConnection클래스 예제3 ······················ 689

14 소켓(socket) 프로그래밍 ····························· 690

15 TCP와 UDP ·· 691

16 TCP소켓 프로그래밍 ··································· 692

17 Socket과 ServerSocket ···························· 693

18 TCP소켓 프로그래밍 예제1 ························· 694

19 TCP소켓 프로그래밍 예제2 ························· 696

20 UDP 소켓 프로그래밍 – Client ···················· 699

21 UDP 소켓 프로그래밍 – Server ···················· 700

자바를 시작하기 전에

getting started with Java

01 자바(Java)란?

자바는 썬 마이크로시스템즈(Sun Microsystems, Inc. 이하 썬)에서 개발하여 1996년 1월에 공식적으로 발표한 객체지향 프로그래밍 언어이다.

자바의 가장 중요한 특징은 운영체제(Operating System, 플랫폼)에 독립적이라는 것이다. 자바로 작성된 프로그램은 운영체제의 종류에 관계없이 실행이 가능하기 때문에, 운영체제에 따라 프로그램을 전혀 변경하지 않고도 실행이 가능하다.

이러한 장점으로 인해 자바는 다양한 기종의 컴퓨터와 운영체제가 공존하는 인터넷 환경에 적합한 언어로써 인터넷의 발전과 함께 많은 사용자층을 확보할 수 있었다. 또한 객체지향개념과 기존의 다른 프로그래밍언어, 특히 C++의 장점을 채택하는 동시에 잘 사용되지 않는 부분은 과감히 제외시킴으로써 비교적 배우기 쉽고 이해하기 쉬운 간결한 표현이 가능하도록 했다.

자바는 풍부한 클래스 라이브러리(Java API)를 통해 프로그래밍에 필요한 요소들을 기본적으로 제공하기 때문에 자바 프로그래머는 단순히 이 클래스 라이브러리만을 잘 활용해도 강력한 기능의 자바 프로그램을 작성할 수 있다.

지금도 자바는 꾸준히 자바의 성능을 개선하여 새로운 버전을 발표하고 있으며, 모바일 (J2ME)이나 대규모 기업환경(J2EE), XML 등의 다양한 최신 기술을 지원함으로써 그 활동 영역을 넓혀 가고 있다.

> **참고** 2010년에 썬이 오라클(oracle)사에 인수되면서 이제 자바는 오라클사의 제품이 되었다.

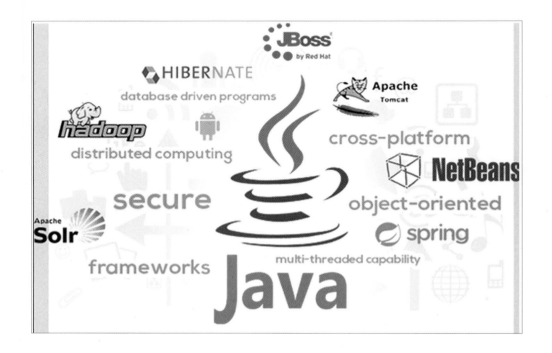

자바의 역사는 1991년에 썬의 엔지니어들에 의해서 고안된 오크(Oak)라는 언어에서부터 시작되었다.

제임스 고슬링과 아서 밴 호프와 같은 썬의 엔지니어들의 원래 목표는 가전제품에 탑재될 소프트웨어를 만드는 것이었다. 처음에는 C++을 확장해서 사용하려 했지만 C++로는 그들의 목적을 이루기에 부족하다는 것을 깨달았다.

그래서 C++의 장점을 도입하고 단점을 보완한 새로운 언어를 개발하기에 이르렀다. Oak는 처음에는 가전제품이나 PDA와 같은 소형기기에 사용될 목적이었으나 여러 종류의 운영체제를 사용하는 컴퓨터들이 통신하는 인터넷이 등장하자 운영체제에 독립적인 Oak가 이에 적합하다고 판단하여 Oak를 인터넷에 적합하도록 그 개발 방향을 바꾸면서 이름을 자바(Java)로 변경하였으며, 자바로 개발한 웹브라우저인 '핫 자바(Hot java)'를 발표하고 그 다음 해인 1996년 1월에 자바의 정식 버전을 발표했다.

그 당시만 해도 자바로 작성된 애플릿(Applet)은 정적인 웹페이지에 사운드와 애니메이션 등의 멀티미디어적인 요소들을 제공할 수 있는 유일한 방법이었기 때문에 많은 인기를 얻고 단 기간에 많은 사용자층을 확보할 수 있었다.

그러나 보안상의 이유로 최신 웹브라우져에서 애플릿을 더 이상 지원하지 않게 되었다. 대신 서버 쪽 프로그래밍을 위한 서블릿(Servlet)과 JSP(Java Server Pages)가 더 많이 사용되고 있다. 그리고 구글의 스마트폰 운영체제인 안드로이드에서도 Java를 사용한다.

앞으로는 자바의 원래 목표였던 소규모 가전제품과 대규모 기업환경을 위한 소프트웨어개발 분야에 활발히 사용될 것으로 기대된다.

1. 운영체제에 독립적이다.

기존의 언어는 한 운영체제에 맞게 개발된 프로그램을 다른 종류의 운영체제에 적용하기 위해서는 많은 노력이 필요하였지만, 자바에서는 더 이상 그런 노력을 하지 않아도 된다. 이것은 일종의 에뮬레이터인 자바가상머신(JVM)을 통해서 가능한 것인데, 자바 응용프로그램은 운영체제나 하드웨어가 아닌 JVM하고만 통신하고 JVM이 자바 응용프로그램으로부터 전달받은 명령을 해당 운영체제가 이해할 수 있도록 변환하여 전달한다. 자바로 작성된 프로그램은 운영체제에 독립적이지만 JVM은 운영체제에 종속적이어서 썬에서는 여러 운영체제에 설치할 수 있는 서로 다른 버전의 JVM을 제공하고 있다.

그래서 자바로 작성된 프로그램은 운영체제와 하드웨어에 관계없이 실행 가능하며 이것을 '한번 작성하면, 어디서나 실행된다.(Write once, run anywhere)'고 표현하기도 한다.

2. 객체지향언어이다.

자바는 프로그래밍의 대세로 자리 잡은 객체지향 프로그래밍언어(object-oriented pro-gramming language) 중의 하나로 객체지향개념의 특징인 상속, 캡슐화, 다형성이 잘 적용된 순수한 객체지향언어라는 평가를 받고 있다.

3. 비교적 배우기 쉽다.

자바의 연산자와 기본구문은 C++에서, 객체지향관련 구문은 스몰톡(small talk)이라는 객체지향언어에서 가져왔다. 이 들 언어의 장점은 취하면서 복잡하고 불필요한 부분은 과감히 제거하여 단순화함으로서 쉽게 배울 수 있으며, 간결하고 이해하기 쉬운 코드를 작성할 수 있도록 하였다. 객체지향언어의 특징인 재사용성과 유지보수의 용이성 등의 많은 장점에도 불구하고 배우기가 어렵기 때문에 많은 사용자층을 확보하지 못했으나 자바의 간결하면서도 명료한 객체지향적 설계는 사용자들이 객체지향개념을 보다 쉽게 이해하고 활용할 수 있도록 하여 객체지향 프로그래밍의 저변확대에 크게 기여했다.

4. 자동 메모리 관리(Garbage Collection)

자바로 작성된 프로그램이 실행되면, 가비지컬렉터(garbage collector)가 자동적으로 메모리를 관리해주기 때문에 프로그래머는 메모리를 따로 관리 하지 않아도 된다. 가비지컬렉터가 없다면 프로그래머가 사용하지 않는 메모리를 체크하고 반환하는 일을 수동적으로 처리해야 할 것이다. 자동으로 메모리를 관리한다는 것이 다소 비효율적인 면도 있지만, 프로그래머가 보다 프로그래밍에 집중할 수 있도록 도와준다.

5. 네트워크와 분산처리를 지원한다.

인터넷과 대규모 분산환경을 염두에 둔 까닭인지 풍부하고 다양한 네트워크 프로그래밍 라이브러리(Java API)를 통해 비교적 짧은 시간에 네트워크 관련 프로그램을 쉽게 개발할 수 있도록 지원한다.

6. 멀티쓰레드를 지원한다.

일반적으로 멀티쓰레드(multi-thread)의 지원은 사용되는 운영체제에 따라 구현방법도 상이하며, 처리 방식도 다르다. 그러나 자바에서 개발되는 멀티쓰레드 프로그램은 시스템과는 관계없이 구현가능하며, 관련된 라이브러리(Java API)가 제공되므로 구현이 쉽다. 그리고 여러 쓰레드에 대한 스케줄링(scheduling)을 자바 인터프리터가 담당하게 된다.

7. 동적 로딩(Dynamic Loading)을 지원한다.

보통 자바로 작성된 애플리케이션은 여러 개의 클래스로 구성되어 있다. 자바는 동적 로딩을 지원하기 때문에 실행 시에 모든 클래스가 로딩되지 않고 필요한 시점에 클래스를 로딩하여 사용할 수 있다는 장점이 있다. 그 외에도 일부 클래스가 변경되어도 전체 애플리케이션을 다시 컴파일하지 않아도 되며, 애플리케이션의 변경사항이 발생해도 비교적 적은 작업만으로도 처리할 수 있는 유연한 애플리케이션을 작성할 수 있다.

04 자바 가상 머신(JVM)

JVM은 'Java virtual machine'을 줄인 것으로 직역하면 '자바를 실행하기 위한 가상 기계'라고 할 수 있다. 가상 기계라는 말이 좀 어색하겠지만 영어권에서는 컴퓨터를 머신(machine)이라고도 부르기 때문에 '머신'이라는 용어대신 '컴퓨터'를 사용해서 '자바를 실행하기 위한 가상 컴퓨터'라고 이해하면 좋을 것이다.

'가상 기계(virtual machine)'는 소프트웨어로 구현된 하드웨어를 뜻하는 넓은 의미의 용어이며, 컴퓨터의 성능이 향상됨에 따라 점점 더 많은 하드웨어들이 소프트웨어화되어 컴퓨터 속으로 들어오고 있다. 그 예로는 TV와 비디오를 소프트웨어화한 윈도우 미디어 플레이어라던가, 오디오 시스템을 소프트웨어화한 윈앰프(winamp) 등이 있다.

이와 마찬가지로 '가상 컴퓨터(virtual computer)'는 실제 컴퓨터(하드웨어)가 아닌 소프트웨어로 구현된 컴퓨터라는 뜻으로 컴퓨터 속의 컴퓨터라고 생각하면 된다.

자바로 작성된 애플리케이션은 모두 이 가상 컴퓨터(JVM)에서만 실행되기 때문에, 자바 애플리케이션이 실행되기 위해서는 반드시 JVM이 필요하다.

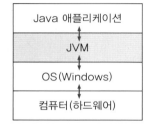
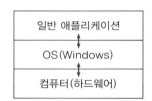

일반 애플리케이션의 코드는 OS만 거치고 하드웨어로 전달되는데(오른쪽 그림) Java애플리케이션은 JVM을 한 번 더 거치기 때문에(왼쪽 그림), 그리고 하드웨어에 맞게 완전히 컴파일된 상태가 아니고 실행 시에 해석(interpret)되기 때문에 속도가 느리다는 단점을 가지고 있다. 그러나 요즘엔 바이트코드(컴파일된 자바코드)를 하드웨어의 기계어로 바로 변환해주는 JIT컴파일러와 향상된 최적화 기술이 적용되어서 속도의 격차를 많이 줄였다.

위의 오른쪽 그림에서 볼 수 있듯이 일반 애플리케이션은 OS와 바로 맞붙어 있기 때문에 OS종속적이다. 그래서 다른 OS에서 실행시키기 위해서는 애플리케이션을 그 OS에 맞게 변경해야한다. 반면에 Java 애플리케이션은 JVM하고만 상호작용을 하기 때문에 OS와 하드웨어에 독립적이라 다른 OS에서도 프로그램의 변경없이 실행이 가능한 것이다. 단, JVM은 OS에 종속적이기 때문에 해당 OS에서 실행가능한 JVM이 필요하다.

Java 애플리케이션		Java 애플리케이션		Java 애플리케이션
JVM(Windows용)		JVM(Macintosh용)		JVM(Linux용)
OS(Windows)		OS(Macintosh)		OS(Linux)
컴퓨터(하드웨어)		컴퓨터(하드웨어)		컴퓨터(하드웨어)

05 자바 개발도구(JDK) 설치하기

자바로 프로그래밍을 하기위해서는 먼저 JDK(Java Development Kit)를 설치해야 한다. JDK를 설치하면, 자바가상머신(Java Virtual Machine, JVM)과 자바클래스 라이브러리(Java API)외에 자바를 개발하는데 필요한 프로그램들이 설치된다.

이 책을 학습하기 위해서는 JDK 8.0이상의 버전이 필요하며 http://java.sun.com/에서 다운로드 받을 수 있다. JDK1.5부터 Java 5이라고 부르기 시작했는데, JDK1.7은 Java 7, JDK1.8은 Java 8이라고 부르기도 한다. 앞으로 이 책에서는 Java 8을 JDK1.8로 하겠다.

먼저 JDK1.8을 다운로드하자. 구글에서 'java8 download'로 검색하면 아래와 같은 화면이 나타난다.

1 구글(google.com)에서 'java 8 download'로 검색 후 결과에서 링크를 클릭하자.

2 아래와 같은 창이 나오면 '모든 쿠키 수락'을 클릭하자.

❸ 아래의 화면에서 'Accept License Agreement'를 클릭하고, 64비트 윈도우즈 사용자의 경우 'jdk-8u221-windows-x64.exe'를 클릭하고, 32비트 윈도우즈 사용자는 'jdk-8u221-windows-i586.exe'를 클릭한다.

참고 : 오라클 계정 로그인 창이 나타나면, 로그인을 해야 다운로드가 진행된다. 계정이 없으면 계정을 만들어야 한다.

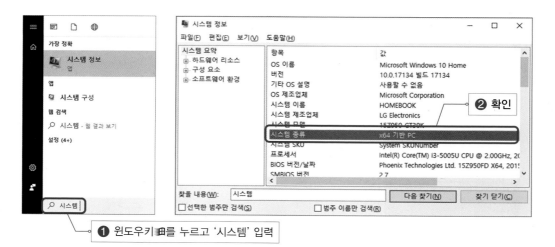

참고 : 윈도우키를 누르고, '시스템'을 입력하고 '시스템 정보'를 클릭 하면 아래의 우측과 같은 창이 나타난다. 시스템 종류가 'x64 기반 PC'이면 64비트 윈도우즈이고, 아니면 32비트 윈도우즈이다.

4 이전 단계에서 다운로드한 JDK설치파일을 더블 클릭해서 실행한다.

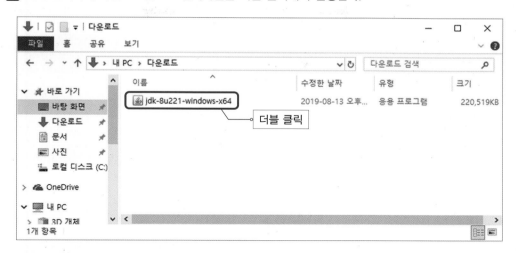

5 첫 화면에서 'Next 〉'버튼을 클릭하면 아래와 같은 화면이 나타나는데, 'Change...'버튼을 눌러서 설치할 위치를 'C:₩jdk1.8'로 변경한다. 그리고 'Next 〉'버튼을 클릭한다. 이 후로는 특별히 설정할것 없다.

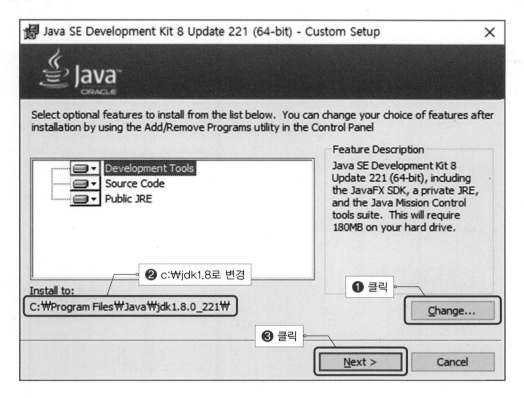

6 아래의 화면에서 '다음(N)>'버튼을 클릭한다.

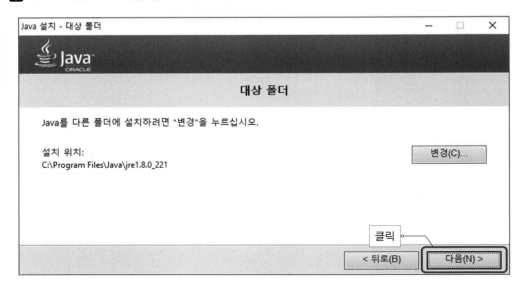

7 아래와 같은 화면이 나타나면 설치가 잘된 것이다. 'Close'버튼을 누르면 설치가 완료된다.

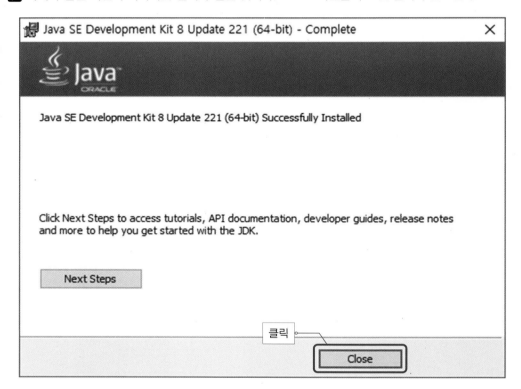

06 자바 개발도구(JDK) 설정하기

JDK의 설치만으로도 자바로 프로그램을 개발할 준비가 모두 끝났지만, 편의를 위해 JDK의 bin폴더를 환경변수 path에 등록하는 것이 좋다. 이 폴더에는 자바로 프로그램을 개발하는데 필요한 실행파일들이 들어 있는데, 이 폴더를 path에 등록해 놓으면 실행파일을 실행할 때 일일이 경로를 입력하지 않아도 되어서 편리하다.

참고 환경 변수는 윈도우즈에서 사용하는 설정정보가 담겨있는 변수이다.

1 윈도우키를 누르고 '제어판'이라고 입력 후, 엔터키를 누르면 아래의 오른쪽 화면이 나타난다.(윈도우키는 키보드의 왼쪽 Alt키의 옆에 있습니다.)

2 화면의 우측 상단에 '환경변수'라고 입력하면, 검색결과로 나오는 '시스템 환경 변수 편집'을 클릭.

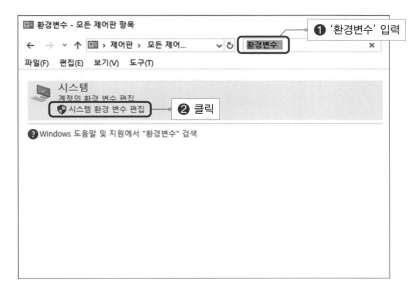

3 새로 열린 시스템 속성화면에서 '환경 변수(N)...'을 클릭.

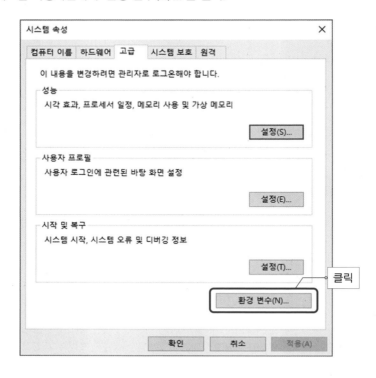

4 시스템 변수 중에서 'Path'를 선택하고, '편집(I)...'을 클릭

5 새로 열린 화면에서 '텍스트 편집(T)...'을 클릭.(윈도우즈 10이전 버전은 곧바로 다음 단계로)

6 변수 값의 맨 앞에 'c:₩jdk1.8₩bin;'을 추가하고, '확인'을 클릭한다. 그리고 끝에 ';'를 빼먹지 않도록 주의하자

7 '윈도우키+R'을 눌러서 나타난 실행창에 'cmd'를 입력하고, '확인'을 누른다.

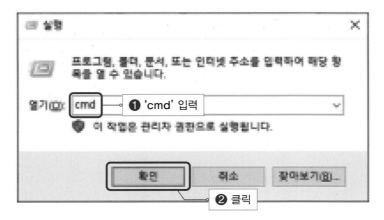

8 먼저 'path'라고 입력하면, 환경변수 path의 값을 확인할 수 있다. 새로 추가한 'C:\jdk1.8\bin;'이 있는지 확인한다.

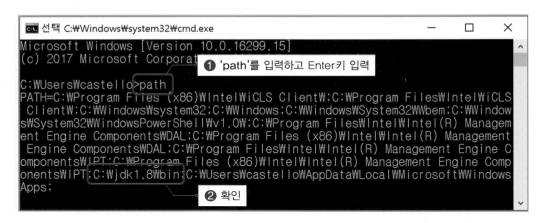

9 그 다음 'javac -version'이라고 입력하고 'Enter'키를 눌러서 아래와 같은 화면이 나타나는지 확인한다.

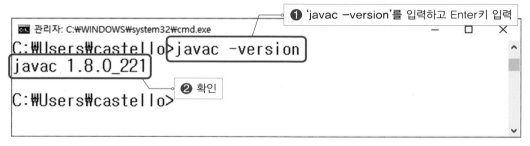

만일 'javac -version'이라고 입력했을 때, 아래와 같은 화면이 나오면 환경변수 'Path'의 설정이 잘못된 것이다. 환경변수 Path의 값을 다시 확인하여 올바르게 수정하고, 새로운 명령 프롬프트 창( )을 열어 올바르게 설정했는데도 아래와 같은 결과가 나온다면, 윈도우즈를 다시 시작해보자.

07 자바 API문서 설치하기

자바에서 제공하는 클래스 라이브러리(Java API)를 잘 사용하기 위해서는 Java API문서가 필수적이다. 이 문서에는 클래스 라이브러리의 모든 클래스에 대한 설명이 자세하게 나와 있다. 아마도 자바에서 제공하는 다양하고 방대한 양의 클래스 라이브러리에 감탄하게 될 것이다. 반면에 '이 많은 것을 다 공부해야 하나'라는 걱정도 들겠지만, 이 문서에 나오는 모든 클래스를 다 공부할 필요는 없고, 자주 사용되는 것만을 공부한 다음 나머지는 영어사전처럼 필요할 때 찾아서 사용하면 된다.

Java8의 API문서는 웹브라우져로 'https://docs.oracle.com/javase/8/docs/api/'를 방문하면 볼 수 있다. 그리고 'https://docs.oracle.com/javase/8/docs/'에는 자바와 관련된 여러 가지 유용한 내용이 수록되어 있으므로 참고하도록 하자.

> **참고** Java API문서는 'https://www.oracle.com/technetwork/java/javase/documentation/jdk8-doc-downloads-2133158.html'에서 다운로드 받을 수 있다.

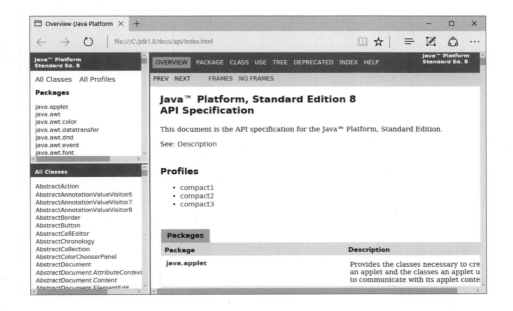

자바로 프로그램을 개발하려면 JDK이외에 메모장(notepad.exe)이나 에딧플러스(editplus)와 같은 편집기가 필요하다. 요즘은 이클립스(eclipse)나 인텔리제이(IntelliJ)와 같은 뛰어난 기능의 전문 개발 도구들을 주로 사용하지만, 우선 메모장으로 간단한 자바 프로그램을 작성해 보자.

> **참고** editplus는 http://www.editplus.com에 가면 평가판을 무료로 제공한다.

예제 1-1
```
class Hello {
    public static void main(String[] args) {
        System.out.println("Hello, world."); // 화면에 글자를 출력한다.
    }
}
```
결과 Hello, world.

이 예제는 화면에 'Hello, world.'를 출력하는 아주 간단한 프로그램이다. 이 예제를 통해서 화면에 글자를 출력하려면 어떻게 해야 하는지 쉽게 알 수 있을 것이다.

예제1-1을 편집기나 editplus를 이용해서 작성한 다음 'Hello.java'로 저장하자. 이 때 클래스의 이름 'Hello'가 대소문자까지 정확히 같아야 한다.

이 예제를 실행하려면, 먼저 자바컴파일러(javac.exe)를 사용해서 소스파일(Hello.java)로부터 클래스파일(Hello.class)을 생성해야한다. 그 다음에 자바 인터프리터(java.exe)로 실행한다.

Hello.java 작성 → [javac.exe 컴파일] → Hello.class 생성 → [java.exe 실행] → "Hello, world." 출력

```
C:\WINDOWS\system32\cmd.exe                              —  □  ×

C:\jdk1.8\work>javac Hello.java

C:\jdk1.8\work>java Hello
Hello, world.

C:\jdk1.8\work>_
```

자바에서 모든 코드는 반드시 클래스 안에 존재해야 하며, 서로 관련된 코드들을 그룹으로 나누어 별도의 클래스를 구성하게 된다. 그리고 이 클래스들이 모여 하나의 Java 애플리케이션을 이룬다.

클래스를 작성하는 방법은 간단하다. 키워드 'class' 다음에 클래스의 이름을 적고, 클래스의 시작과 끝을 의미하는 괄호{ } 안에 원하는 코드를 넣으면 된다.

```
class 클래스이름 {
    /*
            주석을 제외한 모든 코드는 클래스의 블럭{ } 내에 작성해야한다.
    */
}
```

> **참고**   나중에 배우게 될 package문과 import문은 예외적으로 클래스의 밖에 작성한다.

아래 코드의 'public static void main(String[ ] args)'는 main메서드의 선언부인데, 프로그램을 실행할 때 'java.exe'에 의해 호출될 수 있도록 미리 약속된 부분이므로 항상 똑같이 적어주어야 한다.

> **참고**   '[ ]'은 배열을 의미하는 기호로 배열의 타입(type) 또는 배열의 이름 옆에 붙일 수 있다. 'String[ ] args'는 String타입의 배열 args를 선언한 것이며, 'String args[ ]'와 같이 쓸 수도 있다. 이 둘은 같은 의미이므로 차이가 없다. 자세한 내용은 '5장 배열'에서 배우게 될 것이다.

```
class 클래스이름 {
    public static void main(String[] args)  // main메서드의 선언부
    {
            // 실행될 문장들을 적는다.
    }
}
```

main메서드의 선언부 다음에 나오는 괄호{ }는 메서드의 시작과 끝을 의미하며, 이 괄호 사이에 작업할 내용을 작성해 넣으면 된다. Java 애플리케이션은 main메서드의 호출로 시작해서 main메서드의 첫 문장부터 마지막 문장까지 수행을 마치면 종료된다.

모든 클래스가 main메서드를 가지고 있어야 하는 것은 아니지만, 하나의 Java 애플리케이션에는 main메서드를 포함한 클래스가 반드시 하나는 있어야 한다. main메서드는 Java애플리케이션의 시작점이므로 main메서드 없이는 Java 애플리케이션은 실행될 수 없기 때문이다. 작성된 Java애플리케이션을 실행할 때는 'java.exe' 다음에 main메서드를 포함한 클래스의 이름을 적어줘야 한다.

콘솔(명령 프롬프트, cmd.exe)에서 아래와 같이 Java 애플리케이션을 실행시켰을 때

```
c:\jdk1.8\work>java Hello
```

```
main(String[] args)
```

내부적인 진행순서는 다음과 같다.

> 1. 프로그램의 실행에 필요한 클래스(*.class파일)를 로드한다.
> 2. 클래스파일을 검사한다.(파일형식, 악성코드 체크)
> 3. 지정된 클래스(Hello)에서 main(String[ ] args)를 호출한다.

main메서드의 첫 줄부터 코드가 실행되기 시작하여 마지막 코드까지 모두 실행되면 프로그램이 종료되고, 프로그램에서 사용했던 자원들은 모두 반환된다.

만일 지정된 클래스에 main메서드가 없다면 다음과 같은 에러 메시지가 나타날 것이다.

```
Exception in thread "main" java.lang.NoSuchMethodError: main
```

메모장과 같은 간단한 편집기로 개발할 수도 있지만, 아무래도 이클립스와 같은 고급 개발 도구가 여러모로 편리하다. 이클립스는 자바 프로그램을 편리하면서도 빠르게 개발할 수 있는 통합 개발 환경(IDE, Integrated Development Environment)을 제공한다. 게다가 무료이므로 자바를 배우는데는 최적의 개발 도구라 할 수 있다. 이제 이클립스를 다운 받아서 설치해 보자.

1 구글에서 '이클립스 다운로드'로 검색하면, 아래와 같은 검색결과가 나타난다. 링크를 클릭하자.

2 이동한 다운로드 페이지에서 'Download Packages'링크를 클릭한다.

3 이클립스에도 여러가지 종류가 있는데, 아래의 것이 용량도 적고 가벼워서 자바를 공부하는데 적합하다. 윈도우즈의 경우, 'Windows 64-bit'를 클릭하자.

참고 32 비트 윈도우즈의 경우, 구글에서 'eclipse 32 bit download'로 검색하면, 아래의 프로그램에 대한 링크를 찾을 수 있다.

4 아래의 화면에서 'Select Another Mirror'를 클릭한다.

5 그러면 이클립스를 국내 사이트에서 빠르게 다운받을 수 있다. 'Korea Republic Of'로 시작하는 사이트 중에서 하나를 골라 클릭하면 다운로드가 시작된다.

6 다운로드가 끝나고나면 '다운로드'폴더에서 아래와 같은 파일을 찾을 수 있을 것이다. 이 파일을 더블 클릭한다.

참고 파일이름이 아래의 그림과 약간 다를 수도 있는데 상관없다.

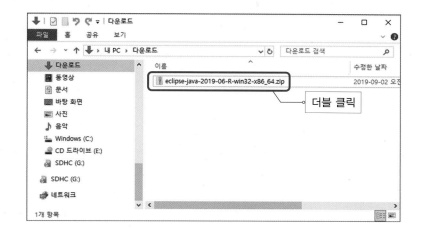

7 그러면 'eclipse'라는 폴더가 나오는데 이 폴더를 'C:₩'로 드래그 한다. 이것으로 모든 설치가 끝났다.

참고 이클립스를 삭제할 때는 eclipse 폴더만 삭제하면 된다.

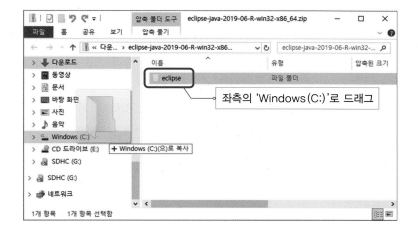

8 'C:\eclipse'폴더의 안으로 들어가면 'eclipse.exe' 또는 'eclipse'가 있는데, 이 파일을 더블 클릭하면 이클립스가 실행된다.

9 이클립스의 로고화면이 나타나고, 잠시 후에 아래와 같은 화면이 나타난다. 폴더의 경로를 확인한 다음, 체크박스를 체크하고 'Launch'버튼을 클릭하자.

10 아래와 같은 화면이 나타나면 이클립스가 잘 실행된 것이다. 우측 하단의 체크박스를 해제하고 'Welcome'창을 닫는다.

> 참고 | 이클립스의 좌측 상단에 현재 작업 중인 워크스페이스의 이름(eclipse-workspace)이 나타난다.

11 이클립스로 자바 프로그램 개발하기

이클립스를 설치했으니 이제 이클립스를 이용해서 자바 애플리케이션을 개발하는 방법에 대해서 배워볼 차례이다. 앞서 작성했던 'Hello, world'를 화면에 출력하는 간단한 자바 애플리케이션을 이클립스로 개발해 보자.

1 새로운 프로젝트를 생성하기 위해 메뉴에서 File 〉 New 〉 Java Project를 클릭한다.

2 Project name으로 'Hello'를 입력하고 'Finish'버튼을 누른다.

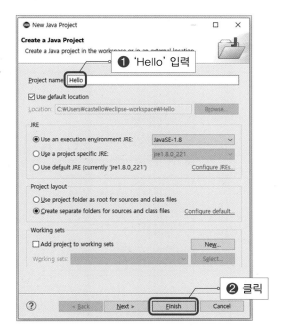

3 패키지 익스플로러(Package Explorer) 아래에 Hello 프로젝트가 생성된 것을 확인하자. 이제 Hello클래스를 새로 추가할 차례이다.

Hello프로젝트 위에서 우클릭하여, 메뉴 New 아래의 Class를 클릭한다.

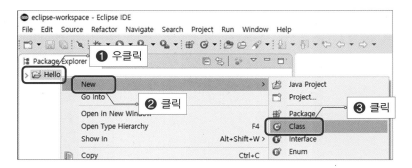

4 클래스의 이름으로 Hello로 입력하고, 아래의 체크박스를 체크한 후에 Finish버튼을 클릭한다.

참고   Package란에 자동으로 입력된 내용이 있으면 삭제한다.

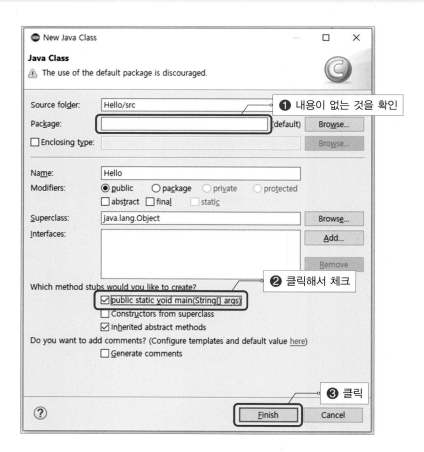

5 아래의 화면을 보면, Hello프로젝트에 Hello.java라는 파일이 생성되었고, 우측에는 이 파일의 내용이 자동으로 작성되어 나타난다. 화면과 같이 'System.out.println("Hello, world");'를 중간에 한 줄추가하자. 그 다음엔 실행버튼을 누른다.

> **참 고**
> 탭의 파일 이름 왼쪽에 붙은 '*'은 이 파일이 변경된 후에 아직 저장되지 않았다는 것을 의미한다. 저장(ctrl+s)하면, '*'이 사라진다.

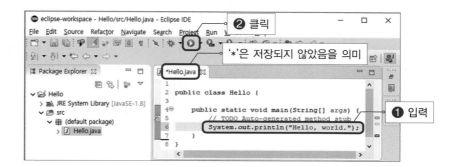

6 이클립스의 로고화면이 나타나고, 잠시 후에 아래와 같은 화면이 나타난다. 체크박스를 체크하고 'OK'버튼을 클릭하자.

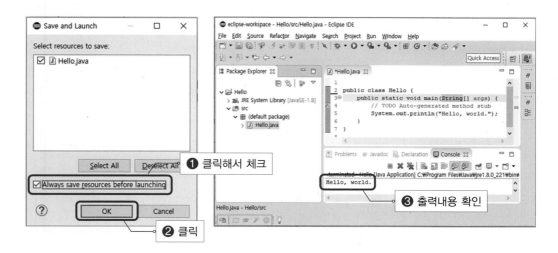

이클립스의 화면은 여러 개의 작은 창들로 이루어져 있는데, 이 하나의 창을 뷰(view)라 부르고 이 뷰들로 구성된 화면 전체를 퍼스펙티브(perspective)라고 한다.

이클립스는 약 60여 개의 뷰를 제공하는데, 이 중에서 작업에 필요한 몇 개의 뷰만 선택해서 퍼스펙티브를 구성하는 것이 일반적이다.

　보통 수행할 작업에 따라 사용할 뷰가 달라지기 때문에, 작업이 바뀔 때마다 뷰의 종류와 크기 위치 등을 바꾸는 것은 꽤나 번거로운 일이다.
그래서 현재 퍼스펙티브를 저장했다가 필요할 때 다시 불러서 사용할 수 있는 기능이 제공된다.

> **참고** 　퍼스펙티브를 저장할 때는 '메뉴 Window 〉 Perspective 〉 Save Perspective As...', 저장된 퍼스펙티브를 불러올 때는 '메뉴 Window 〉 Perspective 〉 Open Perspective'를 클릭하면 된다.

처음에 이클립스를 실행하면, 기본적으로 제공되는 퍼스펙티브 중의 하나인 '자바 퍼스펙티브(Java Perspective)'로 화면이 보여진다. 프로그램을 작성하다 실수로 뷰를 닫았는데 뷰의 이름이 기억나지 않는다면, 퍼스펙티브를 원래대로 되돌리던가 '자바 퍼스펙티브'를 다시 열면된다.

> **참고** 　퍼스펙티브를 원래대로 되돌릴 때는 '메뉴 Window 〉 Perspective 〉 Reset Perspective...'를 클릭하면 된다.

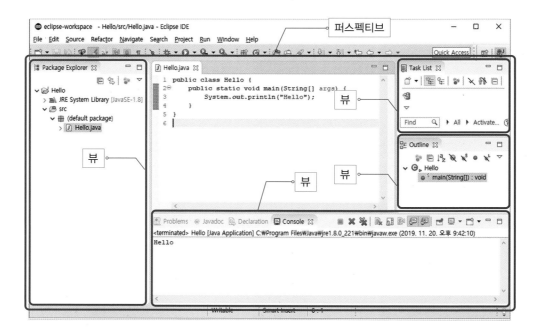

워크스페이스

이클립스에서 작성한 파일이 저장되는 공간을 워크스페이스(workspace)라고 하며, 이클립스를 처음 실행할 때 워크스페이스로 사용할 폴더를 지정하는 화면이 나타난다.

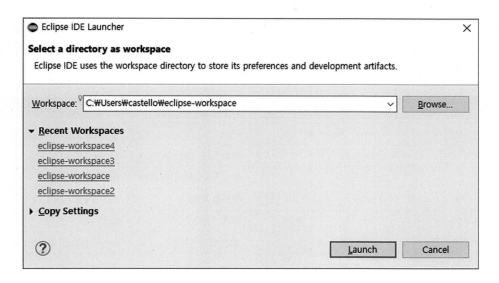

이클립스를 사용하다 보면 가끔 이유없이 오작동하는 경우가 있는데, 이럴 때는 이클립스를 삭제하고 다시 설치하면 해결되곤 한다. 이클립스는 별도의 설치없이 복사만 하면 바로 실행되는 프로그램이라 이클립스를 삭제할 때는 단순히 해당 폴더만 삭제해서 휴지통에 넣으면 된다. 만일 워크스페이스를 이클립스가 설치된 폴더 아래로 지정하면 이클립스를 삭제할 때 워크스페이스까지 같이 삭제하게 된다. 이런 실수를 방지하기 위해서 기본적으로 'C:₩Users₩사용자아이디₩eclipse-workspace'가 워크스페이스의 경로로 제안되는 것이다.

　원한다면, 워크스페이스를 다른 곳으로 지정할 수도 있고 새로운 워크스페이스를 추가로 만들 수도 있다. 프로젝트의 수가 너무 많아지거나 성격이 다른 프로젝트를 따로 저장하고자 할 때 새로운 워크스페이스를 만들어서 분리해두면 편리하다.

> **참고** 　새로운 워크스페이스를 만들려면, 메뉴 'File 〉 Switch Workspace 〉 Other...'에서 새로운 경로를 지정해준다음. Launch버튼을 누르면 된다.

13 이클립스 단축키

우리가 프로그램을 작성할 때 이클립스와 같은 개발도구를 사용하는 이유는 편리함과 높은 생산성을 제공하기 때문이다. 이클립스는 프로그램을 더 빠르고 편리하게 개발할 수 있도록 대부분의 기능에 단축키를 제공하며, 본인의 취향에 맞게 다른 단축키를 사용하도록 변경하는 것도 가능하다.

무수히 많은 단축키 중에서도 가장 많이 사용되는 것들을 골라서 아래의 표에 나열하였다. 처음부터 단축키를 모두 외울 필요는 없고, 마우스를 주로 사용하다가 자주 사용하는 기능부터 단축키를 하나둘씩 익혀나가도록 하자.

명령	단축키	명령	단축키
단축키 목록 보기	ctrl + shift + L	단어 완성	단어 일부 입력후, alt + /
저장	ctrl + S	자동 수정(Quick fix)	ctrl + 1
실행	ctrl + F11	같은 단어 표시(형광펜)	alt + shift + O
전체 선택	ctrl + A	행으로 이동	ctrl + L
한 줄 삭제	ctrl + D	최근 수정지점으로 이동	ctrl + Q
다음 단어 삭제	ctrl + delete	소스 탭 간 이동	ctrl + pgup, pgdn
이전 단어 삭제	ctrl + backspace	소스 탭 목록 보기	ctrl + shift + E
단어간 커서 이동	ctrll + ⇦, ⇨	현재 소스 탭 닫기	ctrl + F4
찾기 / 바꾸기	ctrl + F	리소스(파일) 찾기	ctrl + shift + R
검색	ctrl + H	편집 이력 이동	alt + ⇦, ⇨
주석 / 해제	ctr + /	편집창 폰트 크기	ctrl + +, -
범위 주석 / 해제	ctrl + shift + /, ₩	속성 보기	alt + Enter
멀티 컬럼 편집	ctrl + A, shift + ⇧, ⇩	선언 보기	F3
행 이동(여러 행 가능)	alt + ⇧, ⇩	상속 계층도 보기	클래스 이름 클릭, F4
행 복사(여러 행 가능)	alt + ctrl + shift + ⇧, ⇩	상속 계층도 보기	ctrl + T
자동 들여쓰기	ctrl + i	경로 보기	alt + shift + B
자동 형식 맞추기	ctrl + shift + F	import문 자동 추가	ctrl + shift + O
자동 완성	ctrl + space	멤버 목록 보기	ctrl + O

(참고) 멀티 컬럼 편집은 여러 행을 동시에 수정하는 기능. ctrl+A를 누른 후, shift키를 누른 채로 화살표키(⇧)로 편집할 영역을 선택한다.

(참고) 행 복사(copy lines) 단축키는 매우 유용한데, 윈도우즈의 단축키와 충돌나면 동작하지 않는다. p.29의 단축키 설정을 참고하여 충돌나지 않게 변경하자.

단축키의 설정 및 변경

메뉴 Windows 〉 Preferences에서 왼쪽 목록에서 General 〉 Keys를 클릭하면 아래와 같은 화면이 나온다. 예를 들어 행을 복사하는 'Copy Lines'의 단축키를 변경하려면, 'type filter text'라고 적힌 입력란에 'copy'라고 입력한 다음에 'Copy Lines'를 찾아서 클릭한다. 화면 아래쪽의 'Binding'을 클릭하고 원하는 단축키를 누르면 된다.

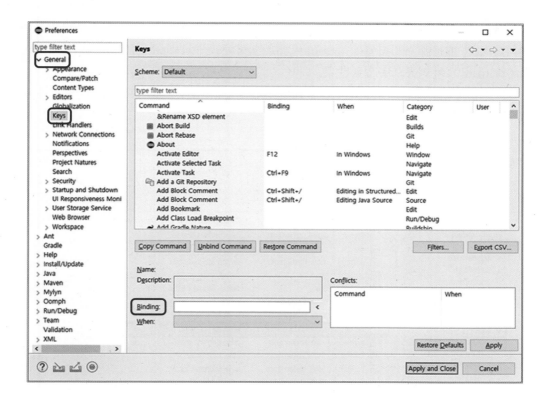

14 이클립스의 자동 완성 기능

이클립스의 기능 중에 반드시 알아야 하는 기능이 있다면 바로 '자동 완성 기능(Content Assist)'이다. 이 기능은 특정 단어나 문자를 입력한 후에 자동완성 기능 단축키 'Ctrl+space'를 누르면, 코드가 자동으로 완성되는 편리한 기능이다. 예를 들어 에디터 창에서 's'를 입력한 다음에 'ctrl+space'를 누르면, 이름이 's'로 시작되는 것들의 목록이 나타나고 이 중에서 하나를 선택하면 코드를 쉽게 작성할 수 있다.

또한 특정 단어를 입력하고 자동완성 단축키(ctrl+space)를 누르면, 지정된 형식으로 자동 완성되게 할 수도 있다. 이 단어를 '템플릿(Template)이라고 하며, 'sysout'은 템플릿으로 등록되어 있기 때문에 에디터에서 'sysout'이라고 입력하고 'ctrl+space'를 누르면, 'System. out.println( );'이 자동으로 입력된다.

템플릿의 목록은 메뉴 Window의 아래 Preference의 'Java〉Editor〉Templates'에서 볼 수 있으며, 추가, 삭제 또는 변경이 가능하다.

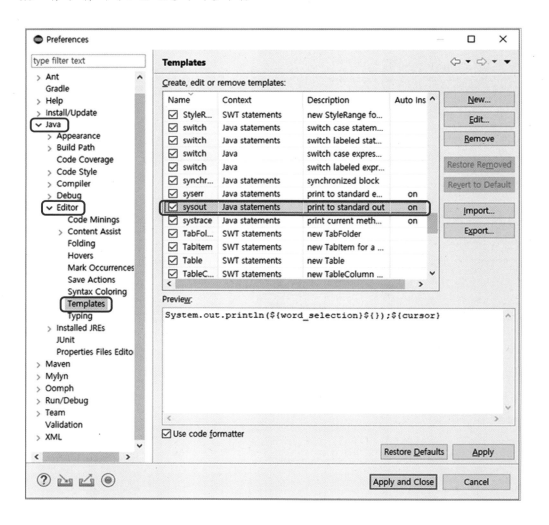

만일 자동 완성(Content Assist) 기능이 동작하지 않는다면, 단축키 설정 화면(p.29)에서 Content Assist의 Binding이 어떤 키조합으로 되어 있는지 확인하자. 그래도 안되면, 아래의 화면(Window 메뉴 아래의 Preference에서 Java>Content Assist)에서 'Enable auto activation'이 체크되어 있는지 확인하자.

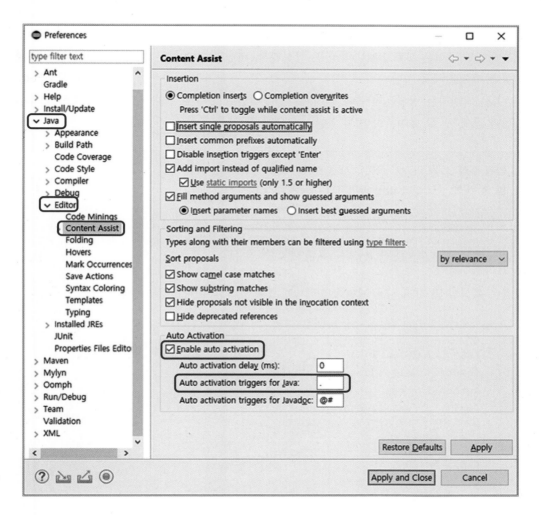

위 화면 하단의 'Auto activation triggers for java'에 '.'이 입력되어 있는데, 에디터에서 여기에 입력한 문자를 입력하면, 자동 완성 단축키를 누르지 않아도 저절로 자동 완성 목록이 화면에 나타난다. '.'대신에 '.abcdefghijklmnopqrstuvwxyz'를 넣어두면, 자동 완성 단축키 (ctrl+space)를 누르지 않아도 키를 누를 때마다 자동 완성 목록이 화면에 나타나므로 타자가 느린 사람도 편리하게 코드를 작성할 수 있다.

작성하는 프로그램의 크기가 커질수록 프로그램을 이해하고 변경하는 일이 점점 어려워진다. 심지어는 자신이 작성한 프로그램도 '내가 왜 이렇게 작성했지?'라는 의문이 들기도 하는데, 남이 작성한 코드를 이해한다는 것은 정말 쉬운 일이 아니다.

이러한 어려움을 덜기 위해 사용하는 것이 바로 주석이다. 주석을 이용해서 프로그램 코드에 대한 설명을 적절히 덧붙여 놓으면 프로그램을 이해하는 데 많은 도움이 된다.

　그 외에도 주석은 프로그램의 작성자, 작성일시, 버전과 그에 따른 변경이력 등의 정보를 제 공할 목적으로 사용된다.

　주석을 작성하는 방법은 다음과 같이 두 가지 방법이 있다. '/*'와 '*/' 사이에 주석을 넣는 방법과 앞에 '//'를 붙이는 방법이 있다.

범위 주석　'/*'와 '*/' 사이의 내용은 주석으로 간주된다.
한 줄 주석　'//'부터 라인 끝까지의 내용은 주석으로 간주된다.

> **참고**　이 외에도 Java API문서와 같은 형식의 문서를 자동으로 만들 수 있는 주석(/** ~ */)이 있지만 많이 사용되지 는 않으므로 자세한 설명은 생략하겠다. 이 주석은 javadoc.exe에 의해서 html문서로 자동 변환되며, 보다 자 세한 내용은 인터넷에서 'javadoc'으로 검색하면 찾을 수 있다.

다음은 주석의 몇 가지 사용 예인데 흰색바탕으로 처리된 부분이 주석이다.

```
/*
Date   : 2016. 1. 3
Source : Hello.java
Author : 남궁성
Email  : castello@naver.com
*/

class Hello
{
    public static void main(String[] args)   /* 프로그램의 시작 */
    {
        System.out.println("Hello, world.");  // Hello, world를 출력
    }
}
```

위의 코드는 예제1-1에 주석을 넣은 것인데, 컴파일러는 주석을 무시하고 건너뛰기 때문에 위의 코드를 컴파일한 결과와 예제1-1을 컴파일한 결과는 정확히 일치한다. 따라서 주석이 많다고 해서 프로그램의 성능이 떨어지는 일은 없으니 안심하고 주석을 적극적으로 활용하기 바란다.

한 가지 주의해야할 점은 문자열을 의미하는 큰따옴표("") 안에 주석이 있을 때는 주석이 아닌 문자열로 인식된다는 것이다. Hello.java를 아래와 같이 변경하여 실행해보면, 주석의 내용도 같이 출력되는 것을 확인할 수 있을 것이다.

```
class Hello
{
    public static void main(String[] args)
    {
        System.out.println("Hello, /* 이것은 주석 아님 */ world.");
        System.out.println("Hello, world. // 이것도 주석 아님");
    }
}
```

자바로 프로그래밍을 배워나가면서 많은 수의 크고 작은 에러들을 접하게 될 것이다. 대부분의 에러는 작은 실수에서 비롯된 것들이며, 곧 익숙해져서 쉽게 대응할 수 있게 되지만 처음 배울 때는 작은 실수 하나 때문에 많은 시간을 허비하곤 한다.

그래서 자주 발생하는 기본적인 에러와 해결방법을 간단히 정리하였다. 에러가 발생하였을 때 참고하고, 그 외의 에러는 에러메시지의 일부를 인터넷에서 검색해서 찾아보면 해결책을 얻는데 도움이 될 것이다.

1. cannot find symbol 또는 cannot resolve symbol

지정된 변수나 메서드를 찾을 수 없다는 뜻으로 선언되지 않은 변수나 메서드를 사용하거나, 변수 또는 메서드의 이름을 잘못 사용한 경우에 발생한다. 자바에서는 대소문자 구분을 하기 때문에 철자 뿐 만아니라 대소문자의 일치여부도 꼼꼼하게 확인해야한다.

2. ';' expected

세미콜론';'이 필요한 곳에 없다는 뜻이다. 자바의 모든 문장의 끝에는 ';'을 붙여주어야 하는데 가끔 이를 잊고 실수하기 쉽다.

3. Exception in thread "main" java.lang.NoSuchMethodError: main

'main메서드를 찾을 수 없다.'는 뜻인데 실제로 클래스 내에 main메서드가 존재하지 않거나 메서드의 선언부 'public static void main(String[ ] args)'에 오타가 존재하는 경우에 발생한다.

이 에러의 해결방법은 main메서드가 클래스에 정의되어 있는지 확인하고, 정의되어 있다면 main메서드의 선언부에 오타가 없는지 확인한다. 자바는 대소문자를 구별하므로 대소문자의 일치여부까지 정확히 확인해야한다.

> **참고** args는 매개변수의 이름이므로 args 대신 argv나 arg와 같이 다른 이름을 사용할 수 있다.

4. Exception in thread "main" java.lang.NoClassDefFoundError: Hello

'Hello라는 클래스를 찾을 수 없다.'는 뜻이다. 클래스 'Hello'의 철자, 특히 대소문자를 확인해보고 이상이 없으면 클래스파일(*.class)이 생성되었는지 확인한다.

예를 들어 'Hello.java'가 정상적으로 컴파일 되었다면 클래스파일 'Hello.class'가 있어야한다. 클래스파일이 존재하는데도 동일한 메시지가 반복해서 나타난다면 클래스패스(classpath)의 설정이 바르게 되었는지 다시 확인해보자.

5. illegal start of expression

직역하면 문장(또는 수식, expression)의 앞부분이 문법에 맞지 않는다는 의미인데, 간단히 말해서 문장에 문법적 오류가 있다는 뜻이다. 괄호'(' 나 '{'를 열고서 닫지 않거나, 수식이나 if문, for문 등에 문법적 오류가 있을 때 또는 public이나 static과 같은 키워드를 잘못 사용한 경우에도 발생한다. 에러가 발생한 곳이 문법적으로 옳은지 확인하라.

6. class, interface, or enum expected

이 메시지의 의미는 '키워드 class나 interface 또는 enum이 없다.'이지만, 보통 괄호 '{' 또는 '}'의 개수가 일치 하지 않는 경우에 발생한다. 열린괄호'{'와 닫힌괄호'}'의 개수가 같은지 확인하자.

마지막으로 한 가지 더 얘기하고 싶은 것은 에러가 발생했을 때, 어떻게 해결할 것인가에 대한 방법이다. 아주 간단하고 당연한 내용이라서 다소 실망스럽게 느껴질지도 모르지만, 막상 실제 에러가 발생했을 때 아래의 순서대로 처리해보면 도움이 될 것이다.

> 1. 에러 메시지를 잘 읽고 해당 부분의 코드를 살펴본다.
>   이상이 없으면 해당 코드의 주위(윗줄과 아래 줄)도 함께 살펴본다.
>
> 2. 그래도 이상이 없으면 에러 메시지는 잊어버리고 기본적인 부분을 재확인한다.
>   대부분의 에러는 사소한 것인 경우가 많다.
>
> 3. 의심이 가는 부분을 주석처리하거나 따로 떼어내서 테스트 한다.

에러 메시지가 실제 에러와는 관계없는 내용일 때도 있지만, 대부분의 경우 에러 메시지만 잘 이해해도 문제가 해결되는 경우가 많으므로 에러 해결을 위해서 제일 먼저 해야 할 일은 에러 메시지를 잘 읽는 것임을 명심하자.

이 책에 소개하는 모든 예제와 학습 자료는 깃헙(github.com)에 올려놓았으며, 깃헙에서 이 자료들을 다운로드받는 방법에 대해서 단계별로 자세히 설명하겠다.

> **참 고**　동영상강좌는 유튜브(youtube.com)에서 '자바의정석기초'라고 검색하면 찾을 수 있다.

1 깃헙(github.com)을 방문해서, 사이트 상단의 검색창에 'javajungsuk_basic'이라고 입력해서 검색한다.

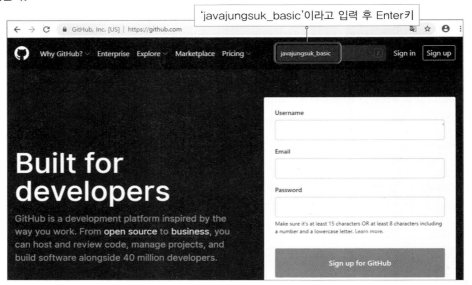

2 아래와 같은 검색결과가 나오면, 'castello/javajungsuk_basic'를 클릭한다.

3 화면 우측 중간의 'Clone or download'버튼을 누르면, 'Download ZIP'버튼이 나타난다. 이 버튼을 클릭하면 다운로드가 시작된다.

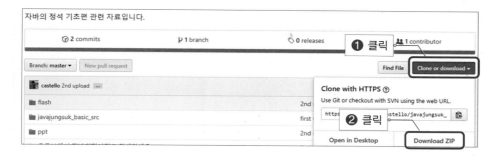

4 다운로드가 완료되면, 다운로드 폴더에 'javajungsuk_basic-master.zip'파일을 찾을 수 있다. 이 파일을 더블 클릭한다.

그러면 아래와 같이 'javajungsuk_basic-master'라는 폴더가 나오는데 이 폴더를 바탕화면으로 드래그 한다.

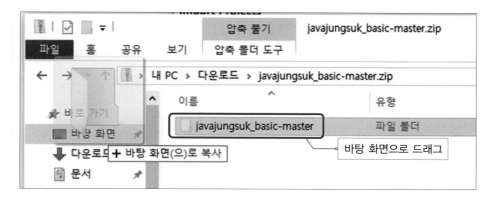

이제 앞서 깃헙에서 다운로드 받은 파일을 이클립스로 가져오는 방법에 대해서 알아볼 것이다. 일단 이클립스를 실행하자.

1 패키지 익스플로러(Package Explorer)의 빈 공간에서 우클릭한 다음, 'import...'를 클릭한다.

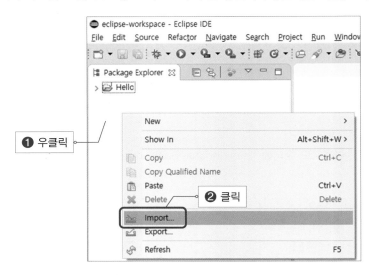

2 아래의 화면이 나타나면, 'General'항목 아래의 'Existing Projects into Workspace'를 클릭하고 'Next >'버튼을 누른다.

3 이클립스로 import할 프로젝트가 담긴 폴더를 지정하기 위해 아래의 화면에서 'Browse...'버튼을 누른다.

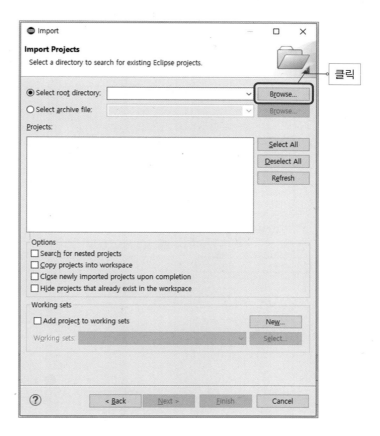

4 바탕화면에 있는 'javajungsuk_basic-master'폴더 안의 'javajungsuk_basic_src'폴터를 클릭하고, '폴더 선택'버튼을 누른다.

5 지정된 프로젝트를 이클립스의 워크스페이스로 복사하기 위해 'Copy projects into workspace'를 체크하고 'Finish'버튼을 누른다.

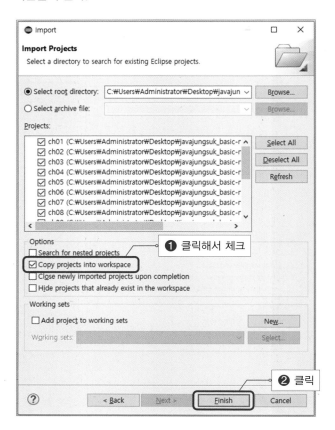

6 패키지 익스플로러에서 아래의 왼쪽 그림과 같이 보여야 한다. 만일 2장 첫번째 예제의 소스파일을 보려면, ch02 프로젝트를 더블 클릭해서, src폴더안의 디폴트 패키지(default package)에 있는 Ex2_1.java를 더블 클릭하면 된다.

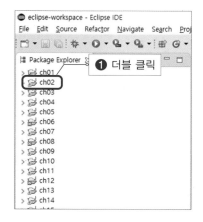
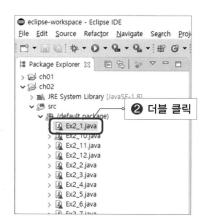

이클립스에서 작성한 프로젝트를 다른 사람에게 전달해야할 때가 있다. 그럴 때는 전과 반대로 특정 프로젝트를 압축 파일로 익스포트(export)할 수 있다. 이 압축 파일을 옮긴 다음에 앞서 배운 것 처럼 이클립스에서 임포트(import)하면 된다.

1 패키지 익스플로러(Package Explorer)의 빈 공간에서 우클릭한 다음, 'Export...'를 클릭한다.

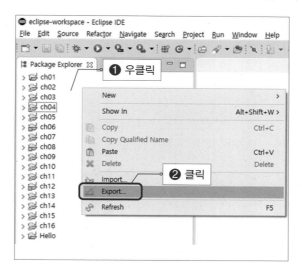

2 아래의 화면이 나타나면, 'General'항목 아래의 'Archive File'을 클릭하고 'Next 〉'버튼을 누른다.

3 아래 화면의 좌측에서 익스포트(export)할 프로젝트를 골라서 체크한 다음에 'Browse...'버튼을
클릭한다.

참고 'Select All'버튼을 클릭하면 모든 프로젝트가 체크되고 'Deselect All'버튼을 클릭하면 모든 선택이 해제 된다.

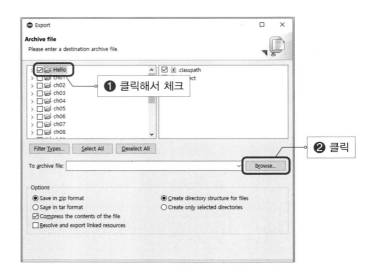

4 아래와 같은 화면이 나타나면, 익스포트한 프로젝트를 저장할 위치와 파일이름을 지정하고 '저장'
버튼을 누른다.

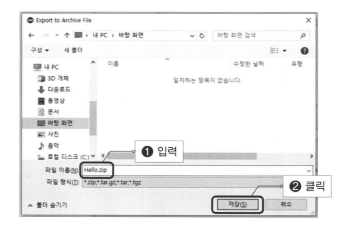

5 프로젝트가 익스포트될 파일의 경로와 이름을 확인한 후에 'Finish'버튼을 누른다. 아래 화면의 경우, 바탕화면에 'Hello.zip'이라는 파일 이름으로 저장될 것이다.

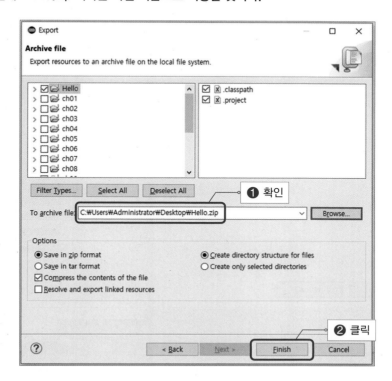

MEMO

CHAPTER

2

변수

Variable

화면에 글자를 출력할 때는 System.out.print( )을 사용한다. 괄호( ) 안에 출력하고자 하는 내용을 넣으면 된다.

```
System.out.print("Hello, world"); // 화면에 Hello, world를 출력
System.out.print(3+5);            // 화면에 8을 출력
System.out.print("3+5");          // 화면에 3+5를 출력
```

위의 코드에서 알 수 있듯이 괄호( ) 안에 숫자를 넣으면 계산된 결과가 출력되지만 큰따옴표 " " 안에 넣은 내용은 글자로 간주되어 계산되지 않고 있는 그대로 출력된다.

System.out.print( ) 외에도 System.out.println( )이 있는데, 이 둘의 차이는 아래와 같다.

```
System.out.print()    괄호 안의 내용을 출력하고 줄바꿈을 하지 않는다.
System.out.println()  괄호 안의 내용을 출력하고 줄바꿈을 한다.
```

줄바꿈을 하지 않으면, 이전에 출력된 내용 바로 뒤에 이어서 출력된다.

다음의 예제들을 실행해서 배운 내용을 직접 확인해 보자.

주의 자바는 대소문자를 구분한다. System을 system으로 입력하지 않도록 주의하자.

예제 2-1
```
class Ex2_1 {
    public static void main(String args[]) {
        System.out.println("Hello, world");// 화면에 Hello, world를 출력하고 줄바꿈 한다.
        System.out.print("Hello");          // 화면에 Hello를 출력하고 줄바꿈 안한다.
        System.out.println("World");        // 화면에 World를 출력하고 줄바꿈 한다.
    }
}
```
결과
```
Hello, world
HelloWorld
```

예제 2-2
```
class Ex2_2 {
    public static void main(String args[]) {
        System.out.println("Hello, world");  // 화면에 Hello, world가 출력된다.
        System.out.print("3+5=");             // 화면에 3+5=를 출력하고 줄바꿈 안한다.
        System.out.println(3+5);              // 화면에 8이 출력된다.
    }
}
```
결과
```
Hello, world
3+5=8
```

02 덧셈 뺄셈 계산하기

사칙연산($+, -, *, /$)이 포함된 식(式, expression)의 결과를 화면에 출력하려면, 앞서 배운 것과 같이 괄호 안에 식을 넣기만 하면 된다.

```
System.out.println(5+3);        // 5+3의 결과인 8이 화면에 출력된다.
```

위의 문장이 수행되는 과정은 다음과 같다.

```
    System.out.println(5+3);        // 괄호 안의 식을 계산한다.
→   System.out.println(8);          // 식이 계산 결과로 바뀌어 8이 화면에 출력된다.
```

덧셈($+$) 외에도 뺄셈($-$), 곱셈($*$), 나눗셈($/$)과 같은 연산자(operator)가 있으며, 자바는 이 외에도 다양한 종류의 연산자를 제공한다. 한 번에 다 소개하기보다 자주 사용되는 것들을 중심으로 조금씩 소개할 것이다.

예제 2-3
```
class Ex2_3 {
    public static void main(String args[]) {
        System.out.println(5+3);        // 화면에 5+3의 결과인 8이 출력된다.
        System.out.println(5-3);        // 화면에 5-3의 결과인 2가 출력된다.
        System.out.println(5*3);        // 화면에 5*3의 결과인 15가 출력된다.
        System.out.println(5/3);        // 화면에 5/3의 결과인 1이 출력된다.
    }
}
```

결과
8
2
15
1

실행결과를 보면 '5/3'의 결과가 왜 1인지 의아할 것이다. 이에 대해서는 곧 자세히 설명할 것이니 지금은 정수 나누기 정수의 결과가 정수라는 정도만 기억해두자.

프로그래밍을 하다 보면 값을 저장해 둘 공간이 필요한데, 그 공간을 변수(variable)라 한다.

변수란? 하나의 값을 저장할 수 있는 저장공간

저장공간, 즉 변수가 필요하다면 먼저 변수를 선언해야 한다. 변수를 선언하는 방법은 다음과 같다.

변수타입 변수이름; // 변수를 선언하는 방법

변수의 타입은 변수에 저장할 값이 어떤 것이냐에 따라 달라지며, 변수의 이름은 저장공간이 서로 구별될 수 있어야 하기 때문에 필요하다. 예를 들어 정수(integer)를 저장할 공간이 필요하다면 다음과 같이 변수를 선언한다.

int x; // 정수(integer)를 저장하기 위한 변수 x를 선언

위의 문장이 수행되면, x라는 이름의 변수(저장공간)가 생기며, 그림으로 그리면 다음과 같다.

그리고 이 변수에 값을 저장할 때는 다음과 같이 한다.

x = 5; // 변수 x에 5를 저장

수학에서는 '='가 같음을 의미하지만, 자바에서는 오른쪽의 값을 왼쪽에 저장하라는 의미의 '대입 연산자(assignment operator)'이다. 혼동하지 않도록 주의하자.

x = 3; // 변수 x에 3을 저장. 기존의 값은 지워진다.

변수는 오직 하나의 값만 저장할 수 있기 때문에, 이미 값이 저장된 변수에 새로운 값을 저장하면 기존의 값은 지워지고 새로 저장된 값만 남는다.

변수의 선언과 대입을 아래의 오른쪽 코드와 같이 한 줄로 간단히 할 수도 있다

```
예제    class Ex2_4 {
2-4       public static void main(String args[]) {
             int x = 5;                   // int x;와 x = 5;를 이처럼 한 줄로 합칠 수 있다.
             System.out.println(x);       // 화면에 x의 값인 5가 출력된다.

             x = 10;                      // 변수 x에 10을 저장. 기존에 저장되어 있던 5는 지워짐.
             System.out.println(x);       // 화면에 x의 값인 10이 출력된다.
          }
      }
```
결과 5
    10

아래의 코드는 예제2-3의 일부인데, 5와 3 대신 다른 숫자의 계산결과를 얻으려면 매번 숫자를 다 바꿔줘야한다.

```
System.out.println(5+3);      // 화면에 5 + 3의 결과인 8이 출력된다.
System.out.println(5-3);      // 화면에 5 - 3의 결과인 2가 출력된다.
System.out.println(5*3);      // 화면에 5 * 3의 결과인 15가 출력된다.
System.out.println(5/3);      // 화면에 5 / 3의 결과인 1이 출력된다.
```

그러나 변수를 이용하면 각 변수에 다른 값만 저장하고 나머지 부분은 바꾸지 않아도 된다.

```
int x = 5;      // 변수에 다른 값을 저장하기만 하면 된다.
int y = 3;      // 변수에 다른 값을 저장하기만 하면 된다.
System.out.println(x+y);
System.out.println(x-y);
System.out.println(x*y);          x, y의 값이 바뀌어도 변경하지 않아도 된다.
System.out.println(x/y);
```

변수를 사용하지 않았을 때 보다 한결 편리하다. 이것만으로도 변수가 왜 필요한지 충분히 이해할 수 있을 것이다.

```
예제    class Ex2_5 {
2-5       public static void main(String args[]) {
             int x = 10;
             int y = 5;
             System.out.println(x+y);
             System.out.println(x-y);
             System.out.println(x*y);
             System.out.println(x/y);
          }
      }
```
결과 15
    5
    50
    2

변수를 선언할 때, 변수에 저장할 값의 종류에 따라 변수의 타입을 선택해야한다. 변수의 타입은 참조형과 8개의 기본형이 있는데, 일단 자주 쓰이는 타입만 소개한다.

분류	변수의 타입	설명
숫자	**int** long	정수(integer)를 저장하기 위한 타입(20억이 넘을 땐 long)
	float **double**	실수(floating-point number)를 저장하기 위한 타입 (float는 오차없이 7자리, double은 15자리)
문자	char	문자(character)를 저장하기 위한 타입
	String	여러 문자(문자열, string)를 저장하기 위한 타입

이 중에서도 아래 4개의 타입만 알아도 프로그래밍을 배우는데 큰 지장이 없다. 각 타입의 변수를 선언한 예는 다음과 같다.

```
int x = 100;        // 정수(integer)를 저장할 변수의 타입은 int로 한다.
double pi = 3.14;   // 실수를 저장할 변수의 타입은 double로 한다.
char ch = 'a';      // 문자(1개)를 저장할 변수의 타입은 char로 한다.
String str = "abc"; // 여러 문자(0~n개)를 저장할 변수의 타입은 String으로 한다.
```

이처럼 변수를 선언할 때 변수의 타입은 변수에 저장할 값의 종류에 맞는 것을 선택해야 한다. 달라도 허용되는 경우가 있지만, 나중에 자세히 설명할 것이다.

예제 2-6

```
class Ex2_6 {
    public static void main(String args[]) {
        int    x = 100;
        double pi = 3.14;
        char   ch = 'a';
        String str = "abc";

        System.out.println(x);
        System.out.println(pi);
        System.out.println(ch);
        System.out.println(str);
    }
}
```

결과
```
100
3.14
a
abc
```

'상수(constant)'는 변수와 마찬가지로 '값을 저장할 수 있는 공간'이지만, 변수와 달리 한번 값을 저장하면 다른 값으로 변경할 수 없다. 상수를 선언하는 방법은 변수와 동일하며, 단지 변수의 타입 앞에 키워드 'final'을 붙여주기만 하면 된다.

```
final int MAX_SPEED = 10;
```

일단 상수에 값이 저장된 후에는 상수의 값을 변경하는 것이 허용되지 않는다.

```
final int MAX_VALUE;    // 정수형 상수 MAX_VALUE를 선언
MAX_VALUE = 100;        // OK. 상수에 처음으로 값 저장
MAX_VALUE = 200;        // 에러. 상수에 저장된 값을 변경할 수 없음.
```

상수의 이름은 모두 대문자로 하는 것이 관례이며, 여러 단어로 이루어져있는 경우 '_'로 구분한다.

리터럴(literal)

원래 12, 123, 3.14, 'A'와 같은 값들이 '상수'인데, 프로그래밍에서는 상수를 '값을 한 번 저장하면 변경할 수 없는 저장공간'으로 정의하였기 때문에 이와 구분하기 위해 상수를 다른 이름으로 불러야만 했다. 그래서 상수 대신 리터럴이라는 용어를 사용한다. 많은 사람들이 리터럴이라는 용어를 어려워하는데, 리터럴은 단지 우리가 기존에 알고 있던 '상수'의 다른 이름일 뿐이다.

> **변수**(variable)　　하나의 값을 저장하기 위한 공간
> **상수**(constant)　　값을 한번만 저장할 수 있는 공간
> **리터럴**(literal)　　그 자체로 값을 의미하는 것

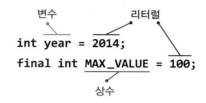

변수에 타입이 있는 것처럼 리터럴에도 타입이 있다. 변수의 타입은 저장될 '값의 타입(리터럴의 타입)'에 의해 결정되므로, 만일 리터럴에 타입이 없다면 변수의 타입도 필요없을 것이다.

종류	리터럴	접미사
논리형	false, true	없음
정수형	123, 0b0101, 077, 0xFF, 100L	L
실수형	3.14, 3.0e8, 1.4f, 0x1.0p-1	f, d
문자형	'A', '1', '\n'	없음
문자열	"ABC", "123", "A", "true"	없음

정수형과 실수형에는 여러 타입이 존재하므로, 리터럴에 접미사를 붙여서 타입을 구분한다. 정수형의 경우, long타입의 리터럴에 접미사 'l' 또는 'L'을 붙이고, 접미사가 없으면 int타입의 리터럴이다. byte와 short타입의 리터럴은 별도로 존재하지 않으며 byte와 short타입의 변수에 값을 저장할 때는 int타입의 리터럴을 사용한다.

　10진수 외에도 2, 8, 16진수로 표현된 리터럴을 변수에 저장할 수 있으며, 16진수라는 것을 표시하기 위해 리터럴 앞에 접두사 '0x' 또는 '0X'를, 8진수의 경우에는 '0'을 붙인다.

```
int octNum = 010;        //   8진수 10,  10진수로 8
int hexNum = 0x10;       //  16진수 10,  10진수로 16
```

그리고 JDK1.7부터 정수형 리터럴의 중간에 구분자'_'를 넣을 수 있게 되어서 큰 숫자를 편하게 읽을 수 있게 되었다.

```
long big = 100_000_000_000L;        // long big = 100000000000L;
long hex = 0xFFFF_FFFF_FFFF_FFFFL;  // long hex = 0xFFFFFFFFFFFFFFFFL;
```

실수형에서는 float타입의 리터럴에 접미사 'f' 또는 'F'를 붙이고, double타입의 리터럴에는 접미사 'd' 또는 'D'를 붙인다.

```
float  pi   = 3.14f;      // 접미사 f 대신 F를 사용해도 된다. 생략불가
double rate = 1.618d;     // 접미사 d 대신 D를 사용해도 된다. 생략가능
```

실수형 리터럴에는 접미사를 붙여서 타입을 구분하며, float타입 리터럴에는 'f'를, double타입 리터럴에는 'd'를 붙인다. 정수형에서는 int가 기본 자료형인 것처럼 실수형에서는 double이 기본 자료형이라서 접미사 'd'는 생략이 가능하다. 접미사 f와 L 두 개는 꼭 기억하자.

07 **문자 리터럴과 문자열 리터럴**

'A'와 같이 작은따옴표로 문자 하나를 감싼 것을 '문자 리터럴'이라고 한다. 두 문자 이상은 큰 따옴표로 감싸야 하며 '문자열 리터럴'이라고 한다.

참 고 문자열은 '문자의 연속된 나열'이라는 뜻이며, 영어로 'string'이라고 한다.

```
char    ch   = 'J';        // char ch = 'Java'; 이렇게 할 수 없다.
String name = "Java";   // 변수 name에 문자열 리터럴 "Java"를 저장
```

char타입의 변수는 단 하나의 문자만 저장할 수 있으므로, 여러 문자(문자열)를 저장하기 위 해서는 String타입을 사용해야 한다.

문자열 리터럴은 "" 안에 아무런 문자도 넣지 않는 것을 허용하며, 이를 빈 문자열(empty string)이라고 한다. 그러나 문자 리터럴은 반드시 '' 안에 하나의 문자가 있어야한다.

```
String str  = "";     // OK. 내용이 없는 빈 문자열
char    ch   = '';     // 에러. '' 안에 반드시 하나의 문자가 필요
char    ch   = ' ';    // OK. 공백 문자(blank)로 변수 ch를 초기화
```

원래 String은 클래스이므로 아래와 같이 객체를 생성하는 연산자 new를 사용해야 하지만 특별히 이와 같은 표현도 허용한다.

```
String name = new String("Java"); // String객체를 생성
String name = "Java";   // 위의 문장을 간단히. 둘의 차이점은 9장에서 자세히 설명
```

숫자 뿐만 아니라 아래와 같이 두 문자열을 합칠 때도 덧셈(+)을 사용할 수 있다.

```
String name = "Ja" + "va";
String str  = name + 8.0;
```

덧셈 연산자(+)는 피연산자가 모두 숫자일 때는 두 수를 더하지만, 피연산자 중 어느 한 쪽이 String이면 나머지 한 쪽을 먼저 String으로 변환한 다음 두 String을 결합한다.

어떤 타입의 변수도 문자열과 덧셈연산을 수행하면 그 결과가 문자열이 되는 것이다.

> 문자열 + any type → 문자열 + **문자열** → 문자열
> any type + 문자열 → **문자열** + 문자열 → 문자열

예를 들어 7 + "7"을 계산할 때 7이 String이 아니므로, 먼저 7을 String으로 변환한 다음 "7"+"7"을 수행하여 "77"을 결과로 얻는다. 다음은 문자열 결합의 몇 가지 예를 보여준다.

```
7 + " " → "7" + " " → "7 "
" " + 7 → " " + "7" → " 7"

7 + "7" → "7" + "7" → "77"

7 + 7 + "" → 14  + "" → "14" + "" → "14"
"" + 7 + 7 → "7" + 7 → "7" + "7" → "77"
```

덧셈 연산자는 왼쪽에서 오른쪽의 방향으로 연산을 수행하기 때문에 결합순서에 따라 결과가 달라진다는 것에 주의하자. 그리고 숫자 7을 문자열 "7"로 변환할 때는 아무런 내용도 없는 빈 문자열("")을 더해주면 된다는 것도 알아두자.

예제 2-7
```
class Ex2_7 {
    public static void main(String[] args) {
        String name = "Ja" + "va";
        String str  = name + 8.0;

        System.out.println(name);
        System.out.println(str);
        System.out.println(7 + " ");
        System.out.println(" " + 7);
        System.out.println(7 + "");
        System.out.println("" + 7);
        System.out.println("" + "");
        System.out.println(7 + 7 + "");
        System.out.println("" + 7 + 7);
    }
}
```

결과
```
Java
Java8.0
7
 7
7
7

14
77
```

09 두 변수의 값 바꾸기

두 변수 x와 y에 저장된 값을 바꾸려면 어떻게 해야 할까?

```
int x = 10;
int y = 20;
```

단순히 x의 값을 y에 저장하고, y의 값을 x에 저장해서는 원하는 결과를 얻을 수 없다. 두 컵에 담긴 내용물을 바꾸려면 빈 컵이 필요한 것처럼, 값을 임시로 저장할 변수가 하나 더 필요하다.

```
int tmp;          // 임시로 값을 저장하기 위한 변수(빈 컵 역할)

tmp = x;          // ① x의 값을 tmp에 저장
x = y;            // ② y의 값을 x에 저장
y = tmp;          // ③ tmp에 저장된 값을 y에 저장
```

```
예제      class Ex2_8 {
2-8          public static void main(String args[]) {
                int x = 10, y = 5;    // int x = 10; int y = 5;를 한 줄로
                System.out.println("x="+x);
                System.out.println("y="+y);

                int tmp = x;      // 1. x의 값을 tmp에 저장
                x = y;            // 2. y의 값을 x에 저장
                y = tmp;          // 3. tmp에 저장된 값을 y에 저장
                System.out.println("x="+x);
                System.out.println("y="+y);
             }
          }
```

```
결과   x=10
       y=5
       x=5
       y=10
```

우리가 주로 사용하는 값(data)의 종류(type)는 크게 '문자와 숫자'로 나눌 수 있으며, 숫자는
다시 '정수와 실수'로 나눌 수 있다.

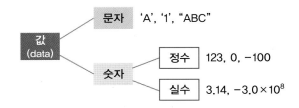

이러한 값(data)의 종류(type)에 따라 값이 저장될 공간의 크기와 저장 형식을 정의한 것이
자료형(data type)이다. 자료형에는 문자형(char), 정수형(byte, short, int, long), 실수형
(float, double) 등이 있으며, 변수를 선언할 때는 저장하려는 값의 특성을 고려하여 가장 알
맞은 자료형을 변수의 타입으로 선택하면 된다.

기본형과 참조형

자료형은 크게 '기본형'과 '참조형' 두 가지로 나눌 수 있는데, 기본형 변수는 실제 값(data)을
저장하는 반면, 참조형 변수는 어떤 값이 저장되어 있는 주소(memory address)를 값으로 갖
는다. 자바는 C언어와 달리 참조형 변수 간의 연산을 할 수 없으므로 실제 연산에 사용되는
것은 모두 기본형 변수이다.

> 참고   메모리에는 1 byte단위로 일련번호가 붙어있는데, 이 번호를 '메모리 주소(memory address)' 또는 간단히 '주
> 소'라고 한다. 객체의 주소는 객체가 저장된 메모리 주소를 뜻한다.

기본형(primitive type)
논리형(boolean), 문자형(char), 정수형(byte, short, int, long), 실수형(float, double)
계산을 위한 실제 값을 저장한다. 모두 8개

참조형(reference type)
객체의 주소를 저장한다. 8개의 기본형을 제외한 나머지 타입.

Q. 자료형(data type)과 타입(type)의 차이가 뭔가요?

A. 기본형은 저장할 값(data)의 종류에 따라 구분되므로 기본형의 종류를 얘기할 때는 '자료형
(data type)'이라는 용어를 씁니다. 그러나 참조형은 항상 '객체의 주소(4 byte 정수)'를 저장하
므로 값(data)이 아닌, 객체의 종류에 의해 구분되므로 참조형 변수의 종류를 구분할 때는 '타입
(type)'이라는 용어를 사용합니다. '타입(type)'이 '자료형(data type)'을 포함하는 보다 넓은 의
미의 용어이므로 굳이 구분하지 않아도 됩니다.

기본형에는 모두 8개의 타입(자료형)이 있으며, 크게 논리형, 문자형, 정수형, 실수형으로 구분된다. 정수형 중에는 int가 기본이고, 실수형에서는 double이 기본이다.

크기 종류	1 byte	2 byte	4 byte	8 byte
논리형	boolean			
문자형		char		
정수형	byte	short	**int**	long
실수형			float	**double**

기본 자료형의 종류와 크기는 반드시 외워야 하며, 아래의 문장들이 도움이 될 것이다.

- ▶ boolean은 true와 false 두 가지 값만 표현할 수 있으면 되므로 가장 작은 크기인 1 byte.
- ▶ char은 자바에서 유니코드(2 byte 문자체계)를 사용하므로 2 byte.
- ▶ byte는 크기가 1 byte라서 byte.
- ▶ int(4 byte)를 기준으로 짧아서 short(2 byte), 길어서 long(8 byte). (short ↔ long)
- ▶ float는 실수값을 부동소수점(**float**ing-point)방식으로 저장하기 때문에 float.
- ▶ double은 float보다 **두 배**의 크기(8 byte)를 갖기 때문에 double.

그리고 각 타입의 변수가 저장할 수 있는 값의 범위는 다음과 같다.

자료형	저장 가능한 값의 범위	크기	
		bit	byte
boolean	false, true	8	1
char	'\u0000' ~ '\uffff' ($0 \sim 2^{16}-1$, 0~65535)	16	2
byte	$-128 \sim 127$ ($-2^7 \sim 2^7-1$)	8	1
short	$-32,768 \sim 32,767$ ($-2^{15} \sim 2^{15}-1$)	16	2
int	$-2,147,483,648 \sim 2,147,483,647$ ($-2^{31} \sim 2^{31}-1$, 약 ±20억)	32	4
long	$-9,223,372,036,854,775,808 \sim 9,223,372,036,854,775,807$($-2^{63} \sim 2^{63}-1$)	64	8
float	1.4E-45 ~ 3.4E38 ($1.4 \times 10^{-45} \sim 3.4 \times 10^{38}$)	32	4
double	4.9E-324 ~ 1.8E308($4.9 \times 10^{-324} \sim 1.8 \times 10^{308}$)	64	8

참고 : float와 double은 양의 범위만 적은 것이다. 음의 범위는 양의 범위에 음수 부호(-)를 붙이면 된다.

각 자료형이 가질 수 있는 값의 범위를 정확히 외울 필요는 없고, 정수형(byte, short, int, long)의 경우 '$-2^{n-1} \sim 2^{n-1}-1$'(n은 bit수)이라는 정도만 기억하고 있으면 된다.
예를 들어 int형의 경우 32 bit(4 byte)이므로 '$-2^{31} \sim 2^{31}-1$'의 범위를 갖는다.

$$2^{10} = 1024 ≒ 10^3 이므로, \quad 2^{31} = 2^{10} \times 2^{10} \times 2^{10} \times 2 = 1024 \times 1024 \times 1024 \times 2 ≒ 2 \times 10^9$$

그래서 int타입의 변수는 대략 10자리 수(약 ±20억)의 값을 저장할 수 있다는 것을 알 수 있다.
7~9자리의 수를 계산할 때는 넉넉하게 long타입(약 19자리)으로 변수를 선언하는 것이 좋다.

지금까지 화면 출력에 사용해온 println( )은 사용하기 편하지만 변수의 값을 그대로 출력하므로, 값을 변환하지 않고는 다른 형식으로 출력할 수 없다. 같은 값이라도 다른 형식으로 출력하고 싶을 때. 예를 들어 소수점 둘째자리까지만 출력하거나 정수를 16진수나 8진수로 출력할 때 printf( )를 사용하면 된다.

printf( )는 '지시자(specifier)'를 통해 변수의 값을 여러 가지 형식으로 변환하여 출력하는 기능을 가지고 있다. '지시자'는 값을 어떻게 출력할 것인지를 지시해주는 역할을 한다. 정수형 변수에 저장된 값을 10진 정수로 출력할 때는 지시자 '%d'를 사용하며, 변수의 값을 지정된 형식으로 변환해서 지시자 대신 넣는다. 예를 들어 int타입의 변수 age의 값이 14일 때, printf( )는 지시자 '%d' 대신 14를 넣어서 출력한다.

```
        System.out.printf("age:%d", age);
    →   System.out.printf("age:%d", 14);
    →   System.out.printf("age:14");          // "age:14"가 화면에 출력된다.
```

만일 출력하려는 값이 2개라면, 지시자도 2개를 사용해야 하며 출력될 값과 지시자의 순서는 일치해야 한다. 물론 3개 이상의 값도 지시자를 지정해서 출력할 수 있으며 개수의 제한은 없다.

```
        System.out.printf("age:%d year:%d", age, year);
    →   System.out.printf("age:%d year:%d",  14, 2019);
```

"age:14 year:2019"이 화면에 출력된다.

println( )과 달리 printf( )는 출력 후 줄바꿈을 하지 않는다. 줄바꿈을 하려면 지시자 '%n'을 따로 넣어줘야 한다.

(참 고)　'%n' 대신 '\n'을 사용해도 되지만, OS마다 줄바꿈 문자가 다를 수 있기 때문에 '%n'을 사용하는 것이 더 안전하다.

```
        System.out.printf("age:%d", age);      // 출력 후 줄바꿈을 하지 않는다.
        System.out.printf("age:%d%n", age);    // 출력 후 줄바꿈을 한다.
```

printf( )의 지시자 중에서 자주 사용되는 것만 뽑아보면 다음과 같다.

지시자	설명
%d	10진(decimal) 정수의 형식으로 출력
%x	16진(hexa-decimal) 정수의 형식으로 출력
%f	부동 소수점(floating-point)의 형식으로 출력
%c	문자(character)로 출력
%s	문자열(string)로 출력

13 printf를 이용한 출력 예제

예제 2-9

```
class Ex2_9 {
    public static void main(String[] args) {
        String url = "www.codechobo.com";
        float f1 = .10f;    // 0.10, 1.0e-1
        float f2 = 1e1f;    // 10.0, 1.0e1, 1.0e+1
        float f3 = 3.14e3f;
        double d = 1.23456789;
        System.out.printf("f1=%f, %e, %g%n", f1, f1, f1);
        System.out.printf("f2=%f, %e, %g%n", f2, f2, f2);
        System.out.printf("f3=%f, %e, %g%n", f3, f3, f3);
        System.out.printf("d=%f%n", d);
        System.out.printf("d=%14.10f%n", d); // 전체 14자리 중 소수점 10자리
        System.out.printf("[12345678901234567890]%n");
        System.out.printf("[%s]%n", url);
        System.out.printf("[%20s]%n", url);
        System.out.printf("[%-20s]%n", url); // 왼쪽 정렬
        System.out.printf("[%.8s]%n", url);  // 왼쪽에서 8글자만 출력
    }
}
```

결과
```
f1=0.100000, 1.000000e-01, 0.100000
f2=10.000000, 1.000000e+01, 10.0000
f3=3140.000000, 3.140000e+03, 3140.00
d=1.234568  ← 마지막 자리 반올림됨
d=  1.2345678900
[12345678901234567890]
[www.codechobo.com]
[   www.codechobo.com]
[www.codechobo.com   ]
[www.code]
```

실수형 값의 출력에 사용되는 지시자는 '%f', '%e', '%g'가 있는데, '%f'가 주로 쓰이고 '%e'는 지수형태로 출력할 때, '%g'는 값을 간략하게 표현할 때 사용한다.

'%f'는 기본적으로 소수점 아래 6자리까지만 출력하기 때문에 소수점 아래 7자리에서 반올림한다. 그래서 1.23456789가 1.234568로 출력되었다. 그리고 다음과 같이 전체 자리수와 소수점 아래의 자리수를 지정할 수도 있다.

%전체자리.소수점아래자리f

System.out.printf("d=%14.10f%n", d); // 전체 14자리 중 소수점 아래 10자리

소수점도 한자리를 차지하며, 소수점 아래의 빈자리는 0으로 채우고 정수의 빈자리는 공백으로 채워서 전체 자리수를 맞춘다.

> **참고** 지시자를 '%014.10'으로 지정했다면, 양쪽 빈자리를 모두 0으로 채웠을 것이다.

지시자 '%s'에도 숫자를 추가하면 원하는 만큼의 출력공간을 확보하거나 문자열의 일부만 출력할 수 있다.

```
System.out.printf("[%s]%n",    url); // 문자열의 길이만큼 출력공간을 확보
System.out.printf("[%20s]%n",  url); // 최소 20글자 출력공간 확보.(우측정렬)
System.out.printf("[%-20s]%n", url); // 최소 20글자 출력공간 확보.(좌측정렬)
System.out.printf("[%.8s]%n",  url); // 왼쪽에서 8글자만 출력
```

지정된 숫자보다 문자열의 길이가 작으면 빈자리는 공백으로 출력된다. 공백이 있는 경우 기본적으로 우측 끝에 문자열을 붙이지만, '-'를 붙이면 좌측 끝에 붙인다. 그리고 '.'을 붙이면 문자열의 일부만 출력할 수 있다. 숫자를 직접 바꿔가면서 다양하게 테스트 해보자.

화면으로부터 입력받는 방법은 아직 배우지 않은 것들이 있지만, 본인이 직접 입력을 하면 자 칫 지루할 수 있는 내용이 좀 더 재미있어지지 않을까하는 생각에서 미리 소개 하게 되었다.

　나중에 자세히 배울 테니 지금은 이해하기보다는 가져다 사용하는 정도로만 활용해주었으 면 한다. 먼저 아래의 한 문장을 추가해주자.

```
import java.util.Scanner;   // Scanner클래스를 사용하기 위해 추가
```

그 다음엔 Scanner클래스의 객체를 생성한다.

```
Scanner scanner = new Scanner(System.in); // Scanner클래스의 객체를 생성
```

그리고 nextLine( )이라는 메서드를 호출하면, 입력대기 상태에 있다가 입력을 마치고 '엔터 키(Enter)'를 누르면 입력한 내용이 문자열로 반환된다.

```
String input = scanner.nextLine(); // 입력받은 내용을 input에 저장
int num = Integer.parseInt(input); // 입력받은 내용을 int타입의 값으로 변환
```

만일 입력받은 문자열을 숫자로 변환하려면, Integer.parseInt( )라는 메서드를 이용해야 한 다. 이 메서드는 문자열을 int타입의 정수로 변환한다.

　사실 Scanner클래스에는 nextInt( )나 nextFloat( )와 같이 변환없이 숫자로 바로 입력받을 수 있는 메서드들이 있고, 이 메서드들을 사용하면 문자열을 숫자로 변환하는 수고는 하지 않 아도 된다.

```
int num = scanner.nextInt(); // 정수를 입력받아서 변수 num에 저장
```

예제
2-10

```
import java.util.Scanner;      // Scanner를 사용하기 위해 추가

class Ex2_10 {
    public static void main(String[] args) {
        Scanner scanner = new Scanner(System.in);

        System.out.print("두자리 정수를 하나 입력해주세요.>");
        String input = scanner.nextLine();
        int num = Integer.parseInt(input); // 입력받은 문자열을 숫자로 변환

        System.out.println("입력내용 :"+input);
        System.out.printf("num=%d%n", num);
    }
}
```

결과
두자리 정수를 하나 입력해주세요.>22
입력내용 :22
num=22

실행결과의 22는 이클립스의 콘솔(Console)에 키보드로 입력한 것이며, 22대신 원하는 숫자 를 직접 입력해보자. 만일 입력내용에 문자 또는 기호(특히 공백)가 있으면 오류가 발생한다.

만일 4 bit 2진수의 최대값인 '1111'에 1을 더하면 어떤 결과를 얻을까? 4 bit의 범위를 넘어서는 값이 되기 때문에 에러가 발생할까?

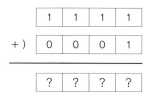

원래 2진수 '1111'에 1을 더하면 '10000'이 되지만, 4 bit로는 4자리의 2진수만 저장할 수 있기 때문에 '0000'이 된다. 즉, 5자리의 2진수 '10000'중에서 하위 4 bit만 저장하게 되는 것이다. 이처럼 연산과정에서 해당 **타입이 표현할 수 있는 값의 범위를 넘어서는 것을 오버플로우(overflow)**라고 한다. 오버플로우가 발생했다고 해서 에러가 발생하는 것은 아니다. 다만 예상했던 결과를 얻지 못할 뿐이다. 애초부터 오버플로우가 발생하지 않게 충분한 크기의 타입을 선택해서 사용해야 한다.

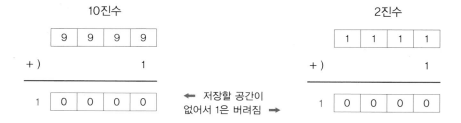

오버플로우는 '자동차 주행표시기(odometer)'나, '계수기(counter)' 등 우리의 일상생활에서도 발견할 수 있는데, 네 자리 계수기라면 '0000'부터 '9999'까지 밖에 표현하지 못하므로 최대값인 '9999' 다음의 숫자는 '0000'이 될 것이다. 원래는 10000이 되어야하는데 다섯 자리는 표현할 수 없어서 맨 앞의 1은 버려지기 때문이다.

그러면 이번엔 반대로 최소값인 '0000'에서 1을 감소시키면 어떤 결과를 얻을까? 0에서 1을 뺄 수 없으므로 '0000' 앞에 저장되지 않은 1이 있다고 가정하고 뺄셈을 한다. 결과는 아래와 같이 네 자리로 표현할 수 있는 최대값이 된다.

<table>
<tr><td colspan="2" align="center">10진수</td><td></td><td colspan="2" align="center">2진수</td></tr>
</table>

10진수		2진수
1 [0][0][0][0]	← 저장되지 않은 1이 있다고 가정 →	1 [0][0][0][0]
-) 1		-) 1
[9][9][9][9]		[1][1][1][1]

이는 마치 계수기를 거꾸로 돌리는 것과 같다. '0000'에서 정방향으로 돌리면 '0001'이 되지만 역방향으로 돌리면 '9999'가 되는 것이다.

 TV의 채널을 증가시키다가 마지막 채널에서 채널을 더 증가시키면 첫 번째 채널로 이동하고, 첫번째 채널에서 채널을 감소시키면 마지막 채널로 이동하는 것과 유사하다.

그래서 정수형 타입이 표현할 수 있는 최대값에 1을 더하면 최소값이 되고, 최소값에서 1을 빼면 최대값이 된다.

> **최대값 + 1 → 최소값**
>
> **최소값 - 1 → 최대값**

아래 그림과 같이 최소값과 최대값을 이어 놓았다고 생각하면 오버플로우의 결과를 더 이해하기 쉽다.

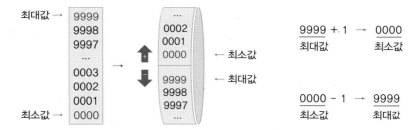

위의 그림을 2진수로 바꾸면 다음과 같다.

4 bit 2진수의 최소값인 '0000'부터 시작해서 1씩 계속 증가하다 최대값인 '1111'을 넘으면 다시 '0000'이 된다. 그래서 값을 1씩 무한히 증가시켜도 '0000'과 '1111'의 범위를 벗어나지 않게 된다.

부호있는 정수의 오버플로우

부호없는 정수와 부호있는 정수는 표현범위 즉, 최대값과 최소값이 다르기 때문에 오버플로우가 발생하는 시점이 다르다. 부호없는 정수는 2진수로 '0000'이 될 때 오버플로우가 발생하고, 부호있는 정수는 부호비트가 0에서 1이 될 때 오버플로우가 발생한다.

부호없는 10진수	2진수	부호있는 10진수	
...	...	...	
7	0111	7 ← 최대값	} 오버플로우 발생
8	1000	-8 ← 최소값	
9	1001	-7	
10	1010	-6	
11	1011	-5	
12	1100	-4	
13	1101	-3	
14	1110	-2	
최대값 → 15	1111	-1	
최소값 → 0	0000	0	
...	...	...	

오버플로우 발생 { (최대값 → 15, 최소값 → 0)

부호없는 정수(4 bit)의 경우 표현범위가 '0~15'이므로 이 값이 계속 반복되고, 부호있는 정수(4 bit)의 경우 표현범위가 '-8~7'이므로 이 값이 무한히 반복된다.

$$\underset{\text{최대값}}{15} + 1 \rightarrow \underset{\text{최소값}}{0}$$

$$\underset{\text{최소값}}{0} - 1 \rightarrow \underset{\text{최대값}}{15}$$

$$\underset{\text{최대값}}{7} + 1 \rightarrow \underset{\text{최소값}}{-8}$$

$$\underset{\text{최소값}}{-8} - 1 \rightarrow \underset{\text{최대값}}{7}$$

```
class Ex2_11 {
    public static void main(String[] args) {
        short sMin = -32768,  sMax = 32767;
        char  cMin = 0,       cMax = 65535;

        System.out.println("sMin  = " + sMin);
        System.out.println("sMin-1= " + (short)(sMin-1));
        System.out.println("sMax  = " + sMax);
        System.out.println("sMax+1= " + (short)(sMax+1));
        System.out.println("cMin  = " + (int)cMin);
        System.out.println("cMin-1= " + (int)--cMin);
        System.out.println("cMax  = " + (int)cMax);
        System.out.println("cMax+1= " + (int)++cMax);
    }
}
```

```
결과 sMin   = -32768
     sMin-1= 32767
     sMax   = 32767
     sMax+1= -32768
     cMin   = 0
     cMin-1= 65535
     cMax   = 65535
     cMax+1= 0
```

short타입과 char타입의 최대값과 최소값에 1을 더하거나 뺀 결과를 출력하였다. 실행결과를
좀더 이해하기 쉽게 정리하면 다음과 같다.

$$
\begin{array}{ccc}
\textbf{sMin} - \textbf{1} & \rightarrow & \textbf{sMax} \\
-32768 & & 32767
\end{array} \quad // \text{최소값 - 1} \rightarrow \text{최대값}
$$

$$
\begin{array}{ccc}
\textbf{sMax} + \textbf{1} & \rightarrow & \textbf{sMin} \\
32767 & & -32768
\end{array} \quad // \text{최대값 + 1} \rightarrow \text{최소값}
$$

$$
\begin{array}{ccc}
\textbf{cMin} - \textbf{1} & \rightarrow & \textbf{cMax} \\
0 & & 65535
\end{array} \quad // \text{최소값 - 1} \rightarrow \text{최대값}
$$

$$
\begin{array}{ccc}
\textbf{cMax} + \textbf{1} & \rightarrow & \textbf{cMin} \\
65535 & & 0
\end{array} \quad // \text{최대값 + 1} \rightarrow \text{최소값}
$$

최소값에서 1을 빼면 최대값이 되고, 최대값에 1을 더하면 최소값이 된다는 것을 알 수 있다.

개수	부호	char(부호X)		2진수(16 bit)	short(부호O)	부호
65536개 (2^{16}개)	0 (1개)	최소값 →	0	0000000000000000	0	0 (1개)
	양수 (2^{16}-1개, 65535개)		1	0000000000000001	1	양수 (2^{15}-1개, 32767개)
			...	...	...	
			32766	0111111111111110	32766	
			32767	0111111111111111	32767 ← 최대값	
			32768	1000000000000000	-32768 ← 최소값	음수 (2^{15}개, 32768개)
			32769	1000000000000001	-32767	
			...	...	...	
			65534	1111111111111110	-2	
			최대값 → 65535	1111111111111111	-1	

17 **타입 간의 변환방법**

타입 간의 변환은 프로그램에서 자주 사용되므로 반드시 정리해서 알아둘 필요가 있다.

1. 숫자를 문자로 변환 – 숫자에 '0'을 더한다.
   (char)(3 + '0') ➡ **'3'**

2. 문자를 숫자로 변환 – 문자에서 '0'을 뺀다.
   '3' - '0' ➡ **3**

3. 숫자를 문자열로 변환 – 숫자에 빈 문자열("")을 더한다.
   3 + "" ➡ **"3"**

4. 문자열을 숫자로 변환 – Integer.parseInt( ) 또는 Double.parseDouble( )을 사용한다.
   Integer.parseInt("3") ➡ **3**
   Double.parseDouble("3.14") ➡ **3.14**

5. 문자열을 문자로 변환 – charAt(0)을 사용한다.
   "3".charAt(0) ➡ **'3'**

6. 문자를 문자열로 변환 – 빈 문자열("")을 더한다.
   '3' + "" ➡ **"3"**

예제
2-12

```
class Ex2_12 {
    public static void main(String args[]) {
        String str = "3";

        System.out.println(str.charAt(0) - '0');
        System.out.println('3' - '0' + 1);
        System.out.println(Integer.parseInt("3") + 1);
        System.out.println("3" + 1);
        System.out.println((char)(3 + '0'));
    }
}
```

결과
```
3
4
4
31
3
```

연습문제

2-1 다음 표의 빈칸에 8개의 기본형(primitive type)을 알맞은 자리에 넣으시오.

종류 ＼ 크기	1 byte	2 byte	4 byte	8 byte
논리형				
문자형				
정수형				
실수형				

2-2 다음 중 키워드가 아닌 것은?(모두 고르시오)

① if   ② True   ③ NULL   ④ Class   ⑤ System

2-3 char타입(2 byte)의 변수에 저장될 수 있는 정수 값의 범위는? (10진수로 적으시오)

2-4 다음 중 변수를 잘못 초기화 한 것은? (모두 고르시오)

① byte b = 256;
② char c = '';
③ char answer = 'no';
④ float f = 3.14
⑤ double d = 1.4e3f;

2-5 다음의 문장에서 리터럴, 변수, 상수, 키워드를 적으시오.

```
int  i = 100;
long l = 100L;
final float PI = 3.14f;
```

– 리터럴 :   – 키워드 :

– 변수 :   – 상수 :

2-6 다음 중 기본형(primitive type)이 아닌 것은?

① int
② Byte
③ double
④ boolean

2-7 다음 문장들의 출력결과를 적으세요. 오류가 있는 문장의 경우, 괄호 안에 '오류'라고 적으시오.

① `System.out.println("1" + "2")` → (   )
② `System.out.println(true + "")`   → (   )
③ `System.out.println('A' + 'B')`   → (.   )
④ `System.out.println('1' + 2)`   → (   )
⑤ `System.out.println('1' + '2')`   → (   )
⑥ `System.out.println('J' + "ava")` → (   )
⑦ `System.out.println(true + null)` → (   )

2-8 아래는 변수 x, y, z의 값을 서로 바꾸는 예제이다. 결과와 같이 출력되도록 (1)에 알맞은 코드를 넣으시오.

```java
public class Exercise2_8 {
    public static void main(String[] args) {
        int x = 1;
        int y = 2;
        int z = 3;

        /*
                (1) 알맞은 코드를 넣어 완성하시오.
        */

        System.out.println("x=" + x);
        System.out.println("y=" + y);
        System.out.println("z=" + z);
    }
}
```

결과
```
x=2
y=3
z=1
```

연산자

operator

연산자는 '연산을 수행하는 기호'를 말한다. 예를 들어 '+'기호는 덧셈 연산을 수행하며, '덧셈 연산자'라고 한다. 자바에서는 사칙연산(+, −, *, /)을 비롯해서 다양한 연산자를 제공한다. 연산자가 연산을 수행하려면 반드시 연산의 대상이 있어야하는데, 이것을 '피연산자(operand)'라고 한다.

다음과 같이 'x + 3'이라는 식(式)이 있을 때, '+'는 두 피연산자를 더해서 그 결과를 반환하는 덧셈 연산자이고, 변수 x와 상수 3은 이 연산자의 피연산자이다.

이처럼 덧셈 연산자 '+'는 두 값을 더한 결과를 반환하므로, 두 개의 피연산자를 필요로 한다. 연산자는 피연산자로 연산을 수행하고 나면 항상 결과값을 반환한다. 예를 들어 x의 값이 5일 때, 덧셈 연산 'x + 3'의 결과값은 8이 된다.

연산자와 피연산자를 조합하여 계산하고자 하는 바를 표현한 것을 '식(式, expression)'이라고 한다. 그리고 식을 계산하여 결과를 얻는 것을 '식을 평가(evaluation)한다'고 한다. 하나의 식을 평가(계산)하면, 단 하나의 결과를 얻는다. 만일 x의 값이 5라면, 아래의 식을 평가한 결과는 23이 된다.

```
    4 * x + 3
→   4 * 5 + 3
→   23
```

식이 평가되어 23이라는 결과를 얻었지만, 이 값이 어디에도 쓰이지 않고 사라지기 때문에 이 식은 아무런 의미가 없다. 그래서 아래와 같이 대입 연산자'='를 사용해서 변수와 같이 값을 저장할 수 있는 공간에 결과를 저장해야 한다.

```
y = 4 * x + 3;          // x의 값이 5라면, y의 값은 23이 된다.
System.out.println(y);  // y의 값인 23이 화면에 출력된다.
```

그 다음에 변수 y에 저장된 값을 다른 곳에 사용하거나 화면에 출력함으로써 의미있는 결과를 얻을 수 있다. 만일 식의 평가결과를 출력하기만 원할 뿐, 이 값을 다른 곳에 사용하지 않을 것이면 아래처럼 변수에 저장하지 않고 println메서드의 괄호( ) 안에 직접 식을 써도 된다.

```
    System.out.println(4 * x + 3);   // x의 값이 5라고 가정하면
→   System.out.println(23);
```

배워야할 연산자의 개수가 많아서 부담스러울 수 있는데, 기능이 비슷한 것들끼리 묶어놓고 보면 몇 종류 안 된다.

종류	연산자	설 명
산술 연산자	+ - * / % << >>	사칙 연산과 나머지 연산(%)
비교 연산자	> < >= <= == !=	크고 작음과 같고 다름을 비교
논리 연산자	&& || ! & | ^ ~	'그리고(AND)'와 '또는(OR)'으로 조건을 연결
대입 연산자	=	우변의 값을 좌변에 저장
기 타	(type) ?: instanceof	형변환 연산자, 삼항 연산자, instanceof연산자

피연산자의 개수로 연산자를 분류하기도 하는데, 피연산자의 개수가 하나면 '단항 연산자', 두 개면 '이항 연산자', 세 개면 '삼항 연산자'라고 부른다. 대부분의 연산자는 '이항 연산자' 이다.

위의 식에는 두 개의 연산자가 포함되어 있는데, 둘 다 같은 기호'-'로 나타내지만 엄연히 다른 연산자이다. 왼쪽의 것은 '부호 연산자'이고, 오른쪽의 것은 '뺄셈 연산자'이다. 이처럼 서로 다른 연산자의 기호가 같은 경우도 있는데, 이럴 때는 피연산자의 개수로 구분이 가능하다.

'부호 연산자'는 단항 연산자로 피연산자가 '3' 한 개뿐이지만, '뺄셈 연산자'는 이항 연산자로 피연산자가 '-3'과 '5' 두 개이다.

　이처럼 연산자를 기능별, 피연산자의 개수별로 나누어 분류하는 것은 곧이어 배우게 될 '연산자의 우선순위' 때문이기도 하다. 연산자마다 우선순위가 다르지만, 같은 종류의 연산자들은 우선순위가 비슷하기 때문에 각 종류별로 우선순위를 외우면 기억하기 더 쉽다.

식에 사용된 연산자가 둘 이상인 경우, 연산자의 우선순위에 의해서 연산순서가 결정된다. 곱셈과 나눗셈(*, /)은 덧셈과 뺄셈(+, −)보다 우선순위가 높다는 것은 이미 수학에서 배워서 알고 있을 것이다. 그래서 아래의 식은 '3 * 4'가 먼저 계산된 다음, 그 결과에 5를 더해서 17을 결과로 얻는다.

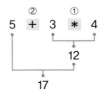

이처럼 연산자의 우선순위는 대부분 상식적인 선에서 해결된다. 아래의 표를 통해 이 사실을 한번 확인해 보자.

식	설 명
-x + 3	단항 연산자가 이항 연산자보다 우선순위가 높다. 그래서 x의 부호를 바꾼 다음 덧셈이 수행된다. 여기서 '−'는 뺄셈 연산자가 아니라 부호 연산자이다.
x + 3 * y	곱셈과 나눗셈이 덧셈과 뺄셈보다 우선순위가 높다. 그래서 '3 * y'가 먼저 계산된다.
x + 3 > y - 2	비교 연산자(>)보다 산술 연산자 '+'와 '−'가 먼저 수행된다. 그래서 'x + 3'과 'y − 2'가 먼저 계산된 다음에 '>'가 수행된다.
x > 3 && x < 5	논리 연산자 '&&'보다 비교 연산자가 먼저 수행된다. 그래서 'x > 3'와 'x < 5'가 먼저 계산된 다음에 '&&'가 수행된다. 식의 의미는 'x가 3보다 크고 5보다 작다'이다.
result = x + y * 3;	대입 연산자는 연산자 중에서 제일 우선순위가 낮다. 그래서 우변의 최종 연산결과가 변수 result에 저장된다.

04 **연산자의 결합규칙**

하나의 식에 같은 우선순위의 연산자들이 여러 개 있는 경우, 어떤 순서로 연산을 수행할까? 우선순위가 같다고 해서 아무거나 먼저 처리하는 것은 아니고 나름대로의 규칙을 가지고 있는데, 그 규칙을 '연산자의 결합규칙'이라고 한다.

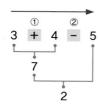

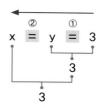

(a) 연산자의 결합규칙이 왼쪽에서 오른쪽인 경우   (b) 연산자의 결합규칙이 오른쪽에서 왼쪽인 경우

위 그림의 (a)에서 수식 '3 + 4 − 5'는 덧셈연산자 '+'의 결합방향이 왼쪽에서 오른쪽이므로 수식의 왼쪽에 있는 '3 + 4'를 먼저 계산하고, 그 다음에 '3 + 4'의 연산결과인 7과 5의 뺄셈을 수행한다. (b)에서 대입 연산자는 연산자의 결합규칙이 오른쪽에서 왼쪽이므로 수식 'x = y = 3'에서 오른쪽의 대입연산자부터 처리한다.

따라서 'y = 3'이 먼저 수행되어서 y에 3이 저장되고 그 다음에 'x = 3'이 수행되어 x에도 3이 저장된다.

```
      x = y = 3
  →   x = 3
  →   3
```

앞서 모든 연산자는 연산결과를 갖는다고 했는데, 대입 연산자도 예외는 아니다. 대입 연산자는 우변의 값을 좌변에 저장하고, 저장된 값을 연산결과로 반환한다. 그래서 'y = 3'의 연산결과가 3이 되는 것이다.

> 1. 산술 〉비교 〉논리 〉대입. 대입은 제일 마지막에 수행된다.
> 2. 단항(1) 〉이항(2) 〉삼항(3). 단항 연산자의 우선순위가 이항 연산자보다 높다.
> 3. 단항 연산자와 대입 연산자를 제외한 모든 연산의 진행방향은 왼쪽에서 오른쪽이다.

예제 3-1

```
class Ex3_1 {
    public static void main(String[] args) {
        int x, y;

        x = y = 3; // y에 3이 저장된 후에, x에 3이 저장된다.
        System.out.println("x=" + x);
        System.out.println("y=" + y);
    }
}
```

결과
```
x=3
y=3
```

증감 연산자는 피연산자에 저장된 값을 1 증가 또는 감소시킨다. 증감 연산자의 피연산자로 정수와 실수가 모두 가능하지만, 상수는 값을 변경할 수 없으므로 가능하지 않다.

> **참고** 증감 연산자는 일반 산술 변환에 의한 자동 형변환이 발생하지 않으며, 연산결과의 타입은 피연산자의 타입과 같다.

> **증가 연산자(++)** 피연산자의 값을 1 증가시킨다.
> **감소 연산자(−−)** 피연산자의 값을 1 감소시킨다.

일반적으로 단항 연산자는 피연산자의 왼쪽에 위치하지만, 증가 연산자 '++'와 감소 연산자 '−−'는 양쪽 모두 가능하다. 피연산자의 왼쪽에 위치하면 '전위형(prefix)', 오른쪽에 위치하면 '후위형(postfix)'이라고 한다.

타입	설명	사용예
전위형	값이 참조되기 **전에** 증가시킨다.	j = ++i;
후위형	값이 참조된 **후에** 증가시킨다.	j = i++;

그러나 '++i;'와 'i++;'처럼 증감연산자가 수식이나 메서드 호출에 포함되지 않고 독립적인 하나의 문장으로 쓰인 경우에는 전위형과 후위형의 차이가 없다.

```
++i;    // 전위형. i의 값을 1 증가시킨다.
i++;    // 후위형. 위의 문장과 차이가 없다.
```

예제 3-2

```
class Ex3_2 {
    public static void main(String args[]) {
        int i=5, j=0;

        j = i++;
        System.out.println("j=i++; 실행 후, i=" + i +", j="+ j);

        i=5;            // 결과를 비교하기 위해, i와 j의 값을 다시 5와 0으로 변경
        j=0;

        j = ++i;
        System.out.println("j=++i; 실행 후, i=" + i +", j="+ j);
    }
}
```

```
결과 j=i++; 실행 후, i=6, j=5
     j=++i; 실행 후, i=6, j=6
```

실행결과를 보면 i의 값은 두 경우 모두 1이 증가되어 6이 되지만, j의 값은 그렇지 않다.

　식을 계산하기 위해서는 식에 포함된 변수의 값을 읽어 와야 하는데, 전위형은 변수(피연산자)의 값을 먼저 증가시킨 후에 변수의 값을 읽어오는 반면, 후위형은 변수의 값을 먼저 읽어온 후에 값을 증가시킨다.

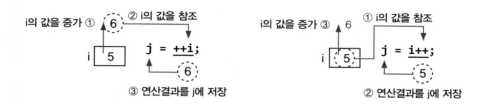

증감 연산자가 포함된 식을 이해하기 어려울 때는 다음과 같이 증감 연산자를 따로 떼어내면 이해하기가 쉬워진다. 전위형의 경우 증감 연산자를 식의 이전으로,

```
j = ++i; // 전위형
```
→
```
++i;    // 증가 후에
j = i;  // 참조하여 대입
```

후위형의 경우 증감 연산자를 식의 이후로 떼어내면 된다.

```
j = i++;  // 후위형
```
→
```
j = i;  // 참조하여 대입 후에
i++;    // 증가
```

다음은 메서드 호출에 증감 연산자가 사용된 예이다.

예제
3-3

```
class Ex3_3 {
    public static void main(String args[]) {
        int i=5, j=5;
        System.out.println(i++);   // i의 값을 출력 후, 1 증가
        System.out.println(++j);   // j의 값을 1 증가 후, 출력
        System.out.println("i = " + i + ", j = " +j);
    }
}
```

결과
```
5
6
i = 6, j = 6
```

```
System.out.println(i++);
System.out.println(++j);
```
↔
```
System.out.println(i);
i++;
++j;
System.out.println(j);
```

부호 연산자'—'는 피연산자의 부호를 반대로 변경한 결과를 반환한다. 피연산자가 음수면 양수, 양수면 음수가 연산의 결과가 된다. 부호 연산자'+'는 하는 일이 없으며, 쓰이는 경우도 거의 없다. 부호 연산자 '—'가 있으니까 형식적으로 '+'를 추가해 놓은 것뿐이다.

　부호 연산자는 boolean형과 char형을 제외한 기본형에만 사용할 수 있다.

> **참고**　부호 연산자는 덧셈, 뺄셈 연산자와 같은 기호를 쓰지만 다른 연산자이다. 기호는 같아도 피연산자의 개수가 달라서 구별이 가능하다.

예제 3-4

```
class Ex3_4 {
    public static void main(String[] args) {
        int i = -10;
        i = +i;
        System.out.println(i);

        i = -10;
        i = -i;
        System.out.println(i);
    }
}
```

결과
-10
10

07 **형변환 연산자**

프로그램을 작성하다 보면 같은 타입뿐만 아니라 서로 다른 타입 간의 연산을 수행해야 하는 경우도 있다. 이럴 때는 연산을 수행하기 전에 타입을 일치시켜야 하는데, 변수나 리터럴의 타입을 다른 타입으로 변환하는 것을 '형변환(casting)'이라고 한다.

> **형변환이란, 변수 또는 상수의 타입을 다른 타입으로 변환하는 것**

형변환 방법은 아주 간단하다. 형변환하고자 하는 변수나 리터럴의 앞에 변환하고자 하는 타입을 괄호와 함께 붙여주기만 하면 된다.

(타입)피연산자

여기에 사용되는 괄호( )는 '캐스트 연산자' 또는 '형변환 연산자'라고 하며, 형변환을 '캐스팅 (casting)'이라고도 한다. 예를 들어 다음과 같은 코드가 있을 때,

```
double d   = 85.4;
int score = (int)d;
```

두 번째 줄의 연산과정을 단계별로 살펴보면 다음과 같다.

```
int score = (int)d;   →   int score = (int)85.4;   →   int score = 85;
```

이 과정에서 알 수 있듯이, 형변환 연산자는 그저 피연산자의 값을 읽어서 지정된 타입으로 형변환하고 그 결과를 반환할 뿐이다. 그래서 피연산자인 변수 d의 값은 형변환 후에도 아무런 변화가 없다.

변 환	수 식	결 과
int → char	(char)65	'A'
char → int	(int)'A'	65
float → int	(int)1.6f	1
int → float	(float)10	10.0f

▲ 표 3-1 형변환의 다양한 예시

예제 3-5
```
class Ex3_5 {
    public static void main(String[] args) {
        double d = 85.4;
        int score = (int) d;
        System.out.println("score=" + score);
        System.out.println("d=" + d);
    }
}
```
결과 score=85
d=85.4 ← 형변환 후에도 피연산자에는 아무런 변화가 없다.

서로 다른 타입 간의 대입이나 연산을 할 때, 먼저 형변환으로 타입을 일치시키는 것이 원칙이다. 하지만, 경우에 따라 편의상의 이유로 형변환을 생략할 수 있다. 그렇다고 해서 형변환이 이루어지지 않는 것은 아니고, 컴파일러가 생략된 형변환을 자동적으로 추가해준다.

> **float f = 1234;**   // float f = (float)1234;에서 (float)가 생략됨

위의 문장에서 우변은 int타입의 상수이고, 이 값을 저장하려는 변수의 타입은 float이다. 서로 타입이 달라서 형변환이 필요하지만 편의상 생략하였다. float타입의 변수는 1234라는 값을 저장하는데 아무런 문제가 없기 때문이다.

   그러나 다음과 같이 변수가 저장할 수 있는 값의 범위보다 더 큰 값을 저장하려는 경우에 형변환을 생략하면 에러가 발생한다.

> **byte b = 1000;**   // 에러. byte타입의 범위(-128 ~ 127)를 벗어난 값의 대입

에러 메시지는 'incompatible types: possible lossy conversion from int to byte'인데, 앞서 배운 것과 같이 큰 타입에서 작은 타입으로의 형변환은 값 손실이 발생할 수 있다는 뜻이다.

   그러나 다음과 같이 명시적으로 형변환 해줬을 경우, 형변환이 프로그래머의 실수가 아닌 의도적인 것으로 간주하고 컴파일러는 에러를 발생시키지 않는다.

> **byte b = (byte)1000;** // OK. 그러나 값 손실이 발생해서 변수 b에는 -24가 저장됨.

형변환을 하는 이유는 주로 서로 다른 두 타입을 일치시키기 위해서인데, 형변환을 생략하면 컴파일러가 알아서 자동적으로 형변환을 한다.

> **"기존의 값을 최대한 보존할 수 있는 타입으로 자동 형변환된다."**

그래서 표현범위가 좁은 타입에서 넓은 타입으로 형변환하는 경우에는 값 손실이 없으므로 두 타입 중에서 표현범위가 더 넓은 쪽으로 형변환된다.

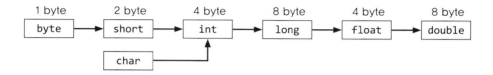

위 그림은 형변환이 가능한 7개의 기본형을 왼쪽부터 오른쪽으로 표현할 수 있는 값의 범위가 작은 것부터 큰 것의 순서로 나열한 것이다.

   화살표 방향으로의 변환, 즉 왼쪽에서 오른쪽으로의 변환은 형변환 연산자를 사용하지 않아도 자동 형변환이 되며, 그 반대 방향으로의 변환은 반드시 형변환 연산자를 써야 한다.

09 **사칙 연산자**

사칙 연산자, 덧셈(+), 뺄셈(−), 곱셈(*), 나눗셈(/)은 아마도 프로그래밍에 가장 많이 사용되는 연산자들 일 것이다. 여러분들이 이미 알고 있는 것처럼 곱셈(*), 나눗셈(/), 나머지(%) 연산자가 덧셈(+), 뺄셈(−) 연산자보다 우선순위가 높으므로 먼저 처리된다.

　그리고 피연산자가 정수형인 경우, 나누는 수로 0을 사용할 수 없다. 만일 0으로 나눈다면, 실행 시에 에러가 발생할 것이다.

예제 3-6

```
class Ex3_6 {
    public static void main(String args[]) {
        int a = 10;
        int b = 4;

        System.out.printf("%d + %d = %d%n",  a, b, a + b);
        System.out.printf("%d - %d = %d%n",  a, b, a - b);
        System.out.printf("%d * %d = %d%n",  a, b, a * b);
        System.out.printf("%d / %d = %d%n",  a, b, a / b);
        System.out.printf("%d / %f = %f%n",  a, (float)b, a / (float)b);
    }
}
```

```
결과  10 + 4 = 14
      10 - 4 = 6
      10 * 4 = 40
      10 / 4 = 2
      10 / 4.000000 = 2.500000
```

두 변수 a와 b에 각각 10과 4를 저장하여 사칙연산을 수행하고 그 결과를 출력하는 예제이다. 한 가지 눈여겨볼 것은 10을 4로 나눈 결과가 2.5가 아닌 2라는 것이다.

int   int   int
10 / 4 → 2   // 소수점 이하는 버려진다.

나누기 연산자의 두 피연산자가 모두 int타입인 경우, 연산결과 역시 int타입이다. 그래서 실제 연산결과는 2.5일지라도 int타입의 값인 2를 결과로 얻는다. int타입은 소수점을 저장하지 못하므로 정수만 남고 소수점 이하는 버려지기 때문이다. 이 때, 반올림이 발생하지 않는다는 점에 주의하자.

그래서 올바른 연산결과를 얻기 위해서는 두 피연산자 중 어느 한 쪽을 실수형으로 형변환해야 한다. 그래야만 다른 한 쪽도 같이 실수형으로 자동 형변환되어 결국 실수형의 값을 결과로 얻는다.

int float   float   float   float
10 / 4.0f → 10.0f / 4.0f → 2.5f

위의 연산과정을 보면, 두 피연산자의 타입이 일치하지 않으므로 int타입보다 범위가 넓은 float타입으로 일치시킨 후에 연산을 수행하는 것을 알 수 있다. 이제 float타입과 float타입의 연산이므로 연산결과 역시 float타입이다.

이항 연산자는 두 피연산자의 타입이 일치해야 연산이 가능하므로, 피연산자의 타입이 서로 다르다면 연산 전에 형변환 연산자로 타입을 일치시켜야한다.

　이처럼 연산 전에 피연산자 타입의 일치를 위해 자동 형변환되는 것을 '산술 변환' 또는 '일반 산술 변환'이라 하며, 이 변환은 이항 연산에서만 아니라 단항 연산에서도 일어난다. '산술 변환'의 규칙은 다음과 같다.

　① 두 피연산자의 타입을 같게 일치시킨다.(보다 큰 타입으로 일치)
```
long   + int   → long   + long   → long
float  + int   → float  + float  → float
double + float → double + double → double
```

　② 피연산자의 타입이 int보다 작은 타입이면 int로 변환된다.
```
byte + short → int + int → int
char + short → int + int → int
```

첫 번째 규칙은 앞서 자동 형변환에서 배운 것처럼 피연산자의 값손실을 최소화하기 위한 것이고, 두 번째 규칙은 int보다 작은 타입, 예를 들면 char나 short의 표현범위가 좁아서 연산 중에 오버플로우(overflow)가 발생할 가능성이 높기 때문에 있는 것이다.

　여기서 한 가지 주목해야할 점은 연산결과의 타입인데, 연산결과의 타입은 피연산자의 타입과 일치한다. 예를 들어 int와 int의 나눗셈 연산결과는 int이다.

```
int / int  →  int
 5  /  2   →   2
```

그래서 아래의 식 '5 나누기 2'의 결과가 2.5가 아닌 2이다. 위의 식에서 2.5라는 실수를 결과로 얻으려면, 피연산자 중 어느 한 쪽을 float와 같은 실수형으로 형변환해야 한다. 그러면, 다른 한 쪽은 일반 산술 변환의 첫 번째 규칙에 의해 자동적으로 형변환되어 두 피연산자 모두 실수형이 되고, 연산결과 역시 실수형의 값을 얻을수 있다.

```
int / (float)int  →  int / float  →  float / float  →  float
 5  / (float)2    →   5  / 2.0f   →  5.0f / 2.0f    →  2.5f
```

결국 산술 변환이란, 그저 연산 직전에 발생하는 자동 형변환일 뿐이다. 어렵게 생각하지 말자.

예제 3-7
```
class Ex3_7 {
    public static void main(String[] args) {
        System.out.println(5/2);
        System.out.println(5/(float)2);  //  (float)5/2의 결과도 동일
    }
}
```
결과
```
2
2.5
```

아래의 코드를 컴파일하면 에러가 발생한다.

```
byte a = 10;
byte b = 20;
byte c = a + b;
System.out.println(c);
```

> 컴파일 에러가 발생한다.
> 명시적으로 형변환이 필요하다.

a와 b는 모두 int형보다 작은 byte형이기 때문에 연산자 '+'는 이 두 개의 피연산자들의 자료형을 int형으로 변환한 다음 연산(덧셈)을 수행한다.

그래서 'a + b'의 연산결과는 byte형이 아닌 int형(4 byte)인 것이다. 4 byte의 값을 1 byte의 변수에 형변환없이 저장하려고 했기 때문에 에러가 발생하는 것이다.

크기가 작은 자료형의 변수를 큰 자료형의 변수에 저장할 때는 자동으로 형변환(type conversion, casting)되지만, 반대로 큰 자료형의 값을 작은 자료형의 변수에 저장하려면 명시적으로 형변환 연산자를 사용해서 변환해주어야 한다.

위의 코드에서 3번째 줄 'byte c = a + b;'를 'byte c = (byte)(a + b);'와 같이 변경해야 컴파일에러가 발생하지 않는다.

예제
3-8
```
class Ex3_8 {
    public static void main(String[] args) {
        byte a = 10;
        byte b = 30;
        byte c = (byte)(a * b);
        System.out.println(c);
    }
}
```
결과 44

이 예제를 실행하면 44가 화면에 출력된다. '10 * 30'의 결과는 300이지만, 형변환(캐스팅, casting)에서 배운 것처럼, 큰 자료형에서 작은 자료형으로 변환하면 데이터의 손실이 발생하므로 값이 바뀔 수 있다. 300은 byte형의 범위를 넘기 때문에 byte형으로 변환하면 데이터 손실이 발생하여 결국 44가 byte형 변수 c에 저장된다.

변환	2진수	10진수	값손실
byte ↓ int	0 0 0 0 1 0 1 0 0 0 0 0 0 0 0 0 0 0 0 0 0 0 0 0 0 0 0 0 0 0 0 0 0 0 0 0 1 0 1 0	10 10	없음
int ↓ byte	0 0 0 0 0 0 0 0 0 0 0 0 0 0 0 0 0 0 0 0 0 0 0 1 0 0 1 0 1 1 0 0 0 0 1 0 1 1 0 0	300 44	있음

예제
3-9

```
class Ex3_9 {
    public static void main(String args[]) {
        int a = 1_000_000;      // 1,000,000    1백만
        int b = 2_000_000;      // 2,000,000    2백만

        long c = a * b;         // a * b = 2,000,000,000,000 ?

        System.out.println(c);
    }
}
```
결과 -1454759936

식 'a * b'의 결과 값을 담는 변수 c의 자료형이 long타입(8 byte)이기 때문에 2×10^{12}을 저장하기에 충분하므로 '200000000000'이 출력될 것 같지만, 결과는 전혀 다른 값이 출력된다. 그 이유는 int타입과 int타입의 연산결과는 int타입이기 때문이다. 'a * b'의 결과가 이미 int타입의 값(-1454759936)이므로 long형으로 자동 형변환되어도 값은 변하지 않는다.

```
      long c = a * b;
  →   long c = 1000000 * 2000000;
  →   long c = -1454759936;
```

올바른 결과를 얻으려면 아래와 같이 변수 a 또는 b의 타입을 'long'으로 형변환해야 한다.

```
      long c = (long)a * b;
  →   long c = (long)1000000 * 2000000;
  →   long c = 1000000L * 2000000;
  →   long c = 1000000L * 2000000L;
  →   long c = 2000000000000L;
```

```
                  int         int             int
            1000000 * 1000000   →   -727379968      오버플로우 발생!!!

          int         long          long        long            long
      1000000 * 1000000L   →   1000000L * 1000000L   →   1000000000000L
```

예제
3-10

```
class Ex3_10 {
    public static void main(String args[]) {
        long a = 1_000_000 * 1_000_000;
        long b = 1_000_000 * 1_000_000L;

        System.out.println("a="+a);
        System.out.println("b="+b);
    }
}
```
결과 a=-727379968
b=1000000000000

반올림을 하려면 Math.round( )를 사용하면 된다. 이 메서드는 소수점 첫째 자리에서 반올림한 결과를 정수로 반환한다.

```
long result = Math.round(4.52);   // result에 5가 저장된다.
```

만일 소수점 첫째 자리가 아닌 다른 자리에서 반올림을 하려면 10의 n제곱으로 적절히 곱하고 나누어야 한다.

예제 3-11

```
class Ex3_11 {
    public static void main(String args[]) {
        double pi = 3.141592;
        double shortPi = Math.round(pi * 1000) / 1000.0;
        System.out.println(shortPi);
    }
}
```

결과 3.142

이 예제의 결과는 pi의 값을 소수점 넷째 자리인 5에서 반올림을 해서 3.142가 출력되었다. round메서드는 매개변수로 받은 값을 소수점 첫째 자리에서 반올림을 하니까 Math.round(3141.592)의 결과는 3142이다.

```
    Math.round(pi * 1000) / 1000.0
→   Math.round(3.141592 * 1000) / 1000.0
→   Math.round(3141.592) / 1000.0
→   3142 / 1000.0
→   3.142
```

위의 과정에서 1000.0이 아니라 1000으로 나누었으면 결과는 3.142가 아닌 3이 된다. 그 이유는 int와 int의 나눗셈 결과는 int이기 때문이다.

```
        int    int      int
        3142 / 1000   →   3
```

```
      int    double    double      double        double
      3142 / 1000.0  →  3142.0 / 1000.0  →  3.142
```

12 나머지 연산자

나머지 연산자는 왼쪽의 피연산자를 오른쪽 피연산자로 나누고 난 나머지 값을 결과로 반환한다. 나눗셈에서처럼 나누는 수(오른쪽 피연산자)로 0을 사용할 수 없고, 피연산자로 정수와 실수를 허용한다. 나머지 연산자는 주로 짝수, 홀수 또는 배수 검사 등에 주로 사용된다.

예제 3-12

```
class Ex3_12 {
    public static void main(String args[]) {
        int x = 10;
        int y = 8;

        System.out.printf("%d을 %d로 나누면, %n", x, y);
        System.out.printf("몫은 %d이고, 나머지는 %d입니다.%n", x / y, x % y);
    }
}
```

> **결과**
> 10을 8로 나누면,
> 몫은 1이고, 나머지는 2입니다.

나눗셈 연산자와 나머지 연산자를 이용해서 몫과 나머지를 구하는 예제이다. 간단한 예제라서 따로 설명하지 않아도 이해하는데 어려움이 없을 것이다.

예제 3-13

```
class Ex3_13 {
    public static void main(String[] args) {
        System.out.println(-10%8);
        System.out.println(10%-8);
        System.out.println(-10%-8);
    }
}
```

> **결과**
> -2
> 2
> -2

나머지 연산자(%)는 나누는 수로 음수도 허용한다. 그러나 부호는 무시되므로 결과는 음수의 절대값으로 나눈 나머지와 결과가 같다.

```
System.out.println(10 % 8);   // 10을 8로 나눈 나머지 2가 출력된다.
System.out.println(10 %-8);   // 위와 같은 결과를 얻는다.
```

그냥 피연산자의 부호를 모두 무시하고, 나머지 연산을 한 결과에 왼쪽 피연산자(나눠지는 수)의 부호를 붙이면 된다.

비교 연산자는 두 피연산자를 비교하는 데 사용되는 연산자다. 주로 조건문과 반복문의 조건식에 사용되며, 연산결과는 오직 true와 false 둘 중의 하나이다.

　비교 연산자 역시 이항 연산자이므로 비교하는 피연산자의 타입이 서로 다를 경우에는 자료형의 범위가 큰 쪽으로 자동 형변환하여 피연산자의 타입을 일치시킨 후에 비교한다는 점에 주의하자.

대소비교 연산자 〉〈 〈= 〉=

두 피연산자의 값의 크기를 비교하는 연산자이다. 참이면 true를, 거짓이면 false를 결과로 반환한다. 기본형 중에서는 boolean을 제외한 나머지 자료형에 다 사용할 수 있지만 참조형에는 사용할 수 없다.

비교연산자	연산결과
〉	좌변 값이 크면, true 아니면 false
〈	좌변 값이 작으면, true 아니면 false
〉=	좌변 값이 크거나 같으면, true 아니면 false
〈=	좌변 값이 작거나 같으면, true 아니면 false

▲ 표 3-2   대소비교 연산자의 종류와 연산결과

등가비교 연산자 == !=

두 피연산자의 값이 같은지 또는 다른지를 비교하는 연산자이다. 대소비교 연산자(〈, 〉, 〈=, 〉=)와는 달리, 모든 자료형(기본형, 참조형)에 사용할 수 있다. 기본형의 경우 변수에 저장되어 있는 값이 같은지를 알 수 있고, 참조형의 경우 객체의 주소값을 저장하기 때문에 두 개의 피연산자(참조변수)가 같은 객체를 가리키고 있는지(주소값이 같은지)를 알 수 있다.

　기본형과 참조형은 서로 형변환이 가능하지 않기 때문에 등가비교 연산자(==, !=)로 기본형과 참조형을 비교할 수는 없다.

비교연산자	연산결과
==	두 값이 같으면, true 아니면 false
!=	두 값이 다르면, true 아니면 false

▲ 표 3-3   등가비교 연산자의 종류와 연산결과

비교 연산자는 수학기호와 유사한 기호와 의미를 가지고 있으므로 이해하는데 별 어려움이 없을 것이다. 한 가지 다른 점은 '두 값이 같다'는 의미로 '='가 아닌 '=='를 사용한다는 것인데, '='는 이미 배운 것과 같이 변수에 값을 저장할 때 사용하는 '대입 연산자'이기 때문에 '=='로 두 값이 같은지 비교하는 연산자를 표현한다.

주의 　'〉='와 같이 두 개의 기호로 이루어진 연산자는 '=〉'와 같이 기호의 순서를 바꾸거나 '〉 ='와 같이 중간에 공백이 들어가서는 안 된다.

두 문자열을 비교할 때는, 비교 연산자 '=='대신 equals( )라는 메서드를 사용해야 한다. 비교 연산자는 두 문자열이 완전히 같은 것인지 비교할 뿐이므로, 문자열의 내용이 같은지 비교하기 위해서는 equals( )를 사용하는 것이다. equals( )는 비교하는 두 문자열이 같으면 true를, 다르면 false를 반환한다.

```
String str = new String("abc");

// equals()는 두 문자열의 내용이 같으면 true, 다르면 false를 결과로 반환
boolean result = str.equals("abc"); // 내용이 같으므로 result에 true가 저장됨
```

원래 String은 클래스이므로, 아래와 같이 new를 사용해서 객체를 생성해야한다.

```
String str = new String("abc");   // String클래스의 객체를 생성
String str = "abc";               // 위의 문장을 간단히 표현
```

그러나 특별히 String만 new를 사용하지 않고, 위와 같이 간단히 쓸 수 있게 허용한다.

예제 3-14

```
class Ex3_14 {
    public static void main(String[] args) {
        String str1 = "abc";
        String str2 = new String("abc");

        System.out.printf("\"abc\"==\"abc\" ? %b%n", "abc"=="abc");
        System.out.printf(" str1==\"abc\" ? %b%n",     str1=="abc");
        System.out.printf(" str2==\"abc\" ? %b%n",     str2=="abc");
        System.out.printf("str1.equals(\"abc\") ? %b%n", str1.equals("abc"));
        System.out.printf("str2.equals(\"abc\") ? %b%n", str2.equals("abc"));
        System.out.printf("str2.equals(\"ABC\") ? %b%n", str2.equals("ABC"));
        System.out.printf("str2.equalsIgnoreCase(\"ABC\") ? %b%n",
                                             str2.equalsIgnoreCase("ABC"));
    }
}
```

결과
```
"abc"=="abc" ? true
 str1=="abc" ? true
 str2=="abc" ? false
str1.equals("abc") ? true
str2.equals("abc") ? true
str2.equals("ABC") ? false
str2.equalsIgnoreCase("ABC") ? true
```

str2와 "abc"의 내용이 같은데도 '=='로 비교하면, false를 결과로 얻는다. 내용은 같지만 서로 다른 객체라서 그렇다. 그러나 equals( )는 객체가 달라도 내용이 같으면 true를 반환한다. 그래서 문자열을 비교할 때는 항상 equals( )를 사용해야 한다는 것을 기억하자.

만일 대소문자를 구별하지 않고 비교하고 싶으면, equals( ) 대신 equalsIgnoreCase( )를 사용하면 된다.

15 논리 연산자 && ||

'x가 4보다 작다'라는 조건은 비교 연산자를 써서 'x < 4'와 같이 표현할 수 있다. 그러면, x가 4보다 작거나 또는 10보다 크다'와 같이 두 개의 조건이 결합된 경우는 어떻게 표현해야 할까? 이 때 사용하는 것이 '논리 연산자'이다. 논리 연산자는 둘 이상의 조건을 '그리고(AND)'나 '또는(OR)'으로 연결하여 하나의 식으로 표현할 수 있게 해준다.

논리 연산자 '&&'는 우리말로 '그리고(AND)'에 해당하며, 두 피연산자가 모두 true일 때만 true를 결과로 얻는다. '||'는 '또는(OR)'에 해당하며, 두 피연산자 중 어느 한 쪽만 true이어도 true를 결과로 얻는다. 그리고 논리 연산자는 피연산자로 boolean형 또는 boolean형 값을 결과로 하는 조건식만을 허용한다.

> **|| (OR결합)** 피연산자 중 어느 한 쪽이 true이면 true를 결과로 얻는다.
> **&& (AND결합)** 피연산자 양쪽 모두 true이어야 true를 결과로 얻는다.

논리 연산자의 피연산자가 '참(true)인 경우'와 '거짓(false)인 경우'의 연산결과를 표로 나타내면 다음과 같다.

x	y	x || y	x && y
true	true	true	true
true	false	true	false
false	true	true	false
false	false	false	false

이제 자주 사용될만한 몇 가지 예를 통해서 논리 연산자가 실제로 어떻게 사용되고, 주의해야 할 점은 어떤 것들이 있는지 살펴보자.

① x는 10보다 크고, 20보다 작다.

'x > 10'와 'x < 20'가 '그리고(and)'로 연결된 조건이므로 다음과 같이 쓸 수 있다.

$$x > 10 \text{ \&\& } x < 20$$

'x > 10'는 '10 < x'와 같으므로 다음과 같이 쓸 수도 있다. 보통은 변수를 왼쪽에 쓰지만 이런 경우 가독성측면에서 보면 아래의 식이 더 나을 수 있다.

$$10 < x \text{ \&\& } x < 20$$

그렇다고 해서 위의 식에서 논리연산자를 생략하고 '10 < x < 20'과 같이 표현하는 것은 허용되지 않는다.

② i는 2의 배수 또는 3의 배수이다.

어떤 수가 2의 배수라는 얘기는 2로 나누었을 때 나머지가 0이라는 뜻이다. 그래서 나머지 연산의 결과가 0인지 확인하면 된다. '또는'으로 두 조건이 연결되었으므로 논리 연산자 '||' (OR)를 사용해야 한다.

`i%2==0 || i%3==0`

i의 값이 8일 때, 위의 식은 다음과 같은 과정으로 연산된다.

```
        i%2==0 || i%3==0
→       8%2==0 || 8%3==0
→         0==0 || 2==0
→         true || false
→               true
```

③ i는 2의 배수 또는 3의 배수지만 6의 배수는 아니다.

이전 조건에 6의 배수를 제외하는 조건이 더 붙었다. 6의 배수가 아니어야 한다는 조건은 'i%6!=0'이고, 이 조건을 '&&(AND)'로 연결해야 한다.

`( i%2==0 || i%3==0 ) && i%6!=0`

위의 식에 괄호를 사용한 이유는 '&&'가 '||'보다 우선순위가 높기 때문이다. 만일 괄호를 사용하지 않으면 '&&'를 먼저 연산한다. 다음의 두 식은 동일하다.

`i%2==0 ||   i%3==0 && i%6!=0`
`i%2==0 || (i%3==0 && i%6!=0)`

이처럼 하나의 식에 '&&'와 '||'가 같이 포함된 경우, '&&가 먼저 연산되어야 하는 경우라도 괄호를 사용해서 우선순위를 명확히 해주는 것이 좋다.

④ 문자 ch는 숫자('0'~'9')이다.

사용자로부터 입력된 문자가 숫자('0'~'9')인지 확인하는 식은 다음과 같이 쓸 수 있다.

`'0' <= ch && ch <= '9'`

유니코드에서 문자 '0'부터 '9'까지 연속적으로 배치되어 있기 때문에 가능한 식이다. 문자 '0' 부터 '9'까지 유니코드는 10진수로 다음과 같다.

문자	'0'	'1'	'2'	'3'	'4'	'5'	'6'	'7'	'8'	'9'
문자코드	48	49	50	51	52	53	54	55	56	57

그래서 ch의 값이 '5'인 경우 위의 식은 다음과 같은 과정으로 연산된다.

```
           '0' <= ch  &&  ch <= '9'
→    '0' <= '5' && '5' <= '9'
→    48 <= 53  &&  53 <= 57
→         true  &&  true
→              true
```

⑤ 문자 ch는 대문자 또는 소문자이다.

④의 경우와 마찬가지로 문자 'a'부터 'z'까지, 그리고 'A'부터 'Z'까지도 연속적으로 배치되어 있으므로 문자 ch가 대문자 또는 소문자'인지 확인하는 식은 다음과 같이 쓸 수 있다.

```
('a' <= ch && ch <= 'z') || ('A' <= ch && ch <= 'Z')
```

예제
3-15

```java
import java.util.Scanner;   // Scanner클래스를 사용하기 위해 추가

class Ex3_15 {
    public static void main(String args[]) {
        Scanner scanner = new Scanner(System.in);
        char ch = ' ';

        System.out.printf("문자를 하나 입력하세요.>");

        String input = scanner.nextLine();
        ch = input.charAt(0);

        if('0' <= ch && ch <= '9') {
            System.out.printf("입력하신 문자는 숫자입니다.%n");
        }

        if(('a' <= ch && ch <= 'z') || ('A'<= ch && ch <= 'Z')) {
            System.out.printf("입력하신 문자는 영문자입니다.%n");
        }
    } // main
}
```

결과1
```
문자를 하나 입력하세요.>7
입력하신 문자는 숫자입니다.
```

결과2
```
문자를 하나 입력하세요.>a
입력하신 문자는 영문자입니다.
```

이 예제는 사용자로부터 하나의 문자를 입력받아서 숫자인지 영문자인지 확인한다. 조건문 if는 괄호( ) 안의 연산결과가 참인 경우 블럭{ } 내의 문장을 수행한다. 그래서 아래의 코드는 '0'〈=ch && ch 〈='9'가 참일 때, 화면에 '입력하신 문자는 숫자입니다.'라고 출력한다.

```java
if('0' <= ch && ch <= '9') {
    System.out.printf("입력하신 문자는 숫자입니다.%n");
}
```

16 **논리 부정 연산자 ！**

이 연산자는 피연산자가 true이면 false를, false면 true를 결과로 반환한다. 간단히 말해서, true와 false를 반대로 바꾸는 것이다.

x	!x
true	false
false	true

어떤 값에 논리 부정 연산자'!'를 반복적으로 적용하면, 참과 거짓이 차례대로 반복된다. 이 연산자의 이러한 성질을 이용하면, 한번 누르면 켜지고, 다시 한 번 누르면 꺼지는 TV의 전원버튼과 같은 '토글 버튼(toggle button)'을 논리적으로 구현할 수 있다.

$$\text{false(거짓, off)} \overset{!}{\rightarrow} \text{true(참, on)} \overset{!}{\rightarrow} \text{false(거짓, off)} \overset{!}{\rightarrow} \text{true(참, on)} \overset{!}{\rightarrow} ...$$

논리 부정 연산자'!'가 주로 사용되는 곳은 조건문과 반복문의 조건식이며, 이 연산자를 잘 사용하면 조건식이 보다 이해하기 쉬워진다. 예를 들어 '문자 ch는 소문자가 아니다'라는 조건을 아래의 왼쪽과 같이 쓰기보다 오른쪽과 같이 논리 부정 연산자'!'를 사용하는 쪽이 알기 쉽다.

| ch < 'a' || ch > 'z' | ←→ | !('a' <= ch && ch <= 'z') |

위와 같이 논리 부정 연산자'!'를 적절히 사용해서 보다 이해하기 쉬운 식이 되도록 노력하자.

예제 3-16

```
class Ex3_16 {
    public static void main(String[] args) {
        boolean b = true;
        char ch = 'C';

        System.out.printf("b=%b%n", b);
        System.out.printf("!b=%b%n", !b);
        System.out.printf("!!b=%b%n", !!b);
        System.out.printf("!!!b=%b%n", !!!b);
        System.out.println();

        System.out.printf("ch=%c%n", ch);
        System.out.printf("ch < 'a' || ch > 'z'=%b%n", ch < 'a' || ch > 'z');
        System.out.printf("!('a'<=ch && ch<='z')=%b%n", !('a'<= ch && ch<='z'));
        System.out.printf("  'a'<=ch && ch<='z' =%b%n", 'a'<=ch && ch<='z');
    } // main의 끝
}
```

결과
```
b=true
!b=false
!!b=true
!!!b=false

ch=C
ch < 'a' || ch > 'z'=true
!('a'<=ch && ch<='z')=true
  'a'<=ch && ch<='z' =false
```

식 '!!b'가 평가되는 과정은 아래와 같다. 단항 연산자는 결합 방향이 오른쪽에서 왼쪽이므로 피연산자와 가까운 것부터 먼저 연산된다.

$$!!b \rightarrow !!true \rightarrow !false \rightarrow true$$

조건 연산자는 조건식, 식1, 식2 모두 세 개의 피연산자를 필요로 하는 삼항 연산자이며, 삼항 연산자는 조건 연산자 하나뿐이다.

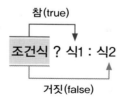

조건 연산자는 첫 번째 피연산자인 조건식의 평가결과에 따라 다른 결과를 반환한다. 조건식의 평가결과가 true이면 식1이, false이면 식2가 연산결과가 된다. 가독성을 높이기 위해 조건식을 괄호( )로 둘러싸는 경우가 많지만 필수는 아니다.

```
result = (x > y) ? x : y ;   // 괄호 생략 가능
```

위의 문장에서 식 'x > y'의 결과가 true이면, 변수 result에는 x의 값이 저장되고, false이면 y의 값이 저장된다.

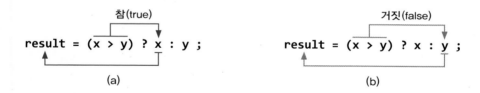

(a)	(b)

만일 x의 값이 5, y의 값이 3이라면, 이 식은 다음과 같은 과정으로 계산된다.

```
     result = (x > y) ? x : y ;
  →  result = (5 > 3) ? 5 : 3 ;
  →  result = (true) ? 5 : 3 ;      조건식이 true(참)이므로 연산결과는 5
  →  result = 5;
```

조건 연산자는 조건문인 if문으로 바꿔 쓸 수 있으며, if문 대신 조건 연산자를 사용하면 코드를 보다 간단히 할 수 있다. 아래 왼쪽의 조건 연산자가 쓰인 문장을 if문으로 바꾸면 오른쪽과 같다.

```
result = (x > y) ? x : y ;
```
⟷
```
if (x > y)
    result = x; // x > y가 true일 때
else
    result = y; // x > y가 false일 때
```

그리고 조건 연산자의 식1과 식2, 이 두 피연산자의 타입이 다른 경우, 이항 연산자처럼 산술 변환이 발생한다.

x = x + (mod < 0.5 ?   0 : 0.5)   0과 0.5의 타입이 다르다.
→   x = x + (mod < 0.5 ? 0.0 : 0.5)   0이 0.0으로 자동 형변환되었다.

위의 식에서 조건 연산자의 피연산자 0과 0.5의 타입이 다르므로, 자동 형변환이 일어나서 double타입으로 통일되고 연산결과 역시 double타입이 된다.

예제 3-17

```
class Ex3_17 {
    public static void main(String args[]) {
        int  x, y, z;
        int  absX, absY, absZ;
        char signX, signY, signZ;

        x = 10;
        y = -5;
        z = 0;

        absX = x >= 0 ? x : -x;   // x의 값이 음수이면, 양수로 만든다.
        absY = y >= 0 ? y : -y;
        absZ = z >= 0 ? z : -z;
        signX = x > 0 ? '+' : ( x==0 ? ' ' : '-');   // 조건 연산자를 중첩
        signY = y > 0 ? '+' : ( y==0 ? ' ' : '-');
        signZ = z > 0 ? '+' : ( z==0 ? ' ' : '-');

        System.out.printf("x=%c%d%n", signX, absX);
        System.out.printf("y=%c%d%n", signY, absY);
        System.out.printf("z=%c%d%n", signZ, absZ);
    }
}
```

결과
x=+10
y=-5
z= 0

조건 연산자를 이용해서 변수의 절대값을 구한 후, 부호를 붙여 출력하는 예제이다. 간단해서 이해하는데 별 어려움은 없을 것이다.

대입 연산자는 변수와 같은 저장공간에 값 또는 수식의 연산결과를 저장하는데 사용된다. 이 연산자는 오른쪽 피연산자의 값(식이라면 평가값)을 왼쪽 피연산자에 저장한다. 그리고 저장된 값을 연산결과로 반환한다. 예를 들어, 아래의 문장은 변수 x에 3을 저장하고, 연산결과인 3을 화면에 출력한다.

```
      System.out.println(x = 3);      변수 x에 3이 저장되고
  →   System.out.println(3);          연산결과인 3이 출력된다.
```

대입 연산자는 연산자들 중에서 가장 낮은 우선순위를 가지고 있기 때문에 식에서 제일 나중에 수행된다. 그리고 앞서 배운 것처럼 연산 진행 방향이 오른쪽에서 왼쪽이기 때문에 'x=y=3;'에서 'y=3'이 먼저 수행되고 그 다음에 'x=y'가 수행된다.

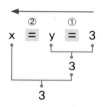

lvalue와 rvalue

대입 연산자의 왼쪽 피연산자를 'lvalue(left value)'이라 하고, 오른쪽 피연산자를 'rvalue (right value)'라고 한다.

$$\underset{\text{lvalue}}{\text{x}} = \underset{\text{rvalue}}{\text{3}}$$

대입 연산자의 rvalue는 변수뿐만 아니라 식이나 상수 등이 모두 가능한 반면, lvalue는 반드시 변수처럼 값을 변경할 수 있는 것이어야 한다. 그래서 리터럴이나 상수같이 값을 저장할 수 없는 것들은 lvalue가 될 수 없다.

```
      int i = 0;
      3 = i + 3;          // 에러. lvalue가 값을 저장할 수 있는 공간이 아니다.
      i + 3 = i;          // 에러. lvalue의 연산결과가 리터럴(i+3 → 0+3 → 3)

      final int MAX = 3;  // 변수 앞에 키워드 final을 붙이면 상수가 된다.
      MAX = 10;           // 에러. 상수(MAX)에 새로운 값을 저장할 수 없다.
```

앞서 배운 것과 같이 변수 앞에 키워드 'final'을 붙이면 상수가 된다. 상수는 한 번 저장된 값은 바꿀 수 없다.

대입 연산자는 다른 연산자(op)와 결합하여 'op='와 같은 방식으로 사용될 수 있다. 예를 들면, 'i = i + 3'은 'i += 3'과 같이 표현될 수 있다. 그리고 결합된 두 연산자는 반드시 공백없이 붙여 써야 한다.

op=	=
i +=3;	i = i + 3;
i -= 3;	i = i - 3;
i *= 3;	i = i * 3;
i /= 3;	i = i / 3;
i %= 3;	i = i % 3;
i <<= 3;	i = i << 3;
i >>= 3;	i = i >> 3;
i &= 3;	i = i & 3;
i ^= 3;	i = i ^ 3;
i |= 3;	i = i	3;
i *= 10 + j;	i = i * (10 + j);

위 표의 왼쪽은 복합 연산자의 사용 예이고, 오른쪽은 대입 연산자를 이용한 왼쪽과 동일한 의미의 식이다. 복합 연산자가 잘 익숙해지지 않는다면, 오른쪽과 같은 형태의 식을 사용하다가 점차 왼쪽의 형태로 바꿔가도록 하자.

한 가지 주의할 점은 위 표의 마지막 줄처럼, 대입 연산자의 우변이 둘 이상의 항으로 이루어져 있는 경우이다. 'i *= 10 + j;'를 'i = i * 10 +j;'와 같은 것으로 오해하지 않도록 하자.

연습문제

3-1 다음 중 형변환을 생략할 수 있는 것은? (모두 고르시오)

```
byte b = 10;
char ch = 'A';
int i = 100;
long l = 1000L;
```

① b = (byte)i;
② ch = (char)b;
③ short s = (short)ch;

④ float f = (float)l;
⑤ i = (int)ch;

3-2 다음 연산의 결과를 적으시오.

```
class Exercise3_2 {
    public static void main(String[] args) {
        int x = 2;
        int y = 5;
        char c = 'A'; // 'A'의 문자코드는 65

        System.out.println(y >= 5 || x < 0 && x > 2);
        System.out.println(y += 10 - x++);
        System.out.println(x += 2);
        System.out.println(!('A' <= c && c <= 'Z'));
        System.out.println('C' - c);
        System.out.println('5' - '0');
        System.out.println(c + 1);
        System.out.println(++c);
        System.out.println(c++);
        System.out.println(c);
    }
}
```

3-3 아래는 변수 num의 값 중에서 백의 자리 이하를 버리는 코드이다. 만일 변수 num의 값이 '456'이라면 '400'이 되고, '111'이라면 '100'이 된다. (1)에 알맞은 코드를 넣으시오.

```
class Exercise3_3 {
    public static void main(String[] args) {
        int num = 456;
        System.out.println(  /* (1) */  );
    }
}
```

결과 400

3-4 아래의 코드는 사과를 담는데 필요한 바구니(버켓)의 수를 구하는 코드이다. 만일 사과의 수가 123개이고 하나의 바구니에는 10개의 사과를 담을 수 있다면, 13개의 바구니가 필요할 것이다. (1)에 알맞은 코드를 넣으시오.

```
class Exercise3_4 {
    public static void main(String[] args) {
        int numOfApples = 123; // 사과의 개수
        int sizeOfBucket = 10; // 바구니의 크기(바구니에 담을 수 있는 사과의 개수)
        int numOfBucket = (   /*  (1)  */   ); // 모든 사과를 담는데 필요한 바구니의 수

        System.out.println("필요한 바구니의 수 :"+numOfBucket);
    }
}
```
결과   필요한 바구니의 수 :13

3-5 아래는 변수 num의 값에 따라 '양수', '음수', '0'을 출력하는 코드이다. 삼항 연산자를 이용해서 (1)에 알맞은 코드를 넣으시오.

(Hint) 삼항 연산자를 두 번 사용하라.

```
class Exercise3_5 {
    public static void main(String[] args) {
        int num = 10;
        System.out.println(  /*  (1)  */   );
    }
}
```
결과 양수

3-6 아래는 화씨(Fahrenheit)를 섭씨(Celcius)로 변환하는 코드이다. 변환공식이 'C =5/9 × (F − 32)'라고 할 때, (1)에 알맞은 코드를 넣으시오. 단, 변환 결과값은 소수점 셋째자리에서 반올림해야 한다.(Math.round( )를 사용하지 않고 처리할 것)

```
class Exercise3_6 {
    public static void main(String[] args) {
        int fahrenheit = 100;
        float celcius = (  /*  (1)  */   );

        System.out.println("Fahrenheit:"+fahrenheit);
        System.out.println("Celcius:"+celcius);
    }
}
```
결과   Fahrenheit:100
       Celcius:37.78

조건문과 반복문

if, switch, for, while statement

지금까지는 코드의 실행 흐름이 무조건 위에서 아래로 한 문장씩 순차적으로 진행되었지만 때로는 조건에 따라 문장을 건너뛰고, 때로는 같은 문장을 반복해서 수행해야 할 때가 있다. 이처럼 프로그램의 흐름(flow)을 바꾸는 역할을 하는 문장들을 '제어문(control statement)' 이라고 한다. 제어문에는 '조건문과 반복문'이 있는데, 조건문은 조건에 따라 다른 문장이 수행되도록 하고, 반복문은 특정 문장들을 반복해서 수행한다.

if문은 가장 기본적인 조건문이며, 다음과 같이 '조건식'과 '괄호{}'로 이루어져 있다. 'if'의 뜻이 '만일 ~이라면…'이므로 '**만일(if) 조건식이 참(true)이면 괄호{} 안의 문장들을 수행하라.**' 라는 의미로 이해하면 된다.

```
if (조건식) {
      // 조건식이 참(true)일 때 수행될 문장들을 적는다.
}
```

만일 다음과 같은 if문이 있을 때, 조건식 'score > 60'이 참(true)이면 괄호{} 안의 문장이 수행되어 화면에 "합격입니다."라고 출력되고 거짓(false)이면, if문 다음의 문장으로 넘어간다.

```
if (score > 60) {
    System.out.println("합격입니다.");
}
```

위 if문의 조건식이 평가되는 과정을 단계별로 살펴보면 다음과 같다. 변수 score의 값을 80 으로 가정하였다.

```
    score > 60
→   80 > 60
→   true              조건식이 참(true)이므로 괄호{} 안의 문장이 실행된다.
```

위 조건식의 결과는 'true'이므로 if문 괄호{} 안의 문장이 실행된다. 만일 조건식의 결과가 'false'이면, 괄호{} 안의 문장은 수행되지 않을 것이다.

예제
4-1

```
class Ex4_1 {
    public static void main(String args[]) {
        int score = 80;

        if (score > 60) {
            System.out.println("합격입니다.");
        }
    }
}
```

결과 합격입니다.

if문에 사용되는 조건식은 일반적으로 비교 연산자와 논리 연산자로 구성된다. 이미 연산자를 배울 때 살펴보았지만, 복습도 할 겸 기본적인 것들 몇 개를 골라서 표로 정리했다.

조건식	조건식이 참일 조건
90 <= x && x <= 100	정수 x가 90이상 100이하일 때
x < 0 || x > 100	정수 x가 0보다 작거나 100보다 클 때
x%3==0 && x%2!=0	정수 x가 3의 배수지만, 2의 배수는 아닐 때
ch=='y' || ch=='Y'	문자 ch가 'y' 또는 'Y'일 때
ch==' ' || ch=='\t' || ch=='\n'	문자 ch가 공백이거나 탭 또는 개행 문자일 때
'A' <= ch && ch <= 'Z'	문자 ch가 대문자일 때
'a' <= ch && ch <= 'z'	문자 ch가 소문자일 때
'0' <= ch && ch <= '9'	문자 ch가 숫자일 때
str.equals("yes")	문자열 str의 내용이 "yes"일 때(대소문자 구분)
str.equalsIgnoreCase("yes")	문자열 str의 내용이 "yes"일 때(대소문자 구분안함)

조건식을 작성할 때 실수하기 쉬운 것이, 등가비교 연산자 '=='대신 대입 연산자 '='를 사용하는 것이다. 예를 들어 'x가 0일 때 참'인 조건식은 'x==0'인데, 아래와 같이 실수로 'x=0'이라고 적는 경우가 있다.

```
    if (x=0) { ... }    x에 0이 저장되고, 결과는 0이 된다.
→   if (0)   { ... }    결과가 true 또는 false가 아니므로 에러가 발생한다.
```

자바에서 조건식의 결과는 반드시 true 또는 false이어야 한다는 것을 잊지 말자.

예제 4-2
```
class Ex4_2 {
    public static void main(String[] args) {
        int x = 0;
        System.out.printf("x=%d 일 때, 참인 것은%n", x);

        if(x==0) System.out.println("x==0");
        if(x!=0) System.out.println("x!=0");
        if(!(x==0)) System.out.println("!(x==0)");
        if(!(x!=0)) System.out.println("!(x!=0)");

        x = 1;
        System.out.printf("x=%d 일 때, 참인 것은%n", x);

        if(x==0) System.out.println("x==0");
        if(x!=0) System.out.println("x!=0");
        if(!(x==0)) System.out.println("!(x==0)");
        if(!(x!=0)) System.out.println("!(x!=0)");
    }
}
```

```
[결과]
x=0 일 때, 참인 것은
x==0
!(x!=0)
x=1 일 때, 참인 것은
x!=0
!(x==0)
```

괄호{}를 이용해서 여러 문장을 하나의 단위로 묶을 수 있는데, 이것을 '블럭(block)'이라고 한다. 블럭은 '{'로 시작해서 '}'로 끝나는데, '}' 다음에 문장의 끝을 의미하는 ';'을 붙이지 않는다는 것에 주의하자.

블럭 내의 문장들은 탭(tab)으로 들여쓰기(indentation)를 해서 블럭 안에 속한 문장이라는 것을 알기 쉽게 해주는 것이 좋다. 탭(tab)은 키보드의 맨 왼쪽에 있다.

```
                    if(score > 60)
블럭의 시작  →  {
                        System.out.println("합격입니다.");
                   └→ 탭(tab)에 의한 들여쓰기
블럭의 끝    →  }
```

블럭의 시작을 의미하는 '{'의 위치는 아래와 같이 두 가지 스타일이 있는데, 각 스타일마다 장단점이 있으므로 본인의 취향에 맞는 것으로 선택해서 사용하면 된다. 왼쪽의 스타일은 라인의 수가 짧아진다는 장점이, 오른쪽의 스타일은 블럭의 시작과 끝을 찾기 쉽다는 장점이 있다.

```
if(조건식) {                    if(조건식)
    ...                        {
}                                  ...
                               }
```

블럭 안에는 보통 여러 문장을 넣지만, 한 문장만 넣거나 아무런 문장도 넣지 않을 수 있다. 만일 블럭 내의 문장이 하나뿐일 때는 아래와 같이 괄호{}를 생략할 수 있다.

```
if(score > 60)
    System.out.println("합격입니다.");
```

또는 아래와 같이 한 줄로 쓸 수도 있다.

```
if(score > 60)  System.out.println("합격입니다.");
```

이처럼 블럭 내의 문장이 하나뿐인 경우 괄호{}를 생략할 수 있지만 가능하면 생략하지 않고 사용하는 것이 바람직하다. 나중에 새로운 문장이 추가되면 괄호{}로 문장들을 감싸 주어야 하는데, 이 때 괄호{}를 추가하는 것을 잊기 쉽기 때문이다.

```
if (score > 60)
    System.out.println("합격입니다.");      // 문장1  if문에 속한 문장
    System.out.println("축하드립니다.");    // 문장2. if문에 속한 문장이 아님
```

04 if-else문

if문의 변형인 if-else문의 구조는 다음과 같다. if문에 'else블록'이 더 추가되었다. 'else'의 뜻이 '그 밖의 다른'이므로 조건식의 결과가 참이 아닐 때, 즉 거짓일 때 else블록의 문장을 수행하라는 뜻이다.

```
if (조건식) {
        // 조건식이 참(true)일 때 수행될 문장들을 적는다.
} else {
        // 조건식이 거짓(false)일 때 수행될 문장들을 적는다.
}
```

조건식의 결과에 따라 이 두 개의 블록{} 중 어느 한 블록{}의 내용이 수행되고 전체 if문을 벗어나게 된다. 두 블록{}의 내용이 모두 수행되거나, 모두 수행되지 않는 경우는 있을 수 없다. 아래 왼쪽의 두 개의 if문을 if-else문으로 바꾸면 오른쪽과 같다.

```
if(input==0) {
   System.out.println("0입니다.");
}

if(input!=0) {
   System.out.println("0이 아닙니다.");
}
```

```
if(input==0) {
   System.out.println("0입니다.");
} else {
   System.out.println("0이 아닙니다.");
}
```

왼쪽 코드의 두 조건식은 어느 한 쪽이 참이면 다른 한 쪽이 거짓인 상반된 관계에 있기 때문에 오른쪽과 같이 if-else문으로 바꿀 수 있는 것이지, 두 개의 if문을 항상 if-else문으로 바꿀 수 있는 것은 아니다.

그리고 왼쪽의 코드는 두 개의 조건식을 계산해야 하지만, if-else문을 사용한 오른쪽의 코드는 하나의 조건식만 계산하면 되므로 더 효율적이고 간단하다.

예제
4-3

```
import java.util.Scanner; // Scanner클래스를 사용하기 위해 추가

class Ex4_3 {
    public static void main(String[] args) {
        System.out.print("숫자를 하나 입력하세요.>");
        Scanner scanner = new Scanner(System.in);
        int input = scanner.nextInt(); // 화면을 통해 입력받은 숫자를 input에 저장

        if(input==0) {
            System.out.println("입력하신 숫자는 0입니다.");
        } else { // input!=0인 경우
            System.out.println("입력하신 숫자는 0이 아닙니다.");
        }
    } // main의 끝
}
```

결과1 숫자를 하나 입력하세요.>5
입력하신 숫자는 0이 아닙니다.

결과2 숫자를 하나 입력하세요.>0
입력하신 숫자는 0입니다.

05 **if-else if문**

if-else문은 두 가지 경우 중 하나가 수행되는 구조인데, 처리해야 할 경우의 수가 셋 이상인 경우에는 어떻게 해야 할까? 그럴 때는 한 문장에 여러 개의 조건식을 쓸 수 있는 'if-else if' 문을 사용하면 된다.

```
if (조건식1) {
        // 조건식1의 연산결과가 참일 때 수행될 문장들을 적는다.
} else if (조건식2) {
        // 조건식2의 연산결과가 참일 때 수행될 문장들을 적는다.
} else if (조건식3) {           // 여러 개의 else if를 사용할 수 있다.
        // 조건식3의 연산결과가 참일 때 수행될 문장들을 적는다.
} else {   // 마지막은 보통 else블럭으로 끝나며, else블럭은 생략가능하다.
        // 위의 어느 조건식도 만족하지 않을 때 수행될 문장들을 적는다.
}
```

첫 번째 조건식부터 순서대로 평가해서 결과가 참인 조건식을 만나면, 해당 블럭{ }만 수행하고 'if-else if'문 전체를 벗어난다. 만일 결과가 참인 조건식이 하나도 없으면, 마지막에 있는 else블럭의 문장들이 수행된다. 그리고 else블럭은 생략이 가능하다. else블럭이 생략되었을 때는 if-else if문의 어떤 블럭도 수행되지 않을 수 있다.

  예를 들어 다음과 같은 if-else if문이 있을 때, 변수 score의 값이 85라면, 다음의 과정으로 처리된다.

① 결과가 참인 조건식을 만날 때까지 첫 번째 조건식부터 순서대로 평가한다.
   (첫 번째 조건식은 거짓이므로, 두 번째 조건식으로 넘어간다.)

② 참인 조건식을 만나면, 해당 블럭{ }의 문장들을 수행한다.

③ if-else if문 전체를 빠져나온다.

```
예제       import java.util.Scanner;
4-4
         class Ex4_4 {
             public static void main(String[] args) {
                 int score  = 0;      // 점수를 저장하기 위한 변수
                 char grade =' ';     // 학점을 저장하기 위한 변수. 공백으로 초기화한다.

                 System.out.print("점수를 입력하세요.>");
                 Scanner scanner = new Scanner(System.in);
                 score = scanner.nextInt(); // 화면을 통해 입력받은 숫자를 score에 저장

                 if (score >= 90) {            // score가 90점 보다 같거나 크면 A학점
                     grade = 'A';
                 } else if (score >=80) {      // score가 80점 보다 같거나 크면 B학점
                     grade = 'B';
                 } else if (score >=70) {      // score가 70점 보다 같거나 크면 C학점
                     grade = 'C';
                 } else {                      // 나머지는 D학점
                     grade = 'D';
                 }
                 System.out.println("당신의 학점은 "+ grade +"입니다.");
             }
         }
```

결과1: 점수를 입력하세요.>70
당신의 학점은 C입니다.

결과2: 점수를 입력하세요.>63
당신의 학점은 D입니다.

점수를 입력하면, 그에 해당하는 학점을 출력하는 간단한 예제이다. 여기서 한 가지 눈여겨봐야할 것은 두 번째와 세 번째 조건식이다.

```
if (score >= 90) {
    grade = 'A';
} else if (80 <= score && score < 90) { // 80 ≤ score < 90
    grade = 'B';
} else if (70 <= score && score < 80) { // 70 ≤ score < 80
    grade = 'C';
} else { // score < 70
    grade = 'D';
}
```

점수가 90점 미만이고, 80점 이상인 사람에게 'B'학점을 주는 조건이라면, 위의 코드에서 처럼 조건식이 '80 <= score && score < 90'이 되어야 한다. 그런데도 두 번째 조건식을 'score >= 80'이라고 쓸 수 있는 것은 첫 번째 조건식인 'score >= 90'이 거짓이기 때문이다.

'score >= 90'이 거짓이라는 것은 'score < 90'이 참이라는 뜻이므로 두 번째 조건식에서 'score < 90'이라는 조건을 중복해서 확인할 필요가 없다.

```
if (score >= 90) {
    grade = 'A';
} else if (80 <= score && score < 90 ) {
    grade = 'B';
} else if (70 <= score && score < 80 ) {
    grade = 'C';
} else {
    grade = 'D';
}
```
→
```
if (score >= 90) {
    grade = 'A';
} else if (score >=80) {
    grade = 'B';
} else if (score >=70) {
    grade = 'C';
} else {
    grade = 'D';
}
```

if문의 블럭 내에 또 다른 if문을 포함시키는 것이 가능한데 이것을 중첩 if문이라고 부르며 중첩의 횟수에는 거의 제한이 없다.

```
if (조건식1) {
        // 조건식1의 연산결과가 true일 때 수행될 문장들을 적는다.
        if (조건식2) {
                // 조건식1과 조건식2가 모두 true일 때 수행될 문장들
        } else {
                // 조건식1이 true이고,  조건식2가 false일 때 수행되는 문장들
        }
} else {
        // 조건식1이 false일 때 수행되는 문장들
}
```

위와 같이 내부의 if문은 외부의 if문보다 안쪽으로 들여쓰기를 해서 두 if문의 범위가 명확히 구분될 수 있도록 작성해야 한다.

　중첩 if문에서는 괄호{}의 생략에 더욱 조심해야 한다. 바깥쪽의 if문과 안쪽의 if문이 서로 엉켜서 if문과 else블럭의 관계가 의도한 바와 다르게 형성될 수도 있기 때문이다.

```
if (num >= 0)
    if (num != 0)
        sign = '+';
else
    sign = '-';
```

```
if (num >= 0) {
    if (num != 0) {
        sign = '+';
    } else {
        sign = '-';
    }
}
```

왼쪽의 코드는 언뜻 보기에 else블럭이 바깥쪽의 if문에 속한 것처럼 보이지만, 괄호가 생략되었을 때 else블럭은 가까운 if문에 속한 것으로 간주되기 때문에 실제로는 오른쪽과 같이 안쪽 if문의 else블럭이 되어버린다. 이제 else블럭은 어떤 경우에도 수행될 수 없다. 아래와 같이 괄호{}를 넣어서 if블럭과 else블럭의 관계를 확실히 해주는 것이 좋다.

```
if (num >= 0) {
    if (num != 0)
        sign = '+';
} else {
    sign = '-';
}
```

```java
import java.util.Scanner;

class Ex4_5 {
    public static void main(String[] args) {
        int  score = 0;
        char grade = ' ', opt = '0';

        System.out.print("점수를 입력해주세요.>");

        Scanner scanner = new Scanner(System.in);
        score = scanner.nextInt(); // 화면을 통해 입력받은 점수를 score에 저장

        System.out.printf("당신의 점수는 %d입니다.%n", score);

        if (score >= 90) {          // score가 90점 보다 같거나 크면 A학점(grade)
            grade = 'A';
            if (score >= 98) {      // 90점 이상 중에서도 98점 이상은 A+
                opt = '+';
            } else if (score < 94) {  // 90점 이상 94점 미만은 A-
                opt = '-';
            }
        } else if (score >= 80){    // score가 80점 보다 같거나 크면 B학점(grade)
            grade = 'B';
            if (score >= 88) {
                opt = '+';
            } else if (score < 84)     {
                opt = '-';
            }
        } else {                    // 나머지는 C학점(grade)
            grade = 'C';
        }
        System.out.printf("당신의 학점은 %c%c입니다.%n", grade, opt);
    }
}
```

결과 1
점수를 입력해주세요.>81
당신의 점수는 81입니다.
당신의 학점은 B-입니다.

결과 2
점수를 입력해주세요.>85
당신의 점수는 85입니다.
당신의 학점은 B0입니다.

결과 3
점수를 입력해주세요.>100
당신의 점수는 100입니다.
당신의 학점은 A+입니다.

위 예제는 모두 3개의 if문으로 이루어져 있으며 if문 안에 또 다른 2개의 if문을 포함하고 있
는 모습을 하고 있다. 제일 바깥쪽에 있는 if문에서 점수에 따라 학점(grade)을 결정하고, 내
부의 if문에서는 학점을 더 세부적으로 나누어서 평가를 하고 그 결과를 출력한다.

  외부 if문의 조건식에 의해 한번 걸러졌기 때문에 내부 if문의 조건식은 더 간단해 질 수 있
다.

if문은 조건식의 결과가 참과 거짓, 두 가지 밖에 없기 때문에 경우의 수가 많아질수록 else−if를 계속 추가해야 하므로 조건식이 많아져서 복잡해지고, 여러 개의 조건식을 계산해야 하므로 처리시간도 많이 걸린다.

　이러한 if문과 달리 switch문은 단 하나의 조건식으로 많은 경우의 수를 처리할 수 있고, 표현도 간결하므로 알아보기 쉽다. 그래서 처리할 경우의 수가 많은 경우에는 if문 보다 switch문으로 작성하는 것이 좋다. 다만 switch문은 제약조건이 있기 때문에, 경우의 수가 많아도 어쩔 수 없이 if문으로 작성해야 하는 경우가 있다.

switch문은 조건식을 먼저 계산한 다음, 그 결과와 일치하는 case문으로 이동한다. 이동한 case문 아래에 있는 문장들을 수행하며, break문을 만나면 전체 switch문을 빠져나가게 된다.

> ① 조건식을 계산한다.
> ② 조건식의 결과와 일치하는 case문으로 이동한다.
> ③ 이후의 문장들을 수행한다.
> ④ break문이나 switch문의 끝을 만나면 switch문 전체를 빠져나간다.

```
         ①
switch (조건식) {
      case 값1 :
              // 조건식의 결과가 값1과 같을 경우 수행될 문장들
              //...
              break;
②
      case 값2 :
              // 조건식의 결과가 값2와 같을 경우 수행될 문장들
          ③  //...
              break;     // switch문을 벗어난다.
      //...
      default :
              // 조건식의 결과와 일치하는 case문이 없을 때 수행될 문장들
④             //...
}
```

만일 조건식의 결과와 일치하는 case문이 하나도 없는 경우에는 default문으로 이동한다. default문은 if문의 else블럭과 같은 역할을 한다고 보면 이해가 쉬울 것이다. default문의 위치는 어디라도 상관없으나 보통 마지막에 놓기 때문에 break문을 쓰지 않아도 된다.

switch문에서 break문은 각 case문의 영역을 구분하는 역할을 하는데, 만일 break문을 생략하면 case문 사이의 구분이 없어지므로 다른 break문을 만나거나 switch문 블럭{}의 끝을 만날 때까지 나오는 모든 문장들을 수행한다. 이러한 이유로 각 case문의 마지막에 break문을 빼먹는 실수를 하지 않도록 주의해야 한다.

switch문의 조건식은 결과값이 반드시 정수이어야 하며, 이 값과 일치하는 case문으로 이 동하기 때문에 case문의 값 역시 정수이어야 한다. 그리고 중복되지 않아야 한다. 같은 값의 case문이 여러 개이면, 어디로 이동해야할 지 알 수 없기 때문이다.

게다가 case문의 값은 반드시 상수이어야 한다. 변수나 실수는 case문의 값으로 사용할 수 없다.

---

switch문의 제약조건

1. switch문의 조건식 결과는 정수 또는 문자열이어야 한다.
2. case문의 값은 정수 상수(문자 포함), 문자열만 가능하며, 중복되지 않아야 한다.

---

case문의 몇 가지 예를 아래의 코드에 적어보았다.

```java
public static void main(String[] args) {
    int num, result;
    final int ONE = 1;
        ...
    switch(result) {
        case '1':          // OK. 문자 리터럴(정수 49와 동일)
        case ONE:          // OK. 정수 상수
        case "YES":        // OK. 문자열 리터럴. JDK 1.7부터 허용
        case num:          // 에러. 변수는 불가
        case 1.0:          // 에러. 실수도 불가
            ...
    }
```

문자 '1'은 정수 49와 동등하므로 문제가 없고, ONE은 정수가 아닌 것처럼 보이지만, 'final' 이 붙은 정수 상수이므로 case문의 값으로 적합하다. 그러나 변수나 실수 리터럴은 case문의 값으로 적합하지 않다.

예제
4-6

```java
import java.util.Scanner;

class Ex4_6 {
    public static void main(String[] args) {
        System.out.print("현재 월을 입력하세요.>");

        Scanner scanner = new Scanner(System.in);
        int month = scanner.nextInt();    // 화면을 통해 입력받은 숫자를 month에 저장

        switch(month) {
            case 3:
            case 4:
            case 5:
                System.out.println("현재의 계절은 봄입니다.");
                break;
            case 6: case 7: case 8:
                System.out.println("현재의 계절은 여름입니다.");
                break;
            case 9: case 10: case 11:
                System.out.println("현재의 계절은 가을입니다.");
                break;
            default:
//          case 12: case 1: case 2:
                System.out.println("현재의 계절은 겨울입니다.");
        }
    } // main의 끝
}
```

> 결과
> 현재 월을 입력하세요.>3
> 현재의 계절은 봄입니다.

현재 몇 월인지 입력받아서 해당하는 계절을 출력하는 예제이다. 간단한 예제이므로 별로 설명할 것은 없다. case문은 한 줄에 하나씩 쓰던, 한 줄에 붙여서 쓰던 상관없다.

```
case 3:
case 4:
case 5:
    System.out.println("현재의 계절은 ...");
    break;
```
←→
```
case 3: case 4: case 5:
    System.out.println("현재의 계절은 ...");
    break;
```

그리고 예제의 switch문을 if문으로 변경하면 다음과 같다.

```java
if(month==3 || month==4 || month==5) {
    System.out.println("현재의 계절은 봄입니다.");
} else if(month==6 || month==7 || month==8) {
    System.out.println("현재의 계절은 여름입니다.");
} else if(month==9 || month==10 || month==11) {
    System.out.println("현재의 계절은 가을입니다.");
} else { // if(month==12 || month==1 || month==2)
    System.out.println("현재의 계절은 겨울입니다.");
}
```

12 임의의 정수만들기 Math.random( )

난수(임의의 수)를 얻기 위해서는 Math.random( )을 사용해야 하는데, 이 메서드는 0.0과 1.0사이의 범위에 속하는 하나의 double값을 반환한다. 0.0은 범위에 포함되고 1.0은 포함되지 않는다.

```
0.0 <= Math.random() < 1.0
```

만일 1 과 3 사이의 정수를 구하기를 원한다면, 다음과 같은 과정으로 난수를 구하는 식을 얻을 수 있다.

① 각 변에 3을 곱한다.

```
0.0 * 3 <= Math.random() * 3 < 1.0 * 3
    0.0 <= Math.random() * 3 < 3.0
```

② 각 변을 int형으로 변환한다.

```
(int)0.0 <= (int)(Math.random() * 3) < (int)3.0
     0 <= (int)(Math.random() * 3) < 3
```

③ 각 변에 1을 더한다.

```
0 + 1 <= (int)(Math.random() * 3) + 1 < 3 + 1
    1 <= (int)(Math.random() * 3) + 1 < 4
```

자, 이제는 1과 3사이의 정수 중 하나를 얻을 수 있다. 1은 포함되고 4는 포함되지 않는다.

예제
4-7

```
class Ex4_7 {
    public static void main(String args[]) {
        int num = 0;

        // 괄호{} 안의 내용을 5번 반복한다.
        for (int i = 1; i <= 5; i++) {
            num = (int) (Math.random() * 6) + 1;
            System.out.println(num);
        }
    }
}
```

결과
```
6
1
1
5
2
```

Math.random( )을 사용했기 때문에 실행할 때마다 실행결과가 달라진다. 반복문 for를 이용해서 1과 6사이의 임의의 수를 얻어 출력하는 일을 5번 반복한다. 아직 반복문을 배우지 않았지만 이 예제를 이해하는데 어려움은 없을 것이다.

13 for문

반복문은 어떤 작업이 반복적으로 수행되도록 할 때 사용되며, 반복문의 종류로는 for문과 while문, 그리고 while문의 변형인 do-while문이 있다.

for문과 while문은 구조와 기능이 유사하여 어느 경우에나 서로 변환이 가능하며, 반복 횟수를 알고 있을 때는 for문을, 그렇지 않을 때는 while문을 사용한다. 아래의 for문은 블럭{} 내의 문장을 5번 반복한다. 즉, "I can do it."이라는 문장이 5번 출력된다.

```
            1부터    5까지   1씩 증가
for(int i=1;i<=5;i++) {
    System.out.println("I can do it.");
}
```

변수 i에 1을 저장한 다음, 매 반복마다 i의 값을 1씩 증가시킨다. 그러다가 i의 값이 5를 넘으면 조건식 'i<=5'가 거짓이 되어 반복을 마치게 된다. i의 값이 1부터 5까지 1씩 증가하니까 모두 5번 반복한다. 만일 10번 반복하기를 원한다면, 그저 5를 10으로 바꾸기만 하면 된다.

for문의 구조와 수행순서

for문은 아래와 같이 '초기화', '조건식', '증감식', '블럭{}', 모두 4부분으로 이루어져 있으며, 조건식이 참인 동안 블럭{} 내의 문장들을 반복하다 거짓이 되면 반복문을 벗어난다.

```
for (초기화;조건식;증감식) {
    //  조건식이 참(true)인 동안 수행될 문장들을 적는다.
}
```

제일 먼저 '①초기화'가 수행되고, 그 이후부터는 조건식이 참인 동안 '②조건식 → ③수행될 문장 → ④증감식'의 순서로 계속 반복된다. 그러다가 조건식이 거짓이 되면, for문 전체를 빠져나가게 된다.

```
                        거짓
            ① ──→ ② ←── ④
    for (초기화;조건식;증감식) {
            참 │
                    ③ 수행될 문장
    }
```

예제
4-8

```
class Ex4_8 {
    public static void main(String args[]) {
        for (int i = 1; i <= 3; i++) { // 괄호{}안의 문장을 3번 반복
            System.out.println("Hello");
        }
    }
}
```

결과
```
Hello
Hello
Hello
```

초기화

반복문에 사용될 변수를 초기화하는 부분이며 처음에 한번만 수행된다. 보통 변수 하나로 for 문을 제어하지만, 둘 이상의 변수가 필요할 때는 아래와 같이 콤마','를 구분자로 변수를 초기화하면 된다. 단, 두 변수의 타입은 같아야 한다.

```
for(int i=1;i<=10;i++) { ... }      // 변수 i의 값을 1로 초기화 한다.
for(int i=1,j=0;i<=10;i++) { ... } // int타입의 변수 i와 j를 선언하고 초기화
```

조건식

조건식의 값이 참(true)이면 반복을 계속하고, 거짓(false)이면 반복을 중단하고 for문을 벗어난다. for의 뜻이 '~하는 동안'이므로 조건식이 '참인 동안' 반복을 계속한다고 생각하면 쉽다.

```
for(int i=1;i<=10;i++) { ... }   // 'i<=10'가 참인 동안 블럭{}안의 문장들을 반복
```

조건식을 잘못 작성하면 블럭{} 내의 문장이 한 번도 수행되지 않거나 영원히 반복되는 무한 반복에 빠지기 쉬우므로 주의해야 한다.

증감식

반복문을 제어하는 변수의 값을 증가 또는 감소시키는 식이다. 매 반복마다 변수의 값이 증감식에 의해서 점진적으로 변하다가 결국 조건식이 거짓이 되어 for문을 벗어나게 된다. 변수의 값을 1씩 증가시키는 연산자 '++'이 증감식에 주로 사용되지만, 다음과 같이 다양한 연산자들로 증감식을 작성할 수도 있다.

```
for(int i=1;i<=10;i++)  { ... }     //  1부터 10까지 1씩 증가
for(int i=10;i>=1;i--)  { ... }     // 10부터  1까지 1씩 감소
for(int i=1;i<=10;i+=2) { ... }     //  1부터 10까지 2씩 증가
for(int i=1;i<=10;i*=3) { ... }     //  1부터 10까지 3배씩 증가
```

증감식도 쉼표','를 이용해서 두 문장 이상을 하나로 연결해서 쓸 수 있다.

```
for(int i=1, j=10;i<=10;i++, j--) { ... } // i는 1부터 10까지 1씩 증가하고
                                          // j는 10부터 1까지 1씩 감소한다.
```

지금까지 살펴본 이 세 가지 요소는 필요하지 않으면 생략할 수 있으며, 심지어 모두 생략하는 것도 가능하다.

```
for(;;) { ... }   // 초기화, 조건식, 증감식 모두 생략. 조건식은 참이 된다.
```

조건식이 생략된 경우, 참(true)으로 간주되어 무한 반복문이 된다. 대신 블럭{} 안에 if문을 넣어서 특정 조건을 만족하면 for문을 빠져 나오게 해야 한다.

예제
4-9

```
class Ex4_9 {
    public static void main(String[] args) {
        for(int i=1;i<=5;i++)
            System.out.println(i); // i의 값을 출력한다.

        for(int i=1;i<=5;i++)
            System.out.print(i);    // print()를 쓰면 가로로 출력된다.

        System.out.println();
    }
}
```

결과
1
2
3
4
5
12345

참고   반복하려는 문장이 단 하나일 때는 괄호{ }를 생략할 수 있다.

1부터 5까지 세로로 한번, 가로로 한번 출력하는 간단한 예제이다. 아래의 표를 보면 i의 값이 변화함에 따라 조건식의 결과가 어떻게 되는지 알 수 있다.

i	i <= 5
1	1 <= 5 → true 참
2	2 <= 5 → true 참
3	3 <= 5 → true 참
4	4 <= 5 → true 참
5	5 <= 5 → true 참
6	6 <= 5 → false 거짓, 반복종료

사실 i의 값은 1부터 6까지 변하지만, i값이 6일 때 조건식이 '6<=5'가 되고, 이 식의 결과는 거짓(false)이므로 for문을 벗어나기 때문에 6은 출력되지 않는다.

예제
4-10

```
class Ex4_10 {
    public static void main(String[] args) {
        int sum = 0;    // 합계를 저장하기 위한 변수.

        for(int i=1; i <= 5; i++) {
            sum += i ;  // sum = sum + i;
            System.out.printf("1부터 %2d 까지의 합: %2d%n", i, sum);
        }
    } // main의 끝
}
```

결과				
1부터	1	까지의 합:	1
1부터	2	까지의 합:	3
1부터	3	까지의 합:	6
1부터	4	까지의 합:	10
1부터	5	까지의 합:	15

1부터 5까지의 합을 구하는 예제이다. 변수 i를 1부터 5까지 변화시키면서 i를 sum에 계속 더해서 누적시킨다. 그 과정을 출력했으므로 어렵지 않게 이해할 수 있을 것이다.

i	sum = sum + i
1	1 = 0 + 1
2	3 = 1 + 2
3	6 = 3 + 3
4	10 = 6 + 4
5	15 = 10 + 5

15 중첩 for문

for문 안에 또 다른 for문을 포함시키는 것이 가능하며, 중첩 for문이라고 한다. 중첩 횟수는 거의 제한이 없다. 중첩 for문을 설명하는데 별찍기 만큼 좋은 것은 없다.

만일 다음과 같이 5행 10열의 별'＊'을 찍으려면 어떻게 해야 할까?

```
*********
*********
*********
*********
*********
```

가장 간단한 방법은 다음과 같이 한 줄씩 5번 출력하는 것이다.

```
System.out.println("*********");
System.out.println("*********");
System.out.println("*********");
System.out.println("*********");
System.out.println("*********");
```

그러나 우리는 for문을 배웠으니, 다음과 같이 간단히 할 수 있다.

```
for(int i=1;i<=5;i++) {
    System.out.println("*********"); // 10개의 별을 출력한다.
}
```

'System.out.println("*********");' 역시 반복적인 일을 하는 문장이니 for문으로 바꿀 수 있다. 이 문장을 for문으로 바꾸면 다음과 같다.

```
System.out.println("*********");
```
→
```
for(int j=1;j<=10;j++) {
    System.out.print("*");
}
System.out.println();
```

왼쪽의 문장 대신 오른쪽의 for문을 이전의 for문에 넣으면 다음과 같이 두 개의 for문이 중첩된 형태가 된다.

```
for(int i=1;i<=5;i++) {
   System.out.println("*********");
}
```
→
```
for(int i=1;i<=5;i++) {
   for(int j=1;j<=10;j++) {
      System.out.print("*");
   }
   System.out.println();
}
```

이번엔 다음과 같은 삼각형 모양의 별을 출력해보자.

```
*
**
***
****
*****
```

앞서 배운 바와 같이 가로로 출력하려면, println메서드 대신 print메서드로 출력하면 된다. 아래의 for문은 '*****'을 출력하고 줄 바꿈을 한다.

```
for(int j=1;j<=5;j++) {
    System.out.print("*");   // *****을 출력한다.
}
System.out.println();              // 줄 바꿈을 한다.
```

따라서 다음과 같이 코드를 작성하면, 우리가 원하는 결과를 얻을 수 있다.

```
for(int j=1;j<=1;j++){System.out.print("*");} System.out.println(); // *
for(int j=1;j<=2;j++){System.out.print("*");} System.out.println(); // **
for(int j=1;j<=3;j++){System.out.print("*");} System.out.println(); // ***
for(int j=1;j<=4;j++){System.out.print("*");} System.out.println(); // ****
for(int j=1;j<=5;j++){System.out.print("*");} System.out.println(); // *****
```

위 문장들을 잘 보면 조건식의 숫자만 변할 뿐 나머지는 같다. 똑같은 내용이 반복되는데 반복문으로 간단히 처리할 방법이 없을까? 이럴 때는 한 문장의 조건식에 숫자 대신 변수 i를 넣고, 이 문장을 i의 값이 1부터 5까지 증가하는 for문 안에 넣으면 된다.

```
for(int i=1;i<=5;i++) {
   for(int j=1;j<=i;j++) { System.out.print("*");} System.out.println();
}
```

예제
4-11

```
class Ex4_11 {
    public static void main(String[] args) {

        for(int i=1;i<=5;i++) {
            for(int j=1;j<=i;j++) {
                System.out.print("*");
            }
            System.out.println();
        }
    } // main의 끝
}
```

결과
```
*
**
***
****
*****
```

for문에 비해 while문은 구조가 간단하다. if문처럼 조건식과 블럭{ }만으로 이루어져 있다. 다만 if문과 달리 while문은 조건식이 '참(true)인 동안', 즉 조건식이 거짓이 될 때까지 블럭{ } 내의 문장을 반복한다.

```
while (조건식) {
        // 조건식의 연산결과가 참(true)인 동안, 반복될 문장들을 적는다.
}
```

while문은 먼저 조건식을 평가해서 조건식이 거짓이면 문장 전체를 벗어나고, 참이면 블럭{ } 내의 문장을 수행하고 다시 조건식으로 돌아간다. 조건식이 거짓이 될 때까지 이 과정이 계속 반복된다.

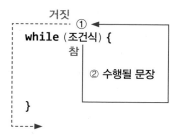

① 조건식이 참(true)이면 블럭{ } 안으로 들어가고, 거짓(false)이면 while문을 벗어난다.
② 블럭{ }의 문장을 수행하고 다시 조건식으로 돌아간다.

for문과 while문의 비교

1부터 10까지의 정수를 순서대로 출력하는 for문을 while문으로 변경하면 아래 오른쪽과 같다.

```
// 초기화, 조건식, 증감식
for(int i=1;i<=10;i++) {
    System.out.println(i);
}
```

```
int i=1; // 초기화

while(i<=10) { // 조건식
    System.out.println(i);
    i++; // 증감식
}
```

위의 두 코드는 완전히 동일하다. for문은 초기화, 조건식, 증감식을 한 곳에 모아 놓은 것일 뿐, while문과 다르지 않다. 그래서 for문과 while문은 항상 서로 변환이 가능하다.

그래도 이 경우 while문 보다 for문이 더 간결하고 알아보기 쉽다. 만일 초기화이나 증감식이 필요하지 않은 경우라면, while문이 더 적합할 것이다. 앞으로 소개할 예제들은 for문보다 while문이 더 적합하다고 판단된 것들이다.

예제
4-12

```java
class Ex4_12 {
    public static void main(String[] args) {
        int i = 5;

        while(i--!=0) {
            System.out.println(i + " - I can do it.");
        }
    } // main의 끝
}
```

결과
```
4 - I can do it.
3 - I can do it.
2 - I can do it.
1 - I can do it.
0 - I can do it.
```

변수 i의 값만큼 블럭{}을 반복하는 예제이다. i의 값이 5이므로 'I can do it.'이 모두 5번 (4~0) 출력되었다. while문의 조건식 'i--!=0'는 i의 값이 0이 아닌 동안만 참이 되고, i의 값이 매 반복마다 1씩 감소하다 0이 되면 조건식은 거짓이 되어 while문을 벗어난다.

'i--'가 후위형이므로 조건식이 평가된 후에 i의 값이 감소된다는 점에 주의하자. 예를 들어, i의 값이 1일 때는 조건식이 참으로 평가된 후에 i의 값이 1 감소되어 0이 된다. 그래서 실행 결과에서 i의 값이 5~1이 아닌 4~0으로 출력된 것이다.

아직 이해가 잘 안 간다면 아래 오른쪽과 같이 조건식에서 감소 연산자 '--'를 분리해보자. 좀 더 이해하기 쉬운 코드가 될 것이다.

```java
while(i--!=0) {
    System.out.println(i);
}
```
⟷
```java
while(i!=0) {
    i--;
    System.out.println(i);
}
```

다음은 1부터 몇까지 더해야 100을 넘지 않는지 알아내는 예제이다.

예제
4-13

```java
class Ex4_13 {
    public static void main(String[] args) {
        int sum = 0;
        int i = 0;
        // i를 1씩 증가시켜서 sum에 계속 더해나간다.
        while (sum <= 100) {
            System.out.printf("%d - %d%n", i, sum);
            sum += ++i;
        }
    } // main의 끝
}
```

결과
```
0 - 0
1 - 1
2 - 3
3 - 6
4 - 10
5 - 15
6 - 21
7 - 28
8 - 36
9 - 45
10 - 55
11 - 66
12 - 78
13 - 91
```

예제
4-14

```java
import java.util.*;

class Ex4_14 {
    public static void main(String[] args) {
        int num = 0, sum = 0;
        System.out.print("숫자를 입력하세요.(예:12345)>");

        Scanner scanner = new Scanner(System.in);
        String tmp = scanner.nextLine();   // 화면을 통해 입력받은 내용을 tmp에 저장
        num = Integer.parseInt(tmp);       // 입력받은 문자열(tmp)을 숫자로 변환

        while(num!=0) {
            // num을 10으로 나눈 나머지를 sum에 더함
            sum += num%10;        // sum = sum + num%10;
            System.out.printf("sum=%3d num=%d%n", sum, num);

            num /= 10;    // num = num / 10;   num을 10으로 나눈 값을 다시 num에 저장
        }
        System.out.println("각 자리수의 합:"+sum);
    }
}
```

결과
```
숫자를 입력하세요.(예:12345)>12345
sum=  5 num=12345
sum=  9 num=1234
sum= 12 num=123
sum= 14 num=12
sum= 15 num=1
각 자리수의 합:15
```

사용자로부터 숫자를 입력받고, 이 숫자의 각 자리의 합을 구하는 예제이다. 실행 결과에서 알 수 있듯이 12345를 입력하면, 결과는 15(1+2+3+4+5=15)이다.

어떤 수를 10으로 나머지 연산하면 마지막 자리를 얻을 수 있다. 그리고 10으로 나누면 마지막 한자리가 제거된다.

$$12345 \% 10 \ \rightarrow \ 5$$
$$12345 / 10 \ \rightarrow \ 1234$$

그래서 입력 받은 숫자 num을 0이 될 때까지 반복해서 10으로 나눠가면서, 10으로 나머지 연산을 하면 num의 모든 자리를 얻을 수 있다. 이 과정을 단계별로 살펴보면 다음과 같다.

num	num%10	sum = sum + num%10 (sum+=num%10)	num = num / 10 (num/=10)
12345	5	5 = 0 + 5	1234 = 12345 / 10
1234	4	9 = 5 + 4	123 = 1234 / 10
123	3	12 = 9 + 3	12 = 123 / 10
12	2	14 = 12 + 2	1 = 12 / 10
1	1	15 = 14 + 1	0 = 1 / 10
0	–	–	–

num의 값은 'num/=10'에 의해 한자리씩 줄어들다가 0이 되면, while문의 조건식이 거짓이 되어 반복을 멈춘다.

19 **do-while문**

do-while문은 while문의 변형으로 기본적인 구조는 while문과 같으나 조건식과 블럭{}의 순서를 바꿔놓은 것이다. 그래서 while문과 반대로 블럭{}을 먼저 수행한 후에 조건식을 평가한다. while문은 조건식의 결과에 따라 블럭{}이 한 번도 수행되지 않을 수 있지만, do-while문은 최소한 한번은 수행될 것을 보장한다.

```
do {
        // 조건식의 연산결과가 참일 때 수행될 문장들을 적는다.(처음 한 번은 무조건 실행)
} while (조건식);  ← 끝에 ';'을 잊지 않도록 주의
```

그리 많이 쓰이지는 않지만, 다음의 예제처럼 반복적으로 사용자의 입력을 받아서 처리할 때 유용하다.

예제 4-15

```java
import java.util.*;

class Ex4_15 {
    public static void main(String[] args) {
        int input  = 0, answer = 0;

        answer = (int)(Math.random() * 100) + 1; // 1~100 사이의 임의의 수를 저장
        Scanner scanner = new Scanner(System.in);

        do {
            System.out.print("1과 100사이의 정수를 입력하세요.>");
            input = scanner.nextInt();

            if(input > answer) {
                System.out.println("더 작은 수로 다시 시도해보세요.");
            } else if(input < answer) {
                System.out.println("더 큰 수로 다시 시도해보세요.");
            }
        } while(input!=answer);

        System.out.println("정답입니다.");
    }
}
```

결과
```
1과 100사이의 정수를 입력하세요.>50
더 작은 값으로 다시 시도해보세요.
1과 100사이의 정수를 입력하세요.>25
더 작은 값으로 다시 시도해보세요.
1과 100사이의 정수를 입력하세요.>12
더 큰 값으로 다시 시도해보세요.
1과 100사이의 정수를 입력하세요.>21
정답입니다.
```

Math.random()을 이용해서 1과 100 사이의 임의의 수를 변수 answer에 저장하고, 이 값을 맞출 때까지 반복하는 예제이다. 사용자 입력인 input이 변수 answer의 값과 다른 동안 반복하다가 두 값이 같으면 반복을 벗어난다.

앞서 switch문에서 break문에 대해 배웠던 것을 기억할 것이다. 반복문에서도 break문을 사용할 수 있는데, switch문에서 그랬던 것처럼, break문은 자신이 포함된 가장 가까운 반복문을 벗어난다. 주로 if문과 함께 사용되어 특정 조건을 만족할 때 반복문을 벗어나게 한다.

예제
4-16

```
class Ex4_16 {
    public static void main(String[] args) {
        int sum = 0;
        int i   = 0;

        while(true) {
            if(sum > 100)
                break;
            ++i;
            sum += i;
        } // end of while

        System.out.println("i=" + i);
        System.out.println("sum=" + sum);
    }
}
```

break문이 수행되면 이 부분은 실행되지 않고 while문을 완전히 벗어난다.

결과
i=14
sum=105

숫자를 1부터 계속 더해 나가서 몇까지 더하면 합이 100을 넘는지 알아내는 예제이다. i의 값을 1부터 1씩 계속 증가시켜가며 더해서 sum에 저장한다. sum의 값이 100을 넘으면 if문의 조건식이 참이므로 break문이 수행되어 자신이 속한 반복문을 즉시 벗어난다.

이처럼 무한 반복문에는 조건문과 break문이 항상 같이 사용된다. 그렇지 않으면 무한히 반복되기 때문에 프로그램이 종료되지 않을 것이다.

참고 : sum += i;와 ++i; 두 문장을 sum += ++i;과 같이 한 문장으로 줄여 쓸 수 있다.

continue문은 반복문 내에서만 사용될 수 있으며, 반복이 진행되는 도중에 continue문을 만나면 반복문의 끝으로 이동하여 다음 반복으로 넘어간다. for문의 경우 증감식으로 이동하며, while문과 do-while문의 경우 조건식으로 이동한다.

continue문은 반복문 전체를 벗어나지 않고 다음 반복을 계속 수행한다는 점이 break문과 다르다. 주로 if문과 함께 사용되어 특정 조건을 만족하는 경우에 continue문 이후의 문장들을 수행하지 않고 다음 반복으로 넘어가서 계속 진행하도록 한다.

　전체 반복 중에 특정조건을 만족하는 경우를 제외하고자 할 때 유용하다.

예제
4-17

```
class Ex4_17 {
    public static void main(String[] args) {
        for(int i=0;i <= 10;i++) {
            if (i%3==0)
                continue;
            System.out.println(i);
        }
    }
}
```

조건식이 참이 되어 continue문이 수행되면 블럭의 끝으로 이동한다.
break문과 달리 반복문을 벗어나지 않는다.

결과
1
2
4
5
7
8
10

1과 10사이의 숫자를 출력하되 그 중에서 3의 배수인 것은 제외하도록 하였다. i의 값이 3의 배수인 경우, if문의 조건식 'i%3==0'은 참이 되어 continue문에 의해 반복문의 블럭 끝'}'으로 이동된다. 즉, continue문과 반복문 블럭의 끝'}' 사이의 문장들을 건너뛰고 반복을 이어가는 것이다.

```java
import java.util.*;

class Ex4_18 {
    public static void main(String[] args) {
        int menu = 0;
        int num  = 0;

        Scanner scanner = new Scanner(System.in);

        while(true) {
            System.out.println("(1) square");
            System.out.println("(2) square root");
            System.out.println("(3) log");
            System.out.print("원하는 메뉴(1~3)를 선택하세요.(종료:0)>");

            String tmp = scanner.nextLine(); // 화면에서 입력받은 내용을 tmp에 저장
            menu = Integer.parseInt(tmp);     // 입력받은 문자열(tmp)을 숫자로 변환

            if(menu==0) {
                System.out.println("프로그램을 종료합니다.");
                break;
            } else if (!(1 <= menu && menu <= 3)) {
                System.out.println("메뉴를 잘못 선택하셨습니다.(종료는 0)");
                continue;
            }

            System.out.println("선택하신 메뉴는 "+ menu +"번입니다.");
        }
    } // main의 끝
}
```

```
결  (1) square
과  (2) square root
   (3) log
원하는 메뉴(1~3)를 선택하세요.(종료:0)>4
메뉴를 잘못 선택하셨습니다.(종료는 0)
   (1) square
   (2) square root
   (3) log
원하는 메뉴(1~3)를 선택하세요.(종료:0)>1
선택하신 메뉴는 1번입니다.
   (1) square
   (2) square root
   (3) log
원하는 메뉴(1~3)를 선택하세요.(종료:0)>0
프로그램을 종료합니다.
```

메뉴를 보여주고 선택하게 하는 예제이다. 메뉴를 잘못 선택한 경우, continue문으로 다시 메뉴를 보여주고, 종료(0)를 선택한 경우 break문으로 반복을 벗어나 프로그램이 종료되도록 했다. 이 예제는 메뉴를 보여주고 선택하는 것을 반복하는 것 외에 별다른 기능이 없지만, 곧 이 예제를 좀 더 쓸 만한 것으로 발전시킨 예제를 소개할 것이다.

break문은 근접한 단 하나의 반복문만 벗어날 수 있기 때문에, 여러 개의 반복문이 중첩된 경우에는 break문으로 중첩 반복문을 완전히 벗어날 수 없다. 이때는 중첩 반복문 앞에 이름을 붙이고 break문과 continue문에 이름을 지정해 줌으로써 하나 이상의 반복문을 벗어나거나 반복을 건너뛸 수 있다.

예제 4-19

```
class Ex4_19
{
    public static void main(String[] args)
    {
        // for문에 Loop1이라는 이름을 붙였다.
        Loop1 : for(int i=2;i <=9;i++) {
                for(int j=1;j <=9;j++) {
                    if(j==5)
                        break Loop1;
//                      break;
//                    continue Loop1;
//                    continue;
                    System.out.println(i+"*"+ j +"="+ i*j);
                } // end of for i
                System.out.println();
        } // end of Loop1
    }
}
```

결과
```
2*1=2
2*2=4
2*3=6
2*4=8
```

구구단을 출력하는 예제이다. 제일 바깥에 있는 for문에 Loop1이라는 이름을 붙였다. 그리고 j가 5일 때 break문을 수행하도록 했다. 반복문의 이름이 지정되지 않은 break문은 자신이 속한 하나의 반복문만 벗어날 수 있지만, 지금처럼 반복문에 이름을 붙여 주고 break문에 반복문 이름을 지정해주면 하나 이상의 반복문도 벗어날 수 있다.

j가 5일 때 반복문 Loop1을 벗어나도록 했으므로 2단의 4번째 줄까지 밖에 출력되지 않았다. 만일 반복문의 이름이 지정되지 않은 break문이었다면 2단부터 9단까지 모두 네 줄씩 출력되었을 것이다.

예제에서는 'break Loop1;' 아래의 세 문장들을 주석처리하였다. 이 네 문장(2개의 break문과 2개의 continue문) 중의 하나를 선택하고 선택한 문장을 제외한 나머지는 주석처리한 다음, 어떤 결과를 얻을지 예측하고 실행한 후에 예측한 결과와 비교해보자.

(참고) continue Loop1;과 같은 문장을 쓸 일은 거의 없을 테니 무시해도 좋다.

```java
import java.util.*;

class Ex4_20 {
    public static void main(String[] args) {
        int menu = 0, num  = 0;
        Scanner scanner = new Scanner(System.in);

        outer:     // while문에 outer라는 이름을 붙인다.
        while(true) {
            System.out.println("(1) square");
            System.out.println("(2) square root");
            System.out.println("(3) log");
            System.out.print("원하는 메뉴(1~3)를 선택하세요.(종료:0)>");

            String tmp = scanner.nextLine(); // 화면에서 입력받은 내용을 tmp에 저장
            menu = Integer.parseInt(tmp);       // 입력받은 문자열(tmp)을 숫자로 변환

            if(menu==0) {
                System.out.println("프로그램을 종료합니다.");
                break;
            } else if (!(1<= menu && menu <= 3)) {
                System.out.println("메뉴를 잘못 선택하셨습니다.(종료는 0)");
                continue;
            }

            for(;;) {
                System.out.print("계산할 값을 입력하세요.(계산 종료:0, 전체 종료:99)>");
                tmp = scanner.nextLine();       // 화면에서 입력받은 내용을 tmp에 저장
                num = Integer.parseInt(tmp); // 입력받은 문자열(tmp)을 숫자로 변환

                if(num==0)
                    break;           // 계산 종료. for문을 벗어난다.

                if(num==99)
                    break outer;   // 전체 종료. for문과 while문을 모두 벗어난다.

                switch(menu) {
                    case 1:
                        System.out.println("result="+ num*num);
                        break;
                    case 2:
                        System.out.println("result="+ Math.sqrt(num));
                        break;
                    case 3:
                        System.out.println("result="+ Math.log(num));
                        break;
                }
            } // for(;;)
        } // while의 끝
    } // main의 끝
}
```

```
(1) square
(2) square root
(3) log
원하는 메뉴(1~3)를 선택하세요.(종료:0)>1
계산할 값을 입력하세요.(계산 종료:0, 전체 종료:99)>2
result=4
계산할 값을 입력하세요.(계산 종료:0, 전체 종료:99)>3
result=9
계산할 값을 입력하세요.(계산 종료:0, 전체 종료:99)>0
(1) square
(2) square root
(3) log
원하는 메뉴(1~3)를 선택하세요.(종료:0)>2
계산할 값을 입력하세요.(종료:0, 전체종료:99)>4
result=2.0
계산할 값을 입력하세요.(종료:0, 전체종료:99)>99
```

이 예제는 예제4-18를 발전시킨 것으로 메뉴를 선택하면 해당 연산을 반복적으로 수행할 수 있게 for문을 추가하였다. 이 예제를 실행해서 다양하게 테스트한 후에 분석하면 더 이해하기 쉬울 것이다.

아래와 같이 반복문만 떼어놓고 보면, 무한 반복문인 while문 안에 또 다른 무한 반복문인 for문이 중첩된 구조라는 것을 알 수 있다. while문은 메뉴를 반복해서 선택할 수 있게 해주고, for문은 선택된 메뉴의 작업을 반복해서 할 수 있게 해준다.

```
outer:
while(true) { // 무한 반복문
    ...
    for(;;) { // 무한 반복문
        ...
        if(num==0)   // 계산 종료. for문을 벗어난다.
            break;
        if(num==99) // 전체 종료. for문과 while문 모두 벗어난다.
            break outer;
        ...
    } // for(;;)

} // while(true)
```

선택된 메뉴에서 0을 입력하면 break문으로 for문을 벗어나서 다른 메뉴를 선택할 수 있게 되고, 99를 입력하면 'break outer;'에 의해 for문과 while문 모두를 벗어나 프로그램이 종료된다.

연습문제

4-1 다음의 문장들을 조건식으로 표현하라.

① int형 변수 x가 10보다 크고 20보다 작을 때 true인 조건식

② char형 변수 ch가 공백이나 탭이 아닐 때 true인 조건식

③ char형 변수 ch가 'x' 또는 'X'일 때 true인 조건식

④ char형 변수 ch가 숫자('0'~'9')일 때 true인 조건식

⑤ char형 변수 ch가 영문자(대문자 또는 소문자)일 때 true인 조건식

⑥ int형 변수 year가 400으로 나눠떨어지거나 또는 4로 나눠떨어지고 100으로 나눠떨어지지 않을 때 true인 조건식

⑦ boolean형 변수 powerOn이 false일 때 true인 조건식

⑧ 문자열 참조변수 str이 "yes"일 때 true인 조건식

4-2 1부터 20까지의 정수 중에서 2 또는 3의 배수가 아닌 수의 총합을 구하시오.

4-3 1 + (1+2) + (1+2+3) + (1+2+3+4) + ... + (1+2+3+...+10)의 결과를 계산하시오.

4-4 1 + (-2) + 3 + (-4) + ... 과 같은 식으로 계속 더해나갔을 때, 몇까지 더해야 총합이 100 이상이 되는지 구하시오.

4-5 다음의 for문을 while문으로 변경하시오.

```
public class Exercise4_5 {
   public static void main(String[] args) {
      for (int i = 0; i <= 10; i++) {
         for (int j = 0; j <= i; j++)
            System.out.print("*");
         System.out.println();
      }
   } // end of main
} // end of class
```

4-6 두 개의 주사위를 던졌을 때, 눈의 합이 6이 되는 모든 경우의 수를 출력하는 프로그램을 작성하시오.

4-7 숫자로 이루어진 문자열 str이 있을 때, 각 자리의 합을 더한 결과를 출력하는 코드를 완성하라. 만일 문자열이 "12345"라면, '1+2+3+4+5'의 결과인 15를 출력이 출력되어야 한다. (1)에 알맞은 코드를 넣으시오.

(Hint) String클래스의 charAt(int i)을 사용

```
class Exercise4_7 {
   public static void main(String[] args) {
      String str = "12345";
      int sum = 0;

      for (int i = 0; i < str.length(); i++) {

         /*
                     (1) 알맞은 코드를 넣어 완성하시오.
         */

      }

      System.out.println("sum=" + sum);
   }
}
```

결과 sum=15

4-8 Math.random( )을 이용해서 1부터 6 사이의 임의의 정수를 변수 value에 저장하는 코드를 완성하라. (1)에 알맞은 코드를 넣으시오.

```java
class Exercise4_8 {
    public static void main(String[] args) {
        int value = (   /*  (1)  */   );

        System.out.println("value:"+value);
    }
}
```

4-9 int타입의 변수 num이 있을 때, 각 자리의 합을 더한 결과를 출력하는 코드를 완성하라. 만일 변수 num의 값이 12345라면, '1+2+3+4+5'의 결과인 15를 출력하라. (1)에 알맞은 코드를 넣으시오.

주의 문자열로 변환하지 말고 숫자로만 처리해야 한다.

```java
class Exercise4_9 {
    public static void main(String[] args) {
        int num = 12345;
        int sum = 0;

        /*
                (2) 알맞은 코드를 넣어 완성하시오.
        */

        System.out.println("sum="+sum);
    }
}
```

결과 sum=15

4-10 다음은 숫자맞히기 게임을 작성한 것이다. 1과 100 사이의 값을 반복적으로 입력해서 컴퓨터 가 생각한 값을 맞히면 게임이 끝난다. 사용자가 값을 입력하면, 컴퓨터는 자신이 생각한 값과 비교해 서 결과를 알려준다. 사용자가 컴퓨터가 생각한 숫자를 맞히면 게임이 끝나고 몇 번 만에 숫자를 맞혔 는지 알려준다. (1)~(2)에 알맞은 코드를 넣어 프로그램을 완성하시오.

```
class Exercise4_10
{
    public static void main(String[] args)
    {
        // 1~100사이의 임의의 값을 얻어서 answer에 저장한다.
        int answer =    /*  (1)  */   ;
        int input = 0;                  // 사용자입력을 저장할 공간
        int count = 0;                  // 시도횟수를 세기위한 변수

        // 화면으로 부터 사용자입력을 받기 위해서 Scanner클래스 사용
        java.util.Scanner s = new java.util.Scanner(System.in);

        do {
            count++;
            System.out.print("1과 100사이의 값을 입력하세요 :");
            input = s.nextInt(); // 입력받은 값을 변수 input에 저장한다.

            /*
                    (2) 알맞은 코드를 넣어 완성하시오.
            */

        } while(true); // 무한반복문
    } // end of main
} // end of class
```

> 결과
> 1과 100사이의 값을 입력하세요 :50
> 더 큰 수를 입력하세요.
> 1과 100사이의 값을 입력하세요 :75
> 더 큰 수를 입력하세요.
> 1과 100사이의 값을 입력하세요 :87
> 더 작은 수를 입력하세요.
> 1과 100사이의 값을 입력하세요 :80
> 더 작은 수를 입력하세요.
> 1과 100사이의 값을 입력하세요 :77
> 더 작은 수를 입력하세요.
> 1과 100사이의 값을 입력하세요 :76
> 맞혔습니다.
> 시도횟수는 6번입니다.

배열

Array

같은 타입의 여러 변수를 하나의 묶음으로 다루는 것을 '배열(array)'이라고 한다. 많은 양의 데이터를 저장하기 위해서, 그 데이터의 숫자만큼 변수를 선언해야 한다면 매우 혼란스러울 것이다. 10,000개의 데이터를 저장하기 위해 같은 수의 변수를 선언해야 한다면 상상하는 것만으로도 상당히 곤혹스러울 것이다.

이런 경우에 배열을 사용하면 많은 양의 데이터를 손쉽게 다룰 수 있다.

> **"배열은 같은 타입의 여러 변수를 하나의 묶음으로 다루는 것"**

여기서 중요한 것은 '같은 타입'이어야 한다는 것이며, 서로 다른 타입의 변수들로 구성된 배열은 만들 수 없다. 한 학급의 시험점수를 저장하고자 할 때가 배열을 사용하기 좋은 예이다.

만일 배열을 사용하지 않는다면 학생 5명의 점수를 저장하기 위해서 아래와 같이 5개의 변수를 선언해야 할 것이다.

```
int score1, score2, score3, score4, score5 ;
```

변수 대신 배열을 이용하면 다음과 같이 간단히 처리할 수 있다. 변수의 선언과 달리 다뤄야 할 데이터의 수가 아무리 많아도 단지 배열의 길이만 바꾸면 된다.

```
int[] score = new int[5]; // 5개의 int 값을 저장할 수 있는 배열을 생성한다.
```

아래의 그림은 위의 코드가 실행되어 생성된 배열을 그림으로 나타낸 것이다. 값을 저장할 수 있는 공간은 score[0]부터 score[4]까지 모두 5개이며, 변수 score는 배열을 다루는데 필요한 참조변수일 뿐 값을 저장하기 위한 공간은 아니다. 잠시 후에 자세히 설명할 것이니까 지금은 참고만 하고 가볍게 넘어가자.

```
score          score[0]  score[1]  score[2]  score[3]  score[4]
0x100    →        0         0         0         0         0
         0x100
```

위의 그림에서 알 수 있듯이, 변수와 달리 배열은 각 저장공간이 연속적으로 배치되어 있다는 특징이 있다.

배열을 선언하는 방법은 간단하다. 원하는 타입의 변수를 선언하고 변수 또는 타입에 배열임을 의미하는 대괄호[ ]를 붙이면 된다. 대괄호[ ]는 타입 뒤에 붙여도 되고 변수이름 뒤에 붙여도 되는데, 저자의 경우 대괄호를 타입에 붙이는 쪽을 선호한다. 대괄호가 변수이름의 일부라기보다는 타입의 일부라고 보기 때문이다.

선언방법	선언 예
타입[ ] 변수이름;	`int[]    score;` `String[] name;`
타입 변수이름[ ];	`int    score[];` `String name[];`

배열의 생성

배열을 선언한 다음에는 배열을 생성해야한다. 배열을 선언하는 것은 단지 생성된 배열을 다루기 위한 참조변수를 위한 공간이 만들어질 뿐이고, 배열을 생성해야만 비로소 값을 저장할 수 있는 공간이 만들어지는 것이다. 배열을 생성하기 위해서는 연산자 'new'와 함께 배열의 타입과 길이를 지정해 주어야 한다.

```
타입[ ] 변수이름;              // 배열을 선언(배열을 다루기 위한 참조변수 선언)
변수이름 = new 타입[길이];    // 배열을 생성(실제 저장공간을 생성)
```

아래의 코드는 '길이가 5인 int배열'을 생성한다.

```
int[] score;              // int타입의 배열을 다루기 위한 참조변수 score선언
score = new int[5];       // int타입의 값 5개를 저장할 수 있는 배열 생성
```

다음과 같이 배열의 선언과 생성을 동시에 하면 간략히 한 줄로 할 수 있는데, 대부분의 경우 이렇게 한다.

```
타입[ ] 변수이름 = new 타입[길이];    // 배열의 선언과 생성을 동시에.
int[] score = new int[5];          // 길이가 5인 int배열
```

score		score[0]	score[1]	score[2]	score[3]	score[4]
`0x100`	→	0	0	0	0	0

0x100

참고　배열이 주소 0x100번지에 생성되었다고 가정한 그림이다.

생성된 배열의 각 저장공간을 '배열의 요소(element)'라고 하며, '배열이름[인덱스]'의 형식으로 배열의 요소에 접근한다. **인덱스(index)는 배열의 요소마다 붙여진 일련번호**로 각 요소를 구별하는데 사용된다. 우리가 변수의 이름을 지을 때 score1, score2, score3과 같이 번호를 붙이는 것과 비슷하다고 할 수 있다. 다만 인덱스는 1이 아닌 0부터 시작한다.

> **"인덱스(index)의 범위는 0부터 '배열길이-1'까지."**

예를 들어 길이가 5인 배열은 모두 5개의 요소(저장공간)를 가지며 인덱스의 범위는 1부터 5까지가 아닌 0부터 4까지, 즉 0, 1, 2, 3, 4가 된다.

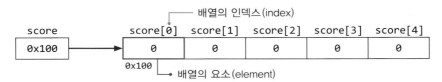

배열에 값을 저장하고 읽어오는 방법은 변수와 같다. 단지 변수이름 대신 '배열이름[인덱스]'를 사용한다는 점만 다르다.

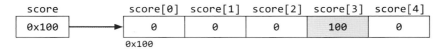

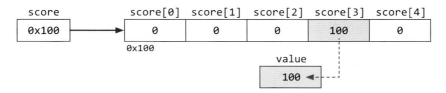

배열의 또 다른 장점은 index로 상수 대신 변수나 수식도 사용할 수 있다는 것이다. 그래서 왼쪽의 코드를 오른쪽과 같이 for문을 이용해서 간단히 할 수 있다. 오른쪽 코드는 index로 상수 대신 변수 i를 사용하고, for문으로 변수 i의 값을 0부터 3까지 증가시킨다.

```
score[0] = 0;
score[1] = 10;
score[2] = 20;
score[3] = 30;
```

```
for (int i=0; i <= 3; i++) {
    score[i] = i * 10;
}
```

04 배열의 길이(배열이름.length)

자바에서는 자바 가상 머신(JVM)이 모든 배열의 길이를 별도로 관리하며, '배열이름.length' 를 통해서 배열의 길이에 대한 정보를 얻을 수 있다.

아래의 코드에서 배열 arr의 길이가 5이므로 arr.length의 값 역시 5가 된다.

```
int[] arr = new int[5];    // 길이가 5인 int배열
int   tmp = arr.length;    // arr.length의 값은 5이고 tmp에 5가 저장된다.
```

배열은 한번 생성하면 길이를 변경할 수 없기 때문에, 이미 생성된 배열의 길이는 변하지 않는다. 따라서 '배열이름.length'는 상수다. 즉, 값을 읽을 수만 있을 뿐 변경할 수 없다.

아래의 코드는 배열의 각 요소를 for문을 이용해서 출력한다. 여기서 배열 score의 길이는 6이며, 인덱스의 범위는 0~5이다.

```
int[] score = new int[6];

for (int i=0; i < 6; i++)
    System.out.println(score[i]);
```

이 때 코드를 아래처럼 변경하여 배열의 길이를 줄이면, 인덱스의 유효범위는 0~4가 된다.

```
int[] score = new int[5];     // 배열의 길이를 6에서 5로 변경

for (int i=0; i < 6; i++)       // 실수로 조건식을 변경하지 않음
    System.out.println(score[i]); // 에러발생!!!
```

배열의 길이가 변경되었으니 for문에 사용되는 조건의 범위도 변경해주어야 하는데, 만일 이 것을 잊고 실행한다면 for문은 배열의 유효한 인덱스 범위인 0~4를 넘어 0부터 5까지 반복하기 때문에 5번째 반복에서 ArrayIndexOutOfBoundsException이라는 예외(배열의 index 가 유효한 범위를 벗어났다는 에러)가 발생하여 비정상적으로 종료될 것이다.

그래서 for문의 조건식에 배열의 길이를 직접 적어주는 것보다 '배열이름.length'를 사용하는 것이 좋다. 위의 for문을 '배열이름.length'를 사용해서 변경하면 다음과 같다.

```
int[] score = new int[5]; // 배열의 길이를 6에서 5로 변경

for (int i=0; i < score.length; i++)   // 조건식을 변경하지 않아도 됨
    System.out.println(score[i]);
```

'배열이름.length'는 배열의 길이가 변경되면 자동적으로 변경된 배열의 길이를 값으로 갖기 때문에, 배열과 함께 사용되는 for문의 조건식을 일일이 변경해주지 않아도 된다.

배열은 생성과 동시에 자동적으로 기본값(0)으로 초기화되므로 배열을 사용하기 전에 따로 초기화를 해주지 않아도 되지만, 원하는 값을 저장하려면 아래와 같이 각 요소마다 값을 지정해 줘야한다.

```java
int[] score = new int[5];    // 길이가 5인 int형 배열을 생성한다.
score[0] = 50;               // 각 요소에 직접 값을 저장한다.
score[1] = 60;
score[2] = 70;
score[3] = 80;
score[4] = 90;
```

배열의 길이가 큰 경우에는 이렇게 요소 하나하나에 값을 지정하기 보다는 for문을 사용하는 것이 좋다. 위의 코드를 for문을 이용해서 바꾸면 다음과 같다.

```java
int[] score = new int[5];    // 길이가 5인 int형 배열을 생성한다.

for(int i=0; i < score.length; i++)
    score[i] = i * 10 + 50;
```

그러나 for문으로 배열을 초기화하려면, 저장하려는 값에 일정한 규칙이 있어야만 가능하기 때문에 자바에서는 다음과 같이 배열을 간단히 초기화 할 수 있는 방법을 제공한다.

```java
int[] score = new int[]{ 50, 60, 70, 80, 90}; // 배열의 생성과 초기화를 동시에
```

저장할 값들을 괄호{} 안에 쉼표로 구분해서 나열하면 되며, 괄호{} 안의 값의 개수에 의해 배열의 길이가 자동으로 결정되기 때문에 괄호[ ] 안에 배열의 길이는 안적어도 된다.

```java
int[] score = new int[]{ 50, 60, 70, 80, 90};
int[] score = { 50, 60, 70, 80, 90};   // new int[]를 생략할 수 있음
```

심지어는 위와 같이 'new 타입[ ]'을 생략하여 코드를 더 간단히 할 수도 있다. 아무래도 생략된 형태의 코드가 더 간단하므로 자주 사용된다. 다만 다음과 같이 배열의 선언과 생성을 따로 하는 경우에는 생략할 수 없다는 점만 주의하면 된다.

```java
int[] score;
score = { 50, 60, 70, 80, 90};                // 에러. new int[]를 생략할 수 없음
score = new int[]{ 50, 60, 70, 80, 90};  // OK
```

배열을 초기화할 때 for문을 사용하듯이, 배열에 저장된 값을 확인할 때도 다음과 같이 for문을 사용하면 된다.

```java
int[] iArr = { 100, 95, 80, 70, 60 };

for(int i=0;i < iArr.length; i++) {   // 배열의 요소를 순서대로 하나씩 출력
    System.out.println(iArr[i]);
}
```

println메서드는 출력 후에 줄 바꿈을 하므로, 여러 줄에 출력되어 보기 불편할 때가 있다. 그럴 때는 다음과 같이 출력 후에 줄 바꿈을 하지 않는 print메서드를 사용하자.

```java
int[] iArr = { 100, 95, 80, 70, 60 };

for(int i=0;i < iArr.length; i++) {
    System.out.print(iArr[i]+","); // 각 요소 간의 구별을 위해 쉼표를 넣는다.
}
System.out.println(); // 다음 출력이 바로 이어지지 않도록 줄 바꿈을 한다.
```

더 간단한 방법은 'Arrays.toString(배열이름)'메서드를 사용하는 것이다. 이 메서드는 배열의 모든 요소를 '[첫번째 요소, 두번째 요소, …]'와 같은 형식의 문자열로 만들어서 반환한다. 이 메서드와 관련된 내용들이 더 있지만, 진도를 나가면서 자연스럽게 알게 될 것들이므로 지금은 이 메서드를 이용하면 배열의 내용을 쉽게 확인할 수 있다는 정도만 알아두자.

> **참고** Arrays.toString( )을 사용하려면, 'import java.util.Arrays;'를 추가해야 한다. 이클립스 단축키 ctrl+shift+o

```java
int[] iArr = { 100, 95, 80, 70, 60 };
// 배열 iArr의 모든 요소를 출력한다. [100, 95, 80, 70, 60]이 출력된다.
System.out.println(Arrays.toString(iArr));
```

만일 iArr의 값을 바로 출력하면 어떻게 될까? **'타입@주소'**의 형식으로 출력된다. 이 내용은 지금 진도와 맞지 않는 내용이므로 가볍게 참고만 하고, 배열을 가리키는 참조변수를 출력해봐야 별로 얻을 정보가 없다는 정도만 기억하자.

```java
// 배열을 가리키는 참조변수 iArr의 값을 출력한다.
System.out.println(iArr); // [I@14318bb와 같은 형식의 문자열이 출력된다.
```

예외적으로 char배열은 println메서드로 출력하면 각 요소가 구분자 없이 그대로 출력되는데, 이것은 println메서드가 char배열일 때만 이렇게 동작하도록 작성되었기 때문이다.

```java
char[] chArr = { 'a', 'b', 'c', 'd' };
System.out.println(chArr);  // abcd가 출력된다.
```

예제
5-1

```java
import java.util.Arrays;  // Arrays.toString()을 사용하기 위해 추가

class Ex5_1 {
    public static void main(String[] args) {
        int[] iArr1 = new int[10];
        int[] iArr2 = new int[10];
//      int[] iArr3 = new int[]{100, 95, 80, 70, 60};
        int[] iArr3 = {100, 95, 80, 70, 60};
        char[] chArr = {'a', 'b', 'c', 'd'};

        for (int i=0; i < iArr1.length ; i++ ) {
            iArr1[i] = i + 1; // 1~10의 숫자를 순서대로 배열에 넣는다.
        }

        for (int i=0; i < iArr2.length ; i++ ) {
            iArr2[i] = (int)(Math.random()*10) + 1; // 1~10의 값을 배열에 저장
        }

        // 배열에 저장된 값들을 출력한다.
        for(int i=0; i < iArr1.length;i++) {
            System.out.print(iArr1[i]+",");
        }
        System.out.println();

        System.out.println(Arrays.toString(iArr2));
        System.out.println(Arrays.toString(iArr3));
        System.out.println(Arrays.toString(chArr));
        System.out.println(iArr3);
        System.out.println(chArr);
    }
}
```

결
과
```
1,2,3,4,5,6,7,8,9,10,
[3, 4, 8, 10, 1, 10, 6, 2, 7, 1]
[100, 95, 80, 70, 60]
[a, b, c, d]
[I@14318bb   ← 실행할 때마다 달라질 수 있다.
abcd
```

지금까지 배열의 기본적인 내용은 모두 살펴보았는데, 아직 배열을 어떻게 활용해야 할지 감이 잘 오지 않을 것이다. 이제 다양한 예제를 통해서 배열을 어떻게 활용하는지 배워보자. 다음은 앞으로 배울 예제에 대한 요약 설명이다.

[예제5-2] **총합과 평균**　　　배열의 모든 요소를 더해서 총합과 평균을 구한다.
[예제5-3] **최대값과 최소값**　배열의 요소 중에서 제일 큰 값과 제일 작은 값을 찾는다.
[예제5-4,5] **섞기(shuffle)**　배열의 요소의 순서를 반복해서 바꾼다.(숫자 섞기, 로또번호 생성)

예제 5-2

```java
class Ex5_2 {
    public static void main(String[] args) {
        int   sum = 0;       // 총합을 저장하기 위한 변수
        float average = 0f; // 평균을 저장하기 위한 변수

        int[] score = {100, 88, 100, 100, 90};

        for (int i = 0; i < score.length;i++) {
            sum += score[i];
        }
        average = sum / (float)score.length ; // 계산결과를 float타입으로 얻으려 형변환

        System.out.println("총합 : " + sum);
        System.out.println("평균 : " + average);
    }
}
```

> 반복문을 이용해서 배열에 저장되어 있는 값들을 모두 더한다.

결과 총합 : 478
평균 : 95.6

for문을 이용해서 배열에 저장된 값을 모두 더한 결과를 배열의 개수로 나누어서 평균을 구하는 예제이다. 평균을 구하기 위해 전체 합을 배열의 길이인 score.length로 나누었다.
이때 int타입과 int타입 간의 연산은 int타입으로 결과로 얻기 때문에 정확한 평균값을 얻지 못하므로 score.length를 float타입으로 변환하여 나눗셈을 하였다.

　478 / 5　→　95
　478 / (float)5　→　478 / 5.0f　→　478.0f / 5.0f　→　95.6f

예제
5-3

```java
class Ex5_3 {
    public static void main(String[] args) {
        int[] score = { 79, 88, 91, 33, 100, 55, 95 };

        int max = score[0]; // 배열의 첫 번째 값으로 최대값을 초기화 한다.
        int min = score[0]; // 배열의 첫 번째 값으로 최소값을 초기화 한다.

        for(int i=1; i < score.length;i++) {
            if(score[i] > max) {
                max = score[i];
            } else if(score[i] < min) {
                min = score[i];
            }
        } // end of for

        System.out.println("최대값 :" + max);
        System.out.println("최소값 :" + min);
    } // end of main
} // end of class
```

> 배열의 두 번째 요소부터 읽기 위해서 변수 i의 값을 1로 초기화 했다.

결과
최대값 :100
최소값 :33

배열에 저장된 값 중에서 최대값과 최소값을 구하는 예제이다. 배열의 첫 번째 요소 'score[0]'의 값으로 최대값을 의미하는 변수 max와 최소값을 의미하는 변수 min을 초기화 하였다.

그 다음 반복문을 통해서 배열의 두 번째 요소 'score[1]'부터 max와 비교하기 시작한다. 만일 배열에 담긴 값이 max에 저장된 값보다 크다면, 이 값을 max에 저장한다.

이런 식으로 배열의 마지막 요소까지 비교하고 나면 max에는 배열에 담긴 값 중에서 최대값이 저장된다. 최소값 min도 같은 방식으로 얻을 수 있다.

예제
5-4

```
import java.util.Arrays;

class Ex5_4 {
    public static void main(String[] args) {
        int[] numArr = {0,1,2,3,4,5,6,7,8,9};
        System.out.println(Arrays.toString(numArr));

        for (int i=0; i < 100; i++ ) {
            int n = (int)(Math.random() * 10);   // 0~9 중의 한 값을 임의로 얻는다.
            int tmp   = numArr[0];
            numArr[0] = numArr[n];
            numArr[n] = tmp;
        }
        System.out.println(Arrays.toString(numArr));
    } // main의 끝
}
```

결과
[0, 1, 2, 3, 4, 5, 6, 7, 8, 9]
[5, 8, 2, 7, 1, 6, 4, 9, 3, 0]

numArr[0]과 numArr[n]의 값을
서로 바꾼다.

길이가 10인 배열 numArr을 생성하고 0~9의 숫자로 차례대로 초기화하여 출력한다. 그 다음 random( )을 이용해서 배열의 임의의 위치에 있는 값과 배열의 첫 번째 요소 'numArr[0]'의 값을 교환하는 일을 100번 반복해서 배열의 요소가 뒤섞이게 한다.

만일 random( )을 통해 얻은 값 n이 3이라면, 아래의 그림처럼 두 값이 서로 바뀐다.

① **tmp = numArr[0];** // numArr[0]의 값을 변수 tmp에 저장한다.

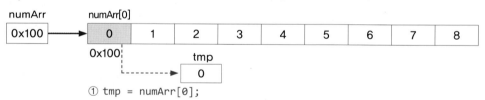

① tmp = numArr[0];

② **numArr[0] = numArr[3];** // numArr[3]의 값을 numArr[0]에 저장한다.

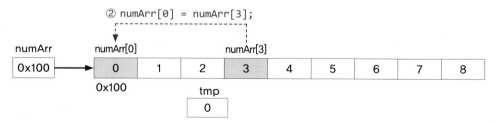

③ **numArr[3] = tmp;** // tmp의 값을 numArr[3]에 저장한다.

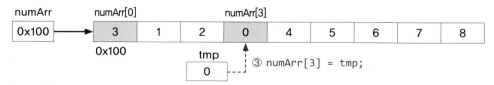

예제
5-5

```java
class Ex5_5 {
    public static void main(String[] args) {
        int[] ball = new int[45];   // 45개의 정수값을 저장하기 위한 배열 생성.

        // 배열의 각 요소에 1~45의 값을 저장한다.
        for(int i=0; i < ball.length; i++)
            ball[i] = i+1;      // ball[0]에 1이 저장된다.

        int tmp = 0;    // 두 값을 바꾸는데 사용할 임시변수
        int j = 0;      // 임의의 값을 얻어서 저장할 변수

        // 배열의 i번째 요소와 임의의 요소에 저장된 값을 서로 바꿔서 값을 섞는다.
        // 0번째 부터 5번째 요소까지 모두 6개만 바꾼다.
        for(int i=0; i < 6; i++) {
            j = (int)(Math.random() * 45); // 0~44범위의 임의의 값을 얻는다.
            tmp     = ball[i];
            ball[i] = ball[j];
            ball[j] = tmp;
        }

        // 배열 ball의 앞에서 부터 6개의 요소를 출력한다.
        for(int i=0; i < 6; i++)
            System.out.printf("ball[%d]=%d%n", i, ball[i]);
    }
}
```

ball[i]와 ball[j]의 값을 서로 바꾼다.

결과
```
ball[0]=40
ball[1]=12
ball[2]=19
ball[3]=39
ball[4]=29
ball[5]=3
```

로또번호를 생성하는 예제이다. 길이가 45인 배열에 1부터 45까지의 값을 담은 다음 반복문을 이용해서 배열의 인덱스가 i인 값(ball[i])과 random( )에 의해서 결정된 임의의 위치에 있는 값과 자리를 바꾸는 것을 6번 반복한다. 이것은 마치 1부터 45까지의 번호가 쓰인 카드를 잘 섞은 다음 맨 위의 6장을 꺼내는 것과 같다고 할 수 있다.

45개의 요소 중에서 앞에 6개의 요소만 임의의 위치에 있는 요소와 자리를 바꾸면 된다.

```java
// 배열의 인덱스가 i인 요소와 임의의 요소에 저장된 값을 서로 바꿔서 값을 섞는다.
// 0번째부터 5번째 요소까지 모두 6개만 바꾼다.
for(int i=0; i < 6; i++) {
    j = (int)(Math.random() * 45); // 0~44범위의 임의의 값을 얻는다.
    tmp     = ball[i];
    ball[i] = ball[j];
    ball[j] = temp;
}
```

ball[i]와 ball[j]의 값을 서로 바꾼다.

배열의 타입이 String인 경우에도 int배열의 선언과 생성 방법은 다르지 않다. 예를 들어 3개의 문자열(String)을 담을 수 있는 배열을 생성하는 문장은 다음과 같다.

```
String[] name = new String[3];   // 3개의 문자열을 담을 수 있는 배열을 생성한다.
```

위의 문장을 수행한 결과를 그림으로 표현하면 다음과 같다. 3개의 String타입의 참조변수를 저장하기 위한 공간이 마련되고 참조형 변수의 기본값은 null이므로 각 요소의 값은 null로 초기화 된다.

> **참고**   null은 어떠한 객체도 가리키고 있지 않다는 뜻이다.

참고로 변수의 타입에 따른 기본값은 다음과 같다.

자료형	기본값
boolean	false
char	'\u0000'
byte, short, int	0
long	0L
float	0.0f
double	0.0d 또는 0.0
참조형	null

초기화 역시 int배열과 동일한 방법으로 한다. 아래와 같이 배열의 각 요소에 문자열을 지정하면 된다.

```
String[] name = new String[3];   // 길이가 3인 String배열을 생성
name[0] = "Kim";
name[1] = "Park";
name[2] = "Yi";
```

또는 괄호{}를 사용해서 다음과 같이 간단히 초기화 할 수도 있다.

```
String[] name = new String[]{ "Kim", "Park", "Yi" };
String[] name = { "Kim", "Park", "Yi" }; // new String[]을 생략할 수 있음
```

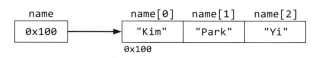

특별히 String클래스만 "Kim"과 같이 큰따옴표만으로 간략히 표현하는 것이 허용되지만, 원래 String은 클래스이므로 아래의 왼쪽처럼 new연산자를 통해 객체를 생성해야 한다.

```
String[] name = new String[3];              String[] name = new String[3];
name[0] = new String("Kim");                name[0] = "Kim";
name[1] = new String("Park");      ─────▶   name[1] = "Park";
name[2] = new String("Yi");                 name[2] = "Yi";
```

예제
5-6

```
class Ex5_6 {
    public static void main(String[] args) {
        String[] names = {"Kim", "Park", "Yi"};

        for(int i=0; i < names.length;i++)
            System.out.println("names["+i+"]:"+names[i]);

        String tmp = names[2]; // 배열 names의 세 번째요소를 tmp에 저장
        System.out.println("tmp:"+tmp);
        names[0] = "Yu"; // 배열 names의 첫 번째 요소를 "Yu"로 변경

        for(int i=0; i < names.length;i++)
            System.out.println(names[i]);
    } // main
}
```

결과
```
names[0]:Kim
names[1]:Park
names[2]:Yi
tmp:Yi
Yu
Park
Yi
```

14 **String클래스**

지금까지 여러 문자, 즉 문자열을 저장할 때 String타입의 변수를 사용했다. 사실 문자열이라는 용어는 '문자를 연이어 늘어놓은 것'을 의미하므로 문자배열인 char배열과 같은 뜻이다.

그런데 자바에서는 char배열이 아닌 String클래스를 이용해서 문자열을 처리하는 이유는 String클래스가 char배열에 여러 가지 기능을 추가하여 확장한 것이기 때문이다.

그래서 char배열을 사용하는 것보다 String클래스를 사용하는 것이 문자열을 다루기 더 편리하다.

String클래스는 char배열에 기능(메서드)을 추가한 것이다.

C언어에서는 문자열을 char배열로 다루지만, 객체지향언어인 자바에서는 char배열과 그에 관련된 기능들을 함께 묶어서 클래스에 정의한다. 객체지향개념이 나오기 이전의 언어들은 데이터와 기능을 따로 다루었지만, 객체지향언어에서는 데이터와 그에 관련된 기능을 하나의 클래스에 묶어서 다룰 수 있게 한다. 즉, 서로 관련된 것들끼리 데이터와 기능을 구분하지 않고 함께 묶는 것이다.

여기서 말하는 '기능'은 함수를 의미하며, 메서드는 객체지향 언어에서 '함수' 대신 사용하는 용어일 뿐 함수와 같은 뜻이다. 앞으로 '기능'이나 '함수' 대신 '메서드'라는 용어를 사용할 것이다.

char배열과 String클래스의 한 가지 중요한 차이가 있는데, String객체(문자열)는 읽을 수만 있을 뿐 내용을 변경할 수 없다는 것이다.

```
String str = "Java";
str = str + "8";          // "Java8"이라는 새로운 문자열이 str에 저장된다.
System.out.println(str);  // "Java8"
```

위의 문장에서 문자열 str의 내용이 변경되는 것 같지만, 문자열은 변경할 수 없으므로 새로운 내용의 문자열이 생성된다.

> **참고** : 변경 가능한 문자열을 다루려면, StringBuffer클래스를 사용하면 된다. 문자열에 대한 것은 9장에서 설명한다.

String클래스는 상당히 많은 문자열 관련 메서드들을 제공하지만 지금은 가장 기본적인 몇 가지만 살펴보고 나머지는 9장에서 자세히 다룰 것이다. 자세히 이해하려 하지 말고 원하는 결과를 얻으려면 어떻게 코드를 작성해야하는지 정도만 이해하자.

메서드	설명
char charAt(int index)	문자열에서 해당 위치(index)에 있는 문자를 반환한다.
int length( )	문자열의 길이를 반환한다.
String substring(int from, int to)	문자열에서 해당 범위(from~to)의 문자열을 반환한다.(to는 포함 안 됨)
boolean equals(Object obj)	문자열의 내용이 같은지 확인한다. 같으면 결과는 true, 다르면 false
char[ ] toCharArray( )	문자열을 문자배열(char[ ])로 변환해서 반환한다.

charAt메서드는 문자열에서 지정된 index에 있는 한 문자를 가져온다. 배열에서 '배열이름[index]'로 index에 위치한 값을 가져오는 것과 같다고 생각하면 된다. 배열과 마찬가지로 charAt메서드의 index값은 0부터 시작한다.

```
String str = "ABCDE";
char   ch  = str.charAt(3); // 문자열 str의 4번째 문자 'D'를 ch에 저장.
```

index	0	1	2	3	4
문자	A	B	C	D	E

substring( )은 문자열의 일부를 뽑아낼 수 있다. 주의할 것은 범위의 끝은 포함되지 않는다는 것이다. 예를 들어, index의 범위가 1~4라면 4는 범위에 포함되지 않는다.

```
String str = "012345";
String tmp = str.substring(1,4); // str에서 index범위 1~4의 문자들을 반환
System.out.println(tmp);         // "123"이 출력된다.
```

equals( )는 이미 앞에서 간단히 배웠는데, 문자열의 내용이 같은지 다른지 확인하는데 사용한다. 기본형 변수의 값을 비교하는 경우 '=='연산자를 사용하지만, 문자열의 내용을 비교할 때는 equals( )를 사용해야 한다. 그리고 이 메서드는 대소문자를 구분한다는 점에 주의하자. 대소문자를 구분하지 않고 비교하려면 equals( ) 대신 equalsIgnoreCase( )를 사용해야 한다.

```
String str = "abc";

if(str.equals("abc")) {  // str과 "abc"의 내용이 같은지 확인한다.
    ...
}
```

16 **커맨드 라인을 통해 입력받기**

Scanner클래스의 nextLine( )외에도 화면을 통해 사용자로부터 값을 입력받을 수 있는 간단한 방법이 있다. 바로 커맨드 라인을 이용한 방법인데, 프로그램을 실행할 때 클래스이름 뒤에 공백문자로 구분하여 여러 개의 문자열을 프로그램에 전달 할 수 있다.

만일 실행할 프로그램의 main메서드가 담긴 클래스의 이름이 MainTest라고 가정하면 다음과 같이 실행할 수 있을 것이다.

`c:\jdk1.8\work\ch5>java MainTest abc 123`

커맨드 라인을 통해 입력된 두 문자열은 String배열에 담겨서 MainTest클래스의 main메서드의 매개변수(args)에 전달된다. 그리고는 main메서드 내에서 args[0], args[1]과 같은 방식으로 커맨드 라인으로 부터 전달받은 문자열에 접근할 수 있다. 여기서 args[0]은 "abc"이고 args[1]은 "123"이 된다.

예제
5-7

```java
class Ex5_7 {
    public static void main(String[] args) {
        System.out.println("매개변수의 개수:"+args.length);
        for(int i=0;i< args.length;i++) {
            System.out.println("args[" + i + "] = \""+ args[i] + "\"");
        }
    }
}
```

결과
```
C:\jdk1.8\work\ch5>java Ex5_7 abc 123 "Hello world"
매개변수의 개수:3
args[0] = "abc"
args[1] = "123"
args[2] = "Hello world"

C:\jdk1.8\work\ch5>java Ex5_7    ← 매개변수를 입력하지 않았다.
매개변수의 개수:0
```

커맨드 라인에 입력된 매개변수는 공백문자로 구분하기 때문에 입력될 값에 공백이 있는 경우 큰따옴표(")로 감싸주어야 한다. 그리고 커맨드 라인에서 숫자를 입력해도 숫자가 아닌 문자열로 처리된다는 것에 주의해야 한다.

그리고 커맨드 라인에 매개변수를 입력하지 않으면 크기가 0인 배열이 생성되어 args.length의 값은 0이 된다. 앞서 배운 것처럼 이렇게 크기가 0인 배열을 생성하는 것도 가능하다.

자바 프로그램을 커맨드 라인이 아닌 이클립스에서 실행할 때는 커맨드라인 매개변수를 입력하는 방법이 달라진다. 예를들어 예제5-7을 이클립스에서 실행하려면, 다음의 과정을 차례대로 따르면 된다.

1. 이클립스 메뉴 Run 〉 Run Configurations...를 클릭하면, 아래의 화면이 나타난다.
2. 이 화면에서 Arguments탭을 클릭하고, 'Program arguments:'에 아래와 같이 입력한다.
3. 'Run'버튼을 눌러서 예제5-7을 실행한다.

18 2차원 배열의 선언

지금까지 우리가 배운 배열은 1차원 배열인데, 2차원 이상의 배열, 즉 다차원(多次元, multi-dimensional) 배열도 선언해서 사용할 수 있다. 메모리의 용량이 허용하는 한, 차원의 제한은 없지만, 주로 1, 2차원 배열이 사용되므로 2차원 배열만 잘 이해하고 나면 3차원 이상의 배열도 어렵지 않게 다룰 수 있으므로 2차원 배열에 대해서 중점적으로 배울 것이다.

2차원 배열을 선언하는 방법은 1차원 배열과 같다. 다만 대괄호[ ]가 하나 더 들어갈 뿐이다.

선언 방법	선언 예
타입[ ][ ] 변수이름;	int[][] score;
타입 변수이름[ ][ ];	int score[][];
타입[ ] 변수이름[ ];	int[] score[];

> **참고** 3차원 이상의 고차원 배열의 선언은 대괄호[ ]의 개수를 차원의 수만큼 추가해 주기만 하면 된다.

2차원 배열은 주로 테이블 형태의 데이터를 담는데 사용되며, 만일 4행 3열의 데이터를 담기 위한 배열을 생성하려면 다음과 같이한다.

```
int[][] score = new int[4][3];    // 4행 3열의 2차원 배열을 생성한다.
```

위 문장이 수행되면 아래의 그림처럼 4행 3열의 데이터, 모두 12개의 int값을 저장할 수 있는 공간이 마련된다.

위의 그림에서는 각 요소, 즉 저장공간의 타입을 적어놓은 것이고, 실제로는 배열요소의 타입인 int의 기본값인 0이 저장된다. 배열을 생성하면, 배열의 각 요소에는 배열요소 타입의 기본값이 자동적으로 저장된다.

2차원 배열은 행(row)과 열(column)로 구성되어 있기 때문에 index도 행과 열에 각각 하나씩 존재한다. '행index'의 범위는 '0~행의 길이-1'이고 '열index'의 범위는 '0~열의 길이-1'이다. 그리고 2차원 배열의 각 요소에 접근하는 방법은 '배열이름[행index][열index]'이다.

만일 다음과 같이 배열 score를 생성하면, score[0][0]부터 score[3][2]까지 모두 12개(4×3=12)의 int값을 저장할 수 있는 공간이 마련되고, 각 배열 요소에 접근할 수 있는 방법은 아래의 그림과 같다.

```java
int[][] score = new int[4][3];   // 4행 3열의 2차원 배열 score를 생성
```

	열 index(0 ~ 열의 길이-1)		
	0	1	2
0	score[0][0]	score[0][1]	score[0][2]
1	score[1][0]	score[1][1]	score[1][2]
2	score[2][0]	score[2][1]	score[2][2]
3	score[3][0]	score[3][1]	score[3][2]

행 index
(0 ~ 행의 길이-1)

배열 score의 1행 1열에 100을 저장하고, 이 값을 출력하려면 다음과 같이 하면 된다.

```java
score[0][0] = 100;                    // 배열 score의 1행 1열에 100을 저장
System.out.println(score[0][0]);      // 배열 score의 1행 1열의 값을 출력
```

2차원 배열도 괄호{}를 사용해서 생성과 초기화를 동시에 할 수 있다. 다만, 1차원 배열보다 괄호{}를 한번 더 써서 행별로 구분해 준다.

```
int[][] arr = new int[][]{ {1, 2, 3}, {4, 5, 6} };
int[][] arr = { {1, 2, 3}, {4, 5, 6} };  // new int[][]가 생략됨
```

크기가 작은 배열은 위와 같이 간단히 한 줄로 써주는 것도 좋지만, 가능하면 다음과 같이 행별로 줄 바꿈을 해주는 것이 보기도 좋고 이해하기 쉽다.

```
int[][] arr = {
            {1, 2, 3},
            {4, 5, 6}
        };
```

만일 아래와 같은 테이블 형태의 데이터를 배열에 저장하려면,

	국어	영어	수학
1	100	100	100
2	20	20	20
3	30	30	30
4	40	40	40

다음과 같이 하면 된다.

```
int[][] score = {
            {100, 100, 100},
            {20, 20, 20},
            {30, 30, 30},
            {40, 40, 40}
        };
```

위 문장이 수행된 후에, 2차원 배열 score가 메모리에 어떤 형태로 만들어지는지 그려보면 다음과 같다.

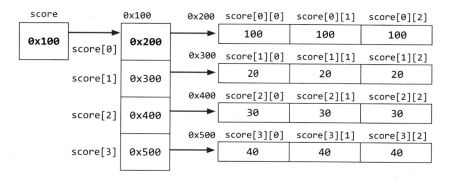

예제
5-8

```
class Ex5_8 {
    public static void main(String[] args) {
        int[][] score = {
                { 100, 100, 100 },
                { 20, 20, 20 },
                { 30, 30, 30 },
                { 40, 40, 40 }
        };
        int sum = 0;

        for (int i = 0; i < score.length; i++) {
            for (int j = 0; j < score[i].length; j++) {
                System.out.printf("score[%d][%d]=%d%n", i, j, score[i][j]);

                sum += score[i][j];
            }
        }

        System.out.println("sum=" + sum);
    }
}
```

결과
```
score[0][0]=100
score[0][1]=100
score[0][2]=100
score[1][0]=20
score[1][1]=20
score[1][2]=20
score[2][0]=30
score[2][1]=30
score[2][2]=30
score[3][0]=40
score[3][1]=40
score[3][2]=40
sum=570
```

2차원 배열 score의 모든 요소의 합을 구하고, 출력하는 예제이다. 2차원 배열 score를 그림으로 그려보면 아래와 같다.

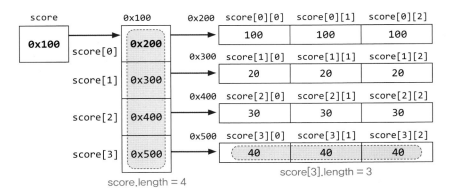

그림에서 알 수 있듯이 2차원 배열은 '배열의 배열'로 구성되어 있다. 즉, 여러 개의 1차원 배열을 묶어서 또 하나의 배열로 만든 것이다. 그러면, 여기서 score.length의 값은 얼마일까?

　배열 참조변수 score가 참조하고 있는 배열의 길이가 얼마인가를 세어보면 될 것이다. 정답은 4이다. 그리고 score[0].length은 배열 참조변수 score[0]이 참조하고 있는 배열의 길이이므로 3이다.

　같은 이유로 score[1].length, score[2].length, score[3].length의 값 역시 모두 3이다.

```
class Ex5_9 {
    public static void main(String[] args) {
        int[][] score = {
                    { 100, 100, 100}
                  , { 20, 20, 20}
                  , { 30, 30, 30}
                  , { 40, 40, 40}
                  , { 50, 50, 50}
                };
        // 과목별 총점
        int korTotal = 0, engTotal = 0, mathTotal = 0;

        System.out.println("번호 국어  영어  수학  총점  평균 ");
        System.out.println("=============================");

        for(int i=0;i < score.length;i++) {
            int  sum = 0;        // 개인별 총점
            float avg = 0.0f;   // 개인별 평균

            korTotal  += score[i][0];
            engTotal  += score[i][1];
            mathTotal += score[i][2];
            System.out.printf("%3d", i+1);

            for(int j=0;j < score[i].length;j++) {
                sum += score[i][j];
                System.out.printf("%5d", score[i][j]);
            }

            avg = sum/(float)score[i].length;  // 평균계산
            System.out.printf("%5d %5.1f%n", sum, avg);
        }

        System.out.println("=============================");
        System.out.printf("총점:%3d %4d %4d%n", korTotal, engTotal, mathTotal);
    }
}
```

결과
```
번호 국어 영어 수학 총점 평균
=============================
  1  100  100  100  300 100.0
  2   20   20   20   60  20.0
  3   30   30   30   90  30.0
  4   40   40   40  120  40.0
  5   50   50   50  150  50.0
=============================
총점: 240  240  240
```

5명의 학생의 세 과목 점수를 더해서 각 학생의 총점과 평균을 계산하고, 과목별 총점을 계산하는 예제이다. 간단한 예제이므로 자세한 설명은 생략한다.

```
예제      import java.util.Scanner;
5-10
          class Ex5_10{
             public static void main(String[] args) {
                String[][] words = {
                   {"chair","의자"},         // words[0][0], words[0][1]
                   {"computer","컴퓨터"},    // words[1][0], words[1][1]
                   {"integer","정수"}         // words[2][0], words[2][1]
                };

                Scanner scanner = new Scanner(System.in);

                for(int i=0;i<words.length;i++) {
                   System.out.printf("Q%d. %s의 뜻은?", i+1, words[i][0]);

                   String tmp = scanner.nextLine();

                   if(tmp.equals(words[i][1])) {
                      System.out.printf("정답입니다.%n%n");
                   } else {
                      System.out.printf("틀렸습니다. 정답은 %s입니다.%n%n",words[i][1]);
                   }
                } // for
             } // main의 끝
          }
```

> 결과
> Q1. chair의 뜻은?dmlwk
> 틀렸습니다. 정답은 의자입니다.
>
> Q2. computer의 뜻은?컴퓨터
> 정답입니다.
>
> Q3. integer의 뜻은?정수
> 정답입니다.

영단어를 보여주고 단어의 뜻을 맞추는 예제이다. words[i][0]은 문제이고, words[i][1]은 답이다. words[i][0]을 화면에 보여주고, 입력받은 답은 tmp에 저장한다.

```
System.out.printf("Q%d. %s의 뜻은?", i+1, words[i][0]);
String tmp = scanner.nextLine();
```

그 다음엔 equals( )로 tmp와 words[i][1]을 비교해서 정답인지 확인한다.

```
if(tmp.equals(words[i][1])) {
     System.out.printf("정답입니다.%n%n");
} else {
     System.out.printf("틀렸습니다. 정답은 %s입니다.%n%n",words[i][1]);
}
```

Arrays클래스는 배열을 다루는데 유용한 메서드를 제공하는데, 그중에서도 자주 사용되는 것들 몇 가지만 먼저 알아보자. 보다 자세한 내용은 11장에서 살펴볼 것이다.

배열의 비교와 출력 – equals( ), toString( )

toString( )배열의 모든 요소를 문자열로 편하게 출력할 수 있다. 이미 많이 사용해서 익숙할 것이다. toString( )은 일차원 배열에만 사용할 수 있으므로, 다차원 배열에는 deepToString( )을 사용해야 한다. deepToString( )은 배열의 모든 요소를 재귀적으로 접근해서 문자열을 구성하므로 2차원뿐만 아니라 3차원 이상의 배열에도 동작한다.

```
int[]   arr  = {0,1,2,3,4};
int[][] arr2D = {{11,12}, {21,22}};

System.out.println(Arrays.toString(arr)); // [0, 1, 2, 3, 4]
System.out.println(Arrays.deepToString(arr2D)); // [[11, 12], [21, 22]]
```

equals( )는 두 배열에 저장된 모든 요소를 비교해서 같으면 true, 다르면 false를 반환한다. equals( )도 일차원 배열에만 사용 가능하므로, 다차원 배열의 비교에는 deepEquals( )를 사용해야 한다.

```
String[][] str2D  = new String[][]{{"aaa","bbb"},{"AAA","BBB"}};
String[][] str2D2 = new String[][]{{"aaa","bbb"},{"AAA","BBB"}};

System.out.println(Arrays.equals(str2D, str2D2));     // false
System.out.println(Arrays.deepEquals(str2D, str2D2)); // true
```

배열의 복사 – copyOf( ), copyOfRange( )

copyOf( )는 배열 전체를, copyOfRange( )는 배열의 일부를 복사해서 새로운 배열을 만들어 반환한다. 늘 그렇듯이 copyOfRange( )에 지정된 범위의 끝은 포함되지 않는다.

```
int[] arr  = {0,1,2,3,4};
int[] arr2 = Arrays.copyOf(arr, arr.length); // arr2=[0,1,2,3,4]
int[] arr3 = Arrays.copyOf(arr, 3);          // arr3=[0,1,2]
int[] arr4 = Arrays.copyOf(arr, 7);          // arr4=[0,1,2,3,4,0,0]
int[] arr5 = Arrays.copyOfRange(arr, 2, 4);  // arr5=[2,3] ← 4는 불포함
int[] arr6 = Arrays.copyOfRange(arr, 0, 7);  // arr6=[0,1,2,3,4,0,0]
```

배열의 정렬 – sort( )

배열을 정렬할 때는 sort( )를 사용한다. 정렬에 대한 보다 자세한 내용은 11장에서 다룬다.

```
int[] arr = { 3, 2, 0, 1, 4 };
Arrays.sort(arr);  // 배열 arr을 정렬한다.
System.out.println(Arrays.toString(arr));     // [0, 1, 2, 3, 4]
```

5-1 다음은 배열을 선언하거나 초기화한 것이다. 잘못된 것을 고르고 그 이유를 설명하시오.

```
① int[] arr[];
② int[] arr = {1,2,3,};
③ int[] arr = new int[5];
④ int[] arr = new int[5]{1,2,3,4,5};
⑤ int arr[5];
⑥ int[] arr[] = new int[3][];
```

5-2 다음과 같은 배열이 있을 때, arr[3].length의 값은 얼마인가?

```
int[][] arr = {
    { 5, 5, 5, 5, 5},
    { 10, 10, 10},
    { 20, 20, 20, 20},
    { 30, 30}
};
```

5-3 배열 arr에 담긴 모든 값을 더하는 프로그램을 완성하시오.

```java
class Exercise5_3
{
    public static void main(String[] args)
    {
        int[] arr = { 10, 20, 30, 40, 50 };
        int sum = 0;

        /*
                (1) 알맞은 코드를 넣어 완성하시오.
        */


        System.out.println("sum=" + sum);
    }
}
```

> 결과 sum=150

5-4 2차원 배열 arr에 담긴 모든 값의 총합과 평균을 구하는 프로그램을 완성하시오.

```java
class Exercise5_4
{
    public static void main(String[] args)
    {
        int[][] arr = {
            { 5, 5, 5, 5, 5 },
            { 10, 10, 10, 10, 10 },
            { 20, 20, 20, 20, 20 },
            { 30, 30, 30, 30, 30 }
        };

        int total = 0;
        float average = 0;


        /*
                (1) 알맞은 코드를 넣어 완성하시오.
        */


        System.out.println("total=" + total);
        System.out.println("average=" + average);
    } // end of main
} // end of class
```

결과
```
total=325
average=16.25
```

5-5 다음은 1과 9사이의 중복되지 않은 숫자로 이루어진 3자리 숫자를 만들어내는 프로그램이다.
(1)～(2)에 알맞은 코드를 넣어서 프로그램을 완성하시오.

{참고} Math.random( )을 사용했기 때문에 실행결과와 다를 수 있다.

```java
class Exercise5_5 {
    public static void main(String[] args) {
        int[] ballArr = {1,2,3,4,5,6,7,8,9};
        int[] ball3 = new int[3];

        // 배열 ballArr의 임의의 요소를 골라서 위치를 바꾼다.
        for(int i=0; i< ballArr.length;i++) {
            int j = (int)(Math.random() * ballArr.length);
            int tmp = 0;


            /*
                    (1) 알맞은 코드를 넣어 완성하시오.
            */

        }

        // 배열 ballArr의 앞에서 3개의 수를 배열 ball3로 복사한다.
            /*   (2)   */

        for(int i=0;i<ball3.length;i++) {
            System.out.print(ball3[i]);
        }
    } // end of main
} // end of class
```

결과 486

5-6 단어의 글자위치를 섞어서 보여주고 원래의 단어를 맞추는 예제이다. 실행결과와 같이 동작하도록 예제의 빈 곳을 채우시오.

```java
import java.util.Scanner;

class Exercise5_6 {
    public static void main(String args[]) {
        String[] words = { "television", "computer", "mouse", "phone" };

        Scanner scanner = new Scanner(System.in);

        for (int i = 0; i < words.length; i++) {
            char[] question = words[i].toCharArray(); // String을 char[]로 변환

            /*
                    (1) 알맞은 코드를 넣어 완성하시오.
                char배열 question에 담긴 문자의 위치를 임의로 바꾼다.
            */
            System.out.printf("Q%d. %s의 정답을 입력하세요.>",
                                              i + 1, new String(question));
            String answer = scanner.nextLine();

            // trim()으로 answer의 좌우 공백을 제거한 후, equals로 word[i]와 비교
            if (words[i].equals(answer.trim()))
                System.out.printf("맞았습니다.%n%n");
            else
                System.out.printf("틀렸습니다.%n%n");
        }
    } // main의 끝
}
```

결과

Q1. lvtsieeoin의 정답을 입력하세요.>television
맞았습니다.

Q2. otepcumr의 정답을 입력하세요.>computer
맞았습니다.

Q3. usemo의 정답을 입력하세요.>asdf
틀렸습니다.

Q4. ohpne의 정답을 입력하세요.>phone
맞았습니다.

MEMO

객체지향 프로그래밍 I

Object-oriented Programming I

객체지향언어는 기존의 프로그래밍언어와 다른 전혀 새로운 것이 아니라, 기존의 프로그래밍 언어에 몇 가지 새로운 규칙을 추가한 보다 발전된 형태의 것이다. 이러한 규칙들을 이용해서 코드 간에 서로 관계를 맺어 줌으로써 보다 유기적으로 프로그램을 구성하는 것이 가능해졌다. 기존의 프로그래밍 언어에 익숙한 사람이라면 자바의 객체지향적인 부분만 새로 배우면 된다. 다만 절차적 언어에 익숙한 프로그래밍 습관을 객체지향적으로 바꾸도록 노력해야 할 것이다. 객체지향언어의 주요 특징은 다음과 같다.

---

1. **코드의 재사용성이 높다.**
   새로운 코드를 작성할 때 기존의 코드를 이용하여 쉽게 작성할 수 있다.

2. **코드의 관리가 용이하다.**
   코드간의 관계를 이용해서 적은 노력으로 쉽게 코드를 변경할 수 있다.

3. **신뢰성이 높은 프로그래밍을 가능하게 한다.**
   제어자와 메서드를 이용해서 데이터를 보호하고 올바른 값을 유지하도록 하며,
   코드의 중복을 제거하여 코드의 불일치로 인한 오동작을 방지할 수 있다.

객체지향언어의 가장 큰 장점은 '코드의 재사용성이 높고 유지보수가 용이하다.'는 것이다. 이러한 객체지향언어의 장점은 프로그램의 개발과 유지보수에 드는 시간과 비용을 획기적으로 개선하였다.

　앞으로 상속, 다형성과 같은 **객체지향개념을 학습할 때 재사용성과 유지보수 그리고 중복된 코드의 제거, 이 세 가지 관점에서 보면 보다 쉽게 이해할 수 있을 것이다.**

　객체지향 프로그래밍은 프로그래머에게 거시적 관점에서 설계할 수 있는 능력을 요구하기 때문에 객체지향개념을 이해했다 하더라도 자바의 객체지향적 장점들을 충분히 활용한 프로그램을 작성하기란 쉽지 않을 것이다.

　너무 객체지향개념에 얽매여서 고민하기 보다는 일단 프로그램을 기능적으로 완성한 다음 어떻게 하면 보다 객체지향적으로 코드를 개선할 수 있을지를 고민하여 점차 개선해 나가는 것이 좋다.

　이러한 경험들이 축적되어야 프로그램을 객체지향적으로 설계할 수 있는 능력이 길러지는 것이지 처음부터 이론을 많이 안다고 해서 좋은 설계를 할 수 있는 것은 아니다.

클래스란 '객체를 정의해놓은 것.' 또는 클래스는 '객체의 설계도 또는 틀'이라고 정의할 수 있다. 클래스는 객체를 생성하는데 사용되며, 객체는 클래스에 정의된 대로 생성된다.

> **클래스의 정의**　클래스란 객체를 정의해 놓은 것
> **클래스의 용도**　클래스는 객체를 생성하는데 사용

객체의 사전적인 정의는, '실제로 존재하는 것'이다. 우리가 주변에서 볼 수 있는 책상, 의자, 자동차와 같은 사물들이 곧 객체이다. 객체지향이론에서는 사물과 같은 유형적인 것뿐만 아니라, 개념이나 논리와 같은 무형적인 것들도 객체로 간주한다.

　프로그래밍에서의 객체는 클래스에 정의된 내용대로 메모리에 생성된 것을 뜻한다.

> **객체의 정의**　실제로 존재하는 것. 사물 또는 개념
> **객체의 용도**　객체가 가지고 있는 기능과 속성에 따라 다름
>
> **유형의 객체**　책상, 의자, 자동차, TV와 같은 사물
> **무형의 객체**　수학공식, 프로그램 에러와 같은 논리나 개념

클래스와 객체의 관계를 우리가 살고 있는 실생활에서 예를 들면, 제품 설계도와 제품과의 관계라고 할 수 있다. 예를 들면, TV설계도(클래스)는 TV라는 제품(객체)을 정의한 것이며, TV(객체)를 만드는데 사용된다.

　또한 클래스는 단지 객체를 생성하는데 사용될 뿐, 객체 그 자체는 아니다. 우리가 원하는 기능의 객체를 사용하기 위해서는 먼저 클래스로부터 객체를 생성하는 과정이 선행되어야 한다.

　우리가 TV를 보기 위해서는, TV(객체)가 필요한 것이지 TV설계도(클래스)가 필요한 것은 아니며, TV설계도(클래스)는 단지 TV라는 제품(객체)을 만드는 데만 사용될 뿐이다.

　그리고 TV설계도를 통해 TV가 만들어진 후에야 사용할 수 있다. 프로그래밍에서는 먼저 클래스를 작성한 다음, 클래스로부터 객체를 생성하여 사용한다.

> **참고**　객체를 사용한다는 것은 객체가 가지고 있는 속성과 기능을 사용한다는 뜻이다.

클래스	객 체
제품 설계도	제품
TV 설계도	TV
붕어빵 기계	붕어빵

클래스를 정의하고 클래스를 통해 객체를 생성하는 이유는 설계도를 통해서 제품을 만드는 이유와 같다. 하나의 설계도만 잘 만들어 놓으면 제품을 만드는 일이 쉬워지기 때문이다.

객체는 속성과 기능, 두 종류의 구성요소로 이루어져 있으며, 일반적으로 객체는 다수의 속성과 다수의 기능을 갖는다. 즉, 객체는 속성과 기능의 집합이라고 할 수 있다. 그리고 객체가 가지고 있는 속성과 기능을 그 객체의 멤버(구성원, member)라 한다.

클래스란 객체를 정의한 것이므로 클래스에는 객체의 모든 속성과 기능이 정의되어 있다. 클래스로부터 객체를 생성하면, 클래스에 정의된 속성과 기능을 가진 객체가 만들어지는 것이다.

보다 쉽게 이해할 수 있도록 TV를 예로 들어보자. TV의 속성으로는 전원상태, 크기, 길이, 높이, 색상, 볼륨, 채널과 같은 것들이 있으며, 기능으로는 켜기, 끄기, 볼륨 높이기, 채널 변경하기 등이 있다.

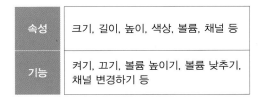

속성	크기, 길이, 높이, 색상, 볼륨, 채널 등
기능	켜기, 끄기, 볼륨 높이기, 볼륨 낮추기, 채널 변경하기 등

객체지향 프로그래밍에서는 속성과 기능을 각각 변수와 메서드로 표현한다.

속성(property) → 멤버변수(variable)
기능(function) → 메서드(method)

채널 → int channel
채널 높이기 → channelUp( ) { ... }

위에서 분석한 내용을 토대로 Tv클래스를 만들어 보면 다음과 같다.

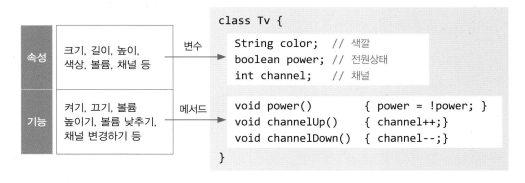

| 속성 | 크기, 길이, 높이, 색상, 볼륨, 채널 등 |
| 기능 | 켜기, 끄기, 볼륨 높이기, 볼륨 낮추기, 채널 변경하기 등 |

```
class Tv {
    String color;    // 색깔
    boolean power;   // 전원상태
    int channel;     // 채널

    void power()         { power = !power; }
    void channelUp()     { channel++;}
    void channelDown()   { channel--;}
}
```

실제 TV가 갖는 기능과 속성은 이 외에도 더 있지만, 프로그래밍에 필요한 속성과 기능만을 선택하여 클래스를 작성하면 된다.

클래스로부터 객체를 만드는 과정을 클래스의 인스턴스화(instantiate)라고 하며, 어떤 클래스로부터 만들어진 객체를 그 클래스의 인스턴스(instance)라고 한다.

예를 들면, Tv클래스로부터 만들어진 객체를 Tv클래스의 인스턴스라고 한다. 결국 인스턴스는 객체와 같은 의미이지만, 객체는 모든 인스턴스를 대표하는 포괄적인 의미를 갖고 있으며, 인스턴스는 어떤 클래스로부터 만들어진 것인지를 보다 강조하는 의미를 갖고 있다.

예를 들면, '책상은 인스턴스다.'라고 하기 보다는 '책상은 객체다.'라는 쪽이, '책상은 책상 클래스의 객체이다.'라고 하기 보다는 '책상은 책상 클래스의 인스턴스다.'라고 하는 것이 더 자연스럽다.

  인스턴스와 객체는 같은 의미이므로 두 용어의 사용을 엄격히 구분할 필요는 없지만, 위의 예에서 본 것과 같이 문맥에 따라 구별하여 사용하는 것이 좋다.

하나의 소스파일에 하나의 클래스만을 정의하는 것이 보통이지만, 하나의 소스파일에 둘 이상의 클래스를 정의하는 것도 가능하다. 이 때 주의해야할 점은 '소스파일의 이름은 public class의 이름과 일치해야 한다.'는 것이다. 만일 소스파일 내에 public class가 없다면, 소스파일의 이름은 소스파일 내의 어떤 클래스의 이름으로 해도 상관없다.

올바른 작성 예	설 명

Hello2.java
`public class Hello2 {}`
`        class Hello3 {}`
	public class가 있는 경우, 소스파일의 이름은 반드시 public class의 이름과 일치해야한다.

Hello2.java
`class Hello2 {}`
`class Hello3 {}`
	public class가 하나도 없는 경우, 소스파일의 이름은 'Hello2.java', 'Hello3.java' 둘 다 가능하다.

잘못된 작성 예	설 명

Hello2.java
`public class Hello2 {}`
`public class Hello3 {}`
	하나의 소스파일에 둘 이상의 public class가 존재하면 안된다. 각 클래스를 별도의 소스파일에 나눠서 저장하던가 아니면 둘 중의 한 클래스에 public을 붙이지 않아야 한다.

Hello3.java
`public class Hello2 {}`
`        class Hello3 {}`
	소스파일의 이름이 public class의 이름과 일치하지 않는다. 소스파일의 이름을 'Hello2.java'로 변경해야 맞다.

hello2.java
`public class Hello2 {}`
`        class Hello3 {}`
	소스파일의 이름과 public class의 이름이 일치하지 않는다. 대소문자를 구분하므로 대소문자까지 일치해야한다. 그래서, 소스파일의 이름에서 'h'를 'H'로 바꿔야 한다.

소스파일(*.java)과 달리 클래스파일(*.class)은 클래스마다 하나씩 만들어지므로 위 표의 '올바른 작성 예'에 제시된 'Hello2.java'를 컴파일하면 'Hello2.class'와 'Hello3.class' 모두 두 개의 클래스파일이 생성된다.

접근 제어자(access modifier)인 'public'에 대해서는 '7장 객체지향 프로그래밍 II'에서 자세히 배울 것이므로 여기서는 하나의 소스파일에 둘 이상의 클래스를 정의할 때 주의할 점에 대해서만 이해하고 넘어가자.

06 객체의 생성과 사용

Tv클래스를 선언한 것은 Tv설계도를 작성한 것에 불과하므로, Tv인스턴스를 생성해야 제품 (Tv)을 사용할 수 있다. 클래스로부터 인스턴스를 생성하는 방법은 여러 가지가 있지만 일반 적으로는 다음과 같이 한다.

```
클래스명 변수명;               // 클래스의 객체를 참조하기 위한 참조변수를 선언
변수명 = new 클래스명();        // 클래스의 객체를 생성 후, 객체의 주소를 참조변수에 저장

Tv t;                         // Tv클래스 타입의 참조변수 t를 선언
t = new Tv();                 // Tv인스턴스를 생성한 후, 생성된 Tv인스턴스의 주소를 t에 저장
```

예제 6-1

```
class Ex6_1 {
    public static void main(String[] args) {
        Tv t;                    // Tv인스턴스를 참조하기 위한 변수 t를 선언
        t = new Tv();            // Tv인스턴스를 생성한다.
        t.channel = 7;           // Tv인스턴스의 멤버변수 channel의 값을 7로 한다.
        t.channelDown();         // Tv인스턴스의 메서드 channelDown()을 호출한다.
        System.out.println("현재 채널은 " + t.channel + " 입니다.");
    }
}

class Tv {
    // Tv의 속성(멤버변수)
    String color;               // 색상
    boolean power;              // 전원상태(on/off)
    int channel;                // 채널

    // Tv의 기능(메서드)
    void power()      { power = !power; }   // TV를 켜거나 끄는 기능을 하는 메서드
    void channelUp()  { ++channel; }        // TV의 채널을 높이는 기능을 하는 메서드
    void channelDown() { --channel; }       // TV의 채널을 낮추는 기능을 하는 메서드
}
```

> **결과** 현재 채널은 6 입니다.

이 예제는 Tv클래스로부터 인스턴스를 생성하고 인스턴스의 속성(channel)과 메서드 (channelDown( ))를 사용하는 방법을 보여 주는 것이다. 이 예제를 그림과 함께 단계별로 자세히 살펴보도록 하자.

1. Tv t;
Tv클래스 타입의 참조변수 t를 선언한다. 메모리에 참조변수 t를 위한 공간이 마련된다. 아직 인스턴스가 생성되지 않았으므로 이 참조변수로 할 수 있는 것은 아무것도 없다.

$$t\ \boxed{}$$

2. t = new Tv();
연산자 new에 의해 Tv클래스의 인스턴스가 메모리의 빈 공간에 생성된다. 주소가 0x100인 곳에 생성되었다고 가정하자. 이 때, 멤버변수는 각 자료형에 해당하는 기본값으로 초기화 된다.

color는 참조형이므로 null로, power는 boolean이므로 false로, 그리고 channel은 int이므로 0으로 초기화 된다.

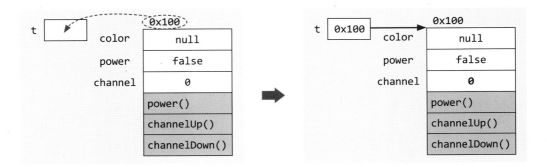

그 다음에는 대입연산자(=)에 의해서 생성된 객체의 주소값이 참조변수 t에 저장된다. 이제는 참조변수 t를 통해 Tv인스턴스에 접근할 수 있다. 인스턴스를 다루기 위해서는 참조변수가 반드시 필요하다.

> **참고** 위 오른쪽 그림에서의 화살표는 참조변수 t가 Tv인스턴스를 참조하고 있다는 것을 알기 쉽게 하기 위해 추가한 상징적인 것이다. 이 때, 참조변수 t가 Tv인스턴스를 '가리키고 있다' 또는 '참조하고 있다'라고 한다.

3. t.channel = 7 ;
참조변수 t에 저장된 주소에 있는 인스턴스의 멤버변수 channel에 7을 저장한다. 여기서 알 수 있는 것처럼, 인스턴스의 멤버변수(속성)를 사용하려면 '참조변수.멤버변수'와 같이 하면 된다.

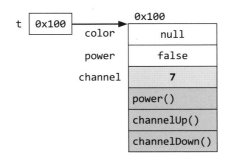

4. t.channelDown();

참조변수 t가 참조하고 있는 Tv인스턴스의 channelDown메서드를 호출한다. channel Down메서드
는 멤버변수 channel에 저장되어 있는 값을 1 감소시킨다.

void channelDown() { --channel; }

channelDown( )에 의해서 channel의 값은 7에서 6이 된다.

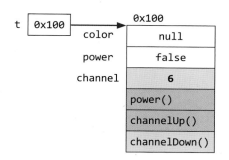

5. System.out.println("현재 채널은 " + t.channel + " 입니다.");

참조변수 t가 참조하고 있는 Tv인스턴스의 멤버변수 channel에 저장되어 있는 값을 출력한다. 현재
channel의 값은 6이므로 '현재 채널은 6 입니다.'가 화면에 출력된다.

인스턴스와 참조변수의 관계는 마치 우리가 일상생활에서 사용하는 TV와 TV리모콘의 관계
와 같다. TV리모콘(참조변수)을 사용하여 TV(인스턴스)를 다루기 때문이다. 다른 점이라면,
인스턴스는 오직 참조변수를 통해서만 다룰 수 있다는 것이다.

 그리고 TV를 사용하려면 TV 리모콘을 사용해야 하고, 에어컨을 사용하려면, 에어컨 리모
콘을 사용해야 하는 것처럼 Tv인스턴스를 사용하려면, Tv클래스 타입의 참조변수가 필요한
것이다.

> 인스턴스는 참조변수를 통해서만 다룰 수 있으며,
> 참조변수의 타입은 인스턴스의 타입과 일치해야 한다.

같은 클래스로부터 생성되었을지라도 각 인스턴스의 속성(멤버변수)은 서로 다른 값을 유지할 수 있으며, 메서드의 내용은 모든 인스턴스에 대해 동일하다.

아래의 코드는 Tv클래스의 인스턴스 t1과 t2를 생성한 후에, 인스턴스 t1의 멤버변수인 channel의 값을 변경한다.

> **참고** 참조변수 t1이 가리키고(참조하고) 있는 인스턴스를 간단히 인스턴스 t1이라고 했다.

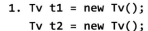

1. Tv t1 = new Tv();
  Tv t2 = new Tv();

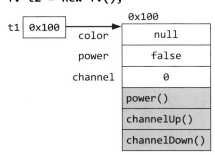 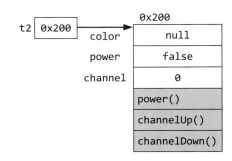

2. t1.channel = 7; // t1이 가리키고 있는 인스턴스의 멤버변수 channel의 값을 7로 변경한다.

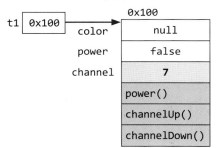 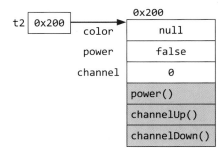

```
예제   class Ex6_2 {
6-2       public static void main(String[] args) {
              Tv t1 = new Tv();   // Tv t1; t1 = new Tv();를 한 문장으로 가능
              Tv t2 = new Tv();
              System.out.println("t1의 channel값은 " + t1.channel + "입니다.");
              System.out.println("t2의 channel값은 " + t2.channel + "입니다.");

              t1.channel = 7;    // channel 값을 7으로 한다.
              System.out.println("t1의 channel값을 7로 변경하였습니다.");

              System.out.println("t1의 channel값은 " + t1.channel + "입니다.");
              System.out.println("t2의 channel값은 " + t2.channel + "입니다.");
          }
      }
```

> **결과**
> t1의 channel값은 0입니다.
> t2의 channel값은 0입니다.
> t1의 channel값을 7로 변경하였습니다.
> t1의 channel값은 7입니다.
> t2의 channel값은 0입니다.

객체배열

많은 수의 객체를 다뤄야할 때, 배열로 다루면 편리할 것이다. 객체 역시 배열로 다루는 것이 가능하며, 이를 '객체 배열'이라고 한다. 그렇다고 객체 배열 안에 객체가 저장되는 것은 아니고, 객체의 주소가 저장된다. 사실 객체 배열은 참조변수들을 하나로 묶은 참조변수 배열인 것이다.

> Tv tv1, tv2, tv3; ⟶ Tv[] tvArr = new Tv[3];

길이가 3인 객체 배열 tvArr을 아래와 같이 생성하면, 각 요소는 참조변수의 기본값인 null로 자동 초기화 된다. 그리고 이 객체 배열은 3개의 객체, 정확히는 객체의 주소,를 저장할 수 있다.

Tv[] tvArr = new Tv[3]; // 길이가 **3**인 **Tv**타입의 참조변수 배열

```
        tvArr            tvArr[0]  tvArr[1]  tvArr[2]
      ┌───────┐         ┌────────┬────────┬────────┐
      │ 0x100 │────────▶│  null  │  null  │  null  │
      └───────┘         └────────┴────────┴────────┘
                         0x100
```

위의 그림에서 알 수 있듯이 객체 배열을 생성하는 것은, 그저 객체를 다루기 위한 참조변수들이 만들어진 것일 뿐, 아직 객체가 저장되지 않았다. 객체를 생성해서 객체 배열의 각 요소에 저장하는 것을 잊으면 안 된다. 지금은 이런 실수를 안 할 것 같지만, 객체 배열에서 제일 많이 받는 질문이 객체 배열만 생성해 놓고 '분명히 객체를 생성했는데, 에러가 발생해요.'라는 것이다.

```
Tv[] tvArr = new Tv[3]; // 참조변수 배열(객체 배열)을 생성

// 객체를 생성해서 배열의 각 요소에 저장
tvArr[0] = new Tv();
tvArr[1] = new Tv();
tvArr[2] = new Tv();
```

배열의 초기화 블럭을 사용하면, 다음과 같이 한 줄로 간단히 할 수 있다.

```
Tv[] tvArr = { new Tv(), new Tv(), new Tv() };
```

다뤄야할 객체의 수가 많을 때는 for문을 사용하면 된다.

```
Tv[] tvArr = new Tv[100];

for(int i=0;i<tvArr.length;i++) {
    tvArr[i] = new Tv();
}
```

클래스는 '객체를 생성하기 위한 틀'이며 '클래스는 속성과 기능으로 정의되어있다.'고 했다. 이것은 객체지향이론의 관점에서 내린 정의이고, 이번엔 프로그래밍적인 관점에서 클래스의 정의와 의미를 살펴보도록 하자.

프로그래밍언어에서 데이터 처리를 위한 데이터 저장형태의 발전과정은 다음과 같다.

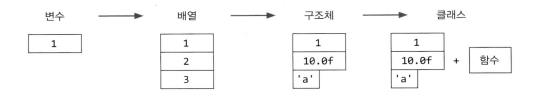

1. **변수**　하나의 데이터를 저장할 수 있는 공간
2. **배열**　같은 종류의 여러 데이터를 하나의 집합으로 저장할 수 있는 공간
3. **구조체**　서로 관련된 여러 데이터를 종류에 관계없이 하나의 집합으로 저장할 수 있는 공간
4. **클래스**　데이터와 함수의 결합(구조체 + 함수)

하나의 데이터를 저장하기 위해 변수를, 그리고 같은 종류의 데이터를 보다 효율적으로 다루기 위해서 배열이라는 개념을 도입했으며, 후에는 구조체(structure)가 등장하여 자료형의 종류에 상관없이 서로 관계가 깊은 변수들을 하나로 묶어서 다룰 수 있도록 했다.

그동안 데이터와 함수가 서로 관계가 없는 것처럼 데이터는 데이터끼리, 함수는 함수끼리 따로 다루어져 왔지만, 사실 함수는 주로 데이터를 가지고 작업을 하기 때문에 많은 경우에 있어서 데이터와 함수는 관계가 깊다.

그래서 자바와 같은 객체지향언어에서는 변수(데이터)와 함수를 하나의 클래스에 정의하여 서로 관계가 깊은 변수와 함수들을 함께 다룰 수 있게 했다.

서로 관련된 변수들을 정의하고 이들에 대한 작업을 수행하는 함수들을 함께 정의한 것이 바로 클래스이다. C언어에서는 문자열을 문자의 배열로 다루지만, 자바에서는 String이라는 클래스로 문자열을 다룬다. 문자열을 단순히 문자의 배열로 정의하지 않고 클래스로 정의한 이유는 문자열과 문자열을 다루는데 필요한 함수들을 함께 묶기 위해서이다.

```java
public final class String implements java.io.Serializable, Comparable {
    private char[] value;        // 문자열을 저장하기 위한 공간

    public String replace(char oldChar, char newChar) {
        ...
        char[] val = value;    // 같은 클래스 내의 변수를 사용해서 작업을 한다.
        ...
    }
    ...
```

프로그래밍언어에서 제공하는 기본 자료형(primitive type) 외에 프로그래머가 서로 관련된 변수들을 묶어서 하나의 타입으로 새로 추가하는 것을 '사용자정의 타입(user-defined type)' 이라고 한다.

　다른 프로그래밍언어에서도 사용자정의 타입을 정의할 수 있는 방법을 제공하고 있으며 자바와 같은 객체지향언어에서는 클래스가 곧 사용자 정의 타입이다. 기본형의 개수는 8개로 정해져 있지만 참조형의 개수가 정해져 있지 않은 이유는 이처럼 프로그래머가 새로운 타입을 추가할 수 있기 때문이다.

```
int   hour;      // 시간을 표현하기 위한 변수
int   minute;    // 분을 표현하기 위한 변수
float second;    // 초를 표현하기 위한 변수, 1/100초까지 표현하기 위해 float로 했다.
```

시간을 표현하기 위해서 위와 같이 3개의 변수를 선언하였다. 만일 3개의 시간을 다뤄야 한다면 다음과 같이 해야 할 것이다.

```
int     hour1, hour2, hour3;
int     minute1, minute2, minute3;
float   second1, second2, second3;
```

이처럼 다뤄야 하는 시간의 개수가 늘어날 때마다 시, 분, 초를 위한 변수를 추가해줘야 하는데 데이터의 개수가 많으면 이런 식으로는 곤란하다.

```
int[]   hour    = new int[3];
int[]   minute  = new int[3];
float[] second  = new float[3];
```

위와 같이 배열로 처리하면 다뤄야 하는 시간 데이터의 개수가 늘어나더라도 배열의 크기만 변경해주면 되므로, 변수를 매번 새로 선언해줘야 하는 불편함과 복잡함은 없어졌다. 그러나 하나의 시간을 구성하는 시, 분, 초가 서로 분리되어 있기 때문에 프로그램 수행과정에서 시, 분, 초가 따로 뒤섞여서 올바르지 않은 데이터가 될 가능성이 있다. 이런 경우 시, 분, 초를 하나로 묶는 사용자정의 타입, 즉 클래스를 정의하여 사용해야 한다.

```
class Time {
    int    hour;
    int    minute;
    float  second;
}
```

아래의 왼쪽 코드를 앞서 Time클래스를 이용해서 변경하면 오른쪽과 같다.

비객체지향적 코드	객체지향적 코드

```int   hour1, hour2, hour3;```
```int   minute1, minute2, minute3;```
```float   second1, second2, second3;```
	```Time t1 = new Time();```
	```Time t2 = new Time();```
	```Time t3 = new Time();```

```int[]   hour   = new int[3];```
```int[]   minute = new int[3];```
```float[] second = new float[3];```
	```Time[] t = new Time[3];```
	```t[0] = new Time();```
	```t[1] = new Time();```
	```t[2] = new Time();```

이제 시, 분, 초가 하나의 단위로 묶여서 다루어지기 때문에 다른 시간 데이터와 섞이는 일은 없겠지만, 시간 데이터에는 다음과 같은 추가적인 제약조건이 있다.

1. 시, 분, 초는 모두 0보다 크거나 같아야 한다.
2. 시의 범위는 0 ~ 23, 분과 초의 범위는 0 ~ 59이다.

이러한 조건들이 모두 프로그램 코드에 반영될 때, 보다 정확한 데이터를 유지할 수 있을 것이다. 객체지향언어가 아닌 언어에서는 이러한 추가적인 조건들을 반영하기가 어렵다.

그러나 객체지향언어에서는 제어자와 메서드를 이용해서 이러한 조건들을 코드에 쉽게 반영할 수 있다. 아직 제어자에 대해서 배우지는 않았지만, 위의 조건들을 반영하여 Time클래스를 작성해 보았다. 가볍게 참고만 하기 바란다.

```
public class Time {
    private int    hour;
    private int    minute;
    private float second;

    // hour의 값을 변경하기 위한 메서드. 지정한 값이 0보다 작거나 23보다 크면
    // 즉, 유효한 값이 아니면 변경하지 않고 메서드를 종료(return)한다.
    public void setHour(int h) {
        if (h < 0 || h > 23) return;
        hour = h;   // 지정된 값(h)이 유효한 경우에만 hour를 변경
    }
        ...
}
```

제어자를 이용해서 변수의 값을 직접 변경하지 못하게 하고, 대신 메서드를 통해서 값을 변경하도록 작성하였다. 값을 변경할 때 지정된 값의 유효성을 조건문으로 점검한 다음에 유효한 값일 경우에만 변경한다.

변수는 클래스 변수, 인스턴스 변수, 지역변수 모두 세 종류가 있다. 변수의 종류를 결정짓는 중요한 요소는 '변수의 선언 위치'이므로 변수의 종류를 파악하기 위해서는 변수가 어느 영역에 선언되었는지를 확인하는 것이 중요하다. 멤버변수를 제외한 나머지 변수들은 모두 지역변수이며, 멤버변수 중 static이 붙은 것은 클래스 변수, 붙지 않은 것은 인스턴스 변수이다.

```
class Variables
{
    int iv;              // 인스턴스 변수          ●──── 클래스영역
    static int cv;       // 클래스 변수(static변수, 공유변수)

    void method()
    {
        int lv = 0;      // 지역변수           ●──── 메서드영역
    }
}
```

변수의 종류	선언위치	생성시기
클래스 변수 (class variable)	클래스 영역	클래스가 메모리에 올라갈 때
인스턴스 변수 (instance variable)		인스턴스가 생성되었을 때
지역변수 (local variable)	클래스 영역 이외의 영역 (메서드, 생성자, 초기화 블럭 내부)	변수 선언문이 수행되었을 때

1. **인스턴스 변수**(instance variable) – 클래스 영역에 선언되며, 인스턴스를 생성할 때 만들어진다. 그래서 인스턴스 변수(iv)의 값을 읽어 오거나 저장하려면 먼저 인스턴스를 생성해야한다. 인스턴스마다 별도의 저장공간을 가지므로 서로 다른 값을 가질 수 있다. 인스턴스마다 고유한 상태를 유지해야하는 속성의 경우, 인스턴스 변수로 선언한다.

2. **클래스 변수**(class variable) – 클래스 변수를 선언하는 방법은 인스턴스 변수(iv) 앞에 static을 붙이기만 하면 된다. 인스턴스마다 독립적인 저장공간을 갖는 인스턴스 변수와는 달리, 클래스 변수는 모든 인스턴스가 공통된 저장공간(변수)을 공유하게 된다. 한 클래스의 모든 인스턴스들이 공통적인 값을 유지해야하는 속성의 경우, 클래스 변수로 선언해야 한다.
  클래스 변수는 인스턴스 변수와 달리 인스턴스를 생성하지 않고 언제라도 바로 사용할 수 있다는 특징이 있으며, '클래스이름.클래스 변수'와 같은 형식으로 사용한다.

3. **지역변수**(local variable) – 메서드 내에 선언되어 메서드 내에서만 사용 가능하며, 메서드가 종료되면 소멸되어 사용할 수 없게 된다. for문 또는 while문의 블럭 내에 선언된 지역변수는, 지역변수가 선언된 블럭{} 내에서만 사용 가능하며, 블럭{}을 벗어나면 소멸되어 사용할 수 없게 된다. 우리가 6장 이전에 선언한 변수들은 모두 지역변수이다.

클래스 변수와 인스턴스 변수의 차이를 이해하기 위한 예로 카드 게임에 사용되는 카드를 클래스로 정의해보자.

카드 클래스를 작성하기 위해서는 먼저 카드를 분석해서 속성과 기능을 알아내야 한다. 속성으로는 카드의 무늬, 숫자, 폭, 높이 정도를 생각할 수 있을 것이다.

이 중에서 어떤 속성을 클래스 변수로 선언할 것이며, 또 어떤 속성들을 인스턴스 변수로 선언할 것인지 한번 생각해보자.

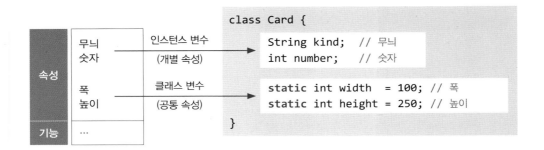

각 Card인스턴스는 자신만의 무늬(kind)와 숫자(number)를 유지하고 있어야 하므로 이들을 인스턴스 변수로 선언하였고, 각 카드의 폭(width)과 높이(height)는 모든 인스턴스가 공통적으로 같은 값을 유지해야하므로 클래스 변수로 선언하였다.

카드의 폭을 변경해야할 필요가 있을 경우, 한 카드의 width값만 변경해도 모든 카드의 width값이 변경되는 셈이다.

> 인스턴스 변수는 인스턴스가 생성될 때 마다 생성되므로 인스턴스마다 각기 다른 값을 유지할 수 있지만, 클래스 변수는 모든 인스턴스가 하나의 저장공간을 공유하므로, 항상 공통된 값을 갖는다.

예제
6-3

```
class Ex6_3 {
    public static void main(String[] args) {
        System.out.println("Card.width = " + Card.width);
        System.out.println("Card.height = " + Card.height);

        Card c1 = new Card();
        c1.kind = "Heart";
        c1.number = 7;

        Card c2 = new Card();
        c2.kind = "Spade";
        c2.number = 4;

        System.out.println("c1은 " + c1.kind + ", " + c1.number
                    + "이며, 크기는 (" + c1.width + ", " + c1.height + ")" );
        System.out.println("c2는 " + c2.kind + ", " + c2.number
                    + "이며, 크기는 (" + c2.width + ", " + c2.height + ")" );
        System.out.println("c1의 width와 height를 각각 50, 80으로 변경합니다.");
        c1.width = 50;
        c1.height = 80;

        System.out.println("c1은 " + c1.kind + ", " + c1.number
                    + "이며, 크기는 (" + c1.width + ", " + c1.height + ")" );
        System.out.println("c2는 " + c2.kind + ", " + c2.number
                    + "이며, 크기는 (" + c2.width + ", " + c2.height + ")" );
    }
}

class Card {
    String kind ;
    int number;
    static int width  = 100;
    static int height = 250;
}
```

> 클래스 변수(static변수)는 객체생성 없이 '클래스이름.클래스 변수'로 직접 사용 가능하다.

> 인스턴스 변수의 값을 변경한다.

> 클래스 변수의 값을 변경한다.

결과
```
Card.width = 100
Card.height = 250
c1은 Heart, 7이며, 크기는 (100, 250)
c2는 Spade, 4이며, 크기는 (100, 250)
c1의 width와 height를 각각 50, 80으로 변경합니다.
c1은 Heart, 7이며, 크기는 (50, 80)
c2는 Spade, 4이며, 크기는 (50, 80)
```

Card클래스의 클래스 변수(static변수)인 width, height는 Card클래스의 인스턴스를 생성하지 않고도 '클래스이름.클래스 변수'와 같은 방식으로 사용할 수 있다.

Card인스턴스인 c1과 c2는 클래스 변수인 width와 height를 공유하기 때문에, c1의 width와 height를 변경하면 c2의 width와 height값도 바뀐 것과 같은 결과를 얻는다.

Card.width, c1.width, c2.width는 모두 같은 저장공간을 참조하므로 항상 같은 값이다. 클래스 변수를 사용할 때는 Card.width와 같이 '클래스이름.클래스변수'의 형태로 하는 것이 좋다. 참조변수 c1, c2를 통해서도 클래스 변수를 사용할 수 있지만 이렇게 하면 클래스 변수를 인스턴스 변수로 오해하기 쉽기 때문이다.

'메서드(method)'는 특정 작업을 수행하는 일련의 문장들을 하나로 묶은 것이다. 기본적으로 수학의 함수와 유사하며, 어떤 값을 입력하면 이 값으로 작업을 수행해서 결과를 반환한다. 예를 들어 제곱근을 구하는 메서드 'Math.sqrt( )'는 4.0을 입력하면, 2.0을 결과로 반환한다.

> **참고** 수학의 함수와 달리 메서드는 입력값 또는 출력값(결과값)이 없을 수도 있으며, 심지어는 입력값과 출력값이 모두 없을 수도 있다.

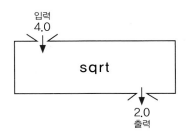

그저 메서드가 작업을 수행하는데 필요한 값만 넣고 원하는 결과를 얻으면 될 뿐, 이 메서드가 내부적으로 어떤 과정을 거쳐 결과를 만들어내는지 전혀 몰라도 된다. 즉, 메서드에 넣을 값(입력)과 반환하는 결과(출력)만 알면 되는 것이다. 그래서 메서드를 내부가 보이지 않는 '블랙박스(black box)'라고도 한다.

sqrt( )외에도 지금까지 빈번히 사용해온 println( )이나 random( )과 같은 메서드들 역시 내부적으로 어떻게 동작하는지 몰라도 사용하는데 아무런 어려움이 없었다.

메서드는 크게 두 부분, '선언부(header, 머리)'와 '구현부(body, 몸통)'로 이루어져 있다. 메서드를 정의한다는 것은 선언부와 구현부를 작성하는 것을 뜻하며 다음과 같은 형식으로 메서드를 정의한다.

```
반환타입 메서드이름 (타입 변수명, 타입 변수명, ... )          ├ 선언부

{
        // 메서드 호출시 수행될 코드                          ├ 구현부
}
```

```
int add(int a, int b)                                      ├ 선언부

{
        int result = a + b;
        return result;    // 호출한 메서드로 결과를 반환한다.      ├ 구현부

}
```

메서드 선언부는 '메서드의 이름'과 '매개변수 선언', 그리고 '반환타입'으로 구성되어 있으며, 메서드가 작업을 수행하기 위해 어떤 값들을 필요로 하고 작업의 결과로 어떤 타입의 값을 반환하는지에 대한 정보를 제공한다. 예를 들어 아래에 정의된 메서드 add는 두 개의 정수를 입력받아서, 두 값을 더한 결과(int타입의 값)를 반환한다.

```
int add(int x, int y) {
    int result = x + y;

    return result; // 결과를 반환
}
```

메서드의 선언부는 후에 변경사항이 발생하지 않도록 신중히 작성해야한다. 메서드의 선언부를 변경하게 되면, 그 메서드가 호출되는 모든 곳이 함께 변경되어야 하기 때문이다.

매개변수 선언(parameter declaration)

매개변수는 메서드가 작업을 수행하는데 필요한 값들(입력)을 제공받기 위한 것이며, 필요한 값의 개수만큼 변수를 선언하며 각 변수 간의 구분은 쉼표','를 사용한다. 한 가지 주의할 점은 일반적인 변수선언과 달리 두 변수의 타입이 같아도 변수의 타입을 생략할 수 없다는 것이다.

```
int add(int x, int y) { ... }  // OK.
int add(int x, y)     { ... }  // 에러. 매개변수 y의 타입이 없다.
```

선언할 수 있는 매개변수의 개수는 거의 제한이 없지만, 만일 입력해야할 값의 개수가 많은 경우에는 배열이나 참조변수를 사용하면 된다. 만일 값을 전혀 입력받을 필요가 없다면 괄호 ( ) 안에 아무 것도 적지 않는다.

반환타입(return type)

메서드의 작업수행 결과(출력)인 '반환값(return value)'의 타입을 적는다. 단, 반환값이 없는 경우 반환타입으로 'void'를 적어야한다. 아래에 정의된 메서드 'print99danAll'은 구구단 전체를 출력하는데, 작업을 수행하는데 필요한 값(입력)도, 작업수행의 결과인 반환값(출력)도 없다. 그래서 반환타입이 'void'이다.

```
void print99danAll() {
  for(int i=1;i<=9;i++) {
    for(int j=2;j<=9;j++) {
      System.out.print(j+"*"+i+"="+(j*i)+" ");
    }
    System.out.println();
  }
}
```

메서드의 선언부 다음에 오는 괄호{}를 '메서드의 구현부'라고 하는데, 여기에 메서드를 호출했을 때 수행될 문장들을 넣는다. 우리가 그동안 작성해온 문장들은 모두 main메서드의 구현부{}에 속한 것들이었으므로 지금까지 하던 대로만 하면 된다.

return문

메서드의 반환타입이 'void'가 아닌 경우, 구현부{} 안에 'return 반환값;'이 반드시 포함되어 있어야 한다. 이 문장은 작업을 수행한 결과인 반환값을 호출한 메서드로 전달하는데, 이 값의 타입은 반환타입과 **일치하거나 적어도 자동 형변환이 가능한 것**이어야 한다.

여러 개의 변수를 선언할 수 있는 매개변수와 달리 return문은 단 하나의 값만 반환할 수 있는데, 메서드로의 입력(매개변수)은 여러 개일 수 있어도 출력(반환값)은 최대 하나만 허용하는 것이다.

```
                                    int add(int x, int y)
                                    {
                                        int result = x + y;
  타입이 일치해야 한다.                  return result;   // 작업 결과(반환값)를 반환한다.
                                    }
```

위의 코드에서 'return result;'는 변수 result에 저장된 값을 호출한 메서드로 반환한다. 변수 result의 타입이 int이므로 메서드 add의 반환타입이 일치하는 것을 알 수 있다.

지역변수(local variable)

메서드 내에 선언된 변수들은 그 메서드 내에서만 사용할 수 있으므로 서로 다른 메서드라면 같은 이름의 변수를 선언해도 된다. 이처럼 메서드 내에 선언된 변수를 '지역변수(local variable)'라고 한다.

> **참고** 매개변수도 메서드 내에 선언된 것으로 간주되므로 지역변수이다.

```java
int add(int x, int y) {
    int result = x + y;
    return result;
}

int multiply(int x, int y) {
    int result = x * y;
    return result;
}
```

위에 정의된 메서드 add와 multiply에 각기 선언된 변수, x, y, result는 이름만 같을 뿐 서로 다른 변수이다.

메서드를 정의했어도 호출되지 않으면 아무 일도 일어나지 않는다. 메서드를 호출해야만 구현부{ }의 문장들이 수행된다. 메서드를 호출하는 방법은 다음과 같다.

> **참고** main메서드는 프로그램 실행 시 OS에 의해 자동적으로 호출된다.

```
         메서드이름(값1, 값2, ...);  // 메서드를 호출하는 방법

print99danAll();         // void print99danAll()을 호출
int result = add(3, 5); // int add(int x, int y)를 호출하고, 결과를 result에 저장
```

인수(argument)와 매개변수(parameter)

메서드를 호출할 때 괄호( ) 안에 지정해준 값들을 '인수(argument)' 또는 '인자'라고 하는데, 인자의 개수와 순서는 호출된 메서드에 선언된 매개변수와 일치해야 한다.

그리고 인수는 메서드가 호출되면서 매개변수에 대입되므로, 인자의 타입은 매개변수의 타입과 일치하거나 자동 형변환이 가능한 것이어야 한다.

```
public static void main(String[] args) {
    ...                    인수(argument, 원본)
    int result = add( 3, 5 ); // 메서드를 호출
    ...                              매개변수(parameter, 복사본)

        int add(int x, int y) {
            int result = x + y;
            return result;
        }
}
```

만일 아래와 같이 메서드에 선언된 매개변수의 개수보다 많은 값을 괄호( )에 넣거나 타입이 다른 값을 넣으면 컴파일러가 에러를 발생시킨다.

```
    int result = add(1, 2, 3);   // 에러. 메서드에 선언된 매개변수의 개수가 다름
    int result = add(1.0, 2.0);  // 에러. 메서드에 선언된 매개변수의 타입이 다름
```

반환타입이 void가 아닌 경우, 메서드가 작업을 수행하고 반환한 값을 대입연산자로 변수에 저장하는 것이 보통이지만, 저장하지 않아도 문제가 되지 않는다.

```
    int result = add(3, 5); // int add(int x, int y)의 호출결과를 result에 저장
    add(3, 5);              // OK. 메서드 add가 반환한 결과를 사용하지 않아도 된다.
```

다음은 두 개의 값을 매개변수로 받아서 사칙연산을 수행하는 4개의 메서드를 가진 MyMath 클래스를 정의한 것이다.

```
class MyMath {
    long add(long a, long b) {
        long result = a + b;
        return result;
//      return a + b; // 위의 두 줄을 이와 같이 한 줄로 간단히 할 수 있다.
    }
    long    subtract(long a, long b)   {    return a - b;    }
    long    multiply(long a, long b)   {    return a * b;    }
    double divide(double a, double b) {    return a / b;    }
}
```

MyMath클래스의 'add(long a, long b)'를 호출하기 위해서는 먼저 'MyMath mm = new MyMath( );'와 같이 해서, MyMath클래스의 인스턴스를 생성한 다음 참조변수 mm을 통해야한다.

① main메서드에서 메서드 add를 호출한다. 인수 1L과 2L이 메서드 add의 매개변수 a, b에 각각 복사(대입)된다.

② 메서드 add의 괄호{ }안에 있는 문장들이 순서대로 수행된다.

③ 메서드 add의 모든 문장이 실행되거나 return문을 만나면, 호출한 메서드(main메서드)로 되돌아와서 이후의 문장들을 실행한다.

메서드가 호출되면 지금까지 실행 중이던 메서드는 실행을 잠시 멈추고 호출된 메서드의 문장들이 실행된다. 호출된 메서드의 작업이 모두 끝나면, 다시 호출한 메서드로 돌아와 이후의 문장들을 실행한다.

예제
6-4

```
class Ex6_4 {
    public static void main(String[] args) {
        MyMath mm = new MyMath();
        long result1 = mm.add(5L, 3L);
        long result2 = mm.subtract(5L, 3L);
        long result3 = mm.multiply(5L, 3L);
        double result4 = mm.divide(5L, 3L);

        System.out.println("add(5L, 3L) = " + result1);
        System.out.println("subtract(5L, 3L) = " + result2);
        System.out.println("multiply(5L, 3L) = " + result3);
        System.out.println("divide(5L, 3L) = " + result4);
    }
}

class MyMath {
    long add(long a, long b) {
        long result = a + b;
        return result;
    // return a + b;   // 위의 두 줄을 이와 같이 한 줄로 간단히 할 수 있다.
    }
    long subtract(long a, long b) { return a - b; }
    long multiply(long a, long b) { return a * b; }
    double divide(double a, double b) {
        return a / b;
    }
}
```

> double 대신 long값으로 호출하였다. 이 값은 double로 자동형변환된다.

결과
```
add(5L, 3L) = 8
subtract(5L, 3L) = 2
multiply(5L, 3L) = 15
divide(5L, 3L) = 1.6666666666666667
```

사칙연산을 위한 4개의 메서드가 정의되어 있는 MyMath클래스를 이용한 예제이다. 이 예제를 통해서 클래스에 선언된 메서드를 어떻게 호출하는지 알 수 있을 것이다.

여기서 눈여겨봐야 할 곳은 divide(double a, double b)를 호출하는 부분이다. divide메서드에 선언된 매개변수 타입은 double형인데, 이와 다른 long형의 값인 5L과 3L을 사용해서 호출하는 것이 가능하다.

```
double result4 = mm.divide( 5L , 3L );

double divide(double a, double b) {
    return a / b;
}
```

호출 시에 입력된 값은 메서드의 매개변수에 대입되는 값이므로, long형의 값을 double형 변수에 저장하는 것과 같아서 'double a = 5L;'을 수행했을 때와 같이 long형의 값인 5L은 double형 값인 5.0으로 자동 형변환되어 divide의 매개변수 a에 저장된다.

그래서 divide메서드에 두 개의 정수값(5L, 3L)을 입력하여 호출하였음에도 불구하고 연산 결과가 double형의 값이 된다.

20 return문

return문은 현재 실행중인 메서드를 종료하고 호출한 메서드로 되돌아간다. 지금까지 반환값이 있을 때만 return문을 썼지만, 원래는 반환값의 유무에 관계없이 모든 메서드에는 적어도하나의 return문이 있어야 한다. 그런데도 반환타입이 void인 경우, return문 없이도 아무런문제가 없었던 이유는 컴파일러가 메서드의 마지막에 'return;'을 자동적으로 추가해주었기때문이다.

```
void printGugudan(int dan) {
    for(int i=1;i <= 9;i++) {
        System.out.printf("%d * %d = %d%n", dan, i, dan * i );
    }
//        return;   // 반환 타입이 void이므로 생략가능. 컴파일러가 자동추가
}
```

그러나 반환타입이 void가 아닌 경우, 즉 반환값이 있는 경우, 반드시 return문이 있어야 한다. return문이 없으면 컴파일 에러(error: missing return statement)가 발생한다.

```
int multiply(int x, int y) {
    int result = x * y;

    return result;        // 반환 타입이 void가 아니므로 생략불가
}
```

아래의 코드는 두 값 중에서 큰 값을 반환하는 메서드이다. 이 메서드의 리턴타입이 int이고int타입의 값을 반환하는 return문이 있지만, return문이 없다는 에러가 발생한다.
  왜냐하면 if문 조건식의 결과에 따라 return문이 실행되지 않을 수도 있기 때문이다.

```
int max(int a, int b) {
    if(a > b)
        return a;  // 조건식이 참일 때만 실행된다.
}
```

그래서 이런 경우 다음과 같이 if문의 else블럭에 return문을 추가해서, 항상 결과값이 반환되도록 해야 한다.

```
int max(int a, int b) {
    if(a > b)
        return a;  // 조건식이 참일 때 실행된다.
    else
        return b;  // 조건식이 거짓일 때 실행된다.
}
```

return문의 반환값으로 주로 변수가 오긴 하지만 항상 그런 것은 아니다. 아래 왼쪽의 코드는 오른쪽과 같이 간략히 할 수 있는데, 오른쪽의 코드는 return문의 반환값으로 'x+y'라는 수식이 적혀있다. 그렇다고 해서 수식이 반환되는 것은 아니고, 이 수식을 계산한 결과가 반환된다.

```
int add(int x, int y) {
    int result = x + y;
    return result;
}
```

```
int add(int x, int y) {
    return x + y ;
}
```

참고　수학에서처럼, result의 값이 'x+y'와 같으므로 result대신 'x+y'를 쓸 수 있다고 생각하면 이해하기 쉽다.

예를 들어 매개변수 x와 y의 값이 각각 3과 5라면, 'return x+y;'는 다음과 같은 계산과정을 거쳐서 반환값은 8이 된다.

```
    return x + y;
→   return 3 + 5;
→   return 8;
```

아래의 diff메서드는 두 개의 정수를 받아서 그 차이를 절대값으로 반환한다. 오른쪽 코드 역시 메서드를 반환하는 것이 아니라 메서드 abs를 호출하고, 그 결과를 받아서 반환한다. 메서드 abs의 반환타입이 메서드 diff의 반환타입과 일치하기 때문에 이렇게 하는 것이 가능하다는 것에 주의하자.

```
int diff(int x, int y) {
    int result = abs(x-y);

    return result;
}
```

```
int diff(int x, int y) {
    return abs(x-y);
}
```

간단한 메서드의 경우 if문 대신 조건연산자를 사용하기도 한다. 메서드 abs는 입력받은 정수의 부호를 판단해서 음수일 경우 부호연산자(-)를 사용해서 양수로 반환한다.

```
int abs(int x) {
    if(x>=0) {
        return x;
    } else {
        return -x;
    }
}
```

```
int abs(int x) {
    return x>=0 ? x : -x;
}
```

호출스택은 메서드의 작업에 필요한 메모리 공간을 제공한다. 메서드가 호출되면, 호출스택에 호출된 메서드를 위한 메모리가 할당되며, 이 메모리는 메서드가 작업을 수행하는 동안 지역변수(매개변수 포함)들과 연산의 중간 결과 등을 저장하는데 사용된다. 그리고 메서드가 작업을 마치면 할당되었던 메모리 공간은 반환되어 비워진다.

예제
6-5

```
class Ex6_5 {
    public static void main(String[] args) {
        System.out.println("Hello");
    }
}
```

결과 Hello

① ② ③ ④ ⑤

①~② 위의 예제를 실행시키면, JVM에 의해서 main메서드가 호출됨으로써 프로그램이 시작된다. 이때, 호출스택에는 main메서드를 위한 메모리공간이 할당되고 main메서드의 코드가 수행되기 시작한다.

③ main메서드에서 println( )를 호출한 상태이다. 아직 main메서드가 끝난 것은 아니므로 main메서드는 호출스택에 대기상태로 남아있고 println( )의 수행이 시작된다. println메서드에 의해 'Hello'가 화면에 출력된다.

④ println메서드의 수행이 완료되어 호출스택에서 사라지고 자신을 호출한 main메서드로 되돌아간다. 대기 중이던 main메서드는 println( )을 호출한 이후부터 수행을 재개한다.

⑤ main메서드에도 더 이상 수행할 코드가 없으므로 종료되어, 호출스택은 완전히 비워지게 되고 프로그램은 종료된다.

호출스택을 조사해 보면 메서드 간의 호출 관계와 현재 수행 중인 메서드가 어느 것인지 알 수 있다. 호출스택의 특징을 정리해보면 다음과 같다.

- 메서드가 호출되면 수행에 필요한 만큼의 메모리를 스택에 할당받는다.
- 메서드가 수행을 마치고나면 사용했던 메모리를 반환하고 스택에서 제거된다.
- 호출스택의 제일 위에 있는 메서드가 현재 실행 중인 메서드이다.
- 아래에 있는 메서드가 바로 위의 메서드를 호출한 메서드이다.

반환타입(return type)이 있는 메서드는 종료되면서 결과값을 자신을 호출한 메서드(caller)에게 반환한다. 대기상태에 있던 호출한 메서드(caller)는 넘겨받은 반환값으로 수행을 계속 진행하게 된다.

자바에서는 메서드를 호출할 때 매개변수로 지정한 값을 메서드의 매개변수에 복사해서 넘겨 준다. 매개변수의 타입이 기본형(primitive type)일 때는 기본형 값이 복사되겠지만, 참조형 (reference type)이면 인스턴스의 주소가 복사된다. 메서드의 매개변수를 기본형으로 선언하면 단순히 저장된 값만 얻지만, 참조형으로 선언하면 값이 저장된 곳의 주소를 알 수 있기 때문에 값을 읽어 오는 것은 물론 값을 변경하는 것도 가능하다.

> **기본형 매개변수**   변수의 값을 읽기만 할 수 있다.(read only)
> **참조형 매개변수**   변수의 값을 읽고 변경할 수 있다.(read & write)

예제 6-6

```java
class Data { int x; }

class Ex6_6 {
    public static void main(String[] args) {
        Data d = new Data();
        d.x = 10;
        System.out.println("main() : x = " + d.x);

        change(d.x);
        System.out.println("After change(d.x)");
        System.out.println("main() : x = " + d.x);
    }

    static void change(int x) {   // 기본형 매개변수
        x = 1000;
        System.out.println("change() : x = " + x);
    }
}
```

```
[결과]
main() : x = 10
change() : x = 1000
After change(d.x)
main() : x = 10
```

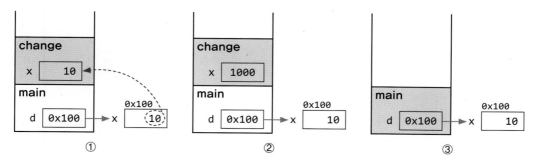

① change메서드가 호출되면서 'd.x'가 change메서드의 매개변수 x에 복사됨
② change메서드에서 x의 값을 1000으로 변경
③ change메서드가 종료되면서 매개변수 x는 스택에서 제거됨

'd.x'의 값이 변경된 것이 아니라, change메서드의 매개변수 x의 값이 변경된 것이다. 즉, 원본이 아닌 복사본이 변경된 것이라 원본에는 아무런 영향을 미치지 못한다. 이처럼 기본형 매개변수는 변수에 저장된 값만 읽을 수만 있을 뿐 변경할 수는 없다.

예제
6-7

```java
class Data2 { int x; }

class Ex6_7 {
    public static void main(String[] args) {
        Data2 d = new Data2();
        d.x = 10;
        System.out.println("main() : x = " + d.x);

        change(d);
        System.out.println("After change(d)");
        System.out.println("main() : x = " + d.x);
    }

    static void change(Data2 d) { // 참조형 매개변수
        d.x = 1000;
        System.out.println("change() : x = " + d.x);
    }
}
```

```
결과   main() : x = 10
       change() : x = 1000
       After change(d)
       main() : x = 1000
```

이전 예제와 달리 change메서드를 호출한 후에 d.x의 값이 변경되었다. change메서드의 매개변수가 참조형이라서 값이 아니라 '값이 저장된 주소'를 change메서드에게 넘겨주었기 때문에 값을 읽어오는 것뿐만 아니라 변경하는 것도 가능하다.

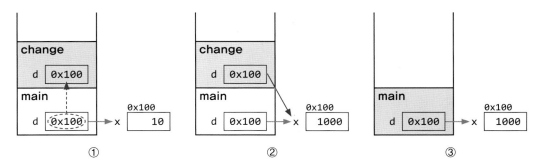

① change메서드가 호출되면서 참조변수 d의 값(주소)이 매개변수 d에 복사됨.
　이제 매개변수 d에 저장된 주소값으로 x에 접근이 가능
② change메서드에서 매개변수 d로 x의 값을 1000으로 변경
③ change메서드가 종료되면서 매개변수 d는 스택에서 제거됨

이전 예제와 달리, change메서드의 매개변수를 참조형으로 선언했기 때문에, x의 값이 아닌 변수 d의 주소가 매개변수 d에 복사되었다. 이제 main메서드의 참조변수 d와 change메서드의 참조변수 d는 같은 객체를 가리키게 된다. 그래서 매개변수 d로 x의 값을 읽는 것과 변경하는 것이 모두 가능한 것이다. 이 두 예제를 잘 비교해서 차이를 완전히 이해해야 한다.

매개변수뿐만 아니라 반환타입도 참조형이 될 수 있다. 반환타입이 참조형이라는 것은 반환하는 값의 타입이 참조형이라는 얘긴데, 모든 참조형 타입의 값은 '객체의 주소'이므로 그저 정수값이 반환되는 것일 뿐 특별할 것이 없다.

예제 6-8

```
class Data3 { int x; }

class Ex6_8 {
    public static void main(String[] args) {
        Data3 d = new Data3();
        d.x = 10;

        Data3 d2 = copy(d);
        System.out.println("d.x ="+d.x);
        System.out.println("d2.x="+d2.x);
    }

    static Data3 copy(Data3 d) {
        Data3 tmp = new Data3();    // 새로운 객체 tmp를 생성한다.

        tmp.x = d.x;   // d.x의 값을 tmp.x에 복사한다.

        return tmp;    // 복사한 객체의 주소를 반환한다.
    }
}
```

결과
```
d.x =10
d2.x=10
```

copy메서드는 새로운 객체를 생성한 다음에, 매개변수로 넘겨받은 객체에 저장된 값을 복사해서 반환한다. 반환하는 값이 Data객체의 주소이므로 반환 타입이 'Data'인 것이다.

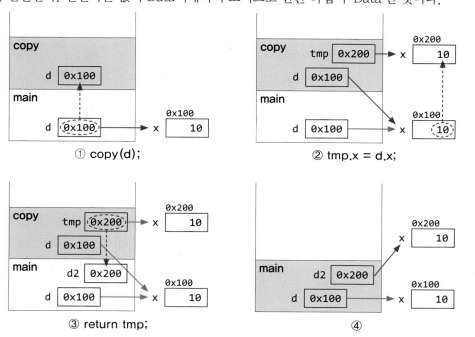

① copy(d);

② tmp.x = d.x;

③ return tmp;

④

변수에서 그랬던 것과 같이, 메서드 앞에 static이 붙어 있으면 클래스메서드이고 붙어 있지 않으면 인스턴스 메서드이다.

　클래스 메서드도 클래스변수처럼, 객체를 생성하지 않고도 '클래스이름.메서드이름(매개변수)'와 같은 식으로 호출이 가능하다. 반면에 인스턴스 메서드는 반드시 객체를 생성해야만 호출할 수 있다.

　그렇다면 클래스를 정의할 때, 어느 경우에 static을 사용해서 클래스 메서드로 정의해야하는 것일까?

　클래스는 '데이터(변수)와 데이터에 관련된 메서드의 집합'이므로, 같은 클래스 내에 있는 메서드와 멤버변수는 아주 밀접한 관계가 있다.

　인스턴스 메서드는 인스턴스 변수와 관련된 작업을 하는, 즉 메서드의 작업을 수행하는데 인스턴스 변수를 필요로 하는 메서드이다. 그런데 인스턴스 변수는 인스턴스(객체)를 생성해야만 만들어지므로 인스턴스 메서드 역시 인스턴스를 생성해야만 호출할 수 있는 것이다.

　반면에 메서드 중에서 인스턴스와 관계없는(인스턴스 변수나 인스턴스 메서드를 사용하지 않는) 메서드를 클래스 메서드(static메서드)로 정의한다.

　물론 인스턴스 변수를 사용하지 않는다고 해서 반드시 클래스 메서드로 정의해야하는 것은 아니지만 특별한 이유가 없는 한 그렇게 하는 것이 일반적이다.

> **참고** 　클래스 영역에 선언된 변수를 멤버변수라 한다. 멤버변수 중에 static이 붙은 것은 클래스변수(static변수),
> 　static이 붙지 않은 것은 인스턴스변수라 한다. 멤버변수는 인스턴스변수와 static변수를 모두 통칭하는 말이다.

**예제
6-9**

```java
class MyMath2 {
    long a, b;

    // 인스턴스 변수 a, b만을 이용해서 작업하므로 매개변수가 필요없다.
    long add()      { return a + b; }  // a, b는 인스턴스 변수
    long subtract() { return a - b; }
    long multiply() { return a * b; }
    double divide() { return a / b; }

    // 인스턴스 변수와 관계없이 매개변수만으로 작업이 가능하다.
    static long   add(long a, long b)      { return a + b; } // a, b는 지역변수
    static long   subtract(long a, long b) { return a - b; }
    static long   multiply(long a, long b) { return a * b; }
    static double divide(long a, long b)   { return a / (double)b; }
}

class Ex6_9 {
    public static void main(String args[]) {
        // 클래스 메서드 호출. 인스턴스 생성없이 호출가능
        System.out.println(MyMath2.add(200L, 100L));
        System.out.println(MyMath2.subtract(200L, 100L));
        System.out.println(MyMath2.multiply(200L, 100L));
        System.out.println(MyMath2.divide(200L, 100L));

        MyMath2 mm = new MyMath2(); // 인스턴스를 생성
        mm.a = 200L;
        mm.b = 100L;
        // 인스턴스 메서드는 객체생성 후에만 호출이 가능함.
        System.out.println(mm.add());
        System.out.println(mm.subtract());
        System.out.println(mm.multiply());
        System.out.println(mm.divide());
    }
}
```

결과
300
100
20000
2.0
300
100
20000
2.0

인스턴스메서드인 add( ), subtract( ), multiply( ), divide( )는 인스턴스변수인 a와 b만으로 도 충분히 작업이 가능하기 때문에, 매개변수를 필요로 하지 않으므로 괄호( )에 매개변수를 선언하지 않았다.

　반면에 add(long a, long b), subtract(long a, long b) 등은 인스턴스변수 없이 매개변수 만으로 작업을 수행하기 때문에 static을 붙여서 클래스메서드로 선언하였다.

　그래서 Ex6_9의 main메서드에서 보면, 클래스메서드는 객체생성없이 바로 호출이 가능했 고, 인스턴스메서드는 MyMath2클래스의 인스턴스를 생성한 후에야 호출이 가능했다.

28 **static을 언제 붙여야 할까?**

1. 클래스를 설계할 때, 멤버변수 중 모든 인스턴스에 공통으로 사용하는 것에 static을 붙인다.

– 생성된 각 인스턴스는 서로 독립적이기 때문에 각 인스턴스의 변수(iv)는 서로 다른 값을 유지한다. 그러나 모든 인스턴스에서 같은 값이 유지되어야 하는 변수는 static을 붙여서 클래스변수로 정의해야 한다.

2. 클래스 변수(static변수)는 인스턴스를 생성하지 않아도 사용할 수 있다.

– static이 붙은 변수(클래스변수)는 클래스가 메모리에 올라갈 때 이미 자동적으로 생성되기 때문이다.

3. 클래스 메서드(static메서드)는 인스턴스 변수를 사용할 수 없다.

– 인스턴스변수는 인스턴스가 반드시 존재해야만 사용할 수 있는데, 클래스메서드(static이 붙은 메서드)는 인스턴스 생성 없이 호출가능하므로 클래스 메서드가 호출되었을 때 인스턴스가 존재하지 않을 수도 있다. 그래서 클래스 메서드에서 인스턴스변수의 사용을 금지한다.

반면에 인스턴스변수나 인스턴스메서드에서는 static이 붙은 멤버들을 사용하는 것이 언제나 가능하다. 인스턴스 변수가 존재한다는 것은 static변수가 이미 메모리에 존재한다는 것을 의미하기 때문이다.

4. 메서드 내에서 인스턴스 변수를 사용하지 않는다면, static을 붙이는 것을 고려한다.

– 메서드의 작업내용 중에서 인스턴스변수를 필요로 한다면, static을 붙일 수 없다. 반대로 인스턴스변수를 필요로 하지 않는다면 static을 붙이자. 메서드 호출시간이 짧아지므로 성능이 향상된다. static을 안 붙인 메서드(인스턴스메서드)는 실행 시 호출되어야할 메서드를 찾는 과정이 추가적으로 필요하기 때문에 시간이 더 걸린다.

– 클래스의 멤버변수 중 모든 인스턴스에 공통된 값을 유지해야하는 것이 있는지 살펴보고 있으면, static을 붙여준다.

– 작성한 메서드 중에서 인스턴스 변수나 인스턴스 메서드를 사용하지 않는 메서드에 static을 붙일 것을 고려한다.

같은 클래스에 속한 멤버들 간에는 별도의 인스턴스를 생성하지 않고도 서로 참조 또는 호출이 가능하다. 단, 클래스멤버가 인스턴스 멤버를 참조 또는 호출하고자 하는 경우에는 인스턴스를 생성해야 한다.

그 이유는 인스턴스 멤버가 존재하는 시점에 클래스 멤버는 항상 존재하지만, 클래스멤버가 존재하는 시점에 인스턴스 멤버가 존재하지 않을 수도 있기 때문이다.

> **참 고** 인스턴스 멤버란 인스턴스 변수와 인스턴스 메서드를 의미한다.

```
class TestClass {
    void instanceMethod() {}        // 인스턴스메서드
    static void staticMethod() {}   // static메서드

    void instanceMethod2() {        // 인스턴스메서드
        instanceMethod();           // 다른 인스턴스메서드를 호출한다.
        staticMethod();             // static메서드를 호출한다.
    }

    static void staticMethod2() { // static메서드
        instanceMethod();           // 에러!!! 인스턴스메서드를 호출할 수 없다.
        staticMethod();             // static메서드는 호출 할 수 있다.
    }
} // end of class
```

위의 코드는 같은 클래스 내의 인스턴스 메서드와 static메서드 간의 호출에 대해서 설명하고 있다. 같은 클래스 내의 메서드는 서로 객체의 생성이나 참조변수 없이 직접 호출이 가능하지만 static메서드는 인스턴스 메서드를 호출할 수 없다.

```
class TestClass2 {
    int iv;         // 인스턴스 변수
    static int cv;  // 클래스 변수

    void instanceMethod() {          // 인스턴스 메서드
        System.out.println(iv);      // 인스턴스 변수를 사용할 수 있다.
        System.out.println(cv);      // 클래스 변수를 사용할 수 있다.
    }

    static void staticMethod() {  // static메서드
        System.out.println(iv);      // 에러!!! 인스턴스 변수를 사용할 수 없다.
        System.out.println(cv);      // 클래스 변수는 사용할 수 있다.
    }
} // end of class
```

이번엔 변수와 메서드간의 호출에 대해서 살펴보자. 메서드간의 호출에서처럼 인스턴스메서드는 인스턴스 변수를 사용할 수 있지만, static메서드는 인스턴스 변수를 사용할 수 없다.

메서드도 변수와 마찬가지로 같은 클래스 내에서 서로 구별될 수 있어야 하기 때문에 각기 다른 이름을 가져야 한다. 그러나 자바에서는 한 클래스 내에 이미 사용하려는 이름과 같은 이름을 가진 메서드가 있더라도 매개변수의 개수 또는 타입이 다르면, 같은 이름을 사용해서 메서드를 정의할 수 있다.

이처럼, 한 클래스 내에 같은 이름의 메서드를 여러 개 정의하는 것을 '메서드 오버로딩 (method overloading)' 또는 간단히 '오버로딩(overloading)'이라 한다.

같은 이름의 메서드를 정의한다고 해서 무조건 오버로딩인 것은 아니다. 오버로딩이 성립하기 위해서는 다음과 같은 조건을 만족해야한다.

---

1. 메서드 이름이 같아야 한다.
2. 매개변수의 개수 또는 타입이 달라야 한다.
3. 반환 타입은 관계없다.

비록 메서드의 이름이 같다 하더라도 매개변수가 다르면 서로 구별될 수 있기 때문에 오버로딩이 가능한 것이다. 위의 조건을 만족시키지 못하는 메서드는 중복 정의로 간주되어 컴파일 시에 에러가 발생한다. 그리고 오버로딩된 메서드들은 매개변수에 의해서만 구별될 수 있으므로 **반환 타입은 오버로딩을 구현하는데 아무런 영향을 주지 못한다**는 것에 주의하자.

오버로딩의 예로 가장 대표적인 것은 println메서드이다. 지금까지 여러분은 println메서드의 괄호 안에 값만 지정해주면 화면에 출력하는데 아무런 어려움이 없었다.

하지만, 실제로는 println메서드를 호출할 때 매개변수로 지정하는 값의 타입에 따라서 호출되는 println메서드가 달라진다.

PrintStream클래스에는 어떤 종류의 매개변수를 지정해도 출력할 수 있도록 아래와 같이 10개의 오버로딩된 println메서드를 정의해놓고 있다.

```
void println()
void println(boolean x)
void println(char x)
void println(char[] x)
void println(double x)
void println(float x)
void println(int x)
void println(long x)
void println(Object x)
void println(String x)
```

println메서드를 호출할 때 매개변수로 넘겨주는 값의 타입에 따라서 위의 오버로딩된 메서드들 중의 하나가 선택되어 실행되는 것이다.

몇 가지 예를 들어 오버로딩에 대해 자세히 설명하고자 한다.

```
보기 1    int add(int a, int b) { return a+b; }
          int add(int x, int y) { return x+y; }
```

위의 두 메서드는 매개변수의 이름만 다를 뿐 매개변수의 타입이 같기 때문에 오버로딩이 성립하지 않는다. 매개변수의 이름이 다르면 메서드 내에서 사용되는 변수의 이름이 달라질 뿐, 아무런 의미가 없다. 그래서 이 두 메서드는 정확히 같은 것이다. 마치 수학에서 'f(x) = x + 1'과 'f(a) = a + 1'이 같은 표현인 것과 같다.

컴파일하면, 'add(int,int) is already defined(이미 같은 메서드가 정의되었다).'라는 메시지가 나타날 것이다.

```
보기 2    int  add(int a, int b) { return a+b; }
          long add(int a, int b) { return (long)(a+b); }
```

이번 경우는 리턴타입만 다른 경우이다. 매개변수의 타입과 개수가 일치하기 때문에 add(3,3)과 같이 호출하였을 때 어떤 메서드가 호출된 것인지 결정할 수 없기 때문에 오버로딩으로 간주되지 않는다.

이 경우 역시 컴파일하면, 'add(int,int) is already defined(이미 같은 메서드가 정의되었다).'라는 메시지가 나타날 것이다.

```
보기 3    long add(int a, long b) { return a+b; }
          long add(long a, int b) { return a+b; }
```

두 메서드 모두 int형과 long형 매개변수가 하나씩 선언되어 있지만, 서로 순서가 다른 경우이다. 이 경우에는 호출 시 매개변수의 값에 의해 호출될 메서드가 구분될 수 있으므로 중복된 메서드 정의가 아닌, 오버로딩으로 간주한다.

이처럼 단지 매개변수의 순서만을 다르게 하여 오버로딩을 구현하면, 사용자가 매개변수의 순서를 외우지 않아도 되는 장점이 있지만, 오히려 단점이 될 수도 있기 때문에 주의해야한다.

예를 들어 add(3,3L)과 같이 호출되면 첫 번째 메서드가, add(3L, 3)과 같이 호출되면 두 번째 메서드가 호출된다. 단, 이 경우에는 add(3,3)과 같이 호출할 수 없다. 이와 같이 호출할 경우, 두 메서드 중 어느 메서드가 호출된 것인지 알 수 없기 때문에 메서드를 호출하는 곳에서 컴파일 에러가 발생한다.

```
class Ex6_10 {
   public static void main(String[] args) {
      MyMath3 mm = new MyMath3();
      System.out.println("mm.add(3, 3) 결과:"    + mm.add(3,3));
      System.out.println("mm.add(3L, 3) 결과: "  + mm.add(3L,3));
      System.out.println("mm.add(3, 3L) 결과: "  + mm.add(3,3L));
      System.out.println("mm.add(3L, 3L) 결과: " + mm.add(3L,3L));

      int[] a = {100, 200, 300};
      System.out.println("mm.add(a) 결과: " + mm.add(a));
   }
}

class MyMath3 {
   int add(int a, int b) {
      System.out.print("int add(int a, int b) - ");
      return a+b;
   }

   long add(int a, long b) {
      System.out.print("long add(int a, long b) - ");
      return a+b;
   }

   long add(long a, int b) {
      System.out.print("long add(long a, int b) - ");
      return a+b;
   }

   long add(long a, long b) {
      System.out.print("long add(long a, long b) - ");
      return a+b;
   }

   int add(int[] a) {              // 배열의 모든 요소의 합을 결과로 돌려준다.
      System.out.print("int add(int[] a) - ");
      int result = 0;
      for(int i=0; i < a.length;i++)
         result += a[i];
      return result;
   }
}
```

```
결 | int add(int a, int b) - mm.add(3, 3) 결과:6
과 | long add(long a, int b) - mm.add(3L, 3) 결과: 6
   | long add(int a, long b) - mm.add(3, 3L) 결과: 6
   | long add(long a, long b) - mm.add(3L, 3L) 결과: 6
   | int add(int[] a) - mm.add(a) 결과: 600
```

실행결과를 보면 어떻게 add메서드가 println메서드보다 먼저 호출되는지 의아할 수 있다.

```
System.out.println("mm.add(3, 3) 결과:"    + mm.add(3,3));
```

간단히 위의 문장이 아래의 두 문장을 하나로 합친 것이라고 생각하면 이해가 쉬울 것이다.

```
int result = mm.add(3,3);
System.out.println("mm.add(3, 3) 결과:" + result);
```

32 생성자(constructor)

생성자는 인스턴스가 생성될 때 호출되는 '인스턴스 초기화 메서드'이다. 따라서 인스턴스변수의 초기화 작업에 주로 사용되며, 인스턴스 생성 시에 실행되어야 하는 작업을 위해서도 사용된다.

> 참고 │ 인스턴스 초기화란, 인스턴스변수들을 초기화하는 것을 뜻한다.

생성자 역시 메서드처럼 클래스 내에 선언되며, 구조도 메서드와 유사하지만 리턴값이 없다는 점이 다르다. 그렇다고 해서 생성자 앞에 리턴값이 없음을 뜻하는 키워드 void를 사용하지는 않고, 단지 아무 것도 적지 않는다. 생성자의 조건은 다음과 같다.

> 1. 생성자의 이름은 클래스의 이름과 같아야 한다.
> 2. 생성자는 리턴 값이 없다.

> 참고 │ 생성자도 메서드이기 때문에 리턴값이 없다는 의미의 void를 붙여야 하지만, 모든 생성자가 리턴값이 없으므로 void를 생략할 수 있게 한 것이다.

생성자는 다음과 같이 정의한다. 생성자도 오버로딩이 가능하므로 하나의 클래스에 여러 개의 생성자가 존재할 수 있다.

```
클래스이름(타입 변수명, 타입 변수명, ... ) {
    // 인스턴스 생성 시 수행될 코드,
    // 주로 인스턴스 변수의 초기화 코드를 적는다.
}
```

```
class Point {
    Point() {          // 매개변수가 없는 생성자.
        ...
    }

    Point(int x, int y) {        // 매개변수가 있는 생성자.
        ...
    }
    ...
}
```

연산자 new가 인스턴스를 생성하는 것이지 생성자가 인스턴스를 생성하는 것이 아니다. 생성자라는 용어 때문에 오해하기 쉬운데, 생성자는 단순히 인스턴스변수들의 초기화에 사용되는 조금 특별한 메서드일 뿐이다. 생성자가 갖는 몇 가지 특징만 제외하면 메서드와 다르지 않다.

지금까지는 생성자를 모르고도 프로그래밍을 해 왔지만, 사실 모든 클래스에는 반드시 하나 이상의 생성자가 정의되어 있어야 한다.

그러나 지금까지 클래스에 생성자를 정의하지 않고도 인스턴스를 생성할 수 있었던 이유는 컴파일러가 제공하는 '기본 생성자(default constructor)' 덕분이었다.

컴파일 할 때, 소스파일(*.java)의 클래스에 생성자가 하나도 정의되지 않은 경우 컴파일러는 자동적으로 아래와 같은 내용의 기본 생성자를 추가하여 컴파일 한다.

클래스이름( ) { }   // 기본 생성자

Point( ) { }   // Point클래스의 기본 생성자

컴파일러가 자동적으로 추가해주는 기본 생성자는 이와 같이 매개변수도 없고 아무런 내용도 없는 아주 간단한 것이다.

그동안 우리는 인스턴스를 생성할 때 컴파일러가 제공한 기본 생성자를 사용해왔던 것이다. 특별히 인스턴스 초기화 작업이 요구되어지지 않는다면 생성자를 정의하지 않고 컴파일러가 제공하는 기본 생성자를 사용하는 것도 좋다.

> **참고** 클래스의 '접근 제어자(Access Modifier)'가 public인 경우에는 기본 생성자로 'public 클래스이름( ) { }'이 추가된다.

예제 6-11

```
class Data_1 {
    int value;
}

class Data_2 {
    int value;

    Data_2(int x) {    // 매개변수가 있는 생성자.
        value = x;
    }
}

class Ex6_11 {
    public static void main(String[] args) {
        Data_1 d1 = new Data_1();
        Data_2 d2 = new Data_2(); // compile error발생
    }
}
```

결과
```
Ex6_11.java:15: cannot resolve symbol
symbol : constructor Data_2 ()
location: class Data_2
                Data_2 d2 = new Data_2();
                            ^
1 error
```

이 예제를 컴파일하면 위와 같은 에러메시지가 나타난다. 이것은 Data_2클래스에서 Data_2( )라는 생성자를 찾을 수 없다는 내용의 에러메시지인데, Data_2클래스에 생성자 Data_2( )가 정의되어 있지 않기 때문에 에러가 발생한 것이다.

Data_1의 인스턴스를 생성하는 코드에는 에러가 없는데, Data_2의 인스턴스를 생성하는 코드에서 에러가 발생하는 이유는 무엇일까?

그 이유는 Data_1에는 정의되어 있는 생성자가 하나도 없으므로 컴파일러가 기본 생성자를 추가해주었지만, Data_2에는 이미 생성자 Data_2(int x)가 정의되어 있으므로 기본 생성자가 추가되지 않았기 때문이다.

컴파일러가 자동적으로 기본 생성자를 추가해주는 경우는 '클래스 내에 생성자가 하나도 없을 때'뿐이라는 것을 명심해야한다.

```
Data_1 d1 = new Data_1();                    Data_1 d1 = new Data_1();
Data_2 d2 = new Data_2(); // 에러      →      Data_2 d2 = new Data_2(10); // OK
```

이 예제에서 컴파일 에러가 발생하지 않도록 하기 위해서는 위의 오른쪽 코드와 같이 Data_2 클래스의 인스턴스를 생성할 때 생성자 Data_2(int x)를 사용하던가, 아니면 Data_2클래스에 생성자 Data_2( )를 추가로 정의해주면 된다.

> 기본 생성자가 컴파일러에 의해서 추가되는 경우는
> 클래스에 정의된 생성자가 하나도 없을 때 뿐이다.

생성자도 메서드처럼 매개변수를 선언하여 호출 시 값을 넘겨받아서 인스턴스의 초기화 작업에 사용할 수 있다. 인스턴스마다 각기 다른 값으로 초기화되어야 하는 경우가 많기 때문에 매개변수를 사용한 초기화는 매우 유용하다.

아래의 코드는 자동차를 클래스로 정의한 것인데, 단순히 color, gearType, door 세 개의 인스턴스 변수와 두 개의 생성자만을 가지고 있다.

```java
class Car {
    String color;          // 색상
    String gearType;       // 변속기 종류 - auto(자동), manual(수동)
    int door;              // 문의 개수

    Car() {}   // 기본 생성자
    Car(String c, String g, int d) { // 생성자
        color = c;
        gearType = g;
        door = d;
    }
}
```

Car인스턴스를 생성할 때, 생성자 Car( )를 사용한다면, 인스턴스를 생성한 다음에 인스턴스 변수들을 따로 초기화해주어야 하지만, 매개변수가 있는 생성자 Car(String color, String gearType, int door)를 사용한다면 인스턴스를 생성하는 동시에 원하는 값으로 초기화를 할 수 있게 된다.

인스턴스를 생성한 다음에 인스턴스 변수의 값을 변경하는 것보다 매개변수를 갖는 생성자를 사용하는 것이 코드를 보다 간결하고 직관적으로 만든다.

```java
Car c = new Car();
c.color = "white";              Car c = new Car("white","auto",4);
c.gearType = "auto";
c.door = 4;
```

위의 양쪽 코드 모두 같은 내용이지만, 오른쪽의 코드가 더 간결하고 직관적이다. 이처럼 클래스를 작성할 때 다양한 생성자를 제공함으로써 인스턴스 생성 후에 별도로 초기화를 하지 않아도 되게 하는 것이 바람직하다.

35 매개변수가 있는 생성자 예제

지금까지 생성자에 대해서 모르고도 자바프로그래밍이 가능했던 것을 생각한다면, 생성자는 그리 중요하지 않은 것으로 생각될지도 모른다. 하지만, 지금까지 본 것처럼 생성자를 잘 활용하면 보다 간결하고 직관적인, 객체지향적인 코드를 작성할 수 있을 것이다.

> 인스턴스를 생성할 때는 다음의 2가지 사항을 결정해야 한다.
> 1. 클래스 – 어떤 클래스의 인스턴스를 생성할 것인가?
> 2. 생성자 – 선택한 클래스의 어떤 생성자로 인스턴스를 생성할 것인가?

예제
6-12

```java
class Car {
    String color;       // 색상
    String gearType;   // 변속기 종류 - auto(자동), manual(수동)
    int door;           // 문의 개수

    Car() {}

    Car(String c, String g, int d) {
        color = c;
        gearType = g;
        door = d;
    }
}

class Ex6_12 {
    public static void main(String[] args) {
        Car c1 = new Car();
        c1.color    = "white";
        c1.gearType = "auto";
        c1.door = 4;

        Car c2 = new Car("white", "auto", 4);

        System.out.println("c1의 color=" + c1.color + ", gearType="
                                        + c1.gearType+ ", door="+c1.door);
        System.out.println("c2의 color=" + c2.color + ", gearType="
                                        + c2.gearType+ ", door="+c2.door);
    }
}
```

결과
c1의 color=white, gearType=auto, door=4
c2의 color=white, gearType=auto, door=4

같은 클래스의 멤버들 간에 서로 호출할 수 있는 것처럼 생성자 간에도 서로 호출이 가능하다. 단, 다음의 두 조건을 만족시켜야 한다.

> – 생성자의 이름으로 클래스이름 대신 this를 사용한다.
> – 한 생성자에서 다른 생성자를 호출할 때는 반드시 첫 줄에서만 호출이 가능하다.

아래 코드는 생성자를 작성할 때 지켜야하는 조건을 모두 만족시키지 못해 에러가 발생한다.

```
Car(String color) {
    door = 5;                    // 첫 번째 줄
    Car(color, "auto", 4);  // 에러1. 생성자의 두 번째 줄에서 다른 생성자 호출
}                                // 에러2. this(color, "auto", 4);로 해야함
```

생성자 내에서 다른 생성자를 호출할 때는 클래스이름인 'Car'대신 'this'를 사용해야하는데 그러지 않아서 에러이고, 또 다른 에러는 생성자 호출이 첫 번째 줄이 아닌 두 번째 줄이기 때문에 에러이다.

　생성자에서 다른 생성자를 첫 줄에서만 호출이 가능하도록 한 이유는 생성자 내에서 초기화 작업도중에 다른 생성자를 호출하게 되면, 호출된 다른 생성자 내에서도 멤버변수들의 값을 초기화를 할 것이므로 다른 생성자를 호출하기 이전의 초기화 작업이 무의미해질 수 있기 때문이다. 이에 대해서는 7장에서 좀 더 자세히 배우게 된다.

예제
6-13

```
class Car2 {
    String color;       // 색상
    String gearType;  // 변속기 종류 - auto(자동), manual(수동)
    int door;           // 문의 개수

    Car2() {
        this("white", "auto", 4);
    }

    Car2(String color) {
        this(color, "auto", 4);
    }

    Car2(String color, String gearType, int door) {
        this.color = color;
        this.gearType = gearType;
        this.door = door;
    }
}
```

Car2(String color, String gearType, int door)를 호출

```
class Ex6_13 {
    public static void main(String[] args) {
        Car2 c1 = new Car2();
        Car2 c2 = new Car2("blue");

        System.out.println("c1의 color=" + c1.color + ", gearType="
                                        + c1.gearType+ ", door="+c1.door);
        System.out.println("c2의 color=" + c2.color + ", gearType="
                                        + c2.gearType+ ", door="+c2.door);
    }
}
```

> **결과** c1의 color=white, gearType=auto, door=4
> c2의 color=blue, gearType=auto, door=4

생성자 Car2( )에서 또 다른 생성자 Car2(String color, String gearType, int door)를 호출하였다. 이처럼 생성자간의 호출에는 생성자의 이름 대신 this를 사용해야만 하므로 'Car2' 대신 'this'를 사용했다. 그리고 생성자 Car2( )의 첫째 줄에서 호출하였다는 점을 유의하기 바란다.

```
Car2() {
    color = "white";
    gearType = "auto";
    door = 4;
}
```
→
```
Car2() {
    this("white","auto",4);
}
```

위 코드는 양쪽 모두 같은 일을 하지만 오른쪽의 코드는 생성자 Car2(String color, String gearType, int door)를 활용해서 더 간략히 한 것이다. Car2 c1 = new Car2( );와 같이 생성자Car2( )를 사용해서 Car2인스턴스를 생성한 경우에, 인스턴스변수 color는 "white", gearType은 "auto", door는 4로 초기화 되도록 하였다.

이것은 마치 실생활에서 자동차(Car2인스턴스)를 생산할 때, 아무런 옵션도 주지 않으면, 기본적으로 흰색(white)에 자동변속기어(auto) 그리고 문의 개수가 4개인 자동차가 생산되도록 하는 것에 비유할 수 있다.

같은 클래스 내의 생성자들은 일반적으로 서로 관계가 깊은 경우가 많아서 이처럼 서로 호출하도록 하여 유기적으로 연결해주면 더 좋은 코드를 얻을 수 있다. 그리고 수정이 필요한 경우에 보다 적은 코드만을 변경하면 되므로 유지보수가 쉬워진다.

아래 왼쪽 코드의 'color = c;'는 생성자의 매개변수로 선언된 지역변수 c의 값을 인스턴스변수 color에 저장한다. 이 때 변수 color와 c는 이름만으로도 서로 구별되므로 아무런 문제가 없다.

```
Car(String c, String g, int d) {
    color = c; // color는 iv, c는 lv
    gearType = g;
    door = d;
}
```

```
Car(String color, String gearType, int
door) { // this.color는 iv, color는 lv
    this.color = color;
    this.gearType = gearType;
    this.door = door;
}
```

하지만, 오른쪽 코드에서처럼 생성자의 매개변수로 선언된 변수의 이름이 color로 인스턴스변수 color와 같을 경우에는 이름만으로는 두 변수가 서로 구별이 안 된다. 이런 경우에는 인스턴스변수 앞에 'this'를 사용하면 된다.

이렇게 하면 this.color는 인스턴스변수이고, color는 생성자의 매개변수로 정의된 지역변수로 서로 구별이 가능하다. 만일 오른쪽코드에서 'this.color = color'대신 'color = color'와 같이하면 둘 다 지역변수로 간주된다.

이처럼 생성자의 매개변수로 인스턴스변수들의 초기값을 제공받는 경우가 많기 때문에 매개변수와 인스턴스변수의 이름이 일치하는 경우가 자주 있다. 이때는 왼쪽코드와 같이 매개변수이름을 다르게 하는 것 보다 'this'를 사용해서 구별되도록 하는 것이 의미가 더 명확하고 이해하기 쉽다.

'this'는 참조변수로 인스턴스 자신을 가리킨다. 참조변수를 통해 인스턴스의 멤버에 접근할 수 있는 것처럼, 'this'로 인스턴스변수에 접근할 수 있는 것이다.

하지만, 'this'를 사용할 수 있는 것은 인스턴스멤버뿐이다. static메서드(클래스 메서드)에서는 인스턴스 멤버들을 사용할 수 없는 것처럼, 'this' 역시 사용할 수 없다. 왜냐하면, static메서드는 인스턴스를 생성하지 않고도 호출될 수 있으므로 static메서드가 호출된 시점에 인스턴스가 존재하지 않을 수도 있기 때문이다.

사실 생성자를 포함한 모든 인스턴스메서드에는 자신이 관련된 인스턴스를 가리키는 참조변수 'this'가 지역변수로 숨겨진 채로 존재한다.

> **this**   인스턴스 자신을 가리키는 참조변수. 인스턴스의 주소가 저장되어 있다.
>   모든 인스턴스메서드에 지역변수로 숨겨진 채로 존재한다.
> **this( ), this(매개변수)**   생성자, 같은 클래스의 다른 생성자를 호출할 때 사용한다.

(참고)   this와 this( )는 비슷하게 생겼을 뿐 완전히 다른 것이다. this는 '참조 변수'이고, this( )는 '생성자'이다.

38 **변수의 초기화**

변수를 선언하고 처음으로 값을 저장하는 것을 '변수의 초기화'라고 한다. 변수의 초기화는 경우에 따라서 필수적이기도 하고 선택적이기도 하지만, 가능하면 선언과 동시에 적절한 값으로 초기화 하는 것이 바람직하다.

멤버변수는 초기화를 하지 않아도 자동적으로 변수의 자료형에 맞는 기본값으로 초기화가 이루어지므로 초기화하지 않고 사용해도 되지만, **지역변수는 사용하기 전에 반드시 초기화해야 한다.**

```
class InitTest {
    int x;              // 인스턴스 변수
    int y = x;          // 인스턴스 변수

    void method1() {
        int i;          // 지역변수
        int j = i;      // 에러. 지역변수를 초기화하지 않고 사용
    }
}
```

위의 코드에서 x, y는 인스턴스 변수이고, i, j는 지역변수이다. 그 중 x와 i는 선언만 하고 초기화를 하지 않았다. 그리고 y를 초기화 하는데 x를 사용하였고, j를 초기화 하는데 i를 사용하였다.

인스턴스 변수 x는 초기화를 해주지 않아도 자동적으로 int형의 기본값인 0으로 초기화되므로, 'int y = x;'와 같이 할 수 있다. x의 값이 0이므로 y역시 0이 저장된다.

하지만, method1( )의 지역변수 i는 자동적으로 초기화되지 않으므로, 초기화 되지 않은 상태에서 변수 j를 초기화 하는데 사용될 수 없다. 컴파일하면, 에러가 발생한다.

> **멤버변수(클래스 변수와 인스턴스 변수)와 배열의 초기화는 선택이지만,**
> **지역변수의 초기화는 필수이다.**

참고로 각 타입의 기본값(default value)은 다음과 같다.

자료형	기본값
boolean	false
char	'\u0000'
byte, short, int	0
long	0L
float	0.0f
double	0.0d 또는 0.0
참조형	null

지역변수와 달리 멤버변수는 각 타입의 기본값으로 자동 초기화 된다. 그 다음에 명시적 초기화, 초기화 블럭, 생성자의 순서로 초기화 된다. 그리고 클래스 변수(cv)가 인스턴스 변수(iv)보다 먼저 초기화 된다. 멤버변수의 초기화에 대해서는 이 두 가지만 기억하면 된다.

> 1. **클래스 변수(cv) 초기화 → 인스턴스 변수(iv) 초기화**
> 2. **자동 초기화 → 명시적 초기화(간단) → 초기화 블럭, 생성자(복잡)**

명시적 초기화(explicit initialization)

변수를 선언과 동시에 초기화하는 것을 명시적 초기화라고 한다. 가장 기본적이면서도 간단한 초기화 방법이므로 여러 초기화 방법 중에서 가장 우선적으로 고려되어야 한다.

```
class Car {
    int door = 4;              // 기본형(primitive type) 변수의 초기화
    Engine e = new Engine();  // 참조형(reference type) 변수의 초기화

    //...
}
```

명시적 초기화가 간단하고 명료하긴 하지만, 보다 복잡한 초기화 작업이 필요할 때는 '초기화 블럭(initialization block)' 또는 생성자를 사용해야 한다.

초기화 블럭(initialization block)

초기화 블럭에는 '클래스 초기화 블럭'과 '인스턴스 초기화 블럭' 두 가지 종류가 있다. 클래스 초기화 블럭은 클래스 변수의 초기화에 사용되고, 인스턴스 초기화 블럭은 인스턴스변수의 초기화에 사용된다.

> **클래스 초기화 블럭**   클래스 변수의 복잡한 초기화에 사용된다.
> **인스턴스 초기화 블럭**   인스턴스변수의 복잡한 초기화에 사용된다.

초기화 블럭을 작성하려면, 인스턴스 초기화 블럭은 단순히 클래스 내에 블럭{}만들고 그 안에 코드를 작성하기만 하면 된다. 그리고 클래스 초기화 블럭은 인스턴스 초기화 블럭 앞에 단순히 static을 덧붙이기만 하면 된다.

예제
6-14

```java
class Ex6_14 {
    static {
        System.out.println("static { }");        ─── 클래스 초기화 블럭
    }

    {
        System.out.println("{ }");               ─── 인스턴스 초기화 블럭
    }

    public Ex6_14() {
        System.out.println("생성자");
    }

    public static void main(String[] args) {
        System.out.println("Ex6_14 bt = new Ex6_14(); ");
        Ex6_14 bt = new Ex6_14();

        System.out.println("Ex6_14 bt2 = new Ex6_14(); ");
        Ex6_14 bt2 = new Ex6_14();
    }
}
```

결과
```
static { }
Ex6_14 bt = new Ex6_14();
{ }
생성자
Ex6_14 bt2 = new Ex6_14();
{ }
생성자
```

예제가 실행되면서 Ex6_14이 메모리에 로딩될 때, 클래스 초기화 블럭이 가장 먼저 수행되어 'static { }'이 화면에 출력된다. 그 다음에 main메서드가 수행되어 Ex6_14의 인스턴스가 생성되면서 인스턴스 초기화 블럭이 먼저 수행되고, 끝으로 생성자가 수행된다.

위의 실행결과에서도 알 수 있듯이 클래스 초기화 블럭은 처음 메모리에 로딩될 때 한번만 수행되었지만, 인스턴스 초기화 블럭은 인스턴스가 생성될 때 마다 수행되었다.

예제
6-15

```
class Ex6_15 {
    static int[] arr = new int[10];

    static {
        for(int i=0;i<arr.length;i++) {
            // 1과 10사이의 임의의 값을 배열 arr에 저장한다.
            arr[i] = (int)(Math.random()*10) + 1;
        }
    }

    public static void main(String[] args) {
        for(int i=0; i<arr.length;i++)
            System.out.println("arr["+i+"] :" + arr[i]);
    }
}
```

결과
```
arr[0] :4
arr[1] :8
arr[2] :7
arr[3] :2
arr[4] :2
arr[5] :10
arr[6] :7
arr[7] :10
arr[8] :1
arr[9] :7
```

명시적 초기화를 통해 배열 arr을 생성하고, 클래스 초기화 블럭을 이용해서 배열의 각 요소들을 random( )을 사용해서 임의의 값으로 채우도록 했다.

이처럼 배열이나 예외처리가 필요한 초기화에서는 명시적 초기화만으로는 복잡한 초기화 작업을 할 수 없다. 이런 경우에 추가적으로 클래스 초기화 블럭을 사용하도록 한다.

6-1 다음과 같은 멤버변수를 갖는 Student클래스를 정의하시오.

타 입	변수명	설 명
String	name	학생이름
int	ban	반
int	no	번호
int	kor	국어점수
int	eng	영어점수
int	math	수학점수

6-2 다음과 같은 실행결과를 얻도록 Student클래스에 생성자와 info( )를 추가하시오.

```
class Exercise6_2 {
    public static void main(String[] args) {
        Student s = new Student("홍길동", 1, 1, 100, 60, 76);

        String str = s.info();
        System.out.println(str);
    }
}

class Student {

    /*
            (1) 알맞은 코드를 넣어 완성하시오.
    */

}
```

결과 홍길동,1,1,100,60,76,236,78.7

6-3 연습문제6-1에서 정의한 Student클래스에 다음과 같이 정의된 두 개의 메서드 getTotal( )
과 getAverage( )를 추가하시오.

1. • 메서드명 : getTotal
   • 기   능 : 국어(kor), 영어(eng), 수학(math)의 점수를 모두 더해서 반환한다.
   • 반환타입 : int
   • 매개변수 : 없음

2. • 메서드명 : getAverage
   • 기   능 : 총점(국어점수＋영어점수＋수학점수)을 과목수로 나눈 평균을 구한다.
                  소수점 둘째자리에서 반올림할 것.
   • 반환타입 : float
   • 매개변수 : 없음

```java
class Exercise6_3 {
    public static void main(String[] args) {
        Student s = new Student();
        s.name = "홍길동";
        s.ban  = 1;
        s.no   = 1;
        s.kor  = 100;
        s.eng  = 60;
        s.math = 76;

        System.out.println("이름:" + s.name);
        System.out.println("총점:" + s.getTotal());
        System.out.println("평균:" + s.getAverage());
    }
}

class Student {

    /*
            (1) 알맞은 코드를 넣어 완성하시오.
    */

}
```

결과
이름:홍길동
총점:236
평균:78.7

6-4 두 점의 거리를 계산하는 getDistance( )를 완성하시오.

(Hint) 제곱근 계산은 Math.sqrt(double a)를 사용하면 된다.

```
class Exercise6_4 {
    // 두 점 (x,y)와 (x1,y1)간의 거리를 구한다.
    static double getDistance(int x, int y, int x1, int y1) {

        /*
                (1) 알맞은 코드를 넣어 완성하시오.
        */

    }

    public static void main(String[] args) {
        System.out.println(getDistance(1, 1, 2, 2));
    }
}
```

결과 | 1.4142135623730951

6-5 다음의 코드에 정의된 변수들을 종류별로 구분해서 적으시오.

```
class PlayingCard {
    int kind;
    int num;

    static int width;
    static int height;

    PlayingCard(int k, int n) {
        kind = k;
        num = n;
    }

    public static void main(String[] args) {
        PlayingCard card = new PlayingCard(1, 1);
    }
}
```

- 클래스 변수(static변수) :

- 인스턴스 변수 :

- 지역변수 :

6-6 연습문제6-4에서 작성한 클래스메서드 getDistance( )를 MyPoint클래스의 인스턴스메서드로 정의하시오.

```java
class MyPoint {
    int x;
    int y;

    MyPoint(int x, int y) {
        this.x = x;
        this.y = y;
    }

    /*
            (1) 인스턴스메서드 getDistance를 작성하시오.
    */

}

class Exercise6_6 {
    public static void main(String[] args) {
        MyPoint p = new MyPoint(1, 1);

        // p와 (2,2)의 거리를 구한다.
        System.out.println(p.getDistance(2, 2));
    }
}
```

결과 1.4142135623730951

6-7 다음은 컴퓨터 게임의 병사(marine)를 클래스로 정의한 것이다. 이 클래스의 멤버중에 static을 붙여야 하는 것은 어떤 것들이고 그 이유는 무엇인가? (단, 모든 병사의 공격력과 방어력은 같아야 한다.)

```java
class Marine {
    int x = 0, y = 0; // Marine의 위치좌표(x,y)
    int hp = 60;      // 현재 체력
    int weapon = 6;   // 공격력
    int armor  = 0;   // 방어력

    void weaponUp() {
        weapon++;
    }

    void armorUp() {
        armor++;
    }

    void move(int x, int y) {
        this.x = x;
        this.y = y;
    }
}
```

6-8 다음 중 생성자에 대한 설명으로 옳지 않은 것은? (모두 고르시오)

① 모든 생성자의 이름은 클래스의 이름과 동일해야한다.

② 생성자는 객체를 생성하기 위한 것이다.

③ 클래스에는 생성자가 반드시 하나 이상 있어야 한다.

④ 생성자가 없는 클래스는 컴파일러가 기본 생성자를 추가한다.

⑤ 생성자는 오버로딩 할 수 없다.

6-9 다음 중 this에 대한 설명으로 맞지 않은 것은? (모두 고르시오)

① 객체 자신을 가리키는 참조변수이다.

② 클래스 내에서라면 어디서든 사용할 수 있다.

③ 지역변수와 인스턴스 변수를 구별할 때 사용한다.

④ 클래스 메서드 내에서는 사용할 수 없다.

6-10 다음 중 오버로딩이 성립하기 위한 조건이 아닌 것은? (모두 고르시오)

① 메서드의 이름이 같아야 한다.
② 매개변수의 개수나 타입이 달라야 한다.
③ 리턴타입이 달라야 한다.
④ 매개변수의 이름이 달라야 한다.

6-11 다음 중 아래의 add메서드를 올바르게 오버로딩 한 것은? (모두 고르시오)

```
long add(int a, int b) { return a+b;}
```

① `long add(int x, int y) { return x+y;}`
② `long add(long a, long b) { return a+b;}`
③ `int add(byte a, byte b) { return a+b;}`
④ `int add(long a, int b) { return (int)(a+b);}`

6-12 다음 중 초기화에 대한 설명으로 옳지 않은 것은? (모두 고르시오)

① 멤버변수는 자동 초기화되므로 초기화하지 않고도 값을 참조할 수 있다.
② 지역변수는 사용하기 전에 반드시 초기화해야 한다.
③ 초기화 블럭보다 생성자가 먼저 수행된다.
④ 명시적 초기화를 제일 우선적으로 고려해야 한다.
⑤ 클래스 변수보다 인스턴스 변수가 먼저 초기화된다.

6-13 다음 중 인스턴스 변수의 초기화 순서가 올바른 것은?

① 기본값 – 명시적초기화 – 초기화블럭 – 생성자
② 기본값 – 명시적초기화 – 생성자 – 초기화블럭
③ 기본값 – 초기화블럭 – 명시적초기화 – 생성자
④ 기본값 – 초기화블럭 – 생성자 – 명시적초기화

6-14 다음 중 지역변수에 대한 설명으로 옳지 않은 것은? (모두 고르시오)

① 자동 초기화되므로 별도의 초기화가 필요없다.

② 지역변수가 선언된 메서드가 종료되면 지역변수도 함께 소멸된다.

③ 매서드의 매개변수로 선언된 변수도 지역변수이다.

④ 클래스 변수나 인스턴스 변수보다 메모리 부담이 적다.

⑤ 힙(heap)영역에 생성되며 가비지 컬렉터에 의해 소멸된다.

6-15 호출스택이 다음과 같은 상황일 때 옳지 않은 설명은? (모두 고르시오)

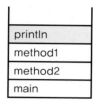

① 제일 먼저 호출스택에 저장된 것은 main메서드이다.

② println메서드를 제외한 나머지 메서드들은 모두 종료된 상태이다.

③ method2메서드를 호출한 것은 main메서드이다.

④ println메서드가 종료되면 method1메서드가 수행을 재개한다.

⑤ main-method2-method1-println의 순서로 호출되었다.

⑥ 현재 실행중인 메서드는 println 뿐이다.

6-16 다음 코드의 실행 결과를 예측하여 적으시오.

```java
class Exercise6_16
{
    public static void change(String str) {
        str += "456";
    }

    public static void main(String[] args)
    {
        String str = "ABC123";
        System.out.println(str);
        change(str);
        System.out.println("After change:" + str);
    }
}
```

6-17 다음과 같이 정의된 메서드를 작성하고 테스트하시오.

(주의) Math.random( )을 사용하는 경우 실행결과와 다를 수 있음.

- 메서드명 : shuffle
- 기   능 : 주어진 배열에 담긴 값의 위치를 바꾸는 작업을 반복하여 뒤섞이게 한다.
          처리한 배열을 반환한다.
- 반환타입 : int[ ]
- 매개변수 : int[ ] arr – 정수값이 담긴 배열

```java
class Exercise6_17 {

    /*
            (1) shuffle메서드를 작성하시오.
    */

    public static void main(String[] args)
    {
        int[] original = { 1, 2, 3, 4, 5, 6, 7, 8, 9 };
        System.out.println(java.util.Arrays.toString(original));

        int[] result = shuffle(original);
        System.out.println(java.util.Arrays.toString(result));
    }
}
```

결과
```
[1, 2, 3, 4, 5, 6, 7, 8, 9]
[4, 6, 8, 3, 2, 9, 7, 1, 5]
```

6-18 다음과 같이 정의된 메서드를 작성하고 테스트하시오.

- 메서드명 : isNumber
- 기　능 : 주어진 문자열이 모두 숫자로만 이루어져있는지 확인한다.
　　　　모두 숫자로만 이루어져 있으면 true를 반환하고, 그렇지 않으면 false를 반환한다.
　　　　만일 주어진 문자열이 null이거나 빈문자열""이라면 false를 반환한다.
- 반환타입 : boolean
- 매개변수 : String str – 검사할 문자열

(Hint) String클래스의 charAt(int i)메서드를 사용하면 문자열의 i번째 위치한 문자를 얻을 수 있다.

```
class Exercise6_18 {

    /*
            (1) isNumber메서드를 작성하시오.
    */


    public static void main(String[] args) {
        String str = "123";
        System.out.println(str + "는 숫자입니까? " + isNumber(str));

        str = "1234o";
        System.out.println(str + "는 숫자입니까? " + isNumber(str));
    }
}
```

결과
123는 숫자입니까? true
1234o는 숫자입니까? false

6-19 Tv클래스를 주어진 로직대로 완성하시오. 완성한 후에 실행해서 주어진 실행결과와 일치하는지 확인하라.

참고 코드를 단순히 하기 위해서 유효성검사는 로직에서 제외했다.

```java
class MyTv {
    boolean isPowerOn;
    int channel;
    int volume;

    final int MAX_VOLUME  = 100;
    final int MIN_VOLUME  = 0;
    final int MAX_CHANNEL = 100;
    final int MIN_CHANNEL = 1;

    void turnOnOff() {

        // (1) isPowerOn의 값이 true면 false로, false면 true로 바꾼다.

    }

    void volumeUp() {

        // (2) volume의 값이 MAX_VOLUME보다 작을 때만 값을 1증가시킨다.

    }

    void volumeDown() {

        // (3) volume의 값이 MIN_VOLUME보다 클 때만 값을 1감소시킨다.

    }

    void channelUp() {

        // (4) channel의 값을 1증가시킨다.
        // 만일 channel이 MAX_CHANNEL이면, channel의 값을 MIN_CHANNEL로 바꾼다.

    }
```

```
    void channelDown() {

        // (5) channel의 값을 1감소시킨다.
        // 만일 channel이 MIN_CHANNEL이면, channel의 값을 MAX_CHANNEL로 바꾼다.


    }
} // class MyTv

class Exercise6_19 {
    public static void main(String[] args) {
        MyTv t = new MyTv();

        t.channel = 100;
        t.volume = 0;
        System.out.println("CH:" + t.channel + ", VOL:" + t.volume);

        t.channelDown();
        t.volumeDown();
        System.out.println("CH:" + t.channel + ", VOL:" + t.volume);

        t.volume = 100;
        t.channelUp();
        t.volumeUp();
        System.out.println("CH:" + t.channel + ", VOL:" + t.volume);
    }
}
```

```
결  CH:100, VOL:0
과  CH:99, VOL:0
    CH:100, VOL:100
```

6-20 다음과 같이 정의된 메서드를 작성하고 테스트하시오.

- 메서드명 : max
- 기   능 : 주어진 int형 배열의 값 중에서 제일 큰 값을 반환한다.
            만일 주어진 배열이 null이거나 크기가 0인 경우, –999999를 반환한다.
- 반환타입 : int
- 매개변수 : int[ ] arr – 최대값을 구할 배열

```
class Exercise6_20 {

    /*
                (1) max메서드를 작성하시오.
    */

  public static void main(String[] args)
  {
     int[] data = { 3, 2, 9, 4, 7 };
     System.out.println(java.util.Arrays.toString(data));
     System.out.println("최대값:" + max(data));
     System.out.println("최대값:" + max(null));
     System.out.println("최대값:" + max(new int[] {})); // 크기가 0인 배열
  }
}
```

```
[결과] [3, 2, 9, 4, 7]
      최대값:9
      최대값:-999999
      최대값:-999999
```

6-21 다음과 같이 정의된 메서드를 작성하고 테스트하시오.

- 메서드명 : abs
- 기　　능 : 주어진 값의 절대값을 반환한다.
- 반환타입 : int
- 매개변수 : int value

```java
class Exercise6_21 {

    /*
            (1) abs메서드를 작성하시오.
    */

    public static void main(String[] args)
    {
        int value = 5;
        System.out.println(value + "의 절대값:" + abs(value));
        value = -10;
        System.out.println(value + "의 절대값:" + abs(value));
    }
}
```

결과
```
5의 절대값:5
-10의 절대값:10
```

MEMO

7

객체지향 프로그래밍 II
Object-oriented Programming II

상속이란, 기존의 클래스를 재사용하여 새로운 클래스를 작성하는 것이다. 상속을 통해서 클래스를 작성하면 보다 적은 양의 코드로 새로운 클래스를 작성할 수 있고 코드를 공통적으로 관리할 수 있기 때문에 코드의 추가 및 변경이 매우 용이하다.

이러한 특징은 코드의 재사용성을 높이고 코드의 중복을 제거하여 프로그램의 생산성과 유지보수에 크게 기여한다.

자바에서 상속을 구현하는 방법은 아주 간단하다. 새로 작성하고자 하는 클래스의 이름 뒤에 상속받고자 하는 클래스의 이름을 키워드 'extends'와 함께 써 주기만 하면 된다.

예를 들어 새로 작성하려는 클래스의 이름이 Child이고 상속받고자 하는 기존 클래스의 이름이 Parent라면 다음과 같이 하면 된다.

```
class Parent { }
class Child extends Parent {
    // ...
}
```

이 두 클래스는 서로 상속 관계에 있다고 하며, 상속해주는 클래스를 '조상 클래스'라 하고 상속 받는 클래스를 '자손 클래스'라 한다.

클래스는 타원으로 표현했고 클래스간의 상속 관계는 화살표로 표시했다. 이와 같이 클래스간의 상속관계를 그림으로 표현한 것을 상속계층도(class hierarchy)라고 한다.

프로그램이 커질수록 클래스간의 관계가 복잡해지는데, 이 때 아래와 같이 그림으로 표현하면 클래스간의 관계를 보다 쉽게 이해할 수 있다.

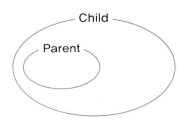

자손 클래스는 조상 클래스의 모든 멤버를 상속받기 때문에, Child클래스는 Parent클래스의 멤버들을 포함한다고 할 수 있다. 클래스는 멤버들의 집합이므로 클래스 Parent와 Child의 관계를 다음과 같이 표현할 수도 있다.

만일 Parent클래스에 age라는 정수형 변수를 멤버변수로 추가하면, 자손 클래스는 조상의 멤버를 모두 상속받기 때문에, Child클래스는 자동적으로 age라는 멤버변수가 추가된 것과 같은 효과를 얻는다.

```
class Parent {
    int age;
}

class Child extends Parent { }
```

이번엔 반대로 자손인 Child클래스에 새로운 멤버로 play( ) 메서드를 추가해보자.

```
class Parent {
    int age;
}

class Child extends Parent {
    void play() {
        System.out.println("놀자~");
    }
}
```

Child클래스에 새로운 코드가 추가되어도 조상인 Parent클래스는 아무런 영향도 받지 않는다. 여기서 알 수 있는 것처럼, 조상 클래스가 변경되면 자손 클래스는 자동적으로 영향을 받게 되지만, 자손 클래스가 변경되는 것은 조상 클래스에 아무런 영향을 주지 못한다.

자손 클래스는 조상 클래스의 모든 멤버를 상속 받으므로 항상 조상 클래스보다 같거나 많은 멤버를 갖는다. 즉, 상속에 상속을 거듭할수록 상속받는 클래스의 멤버 개수는 점점 늘어나게 된다.

그래서 상속을 받는다는 것은 조상 클래스를 확장(extend)한다는 의미로 해석할 수도 있으며 이것이 상속에 사용되는 키워드가 'extends'인 이유이기도 하다.

> - 자손 클래스는 조상 클래스의 모든 멤버를 상속받는다.
>   (단, 생성자와 초기화 블럭은 상속되지 않는다.)
> - 자손 클래스의 멤버 개수는 조상 클래스보다 항상 같거나 많다.

```
class Tv {
    boolean power; // 전원상태(on/off)
    int channel;   // 채널

    void power()       {   power = !power; }
    void channelUp()   {   ++channel;        }
    void channelDown() {   --channel;        }
}

class SmartTv extends Tv {   // SmartTv는 Tv에 캡션(자막)을 보여주는 기능을 추가
    boolean caption;           // 캡션상태(on/off)
    void displayCaption(String text) {
        if (caption) {          // 캡션 상태가 on(true)일 때만 text를 보여 준다.
            System.out.println(text);
        }
    }
}

class Ex7_1 {
    public static void main(String args[]) {
        SmartTv stv = new SmartTv();
        stv.channel = 10;               // 조상 클래스로부터 상속받은 멤버
        stv.channelUp();                // 조상 클래스로부터 상속받은 멤버
        System.out.println(stv.channel);
        stv.displayCaption("Hello, World");
        stv.caption = true;     // 캡션(자막) 기능을 켠다.
        stv.displayCaption("Hello, World");
    }
}
```

결과
```
11
Hello, World
```

Tv클래스로부터 상속받고 기능을 추가하여 SmartTv클래스를 작성하였다. 멤버변수 caption은 캡션기능의 상태(on/off)를 저장하기 위한 boolean형 변수이고, displayCaption(String text)은 매개변수로 넘겨받은 문자열(text)을 캡션이 켜져 있는 경우(caption의 값이 true인 경우)에만 화면에 출력한다.

자손 클래스의 인스턴스를 생성하면 조상 클래스의 멤버도 함께 생성되기 때문에 따로 조상 클래스의 인스턴스를 생성하지 않고도 조상 클래스의 멤버들을 사용할 수 있다.

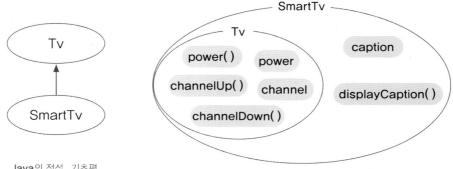

지금까지 상속을 통해 클래스 간에 관계를 맺어 주고 클래스를 재사용하는 방법에 대해서 알아보았다. 상속이외에도 클래스를 재사용하는 또 다른 방법이 있는데, 그것은 클래스 간에 '포함(composite)'관계를 맺어 주는 것이다. 클래스 간의 포함관계를 맺어 주는 것은 한 클래스의 멤버변수로 다른 클래스 타입의 참조변수를 선언하는 것을 뜻한다.

원(Circle)을 표현하기 위한 Circle클래스와 좌표상의 한 점을 다루기 위한 Point클래스를 다음과 같이 작성되어 있다고 가정하자.

```
class Circle {
    int x;    // 원점의 x좌표
    int y;    // 원점의 y좌표
    int r;    // 반지름(radius)
}
```

```
class Point {
    int x;    // x좌표
    int y;    // y좌표
}
```

Point클래스를 재사용해서 Circle클래스를 작성한다면 다음과 같이 할 수 있을 것이다.

```
class Circle {
    int x;    // 원점의 x좌표
    int y;    // 원점의 y좌표
    int r;    // 반지름(radius)
}
```
→
```
class Circle {
    Point c = new Point(); // 원점
    int r;
}
```

이와 같이 한 클래스를 작성하는 데 다른 클래스를 멤버변수로 선언하여 포함시키는 것은 좋은 생각이다. 하나의 거대한 클래스를 작성하는 것보다 단위별로 여러 개의 클래스를 작성한 다음, 이 단위 클래스들을 포함관계로 재사용하면 보다 간결하고 손쉽게 클래스를 작성할 수 있다. 또한 작성된 단위 클래스들은 다른 클래스를 작성하는데 재사용될 수 있을 것이다.

```
class Car {
    Engine e = new Engine();   // 엔진
    Door[] d = new Door[4];     // 문, 문의 개수를 넷으로 가정하고 배열로 처리했다.
    //...
}
```

클래스를 작성하는데 있어서 상속관계를 맺어 줄 것인지 포함관계를 맺어 줄 것인지 결정하는 것은 때때로 혼돈스러울 수 있다.

전에 예를 든 Circle클래스의 경우, Point클래스를 포함시키는 대신 상속관계를 맺어 주었다면 다음과 같을 것이다.

```
class Circle {
    Point c = new Point();
    int r;
}
```

→

```
class Circle extends Point {
    int r;
}
```

두 경우를 비교해 보면 Circle클래스를 작성하는데 있어서 Point클래스를 포함시키거나 상속받도록 하는 것은 결과적으로 별 차이가 없어 보인다.

그럴 때는 '~은 ~이다(is-a)'와 '~은 ~을 가지고 있다(has-a)'를 넣어서 문장을 만들어 보면 클래스 간의 관계가 보다 명확해 진다.

> 원(Circle)은 점(Point) **이다**. – Circle **is a** Point.
> 원(Circle)은 점(Point)을 **가지고 있다**. – Circle **has a** Point.

원은 원점(Point)과 반지름으로 구성되므로 위의 두 문장을 비교해 보면 첫 번째 문장보다 두 번째 문장이 더 옳다는 것을 알 수 있을 것이다.

이처럼 클래스를 가지고 문장을 만들었을 때 '~은 ~이다.'라는 문장이 성립한다면, 서로 상속관계를 맺어 주고, '~은 ~을 가지고 있다.'는 문장이 성립한다면 포함관계를 맺어 주면 된다. 그래서 Circle클래스와 Point클래스 간의 관계는 상속관계 보다 포함관계를 맺어 주는 것이 더 옳다.

몇 가지 더 예를 들면, Car클래스와 SportsCar클래스는 'SportsCar는 Car이다.'와 같이 문장을 만드는 것이 더 옳기 때문에 이 두 클래스는 Car클래스를 조상으로 하는 상속관계를 맺어 주어야 한다.

Card클래스와 Deck클래스는 'Deck은 Card를 가지고 있다.'와 같이 문장을 만드는 것이 더 옳기 때문에 Deck클래스에 Card클래스를 포함시켜야 한다.

(참고) Deck은 카드 한 벌을 뜻한다.

> **상속관계** '~은 ~이다.(is-a)'
> **포함관계** '~은 ~을 가지고 있다.(has-a)'

또 다른 객체지향언어인 C++에서는 여러 조상 클래스로부터 상속받는 것이 가능한 '다중 상속(multiple inheritance)'을 허용하지만 자바에서는 단일 상속만을 허용한다. 그래서 둘 이상의 클래스로부터 상속을 받을 수 없다. 예를 들어, Tv클래스와 DVD클래스가 있을 때, 이 두 클래스로부터 상속을 받는 TvDVD클래스를 작성할 수 없다.

그래서 TvDVD클래스는 조상 클래스로 Tv클래스와 DVD클래스 중 하나만 선택해야한다.

```
class TvDVD extends Tv, DVD {  // 에러. 조상은 하나만 허용된다.
    //...
}
```

다중상속을 허용하면 여러 클래스로부터 상속받을 수 있기 때문에 복합적인 기능을 가진 클래스를 쉽게 작성할 수 있다는 장점이 있지만, 클래스간의 관계가 매우 복잡해진다는 것과 서로 다른 클래스로부터 상속받은 멤버간의 이름이 같은 경우 구별할 수 있는 방법이 없다는 단점을 가지고 있다.

만일 다중상속을 허용해서 TvDVD클래스가 Tv클래스와 DVD클래스를 모두 조상으로 하여 두 클래스의 멤버들을 상속받는다고 가정해 보자.

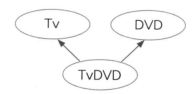

Tv클래스에도 power( )라는 메서드가 있고, DVD클래스에도 power( )라는 메서드가 있을 때 자손인 TvDVD클래스는 어느 조상클래스의 power( )를 상속받게 되는 것일까?

둘 다 상속받게 된다면, TvDVD클래스 내에서 선언부(이름과 매개변수)만 같고 서로 다른 내용의 두 메서드를 어떻게 구별할 것인가?

static메서드라면 메서드 이름 앞에 클래스의 이름을 붙여서 구별할 수 있다지만, 인스턴스 메서드의 경우 선언부가 같은 두 메서드를 구별할 수 있는 방법은 없다.

이것을 해결하는 방법은 조상 클래스의 메서드의 이름이나 매개변수를 바꾸는 방법 밖에 없다. 이렇게 하면 그 조상 클래스의 power( )메서드를 사용하는 모든 클래스들도 변경을 해야 하므로 그리 간단한 문제가 아니다.

자바에서는 다중상속의 이러한 문제점을 해결하기 위해 다중상속의 장점을 포기하고 단일상속만을 허용한다. 단일 상속이 하나의 조상 클래스만을 가질 수 있기 때문에 다중상속에 비해 불편한 점도 있지만, 클래스 간의 관계가 보다 명확해지고 코드를 더욱 신뢰할 수 있게 만들어 준다는 점에서 다중상속보다 유리하다.

Object클래스는 모든 클래스 상속계층도의 최상위에 있는 조상클래스이다. 다른 클래스로부터 상속 받지 않는 모든 클래스들은 자동적으로 Object클래스로부터 상속받게 함으로써 이것을 가능하게 한다.

만일 다음과 같이 다른 클래스로부터 상속을 받지 않는 Tv클래스를 정의하였다고 하자.

```
class Tv {
    ...
}
```
→
```
class Tv extends Object {
    ...
}
```

위의 코드를 컴파일 하면 컴파일러는 위의 코드를 다음과 같이 자동적으로 'extends Object'를 추가하여 Tv클래스가 Object클래스로부터 상속받도록 한다.

이렇게 함으로써 Object클래스가 모든 클래스의 조상이 되도록 한다. 만일 다른 클래스로부터 상속을 받는다고 하더라도 상속계층도를 따라 조상클래스, 조상클래스의 조상클래스를 찾아 올라가다 보면 결국 마지막 최상위 조상은 Object클래스일 것이다.

> **참고**   이미 어떤 클래스로부터 상속받도록 작성된 클래스에 대해서는 컴파일러가 'extends Object'를 추가하지 않는다.

```
class Tv {   // extends Object가 자동 추가됨
    ...
}

class SmartTv extends Tv {
    ...
}
```

위와 같이 Tv클래스가 있고, Tv클래스를 상속받는 SmartTv가 있을 때 상속계층도는 다음과 같다.

> **참고**   상속계층도를 단순화하기 위해서 Object클래스를 생략하는 경우가 많다.

이처럼 모든 상속계층도의 최상위에는 Object클래스가 위치한다. 그래서 자바의 모든 클래스들은 Object클래스의 멤버들을 상속 받기 때문에 Object클래스에 정의된 멤버들을 사용할 수 있다. 주요 메세드로는 toString( )과 equals(Object o) 등이 있으며, 자세한 것은 9장에서 설명한다.

07 오버라이딩(overriding)

조상 클래스로부터 상속받은 메서드의 내용을 변경하는 것을 오버라이딩이라고 한다. 상속받은 메서드를 그대로 사용하기도 하지만, 자손 클래스 자신에 맞게 변경해야하는 경우가 많다. 이럴 때 조상의 메서드를 오버라이딩한다.

> **참고** override의 사전적 의미는 '~위에 덮어쓰다(overwrite)'이다.

2차원 좌표계의 한 점을 표현하기 위한 Point클래스가 있을 때, 이를 조상으로 하는 Point3D클래스, 3차원 좌표계의 한 점을 표현하기 위한 클래스를 다음과 같이 새로 작성하였다고 하자.

```java
class Point {
    int x;
    int y;

    String getLocation() {
        return "x :" + x + ", y :"+ y;
    }
}

class Point3D extends Point {
    int z;

    String getLocation() {        // 오버라이딩
        return "x :" + x + ", y :"+ y + ", z :" + z;
    }
}
```

Point클래스의 getLocation( )은 한 점의 x, y 좌표를 문자열로 반환하도록 작성되었다.

이 두 클래스는 서로 상속관계에 있으므로 Point3D클래스는 Point클래스로부터 getLocation( )을 상속받지만, Point3D클래스는 3차원 좌표계의 한 점을 표현하기 위한 것이므로 조상인 Point클래스로부터 상속받은 getLocation( )은 Point3D클래스에 맞지 않는다. 그래서 이 메서드를 Point3D클래스 자신에 맞게 z축의 좌표값도 포함하여 반환하도록 오버라이딩 하였다.

Point클래스를 사용하던 사람들은 새로 작성된 Point3D클래스가 Point클래스의 자손이므로 Point3D클래스의 인스턴스에 대해서 getLocation( )을 호출하면 Point클래스의 getLocation( )이 그랬듯이 점의 좌표를 문자열로 얻을 수 있을 것이라고 기대할 것이다.

그렇기 때문에 새로운 메서드를 제공하는 것보다 오버라이딩을 하는 것이 바른 선택이다.

오버라이딩은 메서드의 내용만을 새로 작성하는 것이므로 메서드의 선언부(메서드 이름, 매개변수, 반환타입)는 조상의 것과 완전히 일치해야 한다. 다만 접근 제어자(access modifier)와 예외(exception)는 제한된 조건 하에서만 다르게 변경할 수 있다. 예외(Exception)에 대해서 아직 배우지 않았지만, 일단 외워두자.

1. 접근 제어자는 조상 클래스의 메서드보다 좁은 범위로 변경 할 수 없다.

만일 조상 클래스에 정의된 메서드의 접근 제어자가 protected라면, 이를 오버라이딩하는 자손 클래스의 메서드는 접근 제어자가 protected나 public이어야 한다. 대부분의 경우 같은 범위의 접근 제어자를 사용한다. 접근 제어자의 접근범위를 넓은 것에서 좁은 것 순으로 나열하면 public, protected, (default), private이다.

2. 조상 클래스의 메서드보다 많은 수의 예외를 선언할 수 없다.

아래의 코드를 보면 Child클래스의 parentMethod( )에 선언된 예외의 개수가 조상인 Parent클래스의 parentMethod( )에 선언된 예외의 개수보다 적으므로 바르게 오버라이딩 되었다.

```
class Parent {
    void parentMethod() throws IOException, SQLException {
        ...
    }
}

class Child extends Parent {
    void parentMethod() throws IOException {
        ...
    }
    ...
}
```

정리하면, 오버라이딩할 때 지켜야 할 조건은 다음과 같다.

> 조상 클래스의 메서드를 자손 클래스에서 오버라이딩할 때
> **1. 선언부가 조상 클래스의 메서드와 일치해야 한다.**
> **2. 접근 제어자를 조상 클래스의 메서드보다 좁은 범위로 변경할 수 없다.**
> **3. 예외는 조상 클래스의 메서드보다 많이 선언할 수 없다.**

오버로딩과 오버라이딩은 서로 혼동하기 쉽지만 사실 그 차이는 명백하다. 오버로딩은 기존에 없는 새로운 메서드를 추가하는 것이고, 오버라이딩은 조상으로부터 상속받은 메서드의 내용을 변경하는 것이다.

> **오버로딩**(overloading) 기존에 없는 새로운 메서드를 정의하는 것(new)
>
> **오버라이딩**(overriding) 상속받은 메서드의 내용을 변경하는 것(change, modify)

아래의 코드를 보고 오버로딩과 오버라이딩을 구별할 수 있어야 한다.

```
class Parent {
    void parentMethod() {}
}

class Child extends Parent {
    void parentMethod() {}        // 오버라이딩
    void parentMethod(int i) {} // 오버로딩

    void childMethod() {}
    void childMethod(int i) {}  // 오버로딩
    void childMethod() {}  ←── 에러. 중복정의 되었음
}                                 already defined in Child
```

super는 자손 클래스에서 조상 클래스로부터 상속받은 멤버를 참조하는데 사용되는 참조변수이다. 멤버변수와 지역변수의 이름이 같을 때 this를 붙여서 구별했듯이 상속받은 멤버와 자신의 멤버와 이름이 같을 때는 super를 붙여서 구별할 수 있다.

예제
7-2

```java
class Ex7_2 {
    public static void main(String args[]) {
        Child c = new Child();
        c.method();
    }
}

class Parent { int x = 10; /* super.x */ }

class Child extends Parent {
    int x = 20; // this.x

    void method() {
        System.out.println("x=" + x);
        System.out.println("this.x=" + this.x);
        System.out.println("super.x="+ super.x);
    }
}
```

결과
```
x=20
this.x=20
super.x=10
```

위의 예제에서 Child클래스는 조상인 Parent클래스로부터 x를 상속받는데, 공교롭게도 자신의 멤버인 x와 이름이 같아서 이 둘을 구분할 방법이 필요하다. 바로 이럴 때 사용하는 것이 super다.

아래의 경우 x, this.x, super.x 모두 같은 변수를 의미하므로 모두 같은 값이 출력되었다.

예제
7-3

```java
class Ex7_3 {
    public static void main(String args[]) {
        Child2 c = new Child2();
        c.method();
    }
}

class Parent2 { int x = 10; /* super.x와 this.x 둘 다 가능 */ }

class Child2 extends Parent2 {
    void method() {
        System.out.println("x=" + x);
        System.out.println("this.x=" + this.x);
        System.out.println("super.x="+ super.x);
    }
}
```

결과
```
x=10
this.x=10
super.x=10
```

모든 인스턴스 메서드에는 this와 super가 지역변수로 존재하는데, 이 들에는 자신이 속한 인스턴스의 주소가 자동으로 저장된다. 조상의 멤버와 자신의 멤버를 구별하는데 사용된다는 점만 제외하면 this와 super는 근본적으로 같다.

11 super( ) – 조상의 생성자

this( )처럼 super( )도 생성자이다. this( )는 같은 클래스의 다른 생성자를 호출하는데 사용되지만, super( )는 조상의 생성자를 호출하는데 사용된다.

```
class Point {
    int x, y;

    Point(int x, int y) {
        this.x = x;
        this.y = y;
    }
}
```

```
class Point3D extends Point {
    int z;

    Point3D(int x, int y, int z) {
        this.x = x;   // 조상의 멤버를 초기화
        this.y = y;   // 조상의 멤버를 초기화
        this.z = z;
    }
}
```

위의 코드에서는 Point3D클래스의 생성자가 조상인 Point클래스로부터 상속받은 x, y를 초기화한다. 틀린 코드는 아니지만, 생성자 Point3D( )를 아래처럼 조상의 멤버는 조상의 생성자를 통해 초기화되도록 작성하는 것이 바람직하다.

```
Point3D(int x, int y, int z) {
    super(x, y);   // 조상클래스의 생성자 Point(int x, int y)를 호출
    this.z = z;    // 자신의 멤버를 초기화
}
```

이처럼 클래스 자신에 선언된 변수는 자신의 생성자가 초기화를 책임지도록 작성하는 것이 좋다. 참고로 생성자는 상속되지 않는다.

예제 7-4
```
public class Ex7_4 {
    public static void main(String[] args) {
        Point3D p = new Point3D(1, 2, 3);
        System.out.println("x=" + p.x + ",y=" + p.y + ",z=" + p.z);
    }
}

class Point {
    int x, y;

    Point(int x, int y) {
        this.x = x;
        this.y = y;
    }
}

class Point3D extends Point {
    int z;

    Point3D(int x, int y, int z) {
        super(x, y); // Point(int x, int y)를 호출
        this.z = z;
    }
}
```

결과 x=1,y=2,z=3

패키지란, 클래스의 묶음이다. 패키지에는 클래스 또는 인터페이스를 포함시킬 수 있으며, 서로 관련된 클래스들끼리 그룹 단위로 묶어 놓음으로써 클래스를 효율적으로 관리할 수 있다.

같은 이름의 클래스 일지라도 서로 다른 패키지에 존재하는 것이 가능하므로, 자신만의 패키지 체계를 유지함으로써 다른 개발자가 개발한 클래스 라이브러리의 클래스와 이름이 충돌하는 것을 피할 수 있다.

지금까지는 단순히 클래스 이름으로만 클래스를 구분했지만, 사실 클래스의 실제 이름(full name)은 패키지명을 포함한 것이다.

예를 들면 String클래스의 실제 이름은 java.lang.String이다. java.lang패키지에 속한 String클래스라는 의미이다. 그래서 같은 이름의 클래스일 지라도 서로 다른 패키지에 속하면 패키지명으로 구별이 가능하다.

클래스가 물리적으로 하나의 클래스파일(.class)인 것과 같이 패키지는 물리적으로 하나의 디렉토리이다. 그래서 어떤 패키지에 속한 클래스는 해당 디렉토리에 존재하는 클래스파일 (클래스 이름.class)이어야 한다.

예를 들어, java.lang.String클래스는 물리적으로 디렉토리 java의 서브디렉토리인 lang에 속한 String.class파일이다. 그리고 우리가 자주 사용하는 System클래스 역시 java. lang패키지에 속하므로 lang디렉토리에 포함되어 있다.

String클래스는 rt.jar파일에 압축되어 있으며, 이 파일의 압축을 풀면 아래의 그림과 같다.

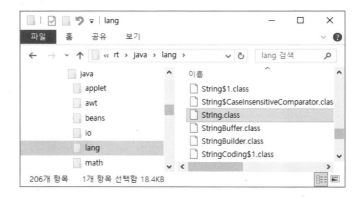

디렉토리가 하위 디렉토리를 가질 수 있는 것처럼, 패키지도 다른 패키지를 포함할 수 있으며 점'.'으로 구분한다. 예를 들면 java.lang패키지에서 lang패키지는 java패키지의 하위패키지이다.

패키지를 선언하는 것은 아주 간단하다. 클래스나 인터페이스의 소스파일(.java)의 맨 위에 다음과 같이 한 줄만 적어주면 된다.

> **package** 패키지명;

위와 같은 패키지 선언문은 반드시 소스파일에서 주석과 공백을 제외한 첫 번째 문장이어야 하며, 하나의 소스파일에 단 한 번만 선언될 수 있다. 해당 소스파일에 포함된 모든 클래스나 인터페이스는 선언된 패키지에 속하게 된다.

　패키지명은 대소문자를 모두 허용하지만, 클래스명과 쉽게 구분하기 위해서 소문자로 하는 것을 원칙으로 하고 있다.

　모든 클래스는 반드시 하나의 패키지에 포함되어야 한다고 했다. 그럼에도 불구하고 지금까지 소스파일을 작성할 때 패키지를 선언하지 않고도 아무런 문제가 없었던 이유는 자바에서 기본적으로 제공하는 '이름 없는 패키지(unnamed package)' 때문이다.

　소스파일에 자신이 속할 패키지를 지정하지 않은 클래스는 자동적으로 '이름 없는 패키지'에 속하게 된다. 결국 패키지를 지정하지 않는 모든 클래스들은 같은 패키지에 속하는 셈이다.

　간단한 프로그램은 패키지를 지정하지 않아도 별 문제 없지만, 큰 프로젝트나 Java API와 같은 클래스 라이브러리를 작성하는 경우에는 미리 패키지를 구성하여 적용해야 한다.

예제
7-5

```
package com.codechobo.book;    // PackageTest클래스가 속할 패키지의 선언

class PackageTest {
    public static void main(String[] args) {
        System.out.println("Hello World!");
    }
}
```

결과
```
C:\jdk1.8\work>java com.codechobo.book.PackageTest
Hello World!
```

PackageTest클래스가 com.codechobo.book패키지에 포함되어 있다면 클래스 파일인 PackageTest.class는 아래의 그림과 같이 com폴더 안의 codechobo폴더 안의 book폴더 안에 있어야 한다.

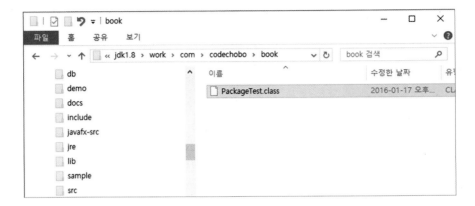

이제는 패키지의 루트 디렉토리를 클래스패스(classpath)에 포함시켜야 한다. com.code chobo.book패키지의 루트 디렉토리는 디렉토리 'com'의 상위 디렉토리인 'C:\jdk1.8\work'이다. 이 디렉토리를 클래스패스에 포함시켜야만 실행 시 JVM이 PackageTest클래스를 찾을 수 있다.

윈도우즈에서는 '제어판-시스템-고급 시스템 설정-환경변수-새로 만들기'에서 변수이름에 'CLASSPATH'를 입력하고 변수 값에는 'c:\jdk1.8\work'를 입력한다.

';'를 구분자로 하여 여러 개의 경로를 클래스패스에 지정할 수 있으며, 맨 앞에 '.;'를 추가한 이유는 현재 디렉토리(.)를 클래스패스에 포함시키기 위해서이다.

클래스패스를 지정해 주지 않으면 기본적으로 현재 디렉토리(.)가 클래스패스로 지정되지만, 이처럼 클래스패스를 따로 지정해주는 경우에는 더 이상 현재 디렉토리가 자동적으로 클래스패스로 지정되지 않기 때문에 이처럼 별도로 추가를 해주어야 한다.

jar파일을 클래스패스에 추가하기 위해서는 경로와 파일명을 적어주어야 한다. 예를 들어 'C:\jdk1.8\work\util.jar'파일을 클래스패스에 포함시키려면 다음과 같이 한다.

```
C:\WINDOWS>SET CLASSPATH=C:\jdk1.8\work;C:\jdk1.8\work\util.jar;
```

소스코드를 작성할 때 다른 패키지의 클래스를 사용하려면 패키지명이 포함된 클래스 이름을 사용해야 한다. 하지만, 매번 패키지명을 붙여서 작성하기란 여간 불편한 일이 아니다.

　클래스의 코드를 작성하기 전에 import문으로 사용하고자 하는 클래스의 패키지를 미리 명시해주면 소스코드에 사용되는 클래스이름에서 패키지명은 생략할 수 있다.

import문의 역할은 컴파일러에게 소스파일에 사용된 클래스의 패키지에 대한 정보를 제공하는 것이다. 컴파일 시에 컴파일러는 import문을 통해 소스파일에 사용된 클래스들의 패키지를 알아 낸 다음, 모든 클래스이름 앞에 패키지명을 붙여 준다.

　이클립스는 단축키 'ctrl+shift+o'를 누르면, 자동으로 import문을 추가해주는 편리한 기능을 제공한다.

모든 소스파일(.java)에서 import문은 package문 다음에, 그리고 클래스 선언문 이전에 위치해야 한다. import문은 package문과 달리 한 소스파일에 여러 번 선언할 수 있다.

import문을 선언하는 방법은 다음과 같다.

```
import 패키지명.클래스명;
    또는
import 패키지명.*;
```

키워드 import와 패키지명을 생략하고자 하는 클래스의 이름을 패키지명과 함께 써주면 된다. 같은 패키지에서 여러 개의 클래스가 사용될 때, import문을 여러 번 사용하는 대신 '패키지명.*'을 이용해서 지정된 패키지에 속하는 모든 클래스를 패키지명 없이 사용할 수 있다.

　클래스이름을 지정해주는 대신 '*'을 사용하면, 컴파일러는 해당 패키지에서 일치하는 클래스이름을 찾아야 하는 수고를 더 해야 할 것이다. 단지 그 뿐이다. **실행 시 성능상의 차이는 전혀 없다.**

import문을 사용하면 클래스의 패키지명을 생략할 수 있는 것과 같이 static import문을 사용하면 static멤버를 호출할 때 클래스 이름을 생략할 수 있다. 특정 클래스의 static멤버를 자주 사용할 때 편리하다. 그리고 코드도 간결해진다.

```
import static java.lang.Integer.*;     // Integer클래스의 모든 static메서드
import static java.lang.Math.random;   // Math.random()만. 괄호 안붙임.
import static java.lang.System.out;    // System.out을 out만으로 참조가능
```

만일 위와 같이 static import문을 선언하였다면, 아래의 왼쪽 코드를 오른쪽 코드와 같이 간략히 할 수 있다.

System.out.println(Math.random());	◄──────►	out.println(random());

예제
7-6

```
import static java.lang.System.out;
import static java.lang.Math.*;

class Ex7_6 {
    public static void main(String[] args) {
        // System.out.println(Math.random());
        out.println(random());

        // System.out.println("Math.PI :"+Math.PI);
        out.println("Math.PI :" + PI);
    }
}
```

결
과
```
0.6372776821515502
Math.PI :3.141592653589793
```

17 제어자(modifier)

제어자(modifier)는 클래스, 변수 또는 메서드의 선언부에 함께 사용되어 부가적인 의미를 부여한다. 제어자의 종류는 크게 접근 제어자와 그 외의 제어자로 나눌 수 있다.

접근 제어자   public, protected, (default), private
그 외   static, final, abstract, native, transient, synchronized, volatile, strictfp

제어자는 클래스나 멤버변수와 메서드에 주로 사용되며, 하나의 대상에 대해서 여러 제어자를 조합하여 사용하는 것이 가능하다.

단, 접근 제어자는 한 번에 네 가지 중 하나만 선택해서 사용할 수 있다. 즉, 하나의 대상에 대해서 public과 private을 함께 사용할 수 없다는 것이다.

참고   제어자들 간의 순서는 관계없지만 주로 접근 제어자를 제일 왼쪽에 놓는 경향이 있다.

접근 제어자 외에도 여러 제어자가 있으나, static, final, abstract를 제외하고는 자주 사용되지 않는다. 일단 자주 사용되는 제어자만 공부하고, 나머지는 진도를 나가면서 하나씩 추가적으로 배우면 되니까 부담 갖지 않도록 하자.

static은 '클래스의' 또는 '공통적인'의 의미를 가지고 있다. 인스턴스 변수는 하나의 클래스로부터 생성되었더라도 각기 다른 값을 유지하지만, 클래스 변수(static멤버변수)는 인스턴스에 관계없이 같은 값을 갖는다. 그 이유는 하나의 변수를 모든 인스턴스가 공유하기 때문이다.

static이 붙은 멤버변수와 메서드, 그리고 초기화 블럭은 인스턴스가 아닌 클래스에 관계된 것이기 때문에 인스턴스를 생성하지 않고도 사용할 수 있다.

인스턴스메서드와 static메서드의 근본적인 차이는 메서드 내에서 인스턴스 멤버를 사용하는가의 여부에 있다.

> **static이 사용될 수 있는 곳 – 멤버변수, 메서드, 초기화 블럭**

제어자	대상	의 미
static	멤버변수	– 모든 인스턴스에 공통적으로 사용되는 클래스 변수가 된다. – 클래스 변수는 인스턴스를 생성하지 않고도 사용 가능하다. – 클래스가 메모리에 로드될 때 생성된다.
	메서드	– 인스턴스를 생성하지 않고도 호출이 가능한 static 메서드가 된다. – static메서드 내에서는 인스턴스멤버들을 직접 사용할 수 없다.

인스턴스 멤버를 사용하지 않는 메서드는 static을 붙여서 static메서드로 선언하는 것을 고려해보도록 하자. 가능하다면 static메서드로 하는 것이 인스턴스를 생성하지 않고도 호출이 가능해서 더 편리하고 속도도 더 빠르다.

```java
class StaticTest {
    static int width  = 200;        // 클래스 변수(static변수)
    static int height = 120;        // 클래스 변수(static변수)

    static {                        // 클래스 초기화 블럭
        // static변수의 복잡한 초기화 수행
    }

    static int max(int a, int b) {  // 클래스 메서드(static메서드)
        return a > b ? a : b;
    }
}
```

19 **final – 마지막의, 변경될 수 없는**

final은 '마지막의' 또는 '변경될 수 없는'의 의미를 가지고 있으며 거의 모든 대상에 사용될 수 있다.

변수에 사용되면 값을 변경할 수 없는 상수가 되며, 메서드에 사용되면 오버라이딩을 할 수 없게 되고 클래스에 사용되면 자신을 확장하는 자손클래스를 정의하지 못하게 된다.

---

final이 사용될 수 있는 곳 – 클래스, 메서드, 멤버변수, 지역변수

제어자	대상	의 미
final	클래스	변경될 수 없는 클래스, 확장될 수 없는 클래스가 된다. 그래서 final로 지정된 클래스는 다른 클래스의 조상이 될 수 없다.
	메서드	변경될 수 없는 메서드, final로 지정된 메서드는 오버라이딩을 통해 재정의 될 수 없다.
	멤버변수	변수 앞에 final이 붙으면, 값을 변경할 수 없는 상수가 된다.
	지역변수	

참고 : final클래스의 대표적인 예는 String과 Math이다.

```
final class FinalTest {            // 조상이 될 수 없는 클래스
    final int MAX_SIZE = 10;       // 값을 변경할 수 없는 멤버변수(상수)

    final void getMaxSize() {      // 오버라이딩할 수 없는 메서드(변경불가)
        final int LV = MAX_SIZE;   // 값을 변경할 수 없는 지역변수(상수)
        return MAX_SIZE;
    }
}
```

abstract는 '미완성'의 의미를 가지고 있다. 메서드의 선언부만 작성하고 실제 수행내용은 구현하지 않은 추상 메서드를 선언하는데 사용된다.

그리고 클래스에 사용되어 클래스 내에 추상메서드가 존재한다는 것을 쉽게 알 수 있게 한다. 보다 자세한 내용은 '추상 클래스'(p.257)에서 다룬다.

> abstract가 사용될 수 있는 곳 - 클래스, 메서드

제어자	대상	의 미
abstract	클래스	클래스 내에 추상 메서드가 선언되어 있음을 의미한다.
	메서드	선언부만 작성하고 구현부는 작성하지 않은 추상 메서드임을 알린다.

```java
abstract class AbstractTest {      // 추상 클래스(추상 메서드를 포함한 클래스)
    abstract void move();          // 추상 메서드(구현부가 없는 메서드)
}
```

추상 클래스는 아직 완성되지 않은 메서드가 존재하는 '미완성 설계도'이므로 인스턴스를 생성할 수 없다.

```java
AbstractTest a = new AbstractTest();   // 에러. 추상 클래스의 인스턴스 생성불가
```

21 # 접근 제어자(access modifier)

접근 제어자는 멤버 또는 클래스에 사용되어, 해당하는 멤버 또는 클래스를 외부에서 접근하지 못하도록 제한하는 역할을 한다.

접근 제어자가 default임을 알리기 위해 실제로 default를 붙이지는 않는다. 클래스나 멤버변수, 메서드, 생성자에 접근 제어자가 지정되어 있지 않다면, 접근 제어자가 default임을 뜻한다.

접근 제어자가 사용될 수 있는 곳 – 클래스, 멤버변수, 메서드, 생성자

private	같은 클래스 내에서만 접근이 가능하다.
(default)	같은 패키지 내에서만 접근이 가능하다.
protected	같은 패키지 내에서, 그리고 다른 패키지의 자손클래스에서 접근이 가능하다.
public	접근 제한이 전혀 없다.

접근 범위가 넓은 쪽에서 좁은 쪽의 순으로 왼쪽부터 나열하면 다음과 같다.

접근제한없음   같은 패키지+자손   같은 패키지   같은 클래스
public 〉 protected 〉 (default) 〉 private

제어자	같은 클래스	같은 패키지	자손클래스	전 체
public	○	○	○	○
protected	○	○	○	
(default)	○	○		
private	○			

public은 접근 제한이 전혀 없는 것이고, private은 같은 클래스 내에서만 사용하도록 제한하는 가장 높은 제한이다. 그리고 default는 같은 패키지내의 클래스에서만 접근이 가능하도록 하는 것이다.

마지막으로 protected는 패키지에 관계없이 상속관계에 있는 자손클래스에서 접근할 수 있도록 하는 것이 제한목적이지만, 같은 패키지 내에서도 접근이 가능하다. 그래서 protected가 default보다 접근범위가 더 넓다.

（참고） 접근 제어자가 default라는 것은 아무런 접근 제어자도 붙이지 않는 것을 의미한다.

클래스나 멤버, 주로 멤버에 접근 제어자를 사용하는 이유는 클래스의 내부에 선언된 데이터를 보호하기 위해서이다. 데이터가 유효한 값을 유지하도록, 또는 비밀번호와 같은 데이터를 외부에서 함부로 변경하지 못하도록 하기 위해서는 외부로부터의 접근을 제한하는 것이 필요하다.

이것을 데이터 감추기(data hiding)라고 하며, 객체지향개념의 캡슐화(encapsulation)에 해당하는 내용이다.

또 다른 이유는 클래스 내에서만 사용되는, 내부 작업을 위해 임시로 사용되는 멤버변수나 부분작업을 처리하기 위한 메서드 등의 멤버들을 클래스 내부에 감추기 위해서이다.

외부에서 접근할 필요가 없는 멤버들을 private으로 지정하여 외부에 노출시키지 않음으로써 복잡성을 줄일 수 있다. 이것 역시 캡슐화에 해당한다.

> 접근 제어자를 사용하는 이유
> - 외부로부터 데이터를 보호하기 위해서
> - 외부에는 불필요한, 내부적으로만 사용되는, 부분을 감추기 위해서

예를 들어, 시간을 표시하기 위한 클래스 Time이 다음과 같이 정의되어 있을 때, 이 클래스의 인스턴스를 생성한 다음, 멤버변수에 직접 접근하여 값을 변경할 수 있을 것이다.

```java
public class Time {
    public int hour;
    public int minute;
    public int second;
}
```

```java
Time t = new Time();
t.hour = 25; // 멤버변수에 직접 접근
```

멤버변수 hour는 0보다는 같거나 크고 24보다는 작은 범위의 값을 가져야 하지만 위의 코드에서처럼 잘못된 값을 지정한다고 해도 이것을 막을 방법은 없다.

이런 경우 멤버변수를 private이나 protected로 제한하고 멤버변수의 값을 읽고 변경할 수 있는 public메서드를 제공함으로써 간접적으로 멤버변수의 값을 다룰 수 있도록 하는 것이 바람직하다.

```java
public class Time {
        private int hour;
        private int minute;
        private int second;

        public int getHour() {  return hour; }
        public void setHour(int hour) {
                if (hour < 0 || hour > 23) return;
                this.hour = hour;
        }
        public int getMinute() {  return minute; }
        public void setMinute(int minute) {
                if (minute < 0 || minute > 59) return;
                this.minute = minute;
        }
        public int getSecond() {  return second; }
        public void setSecond(int second) {
                if (second < 0 || second > 59) return;
                this.second = second;
        }
}
```

> 접근 제어자를 private으로 하여
> 외부에서 직접 접근하지 못하도록 한다.

get으로 시작하는 메서드는 단순히 멤버변수의 값을 반환하는 일을 하고, set으로 시작하는
메서드는 매개변수에 지정된 값을 검사하여 조건에 맞는 값일 때만 멤버변수의 값을 변경하
도록 작성되어 있다.

만일 상속을 통해 확장될 것이 예상되는 클래스라면 멤버에 접근 제한을 주되 자손클래스에
서 접근하는 것이 가능하도록 하기 위해 private대신 protected를 사용한다. private 이 붙은
멤버는 자손 클래스에서도 접근이 불가능하기 때문이다.

보통 멤버변수의 값을 읽는 메서드의 이름을 'get멤버변수이름'으로 하고, 멤버변수의 값을
변경하는 메서드의 이름을 'set멤버변수이름'으로 한다. 반드시 그렇게 해야 하는 것은 아니지
만 암묵적인 규칙이므로 특별한 이유가 없는 한 따르도록 하자. 그리고 get으로 시작하는 메
서드를 '겟터(getter)', set으로 시작하는 메서드를 '셋터(setter)'라고 부른다.

23 **다형성(polymorphism)**

다형성이란 '여러 가지 형태를 가질 수 있는 능력'을 의미하며, 자바에서는 한 타입의 참조변수로 여러 타입의 객체를 참조할 수 있도록 함으로써 다형성을 프로그램적으로 구현하였다.

이를 좀 더 구체적으로 말하자면, 조상클래스 타입의 참조변수로 자손클래스의 인스턴스를 참조할 수 있도록 하였다는 것이다. 예제를 통해서 보다 자세히 알아보도록 하자.

```java
class Tv {
    boolean power;      // 전원상태(on/off)
    int channel;        // 채널

    void power()        {   power = !power; }
    void channelUp()    {   ++channel;      }
    void channelDown() {    --channel;      }
}

class SmartTv extends Tv {
    String text;    // 캡션(자막)을 보여 주기 위한 문자열
    void caption() { /* 내용생략 */ }
}
```

지금까지 우리는 생성된 인스턴스를 다루기 위해서, 인스턴스의 타입과 일치하는 타입의 참조변수만을 사용했다. 즉, Tv인스턴스를 다루기 위해서는 Tv타입의 참조변수를 사용하고, SmartTv인스턴스를 다루기 위해서는 SmartTv타입의 참조변수를 사용했다.

```java
Tv t = new Tv();
SmartTv s = new SmartTv();
```

이처럼 인스턴스의 타입과 참조변수의 타입이 일치하는 것이 보통이지만, Tv와 SmartTv클래스가 서로 상속관계에 있을 경우, 다음과 같이 조상 클래스 타입의 참조변수로 자손 클래스의 인스턴스를 참조하도록 하는 것도 가능하다.

```java
Tv t = new SmartTv();   // 타입 불일치. 조상 타입의 참조변수로 자손 인스턴스를 참조
```

이제 인스턴스를 같은 타입의 참조변수로 참조하는 것과 조상타입의 참조변수로 참조하는 것은 어떤 차이가 있는지에 대해서 알아보도록 하자.

```
SmartTv    s = new SmartTv(); // 참조 변수와 인스턴스의 타입이 일치
Tv         t = new SmartTv(); // 조상 타입 참조변수로 자손 타입 인스턴스 참조
```

위의 코드에서 SmartTv인스턴스 2개를 생성하고, 참조변수 s와 t가 생성된 인스턴스를 하나씩 참조하도록 하였다. 이 경우 실제 인스턴스가 SmartTv타입이라 할지라도, 참조변수 t로는 SmartTv인스턴스의 모든 멤버를 사용할 수 없다.

Tv타입의 참조변수로는 SmartTv인스턴스 중에서 Tv클래스의 멤버들(상속받은 멤버포함)만 사용할 수 있다. 따라서, 생성된 SmartTv인스턴스의 멤버 중에서 Tv클래스에 정의 되지 않은 멤버, text와 caption( )은 참조변수 t로 사용이 불가능하다. 즉, t.text 또는 t.caption( )와 같이 할 수 없다는 것이다. **둘 다 같은 타입의 인스턴스지만 참조변수의 타입에 따라 사용할 수 있는 멤버의 개수가 달라진다.**

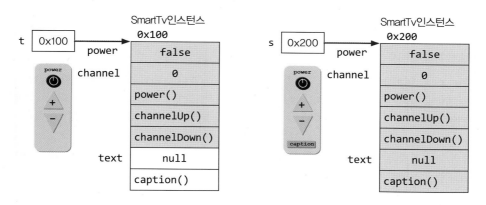

반대로 아래와 같이 자손타입의 참조변수로 조상타입의 인스턴스를 참조하는 것은 가능할까?

```
SmartTv s = new Tv();   // 에러. 허용 안 됨.
```

그렇지 않다. 위의 코드를 컴파일 하면 에러가 발생한다. 그 이유는 실제 인스턴스인 Tv의 멤버 개수보다 참조변수 s가 사용할 수 있는 멤버 개수가 더 많기 때문이다. 그래서 이를 허용하지 않는다.

> 조상타입의 참조변수로 자손타입의 인스턴스를 참조할 수 있다.
> 반대로 자손타입의 참조변수로 조상타입의 인스턴스를 참조할 수는 없다.

기본형 변수처럼 참조변수도 형변환이 가능하다. 단, 서로 상속관계에 있는 클래스 사이에서만 가능하기 때문에 자손타입의 참조변수를 조상타입의 참조변수로, 조상타입의 참조변수를 자손타입의 참조변수로의 형변환만 가능하다.

> **참고** 바로 윗 조상이나 자손이 아닌, 조상의 조상으로도 형변환이 가능하다. 따라서 모든 참조변수는 모든 클래스의 조상인 Object클래스 타입으로 형변환이 가능하다.

```
class Car { }
class FireEngine extends Car { }
class Ambulance  extends Car { }
```

만일 위와 같이 Car클래스가 있고 이를 상속받는 FireEngine, Ambulance클래스가 있을 때, FilreEngine타입의 참조변수 f는 조상타입인 Car로 형변환 가능하다. 반대로 Car타입의 참조변수를 자손타입인 FireEngine으로 형변환하는 것도 가능하다. 그러나 FireEngine과 Ambulance는 상속관계가 아니므로 형변환이 불가능하다.

```
FireEngine f = new FireEngine();

Car c = (Car)f;              // OK. 조상인 Car타입으로 형변환(생략가능)
FireEngine f2 = (FireEngine)c; // OK. 자손인 FireEngine타입으로 형변환(생략불가)
Ambulance a = (Ambulance)f;    // 에러. 상속관계가 아닌 클래스 간의 형변환 불가
```

기본형의 형변환과 달리 참조형의 형변환은 변수에 저장된 값(주소값)이 변환되는 것이 아니다.

```
Car c = (Car)f;         // f의 값(객체의 주소)을 c에 저장.
                        // 타입을 일치시키기 위해 형변환 필요(생략가능)
f = (FireEngine) c ;    // 조상타입을 자손타입으로 형변환하는 경우 생략불가
```

참조변수의 형변환은 그저 리모컨(참조변수)을 다른 종류의 것으로 바꾸는 것 뿐이다. 리모컨의 타입을 바꾸는 이유는 사용할 수 있는 멤버 개수를 조절하기 위한 것이고, 그 이유는 곧 설명할 것이다. 위와 같이 조상 타입으로의 형변환을 생략할 수 있는 이유는 조상타입으로 형변환하면 다룰 수 있는 멤버의 개수가 줄어들기 때문에 항상 안전하기 때문이다. 반대로 실제 객체가 가진 기능보다 리모컨의 버튼이 더 많으면 안된다.

> 서로 상속관계에 있는 타입간의 형변환은 양방향으로 자유롭게 수행될 수 있으나, **참조변수가 가리키는 인스턴스의 자손타입으로 형변환은 허용되지 않는다.**
> 그래서 **참조변수가 가리키는 인스턴스의 타입이 무엇인지 먼저 확인하는 것이 중요하다.**

```
class Ex7_7 {
    public static void main(String args[]) {
        Car car = null;
        FireEngine fe = new FireEngine();
        FireEngine fe2 = null;

        fe.water();
        car = fe;       // car = (Car)fe;에서 형변환이 생략됨
//      car.water();
        fe2 = (FireEngine)car; // 자손타입 ← 조상타입. 형변환 생략 불가
        fe2.water();
    }
}

class Car {
    String color;
    int door;

    void drive() {      // 운전하는 기능
        System.out.println("drive, Brrrr~");
    }

    void stop() {       // 멈추는 기능
        System.out.println("stop!!!");
    }
}

class FireEngine extends Car {      // 소방차
    void water() {      // 물을 뿌리는 기능
        System.out.println("water!!!");
    }
}
```

> 컴파일 에러!!! Car타입의 참조변수로는 water()를 호출할 수 없다.

> 결과
> water!!!
> water!!!

이 예제에서 중요한 부분은 다음의 두 줄이며, 그림으로 그려보면 아래와 같다.

FireEngine fe = new FireEngine();   // FireEngine객체를 생성
car = ~~(Car)~~fe;   // fe의 값을 car에 저장.(형변환 생략됨)

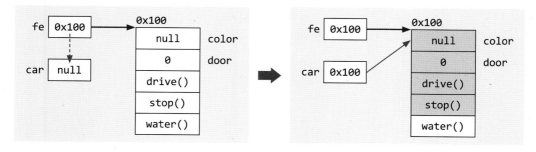

참조변수 fe의 값을 car에 저장해서 car로도 FireEngine인스턴스를 다룰 수 있게 되었다. 다만 참조변수 fe와 달리 car로는 FireEngine인스턴스의 멤버 중 4개만 사용 가능하다.

참조변수가 참조하고 있는 인스턴스의 실제 타입을 알아보기 위해 instanceof 연산자를 사용한다. 주로 조건문에 사용되며, instanceof의 왼쪽에는 참조변수를 오른쪽에는 타입(클래스명)이 피연산자로 위치한다. 그리고 연산의 결과로 boolean값인 true와 false 중의 하나를 반환한다.

instanceof를 이용한 연산결과로 true를 얻었다는 것은 참조변수가 검사한 타입으로 형변환이 가능하다는 것을 뜻한다.

> **참고** 값이 null인 참조변수에 대해 instanceof연산을 수행하면 false를 결과로 얻는다.

```java
void doWork(Car c) {
    if (c instanceof FireEngine) {        // 1. 형변환이 가능한지 확인
        FireEngine fe = (FireEngine)c;    // 2. 형변환
        fe.water();
        ...
```

위의 코드는 Car타입의 참조변수 c를 매개변수로 하는 메서드이다. 이 메서드가 호출될 때, 매개변수로 Car클래스 또는 그 자손 클래스의 인스턴스를 넘겨받겠지만 메서드 내에서는 정확히 어떤 인스턴스인지 알 길이 없다. 그래서 instanceof 연산자로 참조변수 c가 가리키고 있는 인스턴스의 타입을 체크하고, 적절히 형변환한 다음에 작업을 해야 한다.

조상타입의 참조변수로 자손타입의 인스턴스를 참조할 수 있기 때문에, 참조변수의 타입과 인스턴스의 타입이 항상 일치하지는 않는다는 것을 배웠다. 조상타입의 참조변수로는 실제 인스턴스의 멤버들을 모두 사용할 수 없기 때문에, 실제 인스턴스와 같은 타입의 참조변수로 형변환을 해야만 인스턴스의 모든 멤버들을 사용할 수 있다.

> 어떤 타입에 대한 instanceof 연산의 결과가 true라는 것은
> 검사한 타입으로 형변환이 가능하다는 것을 뜻한다.

참조변수의 다형적인 특징은 메서드의 매개변수에도 적용된다. 아래와 같이 Product, Tv, Computer, Buyer클래스가 정의되어 있다고 가정하자.

```java
class Product {
    int price;                  // 제품의 가격
    int bonusPoint;             // 제품구매 시 제공하는 보너스점수
}
class Tv        extends Product {}
class Computer extends Product {}

class Buyer {                   // 고객, 물건을 사는 사람
    int money = 1000;           // 소유금액
    int bonusPoint = 0;         // 보너스점수
}
```

Product클래스는 Tv와 Computer클래스의 조상이며, Buyer클래스는 제품(Product)를 구입하는 사람을 클래스로 표현한 것이다.

　Buyer클래스에 물건을 구입하는 기능의 메서드를 추가해보자. 구입할 대상이 필요하므로 매개변수로 구입할 제품을 넘겨받아야 한다. Tv를 살 수 있도록 매개변수를 Tv타입으로 하였다.

```java
void buy(Tv t) {
    // Buyer가 가진 돈(money)에서 제품의 가격(t.price)만큼 뺀다.
    money = money - t.price;

    // Buyer의 보너스점수(bonusPoint)에 제품의 보너스점수(t.bonusPoint)를 더한다.
    bonusPoint = bonusPoint + t.bonusPoint;
}
```

buy(Tv t)는 제품을 구입하면 제품을 구입한 사람이 가진 돈에서 제품의 가격을 빼고, 보너스점수는 추가하는 작업을 하도록 작성되었다. 그런데 buy(Tv t)로는 Tv밖에 살 수 없기 때문에 아래와 같이 다른 제품들도 구입할 수 있는 메서드가 추가로 필요하다.

```java
void buy(Computer c) {
    money = money - c.price;
    bonusPoint = bonusPoint + c.bonusPoint;
}
```

이렇게 되면, 제품의 종류가 늘어날 때마다 Buyer클래스에는 새로운 buy메서드를 추가해주어야 할 것이다.

그러나 메서드의 매개변수에 다형성을 적용하면 아래와 같이 하나의 메서드로 간단히 처리할 수 있다.

```
void buy(Computer p) {
    money -= p.price;
    bonusPoint += p.bonusPoint;
}
```

→

```
void buy(Product p) {
    money -= p.price;
    bonusPoint += p.bonusPoint;
}
```

매개변수가 Product타입의 참조변수라는 것은, 메서드의 매개변수로 Product클래스의 자손타입의 참조변수면 어느 것이나 매개변수로 받아들일 수 있다는 뜻이다.

  그리고 Product클래스에 price와 bonusPoint가 선언되어 있기 때문에 참조변수 p로 인스턴스의 price와 bonusPoint를 사용할 수 있기에 이와 같이 할 수 있다.

앞으로 다른 제품 클래스를 추가할 때 Product클래스를 상속받기만 하면, buy(Product p)메서드의 매개변수로 받아들여질 수 있다.

```
Buyer b = new Buyer();
Tv t = new Tv();
Computer c = new Computer();
b.buy(t);
b.buy(c);
```

참고   Tv t = new Tv( ); b.buy(t);를 한 문장으로 줄이면 b.buy(new Tv( ));가 된다.

Tv클래스와 Computer클래스는 Product클래스의 자손이므로 위의 코드와 같이 buy(Product p)메서드에 매개변수로 Tv인스턴스와 Computer인스턴스를 제공하는 것이 가능하다.

예제
7-8

```java
class Product {
    int price;          // 제품의 가격
    int bonusPoint;     // 제품구매 시 제공하는 보너스점수

    Product(int price) {
        this.price = price;
        bonusPoint = (int)(price/10.0);        // 보너스점수는 제품가격의 10%
    }
}

class Tv1 extends Product {
    Tv1() {
        // 조상클래스의 생성자 Product(int price)를 호출한다.
        super(100);     // Tv의 가격을 100만원으로 한다.
    }

    // Object클래스의 toString()을 오버라이딩한다.
    public String toString() { return "Tv"; }
}

class Computer extends Product {
    Computer() { super(200); }

    public String toString() { return "Computer"; }
}

class Buyer {   // 고객, 물건을 사는 사람
    int money = 1000;   // 소유금액
    int bonusPoint = 0; // 보너스점수

    void buy(Product p) {
        if(money < p.price) {
            System.out.println("잔액이 부족하여 물건을 살 수 없습니다.");
            return;
        }

        money -= p.price;               // 가진 돈에서 구입한 제품의 가격을 뺀다.
        bonusPoint += p.bonusPoint;     // 제품의 보너스 점수를 추가한다.
        System.out.println(p + "을/를 구입하셨습니다.");
    }
}

class Ex7_8 {
    public static void main(String args[]) {
        Buyer b = new Buyer();

        b.buy(new Tv1());
        b.buy(new Computer());

        System.out.println("현재 남은 돈은 " + b.money + "만원입니다.");
        System.out.println("현재 보너스점수는 " + b.bonusPoint + "점입니다.");
    }
}
```

결
과
Tv을/를 구입하셨습니다.
Computer을/를 구입하셨습니다.
현재 남은 돈은 700만원입니다.
현재 보너스점수는 30점입니다.

참고 '참조변수+문자열'은 '참조변수.toString( )+문자열'로 처리된다.

조상타입의 참조변수로 자손타입의 객체를 참조하는 것이 가능하므로, Product클래스가 Tv, Computer, Audio클래스의 조상일 때, 다음과 같이 할 수 있는 것을 이미 배웠다.

```
Product p1 = new Tv();
Product p2 = new Computer();
Product p3 = new Audio();
```

위의 코드를 Product타입의 참조변수 배열로 처리하면 아래와 같다.

```
Product p[] = new Product[3];
p[0] = new Tv();
p[1] = new Computer();
p[2] = new Audio();
```

이처럼 조상타입의 참조변수 배열을 사용하면, 공통의 조상을 가진 서로 다른 종류의 객체를 배열로 묶어서 다룰 수 있다. 또는 묶어서 다루고싶은 객체들의 상속관계를 따져서 가장 가까운 공통조상 클래스 타입의 참조변수 배열을 생성해서 객체들을 저장하면 된다.

이러한 특징을 이용해서 예제7-8의 Buyer클래스에 구입한 제품을 저장하기 위한 Product 배열을 추가해보도록 하자.

```
class Buyer {
    int money = 1000;
    int bonusPoint = 0;
    Product[] cart = new Product[10]; // 구입한 제품을 저장하기 위한 배열(카트)
    int i = 0;                        // Product배열 cart에 사용될 index

    void buy(Product p) {
        if(money < p.price) {
            System.out.println("잔액이 부족하여 물건을 살 수 없습니다.");
            return;
        }

        money -= p.price;            // 가진 돈에서 제품가격을 뺀다.
        bonusPoint += p.bonusPoint;  // 제품의 보너스포인트를 더한다.
        cart[i++] = p;               // 제품을 Product[] cart에 저장한다.
        System.out.println(p + "을/를 구입하셨습니다.");
    }
}
```

구입한 제품을 담기 위해 Buyer클래스에 Product배열인 cart을 추가해주었다. 그리고 buy 메서드에 'cart[i++] = p;'문장을 추가함으로써 물건을 구입하면, 배열 cart에 저장되도록 했다. 이렇게 함으로써, 모든 제품클래스의 조상인 Product클래스 타입의 배열을 사용함으로써 구입한 제품을 하나의 배열로 간단하게 다룰 수 있게 된다.

예제
7-9

```java
class Product2 {
    int price;           // 제품의 가격
    int bonusPoint;      // 제품구매 시 제공하는 보너스점수

    Product2(int price) {
        this.price = price;
        bonusPoint = (int)(price/10.0);
    }

    Product2() {} // 기본 생성자
}

class Tv2 extends Product2 {
    Tv2() {   super(100);        }

    public String toString() { return "Tv"; }
}

class Computer2 extends Product2 {
    Computer2() { super(200); }
    public String toString() { return "Computer"; }
}

class Audio2 extends Product2 {
    Audio2() { super(50); }
    public String toString() { return "Audio"; }
}

class Buyer2 {              // 고객, 물건을 사는 사람
    int money = 1000;      // 소유금액
    int bonusPoint = 0;    // 보너스점수
    Product2[] cart = new Product2[10];    // 구입한 제품을 저장하기 위한 배열
    int i =0;              // Product배열에 사용될 카운터

    void buy(Product2 p) {
        if(money < p.price) {
            System.out.println("잔액이 부족하여 물건을 살 수 없습니다.");
            return;
        }

        money -= p.price;              // 가진 돈에서 구입한 제품의 가격을 뺀다.
        bonusPoint += p.bonusPoint;    // 제품의 보너스 점수를 추가한다.
        cart[i++] = p;                 // 제품을 Product[] cart에 저장한다.
        System.out.println(p + "을/를 구입하셨습니다.");
    }
// 뒷 페이지에 계속됩니다.
```

> 조상클래스의 생성자
> Product2(int price)를 호출한다.

```
    void summary() {                        // 구매한 물품에 대한 정보를 요약해서 보여 준다.
        int sum = 0;                        // 구입한 물품의 가격합계
        String itemList ="";                // 구입한 물품목록

        // 반복문을 이용해서 구입한 물품의 총 가격과 목록을 만든다.
        for(int i=0; i<cart.length;i++) {
            if(cart[i]==null) break;
            sum += cart[i].price;
            itemList += cart[i] + ", ";
        }
        System.out.println("구입하신 물품의 총금액은 " + sum + "만원입니다.");
        System.out.println("구입하신 제품은 " + itemList + "입니다.");
    }
}

class Ex7_9 {
    public static void main(String args[]) {
        Buyer2 b = new Buyer2();

        b.buy(new Tv2());
        b.buy(new Computer2());
        b.buy(new Audio2());
        b.summary();
    }
}
```

결과
```
Tv을/를 구입하셨습니다.
Computer을/를 구입하셨습니다.
Audio을/를 구입하셨습니다.
구입하신 물품의 총금액은 350만원입니다.
구입하신 제품은 Tv, Computer, Audio, 입니다.
```

참고 구입한 제품목록의 마지막에 출력되는 콤마(,)가 눈에 거슬린다면, itemList += cart[i] + ", ";를 itemList += (i==0) ? "" + cart[i] : ", " + cart[i];과 같이 변경하자.

위 예제에서 Product2배열로 구입한 제품들을 저장할 수 있도록 했지만, 배열의 크기를 10으로 했기 때문에 11개 이상의 제품을 구입할 수 없는 것이 문제다. 그렇다고 해서 배열의 크기를 무조건 크게 설정할 수만도 없는 일이다.

이런 경우, Vector클래스를 사용하면 된다. Vector클래스는 내부적으로 Object타입의 배열을 가지고 있어서, 이 배열에 객체를 추가하거나 제거할 수 있게 작성되어 있다.

그리고 배열의 크기를 알아서 관리해주기 때문에 저장할 인스턴스의 개수에 신경 쓰지 않아도 된다.

```
public class Vector extends AbstractList
            implements List, Cloneable, java.io.Serializable {
    protected Object elementData[];
        ...
    }
```

Vector클래스는 이름 때문에 클래스의 기능을 오해할 수 있는데, 단지 동적으로 크기가 관리되는 객체배열일 뿐이다.

31 추상 클래스(abstract class)

클래스를 설계도에 비유한다면, 추상 클래스는 미완성 설계도에 비유할 수 있다. 미완성 설계도란, 단어의 뜻 그대로 완성되지 못한 채로 남겨진 설계도를 말한다.

클래스가 미완성이라는 것은 멤버의 개수에 관계된 것이 아니라, 단지 미완성 메서드(추상 메서드)를 포함하고 있다는 의미이다.

미완성 설계도로 완성된 제품을 만들 수 없듯이 추상 클래스로 인스턴스는 생성할 수 없다. 추상 클래스는 상속을 통해서 자손클래스에 의해서만 완성될 수 있다.

> **추상 클래스**   미완성 설계도. 인스턴스 생성불가.
> 미완성 메서드(추상 메서드)를 포함하고 있는 클래스

추상 클래스 자체로는 클래스로서의 역할을 다 못하지만, 새로운 클래스를 작성하는데 있어서 바탕이 되는 조상 클래스로서 중요한 의미를 갖는다. 새로운 클래스를 작성할 때 아무 것도 없는 상태에서 시작하는 것보다는 완전하지는 못하더라도 어느 정도 틀을 갖춘 상태에서 시작하는 것이 나을 것이다.

실생활에서 예를 들자면, 같은 크기의 TV라도 기능의 차이에 따라 여러 종류의 모델이 있지만, 사실 이 들의 설계도는 아마 90%정도는 동일할 것이다. 서로 다른 세 개의 설계도를 따로 그리는 것보다는 이들의 공통부분만을 그린 미완성 설계도를 만들어 놓고, 이 미완성 설계도를 이용해서 각각의 설계도를 완성하는 것이 훨씬 효율적일 것이다.

추상 클래스는 키워드 'abstract'를 붙이기만 하면 된다. 이렇게 함으로써 이 클래스를 사용할 때, 클래스 선언부의 abstract를 보고 이 클래스에는 추상메서드가 있으니 상속을 통해서 구현해주어야 한다는 것을 쉽게 알 수 있을 것이다.

```
abstract class 클래스이름 {
    ...
}
```

추상 클래스는 추상 메서드를 포함하고 있다는 것을 제외하고는 일반 클래스와 전혀 다르지 않다. 추상 클래스에도 생성자가 있으며, 멤버변수와 메서드도 가질 수 있다.

메서드는 선언부와 구현부(몸통)로 구성되어 있다고 했다. 선언부만 작성하고 구현부는 작성하지 않은 채로 남겨 둔 것이 추상메서드이다. 즉, 설계만 해 놓고 실제 수행될 내용은 작성하지 않았기 때문에 미완성 메서드인 것이다.

메서드를 이와 같이 미완성 상태로 남겨 놓는 이유는 메서드의 내용이 상속받는 클래스에 따라 달라질 수 있기 때문에 조상 클래스에서는 선언부만을 작성하고, 주석을 덧붙여 어떤 기능을 수행할 목적으로 작성되었는지 알려 주고, 실제 내용은 상속받는 클래스에서 구현하도록 비워 두는 것이다. 그래서 추상클래스를 상속받는 자손 클래스는 조상의 추상메서드를 상황에 맞게 적절히 구현해주어야 한다.

추상메서드 역시 키워드 'abstract'를 앞에 붙여 주고, 추상메서드는 구현부가 없으므로 괄호{ } 대신 문장의 끝을 알리는 ';'을 적어준다.

```
/* 주석을 통해 어떤 기능을 수행할 목적으로 작성하였는지 설명한다. */
abstract 리턴타입 메서드이름();
```

추상클래스로부터 상속받는 자손클래스는 오버라이딩을 통해 조상인 추상클래스의 추상메서드를 모두 구현해주어야 한다. 만일 조상으로부터 상속받은 추상메서드 중 하나라도 구현하지 않는다면, 자손클래스 역시 추상클래스로 지정해 주어야 한다.

```
abstract class Player {              // 추상클래스
    abstract void play(int pos);              // 추상메서드
    abstract void stop();                     // 추상메서드
}

class AudioPlayer extends Player {
    void play(int pos) { /* 내용 생략 */ }    // 추상메서드를 구현
    void stop() { /* 내용 생략 */ }           // 추상메서드를 구현
}

abstract class AbstractPlayer extends Player {
    void play(int pos) { /* 내용 생략 */ }    // 추상메서드를 구현
}
```

실제 작업내용인 구현부가 없는 메서드가 무슨 의미가 있을까 싶기도 하겠지만, 메서드를 작성할 때 실제 작업내용인 구현부보다 더 중요한 부분이 선언부이다.

메서드를 사용하는 쪽에서는 메서드가 실제로 어떻게 구현되어있는지 몰라도 메서드의 이름과 매개변수, 리턴타입, 즉 선언부만 알고 있으면 되므로 내용이 없을 지라도 추상메서드를 사용하는 코드를 작성하는 것이 가능하며, 실제로는 자손클래스에 구현된 완성된 메서드가 호출되도록 할 수 있다.

33 추상클래스의 작성

여러 클래스에 공통적으로 사용될 수 있는 클래스를 바로 작성하기도 하고, 기존의 클래스의 공통적인 부분을 뽑아서 추상클래스로 만들어 상속하도록 하는 경우도 있다.

참고로 추상의 사전적 정의는 다음과 같다.

> **추상[抽象]** 낱낱의 구체적 표상(表象)이나 개념에서 공통된 성질을 뽑아 이를 일반적인 개념으로 파악하는 정신 작용

상속이 자손 클래스를 만드는데 조상 클래스를 사용하는 것이라면, 이와 반대로 추상화는 기존의 클래스의 공통부분을 뽑아내서 조상 클래스를 만드는 것이라고 할 수 있다.

추상화를 구체화와 반대되는 의미로 이해하면 보다 쉽게 이해할 수 있을 것이다. 상속계층도를 따라 내려갈수록 클래스는 점점 기능이 추가되어 구체화의 정도가 심해지며, 상속계층도를 따라 올라갈수록 클래스는 추상화의 정도가 심해진다고 할 수 있다. 즉, 상속계층도를 따라 내려 갈수록 세분화되며, 올라갈수록 공통요소만 남게 된다.

유명한 컴퓨터 게임에 나오는 유닛들을 클래스로 간단히 정의해보았다. 이 유닛들은 각자 나름대로의 기능을 가지고 있지만 공통부분을 뽑아내어 하나의 클래스로 만들고, 이 클래스로부터 상속받도록 변경해보자.

```
class Marine {      // 보병
    int x, y;       // 현재 위치
    void move(int x, int y) { /* 지정된 위치로 이동 */ }
    void stop()             { /* 현재 위치에 정지 */   }
    void stimPack()         { /* 스팀팩을 사용한다.*/   }
}

class Tank {        // 탱크
    int x, y;       // 현재 위치
    void move(int x, int y) { /* 지정된 위치로 이동 */  }
    void stop()             { /* 현재 위치에 정지 */    }
    void changeMode()       { /* 공격모드를 변환한다.*/  }
}

class Dropship {  // 수송선
    int x, y;       // 현재 위치
    void move(int x, int y) { /* 지정된 위치로 이동 */  }
    void stop()             { /* 현재 위치에 정지 */    }
    void load()             { /* 선택된 대상을 태운다.*/ }
    void unload()           { /* 선택된 대상을 내린다.*/ }
}
```

```
abstract class Unit {
    int x, y;
    abstract void move(int x, int y);
    void stop() { /* 현재 위치에 정지 */ }
}

class Marine extends Unit {    // 보병
    void move(int x, int y) { /* 지정된 위치로 이동 */    }
    void stimPack()          { /* 스팀팩을 사용한다. */    }
}

class Tank extends Unit {      // 탱크
    void move(int x, int y) { /* 지정된 위치로 이동 */    }
    void changeMode()        { /* 공격모드를 변환한다. */  }
}

class Dropship extends Unit { // 수송선
    void move(int x, int y) { /* 지정된 위치로 이동 */    }
    void load()              { /* 선택된 대상을 태운다. */ }
    void unload()            { /* 선택된 대상을 내린다. */ }
}
```

각 클래스의 공통부분을 뽑아내서 Unit클래스를 정의하고 이로부터 상속받도록 하였다. 이 Unit클래스는 다른 유닛을 위한 클래스를 작성하는데 재활용될 수 있을 것이다.

이들 클래스에 대해서 stop메서드는 선언부와 구현부 모두 공통적이지만, Marine, Tank는 지상유닛이고 Dropship은 공중유닛이기 때문에 이동하는 방법이 서로 달라서 move메서드의 실제 구현 내용이 다를 것이다.

그래도 move메서드의 선언부는 같기 때문에 추상메서드로 정의할 수 있다. 최대한의 공통부분을 뽑아내기 위한 것이기도 하지만, 모든 유닛은 이동할 수 있어야 하므로 Unit클래스에는 move메서드가 반드시 필요한 것이기 때문이다.

move메서드가 추상메서드로 선언된 것에는, 앞으로 Unit클래스를 상속받아서 작성되는 클래스는 move메서드를 자신의 클래스에 알맞게 반드시 구현해야 한다는 의미가 담겨 있는 것이기도 하다.

```
Unit[] group = new Unit[3];
group[0] = new Marine();
group[1] = new Tank();
group[2] = new Dropship();

for(int i=0;i < group.length;i++)
    group[i].move(100, 200);
```

> Unit배열의 모든 유닛을
> 좌표(100, 200)의 위치로 이동한다.

예제
7-10

```java
public class Ex7_10 {
    public static void main(String[] args) {
        Unit[] group = { new Marine(), new Tank(), new Dropship() };

        for (int i = 0; i < group.length; i++)
            group[i].move(100, 200);
    }
}

abstract class Unit {
    int x, y;
    abstract void move(int x, int y);
    void stop() { /* 현재 위치에 정지 */ }
}

class Marine extends Unit { // 보병
    void move(int x, int y) {
        System.out.println("Marine[x=" + x + ",y=" + y + "]");
    }
    void stimPack() { /* 스팀팩을 사용한다. */ }
}

class Tank extends Unit { // 탱크
    void move(int x, int y) {
        System.out.println("Tank[x=" + x + ",y=" + y + "]");
    }
    void changeMode() { /* 공격모드를 변환한다. */ }
}

class Dropship extends Unit { // 수송선
    void move(int x, int y) {
        System.out.println("Dropship[x=" + x + ",y=" + y + "]");
    }
    void load()   { /* 선택된 대상을 태운다. */ }
    void unload() { /* 선택된 대상을 내린다. */ }
}
```

결과
```
Marine[x=100,y=200]
Tank[x=100,y=200]
Dropship[x=100,y=200]
```

위의 예제는 공통조상인 Unit클래스 타입의 객체 배열을 통해서 서로 다른 종류의 인스턴스를 하나의 묶음으로 다룰 수 있다는 것을 보여 주기 위한 것이다.

다형성에서 배웠듯이 조상 타입의 참조변수로 자손 타입의 인스턴스를 참조하는 것이 가능하기 때문에 이처럼 조상 타입의 배열에 자손 타입의 인스턴스를 담을 수 있는 것이다.

만일 이들 클래스간의 공통조상이 없었다면 이처럼 하나의 배열로 다룰 수 없을 것이다. Unit 클래스에 move메서드가 비록 추상메서드로 정의되어 있다 하더라도 이처럼 Unit클래스 타입의 참조변수로 move메서드를 호출하는 것이 가능하다. 메서드는 참조변수의 타입에 관계없이 실제 인스턴스에 구현된 것이 호출되기 때문이다.

group[i].move(100, 200)과 같이 호출하는 것이 Unit클래스의 추상메서드인 move를 호출하는 것 같이 보이지만 실제로는 이 추상메서드가 구현된 Marine, Tank, Dropship인스턴스의 메서드가 호출되는 것이다.

모든 클래스의 조상인 Object클래스 타입의 배열로도 서로 다른 종류의 인스턴스를 하나의 묶음으로 다룰 수 있지만, Object클래스에는 move메서드가 정의되어 있지 않기 때문에 move메서드를 호출하는 부분에서 에러가 발생한다.

```
Object[] group = new Object[3];
group[0] = new Marine();
group[1] = new Tank();
group[2] = new Dropship();

for(int i=0;i < group.length;i++)
    group[i].move(100, 200);  ●────  에러!!! Object클래스에 move메서드가
                                     정의되어 있지 않다.
```

CHAPTER 7 **35** 인터페이스(interface)

인터페이스는 일종의 추상클래스이다. 인터페이스는 추상클래스처럼 추상메서드를 갖지만 추상클래스보다 추상화 정도가 높아서 추상클래스와 달리 몸통을 갖춘 일반 메서드 또는 멤버변수를 구성원으로 가질 수 없다. 오직 추상메서드와 상수만을 멤버로 가질 수 있으며, 그 외의 다른 어떠한 요소도 허용하지 않는다.

추상클래스를 부분적으로만 완성된 '미완성 설계도'라고 한다면, 인터페이스는 구현된 것은 아무 것도 없고 밑그림만 그려져 있는 '기본 설계도'라 할 수 있다.

인터페이스도 추상클래스처럼 완성되지 않은 불완전한 것이기 때문에 그 자체만으로 사용되기 보다는 다른 클래스를 작성하는데 도움 줄 목적으로 작성된다.

인터페이스를 작성하는 것은 클래스를 작성하는 것과 같다. 다만 키워드로 class 대신 interface를 사용한다는 것만 다르다. 그리고 interface에도 클래스처럼 접근제어자로 public 또는 default만 사용할 수 있다.

```
interface 인터페이스이름 {
    public static final 타입 상수이름 = 값;
    public abstract 메서드이름(매개변수목록);
}
```

일반적인 클래스와 달리 인터페이스의 멤버들은 다음과 같은 제약사항이 있다.

- 모든 멤버변수는 public static final 이어야 하며, 이를 생략할 수 있다.
- 모든 메서드는 public abstract 이어야 하며, 이를 생략할 수 있다.
  단, static메서드와 디폴트 메서드는 예외(JDK1.8부터)

인터페이스에 정의된 모든 멤버에 예외없이 적용되는 사항이기 때문에 제어자를 생략할 수 있는 것이며, 편의상 생략하는 경우가 많다. 생략된 제어자는 컴파일 시에 컴파일러가 자동적으로 추가해준다.

```
interface PlayingCard {
    public static final int SPADE = 4;
    final int DIAMOND = 3;   // public static final int DIAMOND = 3;
    static int HEART = 2;    // public static final int HEART  = 2;
    int CLOVER = 1;          // public static final int CLOVER = 1;

    public abstract String getCardNumber();
    String getCardKind();    // public abstract String getCardKind();
}
```

CHAPTER 7 객체지향 프로그래밍 II **263**

인터페이스는 인터페이스로부터만 상속받을 수 있으며, 클래스와는 달리 다중상속, 즉 여러 개의 인터페이스로부터 상속을 받는 것이 가능하다.

> **참고** 인터페이스는 클래스와 달리 Object클래스와 같은 최고 조상이 없다.

```java
interface Movable {
    /** 지정된 위치(x, y)로 이동하는 기능의 메서드 */
    void move(int x, int y);
}

interface Attackable {
    /** 지정된 대상(u)을 공격하는 기능의 메서드 */
    void attack(Unit u);
}

interface Fightable extends Movable, Attackable { }
```

클래스의 상속과 마찬가지로 자손 인터페이스(Fightable)는 조상 인터페이스(Movable, Attackable)에 정의된 멤버를 모두 상속받는다.

그래서 Fightable자체에는 정의된 멤버가 하나도 없지만 조상 인터페이스로부터 상속받은 두 개의 추상메서드, move(int x, int y)와 attack(Unit u)을 멤버로 갖게 된다.

인터페이스도 추상클래스처럼 그 자체로는 인스턴스를 생성할 수 없으며, 추상클래스가 상속을 통해 추상메서드를 완성하는 것처럼, 인터페이스도 자신에 정의된 추상메서드의 몸통을 만들어주는 클래스를 작성해야 하는데, 그 방법은 추상클래스가 자신을 상속받는 클래스를 정의하는 것과 다르지 않다. 다만 클래스는 확장한다는 의미의 키워드 'extends'를 사용하지만 인터페이스는 구현한다는 의미의 키워드 'implements'를 사용할 뿐이다.

```
class 클래스이름 implements 인터페이스이름 {
    // 인터페이스에 정의된 추상메서드를 모두 구현해야 한다.
}


class Fighter implements Fightable {
    public void move(int x, int y) { /* 내용 생략*/ }
    public void attack(Unit u)     { /* 내용 생략*/ }
}
```

참고　이 때 'Fighter클래스는 Fightable인터페이스를 구현한다.'라고 한다.

만일 구현하는 인터페이스의 메서드 중 일부만 구현한다면, abstract를 붙여서 추상클래스로 선언해야 한다.

```
abstract class Fighter implements Fightable {
    public void move(int x, int y) { /* 내용 생략*/ }
}
```

그리고 다음과 같이 상속과 구현을 동시에 할 수도 있다.

```
class Fighter extends Unit implements Fightable {
    public void move(int x, int y) { /* 내용 생략 */ }
    public void attack(Unit u)     { /* 내용 생략 */ }
}
```

다형성을 학습할 때 자손클래스의 인스턴스를 조상타입의 참조변수로 참조하는 것이 가능하다는 것을 배웠다. 인터페이스 역시 이를 구현한 클래스의 조상이라 할 수 있으므로 해당 인터페이스 타입의 참조변수로 이를 구현한 클래스의 인스턴스를 참조할 수 있으며, 인터페이스 타입으로의 형변환도 가능하다.

인터페이스 Fightable을 클래스 Fighter가 구현했을 때, 다음과 같이 Fighter인스턴스를 Fightable타입의 참조변수로 참조하는 것이 가능하다.

```
Fightable f = (Fightable)new Fighter();
    또는
Fightable f = new Fighter();
```

따라서 인터페이스는 다음과 같이 메서드의 매개변수의 타입으로도 사용될 수 있다.

```
void attack(Fightable f) {
    //...
}
```

인터페이스 타입의 매개변수가 갖는 의미는 메서드 호출 시 해당 인터페이스를 구현한 클래스의 인스턴스를 매개변수로 제공해야 한다는 것이다.

```
class Fighter extends Unit implements Fightable {
    public void move(int x, int y)  { /* 내용 생략 */ }
    public void attack(Fightable f) { /* 내용 생략 */ }
}
```

위와 같이 Fightable인터페이스를 구현한 Fighter클래스가 있을 때, attack메서드의 매개변수로 Fighter인스턴스를 넘겨 줄 수 있다. 즉, attack(new Fighter())와 같이 할 수 있다는 것이다. 그리고 아래처럼 메서드의 리턴타입으로 인터페이스를 지정하는 것도 가능하다.

```
Fightable method() {
    ...
    Fighter f = new Fighter();
    return f;
}
```

이 두 문장을 한 문장으로 바꾸면 다음과 같다. return new Fighter( );

리턴타입이 인터페이스라는 것은 메서드가 해당 인터페이스를 구현한 클래스의 인스턴스를 반환한다는 것을 의미한다. 이 문장은 외울 때까지 반복해서 읽어야 한다.

위의 코드에서는 method()의 리턴타입이 Fightable인터페이스이기 때문에 메서드의 return문에서 Fightable인터페이스를 구현한 Fighter클래스의 인스턴스의 주소를 반환한다.

인터페이스를 사용하는 이유와 그 장점을 정리해 보면 다음과 같다.

> - 개발시간을 단축시킬 수 있다.
> - 표준화가 가능하다.
> - 서로 관계없는 클래스들에게 관계를 맺어 줄 수 있다.
> - 독립적인 프로그래밍이 가능하다.

1. 개발시간을 단축시킬 수 있다.

일단 인터페이스가 작성되면, 이를 사용해서 프로그램을 작성하는 것이 가능하다. 메서드를 호출하는 쪽에서는 메서드의 내용에 관계없이 선언부만 알면 되기 때문이다.

그리고 동시에 다른 한 쪽에서는 인터페이스를 구현하는 클래스를 작성하게 하면, 인터페이스를 구현하는 클래스가 작성될 때까지 기다리지 않고도 양쪽에서 동시에 개발을 진행할 수 있다.

2. 표준화가 가능하다.

프로젝트에 사용되는 기본 틀을 인터페이스로 작성한 다음, 개발자들에게 인터페이스를 구현하여 프로그램을 작성하도록 함으로써 보다 일관되고 정형화된 프로그램의 개발이 가능하다.

3. 서로 관계없는 클래스들에게 관계를 맺어 줄 수 있다.

서로 상속관계에 있지도 않고, 같은 조상클래스를 가지고 있지 않은 서로 아무런 관계도 없는 클래스들에게 하나의 인터페이스를 공통적으로 구현하도록 함으로써 관계를 맺어 줄 수 있다.

4. 독립적인 프로그래밍이 가능하다.

인터페이스를 이용하면 클래스의 선언과 구현을 분리시킬 수 있기 때문에 실제구현에 독립적인 프로그램을 작성하는 것이 가능하다. 클래스와 클래스간의 직접적인 관계를 인터페이스를 이용해서 간접적인 관계로 변경하면, 한 클래스의 변경이 관련된 다른 클래스에 영향을 미치지 않는 독립적인 프로그래밍이 가능하다.

40 디폴트 메서드와 static메서드

원래는 인터페이스에 추상 메서드만 선언할 수 있는데, JDK1.8부터 디폴트 메서드와 static 메서드도 추가할 수 있게 되었다. static메서드는 인스턴스와 관계가 없는 독립적인 메서드이기 때문에 예전부터 인터페이스에 추가하지 못할 이유가 없었다.

그러나 자바를 보다 쉽게 배울 수 있도록 규칙을 단순히 할 필요가 있어서 인터페이스의 모든 메서드는 추상 메서드이어야 한다는 규칙에 예외를 두지 않았다.

조상 클래스에 새로운 메서드를 추가하는 것은 별 일이 아니지만, 인터페이스의 경우에는 보통 큰 일이 아니다. 인터페이스에 메서드를 추가한다는 것은, 추상 메서드를 추가한다는 것이고, 이 인터페이스를 구현한 기존의 모든 클래스들이 새로 추가된 메서드를 구현해야하기 때문이다.

인터페이스가 변경되지 않으면 제일 좋겠지만, 아무리 설계를 잘해도 언젠가 변경은 발생하기 마련이다. JDK의 설계자들은 고심 끝에 **디폴트 메서드(default method)**라는 것을 고안해 내었다. 디폴트 메서드는 추상 메서드의 기본적인 구현을 제공하는 메서드로, 추상 메서드가 아니기 때문에 디폴트 메서드가 새로 추가되어도 해당 인터페이스를 구현한 클래스를 변경하지 않아도 된다.

디폴트 메서드는 앞에 키워드 default를 붙이며, 추상 메서드와 달리 일반 메서드처럼 몸통 {}이 있어야 한다. 디폴트 메서드 역시 접근 제어자가 public이며, 생략가능하다.

```
interface MyInterface {
    void method();
    void newMethod(); // 추상 메서드
}
```
→
```
interface MyInterface {
    void method();
    default void newMethod(){}
}
```

위의 왼쪽과 같이 newMethod( )라는 추상 메서드를 추가하는 대신, 오른쪽과 같이 디폴트 메서드를 추가하면, 기존의 MyInterface를 구현한 클래스를 변경하지 않아도 된다. 즉, 조상 클래스에 새로운 메서드를 추가한 것과 동일해 지는 것이다.

대신, 새로 추가된 디폴트 메서드가 기존의 메서드와 이름이 중복되어 충돌하는 경우가 발생한다. 이 충돌을 해결하는 규칙은 다음과 같다.

---

1. 여러 인터페이스의 디폴트 메서드 간의 충돌
- 인터페이스를 구현한 클래스에서 디폴트 메서드를 오버라이딩해야 한다.

2. 디폴트 메서드와 조상 클래스의 메서드 간의 충돌
- 조상 클래스의 메서드가 상속되고, 디폴트 메서드는 무시된다.

위의 규칙이 외우기 귀찮으면, 그냥 필요한 쪽의 메서드와 같은 내용으로 오버라이딩 해버리면 그만이다.

예제
7-11

```java
class Ex7_11 {
    public static void main(String[] args) {
        Child3 c = new Child3();
        c.method1();
        c.method2();
        MyInterface.staticMethod();
        MyInterface2.staticMethod();
    }
}

class Child3 extends Parent3 implements MyInterface, MyInterface2 {
    public void method1() {
        System.out.println("method1() in Child3"); // 오버라이딩
    }
}

class Parent3 {
    public void method2() {
        System.out.println("method2() in Parent3");
    }
}

interface MyInterface {
    default void method1() {
        System.out.println("method1() in MyInterface");
    }

    default void method2() {
        System.out.println("method2() in MyInterface");
    }

    static void staticMethod() {
        System.out.println("staticMethod() in MyInterface");
    }
}

interface MyInterface2 {
    default void method1() {
        System.out.println("method1() in MyInterface2");
    }

    static void staticMethod() {
        System.out.println("staticMethod() in MyInterface2");
    }
}
```

결과
```
method1() in Child3
method2() in Parent3
staticMethod() in MyInterface
staticMethod() in MyInterface2
```

내부 클래스는 클래스 내에 선언된 클래스이다. 클래스에 다른 클래스를 선언하는 이유는 간단하다. 두 클래스가 서로 긴밀한 관계에 있기 때문이다.

한 클래스를 다른 클래스의 내부 클래스로 선언하면 두 클래스의 멤버들 간에 서로 쉽게 접근할 수 있다는 장점과 외부에는 불필요한 클래스를 감춤으로써 코드의 복잡성을 줄일 수 있다는 장점을 얻을 수 있다.

> **내부 클래스의 장점**
> - 내부 클래스에서 외부 클래스의 멤버들을 쉽게 접근할 수 있다.
> - 코드의 복잡성을 줄일 수 있다(캡슐화).

아래 왼쪽의 A와 B 두 개의 독립적인 클래스를 오른쪽과 같이 바꾸면 B는 A의 내부 클래스 (inner class)가 되고 A는 B를 감싸고 있는 외부 클래스(outer class)가 된다.

```
class A {
    ...
}
class B {
    ...
}
```
→
```
class A {  // 외부 클래스
    ...
    class B { // 내부 클래스
        ...
    }
    ...
}
```

이때 내부 클래스인 B는 외부 클래스인 A를 제외하고는 다른 클래스에서 잘 사용되지 않는 것이어야 한다.

내부 클래스는 클래스 내에 선언된다는 점을 제외하고는 일반적인 클래스와 다르지 않다. 다만 앞으로 배우게 될 내부 클래스의 몇 가지 특징만 잘 이해하면 실제로 활용하는데 어려움이 없을 것이다.

내부 클래스의 종류는 변수의 선언위치에 따른 종류와 같다. 내부 클래스는 마치 변수를 선언하는 것과 같은 위치에 선언할 수 있으며, 변수의 선언위치에 따라 인스턴스 변수, 클래스 변수(static변수), 지역변수로 구분되는 것과 같이 내부 클래스도 선언위치에 따라 다음과 같이 구분되어 진다. 내부 클래스의 유효범위와 성질이 변수와 유사하므로 서로 비교해보면 이해하는데 많은 도움이 된다.

내부 클래스	특　징
인스턴스 클래스 (instance class)	외부 클래스의 멤버변수 선언위치에 선언하며, 외부 클래스의 인스턴스멤버처럼 다루어진다. 주로 외부 클래스의 인스턴스멤버들과 관련된 작업에 사용될 목적으로 선언된다.
스태틱 클래스 (static class)	외부 클래스의 멤버변수 선언위치에 선언하며, 외부 클래스의 static멤버처럼 다루어진다. 주로 외부 클래스의 static멤버, 특히 static메서드에서 사용될 목적으로 선언된다.
지역 클래스 (local class)	외부 클래스의 메서드나 초기화블럭 안에 선언하며, 선언된 영역 내부에서만 사용될 수 있다.
익명 클래스 (anonymous class)	클래스의 선언과 객체의 생성을 동시에 하는 이름없는 클래스(일회용)

아래의 오른쪽 코드에는 외부 클래스(Outer)에 3개의 서로 다른 종류의 내부 클래스가 선언 되어 있다. 양쪽의 코드를 비교해 보면 내부 클래스의 선언위치가 변수의 선언위치와 동일함을 알 수 있다.

변수가 선언된 위치에 따라 인스턴스 변수, 클래스 변수(static변수), 지역변수로 나뉘듯이 내부 클래스도 이와 마찬가지로 선언된 위치에 따라 나뉜다. 그리고, 각 내부 클래스의 선언 위치에 따라 같은 선언위치의 변수와 동일한 유효범위(scope)와 접근성(accessibility)을 갖는다.

```java
class Outer {
    int iv = 0;
    static int cv =  0;

    void myMethod() {
        int lv = 0;
    }
}
```

```java
class Outer {
    class InstanceInner {}
    static class StaticInner {}

    void myMethod() {
        class LocalInner {}
    }
}
```

아래 코드에서 인스턴스클래스(InstanceInner)와 스태틱 클래스(StaticInner)는 외부 클래스 (Outer)의 멤버변수(인스턴스 변수와 클래스 변수)와 같은 위치에 선언되며, 또한 멤버변수 와 같은 성질을 갖는다. 따라서 내부 클래스가 외부 클래스의 멤버와 같이 간주되고, 인스턴 스멤버와 static멤버 간의 규칙이 내부 클래스에도 똑같이 적용된다.

```
class Outer {
    private int iv = 0;
    protected static int cv = 0;

    void myMethod() {
        int lv = 0;
    }
}
```

```
class Outer {
    private class InstanceInner {}
    protected static class StaticInner {}

    void myMethod() {
        class LocalInner {}
    }
}
```

그리고 내부 클래스도 클래스이기 때문에 abstract나 final과 같은 제어자를 사용할 수 있을 뿐만 아니라, 멤버변수들처럼 private, protected과 접근제어자도 사용이 가능하다.

```
class Ex7_12 {
    class InstanceInner {
        int iv = 100;
//      static int cv = 100;            // 에러! static변수를 선언할 수 없다.
        final static int CONST = 100;   // final static은 상수이므로 허용
    }

    static class StaticInner {
        int iv = 200;
        static int cv = 200;      // static클래스만 static멤버를 정의할 수 있다.
    }

    void myMethod() {
        class LocalInner {
            int iv = 300;
//          static int cv = 300;                // 에러! static변수를 선언할 수 없다.
            final static int CONST = 300;       // final static은 상수이므로 허용
        }
    }

    public static void main(String args[]) {
        System.out.println(InstanceInner.CONST);
        System.out.println(StaticInner.cv);
    }
}
```

결과 100
200

내부 클래스 중에서 스태틱 클래스(StaticInner)만 static멤버를 가질 수 있다. 드문 경우지만 내부 클래스에 static변수를 선언해야 한다면 스태틱 클래스로 선언해야 한다.

다만 final과 static이 동시에 붙은 변수는 상수(constant)이므로 모든 내부 클래스에서 정의가 가능하다.

예제
7-13

```java
class Ex7_13 {
    class InstanceInner {}
    static class StaticInner {}

    // 인스턴스멤버 간에는 서로 직접 접근이 가능하다.
    InstanceInner iv = new InstanceInner();
    // static 멤버 간에는 서로 직접 접근이 가능하다.
    static StaticInner cv = new StaticInner();

    static void staticMethod() {
        // static멤버는 인스턴스멤버에 직접 접근할 수 없다.
//      InstanceInner obj1 = new InstanceInner();
        StaticInner obj2 = new StaticInner();

        // 굳이 접근하려면 아래와 같이 객체를 생성해야 한다.
        // 인스턴스클래스는 외부 클래스를 먼저 생성해야만 생성할 수 있다.
        Ex7_13 outer = new Ex7_13();
        InstanceInner obj1 = outer.new InstanceInner();
    }

    void instanceMethod() {
        // 인스턴스메서드에서는 인스턴스멤버와 static멤버 모두 접근 가능하다.
        InstanceInner obj1 = new InstanceInner();
        StaticInner obj2 = new StaticInner();
        // 메서드 내에 지역적으로 선언된 내부 클래스는 외부에서 접근할 수 없다.
//      LocalInner lv = new LocalInner();
    }

    void myMethod() {
        class LocalInner {}
        LocalInner lv = new LocalInner();
    }
}
```

인스턴스멤버는 같은 클래스에 있는 인스턴스멤버와 static멤버 모두 직접 호출이 가능하지만, static멤버는 인스턴스멤버를 직접 호출할 수 없는 것처럼, 인스턴스클래스는 외부 클래스의 인스턴스멤버를 객체생성 없이 바로 사용할 수 있지만, 스태틱 클래스는 외부 클래스의 인스턴스멤버를 객체생성 없이 사용할 수 없다.

　마찬가지로 인스턴스클래스는 스태틱 클래스의 멤버들을 객체생성 없이 사용할 수 있지만, 스태틱 클래스에서는 인스턴스클래스의 멤버들을 객체생성 없이 사용할 수 없다.

```
class Outer {
    private int outerIv = 0;
    static  int outerCv = 0;

    class InstanceInner {
        int iiv  = outerIv;   // 외부 클래스의 private멤버도 접근가능하다.
        int iiv2 = outerCv;
    }

    static class StaticInner {
// 스태틱 클래스는 외부 클래스의 인스턴스멤버에 접근할 수 없다.
//      int siv = outerIv;
        static int scv = outerCv;
    }

    void myMethod() {
        int lv = 0;
        final int LV = 0;   // JDK1.8부터 final 생략 가능

        class LocalInner {
            int liv  = outerIv;
            int liv2 = outerCv;
// 외부 클래스의 지역변수는 final이 붙은 변수(상수)만 접근가능하다.
//          int liv3 = lv;      // 에러!!!(JDK1.8부터 에러 아님)
            int liv4 = LV;      // OK
        }
    }
}
```

내부 클래스에서 외부 클래스의 변수들에 대한 접근성을 보여 주는 예제이다. 인스턴스클래스(InstanceInner)는 외부 클래스(Outer)의 인스턴스멤버이기 때문에 인스턴스 변수 outerIv와 static변수 outerCv를 모두 사용할 수 있다. 심지어는 outerIv의 접근 제어자가 private일지라도 사용가능하다.

스태틱 클래스(StaticInner)는 외부 클래스(Outer)의 static멤버이기 때문에 외부 클래스의 인스턴스멤버인 outerIv와 InstanceInner를 사용할 수 없다. 단지 static멤버인 outerCv만을 사용할 수 있다.

지역 클래스(LocalInner)는 외부 클래스의 인스턴스멤버와 static멤버를 모두 사용할 수 있으며, 지역 클래스가 포함된 메서드에 정의된 지역변수도 사용할 수 있다. 단, final이 붙은 지역변수만 접근가능한데 그 이유는 메서드가 수행을 마쳐서 지역변수가 소멸된 시점에도, 지역 클래스의 인스턴스가 소멸된 지역변수를 참조하려는 경우가 발생할 수 있기 때문이다.

JDK1.8부터 지역 클래스에서 접근하는 지역 변수 앞에 final을 생략할 수 있게 바뀌었다. 대신 컴파일러가 자동으로 붙여준다. 즉, 편의상 final을 생략할 수 있게 한 것일 뿐 해당 변수의 값이 바뀌는 문장이 있으면 컴파일 에러가 발생한다.

예 제
7-15

```java
class Outer2 {
    class InstanceInner {
        int iv = 100;
    }

    static class StaticInner {
        int iv = 200;
        static int cv = 300;
    }

    void myMethod() {
        class LocalInner {
            int iv = 400;
        }
    }
}

class Ex7_15 {
    public static void main(String[] args) {
        // 인스턴스클래스의 인스턴스를 생성하려면
        // 외부 클래스의 인스턴스를 먼저 생성해야 한다.
        Outer2 oc = new Outer2();
        Outer2.InstanceInner ii = oc.new InstanceInner();

        System.out.println("ii.iv : "+ ii.iv);
        System.out.println("Outer2.StaticInner.cv : " + Outer2.StaticInner.cv);

        // 스태틱 내부 클래스의 인스턴스는 외부 클래스를 먼저 생성하지 않아도 된다.
        Outer2.StaticInner si = new Outer2.StaticInner();
        System.out.println("si.iv : "+ si.iv);
    }
}
```

결
과
```
ii.iv : 100
Outer2.StaticInner.cv : 300
si.iv : 200
```

외부 클래스가 아닌 다른 클래스에서 내부 클래스를 생성하고 내부 클래스의 멤버에 접근하는 예제이다. 실제로 이런 경우가 발생했다는 것은 내부 클래스로 선언해서는 안 되는 클래스를 내부 클래스로 선언했다는 의미이다. 참고로만 봐두고 가볍게 넘어가도록 하자.

참고로 컴파일 시 생성되는 클래스 파일은 다음과 같다.

```
Ex7_15.class
Outer2.class
Outer2$InstanceInner.class
Outer2$StaticInner.class
Outer2$1LocalInner.class
```

<table>
<tr><td>예제
7-16</td><td></td></tr>
</table>

```java
class Outer3 {
    int value = 10;    // Outer3.this.value

    class Inner {
        int value = 20;    // this.value

        void method1() {
            int value = 30;
            System.out.println("              value :" + value);
            System.out.println("        this.value :" + this.value);
            System.out.println("Outer3.this.value :" + Outer3.this.value);
        }
    } // Inner클래스의 끝
} // Outer3클래스의 끝

class Ex7_16 {
    public static void main(String args[]) {
        Outer3 outer = new Outer3();
        Outer3.Inner inner = outer.new Inner();
        inner.method1();
    }
}
```

```
결
과              value :30
         this.value :20
Outer3.this.value :10
```

위의 예제는 내부 클래스와 외부 클래스에 선언된 변수의 이름이 같을 때 변수 앞에 'this' 또는 '**외부 클래스명**.this'를 붙여서 서로 구별할 수 있다는 것을 보여준다.

이제 마지막으로 익명 클래스에 대해서 알아보도록 하자. 익명 클래스는 특이하게도 다른 내부 클래스들과는 달리 이름이 없다. 클래스의 선언과 객체의 생성을 동시에 하기 때문에 단 한번만 사용될 수 있고 오직 하나의 객체만을 생성할 수 있는 일회용 클래스이다.

```
new 조상클래스이름() {
      // 멤버 선언
}

          또는

new 구현인터페이스이름() {
      // 멤버 선언
}
```

이름이 없기 때문에 생성자도 가질 수 없으며, 조상클래스의 이름이나 구현하고자 하는 인터페이스의 이름을 사용해서 정의하기 때문에 하나의 클래스로 상속받는 동시에 인터페이스를 구현하거나 둘 이상의 인터페이스를 구현할 수 없다. 오로지 단 하나의 클래스를 상속받거나 단 하나의 인터페이스만 구현할 수 있다.

익명 클래스는 구문이 다소 생소하지만, 인스턴스 클래스를 익명 클래스로 바꾸는 연습을 몇 번만 해 보면 곧 익숙해 질 것이다.

예제 7-17

```
class Ex7_17 {
    Object iv = new Object(){ void method(){} };        // 익명 클래스
    static Object cv = new Object(){ void method(){} };  // 익명 클래스

    void myMethod() {
        Object lv = new Object(){ void method(){} };     // 익명 클래스
    }
}
```

위의 예제는 단순히 익명 클래스의 사용 예를 보여 준 것이다. 이 예제를 컴파일 하면 다음과 같이 4개의 클래스파일이 생성된다.

```
Ex7_17.class
Ex7_17$1.class   ← 익명 클래스
Ex7_17$2.class   ← 익명 클래스
Ex7_17$3.class   ← 익명 클래스
```

<table>
<tr><td>예제
7-18</td><td></td></tr>
</table>

```java
import java.awt.*;
import java.awt.event.*;

class Ex7_18 {
    public static void main(String[] args) {
        Button b = new Button("Start");
        b.addActionListener(new EventHandler());
    }
}

class EventHandler implements ActionListener {
    public void actionPerformed(ActionEvent e) {
        System.out.println("ActionEvent occurred!!!");
    }
}
```

이 예제를 실행하면 아무것도 화면에 나타나지 않은 채 종료된다. 단지 익명클래스로 변환하는 예를 보여주기 위한 것일 뿐이기 때문이다.

<table>
<tr><td>예제
7-19</td><td></td></tr>
</table>

```java
import java.awt.*;
import java.awt.event.*;

class Ex7_19 {
    public static void main(String[] args) {
        Button b = new Button("Start");
        b.addActionListener(new ActionListener() {
                public void actionPerformed(ActionEvent e) {
                    System.out.println("ActionEvent occurred!!!");
                }
            } // 익명 클래스의 끝
        );
    } // main의 끝
}
```

예제7-18을 익명클래스를 이용해서 변경한 것이 예제7-19이다. 먼저 두 개의 독립된 클래스를 작성한 다음에, 익명클래스를 이용하여 변경하면 보다 쉽게 코드를 작성할 수 있을 것이다.

7-1 섯다카드 20장을 포함하는 섯다카드 한 벌(SutdaDeck클래스)을 정의한 것이다. 섯다카드 20장을 담는 SutdaCard배열을 초기화하시오. 단, 섯다카드는 1부터 10까지의 숫자가 적힌 카드가 한 쌍씩 있고, 숫자가 1, 3, 8인 경우에는 둘 중의 한 장은 광(Kwang)이어야 한다. 즉, SutdaCard의 인스턴스 변수 isKwang의 값이 true이어야 한다.

```java
class SutdaDeck {
    final int CARD_NUM = 20;
    SutdaCard[] cards = new SutdaCard[CARD_NUM];

    SutdaDeck() {

        /*
            (1) 배열 SutdaCard를 적절히 초기화 하시오.
        */

    }
}

class SutdaCard {
    int num;
    boolean isKwang;

    SutdaCard() {
        this(1, true);
    }

    SutdaCard(int num, boolean isKwang) {
        this.num = num;
        this.isKwang = isKwang;
    }

    // info()대신 Object클래스의 toString()을 오버라이딩했다.
    public String toString() {
        return num + (isKwang ? "K" : "");
    }
}

class Exercise7_1 {
    public static void main(String args[]) {
        SutdaDeck deck = new SutdaDeck();

        for (int i = 0; i < deck.cards.length; i++)
            System.out.print(deck.cards[i] + ",");
    }
}
```

결과 `1K,2,3K,4,5,6,7,8K,9,10,1,2,3,4,5,6,7,8,9,10,`

7-2 연습문제7-1의 SutdaDeck클래스에 다음에 정의된 새로운 메서드를 추가하고 테스트하시오.

(주의) Math.random( )을 사용하는 경우 실행결과와 다를 수 있음.

1. • 메서드명 : shuffle
   • 기   능 : 배열 cards에 담긴 카드의 위치를 뒤섞는다. (Math.random( )사용)
   • 반환타입 : 없음
   • 매개변수 : 없음

2. • 메서드명 : pick
   • 기   능 : 배열 cards에서 지정된 위치의 SutdaCard를 반환한다.
   • 반환타입 : SutdaCard
   • 매개변수 : int index – 위치

3. • 메서드명 : pick
   • 기   능 : 배열 cards에서 임의의 위치의 SutdaCard를 반환한다. (Math.random( ) 사용)
   • 반환타입 : SutdaCard
   • 매개변수 : 없음

```java
class SutdaDeck {
    final int CARD_NUM = 20;
    SutdaCard[] cards = new SutdaCard[CARD_NUM];

    SutdaDeck() {

        /*
                    연습문제7-1의 답이므로 내용생략
        */

    }

        /*
            (1) 위에 정의된 세 개의 메서드를 작성하시오.
        */

} // SutdaDeck

class SutdaCard {
    int num;
    boolean isKwang;
```

```
    SutdaCard() {
        this(1, true);
    }

    SutdaCard(int num, boolean isKwang) {
        this.num = num;
        this.isKwang = isKwang;
    }

    public String toString() {
        return num + (isKwang ? "K" : "");
    }
}

class Exercise7_2 {
    public static void main(String args[]) {
        SutdaDeck deck = new SutdaDeck();

        System.out.println(deck.pick(0));
        System.out.println(deck.pick());
        deck.shuffle();

        for (int i = 0; i < deck.cards.length; i++)
            System.out.print(deck.cards[i] + ",");

        System.out.println();
        System.out.println(deck.pick(0));
    }
}
```

```
결과  1K
     7
     2,6,10,1K,7,3,10,5,7,8,5,1,2,9,6,9,4,8K,4,3K,
     2
```

7-3 다음의 코드는 컴파일하면 에러가 발생한다. 그 이유를 설명하고 에러를 수정하기 위해서는 코드를 어떻게 바꾸어야 하는가?

```
class Product
{
    int price;          // 제품의 가격
    int bonusPoint;     // 제품구매 시 제공하는 보너스점수

    Product(int price) {
        this.price = price;
        bonusPoint = (int) (price / 10.0);
    }
}

class Tv extends Product {
    Tv() {}

    public String toString() {
        return "Tv";
    }
}

class Exercise7_3 {
    public static void main(String[] args) {
        Tv t = new Tv();
    }
}
```

7-4 MyTv클래스의 멤버변수 isPowerOn, channel, volume을 클래스 외부에서 접근할 수 없도록 제어자를 붙이고 대신 이 멤버변수들의 값을 어디서나 읽고 변경할 수 있도록 getter와 setter메서드를 추가하시오.

```java
class MyTv {
    boolean isPowerOn;
    int channel;
    int volume;

    final int MAX_VOLUME = 100;
    final int MIN_VOLUME = 0;
    final int MAX_CHANNEL = 100;
    final int MIN_CHANNEL = 1;

    /*
            (1) 알맞은 코드를 넣어 완성하시오.
    */
}

class Exercise7_4 {
    public static void main(String args[]) {
        MyTv t = new MyTv();

        t.setChannel(10);
        System.out.println("CH:" + t.getChannel());
        t.setVolume(20);
        System.out.println("VOL:" + t.getVolume());
    }
}
```

결과
```
CH:10
VOL:20
```

7-5 연습문제7-4에서 작성한 MyTv클래스에 이전 채널(previous channel)로 이동하는 기능의 메서드를 추가해서 실행결과와 같은 결과를 얻도록 하시오.

(Hint) 이전 채널의 값을 저장할 멤버변수를 정의하라.

- 메서드명 : gotoPrevChannel
- 기   능 : 현재 채널을 이전 채널로 변경한다.
- 반환타입 : 없음
- 매개변수 : 없음

```
class MyTv2 {

    /*
        (1) 연습문제7-4의 MyTv2클래스에 gotoPrevChannel메서드를 추가하여 완성하시오.
    */

}

class Exercise7_5 {
    public static void main(String args[]) {
        MyTv2 t = new MyTv2();

        t.setChannel(10);
        System.out.println("CH:" + t.getChannel());
        t.setChannel(20);
        System.out.println("CH:" + t.getChannel());
        t.gotoPrevChannel();
        System.out.println("CH:" + t.getChannel());
        t.gotoPrevChannel();
        System.out.println("CH:" + t.getChannel());
    }
}
```

```
결   CH:10
과   CH:20
     CH:10
     CH:20
```

7-6 Outer클래스의 내부 클래스 Inner의 멤버변수 iv의 값을 출력하시오.

```java
class Outer {
    class Inner {
        int iv = 100;
    }
}

class Exercise7_6 {
    public static void main(String[] args) {
        /*
                (1) 알맞은 코드를 넣어 완성하시오.
        */

    }
}
```

결과 100

7-7 Outer클래스의 내부 클래스 Inner의 멤버변수 iv의 값을 출력하시오.

```java
class Outer {
    static class Inner {
        int iv = 200;
    }
}

class Exercise7_7 {
    public static void main(String[] args) {
        /*
                (1) 알맞은 코드를 넣어 완성하시오.
        */

    }
}
```

결과 200

7-8 다음과 같은 실행결과를 얻도록 (1)~(4)의 코드를 완성하시오.

```
class Outer {
   int value = 10;

   class Inner {
      int value = 20;
      void method1() {
         int value = 30;

         System.out.println(  /* (1) */  );
         System.out.println(  /* (2) */  );
         System.out.println(  /* (3) */  );
      }
   } // Inner클래스의 끝
} // Outer클래스의 끝

class Exercise7_8 {
   public static void main(String args[]) {

      /*
             (4) 알맞은 코드를 넣어 완성하시오.
      */

      inner.method1();
   }
}
```

결과
```
30
20
10
```

7-9 아래의 EventHandler를 익명 클래스(anonymous class)로 변경하시오.

```java
import java.awt.*;
import java.awt.event.*;

class Exercise7_9
{
   public static void main(String[] args)
   {
      Frame f = new Frame();
      f.addWindowListener(new EventHandler());
   }
}

class EventHandler extends WindowAdapter
{
   public void windowClosing(WindowEvent e) {
      e.getWindow().setVisible(false);
      e.getWindow().dispose();
      System.exit(0);
   }
}
```

MEMO

예외처리

exception handling

프로그램이 실행 중 어떤 원인에 의해서 오작동을 하거나 비정상적으로 종료되는 경우가 있다. 이러한 결과를 초래하는 원인을 프로그램 에러 또는 오류라고 한다.

이를 발생시점에 따라 '컴파일 에러(compile-time error)'와 '런타임 에러(runtime error)'로 나눌 수 있는데, 글자 그대로 '컴파일 에러'는 컴파일 할 때 발생하는 에러이고 프로그램의 실행도중에 발생하는 에러를 '런타임 에러'라고 한다. 이 외에도 '논리적 에러(logical error)'가 있는데, 컴파일도 잘되고 실행도 잘되지만 의도한 것과 다르게 동작하는 것을 말한다. 예를 들어, 창고의 재고가 음수가 된다던가, 게임 프로그램에서 비행기가 총알을 맞아도 죽지 않는 경우가 이에 해당된다.

컴파일 에러 컴파일 시에 발생하는 에러
런타임 에러 실행 시에 발생하는 에러
논리적 에러 실행은 되지만, 의도와 다르게 동작하는 것

소스코드를 컴파일 하면 컴파일러가 소스코드(*.java)에 대해 오타나 잘못된 구문, 자료형 체크 등의 기본적인 검사를 수행하여 오류가 있는지를 알려 준다. 컴파일러가 알려 준 에러들을 모두 수정해서 컴파일을 성공적으로 마치고 나면, 클래스 파일(*.class)이 생성되고, 생성된 클래스 파일을 실행할 수 있다.

하지만 컴파일을 에러 없이 성공적으로 마쳤다고 해서 프로그램의 실행 시에도 에러가 발생하지 않는 것은 아니다. 컴파일러가 실행 도중에 발생할 수 있는 잠재적인 오류까지 검사할 수 없기 때문에 컴파일은 잘 되었어도 실행 중에 에러에 의해서 잘못된 결과를 얻거나 프로그램이 비정상적으로 종료될 수 있다.

런타임 에러를 방지하기 위해서는 프로그램의 실행 도중 발생할 수 있는 모든 경우의 수를 고려하여 이에 대한 대비를 하는 것이 필요하다. 자바에서는 실행 시(runtime) 발생할 수 있는 프로그램 오류를 '에러(error)'와 '예외(exception)', 두 가지로 구분하였다.

에러(error)   프로그램 코드에 의해서 수습될 수 없는 심각한 오류
예외(exception) 프로그램 코드에 의해서 수습될 수 있는 다소 미약한 오류

에러는 메모리 부족(OutOfMemoryError)이나 스택오버플로우(StackOverflowError)와 같이 일단 발생하면 복구할 수 없는 심각한 오류이고, 예외는 발생하더라도 수습될 수 있는 비교적 덜 심각한 것이다.

자바에서는 실행 시 발생할 수 있는 오류(Exception과 Error)를 클래스로 정의하였다. 앞서 배운 것처럼 모든 클래스의 조상은 Object클래스이므로 Exception과 Error클래스 역시 Object클래스의 자손들이다.

참 고 아래의 그림은 전체 Exception클래스 중에서 몇 개의 주요 클래스들만을 나열한 것이다.

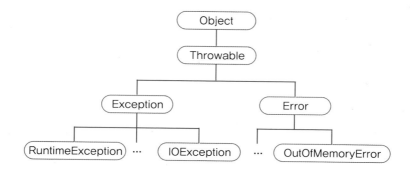

모든 예외의 최고 조상은 Exception클래스이며, 상속계층도를 Exception클래스부터 도식화하면 다음과 같다.

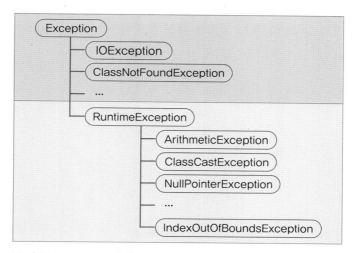

▲ 그림 8-1 Exception클래스와 RuntimeException클래스 중심의 상속계층도

위 그림에서 볼 수 있듯이 예외 클래스들은 다음과 같이 두 그룹으로 나눠질 수 있다.

> ① Exception클래스와 그 자손들(그림 8-1의 윗부분, RuntimeException과 자손들 제외)
> ② RuntimeException클래스와 그 자손들(그림 8-1의 아랫부분)

앞으로 RuntimeException클래스와 그 자손 클래스들을 'RuntimeException클래스들'이라
하고, RuntimeException클래스들을 제외한 나머지 클래스들을 'Exception클래스들'이라 하
겠다.

> **Exception클래스들**　　　사용자의 실수와 같은 외적인 요인에 의해 발생하는 예외
> **RuntimeException클래스들**　프로그래머의 실수로 발생하는 예외

RuntimeException클래스들은 주로 프로그래머의 실수에 의해서 발생될 수 있는 예외들
로 자바의 프로그래밍 요소들과 관계가 깊다. 예를 들면, 배열의 범위를 벗어난다던가(ArrayIndexOutOfBoundsException), 값이 null인 참조변수의 멤버를 호출하려 했다던가
(NullPointerException), 클래스간의 형변환을 잘못했다던가(ClassCastException), 정수를
0으로 나누려고(ArithmeticException)하는 경우에 발생한다.

Exception클래스들은 주로 외부의 영향으로 발생할 수 있는 것들로서, 프로그램의 사
용자들의 동작에 의해서 발생하는 경우가 많다. 예를 들면, 존재하지 않는 파일의 이름
을 입력했다던가(FileNotFoundException), 실수로 클래스의 이름을 잘못 적었다던가
(ClassNotFoundException), 또는 입력한 데이터 형식이 잘못된(DataFormatException)
경우에 발생한다.

04 예외 처리하기 - try-catch문

프로그램의 실행도중에 발생하는 에러는 어쩔 수 없지만, 예외는 프로그래머가 이에 대한 처리를 미리 해주어야 한다.

예외처리(exception handling)란, 프로그램 실행 시 발생할 수 있는 예기치 못한 예외의 발생에 대비한 코드를 작성하는 것이며, 예외처리의 목적은 예외의 발생으로 인한 실행 중인 프로그램의 갑작스런 비정상 종료를 막고, 정상적인 실행상태를 유지할 수 있도록 하는 것이다.

> **예외처리(exception handling)의**
> **정의** 프로그램 실행 시 발생할 수 있는 예외의 발생에 대비한 코드를 작성하는 것
> **목적** 프로그램의 비정상 종료를 막고, 정상적인 실행상태를 유지하는 것

참고 에러와 예외는 모두 실행 시(runtime) 발생하는 오류이다.

발생한 예외를 처리하지 못하면, 프로그램은 비정상적으로 종료되며, 처리되지 못한 예외(uncaught exception)는 JVM의 '예외처리기(UncaughtExceptionHandler)'가 받아서 예외의 원인을 화면에 출력한다.

예외를 처리하기 위해서는 try-catch문을 사용하며, 그 구조는 다음과 같다.

```
try {
    // 예외가 발생할 가능성이 있는 문장들을 넣는다.
} catch (Exception1 e1) {
    // Exception1이 발생했을 경우, 이를 처리하기 위한 문장을 적는다.
} catch (Exception2 e2) {
    // Exception2가 발생했을 경우, 이를 처리하기 위한 문장을 적는다.
} catch (ExceptionN eN) {
    // ExceptionN이 발생했을 경우, 이를 처리하기 위한 문장을 적는다.
}
```

하나의 try블럭 다음에는 여러 종류의 예외를 처리할 수 있도록 하나 이상의 catch블럭이 올 수 있으며, 이 중 발생한 예외의 종류와 일치하는 단 한 개의 catch블럭만 수행된다. 발생한 예외의 종류와 일치하는 catch블럭이 없으면 예외는 처리되지 않는다.

참고 if문과 달리, try블럭이나 catch블럭 내에 포함된 문장이 하나뿐이어도 괄호{ }를 생략할 수 없다.

try-catch문에서, 예외가 발생한 경우와 발생하지 않았을 때 흐름이 달라진다.

> ▶ **try블럭 내에서 예외가 발생한 경우,**
>
> 1. 발생한 예외와 일치하는 catch블럭이 있는지 확인한다.
> 2. **일치하는 catch블럭을 찾게 되면,** 그 catch블럭 내의 문장들을 수행하고 전체 try-catch문을 빠져나가서 그 다음 문장을 계속해서 수행한다.
>   **일치하는 catch블럭을 찾지 못하면,** 예외는 처리되지 못한다.
>
> ▶ **try블럭 내에서 예외가 발생하지 않은 경우,**
>
> 1. catch블럭을 거치지 않고 전체 try-catch문을 빠져나가서 수행을 계속한다.

예제 8-1

```
class Ex8_1 {
    public static void main(String args[]) {
        System.out.println(1);
        try {
            System.out.println(2);
            System.out.println(3);
        } catch (Exception e)    {
            System.out.println(4);   // 실행되지 않는다.
        } // try-catch의 끝
        System.out.println(5);
    }
}
```

결과
```
1
2
3
5
```

위의 예제에서는 예외가 발생하지 않았으므로 catch블럭의 문장이 실행되지 않았다. 다음의 예제는 위의 예제를 변경해서, try블럭에서 예외가 발생하도록 하였다.

예제 8-2

```
class Ex8_2 {
    public static void main(String args[]) {
        System.out.println(1);
        try {
            System.out.println(0/0);    0으로 나눠서 고의로
            System.out.println(2); // 실행되지 않는다.    ArithmeticException을
        } catch (ArithmeticException ae)  {    발생시킨다.
            System.out.println(3);
        } // try-catch의 끝
        System.out.println(4);
    } // main메서드의 끝
}
```

결과
```
1
3
4
```

위의 결과를 보면, 1을 출력한 다음 try블럭에서 예외가 발생했기 때문에 try블럭을 바로 벗어나서 2는 출력되지 않는다. 그리고는 발생한 예외에 해당하는 catch블럭으로 이동하여 문장들을 수행한 후에 전체 try-catch문을 벗어나서 그 다음 문장을 실행하여 4를 출력한다.

catch블럭은 괄호( )와 블럭{ } 두 부분으로 나눠져 있는데, 괄호( )내에는 처리하고자 하는 예외와 같은 타입의 참조변수 하나를 선언해야한다.

예외가 발생하면, 발생한 예외에 해당하는 클래스의 인스턴스가 만들어 진다. 예제8-2에서는 ArithmeticException이 발생했으므로 ArithmeticException인스턴스가 생성된다. 예외가 발생한 문장이 try블럭에 포함되어 있다면, 이 예외를 처리할 수 있는 catch블럭이 있는지 찾게 된다.

첫 번째 catch블럭부터 차례로 내려가면서 catch블럭의 괄호( )내에 선언된 참조변수의 종류와 생성된 예외클래스의 인스턴스에 instanceof연산자를 이용해서 검사하게 되는데, 검사결과가 true인 catch블럭을 만날 때까지 검사는 계속된다.

검사결과가 true인 catch블럭을 찾게 되면 블럭에 있는 문장들을 모두 수행한 후에 try-catch문을 빠져나가고 예외는 처리되지만, 검사결과가 true인 catch블럭이 하나도 없으면 예외는 처리되지 않는다.

모든 예외 클래스는 Exception클래스의 자손이므로, catch블럭의 괄호( )에 Exception클래스 타입의 참조변수를 선언해 놓으면 어떤 종류의 예외가 발생하더라도 이 catch블럭에 의해서 처리된다.

예제 8-3

```java
class Ex8_3 {
    public static void main(String args[]) {
        System.out.println(1);
        System.out.println(2);

        try {
            System.out.println(3);
            System.out.println(0/0);   // 0으로 나눠서 고의로 ArithmeticException을 발생시킨다.
            System.out.println(4);     // 실행되지 않는다.
        } catch (Exception e){         // ArithmeticException대신 Exception을 사용.
            System.out.println(5);
        }  // try-catch의 끝

        System.out.println(6);
    }  // main메서드의 끝
}
```

결과
```
1
2
3
5
6
```

ArithmeticException클래스는 Exception클래스의 자손이므로 ArithmeticException인스턴스와 Exception클래스와의 instanceof연산결과가 true가 되어 Exception클래스 타입의의 참조변수를 선언한 catch블럭의 문장들이 수행되고 예외가 처리되는 것이다.

예제
8-4

```java
class Ex8_4 {
    public static void main(String args[]) {
        System.out.println(1);
        System.out.println(2);
        try {
            System.out.println(3);
            System.out.println(0/0);    // 0으로 나눠서 고의로 ArithmeticException을 발생시킨다.
            System.out.println(4);      // 실행되지 않는다.
        } catch (ArithmeticException ae)    {
            if (ae instanceof ArithmeticException)
                System.out.println("true");
            System.out.println("ArithmeticException");
        } catch (Exception e){    // ArithmeticException을 제외한 모든 예외가 처리된다.
            System.out.println("Exception");
        }   // try-catch의 끝
        System.out.println(6);
    } // main메서드의 끝
}
```

결과
```
1
2
3
true
ArithmeticException
6
```

위의 예제에서는 두 개의 catch블럭, ArithmeticException타입의 참조변수를 선언한 것과 Exception타입의 참조변수를 선언한 것을 사용하였다.

　try블럭에서 ArithmeticException이 발생하였으므로 instanceof연산자로 catch블럭을 하나씩 차례대로 검사하게 되는데, 첫 번째 검사에서 일치하는 catch블럭을 찾았기 때문에 두 번째 catch블럭은 검사하지 않게 된다. 만일 try블럭 내에서 ArithmeticException이 아닌 다른 종류의 예외가 발생한 경우에는 두 번째 catch블럭인 Exception타입의 참조변수를 선언한 곳에서 처리되었을 것이다.

　이처럼, try-catch문의 마지막에 Exception타입의 참조변수를 선언한 catch블럭을 사용하면, 어떤 종류의 예외가 발생하더라도 이 catch블럭에 의해 처리되도록 할 수 있다.

예외가 발생했을 때 생성되는 예외 클래스의 인스턴스에는 발생한 예외에 대한 정보가 담겨 있으며, getMessage( )와 printStackTrace( )를 통해서 이 정보들을 얻을 수 있다.

catch블럭의 괄호( )에 선언된 참조변수를 통해 이 인스턴스에 접근할 수 있다. 이 참조변수는 선언된 catch블럭 내에서만 사용 가능하며, 자주 사용되는 메서드는 다음과 같다.

> **printStackTrace( )**　예외발생 당시의 호출스택(Call Stack)에 있었던 메서드의 정보와 예외 메시지를 화면에 출력한다.
>
> **getMessage( )**　발생한 예외클래스의 인스턴스에 저장된 메시지를 얻을 수 있다.

예제 8-5

```
class Ex8_5 {
    public static void main(String args[]) {
        System.out.println(1);
        System.out.println(2);

        try {
            System.out.println(3);
            System.out.println(0/0); // 예외발생!!!
            System.out.println(4);    // 실행되지 않는다.
        } catch (ArithmeticException ae)    {
            ae.printStackTrace();
            System.out.println("예외메시지 : " + ae.getMessage());
        } // try-catch의 끝

        System.out.println(6);
    } // main메서드의 끝
}
```

> 참조변수 ae를 통해, 생성된 ArithmeticException인스턴스에 접근할 수 있다.

결과
```
1
2
3
java.lang.ArithmeticException: / by zero
        at Ex8_5.main(Ex8_5.java:8)
예외메시지 : / by zero
6
```

위 예제의 결과는 예외가 발생해서 비정상적으로 종료되었을 때의 결과와 비슷하지만 예외는 try-catch문에 의해 처리되었으며 프로그램은 정상적으로 종료되었다.

그 대신 ArithmeticException인스턴스의 printStackTrace( )를 사용해서, 호출스택(call stack)에 대한 정보와 예외 메시지를 출력하였다. 이처럼 try-catch문으로 예외처리를 하여 예외가 발생해도 비정상적으로 종료하지 않도록 해주는 동시에, printStackTrace( ) 또는 getMessage( )와 같은 메서드를 통해서 예외의 발생원인을 알 수 있다.

JDK1.7부터 여러 catch블럭을 '|'기호를 이용해서, 하나의 catch블럭으로 합칠 수 있게 되었으며, 이를 '멀티 catch블럭'이라 한다. 아래의 코드에서 알 수 있듯이 '멀티 catch블럭'을 이용하면 중복된 코드를 줄일 수 있다. 그리고 '|'기호(논리 연산자 아님)로 연결할 수 있는 예외 클래스의 개수에는 제한이 없다.

```
try {
    ...
} catch (ExceptionA e) {
    e.printStackTrace();
} catch (ExceptionB e2) {
    e2.printStackTrace();
}
```

```
try {
    ...
} catch (ExceptionA | ExceptionB e) {
        e.printStackTrace();
}
```

만일 멀티 catch블럭의 '|'기호로 연결된 예외 클래스가 조상과 자손의 관계에 있다면 컴파일 에러가 발생한다.

```
try {
    ...
// } catch (ParentException | ChildException e) { // 에러!
} catch (ParentException e) { // OK. 위의 라인과 의미상 동일
        e.printStackTrace();
}
```

두 예외 클래스가 조상과 자손의 관계에 있다면, 그냥 조상 클래스만 써주는 것과 똑같기 때문이다. 불필요한 코드는 제거하라는 뜻에서 에러가 발생하는 것이다.

그리고 멀티 catch는 하나의 catch블럭으로 여러 예외를 처리하는 것이기 때문에, 발생한 예외를 멀티 catch블럭으로 처리하게 되었을 때, 멀티 catch블럭 내에서는 실제로 어떤 예외가 발생한 것인지 알 수 없다. 그래서 참조변수 e로 멀티 catch블럭에 '|'기호로 연결된 예외 클래스들의 공통 분모인 조상 예외 클래스에 선언된 멤버만 사용할 수 있다.

```
try {
    ...
} catch (ExceptionA | ExceptionB e) {
        e.methodA(); // 에러. ExceptionA에 선언된 methodA()는 호출불가

        if(e instanceof ExceptionA) {
            ExceptionA e1 = (ExceptionA)e;
            e1.methodA(); // OK. ExceptionA에 선언된 메서드 호출가능
        } else {  // if(e instanceof ExceptionB)
            ...
```

키워드 throw를 사용해서 프로그래머가 고의로 예외를 발생시킬 수 있으며, 방법은 아래의 순서를 따르면 된다.

> **1. 연산자 new를 이용해서 발생시키려는 예외 클래스의 객체를 만든 다음**
>    ```
>    Exception e = new Exception("고의로 발생시켰음");
>    ```
>
> **2. 키워드 throw를 이용해서 예외를 발생시킨다.**
>    ```
>    throw e;
>    ```

예제 8-6

```
class Ex8_6 {
    public static void main(String args[]) {
        try {
            Exception e = new Exception("고의로 발생시켰음.");
            throw e;   // 예외를 발생시킴
        //  throw new Exception("고의로 발생시켰음.");

        } catch (Exception e) {
            System.out.println("에러 메시지 : " + e.getMessage());
            e.printStackTrace();
        }
        System.out.println("프로그램이 정상 종료되었음.");
    }
}
```

> 위의 두 줄을 한 줄로 줄여 쓸 수 있다.

결과
```
에러 메시지 : 고의로 발생시켰음.
java.lang.Exception: 고의로 발생시켰음.
        at Ex8_6.main(Ex8_6.java:4)
프로그램이 정상 종료되었음.
```

Exception인스턴스를 생성할 때, 생성자에 String을 넣어 주면, 이 String이 Exception인스턴스에 메시지로 저장된다. 이 메시지는 getMessage( )를 이용해서 얻을 수 있다

예제
8-7

```
class Ex8_7 {
    public static void main(String[] args) {
        throw new Exception();                    // Exception을 고의로 발생시킨다.
    }
}
```

컴
파
일
결
과
```
Ex8_7.java:3: unreported exception java.lang.Exception; must be caught or de
clared to be thrown
            throw new Exception();
            ^
1 error
```

이 예제를 작성한 후에 컴파일 하면, 위와 같은 에러가 발생하며 컴파일이 완료되지 않을 것이다. 예외처리가 되어 있지 않다는 에러이다. 위의 결과에서 알 수 있는 것처럼, 앞서 그림 8-1(p.293)에서 분류한 'Exception클래스와 그 자손들(checked예외)'이 발생할 가능성이 있는 문장들에 대해 예외처리를 해주지 않으면 컴파일조차 되지 않는다.

예제
8-8

```
class Ex8_8 {
    public static void main(String[] args) {
        throw new RuntimeException(); // RuntimeException을 고의로 발생시킨다.
    }
}
```

결
과
```
Exception in thread "main" java.lang.RuntimeException
            at Ex8_8.main(Ex8_8.java:3)
```

이 예제는 예외처리를 하지 않았음에도 불구하고 이전의 예제와는 달리 성공적으로 컴파일될 것이다. 그러나 실행하면, 위의 실행결과처럼 RuntimeException이 발생하여 비정상적으로 종료될 것이다. 이 예제가 명백히 RuntimeException을 발생시키는 코드를 가지고 있고, 이에 대한 예외처리를 하지 않았음에도 불구하고 성공적으로 컴파일 되었다.

이 장의 앞부분에서 설명한 것과 같이 'RuntimException클래스과 그 자손(unchecked예외)'에 해당하는 예외는 프로그래머가 실수로 발생하는 것들이기 때문에 예외처리를 강제하지 않는 것이다. 만일 RuntimeException클래스들에 속하는 예외가 발생할 가능성이 있는 코드에도 예외처리를 해야 한다면, 아래와 같이 참조 변수와 배열이 사용되는 모든 곳에 예외처리를 해주어야 할 것이다.

```
try {
    int[] arr = new int[10];
    System.out.println(arr[0]);
} catch(IndexOutOfBoundsException ie) {
        ...
} catch(NullPointerException ne) {
        ...
}
```

예외를 처리하는 방법에는 지금까지 배워 온 try-catch문을 사용하는 것 외에, 예외를 메서드에 선언하는 방법이 있다.

메서드에 예외를 선언하려면, 메서드의 선언부에 키워드 throws를 사용해서 메서드 내에서 발생할 수 있는 예외를 적어주기만 하면 된다. 그리고 예외가 여러 개일 경우에는 쉼표(,)로 구분한다.

```
void method() throws Exception1, Exception2, ... ExceptionN {
    // 메서드의 내용
}
```

> **참고** 예외를 발생시키는 키워드 throw와 예외를 메서드에 선언할 때 쓰이는 throws를 잘 구별하자.

만일 아래와 같이 모든 예외의 최고조상인 Exception클래스를 메서드에 선언하면, 이 메서드는 모든 종류의 예외가 발생할 가능성이 있다는 뜻이다.

```
void method() throws Exception {
    // 메서드의 내용
}
```

예외를 선언하면, 이 예외뿐만 아니라 그 자손타입의 예외까지도 발생할 수 있다는 점에 주의하자. 앞서 오버라이딩에서 살펴본 것과 같이, 오버라이딩할 때는 단순히 선언된 예외의 개수가 아니라 상속관계까지 고려해야 한다.

메서드의 선언부에 예외를 선언함으로써 메서드를 사용하려는 사람이 메서드의 선언부를 보았을 때, 이 메서드를 사용하기 위해서는 어떠한 예외들이 처리되어져야 하는지 쉽게 알 수 있다.

기존의 많은 언어들에서는 메서드에 예외선언을 하지 않기 때문에, 경험 많은 프로그래머가 아니고서는 어떤 상황에 어떤 종류의 예외가 발생할 가능성이 있는지 충분히 예측하기 힘들기 때문에 그에 대한 대비를 하는 것이 어려웠다.

그러나 자바에서는 메서드를 작성할 때 메서드 내에서 발생할 가능성이 있는 예외를 메서드의 선언부에 명시하여 이 메서드를 사용하는 쪽에서는 이에 대한 처리를 하도록 강요하기 때문에, 프로그래머들의 짐을 덜어 주는 것은 물론이고 보다 견고한 프로그램 코드를 작성할 수 있도록 도와준다.

<table>
<tr><td>예제
8-9</td><td>

```
class Ex8_9 {
    public static void main(String[] args) throws Exception {
        method1();    // 같은 클래스내의 static멤버이므로 객체생성없이 직접 호출가능.
    } // main메서드의 끝

    static void method1() throws Exception {
        method2();
    } // method1의 끝

    static void method2() throws Exception {
        throw new Exception();
    } // method2의 끝
}
```
</td></tr>
</table>

```
결과  Exception in thread "main" java.lang.Exception
           at Ex8_9.method2(Ex8_9.java:11)
           at Ex8_9.method1(Ex8_9.java:7)
           at Ex8_9.main(Ex8_9.java:3)
```

위의 실행결과를 보면, 프로그램의 실행도중 java.lang.Exception이 발생하여 비정상적으로 종료했다는 것과 예외가 발생했을 때 호출스택(call stack)의 내용을 알 수 있다

위의 결과로부터 다음과 같은 사실을 알 수 있다.

> ① 예외가 발생했을 때, 모두 3개의 메서드(main, method1, method2)가 호출스택에 있었으며,
> ② 예외가 발생한 곳은 제일 윗줄에 있는 method2( )라는 것과
> ③ main메서드가 method1( )을, 그리고 method1( )은 method2( )를 호출했다는 것을 알 수 있다.

위의 예제를 보면, method2( )에서 'throw new Exception( );'문장에 의해 예외가 강제적으로 발생했으나 try-catch문으로 예외처리를 해주지 않았으므로, method2( )는 종료되면서 예외를 자신을 호출한 method1( )에게 넘겨준다. method1( )에서도 역시 예외처리를 해주지 않았으므로 종료되면서 main메서드에게 예외를 넘겨준다.

그러나 main메서드에서 조차 예외처리를 해주지 않았으므로 main메서드가 종료되어 프로그램이 예외로 인해 비정상적으로 종료되는 것이다.

이처럼 예외가 발생한 메서드에서 예외처리를 하지 않고 자신을 호출한 메서드에게 예외를 넘겨줄 수는 있지만, 이것으로 예외가 처리된 것은 아니고 예외를 단순히 전달만 하는 것이다. 결국 어느 한 곳에서는 반드시 try-catch문으로 예외처리를 해주어야 한다.

```
public static void main(String[] args) throws Exception {
    method1();     // 같은 클래스내의 static멤버이므로 객체생성없이 직접 호출가능.
}
```

예외가 선언되어 있으면 Exception과 같은 체크드(checked) 예외를 try-catch문으로 처리하지 않아도 컴파일 에러가 발생하지 않는다.

예제
8-10

```java
import java.io.*;

class Ex8_10 {
    public static void main(String[] args) {
        try {
            File f = createFile(args[0]);
            System.out.println( f.getName()+"파일이 성공적으로 생성되었습니다.");
        } catch (Exception e) {
            System.out.println(e.getMessage()+" 다시 입력해 주시기 바랍니다.");
        }
    } // main메서드의 끝

    static File createFile(String fileName) throws Exception {
        if (fileName==null || fileName.equals(""))
            throw new Exception("파일이름이 유효하지 않습니다.");
        File f = new File(fileName);         //   File클래스의 객체를 만든다.
        // File객체의 createNewFile메서드를 이용해서 실제 파일을 생성한다.
        f.createNewFile();
        return f;         // 생성된 객체의 참조를 반환한다.
    } // createFile메서드의 끝
} // 클래스의 끝
```

결과
```
C:\jdk1.8\work\ch8>java Ex8_10 test2.txt
test2.txt파일이 성공적으로 생성되었습니다.

C:\jdk1.8\work\ch8>java Ex8_10 ""
파일이름이 유효하지 않습니다. 다시 입력해 주시기 바랍니다.
```

위는 사용자로부터 파일 이름을 입력받아서 파일을 생성하는 예제이다. 파일을 생성하는 것은 createFile( )인데, 이 메서드는 입력받은 파일의 이름이 유효하지 않으면 예외를 발생시킨다. createFile( )에 예외가 선언되어 있으므로, 이 예외는 main( )으로 전달되고 main( )의 try-catch문에 의해 처리된다.

이는 main( )이 createFile( )에게 파일을 생성하라고 명령했는데, 작업을 수행하는 과정에서 문제가 생기자 예외를 발생시켜서 main( )에게 알리는 것이라고 이해할 수 있다.

반대로 createFile( )에 try-catch를 넣으면, 문제(예외)가 발생했을 때 createFile( )이 예외를 처리하기 때문에 main( )은 예외가 발생한 사실조차 모르게 된다.

이처럼 예외가 발생했을 때, 예외가 발생한 메서드 내에서 자체적으로 처리해도 되는 경우 메서드 내에 try-catch문을 넣어서 처리하고, 위 예제처럼 메서드 내에서 자체적으로 해결이 안 되는 경우(파일 이름을 다시 받아와야 하는 경우)에는 예외를 선언해서, 호출한 메서드가 처리하도록 해야 한다.

finally블럭은 예외의 발생여부에 상관없이 실행되어야할 코드를 포함시킬 목적으로 사용된다. try-catch문의 끝에 선택적으로 덧붙여 사용할 수 있으며, try-catch-finally의 순서로 구성된다.

```
try {
        // 예외가 발생할 가능성이 있는 문장들을 넣는다.
} catch (Exception1 e1) {
        // 예외처리를 위한 문장을 적는다.
} finally {
        // 예외의 발생여부에 관계없이 항상 수행되어야하는 문장들을 넣는다.
        // finally블럭은 try-catch문의 맨 마지막에 위치해야한다.
}
```

예외가 발생한 경우에는 'try → catch → finally'의 순으로 실행되고, 예외가 발생하지 않은 경우에는 'try → finally'의 순으로 실행된다. 아래와 같이 프로그램을 설치하는 코드가 있을 때, 설치를 정상적으로 마쳐도 임시파일을 삭제해야 하고 중간에 예외가 발생해도 임시파일을 삭제해야 한다.

```
try {
    startInstall();          // 프로그램 설치에 필요한 준비를 한다.
    copyFiles();             // 파일들을 복사한다.
    deleteTempFiles();       // 프로그램 설치에 사용된 임시파일들을 삭제한다.
} catch (Exception e) {
    e.printStackTrace();
    deleteTempFiles();       // 프로그램 설치에 사용된 임시파일들을 삭제한다.
} // try-catch의 끝
```

이럴 때 위와 같이 try블럭과 catch블럭에 같은 코드를 넣기보다는 아래와 같이 finally블럭에 넣는 것이 낫다.

```
try {
    startInstall();          // 프로그램 설치에 필요한 준비를 한다.
    copyFiles();             // 파일들을 복사한다.
} catch (Exception e) {
    e.printStackTrace();
} finally {
    deleteTempFiles();       // 프로그램 설치에 사용된 임시파일들을 삭제한다.
} // try-catch의 끝
```

참고　try블럭 안에 return문이 있어서 try블럭을 벗어나갈 때도 finally블럭이 실행된다.

기존의 정의된 예외 클래스 외에 필요에 따라 프로그래머가 새로운 예외 클래스를 정의하여 사용할 수 있다. 보통 Exception클래스 또는 RuntimeException클래스로부터 상속받는 클래스를 만들지만, 필요에 따라서 알맞은 예외 클래스를 선택할 수 있다.

```
class MyException extends Exception {
    MyException(String msg) {  // 문자열을 매개변수로 받는 생성자
        super(msg); // 조상인 Exception클래스의 생성자를 호출한다.
    }
}
```

Exception클래스로부터 상속받아서 MyException클래스를 만들었다. 필요하다면, 멤버변수나 메서드를 추가할 수 있다. Exception클래스는 생성 시에 String값을 받아서 메시지로 저장할 수 있다. 여러분이 만든 사용자정의 예외 클래스도 메시지를 저장할 수 있으려면, 위에서 보는 것과 같이 String을 매개변수로 받는 생성자를 추가해주어야 한다.

```
class MyException extends Exception {
    // 에러 코드 값을 저장하기 위한 필드를 추가 했다.
    private final int ERR_CODE;   // 생성자를 통해 초기화 한다.

    MyException(String msg, int errCode) {  // 생성자
        super(msg);
        ERR_CODE = errCode;
    }

    MyException(String msg) {  // 생성자
        this(msg, 100);         // ERR_CODE를 100(기본값)으로 초기화한다.
    }

    public int getErrCode() {  // 에러 코드를 얻을 수 있는 메서드도 추가했다.
        return ERR_CODE;  // 이 메서드는 주로 getMessage()와 함께 사용될 것이다.
    }
}
```

이전의 코드를 좀더 개선하여 메시지뿐만 아니라 에러코드 값도 저장할 수 있도록 ERR_CODE와 getErrCode()를 MyException클래스의 멤버로 추가했다. 이렇게 함으로써 MyException이 발생했을 때, catch블럭에서 getMessage()와 getErrCode()를 사용해서 에러코드와 메시지를 모두 얻을 수 있을 것이다.

　기존의 예외 클래스는 주로 Exception을 상속받아서 'checked예외'로 작성하는 경우가 많았지만, 요즘은 예외처리를 선택적으로 할 수 있도록 RuntimeException을 상속받아서 작성하는 쪽으로 바뀌어가고 있다. 'checked예외'는 반드시 예외처리를 해주어야 하기 때문에 예외처리가 불필요한 경우에도 try-catch문을 넣어서 코드가 복잡해지기 때문이다.

예제
8-11

```
class Ex8_11 {
    public static void main(String args[]) {
        try {
            startInstall();              // 프로그램 설치에 필요한 준비를 한다.
            copyFiles();                 // 파일들을 복사한다.
        } catch (SpaceException e)   {
            System.out.println("에러 메시지 : " + e.getMessage());
            e.printStackTrace();
            System.out.println("공간을 확보한 후에 다시 설치하시기 바랍니다.");
        } catch (MemoryException me) {
            System.out.println("에러 메시지 : " + me.getMessage());
            me.printStackTrace();
            System.gc();                 // Garbage Collection을 수행하여 메모리를 늘려준다.
            System.out.println("다시 설치를 시도하세요.");
        } finally {
            deleteTempFiles();           // 프로그램 설치에 사용된 임시파일들을 삭제한다.
        } // try의 끝
    } // main의 끝

    static void startInstall() throws SpaceException, MemoryException {
        if(!enoughSpace())               // 충분한 설치 공간이 없으면...
            throw new SpaceException("설치할 공간이 부족합니다.");
        if (!enoughMemory())             // 충분한 메모리가 없으면...
            throw new MemoryException("메모리가 부족합니다.");
    } // startInstall메서드의 끝

    static void copyFiles() { /* 파일들을 복사하는 코드를 적는다. */ }
    static void deleteTempFiles() { /* 임시파일들을 삭제하는 코드를 적는다.*/ }

    static boolean enoughSpace()    {
        // 설치하는데 필요한 공간이 있는지 확인하는 코드를 적는다.
        return false;
    }

    static boolean enoughMemory() {
        // 설치하는데 필요한 메모리공간이 있는지 확인하는 코드를 적는다.
        return true;
    }
} // ExceptionTest클래스의 끝

class SpaceException extends Exception {
    SpaceException(String msg) {
        super(msg);
    }
}
```

```
class MemoryException extends Exception {
    MemoryException(String msg) {
        super(msg);
    }
}
```

결
과
에러 메시지 : 설치할 공간이 부족합니다.
SpaceException: 설치할 공간이 부족합니다.
　　　　at Ex8_11.startInstall(Ex8_11.java:22)
　　　　at Ex8_11.main(Ex8_11.java:4)
공간을 확보한 후에 다시 설치하시기 바랍니다.

실제 설치 프로그램과 비슷하게 보이려고 하다 보니 좀 복잡해 졌다. MemoryException
과 SpaceException, 이 두 개의 사용자정의 예외 클래스를 새로 만들어서 사용했다. Space
Exception은 프로그램을 설치하려는 곳에 충분한 공간이 없을 경우에 발생하도록 했으며,
MemoryException은 설치작업을 수행하는데 메모리가 충분히 확보되지 않았을 경우에 발생
하도록 하였다.

　이 두 예외는 startInstall( )을 수행하는 동안에 발생할 수 있으며, enoughSpace( )와
enoughMemory( )의 실행결과에 따라서 발생하는 예외의 종류가 달라지도록 했다.

　이번 예제에서 enoughSpace( )와 enoughMemory( )는 단순히 false와 true를 각각 반환
하도록 되어 있지만 설치공간과 사용 가능한 메모리를 확인하는 기능을 한다고 가정하였다.

한 메서드에서 발생할 수 있는 예외가 여럿인 경우, 몇 개는 try-catch문을 통해서 메서드 내에서 자체적으로 처리하고, 그 나머지는 선언부에 지정하여 호출한 메서드에서 처리하도록 함으로써, 양쪽에서 나눠서 처리되도록 할 수 있다.

그리고 심지어는 단 하나의 예외에 대해서도 예외가 발생한 메서드와 호출한 메서드, 양쪽에서 처리하도록 할 수 있다.

이것은 예외를 처리한 후에 인위적으로 다시 발생시키는 방법을 통해서 가능한데, 이것을 '예외 되던지기(exception re-throwing)'라고 한다.

먼저 예외가 발생할 가능성이 있는 메서드에서 try-catch문을 사용해서 예외를 처리해주고 catch문에서 필요한 작업을 행한 후에 throw문을 사용해서 예외를 다시 발생시킨다. 다시 발생한 예외는 이 메서드를 호출한 메서드에게 전달되고 호출한 메서드의 try-catch문에서 예외를 또다시 처리한다.

이 방법은 하나의 예외에 대해서 예외가 발생한 메서드와 이를 호출한 메서드 양쪽 모두에서 처리해줘야 할 작업이 있을 때 사용된다. 이 때 주의할 점은 예외가 발생할 메서드에서는 try-catch문을 사용해서 예외처리를 해줌과 동시에 메서드의 선언부에 발생할 예외를 throws에 지정해줘야 한다는 것이다.

예제 8-12

```java
class Ex8_12 {
    public static void main(String[] args) {
        try  {
            method1();
        } catch (Exception e) {
            System.out.println("main메서드에서 예외가 처리되었습니다.");
        }
    } // main메서드의 끝

    static void method1() throws Exception {
        try {
            throw new Exception();
        } catch (Exception e) {
            System.out.println("method1메서드에서 예외가 처리되었습니다.");
            throw e;            // 다시 예외를 발생시킨다.
        }
    } // method1메서드의 끝
}
```

```
결과  method1메서드에서 예외가 처리되었습니다.
      main메서드에서 예외가 처리되었습니다.
```

결과에서 알 수 있듯이 method1()과 main메서드 양쪽의 catch블럭이 모두 수행되었음을 알 수 있다. method1()의 catch블럭에서 예외를 처리하고도 throw문을 통해 다시 예외를 발생시켰다. 그리고 이 예외를 main메서드 한 번 더 처리한 것이다.

반환값이 있는 return문의 경우, catch블럭에도 return문이 있어야 한다. 예외가 발생했을 경우에도 값을 반환해야하기 때문이다.

```java
static int method1() {
    try {
        System.out.println("method1()이 호출되었습니다.");
        return 0;            // 현재 실행 중인 메서드를 종료한다.
    } catch (Exception e) {
        e.printStackTrace();
        return 1;     // catch블럭 내에도 return문이 필요하다.
    } finally {
        System.out.println("method1()의 finally블럭이 실행되었습니다.");
    }
}  // method1메서드의 끝
```

한 예외가 다른 예외를 발생시킬 수도 있다. 예를 들어 예외 A가 예외 B를 발생시켰다면, A를 B의 '원인 예외(cause exception)'라고 한다. 아래의 코드는 예제8-11의 일부를 변경한 것으로, SpaceException을 원인 예외로 하는 InstallException을 발생시키는 방법을 보여준다.

```java
try {
    startInstall();                // SpaceException 발생
    copyFiles();
} catch (SpaceException e)    {
    InstallException ie = new InstallException("설치중 예외발생"); // 예외 생성
    ie.initCause(e); // InstallException의 원인 예외를 SpaceException으로 지정
    throw ie;        // InstallException을 발생시킨다.
} catch (MemoryException me)    {
    ...
```

먼저 InstallException을 생성한 후에, initCause( )로 SpaceException을 InstallException의 원인 예외로 등록한다. 그리고 'throw'로 이 예외를 던진다.

initCause( )는 Exception클래스의 조상인 Throwable클래스에 정의되어 있기 때문에 모든 예외에서 사용가능하다.

> Throwable initCause(Throwable cause)   지정한 예외를 원인 예외로 등록
> Throwable getCause( )   원인 예외를 반환

발생한 예외를 그냥 처리하면 될 텐데, 원인 예외로 등록해서 다시 예외를 발생시키는지 궁금할 것이다. 그 이유는 여러가지 예외를 하나의 큰 분류의 예외로 묶어서 다루기 위해서이다.

그렇다고 아래와 같이 InstallException을 SpaceException과 MemoryException의 조상으로 해서 catch블럭을 작성하면, 실제로 발생한 예외가 어떤 것인지 알 수 없다는 문제가 생긴다. 그리고 SpaceException과 MemoryException의 상속관계를 변경해야 한다는 것도 부담이다.

```java
try {
    startInstall();            // SpaceException 발생
    copyFiles();
} catch (InstallException e) { // InstallException은
    e.printStackTrace();   // SpaceException과 MemoryException의 조상
}
```

그래서 생각한 것이 예외가 원인 예외를 포함할 수 있게 한 것이다. 이렇게 하면, 두 예외는 상속관계가 아니어도 상관없다.

```
public class Throwable implements Serializable {
    ...
    private Throwable cause = this; // 객체 자신(this)을 원인 예외로 등록
    ...
}
```

또 다른 이유는 checked예외를 unchecked예외로 바꿀 수 있도록 하기 위해서이다. checked 예외로 예외처리를 강제한 이유는 프로그래밍 경험이 적은 사람도 보다 견고한 프로그램을 작성할 수 있도록 유도하기 위한 것이었는데, 지금은 자바가 처음 개발되던 1990년대와 컴퓨터 환경이 많이 달라졌다. 그래서 checked예외가 발생해도 예외를 처리할 수 없는 상황이 하나둘 발생하기 시작했다. 이럴 때 할 수 있는 일이라곤 그저 의미없는 try-catch문을 추가하는 것뿐인데, checked예외를 unchecked예외로 바꾸면 예외처리가 선택적이 되므로 억지로 예외처리를 하지 않아도 된다.

```
static void startInstall() throws SpaceException, MemoryException {
  if(!enoughSpace())              // 충분한 설치 공간이 없으면...
    throw new SpaceException("설치할 공간이 부족합니다.");

  if (!enoughMemory())            // 충분한 메모리가 없으면...
    throw new MemoryException("메모리가 부족합니다.");
}
```

⬇

```
static void startInstall() throws SpaceException {
  if(!enoughSpace())              // 충분한 설치 공간이 없으면...
    throw new SpaceException("설치할 공간이 부족합니다.");

  if (!enoughMemory())            // 충분한 메모리가 없으면...
    throw new RuntimeException(new MemoryException("메모리가 부족합니다."));
} // startInstall메서드의 끝
```

MemoryException은 Exception의 자손이므로 반드시 예외를 처리해야하는데, 이 예외를 RuntimeException으로 감싸버렸기 때문에 unchecked예외가 되었다. 그래서 더 이상 startInstall()의 선언부에 MemoryException을 선언하지 않아도 된다. 참고로 위의 코드에서는 initCause()대신 RuntimeException의 생성자를 사용했다.

```
RuntimeException(Throwable cause) // 원인 예외를 등록하는 생성자
```

예제
8-13

```java
class Ex8_13 {
    public static void main(String args[]) {
        try {
            install();
        } catch(InstallException e) {
            e.printStackTrace();
        } catch(Exception e) {
            e.printStackTrace();
        }
    } // main의 끝

    static void install() throws InstallException {
        try {
            startInstall();        // 프로그램 설치에 필요한 준비를 한다.
            copyFiles();           // 파일들을 복사한다.
        } catch (SpaceException2 e)  {
            InstallException ie = new InstallException("설치 중 예외발생");
            ie.initCause(e);
            throw ie;
        } catch (MemoryException2 me) {
            InstallException ie = new InstallException("설치 중 예외발생");
            ie.initCause(me);
            throw ie;
        } finally {
            deleteTempFiles();     // 프로그램 설치에 사용된 임시파일들을 삭제한다.
        } // try의 끝
    }

    static void startInstall() throws SpaceException2, MemoryException2 {
        if(!enoughSpace()) {            // 충분한 설치 공간이 없으면...
            throw new SpaceException2("설치할 공간이 부족합니다.");
        }

        if (!enoughMemory()) {          // 충분한 메모리가 없으면...
            throw new MemoryException2("메모리가 부족합니다.");
//          throw new RuntimeException(new MemoryException("메모리가 부족합니다."));
        }
    } // startInstall메서드의 끝

    static void copyFiles()       { /* 파일들을 복사하는 코드를 적는다.    */ }
    static void deleteTempFiles() { /* 임시파일들을 삭제하는 코드를 적는다.*/ }

    static boolean enoughSpace() {
        // 설치하는데 필요한 공간이 있는지 확인하는 코드를 적는다.
        return false;
    }
```

```
    static boolean enoughMemory() {
        // 설치하는데 필요한 메모리공간이 있는지 확인하는 코드를 적는다.
        return true;
    }
} // ExceptionTest클래스의 끝

class InstallException extends Exception {
    InstallException(String msg) {
        super(msg);
    }
}

class SpaceException2 extends Exception {
    SpaceException2(String msg) {
        super(msg);
    }
}

class MemoryException2 extends Exception {
    MemoryException2(String msg) {
        super(msg);
    }
}
```

```
결과
InstallException: 설치 중 예외발생
        at Ex8_13.install(Ex8_13.java:17)
        at Ex8_13.main(Ex8_13.java:4)
Caused by: SpaceException: 설치할 공간이 부족합니다.
        at Ex8_13.startInstall(Ex8_13.java:31)
        at Ex8_13.install(Ex8_13.java:14)
        ... 1 more
```

연 습 문 제

8-1 예외처리의 정의와 목적에 대해서 설명하시오.

8-2 다음은 실행도중 예외가 발생하여 화면에 출력된 내용이다. 이에 대한 설명 중 옳지 않은 것은?

```
java.lang.ArithmeticException : / by zero
    at ExceptionEx18.method2(ExceptionEx18.java:12)
    at ExceptionEx18.method1(ExceptionEx18.java:8)
    at ExceptionEx18.main(ExceptionEx18.java:4)
```

① 위의 내용으로 예외가 발생했을 당시 호출스택에 존재했던 메서드를 알 수 있다.
② 예외가 발생한 위치는 method2 메서드이며, ExceptionEx18.java파일의 12번째 줄이다.
③ 발생한 예외는 ArithmeticException이며, 0으로 나누어서 예외가 발생했다.
④ method2메서드가 method1메서드를 호출하였고 그 위치는 ExceptionEx18.java파일의 8번째 줄이다.

8-3 다음 중 오버라이딩이 잘못된 것은? (모두 고르시오)

```
void add(int a, int b)
    throws InvalidNumberException, NotANumberException {}

class NumberException extends Exception {}
class InvalidNumberException extends NumberException {}
class NotANumberException extends NumberException {}
```

① void add(int a, int b) throws InvalidNumberException, NotANumberException {}
② void add(int a, int b) throws InvalidNumberException {}
③ void add(int a, int b) throws NotANumberException {}
④ void add(int a, int b) throws Exception {}
⑤ void add(int a, int b) throws NumberException {}

8-4 아래의 코드가 수행되었을 때의 실행결과를 적으시오.

```
class Exercise8_4 {
    static void method(boolean b) {
        try {
            System.out.println(1);
            if (b) throw new ArithmeticException();
            System.out.println(2);
        } catch (RuntimeException r) {
            System.out.println(3);
            return;
        } catch (Exception e) {
            System.out.println(4);
            return;
        } finally {
            System.out.println(5);
        }

        System.out.println(6);
    }

    public static void main(String[] args) {
        method(true);
        method(false);
    } // main
}
```

8-5 아래의 코드가 수행되었을 때의 실행결과를 적으시오.

```java
class Exercise8_5 {
    public static void main(String[] args) {
        try {
            method1();
        } catch (Exception e) {
            System.out.println(5);
        }
    }

    static void method1() {
        try {
            method2();
            System.out.println(1);
        } catch (ArithmeticException e) {
            System.out.println(2);
        } finally {
            System.out.println(3);
        }

        System.out.println(4);
    } // method1()

    static void method2() {
        throw new NullPointerException();
    }
}
```

8-6 아래의 코드가 수행되었을 때의 실행결과를 적으시오.

```
class Exercise8_6 {
   static void method(boolean b) {
      try {
         System.out.println(1);
         if (b) System.exit(0);
         System.out.println(2);
      } catch (RuntimeException r) {
         System.out.println(3);
         return;
      } catch (Exception e) {
         System.out.println(4);
         return;
      } finally {
         System.out.println(5);
      }

      System.out.println(6);
   }

   public static void main(String[] args) {
      method(true);
      method(false);
   } // main
}
```

8-7 다음은 1~100사이의 숫자를 맞추는 게임을 실행하던 도중에 숫자가 아닌 영문자를 넣어서 발생한 예외이다. 예외처리를 해서 숫자가 아닌 값을 입력했을 때는 다시 입력을 받도록 보완하라.

```
1과 100사이의 값을 입력하세요 :50
더 작은 수를 입력하세요.
1과 100사이의 값을 입력하세요 :asdf
Exception in thread "main" java.util.InputMismatchException
    at java.util.Scanner.throwFor(Scanner.java:819)
    at java.util.Scanner.next(Scanner.java:1431)
    at java.util.Scanner.nextInt(Scanner.java:2040)
    at java.util.Scanner.nextInt(Scanner.java:2000)
    at Exercise8_7.main(Exercise8_7.java:16)
```

```java
import java.util.*;

class Exercise8_7
{
    public static void main(String[] args)
    {
        // 1~100사이의 임의의 값을 얻어서 answer에 저장한다.
        int answer = (int) (Math.random() * 100) + 1;
        int input = 0; // 사용자입력을 저장할 공간
        int count = 0; // 시도횟수를 세기 위한 변수

        do {
            count++;
            System.out.print("1과 100사이의 값을 입력하세요 :");

            input = new Scanner(System.in).nextInt();

            if (answer > input) {
                System.out.println("더 큰 수를 입력하세요.");
            } else if (answer < input) {
                System.out.println("더 작은 수를 입력하세요.");
            } else {
                System.out.println("맞췄습니다.");
                System.out.println("시도횟수는 " + count + "번입니다.");
                break; // do-while문을 벗어난다
            }
        } while (true); // 무한반복문
    } // end of main
} // end of class HighLow
```

결과
```
1과 100사이의 값을 입력하세요  :50
더 작은 수를 입력하세요.
1과 100사이의 값을 입력하세요  :asdf
유효하지 않은 값입니다.  다시 값을 입력해주세요.
1과 100사이의 값을 입력하세요  :25
더 큰 수를 입력하세요.
1과 100사이의 값을 입력하세요  :38
더 큰 수를 입력하세요.
1과 100사이의 값을 입력하세요  :44
맞췄습니다.
시도횟수는 5번입니다.
```

8-8 아래의 코드가 수행되었을 때의 실행결과를 적으시오.

```java
class Exercise8_8 {
    public static void main(String[] args) {
        try {
            method1();
            System.out.println(6);
        } catch (Exception e) {
            System.out.println(7);
        }
    }

    static void method1() throws Exception {
        try {
            method2();
            System.out.println(1);
        } catch (NullPointerException e) {
            System.out.println(2);
            throw e;
        } catch (Exception e) {
            System.out.println(3);
        } finally {
            System.out.println(4);
        }
        System.out.println(5);
    } // method1()

    static void method2() {
        throw new NullPointerException();
    }
}
```

CHAPTER

9

java.lang패키지와
유용한 클래스

java.lang package & util classes

java.lang패키지는 자바프로그래밍에 가장 기본이 되는 클래스들을 포함하고 있다. 그렇기 때문에 java.lang패키지의 클래스들은 import문 없이도 사용할 수 있게 되어 있다. 그 동안 String클래스나 System클래스를 import문 없이 사용할 수 있었던 이유가 바로 java. lang 패키지에 속한 클래스들이기 때문이었던 것이다. 우선 java.lang패키지의 여러 클래스들 중에서도 자주 사용되는 클래스 몇 가지만을 골라서 학습해보자.

Object클래스

Object클래스에 대해서 클래스의 상속을 학습할 때 배웠지만, 여기서는 보다 자세히 알아보자. Object클래스는 모든 클래스의 최고 조상이기 때문에 Object클래스의 멤버들은 모든 클래스에서 바로 사용 가능하다.

Object클래스의 메서드	설 명
`protected Object clone()`	객체 자신의 복사본을 반환한다.
`public boolean equals(Object obj)`	객체 자신과 객체 obj가 같은 객체인지 알려준다.(같으면 true)
`protected void finalize()`	객체가 소멸될 때 가비지 컬렉터에 의해 자동적으로 호출된다. 이 때 수행되어야하는 코드가 있을 때 오버라이딩한다. (거의 사용안함)
`public Class getClass()`	객체 자신의 클래스 정보를 담고 있는 Class인스턴스를 반환한다.
`public int hashCode()`	객체 자신의 해시코드를 반환한다.
`public String toString()`	객체 자신의 정보를 문자열로 반환한다.
`public void notify()`	객체 자신을 사용하려고 기다리는 쓰레드를 하나만 깨운다.
`public void notifyAll()`	객체 자신을 사용하려고 기다리는 모든 쓰레드를 깨운다.

`public void wait()`
`public void wait(long timeout)`
`public void wait(long timeout, int nanos)`
	다른 쓰레드가 notify( )나 notifyAll( )을 호출할 때까지 현재 쓰레드를 무한히 또는 지정된 시간(timeout, nanos)동안 기다리게 한다.(timeout은 천 분의 1초, nanos는 10^9분의 1초)

Object클래스는 멤버변수는 없고 오직 11개의 메서드만 가지고 있다. 이 메서드들은 모든 인스턴스가 가져야 할 기본적인 것들이며, 우선 이 중에서 중요한 몇 가지만 살펴보자.

> **참고** notify( ), notifyAll( ), wait( )은 쓰레드(thread)와 관련된 것들이며, 13장 쓰레드에서 자세히 설명한다.

매개변수로 객체의 참조변수를 받아서 비교하여 그 결과를 boolean값으로 알려 주는 역할을 한다. 아래의 코드는 Object클래스에 정의되어 있는 equals메서드의 실제 내용이다.

```
public boolean equals(Object obj) {
    return (this==obj);
}
```

위의 코드에서 알 수 있듯이 두 객체의 같고 다름을 참조변수의 값으로 판단한다. 그렇기 때문에 서로 다른 두 객체를 equals메서드로 비교하면 항상 false를 결과로 얻게 된다.

> **참고** 객체를 생성할 때, 메모리의 비어있는 공간을 찾아 생성하므로 서로 다른 두 개의 객체가 같은 주소를 갖는 일은 있을 수 없다. 그러나 두 개 이상의 참조변수가 같은 주소값을 갖는 것(한 객체를 참조하는 것)은 가능하다.

예제 9-1

```
class Ex9_1 {
    public static void main(String[] args) {
        Value v1 = new Value(10);
        Value v2 = new Value(10);

        if (v1.equals(v2))
            System.out.println("v1과 v2는 같습니다.");
        else
            System.out.println("v1과 v2는 다릅니다.");
    } // main
}

class Value {
    int value;

    Value(int value) {
        this.value = value;
    }
}
```

결과 v1과 v2는 다릅니다.

value라는 멤버변수를 갖는 Value클래스를 정의하고, 두 개의 Value클래스의 인스턴스 생성한 다음 equals메서드를 이용해서 두 인스턴스를 비교하도록 했다. equals메서드는 주소값으로 비교를 하기 때문에, 두 Value인스턴스의 멤버변수 value의 값이 10으로 서로 같을지라도 equals메서드로 비교한 결과는 false일 수밖에 없는 것이다.

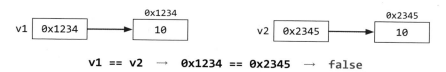

Object클래스로부터 상속받은 equals메서드는 결국 두 개의 참조변수가 같은 객체를 참조하고 있는지, 즉 두 참조변수에 저장된 값(주소값)이 같은지를 판단하는 기능밖에 할 수 없다는 것을 알 수 있다. equals메서드로 Value인스턴스가 가지고 있는 value값을 비교하도록 할 수는 없을까? Value클래스에서 equals메서드를 오버라이딩하여 주소가 아닌 객체에 저장된 내용을 비교하도록 변경하면 된다. 다음의 예제를 보자.

예제 9-2

```
class Person {
    long id;

    public boolean equals(Object obj) {
        if(obj instanceof Person)
            return id ==((Person)obj).id;
        else
            return false;
    }

    Person(long id) {
        this.id = id;
    }
}

class Ex9_2 {
    public static void main(String[] args) {
        Person p1 = new Person(8011081111222L);
        Person p2 = new Person(8011081111222L);

        if(p1.equals(p2))
            System.out.println("p1과 p2는 같은 사람입니다.");
        else
            System.out.println("p1과 p2는 다른 사람입니다.");
    }
}
```

> obj가 Object타입이므로 id값을 참조하기 위해서는 Person타입으로 형변환이 필요하다.

> 타입이 Person이 아니면 값을 비교할 필요도 없다.

결과 p1과 p2는 같은 사람입니다.

equals메서드가 Person인스턴스의 주소값이 아닌 멤버변수 id의 값을 비교하도록 하기위해 equals메서드를 오버라이딩했다. 이렇게 함으로써 서로 다른 인스턴스일지라도 같은 id(주민등록번호)를 가지고 있다면 equals메서드로 비교했을 때 true를 결과로 얻게 할 수 있다.

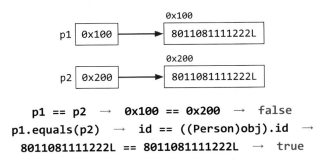

```
p1 == p2   →   0x100 == 0x200   →   false
p1.equals(p2)   →   id == ((Person)obj).id   →
8011081111222L == 8011081111222L   →   true
```

04 Object클래스의 메서드 – hashCode( )

이 메서드는 해싱(hashing)기법에 사용되는 '해시함수(hash function)'를 구현한 것이다. 해싱은 데이터관리기법 중의 하나인데 다량의 데이터를 저장하고 검색하는 데 유용하다.

해시함수는 찾고자하는 값을 입력하면, 그 값이 저장된 위치를 알려주는 해시코드(hash code)를 반환한다.

일반적으로 해시코드가 같은 두 객체가 존재하는 것이 가능하지만, Object클래스에 정의된 hashCode메서드는 객체의 주소값을 이용해서 해시코드를 만들어 반환하기 때문에 서로 다른 두 객체는 결코 같은 해시코드를 가질 수 없다. 단, 64 bit JVM에서는 주소가 64 bit이므로 주소를 해시코드(32 bit)로 변환하면 중복된 값이 나올 수도 있다.

앞서 살펴본 것과 같이 클래스의 인스턴스변수 값으로 객체의 같고 다름을 판단해야하는 경우라면 equals메서드 뿐 만아니라 hashCode메서드도 적절히 오버라이딩해야 한다. 같은 객체라면 hashCode메서드를 호출했을 때의 결과값인 해시코드도 같아야 하기 때문이다. 만일 hashCode메서드를 오버라이딩하지 않는다면 Object클래스에 정의된 대로 모든 객체가 서로 다른 해시코드값을 가질 것이다.

예제 9-3

```
class Ex9_3 {
    public static void main(String[] args) {
        String str1 = new String("abc");
        String str2 = new String("abc");

        System.out.println(str1.equals(str2));
        System.out.println(str1.hashCode());
        System.out.println(str2.hashCode());
        System.out.println(System.identityHashCode(str1));
        System.out.println(System.identityHashCode(str2));
    }
}
```

결과
```
true
96354
96354
27134973
1284693
```

String클래스는 문자열의 내용이 같으면, 동일한 해시코드를 반환하도록 hashCode메서드가 오버라이딩되어 있기 때문에, 문자열의 내용이 같은 str1과 str2에 대해 hashCode( )를 호출하면 항상 동일한 해시코드값을 얻는다.

반면에 System.identityHashCode(Object x)는 Object클래스의 hashCode메서드처럼 객체의 주소값으로 해시코드를 생성하기 때문에 모든 객체에 대해 항상 다른 해시코드값을 반환할 것을 보장한다. 그래서 str1과 str2가 해시코드는 같지만 서로 다른 객체라는 것을 알 수 있다.

이 메서드는 인스턴스에 대한 정보를 문자열(String)로 제공할 목적으로 정의한 것이다. 인스턴스의 정보를 제공한다는 것은 대부분의 경우 인스턴스 변수에 저장된 값들을 문자열로 표현한다는 뜻이다.

Object클래스에 정의된 toString( )은 아래와 같다.

```java
public String toString() {
    return getClass().getName()+"@"+Integer.toHexString(hashCode());
}
```

클래스를 작성할 때 toString( )을 오버라이딩하지 않는다면, 위와 같은 내용이 그대로 사용될 것이다. 즉, toString( )을 호출하면 클래스이름과 16진수의 해시코드를 얻게 될 것이다.

예제 9-4

```java
class Card {
    String kind;
    int number;

    Card() {
        this("SPADE", 1);
    }

    Card(String kind, int number) {
        this.kind = kind;
        this.number = number;
    }
}

class Ex9_4 {
    public static void main(String[] args) {
        Card c1 = new Card();
        Card c2 = new Card();

        System.out.println(c1.toString());
        System.out.println(c2.toString());
    }
}
```

결과
```
Card@19e0bfd
Card@139a55
```

Card인스턴스 두 개를 생성한 다음, 각 인스턴스에 toString( )을 호출한 결과를 출력했다. Card클래스에서 Object클래스로부터 상속받은 toString( )을 오버라이딩하지 않았기 때문에 Card인스턴스에 toString( )을 호출하면, Object클래스의 toString( )이 호출된다.

그래서 위의 결과에 클래스이름과 해시코드가 출력되었다. 서로 다른 인스턴스에 대해서 toString( )을 호출하였으므로 클래스의 이름은 같아도 해시코드값이 다르다는 것을 확인할 수 있다.

String클래스의 toString( )은 String인스턴스가 갖고 있는 문자열을 반환하도록 오버라이딩되어 있고, Date클래스의 경우, Date인스턴스가 갖고 있는 날짜와 시간을 문자열로 변환하여 반환하도록 오버라이딩되어 있다.

이처럼 toString( )은 일반적으로 인스턴스나 클래스에 대한 정보 또는 인스턴스 변수들의 값을 문자열로 변환하여 반환하도록 오버라이딩되는 것이 보통이다. 이제 Card클래스에서도 toString( )을 오버라이딩해서 보다 쓸모 있는 정보를 제공할 수 있도록 바꿔보자.

예제 9-5

```java
class Card2 {
    String kind;
    int number;

    Card2() {
        this("SPADE", 1);  // Card(String kind, int number)를 호출
    }

    Card2(String kind, int number) {
        this.kind = kind;
        this.number = number;
    }

    public String toString() {
        return "kind : " + kind + ", number : " + number;
    }
}
```

> Card2인스턴스의 kind와 number를 문자열로 반환한다.

```java
class Ex9_5 {
    public static void main(String[] args) {
        Card2 c1 = new Card2();
        Card2 c2 = new Card2("HEART", 10);
        System.out.println(c1.toString());
        System.out.println(c2.toString("HEART", 10));
    }
}
```

결과
```
kind : SPADE, number : 1
kind : HEART, number : 10
```

Card2인스턴스의 toString( )을 호출하면 인스턴스가 갖고 있는 인스턴스변수 kind와 number의 값을 문자열로 변환하여 반환하도록 toString( )을 오버라이딩했다. 오버라이딩할 때, Object클래스에 정의된 toString( )의 접근 제어자가 public이므로 Card2클래스의 toString( )의 접근제어자도 public으로 했다는 것을 눈여겨 보자.

조상에 정의된 메서드를 자손에서 오버라이딩할 때는 조상에 정의된 접근범위보다 같거나 더 넓어야 하기 때문이다. Object클래스에서 toString( )의 접근 제어자가 public이므로, 이를 오버라이딩하는 Card2클래스에서는 toString( )의 접근 제어자를 public으로 해야 한다.

기존의 다른 언어에서는 문자열을 char형의 배열로 다루었으나 자바에서는 문자열을 위한 클래스를 제공한다. 그것이 바로 String클래스인데, String클래스는 문자열을 저장하고 이를 다루는데 필요한 메서드를 함께 제공한다.

　지금까지는 String클래스의 기본적인 몇 가지 기능만 사용해 왔지만 String클래스는 아주 중요하므로 자세히 공부해야 한다.

변경 불가능한(immutable) 클래스

String클래스에는 문자열을 저장하기 위해서 문자형 배열 참조변수(char[ ]) value를 인스턴스 변수로 정의해놓고 있다. 인스턴스 생성 시 생성자의 매개변수로 입력받는 문자열은 이 인스턴스변수(value)에 문자형 배열(char[ ])로 저장되는 것이다.

> (참고)　String클래스는 앞에 final이 붙어 있으므로 다른 클래스의 조상이 될 수 없다.

```
public final class String implements java.io.Serializable, Comparable {
    private char[] value;
            ...
```

한번 생성된 String인스턴스가 갖고 있는 문자열은 읽어 올 수만 있고, 변경할 수는 없다.

　예를 들어 아래의 코드와 같이 '+'연산자를 이용해서 문자열을 결합하는 경우 인스턴스 내의 문자열이 바뀌는 것이 아니라 새로운 문자열("ab")이 담긴 String인스턴스가 생성되는 것이다.

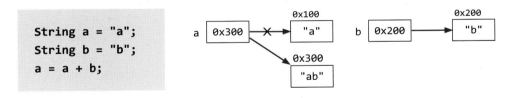

이처럼 덧셈연산자'+'를 사용해서 문자열을 결합하는 것은 매 연산 시 마다 새로운 문자열을 가진 String인스턴스가 생성되어 메모리공간을 차지하게 되므로 가능한 한 결합횟수를 줄이는 것이 좋다.

　문자열 간의 결합이나 추출 등 문자열을 다루는 작업이 많이 필요한 경우에는 String클래스 대신 StringBuffer클래스를 사용하는 것이 좋다. StringBuffer인스턴스에 저장된 문자열은 변경이 가능하므로 하나의 StringBuffer인스턴스만으로도 문자열을 다루는 것이 가능하다.

문자열을 만들 때는 두 가지 방법, 문자열 리터럴을 지정하는 방법과 String클래스의 생성자
를 사용해서 만드는 방법이 있다.

```
String str1 = "abc";      // 문자열 리터럴 "abc"의 주소가 str1에 저장됨
String str2 = "abc";      // 문자열 리터럴 "abc"의 주소가 str2에 저장됨
String str3 = new String("abc"); // 새로운 String인스턴스를 생성
String str4 = new String("abc"); // 새로운 String인스턴스를 생성
```

String클래스의 생성자를 이용한 경우에는 new연산자에 의해서 메모리할당이 이루어지기
때문에 항상 새로운 String인스턴스가 생성된다. 그러나 문자열 리터럴은 이미 존재하는 것
을 재사용하는 것이다. 아래의 그림은 위의 코드가 실행되었을 때의 상황을 나타낸 것이다.

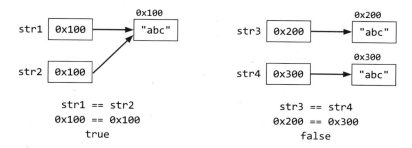

equals( )를 사용했을 때는 두 문자열의 내용("abc")을 비교하기 때문에 두 경우 모두 true를 결
과로 얻지만, String인스턴스의 주소를 등가비교연산자'=='로 비교했을 때는 결과가 다르다.

예제
9-6

```
class Ex9_6 {
    public static void main(String[] args) {
        String str1 = "abc";
        String str2 = "abc";
        System.out.println("String str1 = \"abc\";");
        System.out.println("String str2 = \"abc\";");

        System.out.println("str1 == str2 ?  " + (str1 == str2));
        System.out.println("str1.equals(str2) ? " + str1.equals(str2));
        System.out.println();

        String str3 = new String("abc");
        String str4 = new String("abc");

        System.out.println("String str3 = new String(\"abc\");");
        System.out.println("String str4 = new String(\"abc\");");

        System.out.println("str3 == str4 ? " + (str3 == str4));
        System.out.println("str3.equals(str4) ? " + str3.equals(str4));
    }
}
```

결과
```
String str1 = "abc";
String str2 = "abc";
str1 == str2 ?  true
str1.equals(str2) ? true

String str3 = new String("abc");
String str4 = new String("abc");
str3 == str4 ? false
str3.equals(str4) ? true
```

자바 소스파일에 포함된 모든 문자열 리터럴은 컴파일 시에 클래스 파일에 저장된다. 이 때 같은 내용의 문자열 리터럴은 한번만 저장된다. 문자열 리터럴도 String인스턴스이고, 한번 생성하면 내용을 변경할 수 없으니 하나의 인스턴스를 공유하면 되기 때문이다.

예제
9-7

```
class Ex9_7 {
    public static void main(String args[]) {
        String s1 = "AAA";
        String s2 = "AAA";
        String s3 = "AAA";
        String s4 = "BBB";
    }
}
```

위의 예제를 컴파일 하면 StringEx2.class파일이 생성된다. 이 파일의 내용을 16진 코드에디터로 보면 아래의 그림과 같다.

```
00000000  CA FE BA BE 00 00 00 34   00 13 0A 00 05 00 0E 08   .......4........
00000010  00 0F 08 00 10 07 00 11   07 00 12 01 00 06 3C 69   ..............<i
00000020  6E 69 74 3E 01 00 03 28   29 56 01 00 04 43 6F 64   nit>...()V...Cod
00000030  65 01 00 0F 4C 69 6E 65   4E 75 6D 62 65 72 54 61   e...LineNumberTa
00000040  62 6C 65 01 00 04 6D 61   69 6E 01 00 16 28 5B 4C   ble...main...([L
00000050  6A 61 76 61 2F 6C 61 6E   67 2F 53 74 72 69 6E 67   java/lang/String
00000060  3B 29 56 01 00 0A 53 6F   75 72 63 65 46 69 6C 65   ;)V...SourceFile
00000070  61 00 0E 53 74 72 69 6E   67 45 78 32 2E 6A 61 76   ...StringEx2.jav
00000080  61 0C 00 06 00 07 01 00   03 41 41 41 01 00 03 42   a........AAA...B
00000090  42 42 01 00 09 53 74 72   69 6E 67 45 78 32 01 00   BB...StringEx2..
000000a0  10 6A 61 76 61 2F 6C 61   6E 67 2F 4F 62 6A 65 63   .java/lang/Objec
000000b0  74 00 20 00 04 00 05 00   00 00 00 00 02 00 00 00   t...............
000000c0  06 00 07 00 01 00 08 00   00 00 1D 00 01 00 01 00   ................
000000d0  00 00 05 2A B7 00 01 B1   00 00 00 01 00 09 00 00   ...*............
000000e0  00 06 00 01 00 00 00 02   00 09 00 0A 00 0B 00 01   ................
000000f0  00 08 00 00 00 36 00 01   00 05 00 00 00 0E 12 02   .....6..........
00000100  4C 12 02 4D 12 02 4E 12   03 3A 04 B1 00 00 00 01   L..M..N..:......
00000110  00 09 00 00 00 16 00 05   00 00 00 04 00 03 00 05   ................
00000120  00 06 00 06 00 09 00 07   00 0D 00 08 00 01 00 0C   ................
00000130  00 00 00 02 00 0D                                   ......
```

위 그림의 우측 부분을 보면 알아볼 수 있는 글자들이 눈에 띌 것이다. 그 중에서도 ""AAA"와 "BBB"가 있는 것을 발견할 수 있을 것이다. 이와 같이 String리터럴들은 컴파일 시에 클래스 파일에 저장된다. 그래서 위의 예제를 실행하면 "AAA"라는 문자열을 담고 있는 String인스턴스가 하나 생성된 후, 참조변수 s1, s2, s3는 모두 이 String인스턴스를 참조하게 된다.

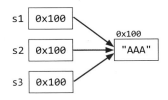

클래스 파일이 클래스 로더에 의해 메모리에 올라갈 때, 클래스 파일의 리터럴들이 JVM내에 있는 '상수 저장소(constant pool)'에 저장된다. 이 때, "AAA"와 같은 문자열 리터럴은 자동적으로 생성되어 저장되는 것이다.

10 빈 문자열(empty string)

길이가 0인 배열이 존재할 수 있을까? 답은 'Yes'이다. char형 배열도 길이가 0인 배열을 생성할 수 있고, 이 배열을 내부적으로 가지고 있는 문자열이 바로 빈 문자열이다.

'String s ="";'과 같은 문장이 있을 때, 참조변수 s가 참조하고 있는 String인스턴스는 내부에 'new char[0]'과 같이 길이가 0인 char형 배열을 저장하고 있는 것이다.

```
char[] chArr = new char[0]; // 길이가 0인 char배열
int[]  iArr  = {};          // 길이가 0인 int배열
```

길이가 0이기 때문에 아무런 문자도 저장할 수 없는 배열이라 무의미하게 느껴지겠지만 어쨌든 이러한 표현이 가능하다.

그러나 'String s = "";'과 같은 표현이 가능하다고 해서 'char c ="";'와 같은 표현도 가능한 것은 아니다. char형 변수에는 반드시 하나의 문자를 지정해야한다.

```
String s = null;                    String s = ""; // 빈 문자열로 초기화
char c = '\u0000';       ─────►     char c = ' ';  // 공백으로 초기화
```

일반적으로 변수를 선언할 때, 각 타입의 기본값으로 초기화 하지만 String은 참조형 타입의 기본값인 null 보다는 빈 문자열로, char형은 기본값인 'Wu0000' 대신 공백으로 초기화 하는 것이 보통이다.

예제
9-8

```
class Ex9_8 {
    public static void main(String[] args) {
        // 길이가 0인 char배열을 생성한다.
        char[] cArr = new char[0];    // char[] cArr = {};와 같다.
        String s = new String(cArr);  // String s = new String("");와 같다.

        System.out.println("cArr.length="+cArr.length);
        System.out.println("@@@"+s+"@@@");
    }
}
```

결과
```
cArr.length=0
@@@@@@
```

길이가 0인 배열을 생성해서 char형 배열 참조변수 cArr를 초기화 해주었다. 길이가 0이긴 해도 배열이 생성되며, 생성된 배열의 주소값이 참조변수 cArr에 저장된다.

아래의 표는 String클래스 내에 정의된 생성자와 메서드의 목록이다. 전체 목록은 아니고, 자주 사용될만한 것들만 뽑았는데도 거의 다 포함되었다. 좀 길지만 인내심을 가지고 끝까지 보기 바란다.

메서드 / 설명	예 제	결 과
String(String s) 주어진 문자열(s)을 갖는 String인스턴스를 생성한다.	`String s = new String("Hello");`	`s = "Hello"`
String(char[] value) 주어진 문자열(value)을 갖는 String인스턴스를 생성한다.	`char[] c = {'H','e','l','l','o'};` `String s = new String(c);`	`s = "Hello"`

String(StringBuffer buf)
 	
StringBuffer인스턴스가 갖고 있는 문자열과 같은 내용의 String인스턴스를 생성한다.
	`StringBuffer sb =`
	`    new StringBuffer("Hello");`
	`String s = new String(sb);`
		`s = "Hello"`

char charAt(int index)
 	
지정된 위치(index)에 있는 문자를 알려준다. (index는 0부터 시작)
	`String s = "Hello";`
	`String n = "0123456";`
	`char c  = s.charAt(1);`
	`char c2 = n.charAt(1);`
		`c  = 'e'`
		`c2 = '1'`

int compareTo(String str)
 	
문자열(str)과 사전순서로 비교한다. 같으면 0을, 사전순으로 이전이면 음수를, 이후면 양수를 반환한다.
	`int i = "aaa".compareTo("aaa");`
	`int i2 = "aaa".compareTo("bbb");`
	`int i3 = "bbb".compareTo("aaa");`
		`i  = 0`
		`i2 = -1`
		`i3 = 1`

String concat(String str) 문자열(str)을 뒤에 덧붙인다.	`String s = "Hello";` `String s2 = s.concat(" World");`	`s2="Hello World"`
boolean contains(CharSequence s) 지정된 문자열(s)이 포함되었는지 검사한다.	`String s  = "abcedfg";` `boolean b = s.contains("bc");`	`b = true`
boolean endsWith(String suffix) 지정된 문자열(suffix)로 끝나는지 검사한다.	`String file = "Hello.txt";` `boolean b = file.endsWith("txt");`	`b = true`

boolean equals(Object obj)
 	
매개변수로 받은 문자열(obj)과 String인스턴스의 문자열을 비교한다. obj가 String이 아니거나 문자열이 다르면 false를 반환한다.
	`String  s  = "Hello";`
	`boolean b  =s.equals("Hello");`
	`boolean b2 =s.equals("hello");`
		`b  = true`
		`b2 = false`

boolean equalsIgnoreCase(String str)
 	
문자열과 String인스턴스의 문자열을 대소문자 구분없이 비교한다.
	`String s = "Hello";`
	`boolean b  =`
	`    s.equalsIgnoreCase("HELLO");`
	`boolean b2 =`
	`    s.equalsIgnoreCase("heLLo");`
		`b  = true`
		`b2 = true`

int indexOf(int ch)
 	
주어진 문자(ch)가 문자열에 존재하는지 확인하여 위치(index)를 알려준다. 못 찾으면 -1을 반환한다.(index는 0부터 시작)
	`String s = "Hello";`
	`int idx1 = s.indexOf('o');`
	`int idx2 = s.indexOf('k');`
		`idx1 = 4`
		`idx2 = -1`

메서드 / 설명	예제	결과

int indexOf(int ch, int pos)
 	
주어진 문자(ch)가 문자열에 존재하는지 지정된 위치(pos)부터 확인하여 위치(index)를 알려준다. 못 찾으면 -1을 반환한다. (index는 0부터 시작)
	```String s = "Hello";```
	```int idx1 = s.indexOf('e', 0);```
	```int idx2 = s.indexOf('e', 2);```
		```idx1 = 1```
		```idx2 = -1```

int indexOf(String str) 주어진 문자열이 존재하는지 확인하여 그 위치(index)를 알려준다. 없으면 -1을 반환한다. (index는 0부터 시작)	```String s = "ABCDEFG";``` ```int idx = s.indexOf("CD");```	```idx = 2```

String intern()
 	
문자열을 상수풀(constant pool)에 등록한다. 이미 상수풀에 같은 내용의 문자열이 있을 경우 그 문자열의 주소값을 반환한다.
	```String s = new String("abc");```
	```String s2 = new String("abc");```
	```boolean b = (s==s2);```
	```boolean b2 = s.equals(s2);```
	```boolean b3 =```
	``` (s.intern()==s2.intern());```
		```b = false```
		```b2 = true```
		```b3 = true```

int lastIndexOf(int ch)
 	
지정된 문자 또는 문자코드를 문자열의 오른쪽 끝에서부터 찾아서 위치(index)를 알려준다. 못 찾으면 -1을 반환한다.
	```String s = "java.lang.Object";```
	```int idx1 = s.lastIndexOf('.');```
	```int idx2 = s.indexOf('.');```
		```idx1 = 9```
		```idx2 = 4```

int lastIndexOf(String str)
 	
지정된 문자열을 인스턴스의 문자열 끝에서 부터 찾아서 위치(index)를 알려준다. 못 찾으면 -1을 반환한다.
	```String s = "java.lang.java";```
	```int idx1 =```
	``` s.lastIndexOf("java");```
	```int idx2 = s.indexOf("java");```
		```idx1 = 10```
		```idx2 = 0```

int length() 문자열의 길이를 알려준다.	```String s = "Hello";``` ```int length = s.length();```	```length = 5```
String replace(char old, char nw) 문자열 중의 문자(old)를 새로운 문자(nw)로 바꾼 문자열을 반환한다.	```String s = "Hello";``` ```String s1 = s.replace('H','C');```	```s1 = "Cello"```
String replace(CharSequence old, CharSequence nw) 문자열 중의 문자열(old)을 새로운 문자열(nw)로 모두 바꾼 문자열을 반환한다.	```String s = "Hellollo";``` ```String s1 = s.replace("ll","LL");```	```s1="HeLLoLLo"```

String replaceAll(String regex, String replacement)
 	
문자열 중에서 지정된 문자열(regex)과 일치하는 것을 새로운 문자열(replacement)로 모두 변경한다.
	```String ab = "AABBAABB";```
	```String r =```
	``` ab.replaceAll("BB","bb");```
		```r = "AAbbAAbb"```

String replaceFirst(String regex, String replacement)
 	
문자열 중에서 지정된 문자열(regex)과 일치 하는 것 중, 첫 번째 것만 새로운 문자열(replacement)로 변경한다.
	```String ab = "AABBAABB";```
	```String r =```
	``` ab.replaceFirst("BB","bb");```
		```r = "AAbbAABB"```

메서드 / 설명	예 제	결 과

`String[] split(String regex)`
 	
문자열을 지정된 분리자(regex)로 나누어 문자열 배열에 담아 반환한다.
	`String animals = "dog,cat,bear";`
	`String[] arr =`
	`        animals.split(",");`
		`arr[0] = "dog"`
		`arr[1] = "cat"`
		`arr[2] ="bear"`

`String[] split(String regex, int limit)`
 	
문자열을 지정된 분리자(regex)로 나누어 문자열배열에 담아 반환한다. 단, 문자열 전체를 지정된 수(limit)로 자른다.
	`String animals ="dog,cat,bear";`
	`String[] arr =`
	`        animals.split(",",2);`
		`arr[0] = "dog"`
		`arr[1]=`
		`    "cat,bear"`

`boolean startsWith(String prefix)`
 	
주어진 문자열(prefix)로 시작하는지 검사한다.
	`String s = "java.lang.Object";`
	`boolean b = s.startsWith("java");`
	`boolean b2= s.startsWith("lang");`
		`b = true`
		`b2 = false`

`String substring(int begin)`
`String substring(int begin, int end)`
 	
주어진 시작위치(begin)부터 끝 위치(end) 범위에 포함된 문자열을 얻는다. 이 때, 시작위치의 문자는 범위에 포함되지만, 끝 위치의 문자는 포함되지 않는다. (begin ≤ x 〈 end)
	`String s = "java.lang.Object";`
	`String c = s.substring(10);`
	`String p = s.substring(5,9);`
		`c = "Object"`
		`p = "lang"`

`String toLowerCase()` String인스턴스에 저장되어있는 모든 문자열을 소문자로 변환하여 반환한다.	`String s  = "Hello";` `String s1 = s.toLowerCase();`	`s1 = "hello"`
`String toString()` String인스턴스에 저장되어 있는 문자열을 반환한다.	`String s  = "Hello";` `String s1 = s.toString();`	`s1 = "Hello"`
`String toUpperCase()` String인스턴스에 저장되어있는 모든 문자열을 대문자로 변환하여 반환한다.	`String s  = "Hello";` `String s1 = s.toUpperCase();`	`s1 = "HELLO"`
`String trim()` 문자열의 왼쪽 끝과 오른쪽 끝에 있는 공백을 없앤 결과를 반환한다. 이 때 문자열 중간에 있는 공백은 제거되지 않는다.	`String s  = "  Hello World  ";` `String s1 = s.trim();`	`s1="Hello World"`

`static String valueOf(boolean b)`
`static String valueOf(char c)`
`static String valueOf(int i)`
`static String valueOf(long l)`
`static String valueOf(float f)`
`static String valueOf(double d)`
`static String valueOf(Object o)`
 	
지정된 값을 문자열로 변환하여 반환한다. 참조변수의 경우, toString()을 호출한 결과를 반환한다.
	`String b = String.valueOf(true);`
	`String c = String.valueOf('a');`
	`String i = String.valueOf(100);`
	`String l = String.valueOf(100L);`
	`String f = String.valueOf(10f);`
	`String d = String.valueOf(10.0);`
	`java.util.Date dd =`
	`        new java.util.Date();`
	`String date =`
	`        String.valueOf(dd);`
		`b = "true"`
		`c = "a"`
		`i = "100"`
		`l = "100"`
		`f = "10.0"`
		`d = "10.0"`
		`date = "Wed Jan 27 21:26: 29 KST 2016"`

참고 CharSequence는 JDK1.4부터 추가된 인터페이스로 String, StringBuffer 등의 클래스가 구현하였다.

참고 contains(CharSequence s), replace(CharSequence old, CharSequence nw)는 JDK1.5부터 추가되었다.

참고 java.util.Date dd = new java.util.Date( );에서 생성된 Date인스턴스는 현재 시간을 갖는다.

12 join( )과 StringJoiner

join( )은 여러 문자열 사이에 구분자를 넣어서 결합한다. 구분자로 문자열을 자르는 split( )과 반대의 작업을 한다고 생각하면 이해하기 쉽다.

```java
String animals = "dog,cat,bear";
String[] arr    = animals.split(","); // 문자열을 ','를 구분자로 나눠서 배열에 저장
String str = String.join("-", arr);   // 배열의 문자열을 '-'로 구분해서 결합
System.out.println(str);              // dog-cat-bear
```

java.util.StringJoiner클래스를 사용해서 문자열을 결합할 수도 있는데, 사용하는 방법은 간단하다. 아래의 코드를 보는 것만으로도 이해가 될 것이다.

```java
StringJoiner sj = new StringJoiner("," , "[" , "]");
String[] strArr = { "aaa", "bbb", "ccc" };

for(String s : strArr)
    sj.add(s.toUpperCase());

System.out.println(sj.toString()); // [AAA,BBB,CCC]
```

> 참고 join( )과 java.util.StringJoiner는 JDK1.8부터 추가되었다.

예제
9-9

```java
import java.util.StringJoiner;

class Ex9_9 {
    public static void main(String[] args) {
        String animals = "dog,cat,bear";
        String[] arr    = animals.split(",");

        System.out.println(String.join("-", arr));

        StringJoiner sj = new StringJoiner("/","[","]");

        for(String s : arr)
            sj.add(s);

        System.out.println(sj.toString());
    }
}
```

결과
```
dog-cat-bear
[dog/cat/bear]
```

숫자로 이루어진 문자열을 숫자로, 또는 그 반대로 변환하는 경우가 자주 있다. 이미 배운 것과 같이 기본형을 문자열로 변경하는 방법은 간단하다. 숫자에 빈 문자열""을 더해주기만 하면 된다. 이 외에도 valueOf( )를 사용하는 방법도 있다. 성능은 valueOf( )가 더 좋지만, 빈 문자열을 더하는 방법이 간단하고 편하기 때문에 성능향상이 필요할 때만 valueOf( )를 쓰자.

```
int i = 100;
String str1 = i + "";          // 100을 "100"으로 변환하는 방법1
String str2 = String.valueOf(i); // 100을 "100"으로 변환하는 방법2
```

> **참고** 참조변수에 String을 더하면, 참조변수가 가리키는 인스턴스의 toString( )을 호출하여 String을 얻은 다음 결합한다.

반대로 String을 기본형으로 변환하는 방법도 간단하다. valueOf( )를 쓰거나 앞서 배운 parseInt( )를 사용하면 된다.

```
int i  = Integer.parseInt("100");  // "100"을 100으로 변환하는 방법1
int i2 = Integer.valueOf("100");   // "100"을 100으로 변환하는 방법2
```

원래 valueOf( )의 반환 타입은 int가 아니라 Integer인데, 곧 배울 오토박싱(auto-boxing)에 의해 Integer가 int로 자동 변환된다.

```
Integer i2 = Integer.valueOf("100");  // 원래는 반환 타입이 Integer
```

예전에는 parseInt( )와 같은 메서드를 많이 썼는데, 메서드의 이름을 통일하기 위해 valueOf( )가 나중에 추가되었다. valueOf(String s)는 메서드 내부에서 그저 parseInt(String s)를 호출할 뿐이므로, 두 메서드는 반환 타입만 다르지 같은 메서드다.

```
public static Integer valueOf(String s) throws NumberFormatException {
    return Integer.valueOf(parseInt(s, 10)); // 여기서 10은 10진수를 의미
}
```

기본형 → 문자열	문자열 → 기본형
String String.valueOf(boolean b) String String.valueOf(char c) String String.valueOf(int i) String String.valueOf(long l) String String.valueOf(float f) String String.valueOf(double d)	boolean Boolean.parseBoolean(String s) byte Byte.parseByte(String s) short Short.parseShort(String s) int Integer.parseInt(String s) long Long.parseLong(String s) float Float.parseFloat(String s) double Double.parseDouble(String s)

> **참고** byte, short을 문자열로 변경할 때는 String valueOf(int i)를 사용하면 된다.

14 문자열과 기본형 간의 변환 예제

예제 9-10

```
class Ex9_10 {
    public static void main(String[] args) {
        int iVal = 100;
        String strVal = String.valueOf(iVal); // int를 String으로 변환한다.

        double dVal = 200.0;
        String strVal2 = dVal + "";   // int를 String으로 변환하는 또 다른 방법

        double sum  = Integer.parseInt("+"+strVal)
                                        + Double.parseDouble(strVal2);
        double sum2 = Integer.valueOf(strVal) + Double.valueOf(strVal2);

        System.out.println(String.join("",strVal,"+",strVal2,"=")+sum);
        System.out.println(strVal+"+"+strVal2+"="+sum2);
    }
}
```

결과
```
100+200.0=300.0
100+200.0=300.0
```

이 예제는 문자열과 기본형간의 변환의 예를 보여 준다. parseInt( )나 parseFloat( )같은 메서드는 문자열에 공백 또는 문자가 포함되어 있는 경우 변환 시 예외(NumberFormat Exception)가 발생할 수 있으므로 주의해야 한다. 그래서 문자열 양끝의 공백을 제거해주는 trim( )을 습관적으로 같이 사용하기도 한다.

int val = Integer.parseInt(" 123 ".trim()); // 문자열 양 끝의 공백을 제거 후 변환

그러나 부호를 의미하는 '+'나 소수점을 의미하는 '.'와 float형 값을 뜻하는 f와 같은 자료형 접미사는 허용된다. 단, 자료형에 알맞은 변환을 하는 경우에만 허용된다.

만일 '1.0f'를 int형 변환 메서드인 Integer.parseInt(String s)를 사용해서 변환하려하면 예외가 발생하지만, Float.parseFloat(String s)를 사용하면 아무런 문제가 없다.

이처럼 문자열을 숫자로 변환하는 과정에서는 예외가 발생하기 쉽기 때문에 주의를 기울여야 하고, 예외가 발생했을 때의 처리를 적절히 해주어야 한다.

참고 : '+'가 포함된 문자열이 parseInt( )로 변환가능하게 된 것은 JDK1.7부터이다.

참고 : Integer클래스의 static int parseInt(String s, int radix) 를 사용하면 16진수 값으로 표현된 문자열도 변환할 수 있기 때문에 대소문자 구별 없이 a, b, c, d, e, f도 사용할 수 있다. int result = Integer. parseInt("a", 16);의 경우 result에는 정수값 10이 저장된다.(16진수 a는 10진수로는 10을 뜻한다.)

String클래스는 인스턴스를 생성할 때 지정된 문자열을 변경할 수 없지만 StringBuffer클래스는 변경이 가능하다. 내부적으로 문자열 편집을 위한 버퍼(buffer)를 가지고 있으며, StringBuffer인스턴스를 생성할 때 그 크기를 지정할 수 있다.

이 때, 편집할 문자열의 길이를 고려하여 버퍼의 길이를 충분히 잡아주는 것이 좋다. 편집 중인 문자열이 버퍼의 길이를 넘어서게 되면 버퍼의 길이를 늘려주는 작업이 추가로 수행되어야하기 때문에 작업효율이 떨어진다.

StringBuffer클래스는 String클래스와 유사한 점이 많다. 아래의 코드에서 알 수 있듯이, StringBuffer클래스는 String클래스와 같이 문자열을 저장하기 위한 char형 배열의 참조변수를 인스턴스변수로 선언해 놓고 있다. StringBuffer인스턴스가 생성될 때, char형 배열이 생성되며 이 때 생성된 char형 배열을 인스턴스변수 value가 참조하게 된다.

```
public final class StringBuffer implements java.io.Serializable {
    private char[] value;
        ...
}
```

16 StringBuffer의 생성자

StringBuffer클래스의 인스턴스를 생성할 때, 적절한 길이의 char형 배열이 생성되고, 이 배열은 문자열을 저장하고 편집하기 위한 공간(buffer)으로 사용된다.

StringBuffer인스턴스를 생성할 때는 생성자 StringBuffer(int length)를 사용해서 StringBuffer인스턴스에 저장될 문자열의 길이를 고려하여 충분히 여유있는 크기로 지정하는 것이 좋다. StringBuffer인스턴스를 생성할 때, 버퍼의 크기를 지정해주지 않으면 16개의 문자를 저장할 수 있는 크기의 버퍼를 생성한다.

```
public StringBuffer(int length) {
    value = new char[length];
    shared = false;
}

public StringBuffer() {
    this(16);
}
```

> 버퍼의 크기를 지정하지 않으면 버퍼의 크기는 16이 된다.

```
public StringBuffer(String str) {
    this(str.length() + 16);
    append(str);
}
```

> 지정한 문자열의 길이보다 16이 더 크게 버퍼를 생성한다.

아래의 코드는 StringBuffer클래스의 일부인데, 버퍼의 크기를 변경하는 내용의 코드이다. StringBuffer인스턴스로 문자열을 다루는 작업을 할 때, 버퍼의 크기가 작업하려는 문자열의 길이보다 작을 때는 내부적으로 버퍼의 크기를 증가시키는 작업이 수행된다.

배열의 길이는 변경될 수 없으므로 새로운 길이의 배열을 생성한 후에 이전 배열의 값을 복사해야 한다.

```
...
// 새로운 길이(newCapacity)의 배열을 생성한다. newCapacity는 정수값이다.
char newValue[] = new char[newCapacity];

// 배열 value의 내용을 배열 newValue로 복사한다.
System.arraycopy(value, 0, newValue, 0, count); // count는 문자열의 길이
value = newValue; // 새로 생성된 배열의 주소를 참조변수 value에 저장.
```

이렇게 함으로써 StringBuffer클래스의 인스턴스변수 value는 길이가 증가된 새로운 배열을 참조하게 된다.

String과 달리 StringBuffer는 내용을 변경할 수 있다. 예를 들어 아래와 같이 StringBuffer를 생성하였다고 가정하자.

```
StringBuffer sb = new StringBuffer("abc");
```

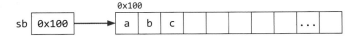

그리고 sb에 문자열 "123"을 추가하면,

```
sb.append("123");   // sb의 내용 뒤에 "123"을 추가한다.
```

append( )는 반환타입이 StringBuffer인데 자신의 주소를 반환한다. 그래서 아래와 같은 문장이 수행되면, sb에 새로운 문자열이 추가되고 sb자신의 주소를 반환하여 sb2에는 sb의 주소인 0x100이 저장된다.

```
StringBuffer sb2 = sb.append("ZZ");   // sb의 내용뒤에 "ZZ"를 추가한다.
System.out.println(sb);   // abc123ZZ
System.out.println(sb2);   // abc123ZZ
```

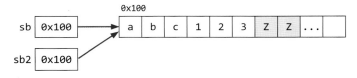

sb와 sb2가 모두 같은 StringBuffer인스턴스를 가리키고 있으므로 같은 내용이 출력된다. 그래서 하나의 StringBuffer인스턴스에 대해 아래와 같이 연속적으로 append( )를 호출하는 것이 가능하다.

```
StringBuffer sb=new StringBuffer("abc");      StringBuffer sb = new StringBuffer("abc");
sb.append("123");                             sb.append("123").append("ZZ");
sb.append("ZZ");                                   sb
```

오른쪽 코드의 밑줄 친 부분이 sb이므로 여기에 다시 append( )를 호출할 수 있는 것이다. 만일 append( )의 반환타입이 void라면 이렇게 할 수 없었을 것이다.

참고 StringBuffer클래스에는 append( )처럼 객체 자신을 반환하는 메서드들이 많이 있다.

18 StringBuffer의 비교

String인스턴스간의 비교에 대해서 학습하면서 등가비교연산자'=='에 의한 비교와 equals메서드에 의한 비교의 차이점을 자세히 알아봤다.

String클래스에서는 equals메서드를 오버라이딩해서 문자열의 내용을 비교하도록 구현되어 있지만, StringBuffer클래스는 equals메서드를 오버라이딩하지 않아서 StringBuffer클래스의 equals메서드를 사용해도 등가비교연산자(==)로 비교한 것과 같은 결과를 얻는다.

```
StrinBuffer sb  = new StringBuffer("abc");
StrinBuffer sb2 = new StringBuffer("abc");

System.out.println(sb==sb2);            // false
System.out.println(sb.equals(sb2));     // false
```

반면에 toString()은 오버라이딩되어 있어서 StringBuffer인스턴스에 toString()을 호출하면, 담고있는 문자열을 String으로 반환한다.

그래서 StringBuffer인스턴스에 담긴 문자열을 비교하기 위해서는 StringBuffer인스턴스에 toString()을 호출해서 String인스턴스를 얻은 다음, 여기에 equals메서드를 사용해서 비교해야한다.

```
String s  = sb.toString();      // StringBuffer를 String으로 변환
String s2 = sb2.toString();

System.out.println(s.equals(s2)); // true
```

예제
9-11

```
class Ex9_11 {
    public static void main(String[] args) {
        StringBuffer sb  = new StringBuffer("abc");
        StringBuffer sb2 = new StringBuffer("abc");

        System.out.println("sb == sb2 ? " + (sb == sb2));
        System.out.println("sb.equals(sb2) ? " + sb.equals(sb2));

        // StringBuffer의 내용을 String으로 변환한다.
        String s  = sb.toString();   // String s = new String(sb);와 같다.
        String s2 = sb2.toString();

        System.out.println("s.equals(s2) ? " + s.equals(s2));
    }
}
```

결과
```
sb == sb2 ? false
sb.equals(sb2) ? false
s.equals(s2) ? true
```

StringBuffer클래스 역시 문자열을 다루기 위한 것이기 때문에 String클래스와 유사한 메서드를 많이 가지고 있다. 그리고 StringBuffer는 추가, 변경, 삭제와 같이 저장된 내용을 변경할 수 있는 메서드들이 추가로 제공된다.

메서드 / 설명	예 제 / 결 과
StringBuffer()	`StringBuffer sb = new StringBuffer();`
16문자를 담을 수 있는 버퍼를 가진 StringBuffer 인스턴스를 생성한다.	`sb = ""`
StringBuffer(int length)	`StringBuffer sb = new StringBuffer(10);`
지정된 개수의 문자를 담을 수 있는 버퍼를 가진 StringBuffer인스턴스를 생성한다.	`sb = ""`
StringBuffer(String str)	`StringBuffer sb = new StringBuffer("Hi");`
지정된 문자열 값(str)을 갖는 StringBuffer 인스턴스를 생성한다.	`sb = "Hi"`

StringBuffer append(boolean b)
StringBuffer append(char c)
StringBuffer append(char[] str)
StringBuffer append(double d)
StringBuffer append(float f)
StringBuffer append(int i)
StringBuffer append(long l)
StringBuffer append(Object obj)
StringBuffer append(String str)
	`StringBuffer sb = new StringBuffer("abc");`
	`StringBuffer sb2 = sb.append(true);`
	`sb.append('d').append(10.0f);`
	
	`StringBuffer sb3 = sb.append("ABC")`
	`                    .append(123);`

매개변수로 입력된 값을 문자열로 변환하여 StringBuffer인스턴스가 저장하고 있는 문자열의 뒤에 덧붙인다.	`sb  = "abctrued10.0ABC123"`
	`sb2 = "abctrued10.0ABC123"`
	`sb3 = "abctrued10.0ABC123"`

int capacity()	`StringBuffer sb = new StringBuffer(100);`
	`sb.append("abcd");`
	`int bufferSize  = sb.capacity();`
	`int stringSize = sb.length();`

StringBuffer인스턴스의 버퍼크기를 알려준다. length( )는 버퍼에 담긴 문자열의 길이를 알려준다.	`bufferSize = 100` `stringSize = 4(sb에 담긴 문자열이 "abcd"이므로)`
char charAt(int index)	`StringBuffer sb = new StringBuffer("abc");` `char c = sb.charAt(2);`
지정된 위치(index)에 있는 문자를 반환한다.	`c='c'`
StringBuffer delete(int start, int end)	`StringBuffer sb = new StringBuffer("0123456");` `StringBuffer sb2 = sb.delete(3,6);`
시작위치(start)부터 끝 위치(end) 사이에 있는 문자를 제거한다. 단, 끝 위치의 문자는 제외.	`sb  = "0126"` `sb2 = "0126"`
StringBuffer deleteCharAt(int index)	`StringBuffer sb = new StringBuffer("0123456");` `sb.deleteCharAt(3);`
지정된 위치(index)의 문자를 제거한다.	`sb = "012456"`

메서드 / 설명	예 제 / 결 과
StringBuffer insert(int pos, boolean b) **StringBuffer insert(int pos, char c)** **StringBuffer insert(int pos, char[] str)** **StringBuffer insert(int pos, double d)** **StringBuffer insert(int pos, float f)** **StringBuffer insert(int pos, int i)** **StringBuffer insert(int pos, long l)** **StringBuffer insert(int pos, Object obj)** **StringBuffer insert(int pos, String str)**	StringBuffer sb = new StringBuffer("0123456"); sb.insert(4,'.');
두 번째 매개변수로 받은 값을 문자열로 변환하여 지정된 위치(pos)에 추가한다. pos는 0부터 시작	sb = "0123.456"
int length()	StringBuffer sb = new StringBuffer("0123456"); int length = sb.length();
StringBuffer인스턴스에 저장되어 있는 문자열의 길이를 반환한다.	length = 7
StringBuffer replace(int start, int end, **String str)**	StringBuffer sb = new StringBuffer("0123456"); sb.replace(3, 6, "AB");
지정된 범위(start~end)의 문자들을 주어진 문자열로 바꾼다. end위치의 문자는 범위에 포함 되지 않음.(start ≤ x 〈 end)	sb = "012AB6" "345"가 "AB"로 바뀌었다.
StringBuffer reverse()	StringBuffer sb = new StringBuffer("0123456"); sb.reverse();
StringBuffer인스턴스에 저장되어 있는 문자열의 순서를 거꾸로 나열한다.	sb = "6543210"
void setCharAt(int index, char ch)	StringBuffer sb = new StringBuffer("0123456"); sb.setCharAt(5, 'o');
지정된 위치의 문자를 주어진 문자(ch)로 바꾼다.	sb = "01234o6"

void setLength(int newLength)	StringBuffer sb = new StringBuffer("0123456");
	sb.setLength(5);
	
	StringBuffer sb2=new StringBuffer("0123456");
	sb2.setLength(10);
	String str = sb2.toString().trim();

지정된 길이로 문자열의 길이를 변경한다. 길이를 늘리는 경우에 나머지 빈 공간을 널문자 '\u0000'로 채운다.	sb = "01234" sb2 = "0123456 " str = "0123456"
String toString()	StringBuffer sb = new StringBuffer("0123456"); String str = sb.toString();
StringBuffer인스턴스의 문자열을 String으로 반환	str = "0123456"
String substring(int start) **String substring(int start, int end)**	StringBuffer sb = new StringBuffer("0123456"); String str = sb.substring(3); String str2 = sb.substring(3, 5);
지정된 범위 내의 문자열을 String으로 뽑아서 반환한다. 시작위치(start)만 지정하면 시작위치부터 문자열 끝까지 뽑아서 반환한다.	str = "3456" str2 = "34"

```
class Ex9_12 {
    public static void main(String[] args) {
        StringBuffer sb = new StringBuffer("01");
        StringBuffer sb2 = sb.append(23);
        sb.append('4').append(56);

        StringBuffer sb3 = sb.append(78);
        sb3.append(9.0);

        System.out.println("sb ="+sb);
        System.out.println("sb2="+sb2);
        System.out.println("sb3="+sb3);

        System.out.println("sb ="+sb.deleteCharAt(10));
        System.out.println("sb ="+sb.delete(3,6));
        System.out.println("sb ="+sb.insert(3,"abc"));
        System.out.println("sb ="+sb.replace(6, sb.length(), "END"));

        System.out.println("capacity="+sb.capacity());
        System.out.println("length="+sb.length());
    }
}
```

```
결
과  sb =0123456789.0
    sb2=0123456789.0
    sb3=0123456789.0
    sb =01234567890
    sb =01267890
    sb =012abc67890
    sb =012abcEND
    capacity=18
    length=9
```

앞서 소개한 메서드 중에서 일부만 뽑아서 예제로 만들었다. 예제를 변경해서 다른 메서드들도 직접 테스트해보자.

21 **StringBuilder**

StringBuffer는 멀티쓰레드에 안전(thread safe)하도록 동기화되어 있다. 아직은 멀티쓰레드나 동기화에 대해서 배우지 않았지만, 동기화가 StringBuffer의 성능을 떨어뜨린다는 것만 이해하면 된다. 멀티쓰레드로 작성된 프로그램이 아닌 경우, StringBuffer의 동기화는 불필요하게 성능만 떨어 뜨린다.

그래서 StringBuffer에서 쓰레드의 동기화만 뺀 StringBuilder가 새로 추가되었다. StringBuilder는 StringBuffer와 완전히 똑같은 기능으로 작성되어 있어서, 소스코드에서 StringBuffer대신 StringBuilder를 사용하도록 바꾸기만 하면 된다. 즉, StringBuffer타입의 참조변수를 선언한 부분과 StringBuffer의 생성자만 바꾸면 된다는 말이다.

```
StringBuffer sb;
sb = new StringBuffer();
sb.append("abc");
```
◀━━━━━▶
```
StringBuilder sb;
sb = new StringBuilder();
sb.append("abc");
```

StringBuffer도 충분히 성능이 좋기 때문에 성능향상이 반드시 필요한 경우를 제외하고는 기존에 작성한 코드에서 StringBuffer를 StringBuilder로 굳이 바꿀 필요는 없다.

> **참고**　지금까지 작성해온 프로그램은 전부 싱글 쓰레드로 작성된 것이고, 멀티 쓰레드로 프로그램을 작성하는 방법은 13장 쓰레드에서 배우게 된다.

Math클래스는 기본적인 수학계산에 유용한 메서드로 구성되어 있다. 임의의 수를 얻을 수 있는 random( )과 반올림에 사용되는 round( ) 등은 이미 학습한 바 있다.

　Math클래스의 생성자는 접근 제어자가 private이기 때문에 다른 클래스에서 Math인스턴스를 생성할 수 없도록 되어있다. 그 이유는 클래스 내에 인스턴스변수가 하나도 없어서 인스턴스를 생성할 필요가 없기 때문이다. Math클래스의 메서드는 모두 static이며, 아래와 같이 2개의 상수만 정의해 놓았다.

```
public static final double E  = 2.7182818284590452354;  // 자연로그의 밑
public static final double PI = 3.14159265358979323846; // 원주율
```

올림, 버림, 반올림

소수점 n번째 자리에서 반올림한 값을 얻기 위해서는 round( )를 사용해야 하는데, 이 메서드는 항상 소수점 첫째자리에서 반올림을 해서 정수값(long)을 결과로 돌려준다.

　여러분이 원하는 자리 수에서 반올림된 값을 얻기 위해서는 간단히 10의 n제곱으로 곱한 후, 다시 곱한 수로 나눠주기만 하면 된다. 예를 들어 90.7552라는 값을 소수점 셋째자리에서 반올림한 후 소수점 두 자리까지의 값만을 얻고 싶으면 90.7552에 100을 곱한다. 그 결과는 9075.52가 되며, 여기에 round( )를 사용하면 그 결과는 9076이 된다. 이 결과를 다시 100.0으로 나누면 90.76이라는 값을 얻게 된다.

> 1. 원래 값에 100을 곱한다.
> $$90.7552 * 100 \rightarrow 9075.52$$
> 2. 위의 결과에 Math.round( )를 사용한다.
> $$Math.round(9075.52) \rightarrow 9076$$
> 3. 위의 결과를 다시 100.0으로 나눈다.
> $$9076 / 100.0 \rightarrow 90.76$$
> $$9076 / 100 \ \ \ \rightarrow 90$$

만일 정수형 값인 100 또는 100L로 나눈다면, 결과는 정수형 값을 얻게 될 것이다. 위의 경우 100.0대신 100으로 나눈다면, 90이라는 정수값을 결과로 얻게 된다. 정수형간의 연산에서는 반올림이 이루어지지 않는다는 것을 반드시 기억하자.

　소수점 넷째자리에서 반올림된 소수점 세 자리 값을 얻으려면 100대신 1000으로 곱하고 1000.0으로 나누면 된다. 그리고 반올림이 필요하지 않다면 round( )를 사용하지 않고 단순히 1000으로 곱하고 1000.0으로 나누기만 하면 된다.

자주 쓰이는 것들만 골라서 정리해보았다. 어떤 것들이 있는지 가볍게 훑어보자.

메서드 / 설명	예 제	결 과

`static double abs(double a)`
`static float  abs(float f)`
`static int    abs(int f)`
`static long   abs(long f)`
 	
주어진 값의 절대값을 반환한다.
	`int    i = Math.abs(-10);`
	`double d = Math.abs(-10.0);`
		`i = 10`
		`d = 10.0`

`static double ceil(double a)`
 	
주어진 값을 올림하여 반환한다.
	`double d  = Math.ceil(10.1);`
	`double d2 = Math.ceil(-10.1);`
	`double d3 = Math.ceil(10.000015);`
		`d  = 11.0`
		`d2 = -10.0`
		`d3 = 11.0`

`static double floor(double a)` 주어진 값을 버림하여 반환한다.	`double d  = Math.floor(10.8);` `double d2 = Math.floor(-10.8);`	`d  = 10.0` `d2 = -11.0`

`static double max(double a,`
`double b)`
`static float max(float a, float b)`
`static int    max(int a, int b)`
`static long   max(long a, long b)`
 	
주어진 두 값을 비교하여 큰 쪽을 반환한다.
	`double d = Math.max(9.5, 9.50001);`
	`int    i = Math.max(0, -1);`
		`d = 9.50001`
		`i = 0`

`static double min(double a,`
`double b)`
`static float min(float a, float b)`
`static int    min(int a, int b)`
`static long   min(long a, long b)`
 	
주어진 두 값을 비교하여 작은 쪽을 반환한다.
	`double d = Math.min(9.5, 9.50001);`
	`int    i = Math.min(0, -1);`
		`d = 9.5`
		`i = -1`

`static double random()` 0.0~1.0범위의 임의의 double값을 반환한다. (1.0은 범위에 포함되지 않는다.)	`double d = Math.random();` `int i = (int)(Math.random()*10)+1`	`0.0<=d<1.0` `1<=i<11`

`static double rint(double a)`
 	
주어진 double값과 가장 가까운 정수값을 double형으로 반환한다. 단, 두 정수의 정가운데 있는 값(1.5, 2.5, 3.5 등)은 짝수를 반환.
	`double d  = Math.rint(1.2);`
	`double d2 = Math.rint(2.6);`
	`double d3 = Math.rint(3.5);`
	`double d4 = Math.rint(4.5);`
		`d  = 1.0`
		`d2 = 3.0`
		`d3 = 4.0`
		`d4 = 4.0`

`static long round(double a)`
`static long round(float a)`
 	
소수점 첫째자리에서 반올림한 정수값(long)을 반환한다. 두 정수의 정가운데있는 값은 항상 큰 정수를 반환.(rint( )의 결과와 비교)
	`long l  = Math.round(1.2);`
	`long l2 = Math.round(2.6);`
	`long l3 = Math.round(3.5);`
	`long l4 = Math.round(4.5);`
	`double d = 90.7552;`
	`double d2 = Math.round(d*100)/100.0;`
		`l  = 1`
		`l2 = 3`
		`l3 = 4`
		`l4 = 5`
		`d  = 90.7552`
		`d2 = 90.76`

▲ 표 9-1　Math클래스의 메서드

24 Math의 메서드 예제

결과
```
round(90.7552)=91
round(9075.52)=9076
round(9075.52)/100   =90
round(9075.52)/100.0=90.76

ceil(1.1)=2.0
floor(1.5)=1.0
round(1.1)=1
round(1.5)=2
rint(1.5)=2.000000
round(-1.5)=-1
rint(-1.5)=-2.000000
ceil(-1.5)=-1.000000
floor(-1.5)=-2.000000
```

예제
9-13

```java
import static java.lang.Math.*;
import static java.lang.System.*;

class Ex9_13 {
    public static void main(String args[]) {
        double val = 90.7552;
        out.println("round("+ val +")="+ round(val)); // 반올림

        val *= 100;
        out.println("round("+ val +")="+ round(val)); // 반올림

        out.println("round("+ val +")/100   =" + round(val)/100);    // 반올림
        out.println("round("+ val +")/100.0=" + round(val)/100.0); // 반올림
        out.println();
        out.printf("ceil(%3.1f)=%3.1f%n",  1.1, ceil(1.1));     // 올림
        out.printf("floor(%3.1f)=%3.1f%n", 1.5, floor(1.5));   // 버림
        out.printf("round(%3.1f)=%d%n",    1.1, round(1.1));   // 반올림
        out.printf("round(%3.1f)=%d%n",    1.5, round(1.5));   // 반올림
        out.printf("rint(%3.1f)=%f%n",     1.5, rint(1.5));    // 반올림
        out.printf("round(%3.1f)=%d%n",   -1.5, round(-1.5));  // 반올림
        out.printf("rint(%3.1f)=%f%n",    -1.5, rint(-1.5));   // 반올림
        out.printf("ceil(%3.1f)=%f%n",    -1.5, ceil(-1.5));   // 올림
        out.printf("floor(%3.1f)=%f%n",   -1.5, floor(-1.5));  // 버림
    }
}
```

rint( )도 round( )처럼 소수점 첫 째자리에서 반올림하지만, 반환값이 double이다.

```java
        out.printf("round(%3.1f)=%d%n",  1.5, round(1.5)); // 반환값이 int
        out.printf("rint(%3.1f) =%f%n",  1.5, rint(1.5));  // 반환값이 double
```

음수를 반올림할 때 round(−1.5)의 결과는 −2가 아니라 −1이다. round( )는 항상 가장 가까운 큰 정수로 반올림하기 때문이다. rint( )도 가장 가까운 정수로 반올림하지만, 1.5와같이 두 정수의 정가운데있는 값은 짝수 정수를 결과로 반환한다. 예를 들어, −1.5는−1.0과 −2.0의 중간에 있으므로 rint(−1.5)는 가까운 정수 −1.0과 −2.0중에서 짝수인 −2.0을 반환한다.

```java
        out.printf("round(%3.1f)=%d%n", -1.5, round(-1.5)); // -1
        out.printf("rint(%3.1f)=%f%n",  -1.5, rint(-1.5));  // -2.0
```

음수에서는 양수와 달리 −1.5를 버림(floor)하면 −2.0이 된다.

```java
        out.printf("ceil(%3.1f)=%f%n",   -1.5, ceil(-1.5));   // -1.0
        out.printf("floor(%3.1f)=%f%n",  -1.5, floor(-1.5));  // -2.0
```

25 # 래퍼(wrapper) 클래스

객체지향 개념에서 모든 것은 객체로 다루어져야 한다. 그러나 자바에서는 8개의 기본형을 객체로 다루지 않는데 이것이 바로 자바가 완전한 객체지향 언어가 아니라는 얘기를 듣는 이유이다. 그 대신 보다 높은 성능을 얻을 수 있었다.

때로는 기본형(primitive type) 변수도 어쩔 수 없이 객체로 다뤄야 하는 경우가 있다. 예를 들면, 매개변수로 객체를 요구할 때, 기본형 값이 아닌 객체로 저장해야할 때, 객체간의 비교가 필요할 때 등등의 경우에는 기본형 값들을 객체로 변환하여 작업을 수행해야 한다.

이 때 사용되는 것이 래퍼(wrapper)클래스이다. 8개의 기본형을 대표하는 8개의 래퍼클래스가 있는데, 이 클래스들을 이용하면 기본형 값을 객체로 다룰 수 있다.

```
public final class Integer extends Number implements Comparable {
        ...
        private int value;
        ...
}
```

이처럼 래퍼 클래스들은 객체생성 시에 생성자의 인자로 주어진 각 자료형에 알맞은 값을 내부적으로 저장하고 있으며, 이에 관련된 여러 메서드가 정의되어있다.

기본형	래퍼클래스	생성자	활용예
boolean	Boolean	Boolean(boolean value) Boolean(String s)	Boolean b = new Boolean(true); Boolean b2 = new Boolean("true");
char	Character	Character(char value)	Character c = new Character('a');
byte	Byte	Byte(byte value) Byte(String s)	Byte b = new Byte(10); Byte b2 = new Byte("10");
short	Short	Short(short value) Short(String s)	Short s = new Short(10); Short s2 = new Short("10");
int	Integer	Integer(int value) Integer(String s)	Integer i = new Integer(100); Integer i2 = new Integer("100");
long	Long	Long(long value) Long(String s)	Long l = new Long(100); Long l2 = new Long("100");
float	Float	Float(double value) Float(float value) Float(String s)	Float f = new Float(1.0); Float f2 = new Float(1.0f); Float f3 = new Float("1.0f");
double	Double	Double(double value) Double(String s)	Double d = new Double(1.0); Double d2 = new Double("1.0");

래퍼 클래스의 생성자는 매개변수로 문자열이나 각 자료형의 값들을 인자로 받는다. 이 때 주의해야할 것은 생성자의 매개변수로 문자열을 제공할 때, 각 자료형에 알맞은 문자열을 사용해야한다는 것이다. 예를 들어 'new Integer("1.0");'과 같이 하면 NumberFormat Exception이 발생한다.

예제
9-14

```
class Ex9_14 {
    public static void main(String[] args) {
        Integer i  = new Integer(100);
        Integer i2 = new Integer(100);

        System.out.println("i==i2 ? "+(i==i2));
        System.out.println("i.equals(i2) ? "+i.equals(i2));
        System.out.println("i.compareTo(i2)="+i.compareTo(i2));
        System.out.println("i.toString()="+i.toString());

        System.out.println("MAX_VALUE="+Integer.MAX_VALUE);
        System.out.println("MIN_VALUE="+Integer.MIN_VALUE);
        System.out.println("SIZE="+Integer.SIZE+" bits");
        System.out.println("BYTES="+Integer.BYTES+" bytes");
        System.out.println("TYPE="+Integer.TYPE);
    }
}
```

결
과
```
i==i2 ? false
i.equals(i2) ? true
i.compareTo(i2)=0
i.toString()=100
MAX_VALUE=2147483647
MIN_VALUE=-2147483648
SIZE=32 bits
BYTES=4 bytes
TYPE=int
```

래퍼 클래스들은 모두 equals( )가 오버라이딩되어 있어서 주소값이 아닌 객체가 가지고 있는 값을 비교한다. 그래서 실행결과를 보면 equals( )를 이용한 두 Integer객체의 비교결과가 true라는 것을 알 수 있다. 오토박싱이 된다고 해도 Integer객체에 비교연산자를 사용할 수 없다. 대신 compareTo( )를 제공한다.

그리고 toString( )도 오버라이딩되어 있어서 객체가 가지고 있는 값을 문자열로 변환하여 반환한다. 이 외에도 래퍼 클래스들은 MAX_VALUE, MIN_VALUE, SIZE, BYTES, TYPE 등의 static상수를 공통적으로 가지고 있다.

 참고 BYTES는 JDK1.8부터 추가되었다.

이 클래스는 추상클래스로 내부적으로 숫자를 멤버변수로 갖는 래퍼 클래스들의 조상이다. 아래의 그림은 래퍼 클래스의 상속계층도인데, 기본형 중에서 숫자와 관련된 래퍼 클래스들은 모두 Number클래스의 자손이라는 것을 알 수 있다.

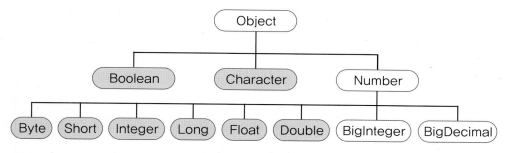

▲ 그림 9-1　래퍼 클래스(회색 바탕)의 상속계층도

그 외에도 Number클래스 자손으로 BigInteger와 BigDecimal 등이 있는데, BigInteger는 long으로도 다룰 수 없는 큰 범위의 정수를, BigDecimal은 double로도 다룰 수 없는 큰 범위의 부동 소수점수를 처리하기 위한 것으로 연산자의 역할을 대신하는 다양한 메서드를 제공한다.

　참고로 Number클래스의 실제 소스는 아래와 같다. 객체가 가지고 있는 값을 숫자와 관련된 기본형으로 변환하여 반환하는 메서드들을 정의하고 있다.

```java
public abstract class Number implements java.io.Serializable {
    public abstract int    intValue();
    public abstract long   longValue();
    public abstract float  floatValue();
    public abstract double doubleValue();

    public byte byteValue() {
        return (byte)intValue();
    }

    public short shortValue() {
        return (short)intValue();
    }
}
```

다음은 문자열을 숫자로 변환하는 다양한 방법을 보여준다. 문자열을 숫자로 변환할 때는 아래의 방법 중 하나를 선택해서 사용하면 된다.

```
int     i  = new Integer("100").intValue(); // floatValue(), longValue(), ...
int     i2 = Integer.parseInt("100");        // 주로 이 방법을 많이 사용.
Integer i3 = Integer.valueOf("100");
```

아래의 표는 래퍼 클래스의 '타입.parse타입(String s)'형식의 메서드와 '타입.valueOf( )'메서드를 정리한 것이다. 둘 다 문자를 숫자로 바꿔주는 일을 하지만, 전자는 반환값이 기본형(primitive type)이고 후자는 반환값이 래퍼 클래스 타입이라는 차이가 있다.

문자열 → 기본형	문자열 → 래퍼 클래스

`byte   b = Byte.parseByte("100");`
`short  s = Short.parseShort("100");`
`int    i = Integer.parseInt("100");`
`long   l = Long.parseLong("100");`
`float  f = Float.parseFloat("3.14");`
`double d = Double.parseDouble("3.14");`
	`Byte    b = Byte.valueOf("100");`
	`Short   s = Short.valueOf("100");`
	`Integer i = Integer.valueOf("100");`
	`Long    l = Long.valueOf("100");`
	`Float   f = Float.valueOf("3.14");`
	`Double  d = Double.valueOf("3.14");`

문자열이 10진수가 아닌 다른 진법(radix)의 숫자일 때도 변환이 가능하도록 다음과 같은 메서드가 제공된다.

```
static int parseInt(String s, int radix) // 문자열 s를 radix진법으로 인식
static Integer valueOf(String s, int radix)
```

문자열 "100"이 2진법의 숫자라면 10진수로 4이고, 8진법의 숫자라면 10진수로 64이고, 16진법의 숫자라면 10진수로 256이 된다. 참고로 2진수 100은 100(2)와 같이 표기한다.

```
int i4 = Integer.parseInt("100",2);  // 100(2) -> 4
int i5 = Integer.parseInt("100",8);  // 100(8) -> 64
int i6 = Integer.parseInt("100",16); // 100(16)-> 256
int i7 = Integer.parseInt("FF", 16); // FF(16) -> 255
//  int i8 = Integer.parseInt("FF");      // NumberFormatException발생
```

16진법에서는 'A~F'의 문자도 허용하므로 'Integer.parseInt("FF", 16)'와 같은 코드가 가능하지만, 진법을 생략하면 10진수로 간주하기 때문에 'Integer.parseInt("FF")'에서는 NumberFormatException이 발생한다.

29 문자열을 숫자로 변환하기 예제

예 제
9-15

```java
class Ex9_15 {
    public static void main(String[] args) {
        int      i  = new Integer("100").intValue();
        int      i2 = Integer.parseInt("100");
        Integer  i3 = Integer.valueOf("100");

        int i4 = Integer.parseInt("100",2);
        int i5 = Integer.parseInt("100",8);
        int i6 = Integer.parseInt("100",16);
        int i7 = Integer.parseInt("FF", 16);
//      int i8 = Integer.parseInt("FF");       // NumberFormatException발생

        Integer i9 = Integer.valueOf("100",2);
        Integer i10 = Integer.valueOf("100",8);
        Integer i11 = Integer.valueOf("100",16);
        Integer i12 = Integer.valueOf("FF",16);
//      Integer i13 = Integer.valueOf("FF"); // NumberFormatException발생

        System.out.println(i);
        System.out.println(i2);
        System.out.println(i3);
        System.out.println("100(2) -> "+i4);
        System.out.println("100(8) -> "+i5);
        System.out.println("100(16)-> "+i6);
        System.out.println("FF(16) -> "+i7);

        System.out.println("100(2) -> "+i9);
        System.out.println("100(8) -> "+i10);
        System.out.println("100(16)-> "+i11);
        System.out.println("FF(16) -> "+i12);
    }
}
```

결
과
```
100
100
100
100(2) -> 4
100(8) -> 64
100(16)-> 256
FF(16) -> 255
100(2) -> 4
100(8) -> 64
100(16)-> 256
FF(16) -> 255
```

JDK1.5이전에는 기본형과 참조형 간의 연산이 불가능했기 때문에, 래퍼 클래스로 기본형을 객체로 만들어서 연산해야 했다.

```
int i = 5;
Integer iObj = new Integer(7);

int sum = i + iObj;      // 에러. 기본형과 참조형 간의 덧셈 불가(JDK1.5 이전)
```

그러나 이제는 기본형과 참조형 간의 덧셈이 가능하다. 자바 언어의 규칙이 바뀐 것은 아니고, 컴파일러가 자동으로 변환하는 코드를 넣어주기 때문이다. 아래의 경우, 컴파일러가 Integer객체를 int타입의 값으로 변환해주는 intValue( )를 추가해준다.

컴파일 전의 코드	컴파일 후의 코드

`int i = 5;`
`Integer iObj = new Integer(7);`
 	
`int sum = i + iObj;`
	`int i = 5;`
	`Integer iObj = new Integer(7);`
	
	`int sum = i + iObj.intValue();`

이 외에도 내부적으로 객체 배열을 가지고 있는 Vector클래스나 ArrayList클래스에 기본형 값을 저장해야할 때나 형변환이 필요할 때도 컴파일러가 자동적으로 코드를 추가해 준다. 기본형 값을 래퍼 클래스의 객체로 자동 변환해주는 것을 '오토박싱(autoboxing)'이라고 하고, 반대로 변환하는 것을 '언박싱(unboxing)'이라고 한다.

> **참고** '〈Integer〉'는 지네릭스(generics)라고 하는 것인데, 12장에서 배운다.

```
ArrayList<Integer> list = new ArrayList<Integer>();
list.add(10);              // 오토박싱. 10 → new Integer(10)

int value = list.get(0); // 언박싱. new Integer(10) → 10
```

위의 코드에서 알 수 있듯이 ArrayList에 숫자를 저장하거나 꺼낼 때, 기본형 값을 래퍼 클래스의 객체로 변환하지 않아도 되므로 편리하다.

예제
9-16

```java
class Ex9_16 {
    public static void main(String[] args) {
        int i = 10;

        // 기본형을 참조형으로 형변환(형변환 생략가능)
        Integer intg = (Integer)i; // Integer intg = Integer.valueOf(i);
        Object obj = (Object)i;    // Object obj = (Object)Integer.valueOf(i);

        Long    lng = 100L;  // Long lng = new Long(100L);

        int i2 = intg + 10;   // 참조형과 기본형간의 연산 가능
        long l = intg + lng;  // 참조형 간의 덧셈도 가능

        Integer intg2 = new Integer(20);
        int i3 = (int)intg2;  // 참조형을 기본형으로 형변환도 가능(형변환 생략가능)

        Integer intg3 = intg2 + i3;

        System.out.println("i      ="+i);
        System.out.println("intg   ="+intg);
        System.out.println("obj    ="+obj);
        System.out.println("lng    ="+lng);
        System.out.println("intg + 10  ="+i2);
        System.out.println("intg + lng ="+l);
        System.out.println("intg2 ="+intg2);
        System.out.println("i3      ="+i3);
        System.out.println("intg2 + i3 ="+intg3);
    }
}
```

```
결과
i      =10
intg   =10
obj    =10
lng    =100
intg + 10  =20
intg + lng =110
intg2 =20
i3     =20
intg2 + i3 =40
```

이 예제는 오토박싱(autoboxing)을 이용해서 기본형과 참조형 간의 형변환과 연산을 수행하는 예를 보여준다. 지금까지 배워온 것과는 달리 기본형과 참조형 간의 형변환도 가능할 뿐만 아니라, 심지어는 참조형 간의 연산도 가능하다는 것에 다소 놀랐을 것이다.

그러나 사실 이 기능은 컴파일러가 제공하는 편리한 기능일 뿐 자바의 원칙이 바뀐 것은 아니다. 생성자가 없는 클래스에 컴파일러가 기본 생성자를 자동적으로 추가해 주듯이 개발자가 간략하게 쓴 구문을 컴파일러가 원래의 구문으로 변경해 주는 것뿐이다.

컴파일 전의 코드	컴파일 후의 코드
Integer intg = (Integer)i; Object obj = (Object)i; Long lng = 100L;	Integer intg = Integer.valueOf(i); Object obj = (Object)Integer.valueOf(i); Long lng = new Long(100L);

9-1 다음과 같은 실행결과를 얻도록 SutdaCard클래스의 equals( )를 멤버변수인 num, isKwang의 값을 비교하도록 오버라이딩하고 테스트 하시오.

```java
class Exercise9_1 {
    public static void main(String[] args) {
        SutdaCard c1 = new SutdaCard(3, true);
        SutdaCard c2 = new SutdaCard(3, true);

        System.out.println("c1=" + c1);
        System.out.println("c2=" + c2);
        System.out.println("c1.equals(c2):" + c1.equals(c2));
    }
}

class SutdaCard {
    int num;
    boolean isKwang;

    SutdaCard() {
        this(1, true);
    }

    SutdaCard(int num, boolean isKwang) {
        this.num = num;
        this.isKwang = isKwang;
    }

    public boolean equals(Object obj) {
        /*
            (1) 매개변수로 넘겨진 객체의 num, isKwang과
                멤버변수 num, isKwang을 비교하도록 오버라이딩 하시오.
        */

    }

    public String toString() {
        return num + (isKwang ? "K" : "");
    }
}
```

결과
```
c1=3K
c2=3K
c1.equals(c2):true
```

9-2 다음과 같은 실행결과를 얻도록 Point3D클래스의 equals( )를 멤버변수인 x, y, z의 값을 비교하도록 오버라이딩하고, toString( )은 실행결과를 참고해서 적절히 오버라이딩하시오.

```java
class Exercise9_2 {
    public static void main(String[] args) {
        Point3D p1 = new Point3D(1, 2, 3);
        Point3D p2 = new Point3D(1, 2, 3);

        System.out.println(p1);
        System.out.println(p2);
        System.out.println("p1==p2?" + (p1 == p2));
        System.out.println("p1.equals(p2)?" + (p1.equals(p2)));
    }
}

class Point3D {
    int x, y, z;

    Point3D(int x, int y, int z) {
        this.x = x;
        this.y = y;
        this.z = z;
    }

    Point3D() {
        this(0, 0, 0);
    }

    public boolean equals(Object obj) {
        /*
                (1) 인스턴스변수 x, y, z를 비교하도록 오버라이딩하시오.
        */
    }

    public String toString() {
        /*
                (2) 인스턴스변수 x, y, z의 내용을
                    출력하도록 오버라이딩하시오.
        */
    }
}
```

결과
```
[1,2,3]
[1,2,3]
p1==p2?false
p1.equals(p2)?true
```

9-3 다음과 같이 정의된 메서드를 작성하고 테스트하시오.

- 메서드명 : count
- 기 능 : 주어진 문자열(src)에 찾으려는 문자열(target)이 몇 번 나오는지 세어서 반환한다.
- 반환타입 : int
- 매개변수 : String src
            String target

(Hint) String클래스의 indexOf(String str, int fromIndex)를 사용할 것

```java
class Exercise9_3 {
    public static int count(String src, String target) {
        int count = 0; // 찾은 횟수
        int pos = 0;   // 찾기 시작할 위치

        /*
           (1) 반복문을 사용해서 아래의 과정을 반복한다.
               1. src에서 target을 pos의 위치부터 찾는다.
               2. 찾으면 count의 값을 1 증가 시키고, pos의 값을 target.length만큼 증가시킨다.
               3. indexOf의 결과가 -1이면 반복문을 빠져나가서 count를 반환한다.
        */

    }

    public static void main(String[] args) {
        System.out.println(count("12345AB12AB345AB", "AB"));
        System.out.println(count("12345", "AB"));
    }
}
```

결과
3
0

9-4 다음과 같이 정의된 메서드를 작성하고 테스트하시오.

- 메서드명 : contains
- 기　　능 : 첫 번째 문자열(src)에 두 번째 문자열(target)이 포함되어 있는지 확인한다.
　　　　　포함되어 있으면 true, 그렇지 않으면 false를 반환한다.
- 반환타입 : boolean
- 매개변수 : String src
　　　　　String target

(Hint) String클래스의 indexOf( )를 사용할 것

```
class Exercise9_4 {

    /*
            (1) contains메서드를 작성하시오.
    */


    public static void main(String[] args) {
        System.out.println(contains("12345", "23"));
        System.out.println(contains("12345", "67"));
    }
}
```

결과
```
true
false
```

9-5 다음과 같이 정의된 메서드를 작성하고 테스트하시오.

- 메서드명 : delChar
- 기　　능 : 주어진 문자열에서 금지된 문자들을 제거하여 반환한다.
- 반환타입 : String
- 매개변수 : String src – 변환할 문자열
　　　　　　 String delCh – 제거할 문자들로 구성된 문자열

(Hint) StringBuffer와 String클래스의 charAt(int i)과 indexOf(int ch)를 사용하라.

```java
class Exercise9_5 {

    /*
            (1) delChar메서드를 작성하시오.
    */

    public static void main(String[] args) {
        System.out.println("(1!2@3^4~5)" + " -> "
                                    + delChar("(1!2@3^4~5)", "~!@#$%^&*()"));
        System.out.println("(1 2 3 4\t5)" + " -> "
                                    + delChar("(1 2 3 4\t5)", " \t"));
    }
}
```

```
결  (1!2@3^4~5) -> 12345
과  (1 2 3 4 5) -> (12345)
```

9-6 다음은 화면으로부터 전화번호의 일부를 입력받아 일치하는 전화번호를 주어진 문자열 배열에서 찾아서 출력하는 프로그램이다. 알맞은 코드를 넣어 프로그램을 완성하시오.

(Hint) Pattern, Matcher클래스를 사용할 것

```java
import java.util.*;
import java.util.regex.*;

class Exercise9_6 {
    public static void main(String[] args) {
        String[] phoneNumArr = {
            "012-3456-7890",
            "099-2456-7980",
            "088-2346-9870",
            "013-3456-7890" };

        ArrayList list = new ArrayList();
        Scanner s = new Scanner(System.in);

        while (true) {
            System.out.print(">>");
            String input = s.nextLine().trim();

            if (input.equals("")) {
                continue;
            } else if (input.equalsIgnoreCase("Q")) {
                System.exit(0);
            }

            /*
                        (1) 알맞은 코드를 넣어 완성하시오.
            */

            if (list.size() > 0) {
                System.out.println(list);
                list.clear();
            } else {
                System.out.println("일치하는 번호가 없습니다.");
            }
        }
    } // main
}
```

```
결  >>
과  >>
    >>asdf
    일치하는 번호가 없습니다.
    >>
    >>
    >>0
    [012-3456-7890, 099-2456-7980, 088-2346-9870, 013-3456-7890]
    >>234
    [012-3456-7890, 088-2346-9870]
    >>7890
    [012-3456-7890, 013-3456-7890]
    >>q
```

찾아보기

ㄱ

가비지 컬렉터	4
가상 머신	6
감소 연산자	74
객체	161
객체 배열	169, 254
객체지향 언어	160
경량 프로세스	507
교착상태	507
구조체	170
기능	162
기본 생성자	196
기본형	56
기본형 매개변수	185

ㄴ

나머지 연산자	84
난수	109
내부 클래스	270
네트워크 주소	679
네트워킹	676
노드	400
논리 부정 연산자	90
논리 연산자	87
논리적 에러	292

ㄷ

다중 상속	227, 264
다차원 배열	147
다형성	246
단일 상속	227
단축키	28
단축키 설정	29
대소 비교 연산자	85
대입 연산자	48, 93
대입된 타입	461
데몬 쓰레드	525
동기화	537
동적 로딩	5

등가 비교 연산자	85
디폴트 메서드	268

ㄹ

라이브러리	388
락	538
람다식	552
래퍼 클래스	351
런타임 에러	292
리터럴	51
링크드 리스트	400

ㅁ

마커 애너테이션	498
매개변수	177
매개변수 다형성	251
매개변수 타입	461
매개변수화된 타입	461
멀티 catch블럭	300
멀티 쓰레드	513
멀티 쓰레드 프로세스	506
메모리 주소	56
메서드	176
메서드 구현부	176
메서드 선언부	176
메서드 영역	173
메서드 참조	566
메서드 호출	179
메타 애너테이션	488
무한 반복문	111
문자 기반 스트림	627
문자 리터럴	53
문자열 결합	54
문자열 리터럴	53, 332
문자열 숫자 변환	354

ㅂ

바이트 기반 스트림	625
바이트 코드	6

반복문	110
반올림	83, 348
반환 타입	177
반환값	183
배열	130
배열의 길이	133
배열의 생성	131
배열의 선언	131
배열의 요소	132
배열의 인덱스	132
배열의 초기화	134
배열의 출력	135
배열이름.length	133
버림	348
범위 검색	430
변경불가 컬렉션	444
변수	48
별찍기	113
병렬 스트림	570
보조 스트림	626
복합 대입 연산자	93
부동소수점	57
부호 연산자	76
뷰	26
블럭{}	100
비교 연산자	85
빈 문자열	333
빈 스트림	576

ㅅ

사용자 쓰레드	512
사용자 정의 예외	307
사용자 정의 타입	171
사칙 연산자	79
산술변환	80
삼항 연산자	91
상속	222
상속 계층도	222
상수	51
상한	469
생성자	195

서버	677
서버 기반 모델	677
서브넷 마스크	679
소켓	690
속성	162
스태틱 메서드	188
스택	403
스트림	568
스트림	624
스트림의 변환	618
식	70
싱글 쓰레드	513
싱글톤 컬렉션	444
쓰레드	506
쓰레드 그룹	523
쓰레드 우선순위	520

ㅇ

애너테이션	481
언박싱	356
에러	292
역직렬화	662
연결된 예외	312
연산자	70
열거형	475
열거형 상수	476
예외 되던지기	310
예외 선언	303
예외 처리	295
오류	292
오버라이딩	229
오버라이딩 조건	230
오버로딩	192
오버플로우	62, 64
오토박싱	356
올림	348
와일드 카드	469
우선순위	72
워크스페이스	27
원시 타입	461
원인 예외	312

유니코드	57
이름 붙은 반복문	122
이름없는 패키지	235
이진 탐색 트리	430
이진 트리	429
이차원 배열	147
이클립스	19
이클립스 단축키	28
익명 객체	555
익명 클래스	279
익명 함수	552
인수	179
인스턴스	163
인스턴스 메서드	188
인스턴스 변수	173
인스턴스화	163
인터페이스	263
일반 산술 변환	80
임계 영역	538
입출력	624

ㅈ

자동 완성 기능	30
자동 형변환	78
자료형	56
자바	2
자바 API문서	15
자바 가상 머신	6
자바 개발 도구	7
자바 인터프리터	16
자바 컴파일러	16
자손 클래스	222
재사용성	160
재진입	541
저장범위	57
전위형	74
절대 경로	658
접근 시간	400
접근 제어자	243
접두사	52
접미사	52

정규 경로	658
제어문	93
제어자	239
조건 연산자	91
조상 클래스	222
주석	32
중간 연산	577, 578
중첩 for문	113
중첩 if문	104
증감 연산자	74
지네릭 메서드	471
지네릭 클래스	461
지네릭 타입 호출	461
지네릭스	458
지시자	58
지역 변수	173, 178
지연된 연산	570
직렬화	662

ㅊ

참조 변수	56
참조변수 형변환	248
참조형	56
참조형 매개변수	186
참조형 반환타입	187
최종연산	577, 579
추상 메서드	258
추상 클래스	242
추상 클래스	257

ㅋ

캐스트 연산자	77
캐스팅	77
캡슐화	244
커맨드 라인	145
컨텍스트 스위칭	513
컬렉션 동기화	443
컬렉션 클래스	388
컬렉션 프레임웍	388
컴파일 에러	292

콘솔	18	화면입력	61	BufferedInputStream	639
큐	403	환경변수	11	BufferedOutputStream	639
클라이언트	677	후위형	74	BufferedReader	650
클래스	161			BufferedWriter	650
클래스 로더	501			byte	57
클래스 메서드	188			byte code	6
클래스 변수	173				
클래스 영역	173				
클래스 패스	236				

E

타입	50
타입 변수	459
타입 변환방법	66
타입 안정성	458
타입의 저장범위	57
템플릿	30
통합 개발 환경	19

ㅍ

패키지	234
패키지 선언	235
퍼스펙티브	26
평가	70
포함관계	225
표준 애너테이션	483
표준 입출력	653
프레임웍	388
프로세스	506
피연산자	70

ㅎ

하한	469
함수형 인터페이스	556
해시코드	327
형변환	77
형식화 클래스	375
호스트 주소	679
호출 스택	184

A

absolute path	658
abstract	242
abstract class	257
abstract method	258
access modifier	243
acess time	400
allMatch( )	596
Annotation	497
anonymous class	279
anonymous function	552
anyMatch( )	596
argument	179
array	130
ArrayIndex OutOfBoundsException	133
ArrayList	394
Arrays	153, 414
Arrays.toString( )	135
assignment operator	48
autoboxing	356

B

BiConsumer	560
BiFunction	560
BigDecimal	353
BigInteger	353
binary search tree	430
binary tree	429
BinaryOperator	560
binarySearch( )	415
BiPredicate	560
block	100
boolean	57
break문	106, 119

C

Calendar	367
call stack	184
canonical path	658
CASE_INSENSITIVE_ORDER	421
case문	106
casting	77
catch블럭	297
cause exception	312
chained exception	312
char	50, 57
checked예외	302
Class	501
class hierarchy	222
class method	188
class path	236
class variable	173
ClassLoader	501
client	677
collect( )	600
Collection	390
Collections	443
collections framework	388
Collector	600
Collectors	600
command line	145
comment	32
Comparable	420
Comparator	420
Comparator	583
compile-time error	292
composite	225
constant	51

constructor	195
Consumer	559
content assist	30
context switching	513
continue문	120
counting( )	602
critical section	538

D

d	52
daemon thread	525
data type	56
Date	374
deadlock	507
DecimalFormat	376
default	243
default constructor	196
default method	268
default문	106
Deprecated	485
deserialization	662
distinct( )	581
Documented	491
double	50, 57
do-while문	118
Dynamic Loading	5

E

eclipse	19
element	132
empty stream	576
empty string	333
encapsulation	244
Entry	436
enum	475
Enumeration	411
equals( )	325
equalsIgnoreCase( )	86
error	292
evaluation	70

exception	292
Exception Handling	295
exception re-throwing	310
Exception클래스	293, 294
expression	70
extends	222, 469

F

f	52
false	52
fianlly블럭	306
FIFO	403
File	656
FileInputStream	634
FileOutputStream	634
FileReader	647
FileWriter	647
filter( )	581
FilterInputStream	637
FilterOutputStream	637
final	51, 241
finalize( )	324
findAny( )	596
findFirst( )	596
flatMap( )	588
float	50,57
floating-point	57
forEach( )	595
for문	110
Function	559
FunctionalInterface	486, 556

G

Garbage Collector(GC)	4
generic class	461
generic method	471
generics	458
getMessage( )	299
getter	245
GregorianCalendar	367

groupingBy( )	611

H

has-a	226
hash code	327
hashCode( )	327
HashMap	436
HashSet	424
Hashtable	436

I

I/O	624
I/O blocking	517
IDE	19
identityHashCode( )	327
if-else if문	102
if-else문	102
if문	93
immutable	330
implements	265
import문	237
index	132
InetAddress	680
inheritance	222
Inherited	491
inner클래스	270
InputStream	625, 629
InputStreamReader	651
instance variable	173
instanceof	250
int	57
interface	263
interrupt( )	531
IP address	678
is-a	226
Iterator	411

J

J2EE	2

J2ME	2
java	2
Java API	15
Java API 소스보기	399
java.exe	16
java.lang.Enum	477
java.net	676
java.text패키지	375
java.util.function	559
javac.exe	16
JDK	7
JIT컴파일러	6
join( )	337, 535
joining( )	604
JVM	4, 6

L

L	52
lambda expression	552
lazy operation	570
LIFO	403
limit( )	580
LinkedHashMap	448
LinkedHashSet	423, 448
LinkedList	400
List	389, 391
ListIterator	411
literal	51
local variable	173, 178
lock	538
logical error	292
long	50
lower bound	469
lvalue	93
LWP	507

M

main메서드	17
main쓰레드	512
Map	389, 393

map( )	585
Map.Entry	436
Math	348
memory address	56
meta annotation	483
method	176
method body	176, 178
method header	176
method reference	566
modifier	239
multiple inheritance	227, 264

N

networking	676
new	165
node	400
noneMatch( )	596
notify( )	541
notifyAll( )	541
Number	353

O

ObjectInputStream	663
ObjectOutputStream	663
Object클래스	228, 324
operand	70
Optional	590
OptionalDouble	593
OptionalInt	593
OptionalLong	593
OutputStream	625, 629
OutputStreamWriter	651
overflow	62
overloading	192
Override	484
overriding	229

P

P2P 모델	677

package	234
parallel stream	570
parameter	177, 179
parameterized type	461
parseInt( )	61
partitioningBy( )	606
peek( )	587
peer to peer	677
perspective	26
polymorphism	246
postfix	74
Predicate	559, 562
prefix	74
primitive parameter	185
primitive type	56
print( )	46
printf( )	58
println( )	46
printStackTrace( )	299
PrintStream	644
private	243
process	506
Properties	448
protected	243
public	243

Q, R

queue	403
random( )	109
range search	430
raw type	461
Reader	645
reduce( )	597
reducing( )	603
reenterance	541
reference parameter	186
reference type	56
Repeatable	492
Retention	490
return type	177
return value	183

return문	178, 182
round( )	83
Runnable	508
runtime error	292
Runtime클래스	293, 294
rvalue	93

S

Scanner	61
SequenceInputStream	642
Serializable	665
serialization	662
server	677
ServerSocket	693
Set	389, 392
setter	245
SimpleDateFormat	379
single inheritance	227
skip( )	580
sleep( )	529
socket	690
Socket	693
sort( )	415
sorted( )	582
specifier	58
stack	403
Standard I/O	653
static	240
static method	188
stream	568, 624
String	50, 330
String 리터럴	332
String 메서드	334
StringBuffer	340
StringBuffer 메서드	344
StringBuilder	347
StringJoiner	337
StringReader	649
StringWriter	649
String배열	142
String배열의 초기화	142

String클래스	143
structure	170
subnet mask	679
substring( )	144
summingInt( )	602
super	232, 469
super( )	233
Supplier	559
SuppressWarnings	487
switch문	106
synchronization	537
synchronized	538
System.err	653
System.in	653
System.out	653

T

Target	489
TCP	691
template	30
this	202
this( )	200, 202
thread	506, 508
thread priority	520
ThreadGroup	523
throw	301
throws	303
toString( )	328
transient	666
TreeSet	429
true	52
try-catch문	295
type	50, 56
type conversion	77
type variable	459

U

UDP	691
UnaryOperator	560
unboxing	356

unchecked예외	302
unicode	57
unnamed package	235
upper bound	469
URL	682
URLConnection	685
user thread	512
user-defined exception	307
user-defined type	171

V

valueOf( )	338
variable	48
view	26
Virtual Machine	6
void	177, 182

W, Y

wait( )	541
waiting pool	541
while문	115
wild card	469
workspace	27
wrapper class	351
Writer	645
yield( )	535

기호

--	74
!	90
&&	87
?	469
||	87
++	74

Java의 정석 [기초편]

● **지은이** 남궁 성 castello@naver.com ● **편집** 최 주연
● **펴낸이** 이 정자 ● **펴낸곳** 도우출판 ● **전화** 031.266.8940
● **팩스** 0505.589.8945 ● **인쇄일** 2019년 12월 9일 ● **발행일** 2019년 12월 10일

http://www.codechobo.com
https://github.com/castello/javajungsuk_basic − 소스파일 및 자료실
http://cafe.naver.com/javachobostudy.cafe − Q&A 게시판

값 **25,000**원

ISBN 978−89−94492−04−9

이책을 미리 접하신 200명 베타리더의 의견

이 책은 저 같이 비전공자인 사람도 쉽고 분명하게 이해할 수 있도록 쓰여졌습니다. 개념 설명이 명료하게 되어 있기 때문이라고 생각됩니다. 참 좋은 책입니다.
　　　　　　　　　　　　　　　　　　　　　　　　　　　　　　　　　　– ★★★★★ aegislawyer

자바의 정석 기초편은 확실히 쉽게 쓰였다. 이 책은 프로그래밍에 관심이 있는 중고등학생이나 비전공자 대학생(복수전공)에게 좋은 입문서가 될 것이라 생각한다.
　　　　　　　　　　　　　　　　　　　　　　　　　　　　　　　　　　– ★★★★★ sun87066

자바 입문서로 부족함 없이 좋은 책이네요. 딱히 개선했으면 좋겠다는 것은 없습니다. 설명도 구체적이고 친절한게 맘에 듭니다. 예제도 적당하고 아주 맘에 듭니다.
　　　　　　　　　　　　　　　　　　　　　　　　　　　　　　　　　　– ★★★★★ hexma999

작은 포인트 까지 집어주시고, 실제 사용은 많이 하지만 생소한 사용단어나 무심코 넘어가는 용어까지 나와있어서 공부하기 수월하였고, 천천히 걸어가면서 주위를 둘러보는 느낌이였습니다.
　　　　　　　　　　　　　　　　　　　　　　　　　　　　　　　　　　– ★★★★★ hexma999

기초편이라고 하셔서 혹여나 어려운 개념은 빠져있지 않을까 싶었는데 중요한 핵심내용은 다 정리가 되어있었고 기존 자바의 정석보다 좀 더 이해하기 쉽도록 더욱 풍부한 설명으로 풀어서 쓰신 느낌을 받았습니다. 또한, 단원이 끝날때마다 풍부한 연습문제로 바로 복습과 개념을 다질 수 있다는 점이 마음에 들었습니다.
　　　　　　　　　　　　　　　　　　　　　　　　　　　　　　　　　　– ★★★★★ corqkrtk3

대체적으로 개념 정리,코드가 보기좋게 정리되있고 출력값 결과값 나온것도 보기좋았습니다. 그리고 첨에 공부할때 놓치기 좋은부분도 잘설명되있었습니다.
　　　　　　　　　　　　　　　　　　　　　　　　　　　　　　　　　　– ★★★★★ qwedcxzas8

Contents

제 1 장　 자바를 시작하기 전에
제 2 장　 변수(variable)
제 3 장　 연산자(operator)
제 4 장　 조건문과 반복문
제 5 장　 배열(Array)
제 6 장　 객체지향언어 I
제 7 장　 객체지향언어 II
제 8 장　 예외처리
제 9 장　 java.lang패키지와 유용한 클래스
제 10 장　 날짜와 시간 & 형식화
제 11 장　 컬렉션 프레임웍
제 12 장　 쓰레드(thread)
제 13 장　 지네릭스, 열거형, 애너테이션
제 14 장　 람다와 스트림(Lambda & Stream)
제 15 장　 입출력(I/O)
제 16 장　 네트워킹(Networking)

93500
9 788994 492049
ISBN 978-89-94492-04-9

값 25,000원

200명의 베타리더가 검토한 10년 베스트 셀러의 기초편
코딩을 처음 배우는 사람을 위해 세심하게 배려한 책

Java의 정석

기초 편

누구나 쉽고 빠르게 이해할 수 있도록 잘게 세분화하여 정리
기본원리의 자세한 설명으로 암기보다 이해위주의 학습유도
특히 객체지향개념을 쉬우면서도 자세하고 체계적으로 설명

소스 및 동영상 다운로드 | http://github.com/castello
QA게시판 | http://www.codechobo.com

남 궁 성 지음

**무료
동영상강좌**
초보자도 이해하기 쉬운
자세하고 친절한 강의

저자가 운영하는
Q&A게시판
왜? 고민하세요.
물어보면 되는데

**핵심요약
핸드북**
핵심내용을 어디서나
편리하게

도우출판

Java의 정석

기초편

남 궁 성 지음

도우출판

머리말

왜 자바를 배워야 할까요?

자바(Java)는 웹(web)과 모바일(안드로이드)을 비롯한 다양한 분야에서 사용되는 가장 인기 있는 언어이기 때문입니다. 그리고 취업시장 특히 국내에서 자바 개발자를 압도적으로 선호하고 있는 현실입니다. 마지막으로 자바를 통해 컴퓨터 과학 관련 지식과 알고리즘을 배우는데 있어서 다른 언어보다 자바가 유리하기 때문이라고 말씀 드릴 수 있습니다.

자바의 정석은 어떤 책인가요?

10년 넘게 국내 자바 베스트 셀러 자리를 지켜온 책입니다. 책 내용의 우수성은 이미 수많은 독자분들에 의해 검증되었고요. 단순히 자바에 대한 것만이 아니라 프로그래밍을 배우는데 필요한 기본기를 쉽고 빠짐없이 자세하게 설명합니다.(15년 동안 저자가 직접 독자분들의 질문을 빠짐없이 답변). 특히 객체지향개념은 프로그래밍에 있어서 매우 중요한 역할을 하는데, 대부분의 저자들은 쉬워보이는 책을 만들기 위해 객체지향개념에 대한 설명을 소홀히 하고 있습니다. 그러나 자바의 정석은 객체지향개념을 자세하고 원리까지 깊이 있게 설명합니다.

자바의 정석 기초편과 자바의 정석의 차이는?

자바의 정석은 전공자나 프로그래밍을 직업으로 삼으려는 사람을 대상으로 집필한 책이라서 실무에 적응할 수 있는 수준의 실력을 갖추게 하는 것이 목표입니다. 그러나 요즘 코딩 열풍이 불기 시작하면서 프로그래밍을 배우려는 사람들이 많아지고 좀더 쉽게 프로그래밍을 접할 수 있기를 원하는 독자들의 요구가 늘어났습니다. 이에 부응하려면 난이도를 낮춘 입문서가 필요하다고 생각해서 집필한 책이 바로 자바의 정석 기초편입니다. 그렇다고 해서 내용이 부실한 것은 아닙니다. 기본기는 착실히 다져주면서 응용부분에 대한 내용만 줄였을 뿐입니다. 수업시간에 프로그래밍을 어려워하는 학생과 소통하며 난이도를 조정하였고, 이미 200명이 넘는 베타리더들에 의해 검증되고 호평받았습니다.

이 책으로 공부하는 방법을 알려주세요.

1장부터 9장까지는 자바 프로그래밍을 하는데 필수적인 기본적인 내용을 다루었습니다. 별책 부록인 핵심요약 핸드북(pdf)을 한 번 읽어보면 자바에 대한 전체적인 윤곽이잡힐 것입니다. 앞부분부터 모든 것을 완전히 공부하는 것보다 그림을 그리듯이 전체적인 밑그림을 그려가면서 점차적으로 세부적인 부분을 완성해 가는 것이 좋습니다.

　그 다음에는 1장부터 하나하나 자세히 공부해 나갑니다. 처음에는 객체지향개념부분인 6장과 7장이 어렵겠지만 이해되는 만큼만 이해하고 넘어가세요. 이렇게 3~4번 반복한 다음에는 6장과 7장을 집중적으로 5번 정도 반복하세요. 생각보다 시간 많이 안걸립니다. 이정도면 자바에 대한 기초는 확실해집니다. 이제 11장과 14장을 공부하세요. 11장은 이책의 전체적인 수준을 봤을 때 난이도가 높은 편이기 때문에 처음에는 '어떠한 클래스들이 있고 어떻게 사용하는구나.'라는 정도만 이해하고 반복을 통해 완전히 이해하시기 바랍니다. 나중에 자료구조를 배울 때 많은 도움이 될 겁니다. 12장, 13장, 15장은 필요할 때 공부하셔도 좋습니다.

공부하다 모르는 것 있으면 책 한번 더 읽어보고 그래도 모르겠으면 저에게 질문하세요. 책 관련 질문은 코드초보스터디(https://cafe.naver.com/javachobostudy)에서 제가 직접 자세히 답변해드리고 있습니다. 벌써 15년째 해오고 있습니다.

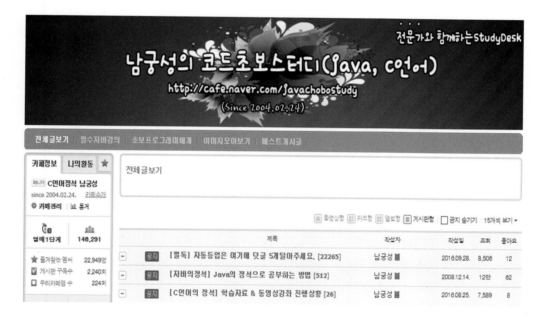

독자분들이 혼자서 공부하실 수 있도록 유튜브(youtube.com)에 무료강좌를 제공하고 있습니다. 계속 업데이트 될 예정이니 꼭 구독해주시고 좋아요도 많이 눌러주세요.

맺음말

이 책이 나오기까지 모든 과정을 함께 해준 주연, 직접 실습해가며 꼼꼼하게 리뷰해준 나의 제자들, 작은 오타까지 싸그리 잡아주신 200여명의 베타리더분들, 옆에서 조언을 아끼지 않으며 응원해준 우리 까팀 형제와 기적 멤버들 모두 고맙습니다. 바쁘다는 핑계로 놀아주지 못한 아이들아 미안하다. 그리고 묵묵히 가정을 안녕히 지켜주는 아내에게 사랑과 감사의 마음을 전합니다.

저자 **남궁 성**

목차

| Chapter **1** | **자바를 시작하기 전에** |

01 자바(Java)란? ·· 2
02 자바의 역사 ·· 3
03 자바의 특징 ·· 4
04 자바 가상 머신(JVM) ·· 6
05 자바 개발도구(JDK) 설치하기 ·· 7
06 자바 개발도구(JDK) 설정하기 ·· 11
07 자바 API문서 설치하기 ··· 15
08 첫 번째 자바 프로그램 작성하기 ·· 16
09 자바 프로그램의 실행과정 ··· 18
10 이클립스 설치하기 ··· 19
11 이클립스로 자바 프로그램 개발하기 ·· 23
12 이클립스의 뷰, 퍼스펙티브, 워크스페이스 ································· 26
13 이클립스 단축키 ·· 28
14 이클립스의 자동 완성 기능 ·· 30
15 주석(comment) ··· 32
16 자주 발생하는 에러와 해결방법 ·· 34
17 책의 소스와 강의자료 다운로드 ·· 36
18 이클립스로 소스파일 가져오기 ··· 38
19 이클립스에서 소스파일 내보내기 ·· 41

| Chapter **2** | **변수** |

01 화면에 글자 출력하기 – print( )과 println( ) ··························· 46
02 덧셈 뺄셈 계산하기 ··· 47
03 변수의 선언과 저장 ··· 48
04 변수의 타입 ·· 50
05 상수와 리터럴 ··· 51
06 리터럴의 타입과 접미사 ··· 52
07 문자 리터럴과 문자열 리터럴 ··· 53
08 문자열 결합 ·· 54
09 두 변수의 값 바꾸기 ·· 55

10 기본형과 참조형 ·· 56

11 기본형의 종류와 범위 ·· 57

12 printf를 이용한 출력 ·· 58

13 printf를 이용한 출력 예제 ·· 59

14 화면으로부터 입력받기 ·· 61

15 정수형의 오버플로우 ·· 62

16 부호있는 정수의 오버플로우 ·· 64

17 타입 간의 변환방법 ·· 66

연 습 문 제 ··· 67

Chapter 3 연산자

01 연산자와 피연산자 ·· 70

02 연산자의 종류 ·· 71

03 연산자의 우선순위 ·· 72

04 연산자의 결합규칙 ·· 73

05 증감 연산자 ++과 — ·· 74

06 부호 연산자 ··· 76

07 형변환 연산자 ·· 77

08 자동 형변환 ··· 78

09 사칙 연산자 ··· 79

10 산술 변환 ·· 80

11 Math.round( )로 반올림하기 ·· 83

12 나머지 연산자 ·· 84

13 비교 연산자 ··· 85

14 문자열의 비교 ·· 86

15 논리 연산자 && || ! ·· 87

16 논리 부정 연산자 ·· 90

17 조건 연산자 ··· 91

18 대입 연산자 ··· 93

19 복합 대입 연산자 ·· 94

연 습 문 제 ··· 95

Chapter 4　조건문과 반복문

01 if문 ··· 98

02 조건식의 다양한 예 ··· 99

03 블럭{} ·· 100

04 if-else문 ·· 101

05 if-else if문 ·· 102

06 if-else if문 예제 ··· 103

07 중첩 if문 ·· 104

08 중첩 if문 예제 ·· 105

09 switch문 ·· 106

10 switch문의 제약조건 ·· 107

11 switch문의 제약조건 예제 ··· 108

12 임의의 정수만들기 Math.random( ) ·································· 109

13 for문 ·· 110

14 for문 예제 ·· 112

15 중첩 for문 ·· 113

16 while문 ·· 115

17 while문 예제1 ·· 116

18 while문 예제2 ·· 117

19 do-while문 ·· 118

20 break문 ·· 119

21 continue문 ··· 120

22 break문과 continue문 예제 ··· 121

23 이름 붙은 반복문 ·· 122

24 이름 붙은 반복문 예제 ·· 123

연 습 문 제 ·· 125

Chapter 5　배열

01 배열이란? ·· 130

02 배열의 선언과 생성 ·· 131

03 배열의 인덱스 ·· 132

04 배열의 길이(배열이름.length) ···································· 133

05 배열의 초기화 ·· 134

06 배열의 출력 ··· 135

07 배열의 출력 예제 ·· 136

08 배열의 활용(1) - 총합과 평균 ···································· 137

09 배열의 활용(2) - 최대값과 최소값 ······························· 138

10 배열의 활용(3) - 섞기(shuffle) ·································· 139

11 배열의 활용(4) 로또 번호 만들기 ································ 140

12 String배열의 선언과 생성 ··· 141

13 String배열의 초기화 ··· 142

14 String클래스 ·· 143

15 String클래스의 주요 메서드 ······································ 144

16 커맨드 라인을 통해 입력받기 ····································· 145

17 이클립스에서 커맨드라인 매개변수 입력하기 ················ 146

18 2차원 배열의 선언 ·· 147

19 2차원 배열의 인덱스 ··· 148

20 2차원 배열의 초기화 ··· 149

21 2차원 배열의 초기화 예제1 ·· 150

22 2차원 배열의 초기화 예제2 ·· 151

23 2차원 배열의 초기화 예제3 ·· 152

24 Arrays로 배열 다루기 ··· 153

연 습 문 제 ··· 154

Chapter 6 객체지향 프로그래밍 I

01 객체지향 언어 ··· 160

02 클래스와 객체 ··· 161

03 객체의 구성요소 - 속성과 기능 ·································· 162

04 객체와 인스턴스 ·· 163

05 한 파일에 여러 클래스 작성하기 ································· 164

06 객체의 생성과 사용 ·· 165

07 객체의 생성과 사용 예제 ··· 168

08 객체배열 ·· 169

09 클래스의 정의(1) – 데이터와 함수의 결합 ⋯⋯⋯⋯⋯⋯⋯ 170

10 클래스의 정의(2) – 사용자 정의 타입 ⋯⋯⋯⋯⋯⋯⋯⋯ 171

11 선언위치에 따른 변수의 종류 ⋯⋯⋯⋯⋯⋯⋯⋯⋯⋯⋯ 173

12 클래스 변수와 인스턴스 변수 ⋯⋯⋯⋯⋯⋯⋯⋯⋯⋯⋯ 174

13 클래스 변수와 인스턴스 변수 예제 ⋯⋯⋯⋯⋯⋯⋯⋯⋯ 175

14 메서드란? ⋯⋯⋯⋯⋯⋯⋯⋯⋯⋯⋯⋯⋯⋯⋯⋯⋯⋯⋯ 176

15 메서드의 선언부 ⋯⋯⋯⋯⋯⋯⋯⋯⋯⋯⋯⋯⋯⋯⋯⋯⋯ 177

16 메서드의 구현부 ⋯⋯⋯⋯⋯⋯⋯⋯⋯⋯⋯⋯⋯⋯⋯⋯⋯ 178

17 메서드의 호출 ⋯⋯⋯⋯⋯⋯⋯⋯⋯⋯⋯⋯⋯⋯⋯⋯⋯⋯ 179

18 메서드의 실행 흐름 ⋯⋯⋯⋯⋯⋯⋯⋯⋯⋯⋯⋯⋯⋯⋯⋯ 180

19 메서드의 실행 흐름 예제 ⋯⋯⋯⋯⋯⋯⋯⋯⋯⋯⋯⋯⋯⋯ 181

20 return문 ⋯⋯⋯⋯⋯⋯⋯⋯⋯⋯⋯⋯⋯⋯⋯⋯⋯⋯⋯⋯ 182

21 반환값 ⋯⋯⋯⋯⋯⋯⋯⋯⋯⋯⋯⋯⋯⋯⋯⋯⋯⋯⋯⋯⋯ 183

22 호출스택(call stack) ⋯⋯⋯⋯⋯⋯⋯⋯⋯⋯⋯⋯⋯⋯⋯ 184

23 기본형 매개변수 ⋯⋯⋯⋯⋯⋯⋯⋯⋯⋯⋯⋯⋯⋯⋯⋯⋯ 185

24 참조형 매개변수 ⋯⋯⋯⋯⋯⋯⋯⋯⋯⋯⋯⋯⋯⋯⋯⋯⋯ 186

25 참조형 반환타입 ⋯⋯⋯⋯⋯⋯⋯⋯⋯⋯⋯⋯⋯⋯⋯⋯⋯ 187

26 static 메서드와 인스턴스 메서드 ⋯⋯⋯⋯⋯⋯⋯⋯⋯ 188

27 static 메서드와 인스턴스 메서드 예제 ⋯⋯⋯⋯⋯⋯⋯ 189

28 static을 언제 붙여야 할까? ⋯⋯⋯⋯⋯⋯⋯⋯⋯⋯⋯⋯ 190

29 메서드 간의 호출과 참조 ⋯⋯⋯⋯⋯⋯⋯⋯⋯⋯⋯⋯⋯ 191

30 오버로딩(overloading) ⋯⋯⋯⋯⋯⋯⋯⋯⋯⋯⋯⋯⋯⋯ 192

31 오버로딩(overloading) 예제 ⋯⋯⋯⋯⋯⋯⋯⋯⋯⋯⋯ 194

32 생성자(constructor) ⋯⋯⋯⋯⋯⋯⋯⋯⋯⋯⋯⋯⋯⋯⋯ 195

33 기본 생성자(default constructor) ⋯⋯⋯⋯⋯⋯⋯⋯⋯ 196

34 매개변수가 있는 생성자 ⋯⋯⋯⋯⋯⋯⋯⋯⋯⋯⋯⋯⋯⋯ 198

35 매개변수가 있는 생성자 예제 ⋯⋯⋯⋯⋯⋯⋯⋯⋯⋯⋯⋯ 199

36 생성자에서 다른 생성자 호출하기 – this( ) ⋯⋯⋯⋯⋯ 200

37 객체 자신을 가리키는 참조변수 – this ⋯⋯⋯⋯⋯⋯⋯ 202

38 변수의 초기화 ⋯⋯⋯⋯⋯⋯⋯⋯⋯⋯⋯⋯⋯⋯⋯⋯⋯⋯ 203

39 멤버변수의 초기화 ⋯⋯⋯⋯⋯⋯⋯⋯⋯⋯⋯⋯⋯⋯⋯⋯ 204

40 멤버변수의 초기화 예제1 ⋯⋯⋯⋯⋯⋯⋯⋯⋯⋯⋯⋯⋯ 205

41 멤버변수의 초기화 예제2 ⋯⋯⋯⋯⋯⋯⋯⋯⋯⋯⋯⋯⋯ 206

연 습 문 제 ⋯⋯⋯⋯⋯⋯⋯⋯⋯⋯⋯⋯⋯⋯⋯⋯⋯⋯⋯⋯ 207

Chapter 7 객체지향 프로그래밍 II

01 상속 ·· 222

02 상속 예제 ·· 224

03 클래스 간의 관계 – 포함관계 ··················· 225

04 클래스 간의 관계 결정하기 ······················ 226

05 단일 상속(single inheritance) ·················· 227

06 Object클래스 – 모든 클래스의 조상 ········· 228

07 오버라이딩(overriding) ··························· 229

08 오버라이딩의 조건 ·································· 230

09 오버로딩 vs. 오버라이딩 ························ 231

10 참조변수 super ······································ 232

11 super( ) – 조상의 생성자 ······················· 233

12 패키지(package) ···································· 234

13 패키지의 선언 ·· 235

14 클래스 패스(classpath) ·························· 236

15 import문 ··· 237

16 static import문 ······································· 238

17 제어자(modifier) ···································· 239

18 static – 클래스의, 공통적인 ···················· 240

19 final – 마지막의, 변경될 수 없는 ·············· 241

20 abstract – 추상의, 미완성의 ··················· 242

21 접근 제어자(access modifier) ·················· 243

22 캡슐화와 접근 제어자 ····························· 244

23 다형성(polymorphism) ··························· 246

24 참조변수의 형변환 ·································· 248

25 참조변수의 형변환 예제 ·························· 249

26 instanceof 연산자 ·································· 250

27 매개변수의 다형성 ·································· 251

28 매개변수의 다형성 예제 ·························· 253

29 여러 종류의 객체를 배열로 다루기 ············ 254

30 여러 종류의 객체를 배열로 다루기 예제 ······ 255

31 추상 클래스(abstract class) ···················· 257

32 추상 메서드(abstract method) ················· 258

33 추상클래스의 작성 ·· 259

34 추상클래스의 작성 예제 ·· 261

35 인터페이스(interface) ·· 263

36 인터페이스의 상속 ·· 264

37 인터페이스의 구현 ·· 265

38 인터페이스를 이용한 다형성 ·································· 266

39 인터페이스의 장점 ·· 267

40 디폴트 메서드와 static메서드 ································ 268

41 디폴트 메서드와 static메서드 예제 ······················ 269

42 내부 클래스(inner class) ·· 270

43 내부 클래스의 종류와 특징 ·································· 271

44 내부 클래스의 선언 ·· 272

45 내부 클래스의 제어자와 접근성 ·························· 273

46 내부 클래스의 제어자와 접근성 예제1 ················ 274

47 내부 클래스의 제어자와 접근성 예제2 ················ 275

48 내부 클래스의 제어자와 접근성 예제3 ················ 276

49 내부 클래스의 제어자와 접근성 예제4 ················ 277

50 내부 클래스의 제어자와 접근성 예제5 ················ 278

51 익명 클래스(anonymous class) ···························· 279

52 익명 클래스(anonymous class) 예제 ···················· 280

연 습 문 제 ··· 281

Chapter **8**   **예외처리**

01 프로그램 오류 ·· 292

02 예외 클래스의 계층구조 ·· 293

03 Exception과 RuntimeException ······························ 294

04 예외 처리하기 – try-catch문 ································ 295

05 try-catch문에서의 흐름 ·· 296

06 예외의 발생과 catch블럭 ·· 297

07 printStackTrace( )와 getMessage( ) ···················· 299

08 멀티 catch블럭 ·· 300

09 예외 발생시키기 ·· 301

10 checked예외, unchecked예외 ···································· 302

11 메서드에 예외 선언하기 ···································· 303

12 메서드에 예외 선언하기 예제1 ···································· 304

13 메서드에 예외 선언하기 예제2 ···································· 305

14 finally블럭 ···································· 306

15 사용자 정의 예외 만들기 ···································· 307

16 사용자 정의 예외 만들기 예제 ···································· 308

17 예외 되던지기(exception re-throwing) ···································· 310

18 연결된 예외(chained exception) ···································· 312

19 연결된 예외(chained exception) 예제 ···································· 314

연 습 문 제 ···································· 316

Chapter 9 | java.lang패키지와유용한 클래스

01 Object클래스 ···································· 324

02 Object클래스의 메서드 – equals( ) ···································· 325

03 equals( )의 오버라이딩 ···································· 326

04 Object클래스의 메서드 – hashCode( ) ···································· 327

05 Object클래스의 메서드 – toString( ) ···································· 328

06 toString( )의 오버라이딩 ···································· 329

07 String클래스 ···································· 330

08 문자열(String)의 비교 ···································· 331

09 문자열 리터럴(String리터럴) ···································· 332

10 빈 문자열(empty string) ···································· 333

11 String클래스의 생성자와 메서드 ···································· 334

12 join( )과 StringJoiner ···································· 337

13 문자열과 기본형 간의 변환 ···································· 338

14 문자열과 기본형 간의 변환 예제 ···································· 339

15 StringBuffer클래스 ···································· 340

16 StringBuffer의 생성자 ···································· 341

17 StringBuffer의 변경 ···································· 342

18 StringBuffer의 비교 ···································· 343

19 StringBuffer의 생성자와 메서드 ···································· 344

20 StringBuffer의 생성자와 메서드 예제 ·· 346

21 StringBuilder ··· 347

22 Math클래스 ·· 348

23 Math의 메서드 ··· 349

24 Math의 메서드 예제 ··· 350

25 래퍼(wrapper) 클래스 ·· 351

26 래퍼(wrapper) 클래스 예제 ·· 352

27 Number클래스 ··· 353

28 문자열을 숫자로 변환하기 ·· 354

29 문자열을 숫자로 변환하기 예제 ·· 355

30 오토박싱 & 언박싱 ··· 356

31 오토박싱 & 언박싱 예제 ·· 357

연 습 문 제 ·· 358

Chapter **10**   **날짜와 시간 & 형식화**

01 날짜와 시간 ··· 366

02 Calendar클래스 ··· 367

03 Calendar 예제1 ··· 368

04 Calendar 예제2 ··· 370

05 Calendar 예제3 ··· 371

06 Calendar 예제4 ··· 372

07 Calendar 예제5 ··· 373

08 Date와 Calendar간의 변환 ·· 374

09 형식화 클래스 ·· 375

10 DecimalFormat ··· 376

11 DecimalFormat 예제1 ··· 377

12 DecimalFormat 예제2 ··· 378

13 SimpleDateFormat ··· 379

14 SimpleDateFormat 예제1 ·· 380

15 SimpleDateFormat 예제2 ·· 381

16 SimpleDateFormat 예제3 ·· 382

연 습 문 제 ·· 383

01 컬렉션 프레임웍 ···388

02 컬렉션 프레임웍의 핵심 인터페이스 ···························389

03 Collection인터페이스 ·····································390

04 List인터페이스 ··391

05 Set인터페이스 ··392

06 Map인터페이스 ···393

07 ArrayList ···394

08 ArrayList의 메서드 ······································395

09 ArrayList 예제 ···396

10 ArrayList의 추가와 삭제 ···································398

11 Java API소스보기 ·······································399

12 LinkedList ··400

13 LinkedList의 추가와 삭제 ··································401

14 ArrayList와 LinkedList의 비교 ·····························402

15 Stack과 Queue ···403

16 Stack과 Queue의 메서드 ··································404

17 Stack과 Queue 예제 ·····································405

18 인터페이스를 구현한 클래스 찾기 ·························406

19 Stack과 Queue의 활용 ····································407

20 Stack과 Queue의 활용 예제1 ·······························408

21 Stack과 Queue의 활용 예제2 ·······························409

22 Iterator, ListIterator, Enumeration ··························411

23 Iterator, ListIterator, Enumeration 예제 ·······················412

24 Map과 Iterator ···413

25 Arrays의 메서드(1) – 복사 ·································414

26 Arrays의 메서드(2) – 채우기, 정렬, 검색 ·······················415

27 Arrays의 메서드(3) – 비교와 출력 ·····························416

28 Arrays의 메서드(4) – 변환 ·································417

29 Arrays의 메서드 예제 ····································418

30 Comparator와 Comparable ································420

31 Comparator와 Comparable 예제 ·····························421

32 Integer와 Comparable ····································422

33 Integer와 Comparable 예제 ·· 423

34 HashSet ·· 424

35 HashSet 예제1 ·· 425

36 HashSet 예제2 ·· 426

37 HashSet 예제3 ·· 427

38 HashSet 예제4 ·· 428

39 TreeSet ·· 429

40 이진 탐색 트리(binary search tree) ······································ 430

41 이진 탐색 트리의 저장과정 ·· 431

42 TreeSet의 메서드 ·· 432

43 TreeSet 예제1 ·· 433

44 TreeSet 예제2 ·· 434

45 TreeSet 예제3 ·· 435

46 HashMap과 Hashtable ·· 436

47 HashMap의 키(key)와 값(value) ·· 437

48 HashMap의 메서드 ·· 438

49 HashMap 예제1 ··· 439

50 HashMap 예제2 ··· 441

51 HashMap 예제3 ··· 442

52 Collections의 메서드 – 동기화 ·· 443

53 Collections의 메서드 – 변경불가, 싱글톤 ····························· 444

54 Collections의 메서드 – 단일 컬렉션 ···································· 445

55 Collections 예제 ·· 446

56 컬렉션 클래스 정리 & 요약 ··· 448

연 습 문 제 ··· 449

Chapter **12**   **지네릭스, 열거형, 애너테이션**

01 지네릭스(Generics) ··· 458

02 타입 변수 ··· 459

03 타입 변수에 대입하기 ·· 460

04 지네릭스의 용어 ··· 461

05 지네릭 타입과 다형성 ·· 462

06 지네릭 타입과 다형성 예제 ·· 463

07 Iterator〈E〉 ··· 464

08 HashMap〈K,V〉 ·· 465

09 제한된 지네릭 클래스 ·· 466

10 제한된 지네릭 클래스 예제 ··· 467

11 지네릭스의 제약 ··· 468

12 와일드 카드 ··· 469

13 와일드 카드 예제 ·· 470

14 지네릭 메서드 ··· 471

15 지네릭 타입의 형변환 ·· 473

16 지네릭 타입의 제거 ·· 474

17 열거형(enum) ··· 475

18 열거형의 정의와 사용 ·· 476

19 열거형의 조상 – java.lang.Enum ··· 477

20 열거형 예제 ··· 478

21 열거형에 멤버 추가하기 ·· 479

22 열거형에 멤버 추가하기 예제 ·· 480

23 애너테이션이란? ·· 481

24 표준 애너테이션 ·· 483

25 @Override ·· 484

26 @Deprecated ··· 485

27 @FunctionalInterface ·· 486

28 @SuppressWarnings ·· 487

29 메타 애너테이션 ·· 488

30 @Target ··· 489

31 @Retention ··· 490

32 @Documented, @Inherited ·· 491

33 @Repeatable ·· 492

34 애너테이션 타입 정의하기 ··· 493

35 애너테이션의 요소 ··· 494

36 모든 애너테이션의 조상 ·· 497

37 마커 애너테이션 ·· 498

38 애너테이션 요소의 규칙 ·· 499

39 애너테이션의 활용 예제 ·· 500

연 습 문 제 ··· 502

Chapter 13　쓰레드

01 프로세스(process)와 쓰레드(thread) ···················· 506

02 멀티쓰레딩의 장단점 ·· 507

03 쓰레드의 구현과 실행 ·· 508

04 쓰레드의 구현과 실행 예제 ·· 509

05 쓰레드의 실행 – start( ) ·· 510

06 start( )와 run( ) ·· 511

07 main쓰레드 ·· 512

08 싱글쓰레드와 멀티쓰레드 ·· 513

09 싱글쓰레드와 멀티쓰레드 예제1 ································ 514

10 싱글쓰레드와 멀티쓰레드 예제2 ································ 515

11 쓰레드의 I/O블락킹(blocking) ···································· 517

12 쓰레드의 I/O블락킹(blocking) 예제1 ······················ 518

13 쓰레드의 I/O블락킹(blocking) 예제2 ······················ 519

14 쓰레드의 우선순위 ·· 520

15 쓰레드의 우선순위 예제 ·· 521

16 쓰레드 그룹(thread group) ·· 523

17 쓰레드 그룹(thread group)의 메서드 ······················ 524

18 데몬 쓰레드(daemon thread) ······································ 525

19 데몬 쓰레드(daemon thread) 예제 ·························· 526

20 쓰레드의 상태 ·· 527

21 쓰레드의 실행제어 ·· 528

22 sleep( ) ·· 529

23 sleep( ) 예제 ·· 530

24 interrupt( ) ·· 531

25 interrupt( ) 예제 ·· 532

26 suspend( ), resume( ), stop( ) ···································· 533

27 suspend( ), resume( ), stop( ) 예제 ·························· 534

28 join( )과 yield( ) ·· 535

29 join( )과 yield( ) 예제 ·· 536

30 쓰레드의 동기화(synchronization) ···························· 537

31 synchronized를 이용한 동기화 ·································· 538

32 synchronized를 이용한 동기화 예제1 ······················ 539

33 synchronized를 이용한 동기화 예제2 ·· 540

34 wait( )과 notify( ) ·· 541

35 wait( )과 notify( ) 예제1 ·· 542

36 wait( )과 notify( ) 예제2 ·· 545

연 습 문 제 ·· 548

Chapter **14** 람다와 스트림

01 람다식(Lambda Expression) ··· 552

02 람다식 작성하기 ·· 553

03 람다식의 예 ·· 554

04 람다식은 익명 함수? 익명 객체! ··· 555

05 함수형 인터페이스(Functional Interface) ·· 556

06 함수형 인터페이스 타입의 매개변수, 반환 타입 ·· 557

07 java.util.function패키지 ·· 559

08 java.util.function패키지 예제 ··· 561

09 Predicate의 결합 ·· 562

10 Predicate의 결합 예제 ·· 563

11 컬렉션 프레임웍과 함수형 인터페이스 ·· 564

12 컬렉션 프레임웍과 함수형 인터페이스 예제 ·· 565

13 메서드 참조 ·· 566

14 생성자의 메서드 참조 ·· 567

15 스트림(stream) ·· 568

16 스트림의 특징 ·· 569

17 스트림 만들기 – 컬렉션 ··· 571

18 스트림 만들기 – 배열 ·· 572

19 스트림 만들기 – 임의의 수 ··· 573

20 스트림 만들기 – 특정 범위의 정수 ··· 574

21 스트림 만들기 – 람다식 iterate( ), generate( ) ··· 575

22 스트림 만들기 – 파일과 빈 스트림 ··· 576

23 스트림의 연산 ·· 577

24 스트림의 연산 – 중간연산 ··· 578

25 스트림의 연산 – 최종연산 ··· 579

26 스트림의 중간연산 – skip( ), limit( ) ·················· 580

27 스트림의 중간연산 – filter( ), distinct( ) ·············· 581

28 스트림의 중간연산 – sorted( ) ······················· 582

29 스트림의 중간연산 – Comparator의 메서드 ············ 583

30 스트림의 중간연산 – map( ) ························· 585

31 스트림의 중간연산 – map( ) 예제 ··················· 586

32 스트림의 중간연산 – peek( ) ······················· 587

33 스트림의 중간연산 – flatMap( ) ···················· 588

34 스트림의 중간연산 – flatMap( ) 예제 ··············· 589

35 Optional〈T〉 ·· 590

36 Optional〈T〉객체 생성하기 ························· 591

37 Optional〈T〉객체의 값 가져오기 ··················· 592

38 OptionalInt, OptionalLong, OptionalDouble ········· 593

39 Optional〈T〉 예제 ································· 594

40 스트림의 최종연산 – forEach( ) ···················· 595

41 스트림의 최종연산 – 조건검사 ····················· 596

42 스트림의 최종연산 – reduce( ) ···················· 597

43 스트림의 최종연산 – reduce( )의 이해 ·············· 598

44 스트림의 최종연산 – reduce( ) 예제 ················ 599

45 collect( )와 Collectors ······························ 600

46 스트림을 컬렉션, 배열로 변환 ····················· 601

47 스트림의 통계 – counting( ), summingInt( ) ········· 602

48 스트림을 리듀싱 – reducing( ) ······················ 603

49 스트림을 문자열로 결합 – joining( ) ················ 604

50 스트림의 그룹화와 분할 ··························· 605

51 스트림의 분할 – partitioningBy( ) ·················· 606

52 스트림의 분할 – partitioningBy( ) 예제 ·············· 608

53 스트림의 그룹화 – groupingBy( ) ··················· 611

54 스트림의 그룹화 – groupingBy( ) 예제 ·············· 613

55 스트림의 변환 ···································· 618

연 습 문 제 ··· 620

01 입출력(I/O)과 스트림(stream) ··· 624

02 바이트 기반 스트림 – InputStream, OutputStream ············· 625

03 보조 스트림 ··· 626

04 문자기반 스트림 – Reader, Writer ······································· 627

05 바이트 기반 스트림과 문자 기반 스트림의 비교 ··············· 628

06 InputStream과 OutputStream ··· 629

07 InputStream과 OutputStream 예제1 ································· 630

08 InputStream과 OutputStream 예제2 ································· 631

09 InputStream과 OutputStream 예제3 ································· 632

10 FileInputStream과 FileOutputStream ································ 634

11 FileInputStream과 FileOutputStream 예제1 ·················· 635

12 FileInputStream과 FileOutputStream 예제2 ·················· 636

13 FilterInputStream과 FilterOutputStream ························· 637

14 BufferedInputStream ·· 638

15 BufferedOutputStream ··· 639

16 BufferedOutputStream 예제 ··· 640

17 SequenceInputStream ·· 642

18 SequenceInputStream 예제 ·· 643

19 PrintStream ·· 644

20 문자 기반 스트림 – Reader ·· 645

21 문자 기반 스트림 – Writer ··· 646

22 FileReader와 FileWriter ·· 647

23 StringReader와 StringWriter ··· 649

24 BufferedReader와 BufferedWriter ······································ 650

25 InputStreamReader, OutputStreamWriter ······················ 651

26 표준 입출력(Standard I/O) ··· 653

27 표준 입출력의 대상변경 ·· 654

28 표준 입출력의 대상변경 예제 ·· 655

29 File ·· 656

30 File 예제1 ··· 657

31 File 예제2 ··· 659

32 File 예제3 ··· 660

33 File 예제4 ·· 661

34 직렬화(serialization) ······································· 662

35 ObjectInputStream, ObjectOutputStream ············· 663

36 직렬화가 가능한 클래스 만들기 ························· 665

37 직렬화 대상에서 제외시키기 – transient ············· 666

38 직렬화와 역직렬화 예제1 ································· 667

39 직렬화와 역직렬화 예제2 ································· 668

40 직렬화와 역직렬화 예제3 ································· 669

연 습 문 제 ··· 670

Chapter 16   네트워킹

01 네트워킹(networking)이란? ······························ 676

02 클라이언트와 서버(client & server) ··················· 677

03 IP주소(IP address) ··· 678

04 네트워크 주소와 호스트 주소 ··························· 679

05 InetAddress클래스 ·· 680

06 InetAddress클래스 예제 ································· 681

07 URL(Uniform Resource Locator) ···················· 682

08 URL클래스 ··· 683

09 URL클래스 예제 ··· 684

10 URLConnection클래스 ··································· 685

11 URLConnection클래스 예제1 ·························· 687

12 URLConnection클래스 예제2 ·························· 688

13 URLConnection클래스 예제3 ·························· 689

14 소켓(socket) 프로그래밍 ································ 690

15 TCP와 UDP ·· 691

16 TCP소켓 프로그래밍 ····································· 692

17 Socket과 ServerSocket ································· 693

18 TCP소켓 프로그래밍 예제1 ···························· 694

19 TCP소켓 프로그래밍 예제2 ···························· 696

20 UDP 소켓 프로그래밍 – Client ························ 699

21 UDP 소켓 프로그래밍 – Server ······················ 700

날짜와 시간 & 형식화

date, time and formatting

Date는 날짜와 시간을 다룰 목적으로 JDK1.0부터 제공되어온 클래스이다. JDK1.0이 제공하는 클래스의 수와 기능은 지금과 비교할 수 없을 정도로 빈약했다. Date클래스 역시 기능이 부족했기 때문에, 서둘러 Calendar라는 새로운 클래스를 그 다음 버전인 JDK1.1부터 제공하기 시작했다. Calendar는 Date보다는 훨씬 나았지만 몇 가지 단점들이 발견되었다. 늦은 감이 있지만 JDK1.8부터 'java.time패키지'로 기존의 단점들을 개선한 새로운 클래스들이 추가되었다.

새로 추가된 java.time패키지만 배우면 좋을 텐데, 아쉽게도 Calendar와 Date는 자바의 탄생부터 지금까지 20년이 넘게 사용되어왔고, 지금도 계속 사용되고 있으므로 배우지 않고 넘어갈 수가 없다. 그렇다고 해서 Calendar와 Date의 기능을 깊게 배울 필요는 없고 여기서 소개하는 예제들을 이해하고 필요할 때 활용하는 정도면 충분하다.

> **참고** 여기서 말하는 Date클래스는 java.util패키지에 속한 것이다. java.sql패키지의 Date클래스와 혼동하지 말자.

Calendar는 추상클래스이기 때문에 직접 객체를 생성할 수 없고, 메서드를 통해서 완전히 구현된 클래스의 인스턴스를 얻어야 한다.

```
Calendar cal = new Calendar(); // 에러!!! 추상클래스는 인스턴스를 생성할 수 없다.

// OK, getInstance()메서드는 Calendar클래스를 구현한 클래스의 인스턴스를 반환한다.
Calendar cal = Calendar.getInstance();
```

getInstance()는 태국인 경우에는 BuddhistCalendar의 인스턴스를 반환하고, 그 외에는 GregorianCalendar의 인스턴스를 반환한다. GregorianCalendar는 Calendar를 상속받아 그레고리력에 맞게 구현한 것으로 태국을 제외한 나머지 국가에서는 GregorianCalendar를 사용하면 된다.

　인스턴스를 직접 생성해서 사용하지 않고 이처럼 메서드를 통해서 인스턴스를 반환받게 하는 이유는 최소한의 변경으로 프로그램이 동작할 수 있도록 하기 위한 것이다.

```
class MyApplication {
  public static void main(String args[]) {
    Calendar cal = new GregorianCalendar(); // 경우에 따라 이 부분을 변경해야한다.
         ...
  }
}
```

만일 위와 같이 특정 인스턴스를 생성하도록 프로그램이 작성되어 있다면, 다른 종류의 역법(calendar)을 사용하는 국가에서 실행한다던가, 새로운 역법이 추가된다던가 하는 경우, 즉 다른 종류의 인스턴스를 필요로 하는 경우에 MyApplication을 변경해야 하는데 비해 아래와 같이 메서드를 통해서 인스턴스를 얻어오도록 하면 MyApplication을 변경하지 않아도 된다.

```
class MyApplication {
    public static void main(String args[]) {
        Calendar cal = Calendar.getInstance();
             ...
    }
}
```

대신 getInstance()의 내용은 달라져야 하겠지만, MyApplication이 변경되지 않아도 된다는 것이 중요하다. getInstance()메서드가 static인 이유는 메서드 내의 코드에서 인스턴스 변수를 사용하거나 인스턴스 메서드를 호출하지 않기 때문이며, 또 다른 이유는 getInstance()가 static이 아니라면 위와 같이 객체를 생성한 다음에 호출해야 하는데 Calendar는 추상클래스이기 때문에 객체를 생성할 수 없기 때문이다.

예제
10-1

```java
import java.util.*;

class Ex10_1 {
    public static void main(String[] args)
    {   // 기본적으로 현재날짜와 시간으로 설정된다.
        Calendar today = Calendar.getInstance();
        System.out.println("이 해의 년도 : " + today.get(Calendar.YEAR));
        System.out.println("월(0~11, 0:1월): " + today.get(Calendar.MONTH));
        System.out.println("이 해의 몇 째 주: "
                                    + today.get(Calendar.WEEK_OF_YEAR));
        System.out.println("이 달의 몇 째 주: "
                                    + today.get(Calendar.WEEK_OF_MONTH));
        // DATE와 DAY_OF_MONTH는 같다.
        System.out.println("이 달의 몇 일: " + today.get(Calendar.DATE));
        System.out.println("이 달의 몇 일: " + today.get(Calendar.DAY_OF_MONTH));
        System.out.println("이 해의 몇 일: " + today.get(Calendar.DAY_OF_YEAR));
        System.out.println("요일(1~7, 1:일요일): "
            + today.get(Calendar.DAY_OF_WEEK)); // 1:일요일, 2:월요일, ... 7:토요일
        System.out.println("이 달의 몇 째 요일: "
                                + today.get(Calendar.DAY_OF_WEEK_IN_MONTH));
        System.out.println("오전_오후(0:오전, 1:오후): "
                                + today.get(Calendar.AM_PM));
        System.out.println("시간(0~11): " + today.get(Calendar.HOUR));
        System.out.println("시간(0~23): " + today.get(Calendar.HOUR_OF_DAY));
        System.out.println("분(0~59): " + today.get(Calendar.MINUTE));
        System.out.println("초(0~59): " + today.get(Calendar.SECOND));
        System.out.println("1000분의 1초(0~999): "
                                    + today.get(Calendar.MILLISECOND));
        // 천분의 1초를 시간으로 표시하기 위해 3600000으로 나누었다.(1시간 = 60 * 60초)
        System.out.println("TimeZone(-12~+12): "
                    + (today.get(Calendar.ZONE_OFFSET)/(60*60*1000)));
        System.out.println("이 달의 마지막 날: "
            + today.getActualMaximum(Calendar.DATE) ); // 이 달의 마지막 일을 찾는다.
    }
}
```

```
이 해의 년도 : 2015
월(0~11, 0:1월): 10      ← 11월
이 해의 몇 째 주: 48
이 달의 몇 째 주: 4
이 달의 몇 일: 23
이 달의 몇 일: 23
이 해의 몇 일: 327
요일(1~7, 1:일요일): 2   ← 월요일
이 달의 몇 째 요일: 4     ← 이달의 네번째 월요일
오전_오후(0:오전, 1:오후): 1
시간(0~11): 3
시간(0~23): 15
분(0~59): 14
초(0~59): 48
1000분의 1초(0~999): 96
TimeZone(-12~+12): 9
이 달의 마지막 날: 30
```

getInstance( )를 통해서 얻은 인스턴스는 기본적으로 현재 시스템의 날짜와 시간에 대한 정보를 담고 있다. 원하는 날짜나 시간으로 설정하려면 set메서드를 사용하면 된다.

여기서는 'int get(int field)'를 이용해서 원하는 필드의 값을 얻어오는 방법을 보여주기 위한 것이다.

```java
public final static int YEAR = 1;
```

get메서드의 매개변수로 사용되는 int값들은 Calendar에 정의된 static상수이다. 이 예제에서는 자주 쓰이는 것들만 골라놓은 것인데 실제로는 더 많은 필드들이 정의되어 있으니 보다 자세한 내용은 Java API문서를 참고하자.

```java
System.out.println("월(0~11, 0:1월): " + today.get(Calendar.MONTH));
```

한 가지 주의해야할 것은 get(Calendar.MONTH)로 얻어오는 값의 범위가 1~12가 아닌 0~11이라는 것이다. 그래서 get(Calendar.MONTH)로 얻어오는 값이 0이면 1월을 의미하고, 11이면 12월을 의미한다.

예제
10-2

```java
import java.util.*;

class Ex10_2 {
    public static void main(String[] args) {
        // 요일은 1부터 시작하기 때문에, DAY_OF_WEEK[0]은 비워두었다.
        final String[] DAY_OF_WEEK = {"","일","월","화","수","목","금","토"};

        Calendar date1 = Calendar.getInstance();
        Calendar date2 = Calendar.getInstance();

        // month의 경우 0부터 시작하기 때문에 4월인 경우, 3로 지정해야한다.
        // date1.set(2019, Calendar.APRIL, 29);와 같이 할 수도 있다.
        date1.set(2019, 3, 29); // 2019년 4월 29일로 날짜를 설정한다.
        System.out.println("date1은 "+ toString(date1)
                + DAY_OF_WEEK[date1.get(Calendar.DAY_OF_WEEK)]+"요일이고,");
        System.out.println("오늘(date2)은 " + toString(date2)
                + DAY_OF_WEEK[date2.get(Calendar.DAY_OF_WEEK)]+"요일입니다.");

        // 두 날짜간의 차이를 얻으려면, getTimeInMillis() 천분의 일초 단위로 변환해야한다.
        long difference =
                (date2.getTimeInMillis() - date1.getTimeInMillis())/1000;
        System.out.println("그 날(date1)부터 지금(date2)까지 "
                                        + difference +"초가 지났습니다.");
        System.out.println("일(day)로 계산하면 "+ difference/(24*60*60)
                +"일입니다."); // 1일 = 24 * 60 * 60
    }

    public static String toString(Calendar date) {
        return date.get(Calendar.YEAR)+"년 "+ (date.get(Calendar.MONTH)+1)
                                +"월 " + date.get(Calendar.DATE) + "일 ";
    }
}
```

결과
> date1은 2019년 4월 29일 월요일이고,
> 오늘(date2)은 2019년 8월 7일 수요일입니다.
> 그 날(date1)부터 지금(date2)까지 8640000초가 지났습니다.
> 일(day)로 계산하면 100일입니다.

날짜와 시간을 원하는 값으로 변경하려면 set메서드를 사용하면 된다.

```java
void set(int field, int value)
void set(int year, int month, int date)
void set(int year, int month, int date, int hourOfDay, int minute)
void set(int year, int month, int date, int hourOfDay, int minute, int second)
```

두 날짜 간의 차이를 구하기 위해서는 두 날짜를 최소단위인 초단위로 변경한 다음 그 차이를 구하면 된다. getTimeInMillis( )는 1/1000초 단위로 값을 반환하기 때문에 초단위로 얻기 위해서는 1000으로 나눠 주어야 하고, 일단위로 얻기 위해서는 '24(시간) * 60(분) * 60(초) * 1000'으로 나누어야 한다. 예제에서는 변수 difference에 저장할 때 이미 초단위로 변경하였기 때문에 일단위로 변경할 때 '24(시간) * 60(분) * 60(초)'로만 나누었다.

참고   clear( )는 모든 필드의 값을, clear(int field)는 지정된 필드의 값을 기본값으로 초기화 한다.

예제
10-3

```java
import java.util.*;

class Ex10_3 {
    public static void main(String[] args) {
        final int[] TIME_UNIT = {3600, 60, 1}; // 큰 단위를 앞에 놓는다.
        final String[] TIME_UNIT_NAME = {"시간 ", "분 ", "초 "};

        Calendar time1 = Calendar.getInstance();
        Calendar time2 = Calendar.getInstance();

        time1.set(Calendar.HOUR_OF_DAY, 10); // time1을 10시 20분 30초로 설정
        time1.set(Calendar.MINUTE, 20);
        time1.set(Calendar.SECOND, 30);

        time2.set(Calendar.HOUR_OF_DAY, 20); // time2을 20시 30분 10초로 설정
        time2.set(Calendar.MINUTE, 30);
        time2.set(Calendar.SECOND, 10);

        System.out.println("time1 :"+time1.get(Calendar.HOUR_OF_DAY)+"시 "
            +time1.get(Calendar.MINUTE)+"분 "+time1.get(Calendar.SECOND)+"초");
        System.out.println("time2 :"+time2.get(Calendar.HOUR_OF_DAY)+"시 "
            +time2.get(Calendar.MINUTE)+"분 "+time2.get(Calendar.SECOND)+"초");

        long difference =
            Math.abs(time2.getTimeInMillis() - time1.getTimeInMillis())/1000;
        System.out.println("time1과 time2의 차이는 "+ difference +"초 입니다.");

        String tmp = "";
        for(int i=0; i < TIME_UNIT.length;i++) {
            tmp += difference/TIME_UNIT[i] + TIME_UNIT_NAME[i];
            difference %= TIME_UNIT[i];
        }
        System.out.println("시분초로 변환하면 " + tmp + "입니다.");
    }
}
```

결과
> time1 :10시 20분 30초
> time2 :20시 30분 10초
> time1과 time2의 차이는 36580초 입니다.
> 시분초로 변환하면 10시간 9분 40초 입니다

두 개의 시간 데이터로부터 초 단위로 차이를 구한 다음, 시분초로 바꿔 출력하는 예제이다.
가장 큰 단위인 시간 단위(3600초)로 나누고 남은 나머지를 다시 분 단위(60초)로 나누면 그
나머지는 초 단위의 값이 된다.

```java
for(int i=0; i < TIME_UNIT.length;i++) {
    tmp += difference/TIME_UNIT[i] + TIME_UNIT_NAME[i];
    // difference = difference % TIME_UNIT[i];
    difference %= TIME_UNIT[i];
}
```

예제
10-4

```
import java.util.*;

class Ex10_4 {
    public static void main(String[] args) {
        Calendar date = Calendar.getInstance();
        date.set(2019, 7, 31);          // 2019년 8월 31일

        System.out.println(toString(date));
        System.out.println("= 1일 후 =");
        date.add(Calendar.DATE, 1);
        System.out.println(toString(date));

        System.out.println("= 6달 전 =");
        date.add(Calendar.MONTH, -6);
        System.out.println(toString(date));

        System.out.println("= 31일 후(roll) =");
        date.roll(Calendar.DATE, 31);
        System.out.println(toString(date));

        System.out.println("= 31일 후(add) =");
        date.add(Calendar.DATE, 31);
        System.out.println(toString(date));
    }

    public static String toString(Calendar date) {
        return date.get(Calendar.YEAR)+"년 "+ (date.get(Calendar.MONTH)+1)
                                    +"월 " + date.get(Calendar.DATE) + "일";
    }
}
```

결과
2019년 8월 31일
= 1일 후 =
2019년 9월 1일
= 6달 전 =
2019년 3월 1일
= 31일 후(roll) =
2019년 3월 1일
= 31일 후(add) =
2019년 4월 1일

'add(int field, int amount)'를 사용하면 지정한 필드의 값을 원하는 만큼 증가 또는 감소시킬 수 있기 때문에 add메서드를 이용하면 특정 날짜 또는 시간을 기점으로 해서 일정기간 전후의 날짜와 시간을 알아낼 수 있다.

'roll(int field, int amount)'도 지정한 필드의 값을 증가 또는 감소시킬 수 있는데, add 메서드와의 차이점은 다른 필드에 영향을 미치지 않는다는 것이다. 예를 들어 add메서드로 날짜필드(Calendar.DATE)의 값을 31만큼 증가시켰다면 다음 달로 넘어가므로 월 필드(Calendar.MONTH)의 값도 1 증가하지만, roll메서드는 같은 경우에 월 필드의 값은 변하지 않고 일 필드의 값만 바뀐다.

단, 한 가지 예외가 있는데 일 필드(Calendar.DATE)가 말일(end of month)일 때, roll메서드를 이용해서 월 필드(Calendar.MONTH)를 변경하면 일 필드(Calendar.DATE)에 영향을 미칠 수 있다.

예제
10-5

```java
import java.util.*;

class Ex10_5 {
    public static void main(String[] args) {
        if(args.length !=2) {
            System.out.println("Usage : java Ex10_5 2019 9");
            return;
        }
        int year  = Integer.parseInt(args[0]);
        int month = Integer.parseInt(args[1]);
        int START_DAY_OF_WEEK = 0;
        int END_DAY = 0;

        Calendar sDay = Calendar.getInstance(); // 시작일
        Calendar eDay = Calendar.getInstance(); // 끝일

        // 월의 경우 0부터 11까지의 값을 가지므로 1을 빼주어야 한다.
        // 예를 들어, 2019년 11월 1일은 sDay.set(2019, 10, 1);과 같이 해줘야 한다.
        sDay.set(year, month-1, 1);
        eDay.set(year, month, 1);

        // 다음달의 첫날(12월 1일)에서 하루를 빼면 현재달의 마지막 날(11월 30일)이 된다.
        eDay.add(Calendar.DATE, -1);

        // 첫 번째 요일이 무슨 요일인지 알아낸다.
        START_DAY_OF_WEEK = sDay.get(Calendar.DAY_OF_WEEK);

        // eDay에 지정된 날짜를 얻어온다.
        END_DAY = eDay.get(Calendar.DATE);

        System.out.println("        " + args[0] +"년 " + args[1] +"월");
        System.out.println(" SU MO TU WE TH FR SA");

        // 해당 월의 1일이 어느 요일인지에 따라서 공백을 출력한다.
        // 만일 1일이 수요일이라면 공백을 세 번 찍는다.(일요일부터 시작)
        for(int i=1; i < START_DAY_OF_WEEK; i++)
            System.out.print("   ");

        for(int i=1, n=START_DAY_OF_WEEK ; i <= END_DAY; i++, n++) {
            System.out.print((i < 10)? "  "+i : " "+i );
            if(n%7==0) System.out.println();
        }
    }
}
```

결과
```
>java Ex10_5 2019 9
        2019년 9월
 SU MO TU WE TH FR SA
  1  2  3  4  5  6  7
  8  9 10 11 12 13 14
 15 16 17 18 19 20 21
 22 23 24 25 26 27 28
 29 30
```

커맨드라인으로 년과 월을 입력하면 달력을 출력하는 예제이다. 특별히 설명할 것은 없고, 다음 달의 1일에서 하루를 빼면 이번 달의 마지막 일을 알 수 있다는 것을 기억해 두기 바란다.

예를 들면 2월의 마지막 날을 알고 싶을 때 3월 1일에서 하루를 빼면 된다.

참고 getActualMaximum(Calendar.DATE)를 사용해도 해당 월의 마지막 날을 알 수 있다.

08 Date와 Calendar간의 변환

Calendar가 새로 추가되면서 Date는 대부분의 메서드가 'deprecated'되었으므로 잘 사용되지 않는다. 그럼에도 불구하고 여전히 Date를 필요로 하는 메서드들이 있기 때문에 Calendar를 Date로 또는 그 반대로 변환할 일이 생긴다. 그럴 때는 다음과 같이 하자.

> 참고 │ Java API문서를 보면 더 이상 사용을 권장하지 않는 대상에 'deprecated'가 붙어있다.

---

1. Calendar를 Date로 변환

```
Calendar cal = Calendar.getInstance();
   ...
Date d = new Date(cal.getTimeInMillis()); // Date(long date)
```

2. Date를 Calendar로 변환

```
Date d = new Date();
   ...
Calendar cal = Calendar.getInstance();
cal.setTime(d)
```

성적처리 프로그램을 작성했을 때 각 점수의 평균을 소수점 2자리로 일정하게 맞춰서 출력하려면 어떻게 해야 할까 고민해본 적이 있을 것이다.

평균값에 100을 곱하고 int형으로 형변환한 다음에 다시 100f로 나누고 반올림하려면 Math.round()도 써야하고 등등 생각만 해도 머리가 복잡하다.

날짜를 형식에 맞게 출력하려면 숫자보다 더 복잡해진다. Calendar를 이용해서 년, 월, 일, 시, 분, 초를 각각 별도로 얻어서 조합을 해야 하는 과정을 거쳐야 한다.

자바에서는 이러한 문제들을 쉽게 해결할 수 있는 방법을 제공하는데 그 것이 바로 형식화 클래스이다. 이 클래스는 java.text패키지에 포함되어 있으며 숫자, 날짜, 텍스트 데이터를 일정한 형식에 맞게 표현할 수 있는 방법을 객체지향적으로 설계하여 표준화하였다.

형식화 클래스는 형식화에 사용될 패턴을 정의하는데, 데이터를 정의된 패턴에 맞춰 형식화할 수 있을 뿐만 아니라 역으로 형식화된 데이터에서 원래의 데이터를 얻어낼 수도 있다.

이것은 마치 "123"과 같은 문자열을 Integer.parseInt()를 사용해서 123이라는 숫자로 변환하는 것과 같은 일이 가능하다는 것을 의미한다. 즉, 형식화된 데이터의 패턴만 정의해주면 복잡한 문자열에서도 substring()을 사용하지 않고도 쉽게 원하는 값을 얻어낼 수 있다는 것이다.

이 외에도 형식화 클래스는 알아두면 편리하게 사용할 좋은 기능들을 가지고 있는데 백문이 불여일견이라고 긴 설명보다도 예제를 통해서 어떻게 활용하는지 이해하는 쪽이 훨씬 더 빠르리라 생각한다.

이제 설명은 이쯤 해두고 형식화 클래스를 하나씩 예제와 함께 자세히 살펴보도록 하자.

10 DecimalFormat

형식화 클래스 중에서 숫자를 형식화 하는데 사용되는 것이 DecimalFormat이다. Decimal
Format을 이용하면 숫자 데이터를 정수, 부동소수점, 금액 등의 다양한 형식으로 표현할 수
있으며, 반대로 일정한 형식의 텍스트 데이터를 숫자로 쉽게 변환하는 것도 가능하다.

기호	의미	패턴	결과(1234567.89)
0	10진수(값이 없을 때는 0)	0 0.0 0000000000.0000	1234568 1234567.9 0001234567.8900
#	10진수	# #.# ##########.####	1234568 1234567.9 1234567.89
.	소수점	#.#	1234567.9
–	음수부호	#.#– –#.#	1234567.9– –1234567.9
,	단위 구분자	#,###.## #,####.##	1,234,567.89 123,4567.89
E	지수기호	#E0 0E0 ##E0 00E0 ####E0 0000E0 #.#E0 0.0E0 0.000000000E0 00.00000000E0 000.0000000E0 #.#########E0 ##.########E0 ###.#######E0	.1E7 1E6 1.2E6 12E5 123.5E4 1235E3 1.2E6 1.2E6 1.234567890E6 12.34567890E5 123.4567890E4 1.23456789E6 1.23456789E6 1.23456789E6
;	패턴구분자	#,###.##+;#,###.##–	1,234,567.89+ (양수일 때) 1,234,567.89– (음수일 때)
%	퍼센트	#.#%	123456789%
\u2030	퍼밀(퍼센트 x 10)	#.#\u2030	1234567890‰
\u00A4	통화	\u00A4 #,###	₩ 1,234,568
'	escape문자	'#'#,### ''#,###	#1,234,568 '1,234,568

DecimalFormat을 사용하는 방법은 간단하다. 먼저 원하는 출력형식의 패턴을 작성하여
DecimalFormat인스턴스를 생성한 다음, 출력하고자 하는 문자열로 format메서드를 호출하
면 원하는 패턴에 맞게 변환된 문자열을 얻게 된다.

```java
double number = 1234567.89;
DecimalFormat df = new DecimalFormat("#.#E0");
String result = df.format(number);  // result = "1.2E6"
```

예제
10-6

```java
import java.text.*;

class Ex10_6 {
    public static void main(String[] args) throws Exception {
        double number  = 1234567.89;
        String[] pattern = {
            "0",
            "#",
            "0.0",
            "#.#",
            "0000000000.0000",
            "##########.####",
            "#.#-",
            "-#.#",
            "#,###.##",
            "#,####.##",
            "#E0",
            "0E0",
            "##E0",
            "00E0",
            "####E0",
            "0000E0",
            "#.#E0",
            "0.0E0",
            "0.000000000E0",
            "00.00000000E0",
            "000.0000000E0",
            "#.#########E0",
            "##.########E0",
            "###.#######E0",
            "#,###.##+;#,###.##-",
            "#.#%",
            "#.#\u2030",
            "\u00A4 #,###",
            "'#'#,###",
            "''#,###",
        };

        for(int i=0; i < pattern.length; i++) {
            DecimalFormat df = new DecimalFormat(pattern[i]);
            System.out.printf("%19s : %s\n",pattern[i], df.format(number));
        }
    } // main
}
```

결과
```
                  0 : 1234568
                  # : 1234568
                0.0 : 1234567.9
                #.# : 1234567.9
    0000000000.0000 : 0001234567.8900
    ##########.#### : 1234567.89
               #.#- : 1234567.9-
               -#.# : -1234567.9
           #,###.## : 1,234,567.89
          #,####.## : 123,4567.89
                #E0 : .1E7
                0E0 : 1E6
               ##E0 : 1.2E6
               00E0 : 12E5
             ####E0 : 123.5E4
             0000E0 : 1235E3
              #.#E0 : 1.2E6
              0.0E0 : 1.2E6
      0.000000000E0 : 1.234567890E6
      00.00000000E0 : 12.34567890E5
      000.0000000E0 : 123.4567890E4
      #.#########E0 : 1.23456789E6
      ##.########E0 : 1.23456789E6
      ###.#######E0 : 1.23456789E6
#,###.##+;#,###.##- : 1,234,567.89+
               #.#% : 123456789%
               #.#‰ : 1234567890‰
            ¤ #,### : \ 1,234,568
          '#'#,### : #1,234,568
           ''#,### : '1,234,568
```

```java
import java.text.*;

class Ex10_7 {
    public static void main(String[] args) {
        DecimalFormat df  = new DecimalFormat("#,###.##");
        DecimalFormat df2 = new DecimalFormat("#.###E0");

        try {
            Number num = df.parse("1,234,567.89");
            System.out.print("1,234,567.89" + " -> ");

            double d = num.doubleValue();
            System.out.print(d + " -> ");

            System.out.println(df2.format(num));
        } catch(Exception e) {}
    } // main
}
```

> 결과 1,234,567.89 -> 1234567.89 -> 1.235E6

패턴을 이용해서 숫자를 변환하는 예제이다. parse메서드를 이용하면 기호와 문자가 포함된 문자열을 숫자로 쉽게 변환할 수 있다.

> **참고** Integer.parseInt메서드는 콤마(,)가 포함된 문자열을 숫자로 변환하지 못한다.

parse(String source)는 DecimalFormat의 조상인 NumberFormat에 정의된 메서드이며, 이 메서드의 선언부는 다음과 같다.

public Number parse(String source) throws ParseException

Number클래스는 Integer, Double과 같은 숫자를 저장하는 래퍼 클래스의 조상이며, doubleValue( )는 Number에 저장된 값을 double형의 값으로 변환하여 반환한다. 이 외에도 intValue( ), floatValue( )등의 메서드가 Number클래스에 정의되어 있다.

Date와 Calendar만으로 날짜 데이터를 원하는 형태로 다양하게 출력하는 것은 불편하고 복잡하다. 그러나 SimpleDateFormat을 사용하면 이러한 문제들이 간단히 해결된다.

 참고 DateFormat은 추상클래스로 SimpleDateFormat의 조상이다. DateFormat는 추상클래스이므로 인스턴스를 생성하기 위해서는 getDateInstance( )와 같은 static메서드를 이용해야 한다. getDateInstance( )에 의해서 반환되는 것은 DateFormat을 상속받아 완전하게 구현한 SimpleDateFormat인스턴스이다.

기호	의미	보기
G	연대(BC, AD)	AD
y	년도	2006
M	월(1~12 또는 1월~12월)	10 또는 10월, OCT
w	년의 몇 번째 주(1~53)	50
W	월의 몇 번째 주(1~5)	4
D	년의 몇 번째 일(1~366)	100
d	월의 몇 번째 일(1~31)	15
F	월의 몇 번째 요일(1~5)	1
E	요일	월
a	오전/오후(AM, PM)	PM
H	시간(0~23)	20
k	시간(1~24)	13
K	시간(0~11)	10
h	시간(1~12)	11
m	분(0~59)	35
s	초(0~59)	55
S	천분의 일초(0~999)	253
z	Time zone(General time zone)	GMT+9:00
Z	Time zone(RFC 822 time zone)	+0900
'	escape문자(특수문자를 표현하는데 사용)	없음

참고 보다 자세한 내용을 보고 싶으면 Java API문서에서 SimpleDateFormat을 찾으면 된다.

SimpleDateFormat을 사용하는 방법은 간단하다. 먼저 위의 표를 참고하여 원하는 출력형식의 패턴을 작성해서 SimpleDateFormat인스턴스를 생성한 다음, 출력하고자 하는 Date인스턴스를 가지고 format(Date d)를 호출하면 지정한 출력형식에 맞게 변환된 문자열을 얻는다.

```
Date today = new Date();
SimpleDateFormat df = new SimpleDateFormat("yyyy-MM-dd");

// 오늘 날짜를 yyyy-MM-dd형태로 변환하여 반환한다.
String result = df.format(today);
```

예제
10-8

```java
import java.util.*;
import java.text.*;

class Ex10_8 {
    public static void main(String[] args) {
        Date today = new Date();

        SimpleDateFormat sdf1, sdf2, sdf3, sdf4;
        SimpleDateFormat sdf5, sdf6, sdf7, sdf8, sdf9;

        sdf1 = new SimpleDateFormat("yyyy-MM-dd");
        sdf2 = new SimpleDateFormat("''yy년 MMM dd일 E요일");
        sdf3 = new SimpleDateFormat("yyyy-MM-dd HH:mm:ss.SSS");
        sdf4 = new SimpleDateFormat("yyyy-MM-dd hh:mm:ss a");

        sdf5 = new SimpleDateFormat("오늘은 올 해의 D번째 날입니다.");
        sdf6 = new SimpleDateFormat("오늘은 이 달의 d번째 날입니다.");
        sdf7 = new SimpleDateFormat("오늘은 올 해의 w번째 주입니다.");
        sdf8 = new SimpleDateFormat("오늘은 이 달의 W번째 주입니다.");
        sdf9 = new SimpleDateFormat("오늘은 이 달의 F번째 E요일입니다.");

        System.out.println(sdf1.format(today));      // format(Date d)
        System.out.println(sdf2.format(today));
        System.out.println(sdf3.format(today));
        System.out.println(sdf4.format(today));
        System.out.println();
        System.out.println(sdf5.format(today));
        System.out.println(sdf6.format(today));
        System.out.println(sdf7.format(today));
        System.out.println(sdf8.format(today));
        System.out.println(sdf9.format(today));
    }
}
```

결과
```
2019-08-07
'19년 8월 07일 수요일
2019-08-07 21:16:15.365
2019-08-07 09:16:15 오후

오늘은 올 해의 219번째 날입니다.
오늘은 이 달의 7번째 날입니다.
오늘은 올 해의 32번째 주입니다.
오늘은 이 달의 2번째 주입니다.
오늘은 이 달의 1번째 수요일입니다.
```

자주 사용될 만한 패턴을 만들어서 다양한 형식으로 예제가 실행된 날짜와 시간을 출력해 보았다. 이 예제에 사용된 패턴들을 다양하게 응용하여 테스트 해보도록 하자.

 홑따옴표(')는 escape기호이기 때문에 패턴 내에서 홑따옴표를 표시하기 위해서는 홑따옴표를 연속적으로 두 번 사용해야 한다.

예제
10-9

```java
import java.util.*;
import java.text.*;

class Ex10_9 {
    public static void main(String[] args) {
        DateFormat df  = new SimpleDateFormat("yyyy년 MM월 dd일");
        DateFormat df2 = new SimpleDateFormat("yyyy/MM/dd");

        try {
            Date d = df.parse("2019년 11월 23일");
            System.out.println(df2.format(d));
        } catch(Exception e) {}
    } // main
}
```

결과 `2019/11/23`

parse(String source)를 사용하여 날짜 데이터의 출력형식을 변환하는 방법을 보여주는 예제이다. Integer의 parseInt( )가 문자열을 정수로 변환하는 것처럼 SimpleDate Format의 parse(String source)는 문자열source을 날짜Date인스턴스로 변환해주기 때문에 매우 유용하게 쓰일 수 있다.

예를 들어 사용자로부터 날짜 데이터를 문자열로 입력받을 때, 입력받은 문자열을 날짜로 인식하기 위해서는 substring메서드를 이용해서 년, 월, 일을 뽑아내야 하는데 parse(String source)은 이러한 수고를 덜어 준다.

 parse(String source)는 SimpleDateFormat의 조상인 DateFormat에 정의되어 있다.

 지정된 형식과 입력된 형식이 일치하지 않는 경우에는 예외가 발생하므로 적절한 예외처리가 필요하다.

<table>
<tr><td>예제
10-10</td><td>

```
import java.util.*;
import java.text.*;

class Ex10_10 {
    public static void main(String[] args) {
        String pattern = "yyyy/MM/dd";
        DateFormat df = new SimpleDateFormat(pattern);
        Scanner s = new Scanner(System.in);

        Date inDate = null;

        System.out.println("날짜를 " + pattern
                            + "의 형태로 입력해주세요.(입력예:2019/12/31)");
        while(s.hasNextLine()) {
           try {
               inDate = df.parse(s.nextLine());
               break;
           } catch(Exception e) {
               System.out.println("날짜를 " + pattern
                            + "의 형태로 다시 입력해주세요.(입력예:2019/12/31)");
           }
        } // while

        Calendar cal = Calendar.getInstance();
        cal.setTime(inDate);
        Calendar today = Calendar.getInstance();
        long day = (cal.getTimeInMillis()
                                    - today.getTimeInMillis())/(60*60*1000);
        System.out.println("입력하신 날짜는 현재와 "+ day +"시간 차이가 있습니다.");
    } // main
}
```

</td></tr>
</table>

<table>
<tr><td>결
과</td><td>

```
C:\jdk1.8\work\ch10>java Ex10_10
날짜를 yyyy/MM/dd의 형태로 입력해주세요.(입력예:2019/12/31)
asdfasdf
날짜를 yyyy/MM/dd형태로 다시 입력해주세요.
20191231
날짜를 yyyy/MM/dd형태로 다시 입력해주세요.
2019/12/31
입력하신 날짜는 현재와 3935시간 차이가 있습니다.
```

</td></tr>
</table>

화면으로부터 날짜를 입력받아서 계산결과를 출력하는 예제이다. while과 try-catch문을 이용해서 사용자가 올바른 형식으로 날짜를 입력할 때까지 반복해서 입력받도록 하였다.

　지정된 패턴으로 입력되지 않은 경우, parse메서드를 호출하는 부분에서 예외(Parse Exception)가 발생하기 때문에 while문을 벗어나지 못한다.

연습문제

10-1 Calendar클래스와 SimpleDateFormat클래스를 이용해서 2020년의 매월 두 번째 일요일의
날짜를 출력하시오.

> **결과**
> 2020-01-12은 2번째 일요일입니다.
> 2020-02-09은 2번째 일요일입니다.
> 2020-03-08은 2번째 일요일입니다.
> 2020-04-12은 2번째 일요일입니다.
> 2020-05-10은 2번째 일요일입니다.
> 2020-06-14은 2번째 일요일입니다.
> 2020-07-12은 2번째 일요일입니다.
> 2020-08-09은 2번째 일요일입니다.
> 2020-09-13은 2번째 일요일입니다.
> 2020-10-11은 2번째 일요일입니다.
> 2020-11-08은 2번째 일요일입니다.
> 2020-12-13은 2번째 일요일입니다.

10-2 화면으로부터 날짜를 "2017/05/11"의 형태로 입력받아서 무슨 요일인지 출력하는 프로그램
을 작성하시오. 단, 입력된 날짜의 형식이 잘못된 경우 메세지를 보여주고 다시 입력받아야 한다.

> **결과**
> 날짜를 yyyy/MM/dd의 형태로 입력해주세요.(입력예:2017/05/11)
> >>2009-12-12
> 날짜를 yyyy/MM/dd의 형태로 입력해주세요.(입력예:2017/05/11)
> >>2009/12/12
> 입력하신 날짜는 토요일입니다.

10-3 어떤 회사의 월급날이 매월 21일이다. 두 날짜 사이에 월급날이 몇 번있는지 계산해서 반환하는 메서드를 작성하고 테스트 하시오.

```java
import java.util.*;
import java.text.*;

class Exercise10_3 {
    static int paycheckCount(Calendar from, Calendar to) {
        /*
           (1) 아래의 로직에 맞게 코드를 작성하시오.
             1. from 또는 to가 null이면 0을 반환한다.
             2. from와 to가 같고 날짜가 21일이면 1을 반환한다.
             3. to와 from이 몇 개월 차이인지 계산해서 변수 monDiff에 담는다.
             4. monDiff가 음수이면 0을 반환한다.
             5. 만일 from의 일(DAY_OF_MONTH)이 21일이거나 이전이고
                to의 일(DAY_OF_MONTH)이 21일이거나 이후이면 monDiff의 값을 1 증가시킨다.
             6. 만일 from의 일(DAY_OF_MONTH)이 21일 이후고
                to의 일(DAY_OF_MONTH)이 21일 이전이면monDiff의 값을 1 감소시킨다.
        */


        return monDiff;
    }

    static void printResult(Calendar from, Calendar to) {
        Date fromDate = from.getTime();
        Date toDate = to.getTime();

        SimpleDateFormat sdf = new SimpleDateFormat("yyyy-MM-dd");
        System.out.print(sdf.format(fromDate) + " ~ "
                                              + sdf.format(toDate) + ":");
        System.out.println(paycheckCount(from, to));
    }

    public static void main(String[] args) {
        Calendar fromCal = Calendar.getInstance();
        Calendar toCal = Calendar.getInstance();

        fromCal.set(2020, 0, 1);
        toCal.set(2020, 0, 1);
        printResult(fromCal, toCal);

        fromCal.set(2020, 0, 21);
        toCal.set(2020, 0, 21);
        printResult(fromCal, toCal);
```

```
            fromCal.set(2020, 0, 1);
            toCal.set(2020, 2, 1);
            printResult(fromCal, toCal);

            fromCal.set(2020, 0, 1);
            toCal.set(2020, 2, 23);
            printResult(fromCal, toCal);

            fromCal.set(2020, 0, 23);
            toCal.set(2020, 2, 21);
            printResult(fromCal, toCal);

            fromCal.set(2021, 0, 22);
            toCal.set(2020, 2, 21);
            printResult(fromCal, toCal);
    }
}
```

결과
2020-01-01 ~ 2020-01-01:0
2020-01-21 ~ 2020-01-21:1
2020-01-01 ~ 2020-03-01:2
2020-01-01 ~ 2020-03-23:3
2020-01-23 ~ 2020-03-21:2
2021-01-22 ~ 2020-03-21:0

10-4 자신이 태어난 날부터 지금까지 며칠이 지났는지 계산해서 출력하시오.

```
birth day=2000-01-01
today =2016-01-29
5872 days
```

컬렉션 프레임웍

collections framework

컬렉션 프레임웍이란, '데이터 군(群)을 저장하는 클래스들을 표준화한 설계'를 뜻한다. 컬렉션(collection)은 다수(多數)의 데이터, 즉 데이터 그룹을, 프레임웍은 표준화된 프로그래밍 방식을 의미한다.

> **참고**　Java API문서에서는 컬렉션 프레임웍을 '데이터 군(群, group)을 다루고 표현하기 위한 단일화된 구조 (architecture)'라고 정의하고 있다.

JDK1.2 이전까지는 Vector, Hashtable, Properties와 같은 컬렉션 클래스, 다수의 데이터를 저장할 수 있는 클래스, 들을 서로 다른 각자의 방식으로 처리해야 했으나 JDK1.2부터 컬렉션 프레임웍이 등장하면서 다양한 종류의 컬렉션 클래스가 추가되고 모든 컬렉션 클래스를 표준화된 방식으로 다룰 수 있도록 체계화되었다.

> **참고**　앞으로 Vector와 같이 다수의 데이터를 저장할 수 있는 클래스를 '컬렉션 클래스'라고 하겠다.

컬렉션 프레임웍은 컬렉션, 다수의 데이터, 을 다루는 데 필요한 다양하고 풍부한 클래스들을 제공하기 때문에 프로그래머의 짐을 상당히 덜어 주고 있으며, 또한 인터페이스와 다형성을 이용한 객체지향적 설계를 통해 표준화되어 있기 때문에 사용법을 익히기에도 편리하고 재사용성이 높은 코드를 작성할 수 있다는 장점이 있다.

라이브러리와 프레임웍

라이브러리(그래픽 라이브러리, 통계 라이브러리 등)는 공통으로 사용될만한 유용한 기능을 모듈화하여 제공하는데 비해, 프레임웍은 단순히 기능뿐만아니라 프로그래밍 방식을 정형화하여 프로그램의 개발 생산성을 높이고 유지보수를 용이하게 한다.

　JDK1.2에 도입된 컬렉션 프레임웍도 코딩 방식을 표준화하여 생산성과 코드의 재사용성을 높이려 했으나 별다른 성과를 거두지 못했다. JDK1.8에 이르러서야 비로소 '람다와 스트림 (14장)'에 의해 컬렉션 프레임웍이 이루지 못한 표준화, 즉 다양한 종류의 데이터를 동일한 방식으로다루는 것이 가능해졌다.

컬렉션 프레임웍에서는 컬렉션데이터 그룹을 크게 3가지 타입이 존재한다고 인식하고 각 컬렉션을 다루는데 필요한 기능을 가진 3개의 인터페이스를 정의하였다. 그리고 인터페이스 List와 Set의 공통된 부분을 다시 뽑아서 새로운 인터페이스인 Collection을 추가로 정의하였다.

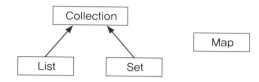

▲ **그림 11-1 컬렉션 프레임웍의 핵심 인터페이스간의 상속계층도**

인터페이스 List와 Set을 구현한 컬렉션 클래스들은 서로 많은 공통부분이 있어서, 공통된 부분을 다시 뽑아 Collection인터페이스를 정의할 수 있었지만 Map인터페이스는 이들과는 전혀 다른 형태로 컬렉션을 다루기 때문에 같은 상속계층도에 포함되지 못했다.

인터페이스	특 징
List	순서가 있는 데이터의 집합. 데이터의 중복을 허용한다. 예) 대기자 명단
	구현클래스 : ArrayList, LinkedList, Stack, Vector 등
Set	순서를 유지하지 않는 데이터의 집합. 데이터의 중복을 허용하지 않는다. 예) 양의 정수집합, 소수의 집합
	구현클래스 : HashSet, TreeSet 등
Map	키(key)와 값(value)의 쌍(pair)으로 이루어진 데이터의 집합 순서는 유지되지 않으며, 키는 중복을 허용하지 않고, 값은 중복을 허용한다. 예) 우편번호, 지역번호(전화번호)
	구현클래스 : HashMap, TreeMap, Hashtable, Properties 등

> **참고** 키(Key)란, 데이터 집합 중에서 어떤 값(value)을 찾는데 열쇠(key)가 된다는 의미에서 붙여진 이름이다. 그래서 키(Key)는 중복을 허용하지 않는다.

실제 개발 시에는 다루고자 하는 컬렉션의 특징을 파악하고 어떤 인터페이스를 구현한 컬렉션 클래스를 사용해야하는지 결정해야하므로 위의 표에 적힌 각 인터페이스의 특징과 차이를 잘 이해하고 있어야 한다.

컬렉션 프레임웍의 모든 컬렉션 클래스들은 List, Set, Map 중의 하나를 구현하고 있으며, 구현한 인터페이스의 이름이 클래스의 이름에 포함되어있어서 이름만으로도 클래스의 특징을 쉽게 알 수 있도록 되어있다.

List와 Set의 조상인 Collection인터페이스에는 다음과 같은 메서드들이 정의되어 있다.

메서드	설 명
boolean add(Object o) boolean addAll(Collection c)	지정된 객체(o) 또는 Collection(c) 의 객체들을 Collection에 추가한다.
void clear( )	Collection의 모든 객체를 삭제한다.
boolean contains(Object o) boolean containsAll(Collection c)	지정된 객체(o) 또는 Collection의 객체들이 Collection에 포함되어 있는지 확인한다.
boolean equals(Object o)	동일한 Collection인지 비교한다.
int hashCode( )	Collection의 hash code를 반환한다.
boolean isEmpty( )	Collection이 비어있는지 확인한다.
Iterator iterator( )	Collection의 Iterator를 얻어서 반환한다.
boolean remove(Object o)	지정된 객체를 삭제한다.
boolean removeAll(Collection c)	지정된 Collection에 포함된 객체들을 삭제한다.
boolean retainAll(Collection c)	지정된 Collection에 포함된 객체만을 남기고 다른 객체들은 Collection 에서 삭제한다. 이 작업으로 인해 Collection에 변화가 있으면 true를 그렇지 않으면 false를 반환한다.
int size( )	Collection에 저장된 객체의 개수를 반환한다.
Object[ ] toArray( )	Collection에 저장된 객체를 객체배열(Object[ ])로 반환한다.
Object[ ] toArray(Object[ ] a)	지정된 배열에 Collection의 객체를 저장해서 반환한다.

참고 ⋮ JDK1.8부터 추가된 parallelStream, removeIf, stream, forEach 등은 14장 람다와 스트림에서 설명한다.

참고 ⋮ Iterator인터페이스는 컬렉션에 포함된 객체들에 접근할 수 있는 방법을 제공한다. 곧 배울 것이다.

Collection인터페이스는 컬렉션 클래스에 저장된 데이터를 읽고, 추가하고 삭제하는 등 컬렉션을 다루는데 가장 기본적인 메서드들을 정의하고 있다.

위의 표에서 반환 타입이 boolean인 메서드들은 작업을 성공하거나 사실이면 true를, 그렇지 않으면 false를 반환한다.

예를 들어 'boolean add(Object o)'를 사용해서 객체를 컬렉션에 추가할 때, 성공하면 true를, 실패하면 false를 반환한다. 'boolean isEmpty( )'를 사용해서 컬렉션에 포함된 객체가 없으면, 즉 컬렉션이 비어있으면 true를, 그렇지 않으면 false를 반환한다.

이 외에도 JDK1.8부터 추가된 '람다(Lambda)와 스트림(Stream)'에 관련된 메서드들이 더 있는데, 이 메서드들은 '14장 람다와 스트림'에서 설명할 것이다.

참고 ⋮ Java API 문서에는 'E', 'K', 'V'등의 기호가 나오는데 이들은 모두 특정 타입을 의미하는 것으로 지네릭스에 의한 표기이다. 모두 Object타입이라고 이해하면 된다.

List인터페이스는 중복을 허용하면서 저장순서가 유지되는 컬렉션을 구현하는데 사용된다.

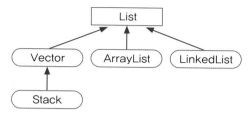

▲ **그림 11-2 List의 상속계층도**

List인터페이스에 정의된 메서드는 다음과 같다. Collection인터페이스로부터 상속받은 것들은 제외하였다.

메서드	설 명
void add(int index, Object element) boolean addAll(int index, Collection c)	지정된 위치(index)에 객체(element) 또는 컬렉션에 포함된 객체들을 추가한다.
Object get(int index)	지정된 위치(index)에 있는 객체를 반환한다.
int indexOf(Object o)	지정된 객체의 위치(index)를 반환한다. (List의 첫 번째 요소부터 순방향으로 찾는다.)
int lastIndexOf(Object o)	지정된 객체의 위치(index)를 반환한다. (List의 마지막 요소부터 역방향으로 찾는다.)
ListIterator listIterator( ) ListIterator listIterator(int index)	List의 객체에 접근할 수 있는 ListIterator를 반환한다.
Object remove(int index)	지정된 위치(index)에 있는 객체를 삭제하고 삭제된 객체를 반환한다.
Object set(int index, Object element)	지정된 위치(index)에 객체(element)를 저장한다
void sort(Comparator c)	지정된 비교자(comparator)로 List를 정렬한다.
List subList(int fromIndex, int toIndex)	지정된 범위(fromIndex부터 toIndex)에 있는 객체를 반환한다.

Set인터페이스는 중복을 허용하지 않고 저장순서가 유지되지 않는 컬렉션 클래스를 구현하는
데 사용된다. Set인터페이스를 구현한 클래스로는 HashSet, TreeSet 등이 있다.

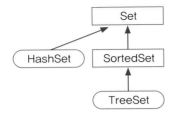

▲ 그림 11-3 Set의 상속계층도

Set인터페이스에는 다음과 같은 메서드들이 있는데, 모두 Collection인터페이스로부터 상속
받은 것들이다.

메서드	설 명
boolean add(Object o) boolean addAll(Collection c)	지정된 객체(o) 또는 Collection(c)의 객체들을 Collection에 추가한다.
void clear( )	Collection의 모든 객체를 삭제한다.
boolean contains(Object o) boolean containsAll(Collection c)	지정된 객체(o) 또는 Collection의 객체들이 Collection에 포함되어 있는지 확인한다.
boolean equals(Object o)	동일한 Collection인지 비교한다.
int hashCode( )	Collection의 hash code를 반환한다.
boolean isEmpty( )	Collection이 비어있는지 확인한다.
Iterator iterator( )	Collection의 Iterator를 얻어서 반환한다.
boolean remove(Object o)	지정된 객체를 삭제한다.
boolean removeAll(Collection c)	지정된 Collection에 포함된 객체들을 삭제한다.
boolean retainAll(Collection c)	지정된 Collection에 포함된 객체만을 남기고 다른 객체들은 Collection 에서 삭제한다. 이 작업으로 인해 Collection에 변화가 있으면 true를 그렇지 않으면 false를 반환한다.
int size( )	Collection에 저장된 객체의 개수를 반환한다.
Object[ ] toArray( )	Collection에 저장된 객체를 객체배열(Object[ ])로 반환한다.
Object[ ] toArray(Object[ ] a)	지정된 배열에 Collection의 객체를 저장해서 반환한다.

Map인터페이스는 키(key)와 값(value)을 하나의 쌍으로 묶어서 저장하는 컬렉션 클래스를
구현하는 데 사용된다. 키는 중복될 수 없지만 값은 중복을 허용한다. 기존에 저장된 데이터
와 중복된 키와 값을 저장하면 기존의 값은 없어지고 마지막에 저장된 값이 남게 된다. Map
인터페이스를 구현한 클래스로는 Hashtable, HashMap, LinkedHashMap, SortedMap,
TreeMap 등이 있다.

> **참고** | Map이란 개념은 어떤 두 값을 연결한다는 의미에서 붙여진 이름이다.

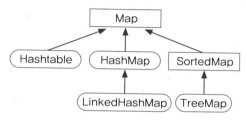

▲ 그림 11-4 Map의 상속계층도

메서드	설 명
void clear( )	Map의 모든 객체를 삭제한다.
boolean containsKey(Object key)	지정된 key객체와 일치하는 Map의 key객체가 있는지 확인한다.
boolean containsValue(Object value)	지정된 value객체와 일치하는 Map의 value객체가 있는지 확인한다.
Set entrySet( )	Map에 저장되어 있는 key-value쌍을 Map.Entry타입의 객체로 저장한 Set으로 반환한다.
boolean equals(Object o)	동일한 Map인지 비교한다.
Object get(Object key)	지정한 key객체에 대응하는 value객체를 찾아서 반환한다.
int hashCode( )	해시코드를 반환한다.
boolean isEmpty( )	Map이 비어있는지 확인한다.
Set keySet( )	Map에 저장된 모든 key객체를 반환한다.
Object put(Object key, Object value)	Map에 value객체를 key객체에 연결(mapping)하여 저장한다.
void putAll(Map t)	지정된 Map의 모든 key-value쌍을 추가한다.
Object remove(Object key)	지정한 key객체와 일치하는 key-value객체를 삭제한다.
int size( )	Map에 저장된 key-value쌍의 개수를 반환한다.
Collection values( )	Map에 저장된 모든 value객체를 반환한다.

values( )에서는 반환타입이 Collection이고, keySet( )에서는 반환타입이 Set인 것에 주목하
자. Map인터페이스에서 값(value)은 중복을 허용하기 때문에 Collection타입으로 반환하고,
키(key)는 중복을 허용하지 않기 때문에 Set타입으로 반환한다.

ArrayList는 컬렉션 프레임웍에서 가장 많이 사용되는 컬렉션 클래스일 것이다. 이 ArrayList는 List인터페이스를 구현하기 때문에 데이터의 저장순서가 유지되고 중복을 허용한다는 특징을 갖는다.

ArrayList는 기존의 Vector를 개선한 것으로 Vector와 구현원리와 기능적인 측면에서 동일하다고 할 수 있다. 앞에서 얘기했던 것과 같이 Vector는 기존에 작성된 소스와의 호환성을 위해서 계속 남겨 두고 있을 뿐이기 때문에 가능하면 Vector보다는 ArrayList를 사용하자.

ArrayList는 Object배열을 이용해서 데이터를 순차적으로 저장한다. 예를 들면, 첫 번째로 저장한 객체는 Object배열의 0번째 위치에 저장되고 그 다음에 저장하는 객체는 1번째 위치에 저장된다. 이런 식으로 계속 배열에 순서대로 저장되며, 배열에 더 이상 저장할 공간이 없으면 보다 큰 새로운 배열을 생성해서 기존의 배열에 저장된 내용을 새로운 배열로 복사한 다음에 저장된다.

```
public class ArrayList extends AbstractList
    implements List, RandomAccess, Cloneable, java.io.Serializable {
        ...
        transient Object[] elementData; // Object배열
        ...
}
```

> (참고)　transient는 직렬화(serialization)와 관련된 제어자이다. 직렬화에 대해서는 15장에서 다룬다.

위의 코드는 ArrayList의 소스코드 일부인데 ArrayList는 elementData라는 이름의 Object 배열을 멤버변수로 선언하고 있다는 것을 알 수 있다. 선언된 배열의 타입이 모든 객체의 최고조상인 Object이기 때문에 모든 종류의 객체를 담을 수 있다.

메서드	설 명
ArrayList( )	크기가 0인 ArrayList를 생성
ArrayList(Collection c)	주어진 컬렉션이 저장된 ArrayList를 생성
ArrayList(int initialCapacity)	지정된 초기용량을 갖는 ArrayList를 생성
boolean add(Object o)	ArrayList의 마지막에 객체를 추가. 성공하면 true
void add(int index, Object element)	지정된 위치(index)에 객체를 저장
boolean addAll(Collection c)	주어진 컬렉션의 모든 객체를 저장한다.
boolean addAll(int index, Collection c)	지정된 위치부터 주어진 컬렉션의 모든 객체를 저장한다.
void clear( )	ArrayList를 완전히 비운다.
Object clone( )	ArrayList를 복제한다.
boolean contains(Object o)	지정된 객체(o)가 ArrayList에 포함되어 있는지 확인
void ensureCapacity(int minCapacity)	ArrayList의 용량이 최소한 minCapacity가 되도록 한다.
Object get(int index)	지정된 위치(index)에 저장된 객체를 반환한다.
int indexOf(Object o)	지정된 객체가 저장된 위치를 찾아 반환한다.
boolean isEmpty( )	ArrayList가 비어있는지 확인한다.
Iterator iterator( )	ArrayList의 Iterator객체를 반환
int lastIndexOf(Object o)	객체(o)가 저장된 위치를 끝부터 역방향으로 검색해서 반환
ListIterator listIterator( )	ArrayList의 ListIterator를 반환
ListIterator listIterator(int index)	ArrayList의 지정된 위치부터 시작하는 ListIterator를 반환
Object remove(int index)	지정된 위치(index)에 있는 객체를 제거한다.
boolean remove(Object o)	지정한 객체를 제거한다.(성공하면 true, 실패하면 false)
boolean removeAll(Collection c)	지정한 컬렉션에 저장된 것과 동일한 객체들을 ArrayList에서 제거한다.
boolean retainAll(Collection c)	ArrayList에 저장된 객체 중에서 주어진 컬렉션과 공통된 것들만을 남기고 나머지는 삭제한다.
Object set(int index, Object element)	주어진 객체(element)를 지정된 위치(index)에 저장한다.
int size( )	ArrayList에 저장된 객체의 개수를 반환한다.
void sort(Comparator c)	지정된 정렬기준(c)으로 ArrayList를 정렬
List subList(int fromIndex, int toIndex)	fromIndex부터 toIndex사이에 저장된 객체를 반환한다.
Object[ ] toArray( )	ArrayList에 저장된 모든 객체들을 객체배열로 반환한다.
Object[ ] toArray(Object[ ] a)	ArrayList에 저장된 모든 객체들을 객체배열 a에 담아 반환한다.
void trimToSize( )	용량을 크기에 맞게 줄인다.(빈 공간을 없앤다.)

```java
import java.util.*;

class Ex11_1 {
    public static void main(String[] args) {
        ArrayList list1 = new ArrayList(10);
        list1.add(new Integer(5));
        list1.add(new Integer(4));
        list1.add(new Integer(2));
        list1.add(new Integer(0));
        list1.add(new Integer(1));
        list1.add(new Integer(3));

        ArrayList list2 = new ArrayList(list1.subList(1,4));
        print(list1, list2);

        Collections.sort(list1);     // list1과 list2를 정렬한다.
        Collections.sort(list2);     // Collections.sort(List l)
        print(list1, list2);

        System.out.println("list1.containsAll(list2):"
                                            + list1.containsAll(list2));

        list2.add("B");
        list2.add("C");
        list2.add(3, "A"); // 인덱스가 3인 곳에 "A"를 추가
        print(list1, list2);

        list2.set(3, "AA"); // 인덱스가 3인 곳을 "AA"로 변경
        print(list1, list2);

        // list1에서 list2와 겹치는 부분만 남기고 나머지는 삭제한다.
        System.out.println("list1.retainAll(list2):" + list1.retainAll(list2));

        print(list1, list2);

        // list2에서 list1에 포함된 객체들을 삭제한다.
        for(int i= list2.size()-1; i >= 0; i--) {
            if(list1.contains(list2.get(i)))
                list2.remove(i); // 인덱스가 i인 곳에 저장된 요소를 삭제
        }
        print(list1, list2);
    } // main의 끝

    static void print(ArrayList list1, ArrayList list2) {
        System.out.println("list1:"+list1);
        System.out.println("list2:"+list2);
        System.out.println();
    }
} // class
```

결
과
```
list1:[5, 4, 2, 0, 1, 3]
list2:[4, 2, 0]

list1:[0, 1, 2, 3, 4, 5]  ← Collections.sort(List l)를 이용해서 정렬하였다.
list2:[0, 2, 4]

list1.containsAll(list2) :true  ← list1이 list2의 모든 요소를 포함하고 있을 때만 true
list1:[0, 1, 2, 3, 4, 5]
list2:[0, 2, 4, A, B, C]  ← add(Object obj)를 이용해서 새로운 객체를 저장하였다.

list1:[0, 1, 2, 3, 4, 5]
list2:[0, 2, 4, AA, B, C]  ← set(int index, Object obj)를 이용해서 다른 객체로 변경

list1.retainAll(list2) :true  ← retainAll에 의해 list1에 변화가 있었으므로 true를 반환
list1:[0, 2, 4]  ← list2와의 공통요소 이외에는 모두 삭제되었다(변화가 있었다).
list2:[0, 2, 4, AA, B, C]

list1:[0, 2, 4]
list2:[AA, B, C]
```

위의 예제는 ArrayList의 기본적인 메서드를 이용해서 객체를 다루는 방법을 보여 준다.
ArrayList는 List인터페이스를 구현했기 때문에 저장된 순서를 유지한다는 것을 알 수 있다.
그리고 Collections클래스의 sort메서드를 이용해서 ArrayList에 저장된 객체들을 정렬하였
는데 Collections클래스에 대한 내용과 정렬(sort)하는 방법에 대해서는 후에 자세히 다룰 것
이므로 지금은 간단한 정렬방법이 있다는 정도만 이해하고 넘어가자.

참고) Collection은 인터페이스이고, Collections는 클래스임에 주의하자.

ArrayList의 요소를 삭제하는 경우, 삭제할 객체의 바로 아래에 있는 데이터를 한 칸씩 위로 복사해서 삭제할 객체를 덮어쓰는 방식으로 처리한다. 만일 삭제할 객체가 마지막 데이터라면, 복사할 필요 없이 단순히 null로 변경해주기만 하면 된다.

아래의 그림은 ArrayList에 0~4의 값이 저장되어 있는 상태에서 세 번째 데이터를 삭제하기 위해 remove(2)를 호출했다고 가정하고, 그 수행 과정의 일부를 단계별로 나타낸 것이다.

① 삭제할 데이터의 아래에 있는 데이터를 한 칸씩 위로 복사해서 삭제할 데이터를 덮어쓴다.
② 데이터가 모두 한 칸씩 위로 이동하였으므로 마지막 데이터는 null로 변경해야한다.
③ 데이터가 삭제되어 데이터의 개수(size)가 줄었으므로 size의 값을 1 감소시킨다.

위 과정을 통해 배워야 할 것은 배열에 객체를 순차적으로 저장할 때와 객체를 마지막에 저장된 것부터 삭제하면 데이터를 옮기지 않아도 되기 때문에 작업시간이 짧지만, 배열의 중간에 위치한 객체를 추가하거나 삭제하는 경우 다른 데이터의 위치를 이동시켜 줘야 하기 때문에 다루는 데이터의 개수가 많을수록 작업시간이 오래 걸린다는 것이다.

ArrayList에 새로운 요소를 추가할때도 먼저 추가할 위치 이후의 요소들을 모두 한칸씩 이동시킨 후에 저장해야 한다

11 Java API 소스보기

Vector클래스와 같이 Java API에서 제공하는 기본 클래스의 실제 소스를 보고 싶다면, JDK를 설치한 디렉토리에서 src.zip파일을 찾을 수 있다.

src.zip이라는 파일의 압축을 푼 다음, 패키지별로 찾아 들어가면 원하는 클래스의 실제소스를 볼 수 있다.

예를 들어 Vector클래스는 java.util패키지에 있으므로 'src\java\util\Vector.java'가 소스파일이다. Java API의 소스는 오랜 경력의 전문프로그래머들에 의해서 작성된 것이기 때문에 어떻게 작성하였는지 보고 따라하는 것은 프로그래밍실력을 향상시키는데 많은 도움이 될 것이다.

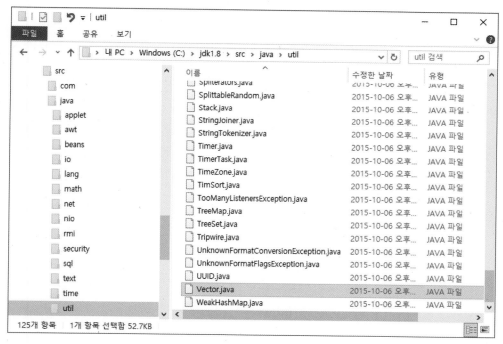

▲ 그림 11-5 Java API의 소스보기

배열은 가장 기본적인 형태의 자료구조로 구조가 간단하며 사용하기 쉽고 데이터를 읽어 오는데 걸리는 시간(접근시간, access time)이 가장 빠르다는 장점을 가지고 있지만 다음과 같은 단점도 가지고 있다.

---

1. 크기를 변경할 수 없다.
  – 크기를 변경할 수 없으므로 새로운 배열을 생성해서 데이터를 복사해야한다.
  – 실행속도를 향상시키기 위해서는 충분히 큰 크기의 배열을 생성해야 하므로 메모리가 낭비된다.

2. 비순차적인 데이터의 추가 또는 삭제에 시간이 많이 걸린다.
  – 차례대로 데이터를 추가하고 마지막에서부터 데이터를 삭제하는 것은 빠르지만,
  – 배열의 중간에 데이터를 추가하려면, 빈자리를 만들기 위해 다른 데이터들을 복사해서 이동해야 한다.

이러한 배열의 단점을 보완하기 위해서 링크드 리스트(linked list)라는 자료구조가 고안되었다. 배열은 모든 데이터가 연속적으로 존재하지만 링크드 리스트는 불연속적으로 존재하는 데이터를 서로 연결(link)한 형태로 구성되어 있다.

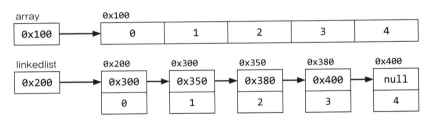

▲ 그림 11-6 배열과 링크드 리스트

위의 그림에서 알 수 있듯이 링크드 리스트의 각 요소(node)들은 자신과 연결된 다음 요소에 대한 참조(주소값)와 데이터로 구성되어 있다.

```
class Node {
    Node    next;      // 다음 요소의 주소를 저장
    Object obj;        // 데이터를 저장
}
```

링크드 리스트에서의 데이터 삭제는 간단하다. 삭제하고자 하는 요소의 이전요소가 삭제하고
자 하는 요소의 다음 요소를 참조하도록 변경하기만 하면 된다. 단 하나의 참조만 변경하면
삭제가 이루어지는 것이다. 배열처럼 데이터를 이동하기 위해 복사하는 과정이 없기 때문에
처리속도가 매우 빠르다.

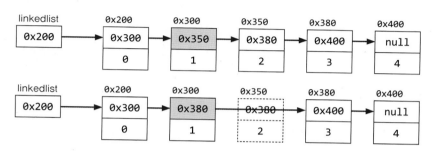

▲ 그림 11-7 링크드 리스트에서의 데이터 삭제

새로운 데이터를 추가할 때는 새로운 요소를 생성한 다음 추가하고자 하는 위치의 이전 요소
의 참조를 새로운 요소에 대한 참조로 변경해주고, 새로운 요소가 그 다음 요소를 참조하도록
변경하기만 하면 되므로 처리속도가 매우 빠르다.

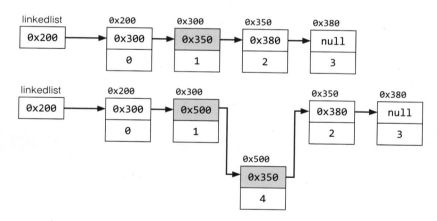

▲ 그림 11-8 링크드 리스트에서의 데이터 추가

배열의 경우 만일 인덱스가 n인 원소의 값을 얻어 오고자 한다면 단순히 아래와 같은 수식을 계산함으로써 해결된다.

> **인덱스가 n인 데이터의 주소 = 배열의 주소 + n * 데이터 타입의 크기**

아래와 같이 Object배열이 선언되었을 때 arr[2]에 저장된 값을 읽으려 한다면 n은 2, 모든 참조형 변수의 크기는 4byte이고 생성된 배열의 주소는 0x100이므로 3번째 데이터가 저장되어 있는 주소는 0x100 + 2 * 4 = 0x108이 된다.

`Object[] arr = new Object[5];`

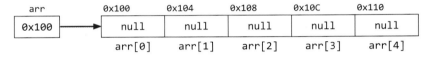

▲ 그림 11-9 배열의 메모리구조

배열은 각 요소들이 연속적으로 메모리상에 존재하기 때문에 이처럼 간단한 계산만으로 원하는 요소의 주소를 얻어서 저장된 데이터를 곧바로 읽어올 수 있지만, LinkedList는 불연속적으로 위치한 각 요소들이 서로 연결된 것이라 처음부터 n번째 데이터까지 차례대로 따라가야만 원하는 값을 얻을 수 있다.

　그래서 LinkedList는 저장해야하는 데이터의 개수가 많아질수록 데이터를 읽어 오는 시간, 즉 접근시간(access time)이 길어진다는 단점이 있다.

컬렉션	읽기(접근시간)	추가 / 삭제	비　고
ArrayList	빠르다	느리다	순차적인 추가삭제는 더 빠름. 비효율적인 메모리사용
LinkedList	느리다	빠르다	데이터가 많을수록 접근성이 떨어짐

다루고자 하는 데이터의 개수가 변하지 않는 경우라면, ArrayList가 최상의 선택이 되겠지만, 데이터 개수의 변경이 잦다면 LinkedList를 사용하는 것이 더 나은 선택이 될 것이다.

15 Stack과 Queue

자바에서 제공하는 Stack과 Queue에 대해서 알아보기 이전에 스택(stack)과 큐(queue)의 기본 개념과 특징에 대해서 먼저 살펴보도록 하자.

스택은 마지막에 저장한 데이터를 가장 먼저 꺼내게 되는 LIFO(Last In First Out)구조로 되어 있고, 큐는 처음에 저장한 데이터를 가장 먼저 꺼내게 되는 FIFO(First In First Out)구조로 되어 있다. 쉽게 얘기하자면 스택은 동전통과 같은 구조로 양 옆과 바닥이 막혀 있어서 한 방향으로만 뺄 수 있는 구조이고, 큐는 양 옆만 막혀 있고 위아래로 뚫려 있어서 한 방향으로는 넣고 한 방향으로는 빼는 파이프와 같은 구조로 되어 있다.

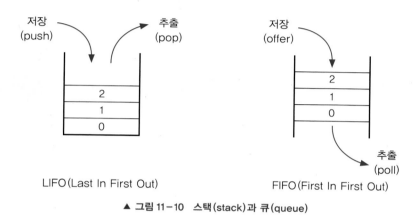

▲ 그림 11-10 스택(stack)과 큐(queue)

예를 들어 스택에 0, 1, 2의 순서로 데이터를 넣었다면 꺼낼 때는 2, 1, 0의 순서로 꺼내게 된다. 즉, 넣은 순서와 꺼낸 순서가 뒤집어지게 되는 것이다. 이와 반대로 큐에 0, 1, 2의 순서로 데이터를 넣었다면 꺼낼 때 역시 0, 1, 2의 순서로 꺼내게 된다. 순서의 변경 없이 먼저 넣은 것을 먼저 꺼내게 되는 것이다.

그렇다면 스택과 큐를 구현하기 위해서는 어떤 컬렉션 클래스를 사용하는 것이 좋을까? 순차적으로 데이터를 추가하고 삭제하는 스택에는 ArrayList와 같은 배열기반의 컬렉션 클래스가 적합하지만, 큐는 데이터를 꺼낼 때 항상 첫 번째 저장된 데이터를 삭제하므로, ArrayList와 같은 배열기반의 컬렉션 클래스를 사용한다면 데이터를 꺼낼 때마다 빈 공간을 채우기 위해 데이터의 복사가 발생하므로 비효율적이다. 그래서 큐는 ArrayList보다 데이터의 추가/삭제가 쉬운 LinkedList로 구현하는 것이 더 적합하다.

메서드	설 명
boolean empty( )	Stack이 비어있는지 알려준다.
Object peek( )	Stack의 맨 위에 저장된 객체를 반환. pop( )과 달리 Stack에서 객체를 꺼내지는 않음.(비었을 때는 EmptyStackException발생)
Object pop( )	Stack의 맨 위에 저장된 객체를 꺼낸다. (비었을 때는 EmptyStack Exception발생)
Object push(Object item)	Stack에 객체(item)를 저장한다.
int search(Object o)	Stack에서 주어진 객체(o)를 찾아서 그 위치를 반환. 못찾으면 -1을 반환. (배열과 달리 위치는 0이 아닌 1부터 시작. 맨 위의 요소가 1)

▲ 표 11-1 Stack의 메서드

메서드	설 명
boolean add(Object o)	지정된 객체를 Queue에 추가한다. 성공하면 true를 반환. 저장공간이 부족하면 IllegalStateException발생
Object remove( )	Queue에서 객체를 꺼내 반환. 비어있으면 NoSuchElementException발생
Object element( )	삭제없이 요소를 읽어온다. peek와 달리 Queue가 비었을 때 NoSuch ElementException발생
boolean offer(Object o)	Queue에 객체를 저장. 성공하면 true, 실패하면 false를 반환
Object poll( )	Queue에서 객체를 꺼내서 반환. 비어있으면 null을 반환
Object peek( )	삭제없이 요소를 읽어 온다. Queue가 비어있으며 null을 반환

▲ 표 11-2 Queue의 메서드

예제
11-2

```java
import java.util.*;

class Ex11_2 {
    public static void main(String[] args) {
        Stack st = new Stack();
        Queue q = new LinkedList();   // Queue인터페이스의 구현체인 LinkedList를 사용

        st.push("0");
        st.push("1");
        st.push("2");

        q.offer("0");
        q.offer("1");
        q.offer("2");

        System.out.println("= Stack =");
        while(!st.empty()) {
            System.out.println(st.pop()); // 스택에서 요소 하나를 꺼내서 출력
        }

        System.out.println("= Queue =");
        while(!q.isEmpty()) {
            System.out.println(q.poll()); // 큐에서 요소 하나를 꺼내서 출력
        }
    }
}
```

결과
```
= Stack =
2
1
0
= Queue =
0
1
2
```

스택과 큐에 각각 "0", "1", "2"를 같은 순서로 넣고 꺼내었을 때의 결과가 다른 것을 알 수 있다. 큐는 먼저 넣은 것이 먼저 꺼내지는 구조(FIFO)이기 때문에 넣을 때와 같은 순서이고, 스택은 먼저 넣은 것이 나중에 꺼내지는 구조(LIFO)이기 때문에 넣을 때의 순서와 반대로 꺼내진 것을 알 수 있다.

자바에서는 스택을 Stack클래스로 구현하여 제공하고 있지만 큐는 Queue인터페이스로만 정의해 놓았을 뿐 별도의 클래스를 제공하고 있지 않다. 대신 Queue인터페이스를 구현한 클래스들이 있어서 이 들 중의 하나를 선택해서 사용하면 된다.

위의 예제에서와 같이 Queue인터페이스의 기능을 사용하고자 할 때는 다음과 같이 Java API문서를 참고하면 된다. 아래 그림의 하단에 보면 'All Known Implementing Classes'라는 항목이 있는데 여기에 나열된 클래스들이 바로 Queue인터페이스를 구현한 클래스들이다.

```
java.util

Interface Queue<E>

Type Parameters:
E - the type of elements held in this collection

All Superinterfaces:
Collection<E>, Iterable<E>

All Known Subinterfaces:
BlockingDeque<E>, BlockingQueue<E>, Deque<E>, TransferQueue<E>

All Known Implementing Classes:
AbstractQueue, ArrayBlockingQueue, ArrayDeque, ConcurrentLinkedDeque,
ConcurrentLinkedQueue, DelayQueue, LinkedBlockingDeque, LinkedBlockingQueue,
LinkedList, LinkedTransferQueue, PriorityBlockingQueue, PriorityQueue,
SynchronousQueue
```

▲ 그림 11-11 Java API문서에서 찾은 Queue

각 클래스들은 각자 나름대로의 용도가 있겠지만 적어도 Queue인터페이스에 정의된 메서드를 모두 작성해 놓았으며, 이 메서드들에 대해서는 내용은 좀 다를 수 있겠지만 대부분 거의 같은 기능을 한다. 그래서 Queue인터페이스에 정의된 기능을 사용하고 싶다면, 'All known Implementing Classes'에 적혀있는 클래스들 중에서 적당한 것을 하나 골라잡아서 'Queue q = new LinkedList( );'와 같은 식으로 객체를 생성해서 사용하면 된다.

19 Stack과 Queue의 활용

지금까지 스택과 큐의 개념과 구현에 대해서 알아보았는데 이제는 스택과 큐를 어떻게 활용할 것인가에 대해서 살펴보자.

우리가 쉽게 찾아볼 수 있는 스택과 큐의 활용 예는 다음과 같다.

스택의 활용 예 – 수식계산, 수식괄호검사, 워드프로세서의 undo/redo,
웹브라우저의 뒤로/앞으로

큐의 활용 예 – 최근사용문서, 인쇄작업 대기목록, 버퍼(buffer)

▲ 그림 11-12 스택의 활용 예 – 웹브라우저의 '뒤로/앞으로'버튼

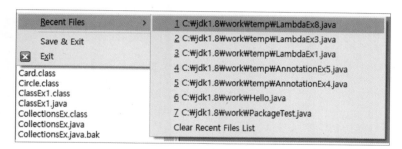

▲ 그림 11-13 큐의 활용 예 – 최근문서목록

스택과 큐는 실제 프로그래밍에서 빈번하게 사용되는 자료구조라고는 하지만 어디에 사용되었고 막상 어떻게 활용해야할지를 생각해보면 잘 떠오르지 않을 것이다.

이제 스택과 큐를 어떻게 활용하는지 감을 잡을 수 있는 예제를 몇 가지 학습해보고 나면 스택과 큐를 이해하고 활용하는데 더 많은 도움이 될 것이다.

예제
11-3

```java
import java.util.*;

public class Ex11_3 {
    public static void main(String[] args) {
        if (args.length != 1) {
            System.out.println("Usage:java Ex11_3 \"EXPRESSION\"");
            System.out.println("Example:java Ex11_3 \"((2+3)*1)+3\"");
            System.exit(0);
        }

        Stack st = new Stack();
        String expression = args[0];

        System.out.println("expression:" + expression);

        try {
            for (int i = 0; i < expression.length(); i++) {
                char ch = expression.charAt(i);

                if (ch == '(') {
                    st.push(ch + "");
                } else if (ch == ')') {
                    st.pop();
                }
            }

            if (st.isEmpty()) {
                System.out.println("괄호가 일치합니다.");
            } else {
                System.out.println("괄호가 일치하지 않습니다.");
            }
        } catch (EmptyStackException e) {
            System.out.println("괄호가 일치하지 않습니다.");
        } // try
    }
}
```

결
과

```
c:\jdk1.8\work\ch11>java Ex11_3
Usage  : java Ex11_3 "EXPRESSION"
Example: java Ex11_3 "((2+3)*1)+3"

c:\jdk1.8\work\ch11>java Ex11_3 (2+3)*1
expression:(2+3)*1
괄호가 일치합니다.
```

입력한 수식의 괄호가 올바른지를 체크하는 예제이다. '('를 만나면 스택에 넣고 ')'를 만나면 스택에서 '('를 꺼낸다. ')'를 만나서 '('를 꺼내려 할 때 스택이 비어있거나 수식을 검사하고 난 후에도 스택이 비어있지 않으면 괄호가 잘못된 것이다.

　')'를 만나서 '('를 꺼내려 할 때 스택이 비어있으면 EmptyStackException이 발생하므로 try-catch문을 이용해서 EmptyStackException이 발생하면 괄호가 일치하지 않는다는 메시지를 출력하도록 했다.

예제
11-4

```java
import java.util.*;

class Ex11_4 {
    static Queue q = new LinkedList();
    static final int MAX_SIZE = 5;    // Queue에 최대 5개까지만 저장되도록 한다.

    public static void main(String[] args) {
        System.out.println("help를 입력하면 도움말을 볼 수 있습니다.");

        while(true) {
            System.out.print(">>");
            try {
                // 화면으로부터 라인단위로 입력받는다.
                Scanner s = new Scanner(System.in);
                String input = s.nextLine().trim();

                if("".equals(input)) continue;

                if(input.equalsIgnoreCase("q")) {
                    System.exit(0);
                } else if(input.equalsIgnoreCase("help")) {
                    System.out.println(" help - 도움말을 보여줍니다.");
                    System.out.println(" q 또는 Q - 프로그램을 종료합니다.");
                    System.out.println(" history - 최근에 입력한 명령어를 "
                                        + MAX_SIZE +"개 보여줍니다.");
                } else if(input.equalsIgnoreCase("history")) {
                    int i=0;
                    // 입력받은 명령어를 저장하고,
                    save(input);

                    // LinkedList의 내용을 보여준다.
                    LinkedList tmp = (LinkedList)q;
                    ListIterator it = tmp.listIterator();

                    while(it.hasNext())
                        System.out.println(++i+"."+it.next());
                } else {
                    save(input);
                    System.out.println(input);
                } // if(input.equalsIgnoreCase("q")) {
            } catch(Exception e) {
                System.out.println("입력오류입니다.");
            }
        } // while(true)
    } //  main()
```

```
    public static void save(String input) {
        // queue에 저장한다.
        if(!"".equals(input))
            q.offer(input);

        // queue의 최대크기를 넘으면 제일 처음 입력된 것을 삭제한다.
        if(q.size() > MAX_SIZE)  // size()는 Collection인터페이스에 정의
            q.remove();
    }
} // end of class
```

```
c:\jdk1.8\work\ch11>java Ex11_4
help를 입력하면 도움말을 볼 수 있습니다.
>>help
 help - 도움말을 보여줍니다.
 q 또는 Q - 프로그램을 종료합니다.
 history - 최근에 입력한 명령어를 5개 보여줍니다.
>>dir
dir
>>cd
cd
>>mkdir
mkdir
>>dir
dir
>>history
1.dir
2.cd
3.mkdir
4.dir
5.history
>>q

c:\jdk1.8\work\ch11>
```

이 예제는 유닉스의 history명령어를 Queue를 이용해서 구현한 것이다. history명령어는 사용자가 입력한 명령어의 이력을 순서대로 보여 준다. 여기서는 최근 5개의 명령어만을 보여주는데 MAX_SIZE의 값을 변경함으로써 더 많은 명령어 입력기록을 남길 수 있다.

대부분의 프로그램이 최근에 열어 본 문서들의 목록을 보여 주는 기능을 제공하는데, 이 기능도 위의 예제를 응용하면 쉽게 구현할 수 있을 것이다.

Iterator, ListIterator, Enumeration은 모두 컬렉션에 저장된 요소를 접근하는데 사용되는 인터페이스이다. Enumeration은 Iterator의 구버젼이며, ListIterator는 Iterator의 기능을 향상 시킨 것이다.

Iterator	컬렉션에 저장된 요소를 접근하는데 사용되는 인터페이스
ListIterator	Iterator에 양방향 조회기능추가(List를 구현한 경우만 사용가능)
Enumeration	Iterator의 구버젼

컬렉션 프레임웍에서는 컬렉션에 저장된 요소들을 읽어오는 방법을 표준화하였다. 컬렉션에 저장된 각 요소에 접근하는 기능을 가진 Iterator인터페이스를 정의하고, Collection인터페이스에는 'Iterator를 구현한 클래스의 인스턴스'를 반환하는 iterator( )를 정의하고 있다.

```java
public interface Iterator {
    boolean hasNext();
    Object next();
    void remove();
}
```

```java
public interface Collection {
    ...
    public Iterator iterator();
    ...
}
```

iterator( )는 Collection인터페이스에 정의된 메서드이므로 Collection인터페이스의 자손인 List와 Set에도 포함되어 있다. 그래서 List나 Set인터페이스를 구현하는 컬렉션은 iterator( )가 각 컬렉션의 특징에 알맞게 작성되어 있다. 컬렉션 클래스에 대해 iterator( )를 호출하여 Iterator를 얻은 다음 반복문, 주로 while문을 사용해서 컬렉션 클래스의 요소들을 읽어 올 수 있다.

```java
List list = new ArrayList(); // 다른 컬렉션으로 변경할 때는 이 부분만 고치면 된다.
Iterator it = list.iterator();

while(it.hasNext()) {  // boolean hasNext() 읽어올 요소가 있는지 확인
    System.out.println(it.next());  // Object next() 다음 요소를 읽어옴
}
```

ArrayList대신 List인터페이스를 구현한 다른 컬렉션 클래스에 대해서도 이와 동일한 코드를 사용할 수 있다. 첫 줄에서 ArrayList대신 List인터페이스를 구현한 다른 컬렉션 클래스의 객체를 생성하도록 변경하기만 하면 된다.

 Iterator를 이용해서 컬렉션의 요소를 읽어오는 방법을 표준화했기 때문에 이처럼 코드의 재사용성을 높이는 것이 가능한 것이다. 이처럼 공통 인터페이스를 정의해서 표준을 정의하고 구현하여 표준을 따르도록 함으로써 코드의 일관성을 유지하여 재사용성을 극대화하는 것이 객체지향 프로그래밍의 중요한 목적 중의 하나이다.

<table>
<tr><td>예제
11-5</td><td>

```java
import java.util.*;

class Ex11_5 {
    public static void main(String[] args) {
        ArrayList list = new ArrayList();
        list.add("1");
        list.add("2");
        list.add("3");
        list.add("4");
        list.add("5");

        Iterator it = list.iterator();

        while(it.hasNext()) {
            Object obj = it.next();
            System.out.println(obj);
        }
    } // main
}
```
</td></tr>
</table>

결
과
1
2
3
4
5

List클래스들은 저장순서를 유지하기 때문에 Iterator를 이용해서 읽어 온 결과 역시 저장순서와 동일하지만 Set클래스들은 각 요소간의 순서가 유지 되지 않기 때문에 Iterator를 이용해서 저장된 요소들을 읽어 와도 처음에 저장된 순서와 같지 않다.

List클래스들은 Iterator대신 아래의 오른쪽과 같이 for문과 get( )으로도 모든 요소들을 출력할 수 있다.

```java
Iterator it = list.iterator();

while(it.hasNext()) {
    Object obj = it.next();
    System.out.println(obj);
}
```

$\longleftrightarrow$

```java
for(int i=0;i<list.size();i++) {
    Object obj = list.get(i);
    System.out.println(obj);
}
```

Map인터페이스를 구현한 컬렉션 클래스는 키(key)와 값(value)을 쌍(pair)으로 저장하고 있기 때문에 iterator( )를 직접 호출할 수 없고, 그 대신 keySet( )이나 entrySet( )과 같은 메서드를 통해서 키와 값을 각각 따로 Set의 형태로 얻어 온 후에 다시 iterator( )를 호출해야 Iterator를 얻을 수 있다.

```
Map map = new HashMap();
       ...
Iterator it = map.entrySet().iterator();
```

Iterator it = map.entrySet( ).iterator( ); 는 아래의 두 문장을 하나로 합친 것이라고 이해하면 된다.

```
Set eSet = map.entrySet();
Iterator it = eSet.iterator();
```

이 문장들의 실행순서를 그림으로 그려보면 다음과 같다.

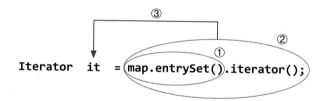

① map.entrySet( )의 실행결과가 Set이므로
```
Iterator it = map.entrySet().iterator();
```
→ Iterator it = Set인스턴스.iterator();

② map.entrySet( )를 통해 얻은 Set인스턴스의 iterator( )를 호출해서 Iterator인스턴스를 얻는다.
```
Iterator it = Set인스턴스.iterator();
```
→ Iterator it = Iterator인스턴스;

③ 마지막으로 Iterator인스턴스의 참조가 it에 저장된다.

Arrays클래스에는 배열을 다루는데 유용한 메서드가 정의되어 있다. 같은 기능의 메서드가 배열의 타입만 다르게 오버로딩되어 있어서 많아 보이지만, 실제로는 그리 많지 않다. 아래는 Arrays에 정의된 toString( )인데, 모든 기본형 배열과 참조형 배열 별로 하나씩 정의되어 있다.

> **참고** Arrays에 정의된 메서드는 모두 static메서드이다.

```
static String toString(boolean[] a)
static String toString(byte[] a)
static String toString(char[] a)
static String toString(short[] a)
static String toString(int[] a)
static String toString(long[] a)
static String toString(float[] a)
static String toString(double[] a)
static String toString(Object[] a)
```

같은 메서드를 배열의 타입별로 일일이 설명할 필요는 없으므로, 앞으로 매개변수의 타입이 int배열인 메서드에 대한 사용법만 살펴볼 것이다.

배열의 복사 - copyOf( ), copyOfRange( )

copyOf( )는 배열 전체를, copyOfRange( )는 배열의 일부를 복사해서 새로운 배열을 만들어 반환한다. 늘 그렇듯이 copyOfRange( )에 지정된 범위의 끝은 포함되지 않는다.

```
int[] arr  = {0,1,2,3,4};
int[] arr2 = Arrays.copyOf(arr, arr.length);  // arr2=[0,1,2,3,4]
int[] arr3 = Arrays.copyOf(arr, 3);           // arr3=[0,1,2]
int[] arr4 = Arrays.copyOf(arr, 7);           // arr4=[0,1,2,3,4,0,0]
int[] arr5 = Arrays.copyOfRange(arr, 2, 4);   // arr5=[2,3] ← 4는 불포함
int[] arr6 = Arrays.copyOfRange(arr, 0, 7);   // arr6=[0,1,2,3,4,0,0]
```

배열 채우기 – fill( ), setAll( )

fill( )은 배열의 모든 요소를 지정된 값으로 채운다. setAll( )은 배열을 채우는데 사용할 함수형 인터페이스를 매개변수로 받는다. 이 메서드를 호출할 때는 함수형 인터페이스를 구현한 객체를 매개변수로 지정하던가 아니면 람다식을 지정해야한다.

```java
int[] arr =  new int[5];
Arrays.fill(arr, 9);        // arr=[9,9,9,9,9]
Arrays.setAll(arr, (i) -> (int)(Math.random()*5)+1); //arr=[1,5,2,1,1]
```

위의 문장에 사용된 '(i)–>(int)(Math.random( )*5)+1'은 '람다식(lambda expression)'인데, 1~5의 범위에 속한 임의의 정수를 반환하는 일을 한다. 그리고 setAll( )메서드는 이 람다식이 반환한 임의의 정수로 배열을 채운다. 아직 함수형 인터페이스와 람다식을 배우지 않았으므로 지금은 '람다식이 이런 것이구나'라는 정도만 이해하자.

배열의 정렬과 검색 – sort( ), binarySearch( )

sort( )는 배열을 정렬할 때, 그리고 배열에 저장된 요소를 검색할 때는 binarySearch( )를 사용한다. binarySearch( )는 배열에서 지정된 값이 저장된 위치(index)를 찾아서 반환하는데, 반드시 배열이 정렬된 상태이어야 올바른 결과를 얻는다. 그리고 만일 검색한 값과 일치하는 요소들이 여러 개 있다면, 이 중에서 어떤 것의 위치가 반환될지는 알 수 없다.

```java
int[] arr = { 3, 2, 0, 1, 4};
int idx = Arrays.binarySearch(arr, 2);       // idx=-5 ← 잘못된 결과

Arrays.sort(arr);  // 배열 arr을 정렬한다.
System.out.println(Arrays.toString(arr));    // [0, 1, 2, 3, 4]
int idx = Arrays.binarySearch(arr, 2);       // idx=2 ← 올바른 결과
```

배열의 첫 번째 요소부터 순서대로 하나씩 검색하는 것을 '순차 검색(linear search)'이라고 하는데, 이 검색 방법은 배열이 정렬되어 있을 필요는 없지만 배열의 요소를 하나씩 비교하기 때문에 시간이 많이 걸린다. 반면에 이진 검색(binary search)은 배열의 검색할 범위를 반복적으로 절반씩 줄여가면서 검색하기 때문에 검색속도가 상당히 빠르다. 배열의 길이가 10배가 늘어나도 검색 횟수는 3~4회 밖에 늘어나지 않으므로 큰 배열의 검색에 유리하다. 단, 배열이 정렬이 되어 있는 경우에만 사용할 수 있다는 단점이 있다.

문자열의 비교와 출력 – equals( ), toString( )

toString( )으로 배열의 모든 요소를 문자열로 편하게 출력할 수 있다. 이미 많이 사용해서 익숙할 것이다. toString( )은 일차원 배열에만 사용할 수 있으므로, 다차원 배열에는 deepToString( )을 사용해야 한다. deepToString( )은 배열의 모든 요소를 재귀적으로 접근해서 문자열을 구성하므로 2차원뿐만 아니라 3차원 이상의 배열에도 동작한다.

```
int[]   arr   = {0,1,2,3,4};
int[][] arr2D = {{11,12}, {21,22}};

System.out.println(Arrays.toString(arr)); // [0, 1, 2, 3, 4]
System.out.println(Arrays.deepToString(arr2D)); // [[11, 12], [21, 22]]
```

equals( )는 두 배열에 저장된 모든 요소를 비교해서 같으면 true, 다르면 false를 반환한다. equals( )도 일차원 배열에만 사용가능하므로, 다차원 배열의 비교에는 deepEquals( )를 사용해야한다.

```
String[][] str2D  = new String[][]{{"aaa","bbb"},{"AAA","BBB"}};
String[][] str2D2 = new String[][]{{"aaa","bbb"},{"AAA","BBB"}};

System.out.println(Arrays.equals(str2D, str2D2));     // false
System.out.println(Arrays.deepEquals(str2D, str2D2)); // true
```

위와 같이 2차원 String배열을 equals( )로 비교하면 배열에 저장된 내용이 같은데도 false를 결과로 얻는다. 다차원 배열은 '배열의 배열'의 형태로 구성하기 때문에 equals( )로 비교하면, 문자열을 비교하는 것이 아니라 '배열에 저장된 배열의 주소'를 비교하게 된다. 서로 다른 배열은 항상 주소가 다르므로 false를 결과로 얻는다.

배열을 List로 변환 – asList(Object... a)

asList( )는 배열을 List에 담아서 반환한다. 매개변수의 타입이 가변인수라서 배열 생성없이 저장할 요소들만 나열하는 것도 가능하다.

```
List list = Arrays.asList(new Integer[]{1,2,3,4,5}); // list =[1, 2, 3, 4, 5]
List list = Arrays.asList(1,2,3,4,5);                 // list =[1, 2, 3, 4, 5]
list.add(6);  // UnsupportedOperationException 예외 발생
```

한 가지 주의할 점은 asList( )가 반환한 List의 크기를 변경할 수 없다는 것이다. 즉, 추가 또는 삭제가 불가능하다. 저장된 내용은 변경가능하다. 만일 크기를 변경할 수 있는 List가 필요하다면 다음과 같이 하면 된다.

```
List list = new ArrayList(Arrays.asList(1,2,3,4,5));
```

parallelXXX( ), spliterator( ), stream( )

이 외에도 'parallel'로 시작하는 이름의 메서드들이 있는데, 이 메서드들은 보다 빠른 결과를 얻기 위해 여러 쓰레드가 작업을 나누어 처리하도록 한다. spliterator( )는 여러 쓰레드가 처리할 수 있게 하나의 작업을 여러 작업으로 나누는 Spliterator를 반환하며, stream( )은 컬렉션을 스트림으로 변환한다. 이 메서드들은 앞으로 배울 '14장 람다와 스트림'과 관련된 내용이므로 참고로만 알아두자.

```java
import java.util.*;

class Ex11_6 {
    public static void main(String[] args) {
        int[]    arr  = {0,1,2,3,4};
        int[][]  arr2D = {{11,12,13}, {21,22,23}};

        System.out.println("arr="+Arrays.toString(arr));
        System.out.println("arr2D="+Arrays.deepToString(arr2D));

        int[] arr2 = Arrays.copyOf(arr, arr.length);
        int[] arr3 = Arrays.copyOf(arr, 3);
        int[] arr4 = Arrays.copyOf(arr, 7);
        int[] arr5 = Arrays.copyOfRange(arr, 2, 4);
        int[] arr6 = Arrays.copyOfRange(arr, 0, 7);

        System.out.println("arr2="+Arrays.toString(arr2));
        System.out.println("arr3="+Arrays.toString(arr3));
        System.out.println("arr4="+Arrays.toString(arr4));
        System.out.println("arr5="+Arrays.toString(arr5));
        System.out.println("arr6="+Arrays.toString(arr6));

        int[] arr7 =  new int[5];
        Arrays.fill(arr7, 9);  // arr=[9,9,9,9,9]
        System.out.println("arr7="+Arrays.toString(arr7));

        Arrays.setAll(arr7, i -> (int)(Math.random()*6)+1);
        System.out.println("arr7="+Arrays.toString(arr7));

        for(int i : arr7) {
            char[] graph = new char[i];
            Arrays.fill(graph, '*');
            System.out.println(new String(graph)+i);
        }

        String[][] str2D  = new String[][]{{"aaa","bbb"},{"AAA","BBB"}};
        String[][] str2D2 = new String[][]{{"aaa","bbb"},{"AAA","BBB"}};

        System.out.println(Arrays.equals(str2D, str2D2));      // false
        System.out.println(Arrays.deepEquals(str2D, str2D2)); // true

        char[] chArr = { 'A', 'D', 'C', 'B', 'E' };

        System.out.println("chArr="+Arrays.toString(chArr));
        System.out.println("index of B ="+Arrays.binarySearch(chArr, 'B'));
        System.out.println("= After sorting =");
        Arrays.sort(chArr);
        System.out.println("chArr="+Arrays.toString(chArr));
        System.out.println("index of B ="+Arrays.binarySearch(chArr, 'B'));
    }
}
```

```
arr=[0, 1, 2, 3, 4]
arr2D=[[11, 12, 13], [21, 22, 23]]
arr2=[0, 1, 2, 3, 4]
arr3=[0, 1, 2]
arr4=[0, 1, 2, 3, 4, 0, 0]
arr5=[2, 3]
arr6=[0, 1, 2, 3, 4, 0, 0]
arr7=[9, 9, 9, 9, 9]
arr7=[1, 2, 1, 6, 1]
*1
**2
*1
******6
*1
false
true
chArr=[A, D, C, B, E]
index of B =-2   ← 정렬하지 않아서 잘못된 결과가 나왔음.
= After sorting =
chArr=[A, B, C, D, E]
index of B =1   ← 정렬한 후라서 올바른 결과가 나왔음.
```

Comparator와 Comparable은 모두 인터페이스로 컬렉션을 정렬하는데 필요한 메서드를 정의하고 있으며, Comparable을 구현하고 있는 클래스들은 같은 타입의 인스턴스끼리 서로 비교할 수 있는 클래스들, 주로 Integer와 같은 wrapper클래스와 String, Date, File과 같은 것들이며 기본적으로 오름차순, 즉 작은 값에서부터 큰 값의 순으로 정렬되도록 구현되어 있다. 그래서 Comparable을 구현한 클래스는 정렬이 가능하다는 것을 의미한다. 참고로 Java API문서에서 Comparable을 찾아보면, 이를 구현한 클래스의 목록을 볼 수 있다. Comparator와 Comparable의 실제 소스는 다음과 같다.

```java
public interface Comparator {
    int compare(Object o1, Object o2);   // o1과 o2를 비교
    boolean equals(Object obj);
}

public interface Comparable {
    int compareTo(Object o); // 객체 자신(this)과 o를 비교
}
```

> 참고 : Comparable은 java.lang패키지에 있고, Comparator는 java.util패키지에 있다.

compare( )와 compareTo( )는 선언형태와 이름이 약간 다를 뿐 두 객체를 비교한다는 같은 기능을 목적으로 고안된 것이다. compareTo( )의 반환값은 int이지만 실제로는 비교하는 두 객체가 같으면 0, 비교하는 값보다 작으면 음수, 크면 양수를 반환하도록 구현해야 한다. 이와 마찬가지로 compare( )도 객체를 비교해서 음수, 0, 양수 중의 하나를 반환하도록 구현해야한다.

> **Comparable** 기본 정렬기준을 구현하는데 사용
> **Comparator** 기본 정렬기준 외에 다른 기준으로 정렬하고자 할 때 사용

equals메서드는 모든 클래스가 가지고 있는 공통적인 메서드이지만, Comparator를 구현하는 클래스는 오버라이딩이 필요할 수도 있다는 것을 알리기 위해서 정의한 것일 뿐, 그냥 compare(Object o1, Object o2)만 구현하면 된다.

예제
11-7

```
import java.util.*;

class Ex11_7 {
    public static void main(String[] args) {
        String[] strArr = {"cat", "Dog", "lion", "tiger"};

        Arrays.sort(strArr); // String의 Comparable구현에 의한 정렬
        System.out.println("strArr=" + Arrays.toString(strArr));

        Arrays.sort(strArr, String.CASE_INSENSITIVE_ORDER); // 대소문자 구분안함
        System.out.println("strArr=" + Arrays.toString(strArr));

        Arrays.sort(strArr, new Descending()); // 역순 정렬
        System.out.println("strArr=" + Arrays.toString(strArr));
    }
}

class Descending implements Comparator {
    public int compare(Object o1, Object o2){
        if( o1 instanceof Comparable && o2 instanceof Comparable) {
            Comparable c1 = (Comparable)o1;
            Comparable c2 = (Comparable)o2;
            return c1.compareTo(c2) * -1 ; // -1을 곱해서 기본 정렬방식의 역으로 변경한다.
                            // 또는 c2.compareTo(c1)와 같이 순서를 바꿔도 된다.
        }
        return -1;
    }
}
```

> 결과
> strArr=[Dog, cat, lion, tiger]
> strArr=[cat, Dog, lion, tiger]
> strArr=[tiger, lion, cat, Dog]

Arrays.sort( )는 배열을 정렬할 때, Comparator를 지정해주지 않으면 저장하는 객체 (Comparable을 구현한 클래스의 객체)에 구현된 내용에 따라 정렬된다.

static void sort(Object[] a) // 객체 배열에 저장된 객체가 구현한 **Comparable**에 의한 정렬
static void sort(Object[] a, Comparator c) // 지정한 **Comparator**에 의한 정렬

String의 Comparable구현은 문자열이 사전 순으로 정렬되도록 작성되어 있다. 문자열의 오름차순 정렬은 공백, 숫자, 대문자, 소문자의 순으로 정렬되는 것을 의미한다. 정확히 얘기하면 문자의 유니코드의 순서가 작은 값에서부터 큰 값으로 정렬되는 것이다. 그리고 아래와 같이 대소문자를 구분하지 않고 비교하는 Comparator를 상수의 형태로 제공한다.

public static final Comparator CASE_INSENSITIVE_ORDER

이 Comparator를 이용하면, 문자열을 대소문자 구분없이 정렬할 수 있다.

Arrays.sort(strArr, String.CASE_INSENSITIVE_ORDER); // 대소문자 구분없이 정렬

아래의 코드는 Integer클래스의 일부인데, Comparable의 compareTo(Object o)를 구현해 놓은 것을 볼 수 있다.

```java
public final class Integer extends Number implements Comparable {
    ...
    public int compareTo(Object o) {
        return compareTo((Integer)o);
    }

    public int compareTo(Integer anotherInteger) {
        int thisVal = this.value;
        int anotherVal = anotherInteger.value;

        // 비교하는 값이 크면 -1, 같으면 0, 작으면 1을 반환한다.
        return (thisVal<anotherVal ? -1 : (thisVal==anotherVal ? 0 : 1));
    }
    ...
}
```

Integer클래스의 compareTo( )는 두 Integer객체에 저장된 int값(value)을 비교해서 같으면 0, 크면 -1, 작으면 1을 반환한다. 앞으로 배울 예제11-13에서 TreeSet에 Integer인스턴스를 저장했을 때 정렬되는 기준이 바로 이 compareTo( )에 의한 것이다.

Comparable을 구현한 클래스들이 기본적으로 오름차순으로 정렬되어 있지만, 내림차순으로 정렬한다던가 아니면 다른 기준에 의해서 정렬되도록 하고 싶을 때 Comparator를 구현해서 정렬기준을 제공할 수 있다.

위의 코드에서는 보다 나은 성능을 위해 삼항 연산자를 사용했지만, 대부분의 경우 아래와 같이 간단한 뺄셈만으로 compareTo( )를 구현할 수 있다.

```java
// Arrays.sort()와 같은 메서드가 정렬을 수행하는 과정에서, compareTo()를 호출한다.
public int compareTo(Integer anotherInteger) {
    int thisVal = this.value;
    int anotherVal = anotherInteger.value;

    // 왼쪽 값이 크면 음수를, 두 값이 같으면 0, 왼쪽 값이 크면 양수를 반환한다.
    return thisVal - anotherVal; // 내림 차순의 경우 반대로 뺄셈하면 된다
}
```

Array.sort( )와 같은 메서드의 정렬 알고리즘은 이미 훌륭하게 잘 작성되어 있으므로, 우리가 해야할 일은 위와 같이 compareTo( )를 구현해서 어떤 비교기준으로 정렬할지만 알려주는 것으로 충분하다.

예제
11-8

```java
import java.util.*;

class Ex11_8 {
    public static void main(String[] args) {
        Integer[] arr = { 30, 50, 10, 40, 20 };

        Arrays.sort(arr); // Integer가 가지고 있는 기본 정렬 기준 compareTo()로 정렬
        System.out.println(Arrays.toString(arr));

        // sort(Object[] objArr, Comparator c)
        Arrays.sort(arr, new DescComp()); // DescComp에 구현된 정렬 기준으로 정렬
        System.out.println(Arrays.toString(arr));
    } // main
}

class DescComp implements Comparator {
    public int compare(Object o1, Object o2) {
        if(!(o1 instanceof Integer && o2 instanceof Integer))
            return -1; // Integer가 아니면, 비교하지 않고 -1 반환

        Integer i  = (Integer)o1;
        Integer i2 = (Integer)o2;
        // return i2 - i; 또는 return i2.compareTo(i);도 가능
        return i.compareTo(i2) * -1; // 기본 정렬인 compareTo()의 역순으로 정렬
    }
}
```

결과
```
[10, 20, 30, 40, 50]
[50, 40, 30, 20, 10]
```

정렬할 때는 항상 정렬 기준이 필요하다. Arrays.sort( )로 정렬할 때 아무런 정렬 기준을 주지 않았는데도 정렬이 되는 이유는 배열 arr에 저장된 Integer가 내부에 정렬 기준을 가지고 있기 때문이다.

> **Arrays.sort(arr);** // Integer가 가지고 있는 기본 정렬 기준 **compareTo()**로 정렬

정렬할 때는 아래와 같이 정렬 기준을 매개변수로 제공하던가 아니면 위와 같이 정렬 대상에 저장된 객체가 정렬 기준을 가지고 있어야 한다. 그렇지 않으면 예외가 발생한다.

> **Arrays.sort(arr, new DescComp());** // DescComp의 **compare()**로 정렬

정렬 기준이라는 것은 단순히 양수, 0, 음수 중에서 하나를 반환하도록 작성된 메서드라서, 그저 −1을 곱하기만 하면 반대로 정렬된 결과를 얻을 수 있다.

HashSet은 Set인터페이스를 구현한 가장 대표적인 컬렉션이며, Set인터페이스의 특징대로 HashSet은 중복된 요소를 저장하지 않는다.

HashSet에 새로운 요소를 추가할 때는 add메서드나 addAll메서드를 사용하는데, 만일 HashSet에 이미 저장되어 있는 요소와 중복된 요소를 추가하고자 한다면 이 메서드들은 false를 반환함으로써 중복된 요소이기 때문에 추가에 실패했다는 것을 알린다.

이러한 HashSet의 특징을 이용하면, 컬렉션 내의 중복 요소들을 쉽게 제거할 수 있다.

ArrayList와 같이 List인터페이스를 구현한 컬렉션과 달리 HashSet은 저장순서를 유지하지 않으므로 저장순서를 유지하고자 한다면 LinkedHashSet을 사용해야한다.

생성자 또는 메서드	설 명
HashSet( )	HashSet객체를 생성한다.
HashSet(Collection c)	주어진 컬렉션을 포함하는 HashSet객체를 생성한다.
HashSet(int initialCapacity)	주어진 값을 초기용량으로하는 HashSet객체를 생성한다.
HashSet(int initialCapacity, float loadFactor)	초기용량과 load factor를 지정하는 생성자.
boolean add(Object o)	새로운 객체를 저장한다.(성공하면 true, 실패하면 false)
boolean addAll(Collection c)	주어진 컬렉션에 저장된 모든 객체들을 추가한다.(합집합)
void clear( )	저장된 모든 객체를 삭제한다.
Object clone( )	HashSet을 복제해서 반환한다.(얕은 복사)
boolean contains(Object o)	지정된 객체를 포함하고 있는지 알려준다.
boolean containsAll(Collection c)	주어진 컬렉션에 저장된 모든 객체들을 포함하고 있는지 알려준다.
boolean isEmpty( )	HashSet이 비어있는지 알려준다.
Iterator iterator( )	Iterator를 반환한다.
boolean remove(Object o)	지정된 객체를 HashSet에서 삭제한다.(성공하면 true, 실패하면 false)
boolean removeAll(Collection c)	주어진 컬렉션에 저장된 모든 객체와 동일한 것들을 HashSet에서 모두 삭제한다.(차집합)
boolean retainAll(Collection c)	주어진 컬렉션에 저장된 객체와 동일한 것만 남기고 삭제한다.(교집합)
int size( )	저장된 객체의 개수를 반환한다.
Object[ ] toArray( )	저장된 객체들을 객체배열의 형태로 반환한다.
Object[ ] toArray(Object[ ] a)	저장된 객체들을 주어진 객체배열(a)에 담는다.

> **참고**　load factor는 컬렉션 클래스에 저장공간이 가득 차기 전에 미리 용량을 확보하기 위한 것으로 이 값을 0.8로 지정하면, 저장공간의 80%가 채워졌을 때 용량이 두 배로 늘어난다. 기본값은 0.75, 즉 75%이다.

> **참고**　JDK1.8부터 추가된 스트림(Stream)과 관련된 메서드들이 추가되었으나 메서드 목록에 넣지 않았다. 관련 내용은 14장 람다와 스트림에서 다룬다.

예제
11-9

```java
import java.util.*;

class Ex11_9 {
    public static void main(String[] args) {
        Object[] objArr = {"1",new Integer(1),"2","2","3","3","4","4","4"};
        Set set = new HashSet();

        for(int i=0; i < objArr.length; i++) {
            set.add(objArr[i]);         // HashSet에 objArr의 요소들을 저장한다.
        }
        // HashSet에 저장된 요소들을 출력한다.
        System.out.println(set);

        // HashSet에 저장된 요소들을 출력한다.(Iterator이용)
        Iterator it = set.iterator();

        while(it.hasNext()) {
            System.out.println(it.next());
        }
    }
}
```

결과
```
[1, 1, 2, 3, 4]
1
1
2
3
4
```

결과에서 알 수 있듯이 중복된 값은 저장되지 않았다. add메서드는 객체를 추가할 때 HashSet에 이미 같은 객체가 있으면 중복으로 간주하고 저장하지 않는다. 그리고는 작업이 실패했다는 의미로 false를 반환한다.

'1'이 두 번 출력되었는데, 둘 다 '1'로 보이기 때문에 구별이 안 되지만, 사실 하나는 String 인스턴스이고 다른 하나는 Integer인스턴스로 서로 다른 객체이므로 중복으로 간주하지 않는다.

Set을 구현한 컬렉션 클래스는 List를 구현한 컬렉션 클래스와 달리 순서를 유지하지 않기 때문에 저장한 순서와 다를 수 있다.

만일 중복을 제거하는 동시에 저장한 순서를 유지하고자 한다면 HashSet대신 Linked HashSet을 사용해야한다.

예 제
11-10

```java
import java.util.*;

class Ex11_10 {
    public static void main(String[] args) {
        Set set = new HashSet();

        for (int i = 0; set.size() < 6 ; i++) {
            int num = (int)(Math.random()*45) + 1;
            set.add(new Integer(num));
        }

        List list = new LinkedList(set); // LinkedList(Collection c)
        Collections.sort(list);           // Collections.sort(List list)
        System.out.println(list);
    }
}
```

결과 [7, 11, 17, 18, 24, 28]

중복된 값은 저장되지 않는 HashSet의 성질을 이용해서 로또번호를 만드는 예제이다. Math.random( )을 사용했기 때문에 실행할 때 마다 결과가 다를 것이다.

번호를 크기순으로 정렬하기 위해서 Collections클래스의 sort(List list)를 사용했다. 이 메서드는 인자로 List인터페이스 타입을 필요로 하기 때문에 LinkedList클래스의 생성자 LinkedList(Collection c)를 이용해서 HashSet에 저장된 객체들을 LinkedList에 담아서 처리했다.

실행결과의 정렬기준은, 컬렉션에 저장된 객체가 Integer이기 때문에 Integer클래스에 정의된 기본정렬이 사용되었다. 정렬기준을 변경하는 방법과 Collections클래스에 대해서는 이 장의 뒷부분에서 자세히 다룰 것이다.

 참고 | Collection은 인터페이스고 Collections는 클래스임에 주의하자.

```java
import java.util.*;

class Ex11_11 {
    public static void main(String[] args) {
        HashSet set = new HashSet();
        set.add("abc");
        set.add("abc");
        set.add(new Person("David",10));
        set.add(new Person("David",10));

        System.out.println(set);
    }
}

class Person {
    String name;
    int age;

    Person(String name, int age) {
        this.name = name;
        this.age = age;
    }

    public String toString() { return name +":"+ age; }
}
```

결과 [abc, David:10, David:10]

Person클래스는 name과 age를 멤버변수로 갖는다. 이름(name)과 나이(age)가 같으면 같은 사람으로 인식하도록 하려는 의도로 작성하였다. 하지만 실행결과를 보면 두 인스턴스의 name과 age의 값이 같음에도 불구하고 서로 다른 것으로 인식하여 'David:10'이 두 번 출력되었다. 클래스의 작성 의도대로 이 두 인스턴스를 같은 것으로 인식하게 하려면 어떻게 해야 하는 걸까? Person클래스에 아래의 두 메서드를 추가(오버라이딩)해야 한다.

참고 위 예제에 아래의 두 메서드들을 추가하고 실행해보자. 'David:10'이 한 번만 출력될 것이다.

```java
public booean equals(Object obj) {
    if(!(obj instanceof Person)) return false;
    Person p = (Person)obj;
    return name.equals(p.name) && age==p.age;
}

public int hashCode() {
    return Objects.hash(name, age); // int hash(Object... values)
}
```

HashSet의 add메서드는 새로운 요소를 추가하기 전에 기존에 저장된 요소와 같은 것인지 판별하기 위해 추가하려는 요소의 equals( )와 hashCode( )를 호출하기 때문에 이처럼 equals( ) 뿐만 아니라 hashCode( )도 목적에 맞게 오버라이딩해야 한다.

예제
11-12

```java
import java.util.*;

class Ex11_12 {
    public static void main(String args[]) {
        HashSet setA   = new HashSet();
        HashSet setB   = new HashSet();
        HashSet setHab = new HashSet();
        HashSet setKyo = new HashSet();
        HashSet setCha = new HashSet();

        setA.add("1");  setA.add("2");  setA.add("3");
        setA.add("4");  setA.add("5");
        System.out.println("A = "+setA);

        setB.add("4");  setB.add("5");  setB.add("6");
        setB.add("7");  setB.add("8");
        System.out.println("B = "+setB);

        Iterator it = setB.iterator();
        while(it.hasNext()) {
            Object tmp = it.next();
            if(setA.contains(tmp))
                setKyo.add(tmp);
        }

        it = setA.iterator();
        while(it.hasNext()) {
            Object tmp = it.next();
            if(!setB.contains(tmp))
                setCha.add(tmp);
        }

        it = setA.iterator();
        while(it.hasNext())
            setHab.add(it.next());

        it = setB.iterator();
        while(it.hasNext())
            setHab.add(it.next());

        System.out.println("A ∩ B = " + setKyo);  // 한글 ㄷ을 누르고 한자키
        System.out.println("A U B = " + setHab);  // 한글 ㄷ을 누르고 한자키
        System.out.println("A - B = " + setCha);
    }
}
```

결
과
```
A = [1, 2, 3, 4, 5]
B = [4, 5, 6, 7, 8]
A ∩ B = [4, 5]
A U B = [1, 2, 3, 4, 5, 6, 7, 8]
A - B = [1, 2, 3]
```

TreeSet은 이진 탐색 트리(binary search tree)라는 자료구조의 형태로 데이터를 저장하는 컬렉션 클래스이다. 이진 탐색 트리는 정렬, 검색, 범위검색(range search)에 높은 성능을 보이는 자료구조이며 TreeSet은 이진 탐색 트리의 성능을 향상시킨 '레드–블랙 트리(Red–Black tree)'로 구현되어 있다.

그리고 Set인터페이스를 구현했으므로 **중복된 데이터의 저장을 허용하지 않으며 정렬된 위치에 저장하므로 저장순서를 유지하지도 않는다.**

이진 트리(binary tree)는 링크드 리스트처럼 여러 개의 노드(node)가 서로 연결된 구조로, 각 노드에 최대 2개의 노드를 연결할 수 있으며 '루트(root)'라고 불리는 하나의 노드에서부터 시작해서 계속 확장해 나갈 수 있다. 이진 탐색 트리는 이진 트리의 한 종류이다.

위 아래로 연결된 두 노드를 '부모–자식관계'에 있다고 하며 위의 노드를 부모 노드, 아래의 노드를 자식 노드라 한다. 부모–자식관계는 상대적인 것이며 하나의 부모 노드는 최대 두 개의 자식 노드와 연결될 수 있다.

아래의 그림에서 A는 B와 C의 부모 노드이고, B와 C는 A의 자식 노드이다.

참고　트리(tree)는 각 노드간의 연결된 모양이 나무와 같다고 해서 붙여진 이름이다.

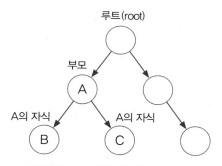

▲ 그림 11-14　이진 트리(binary tree)의 예

이진 트리의 노드를 코드로 표현하면 다음과 같다.

```
class TreeNode {
    TreeNode left;          // 왼쪽 자식노드
    Object   element;       // 객체를 저장하기 위한 참조변수
    TreeNode right;         // 오른쪽 자식노드
}
```

데이터를 저장하기 위한 Object타입의 참조변수 하나와 두 개의 노드를 참조하기 위한 두 개의 참조변수를 선언했다.

이진 탐색 트리(binary search tree)는 부모노드의 왼쪽에는 부모노드의 값보다 작은 값의 자식노드를 오른쪽에는 큰 값의 자식노드를 저장하는 이진 트리이다.

예를 들어 데이터를 5, 1, 7의 순서로 저장한 이진 탐색 트리의 구조는 아래와 같이 표현할 수 있다. 실제로는 오른쪽 그림과 같이 표현해야하나 앞으로 간단히 왼쪽과 같이 표현하여 설명하겠다.

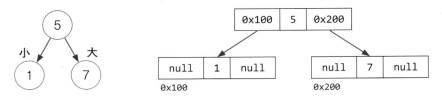

▲ 그림 11-15 이진 검색 트리

왼쪽 마지막 값에서부터 오른쪽 값까지 값을 '왼쪽 노드 → 부모 노드 → 오른쪽 노드' 순으로 읽어오면 오름차순으로 정렬된 순서를 얻을 수 있다. TreeSet은 이처럼 정렬된 상태를 유지하기 때문에 단일 값 검색과 범위검색(range search), 예를 들면 3과 7사이의 범위에 있는 값을 검색,이 매우 빠르다.

저장된 값의 개수에 비례해서 검색시간이 증가하긴 하지만 값의 개수가 10배 증가해도 특정 값을 찾는데 필요한 비교횟수가 3~4번만 증가할 정도로 검색효율이 뛰어난 자료구조이다.

트리는 데이터를 순차적으로 저장하는 것이 아니라 저장위치를 찾아서 저장해야하고, 삭제하는 경우 트리의 일부를 재구성해야 하므로 링크드 리스트보다 데이터의 추가/삭제시간은 더 걸린다. 대신 배열이나 링크드 리스트에 비해 검색과 정렬기능이 더 뛰어나다.

이진 탐색 트리(binary search tree)는
- 모든 노드는 최대 두 개의 자식노드를 가질 수 있다.
- 왼쪽 자식노드의 값은 부모노드의 값보다 작고 오른쪽 자식노드의 값은 부모노드의 값보다 커야한다.
- 노드의 추가 삭제에 시간이 걸린다.(반복 비교로 자리를 찾아 저장)
- 검색(범위검색)과 정렬에 유리하다.
- 중복된 값을 저장하지 못한다.

예를 들어 이진 탐색 트리에 7, 4, 9, 1, 5의 순서로 값을 저장한다고 가정하면 다음과 같은 순서로 진행된다.

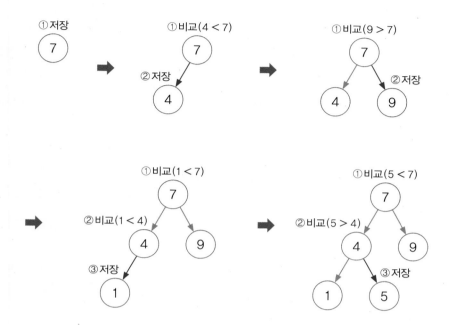

첫 번째로 저장되는 값은 루트가 되고, 두 번째 값은 트리의 루트부터 시작해서 값의 크기를 비교하면서 트리를 따라 내려간다. 작은 값은 왼쪽에 큰 값은 오른쪽에 저장한다. 이렇게 트리를 구성하면, 왼쪽 마지막 레벨이 제일 작은 값이 되고 오른쪽 마지막 레벨의 값이 제일 큰 값이 된다.

　앞서 살펴본 것처럼, 컴퓨터는 알아서 값을 비교하지 못한다. TreeSet에 저장되는 객체가 Comparable을 구현하던가 아니면, Comparator를 제공해서 두 객체를 비교할 방법을 알려 줘야 한다. 그렇지 않으면, TreeSet에 객체를 저장할 때 예외가 발생한다.

생성자 또는 메서드	설 명
TreeSet( )	기본 생성자
TreeSet(Collection c)	주어진 컬렉션을 저장하는 TreeSet을 생성
TreeSet(Comparator comp)	주어진 정렬조건으로 정렬하는 TreeSet을 생성
TreeSet(SortedSet s)	주어진 컬렉션(SortedSet구현) s를 저장하는 TreeSet생성
boolean add(Object o) boolean addAll(Collection c)	지정된 객체(o) 또는 Collection(c)의 객체들을 Collection에 추가
Object ceiling(Object o)	지정된 객체와 같은 객체를 반환. 없으면 큰 값을 가진 객체 중 제일 가까운 값의 객체를 반환. 없으면 null
void clear( )	저장된 모든 객체를 삭제
Object clone( )	TreeSet을 복제하여 반환
Comparator comparator( )	TreeSet의 정렬기준(Comparator)를 반환
boolean contains(Object o) boolean containsAll(Collection c)	지정된 객체(o) 또는 Collection의 객체들이 모두 포함되어 있는지 확인
NavigableSet descendingSet( )	TreeSet에 저장된 요소들을 역순으로 정렬해서 반환
Object first( )	정렬된 순서에서 첫 번째 객체를 반환
Object floor(Object o)	지정된 객체와 같은 객체를 반환. 없으면 작은 값을 가진 객체 중 제일 가까운 값의 객체를 반환. 없으면 null
SortedSet headSet(Object toElement)	지정된 객체보다 작은 값의 객체들을 반환
NavigableSet headSet(Object toElement , boolean inclusive)	지정된 객체보다 작은 값의 객체들을 반환 inclusive가 true이면, 같은 값의 객체도 포함
Object higher(Object o)	지정된 객체보다 큰 값을 가진 객체 중 제일 가까운 값의 객체를 반환. 없으면 null
boolean isEmpty( )	TreeSet이 비어있는지 확인
Iterator iterator( )	TreeSet의 Iterator를 반환
Object last( )	정렬된 순서에서 마지막 객체를 반환
Object lower(Object o)	지정된 객체보다 작은 값을 가진 객체 중 제일 가까운 값의 객체를 반환. 없으면 null
Object pollFirst( )	TreeSet의 첫번째 요소(제일 작은 값의 객체)를 반환.
Object pollLast( )	TreeSet의 마지막 번째 요소(제일 큰 값의 객체)를 반환.
boolean remove(Object o)	지정된 객체를 삭제
boolean retainAll(Collection c)	주어진 컬렉션과 공통된 요소만을 남기고 삭제(교집합)
int size( )	저장된 객체의 개수를 반환
Spliterator spliterator( )	TreeSet의 spliterator를 반환
SortedSet subSet(Object fromElement, Object toElement)	범위 검색(fromElement와 toElement사이)의 결과를 반환한다.(끝 범위인 toElement는 범위에 포함되지 않음)
NavigableSet subSet(Object fromElement, boolean fromInclusive, Object toElement, boolean toInclusive)	범위 검색(fromElement와 toElement사이)의 결과를 반환한다.(fromInclusize가 true면 시작값이 포함되고, toInclusive가 true면 끝값이 포함된다.)
SortedSet tailSet(Object fromElement)	지정된 객체보다 큰 값의 객체들을 반환한다.
Object[ ] toArray( )	저장된 객체를 객체배열로 반환한다.
Object[ ] toArray(Object[ ] a)	저장된 객체를 주어진 객체배열에 저장하여 반환한다.

예 제
11-13

```
import java.util.*;

class Ex11_13 {
    public static void main(String[] args) {
        Set set = new TreeSet();

        for (int i = 0; set.size() < 6 ; i++) {
            int num = (int)(Math.random()*45) + 1;
            set.add(num);  // set.add(new Integer(num));
        }

        System.out.println(set);
    }
}
```

결
과　[5, 12, 24, 26, 33, 45]

이전의 예제11-10를 TreeSet을 사용해서 바꾸었다. 이전 예제와는 달리 정렬하는 코드가 빠져 있는데, TreeSet은 저장할 때 이미 정렬하기 때문에 읽어올 때 따로 정렬할 필요가 없기 때문이다.

참고　Math.random( )을 이용했기 때문에 실행할 때마다 결과가 달라진다.

```
import java.util.*;

class Ex11_14 {
    public static void main(String[] args) {
        TreeSet set = new TreeSet();

        String from = "b";
        String to   = "d";

        set.add("abc");        set.add("alien");     set.add("bat");
        set.add("car");        set.add("Car");       set.add("disc");
        set.add("dance");      set.add("dZZZZ");     set.add("dzzzz");
        set.add("elephant");   set.add("elevator");  set.add("fan");
        set.add("flower");

        System.out.println(set);
        System.out.println("range search : from " + from  +" to "+ to);
        System.out.println("result1 : " + set.subSet(from, to));
        System.out.println("result2 : " + set.subSet(from, to + "zzz"));
    }
}
```

예제
11-14

결과
```
[Car, abc, alien, bat, car, dZZZZ, dance, disc, dzzzz, elephant, elevator, fan,
flower]
range search : from b to d
result1 : [bat, car]
result2 : [bat, car, dZZZZ, dance, disc]
```

subSet( )을 이용해서 범위검색(range search)할 때 시작범위는 포함되지만 끝 범위는 포함되지 않으므로 result1에는 c로 시작하는 단어까지만 검색결과에 포함되어 있다.

만일 끝 범위인 d로 시작하는 단어까지 포함시키고자 한다면, 아래와 같이 끝 범위에 'zzz'와 같은 문자열을 붙이면 된다.

System.out.println("result2 : " + set.subSet(from, to + "zzz"));

d로 시작하는 단어 중에서 'dzzz' 다음에 오는 단어는 없을 것이기 때문에 d로 시작하는 모든 단어들이 포함될 것이다.

결과를 보면 'abc'보다 'Car'가 앞에 있고 'dZZZZ'가 'dance'보다 앞에 정렬되어 있는 것을 알 수 있다. 대문자가 소문자보다 우선하기 때문에 대소문자가 섞여 있는 경우 의도한 것과는 다른 범위검색결과를 얻을 수 있다.

그래서 가능하면 대문자 또는 소문자로 통일해서 저장하는 것이 좋다.

예제
11-15

```java
import java.util.*;

class Ex11_15 {
    public static void main(String[] args) {
        TreeSet set = new TreeSet();
        int[] score = {80, 95, 50, 35, 45, 65, 10, 100};

        for(int i=0; i < score.length; i++)
            set.add(new Integer(score[i]));  // set.add(score[i]);도 가능

        System.out.println("50보다 작은 값 :" + set.headSet(new Integer(50)));
        System.out.println("50보다 큰 값 :"  + set.tailSet(new Integer(50)));
    }
}
```

결과
50보다 작은 값 :[10, 35, 45]
50보다 큰 값 :[50, 65, 80, 95, 100]

headSet메서드와 tailSet메서드를 이용하면, TreeSet에 저장된 객체 중 지정된 기준 값보다 큰 값의 객체들과 작은 값의 객체들을 얻을 수 있다.

예제에 사용된 값들로 이진 검색 트리를 구성해 보면 다음 그림과 같다.

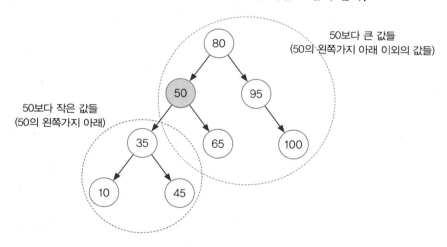

▲ 그림 11-16 예제11-15에 사용된 데이터로 구성한 이진 검색 트리

위의 그림을 보면 50이 저장된 노드의 왼쪽노드와 그 아래 연결된 모든 노드의 값은 50보다 작고, 나머지 다른 노드의 값들은 50보다 같거나 크다는 것을 알 수 있다.

46 HashMap과 Hashtable

Hashtable과 HashMap의 관계는 Vector와 ArrayList의 관계와 같아서 Hashtable보다는 새로운 버전인 HashMap을 사용할 것을 권한다. 여기서는 HashMap대해서만 설명하도록 하겠다.

HashMap은 Map을 구현했으므로 앞에서 살펴본 Map의 특징, 키(key)와 값(value)을 묶어서 하나의 데이터(entry)로 저장한다는 특징을 갖는다. 그리고 해싱(hashing)을 사용하기 때문에 많은 양의 데이터를 검색하는데 있어서 뛰어난 성능을 보인다.

HashMap이 데이터를 어떻게 저장하는지 확인하기 위해 실제소스의 일부를 발췌하였다.

```
public class HashMap extends AbstractMap implements Map, Cloneable,
    Serializable
{
    transient Entry[] table;
        ...
    static class Entry implements Map.Entry {
        final Object key;
        Object value;
            ...
    }
}
```

참고 위의 코드는 HashMap의 실제 코드와 다를 수 있다.

HashMap은 Entry라는 내부 클래스를 정의하고, 다시 Entry타입의 배열을 선언하고 있다. 키(key)와 값(value)은 별개의 값이 아니라 서로 관련된 값이기 때문에 각각의 배열로 선언하기 보다는 하나의 클래스로 정의해서 하나의 배열로 다루는 것이 데이터의 무결성(integrity)적인 측면에서 더 바람직하기 때문이다.

비객체지향적인 코드	객체지향적인 코드

Object[] key;
Object[] value;
	Entry[] table;
	
	class Entry {
	   Object key;
	   Object value;
	}

참고 Map.Entry는 Map인터페이스에 정의된 'static inner interface'이다.

HashMap은 키와 값을 각각 Object타입으로 저장한다. 즉 (Object, Object)의 형태로 저장하기 때문에 어떠한 객체도 저장할 수 있지만 키는 주로 String을 대문자 또는 소문자로 통일해서 사용하곤 한다.

> **키(key)** 컬렉션 내의 키(key) 중에서 유일해야 한다.
> **값(value)** 키(key)와 달리 데이터의 중복을 허용한다.

키는 저장된 값을 찾는데 사용되는 것이기 때문에 컬렉션 내에서 유일(unique)해야 한다. 즉, HashMap에 저장된 데이터를 하나의 키로 검색했을 때 결과가 단 하나이어야 함을 뜻한다. 만일 하나의 키에 대해 여러 검색결과 값을 얻는다면 원하는 값이 어떤 것인지 알 수 없기 때문이다.

예를 들어 사용자ID가 키(key)로, 비밀번호가 값(value)으로 연결되어 저장된 데이터집합이 있다고 가정하자. 로그인 시에 비밀번호를 확인하기 위해서 입력된 사용자ID에 대한 비밀번호를 검색했을 때, 단 하나의 결과를 얻어야만 올바른 비밀번호를 입력했는지 확인이 가능할 것이다. 만일 하나의 사용자ID에 대해서 두 개 이상의 비밀번호를 얻는다면 어떤 비밀번호가 맞는 것인지 알 수 없다.

키(key)	값(value)
myId	1234
asdf	1234

중복허용 안 함 — myId, asdf
중복허용 — 1234, 1234

생성자 / 메서드	설명
HashMap( )	HashMap객체를 생성
HashMap(int initialCapacity)	지정된 값을 초기용량으로 하는 HashMap객체를 생성
HashMap(int initialCapacity, float loadFactor)	지정된 초기용량과 load factor의 HashMap객체를 생성
HashMap(Map m)	지정된 Map의 모든 요소를 포함하는 HashMap을 생성
void clear( )	HashMap에 저장된 모든 객체를 제거
Object clone( )	현재 HashMap을 복제해서 반환
boolean containsKey(Object key)	HashMap에 지정된 키(key)가 포함되어있는지 알려준다. (포함되어 있으면 true)
boolean containsValue(Object value)	HashMap에 지정된 값(value)이 포함되어있는지 알려준다. (포함되어 있으면 true)
Set entrySet( )	HashMap에 저장된 키와 값을 엔트리(키와 값의 결합)의 형태로 Set에 저장해서 반환
Object get(Object key)	지정된 키(key)의 값(객체)을 반환. 못찾으면 null 반환
Object getOrDefault(Object key, Object defaultValue)	지정된 키(key)의 값(객체)을 반환한다. 키를 못찾으면, 기본 값(defaultValue)으로 지정된 객체를 반환
boolean isEmpty( )	HashMap이 비어있는지 알려준다.
Set keySet( )	HashMap에 저장된 모든 키가 저장된 Set을 반환
Object put(Object key, Object value)	지정된 키와 값을 HashMap에 저장
void putAll(Map m)	Map에 저장된 모든 요소를 HashMap에 저장
Object remove(Object key)	HashMap에서 지정된 키로 저장된 값(객체)을 제거
Object replace(Object key, Object value)	지정된 키의 값을 지정된 객체(value)로 대체
boolean replace(Object key, Object oldValue, Object newValue)	지정된 키와 객체(oldValue)가 모두 일치하는 경우에만 새 로운 객체(newValue)로 대체
int size( )	HashMap에 저장된 요소의 개수를 반환
Collection values( )	HashMap에 저장된 모든 값을 컬렉션의 형태로 반환

참고 JDK1.8부터 새로 추가된 메서드 중 람다와 스트림에 관련된 것들은 위의 표에서 제외됨.

예제
11-16

```java
import java.util.*;

class Ex11_16 {
    public static void main(String[] args) {
        HashMap map = new HashMap();
        map.put("myId", "1234");
        map.put("asdf", "1111");
        map.put("asdf", "1234");   // OK. 이미 존재하는 키 추가가능. 기존 값은 없어짐

        Scanner s = new Scanner(System.in);   // 화면으로부터 라인단위로 입력받는다.

        while(true) {
            System.out.println("id와 password를 입력해주세요.");
            System.out.print("id :");
            String id = s.nextLine().trim();

            System.out.print("password :");
            String password = s.nextLine().trim();
            System.out.println();

            if(!map.containsKey(id)) {
                System.out.println("입력하신 id는 존재하지 않습니다. 다시 입력해주세요.");
                continue;
            }

            if(!(map.get(id)).equals(password)) {
                System.out.println("비밀번호가 일치하지 않습니다. 다시 입력해주세요.");
            } else {
                System.out.println("id와 비밀번호가 일치합니다.");
                break;
            }
        } // while
    } // main의 끝
}
```

결
과
```
c:\jdk1.8\work\ch11>java Ex11_16
id와 password를 입력해주세요.
id :asdf
password :1111

비밀번호가 일치하지 않습니다. 다시 입력해주세요.
id와 password를 입력해주세요.
id :asdf
password :1234

id와 비밀번호가 일치합니다.

c:\jdk1.8\work\ch11>
```

HashMap을 생성하고 사용자ID와 비밀번호를 키와 값의 쌍(pair)으로 저장한 다음, 입력된 사용자ID를 키로 HashMap에서 검색해서 얻은 값(비밀번호)을 입력된 비밀번호와 비교하는 예제이다.

```
HashMap map = new HashMap();
map.put("myId", "1234");
map.put("asdf", "1111");
map.put("asdf", "1234"); // OK. 이미 존재하는 키 추가가능. 기존 값은 없어짐
```

위의 코드는 HashMap을 생성하고 데이터를 저장하는 부분인데 이 코드가 실행되고 나면 HashMap에는 아래와 같은 형태로 데이터가 저장된다.

키(key)	값(value)
myId	1234
asdf	1234

3개의 데이터 쌍을 저장했지만 실제로는 2개 밖에 저장되지 않은 이유는 중복된 키가 있기 때문이다. 세 번째로 저장한 데이터의 키인 'asdf'는 이미 존재하기 때문에 새로 추가되는 대신 기존의 값을 덮어썼다. 그래서 키 'asdf'에 연결된 값은 '1234'가 된다.

　Map은 값은 중복을 허용하지만 키는 중복을 허용하지 않기 때문에 저장하려는 두 데이터 중에서 어느 쪽을 키로 할 것인지를 잘 결정해야한다.

> **참고** Hashtable은 키(key)나 값(value)으로 null을 허용하지 않지만, HashMap은 허용한다. 그래서 'map. put(null, null);'이나 'map.get(null);'과 같이 할 수 있다.

예제
11-17

```java
import java.util.*;

class Ex11_17 {
    public static void main(String[] args) {
        HashMap map = new HashMap();
        map.put("김자바", 90);
        map.put("김자바", 100);
        map.put("이자바", 100);
        map.put("강자바", 80);
        map.put("안자바", 90);

        Set set = map.entrySet();
        Iterator it = set.iterator();

        while(it.hasNext()) {
            Map.Entry e = (Map.Entry)it.next();
            System.out.println("이름 : "+ e.getKey() + ", 점수 : " + e.getValue());
        }

        set = map.keySet();
        System.out.println("참가자 명단 : " + set);

        Collection values = map.values();
        it = values.iterator();

        int total = 0;

        while(it.hasNext()) {
            int i = (int)it.next();
            total += i;
        }

        System.out.println("총점 : " + total);
        System.out.println("평균 : " + (float)total/set.size());
        System.out.println("최고점수 : " + Collections.max(values));
        System.out.println("최저점수 : " + Collections.min(values));
    }
}
```

결
과

```
이름 : 안자바, 점수 : 90
이름 : 김자바, 점수 : 100
이름 : 강자바, 점수 : 80
이름 : 이자바, 점수 : 100
참가자 명단 : [안자바, 김자바, 강자바, 이자바]
총점 : 370
평균 : 92.5
최고점수 : 100
최저점수 : 80
```

```java
import java.util.*;

class Ex11_18 {
    public static void main(String[] args) {
        String[] data = { "A","K","A","K","D","K","A","K","K","K","Z","D" };

        HashMap map = new HashMap();

        for(int i=0; i < data.length; i++) {
            if(map.containsKey(data[i])) {
                int value = (int)map.get(data[i]);
                map.put(data[i], value + 1); // 기존에 있는 키는 기존 값에 1을 더해서 저장
            } else {
                map.put(data[i], 1); // 기존에 없는 키는 값을 1로 저장
            }
        }

        Iterator it = map.entrySet().iterator();

        while(it.hasNext()) {
            Map.Entry entry = (Map.Entry)it.next();
            int value = (int)entry.getValue();
            System.out.println(entry.getKey() + " : "
                                + printBar('#', value) + " " + value );
        }
    } // main

    public static String printBar(char ch, int value) {
        char[] bar = new char[value];

        for(int i=0; i < bar.length; i++)
            bar[i] = ch;

        return new String(bar); // String(char[] chArr)
    }
}
```

```
결  A : ### 3
과  D : ## 2
    Z : # 1
    K : ###### 6
```

문자열 배열에 담긴 문자열을 하나씩 읽어서 HashMap에 키로 저장하고 값으로 1을 저장한
다. HashMap에 같은 문자열이 키로 저장되어 있는지 containsKey( )로 확인하여 이미 저장
되어 있는 문자열이면 값을 1증가시킨다.

　그리고 그 결과를 printBar( )를 이용해서 그래프로 표현했다. 이렇게 하면 문자열 배열에
담긴 문자열들의 빈도수를 구할 수 있다.

　한정된 범위 내에 있는 순차적인 값들의 빈도수는 배열을 이용하지만, 이처럼 한정되지 않
은 범위의 비순차적인 값들의 빈도수는 HashMap을 이용해서 구할 수 있다.

 결과를 통해 HashMap과 같이 해싱을 구현한 컬렉션 클래스들은 저장순서를 유지하지 않는다는 사실을 다시
한 번 확인하자.

Arrays가 배열과 관련된 메서드를 제공하는 것처럼, Collcections는 컬렉션과 관련된 메서드를 제공한다. fill( ), copy( ), sort( ), binarySearch( ) 등의 메서드는 두 클래스에 모두 포함되어 있으며 같은 기능을 한다. 이 메서드들은 Arrays에서 이미 배웠으므로 설명을 생략한다.

> **주의**　java.util.Collection은 인터페이스이고, java.util.Collections는 클래스이다.

컬렉션의 동기화

멀티 쓰레드(multi-thread) 프로그래밍에서는 하나의 객체를 여러 쓰레드가 동시에 접근할 수 있기 때문에 데이터의 무결성(integrity)을 유지하기 위해서는 공유되는 객체에 동기화(synchronization)가 필요하다.

Vector와 Hashtable과 같은 구버전(JDK1.2 이전)의 클래스들은 자체적으로 동기화 처리가 되어 있는데, 멀티쓰레드 프로그래밍이 아닌 경우에는 불필요한 기능이 되어 성능을 떨어뜨리는 요인이 된다.

그래서 새로 추가된 ArrayList와 HashMap과 같은 컬렉션은 동기화를 자체적으로 처리하지 않고 필요한 경우에만 java.util.Collections클래스의 동기화 메서드를 이용해서 동기화처리가 가능하도록 변경하였다.

Collections클래스에는 다음과 같은 동기화 메서드를 제공하고 있으므로, 동기화가 필요할 때 해당하는 것을 사용하면 된다.

```
static Collection  synchronizedCollection(Collection c)
static List        synchronizedList(List list)
static Set         synchronizedSet(Set s)
static Map         synchronizedMap(Map m)
static SortedSet   synchronizedSortedSet(SortedSet s)
static SortedMap   synchronizedSortedMap(SortedMap m)
```

이들을 사용하는 방법은 다음과 같다.

```
List syncList = Collections.synchronizedList(new ArrayList(...));
```

> **참고**　멀티쓰레딩과 동기화에 대해서는 13장 쓰레드(thread)에서 자세히 다룰 것이므로 지금은 동기화가 필요한 경우에 Collections클래스의 동기화메서드를 사용하면 된다는 것만 알아두자.

변경불가 컬렉션 만들기

컬렉션에 저장된 데이터를 보호하기 위해서 컬렉션을 변경할 수 없게, 즉 읽기전용으로 만들어야할 때가 있다. 주로 멀티 쓰레드 프로그래밍에서 여러 쓰레드가 하나의 컬렉션을 공유하다보면 데이터가 손상될 수 있는데, 이를 방지하려면 아래의 메서드들을 이용하자.

```
static  Collection    unmodifiableCollection(Collection c)
static  List          unmodifiableList(List list)
static  Set           unmodifiableSet(Set s)
static  Map           unmodifiableMap(Map m)
static  NavigableSet  unmodifiableNavigableSet(NavigableSet s)
static  SortedSet     unmodifiableSortedSet(SortedSet s)
static  NavigableMap  unmodifiableNavigableMap(NavigableMap m)
static  SortedMap     unmodifiableSortedMap(SortedMap m)
```

싱글톤 컬렉션 만들기

단 하나의 객체만을 저장하는 컬렉션을 만들어야 하는 경우가 있다. 이럴 때는 아래의 메서드를 사용하면 된다.

```
static  List singletonList(Object o)
static  Set  singleton(Object o)        // singletonSet이 아님에 주의
static  Map  singletonMap(Object key, Object value)
```

매개변수로 저장할 요소를 지정하면, 해당 요소를 저장하는 컬렉션을 반환한다. 그리고 반환된 컬렉션은 변경할 수 없다.

한 종류의 객체만 저장하는 컬렉션 만들기

컬렉션에 모든 종류의 객체를 저장할 수 있다는 것은 장점이기도하고 단점이기도 하다. 대부분의 경우 한 종류의 객체를 저장하며, 컬렉션에 지정된 종류의 객체만 저장할 수 있도록 제한하고 싶을 때 아래의 메서드를 사용한다.

```
static  Collection      checkedCollection(Collection c, Class type)
static  List            checkedList(List list, Class type)
static  Set             checkedSet(Set s, Class type)
static  Map             checkedMap(Map m, Class keyType, Class valueType)
static  Queue           checkedQueue(Queue queue, Class type)
static  NavigableSet    checkedNavigableSet(NavigableSet s, Class type)
static  SortedSet       checkedSortedSet(SortedSet s, Class type)
static  NavigableMap    checkedNavigableMap(NavigableMap m, Class keyType,
                                                           Class valueType)
static  SortedMap       checkedSortedMap(SortedMap m, Class keyType,
                                                           Class valueType)
```

사용방법은 다음과 같이 두 번째 매개변수에 저장할 객체의 클래스를 지정하면 된다.

```
List list = new ArrayList();
List checkedList = checkedList(list, String.class); // String만 저장가능
checkedList.add("abc");            // OK.
checkedList.add(new Integer(3));   // 에러. ClassCastException발생
```

컬렉션에 저장할 요소의 타입을 제한하는 것은 다음 장에서 배울 지네릭스(generics)로 간단히 처리할 수 있는데도 이런 메서드들을 제공하는 이유는 호환성 때문이다. 지네릭스는 JDK1.5부터 도입된 기능이므로 JDK1.5이전에 작성된 코드를 사용할 때는 이 메서드들이 필요할 수 있다.

예제
11-19

```java
import java.util.*;
import static java.util.Collections.*;

class Ex11_19 {
    public static void main(String[] args) {
        List list = new ArrayList();
        System.out.println(list);

        addAll(list, 1,2,3,4,5);
        System.out.println(list);

        rotate(list, 2);  // 오른쪽으로 두 칸씩 이동
        System.out.println(list);

        swap(list, 0, 2); // 첫 번째와 세 번째를 교환(swap)
        System.out.println(list);

        shuffle(list);      // 저장된 요소의 위치를 임의로 변경
        System.out.println(list);

        sort(list, reverseOrder()); // 역순 정렬 reverse(list);와 동일
        System.out.println(list);

        sort(list);          // 정렬
        System.out.println(list);

        int idx = binarySearch(list, 3);   // 3이 저장된 위치(index)를 반환
        System.out.println("index of 3 = " + idx);

        System.out.println("max="+max(list));
        System.out.println("min="+min(list));
        System.out.println("min="+max(list, reverseOrder()));

        fill(list, 9); // list를 9로 채운다.
        System.out.println("list="+list);

        // list와 같은 크기의 새로운 list를 생성하고 2로 채운다. 단, 결과는 변경불가
        List newList = nCopies(list.size(), 2);
        System.out.println("newList="+newList);

        System.out.println(disjoint(list, newList)); // 공통요소가 없으면 true

        copy(list, newList);
        System.out.println("newList="+newList);
        System.out.println("list="+list);
```

```
        replaceAll(list, 2, 1);
        System.out.println("list="+list);

        Enumeration e = enumeration(list);
        ArrayList list2 = list(e);

        System.out.println("list2="+list2);
    }
}
```

```
[]
[1, 2, 3, 4, 5]
[4, 5, 1, 2, 3]
[1, 5, 4, 2, 3]
[4, 1, 2, 3, 5]
[5, 4, 3, 2, 1]
[1, 2, 3, 4, 5]
index of 3 = 2
max=5
min=1
min=1
list=[9, 9, 9, 9, 9]
newList=[2, 2, 2, 2, 2]
true
newList=[2, 2, 2, 2, 2]
list=[2, 2, 2, 2, 2]
list=[1, 1, 1, 1, 1]
list2=[1, 1, 1, 1, 1]
```

지금까지 소개한 컬렉션 클래스의 특징과 관계를 그림으로 정리해보았다. 각 컬렉션 클래스마다 장단점이 있으므로 구현원리와 특징을 잘 이해해서 상황에 가장 적합한 것을 선택하여 사용하길 바란다.

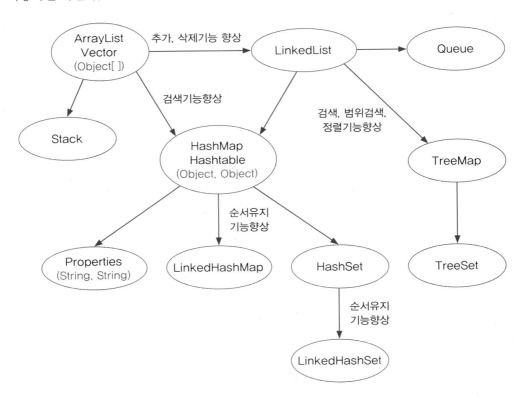

컬렉션	특 징
ArrayList	배열기반. 데이터의 추가와 삭제에 불리. 순차적인 추가삭제는 제일 빠름. 임의의 요소에 대한 접근성(accessibility)이 뛰어남.
LinkedList	연결기반. 데이터의 추가와 삭제에 유리. 임의의 요소에 대한 접근성이 좋지 않다.
HashMap	배열과 연결이 결합된 형태. 추가, 삭제, 검색, 접근성이 모두 뛰어남. 검색에는 최고성능을 보인다.
TreeMap	연결기반. 정렬과 검색(특히 범위검색)에 적합. 검색성능은 HashMap보다 떨어짐.
Stack	Vector를 상속받아 구현
Queue	LinkedList가 Queue인터페이스를 구현
Properties	Hashtable을 상속받아 구현
HashSet	HashMap을 이용해서 구현
TreeSet	TreeMap을 이용해서 구현
LinkedHashMap LinkedHashSet	HashMap과 HashSet에 저장순서 유지기능을 추가

연 습 문 제

11-1 다음 코드의 실행결과를 적으시오.

```java
import java.util.*;

class Exercise11_1 {
    public static void main(String[] args) {
        ArrayList list = new ArrayList();
        list.add(3);
        list.add(6);
        list.add(2);
        list.add(2);
        list.add(2);
        list.add(7);

        HashSet set = new HashSet(list);
        TreeSet tset = new TreeSet(set);
        Stack stack = new Stack();
        stack.addAll(tset);

        while (!stack.empty())
            System.out.println(stack.pop());
    }
}
```

11-2 다음 중 ArrayList에서 제일 비용이 많이 드는 작업은? 단, 작업도중에 ArrayList의 크기 변경이 발생하지 않는다고 가정한다.

① 첫 번째 요소 삭제
② 마지막 요소 삭제
③ 마지막에 새로운 요소 추가
④ 중간에 새로운 요소 추가

11-3 다음에 제시된 Student클래스가 Comparable인터페이스를 구현하도록 변경해서 이름 (name)이 기본 정렬기준이 되도록 하시오.

```java
import java.util.*;

class Student {
    String name;
    int ban;
    int no;
    int kor, eng, math;

    Student(String name, int ban, int no, int kor, int eng, int math) {
        this.name = name;
        this.ban = ban;
        this.no = no;
        this.kor = kor;
        this.eng = eng;
        this.math = math;
    }

    int getTotal() {
        return kor + eng + math;
    }

    float getAverage() {
        return (int)((getTotal()/ 3f)*10+0.5)/10f;
    }

    public String toString() {
        return name + "," + ban + "," + no + "," + kor + "," + eng + "," +
                            math + "," + getTotal() + "," + getAverage();
    }
}

class Exercise11_3 {
    public static void main(String[] args) {
        ArrayList list = new ArrayList();
        list.add(new Student("홍길동", 1, 1, 100, 100, 100));
        list.add(new Student("남궁성", 1, 2, 90, 70, 80));
        list.add(new Student("김자바", 1, 3, 80, 80, 90));
        list.add(new Student("이자바", 1, 4, 70, 90, 70));
        list.add(new Student("안자바", 1, 5, 60, 100, 80));

        Collections.sort(list);
        Iterator it = list.iterator();
```

```
        while (it.hasNext())
            System.out.println(it.next());
    }
}
```

결과
김자바,1,3,80,80,90,250,83.3
남궁성,1,2,90,70,80,240,80.0
안자바,1,5,60,100,80,240,80.0
이자바,1,4,70,90,70,230,76.7
홍길동,1,1,100,100,100,300,100.0

11-4 다음에 제시된 BanNoAscending클래스를 완성하여, ArrayList에 담긴 Student인스턴스들이 반(ban)과 번호(no)로 오름차순 정렬되게 하시오.(반이 같은 경우 번호를 비교해서 정렬한다.)

```java
import java.util.*;

class Student {
    String name;
    int ban;
    int no;
    int kor;
    int eng;
    int math;

    Student(String name, int ban, int no, int kor, int eng, int math) {
        this.name = name;
        this.ban = ban;
        this.no = no;
        this.kor = kor;
        this.eng = eng;
        this.math = math;
    }

    int getTotal() {
        return kor + eng + math;
    }

    float getAverage() {
        return (int) ((getTotal() / 3f) * 10 + 0.5) / 10f;
    }

    public String toString() {
        return name
            + "," + ban
            + "," + no
            + "," + kor
            + "," + eng
            + "," + math
            + "," + getTotal()
            + "," + getAverage()
            ;
    }
} // class Student
```

```
class BanNoAscending implements Comparator {
    public int compare(Object o1, Object o2) {

        /*
                        (1) 알맞은 코드를 넣어 완성하시오.
        */

    }
}

class Exercise11_4 {
    public static void main(String[] args) {
        ArrayList list = new ArrayList();
        list.add(new Student("이자바", 2, 1, 70, 90, 70));
        list.add(new Student("안자바", 2, 2, 60, 100, 80));
        list.add(new Student("홍길동", 1, 3, 100, 100, 100));
        list.add(new Student("남궁성", 1, 1, 90, 70, 80));
        list.add(new Student("김자바", 1, 2, 80, 80, 90));

        Collections.sort(list, new BanNoAscending());
        Iterator it = list.iterator();

        while (it.hasNext())
            System.out.println(it.next());
    }
}
```

결과
```
남궁성,1,1,90,70,80,240,80.0
김자바,1,2,80,80,90,250,83.3
홍길동,1,3,100,100,100,300,100.0
이자바,2,1,70,90,70,230,76.7
안자바,2,2,60,100,80,240,80.0
```

11-5 다음은 SutdaCard클래스를 HashSet에 저장하고 출력하는 예제이다. HashSet에 중복된 카드가 저장되지 않도록 SutdaCard의 hashCode( )를 알맞게 오버라이딩하시오.

(Hint) String클래스의 hashCode( )를 사용하라.

```java
import java.util.*;

class SutdaCard {
    int num;
    boolean isKwang;

    SutdaCard() {
        this(1, true);
    }

    SutdaCard(int num, boolean isKwang) {
        this.num = num;
        this.isKwang = isKwang;
    }

    public boolean equals(Object obj) {
        if (obj instanceof SutdaCard) {
            SutdaCard c = (SutdaCard) obj;
            return num == c.num && isKwang == c.isKwang;
        } else {
            return false;
        }
    }

    public String toString() {
        return num + (isKwang ? "K" : "");
    }
}

class Exercise11_5 {
    public static void main(String[] args) {
        SutdaCard c1 = new SutdaCard(3, true);
        SutdaCard c2 = new SutdaCard(3, true);
        SutdaCard c3 = new SutdaCard(1, true);

        HashSet set = new HashSet();
        set.add(c1);
        set.add(c2);
        set.add(c3);

        System.out.println(set);
    }
}
```

결과 [3K, 1K]

11-6 다음 예제의 빙고판은 1~30 사이의 숫자들로 만든 것인데, 숫자들의 위치가 잘 섞이지 않는다는 문제가 있다. 이러한 문제가 발생하는 이유와 이 문제를 개선하기 위한 방법을 설명하고, 이를 개선한 새로운 코드를 작성하시오.

```java
import java.util.*;

class Exercise11_6 {
    public static void main(String[] args) {
        Set set = new HashSet();
        int[][] board = new int[5][5];

        for (int i = 0; set.size() < 25; i++) {
            set.add((int) (Math.random() * 30) + 1 + "");
        }

        Iterator it = set.iterator();

        for (int i = 0; i < board.length; i++) {
            for (int j = 0; j < board[i].length; j++) {
                board[i][j] = Integer.parseInt((String) it.next());
                System.out.print((board[i][j] < 10 ? " " : " ") + board[i][j]);
            }
            System.out.println();
        }
    } // main
}
```

MEMO

지네릭스, 열거형, 애너테이션

generics, enumeration, annotation

지네릭스는 다양한 타입의 객체들을 다루는 메서드나 컬렉션 클래스에 컴파일 시의 타입 체크(compile-time type check)를 해주는 기능이다. 객체의 타입을 컴파일 시에 체크하기 때문에 객체의 타입 안정성을 높이고 형변환의 번거로움이 줄어든다.

예를 들어 ArrayList의 경우 다양한 종류의 객체를 담을 수 있긴 하지만 보통 한 종류의 객체를 담는 경우가 많다. 아래와 같이 ArrayList를 생성할 때, 저장할 객체의 타입을 지정해주면, 지정한 타입 외에 다른 타입의 객체가 저장되면 에러가 발생한다.

```
// Tv객체만 저장할 수 있는 ArrayList를 생성
ArrayList<Tv> tvList = new ArrayList<Tv>();

tvList.add(new Tv());      // OK
tvList.add(new Audio());   // 컴파일 에러. Tv 외에 다른 타입은 저장 불가
```

그리고 저장된 객체를 꺼낼 때는 형변환할 필요가 없어서 편리하다. 이미 어떤 타입의 객체들이 저장되어 있는지 알고 있기 때문이다. 제네릭스를 적용한 코드(오른쪽)와 그렇지 않은 코드(왼쪽)를 비교해보자.

```
ArrayList tvList
            = new ArrayList();
tvList.add(new Tv());
Tv t = (Tv)tvList.get(0);
```

⟷

```
ArrayList<Tv> tvList
            = new ArrayList<Tv>();
tvList.add(new Tv());
Tv t = tvList.get(0); // 형변환 불필요
```

정리하면, 지네릭스를 도입함으로써 얻는 장점은 다음과 같다.

> **지네릭스의 장점**
> 1. 타입 안정성을 제공한다.
> 2. 타입체크와 형변환을 생략할 수 있으므로 코드가 간결해 진다.

참고　타입 안정성을 높인다는 것은 의도하지 않은 타입의 객체를 저장하는 것을 막고, 저장된 객체를 꺼내올 때 원래의 타입과 다른 타입으로 형변환되어 발생할 수 있는 오류를 줄여준다는 뜻이다.

ArrayList클래스의 선언에서 클래스 이름 옆의 '〈 〉'안에 있는 E를 '타입 변수(type variable)'라고 하며, 일반적으로는 'Type'의 첫 글자를 따서 T를 사용한다.

그렇다고 타입 변수로 반드시 T를 사용해야 하는 것은 아니며, T가 아닌 다른 것을 사용해도 된다. ArrayList〈E〉의 경우, 'Element(요소)'의 첫 글자를 따서 타입 변수의 이름으로 E를 사용한다.

```java
public class ArrayList<E> extends AbstractList<E>  {  // 일부 생략
    private transient E[] elementData;
    public boolean add(E o) { /* 내용생략 */ }
    public E get(int index) { /* 내용생략 */ }
      ...
}
```

타입 변수가 여러 개인 경우에는 Map〈K, V〉와 같이 콤마','를 구분자로 나열하면 된다. K는 Key(키)를 의미하고, V는 Value(값)을 의미한다. 이들은 기호의 종류만 다를 뿐 '임의의 참조형 타입'을 의미한다는 것은 모두 같다. 마치 수학식 'f(x, y) = x + y'가 'f(k, v) = k + v'와 다르지 않은 것처럼 말이다.

아래의 코드는 제네릭스가 도입되기 이전의 ArrayList의 소스이다. 위의 코드와 비교해보면, Object타입 대신 임의의 타입을 의미하는 타입 변수'E'가 사용된 것을 알 수 있다.

```java
public class ArrayList extends AbstractList  {  // 일부 생략
    private transient Object[] elementData;
    public boolean add(Object o) { /* 내용생략 */ }
    public Object get(int index) { /* 내용생략 */ }
      ...
}
```

기존에는 다양한 종류의 타입을 다루는 메서드의 매개변수나 리턴타입으로 Object타입의 참조변수를 많이 사용했고, 그로 인해 형변환이 불가피했지만, 이젠 Object타입 대신 원하는 타입을 지정하기만 하면 되는 것이다.

```java
// 타입 변수 E 대신에 실제 타입 Tv를 대입
ArrayList<Tv> tvList = new ArrayList<Tv>();
```

ArrayList와 같은 지네릭 클래스를 생성할 때는 다음과 같이 참조변수와 생성자에 타입 변수 E 대신에 Tv와 같은 실제 타입을 지정해주어야 한다.

```
    // 타입 변수 E 대신에 실제 타입 Tv를 대입
ArrayList<Tv> tvList = new ArrayList<Tv>();
```

이때, 타입 변수 E대신 지정된 타입 Tv를 '대입된 타입(parameterized type)'이라고 한다.

```
public class ArrayList<E> extends AbstractList<E>  {  // 일부 생략
    private transient E[] elementData;
    public boolean add(E o) { /* 내용생략 */ }
    public E get(int index) { /* 내용생략 */ }
      ...
}
```

타입이 대입되고 나면, ArrayList의 선언에 포함된 타입 변수 E가 아래와 같이 지정된 타입으로 바뀐다고 생각하면 된다.

```
public class ArrayList extends AbstractList  {  // 일부 생략
    private transient Tv[] elementData;
    public boolean add(Tv o) { /* 내용생략 */ }
    public Tv get(int index) { /* 내용생략 */ }  // Object가 아닌 Tv를 반환
      ...
}
```

위 코드의 get( )이 Object가 아닌 Tv를 반환하게 되므로 형변환이 필요 없게 되는 것이다.

```
ArrayList tvList
            = new ArrayList();
tvList.add(new Tv());
Tv t = (Tv)tvList.get(0);
```
↔
```
ArrayList<Tv> tvList
            = new ArrayList<Tv>();
tvList.add(new Tv());
Tv t = tvList.get(0); // 형변환 불필요
```

지네릭스에서 사용되는 용어들은 자칫 헷갈리기 쉽다. 진도를 더 나가기 전에, 지네릭스의 용어를 먼저 정리하고 넘어가자. 다음과 같이 지네릭 클래스 Box가 선언되어 있을 때,

원시타입

class Box<T> {}

지네릭 클래스

Box<T>	지네릭 클래스. 'T의 Box' 또는 'T Box'라고 읽는다.
T	타입 변수 또는 타입 매개변수.(T는 타입 문자)
Box	원시 타입(raw type)

타입 문자 T는 지네릭 클래스 Box<T>의 타입 변수 또는 타입 매개변수라고 하는데, 메서드의 매개변수와 유사한 면이 있기 때문이다. 그래서 아래와 같이 타입 매개변수에 타입을 지정하는 것을 '지네릭 타입 호출'이라고 하고, 지정된 타입 'String'을 '매개변수화된 타입(parameterized type)'이라고 한다. 매개변수화된 타입이라는 용어가 좀 길어서, 앞으로 이 용어 대신 '대입된 타입'이라는 용어를 사용할 것이다.

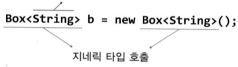

예를 들어, Box<String>과 Box<Integer>는 지네릭 클래스 Box<T>에 서로 다른 타입을 대입하여 호출한 것일 뿐, 이 둘이 별개의 클래스를 의미하는 것은 아니다. 이는 마치 매개변수의 값이 다른 메서드 호출, 즉 add(3,5)와 add(2,4)가 서로 다른 메서드를 호출하는 것이 아닌 것과 같다.

　컴파일 후에 Box<String>과 Box<Integer>는 이들의 '원시 타입'인 Box로 바뀐다. 즉, 지네릭 타입이 제거된다.

지네릭 클래스의 객체를 생성할 때, 참조변수에 지정해준 지네릭 타입과 생성자에 지정해준 지네릭 타입은 일치해야 한다. 클래스 Tv와 Product가 서로 상속관계에 있어도 일치해야한다.

```
ArrayList<Tv>      list = new ArrayList<Tv>();  // OK. 일치
ArrayList<Product> list = new ArrayList<Tv>();  // 에러. 불일치
        ...
class Product { }
class Tv extends Product { }
class Audio extends Product { }
```

그러나 지네릭 타입이 아닌 클래스의 타입 간에 다형성을 적용하는 것은 가능하다. 이 경우에도 지네릭 타입은 일치해야 한다.

```
List<Tv> list = new ArrayList<Tv>();  // OK. 다형성. ArrayList가 List를 구현
List<Tv> list = new LinkedList<Tv>(); // OK. 다형성. LinkedList가 List를 구현
```

그러면 ArrayList에 Product의 자손 객체만 저장할 수는 없을까? 그럴 때는 지네릭 타입이 Product인 ArrayList를 생성하고, 이 ArrayList에 Product의 자손인 Tv와 Audio의 객체를 저장하면 된다.

```
ArrayList<Product> list = newArrayList<Product>();
list.add(new Product());
list.add(new Tv());     // OK.
list.add(new Audio());  // OK.
```

대신 ArrayList에 저장된 객체를 꺼낼 때, 형변환이 필요하다.

```
Product p = list.get(0);  // Product객체는 형변환이 필요없다.
Tv t = (Tv)list.get(1);   // Product의 자손객체들은 형관환을 필요로 한다.
```

예제
12-1

```java
import java.util.*;

class Product {}
class Tv extends Product {}
class Audio extends Product {}

class Ex12_1 {
    public static void main(String[] args) {
        ArrayList<Product> productList = new ArrayList<Product>();
        ArrayList<Tv>      tvList = new ArrayList<Tv>();
//      ArrayList<Product> tvList = new ArrayList<Tv>(); // 에러.
//      List<Tv>           tvList = new ArrayList<Tv>(); // OK. 다형성

        productList.add(new Tv());
        productList.add(new Audio());

        tvList.add(new Tv());
        tvList.add(new Tv());

        printAll(productList);
        // printAll(tvList); // 컴파일 에러가 발생한다.
    }

    public static void printAll(ArrayList<Product> list) {
        for (Product p : list)
            System.out.println(p);
    }
}
```

결과
```
Tv@15db9742
Audio@6d06d69c
```

다음은 Iterator의 실제 소스인데, 컬렉션 클래스뿐만 아니라 Iterator에도 제네릭스가 적용되어 있는 것을 알 수 있다. 지네릭스가 도입되면서 기존의 소스에 Object가 들어간 클래스는 전부 이런 식으로 바뀌었다고 보면 된다.

> (참고) 지네릭스가 이해가 잘 안 갈 때는 타입변수를 Object로 바꿔서 생각해 보자.

```java
public interface Iterator<E> {
    boolean hasNext();
    E next();
    void remove();
}
```

아래의 예제는 Iterator에 제네릭스를 적용한 예이다.

예제 12-2

```java
import java.util.*;

class Ex12_2 {
    public static void main(String[] args) {
        ArrayList<Student> list = new ArrayList<Student>();
        list.add(new Student("자바왕", 1, 1));
        list.add(new Student("자바짱", 1, 2));
        list.add(new Student("홍길동", 2, 1));

        Iterator<Student> it = list.iterator();
        while (it.hasNext()) {
        // Student s = (Student)it.next(); // 지네릭스를 사용하지 않으면 형변환 필요.
            Student s = it.next();
            System.out.println(s.name);
        }
    } // main
}

class Student {
    String name = "";
    int ban;
    int no;

    Student(String name, int ban, int no) {
        this.name = name;
        this.ban = ban;
        this.no = no;
    }
}
```

결과
자바왕
자바짱
홍길동

HashMap처럼 데이터를 키(key)와 값(value)의 형태로 저장하는 컬렉션 클래스는 지정해 줘야 할 타입이 두 개이다. 그래서 '〈K,V〉'와 같이 두 개의 타입을 콤마','로 구분해서 적어줘야 한다. 여기서 'K'와 'V'는 각각 'Key'의 'Value'의 첫 글자에서 따온 것일 뿐, 'T'나 'E'와 마찬가지로 임의의 참조형 타입(reference type)을 의미한다.

```
public class HashMap<K,V> extends AbstractMap<K,V> { // 일부 생략
    ...
    public V get(Object key) { /* 내용 생략 */ }
    public V put(K key, V value) { /* 내용 생략 */ }
    public V remove(Object key) { /* 내용 생략 */ }
    ...
}
```

만일 키의 타입이 String이고 저장할 값의 타입이 Student인 HashMap을 생성하려면 다음과 같이 한다.

```
HashMap<String, Student> map = new HashMap<String, Student>(); // 생성
map.put("자바왕", new Student("자바왕",1,1,100,100,100)); // 데이터 저장
```

위와 같이 HashMap을 생성하였다면, HashMap의 실제 소스는 'K'대신 String이, 'V'대신 Student가 사용되어 아래와 같이 바뀌는 셈이 된다.

```
public class HashMap extends AbstractMap {   // 일부 생략
    ...
    public Student get(Object key) { /* 내용 생략 */ }
    public Student put(String key, Student value) { /* 내용 생략 */ }
    public Student remove(Object key) { /* 내용 생략 */ }
    ...
}
```

그래서 HashMap에서 값을 꺼내오는 get(Object key)를 사용할 때, 그리고 저장된 키와 값들을 꺼내오는 keySet( )과 values( )를 사용할 때 형변환을 하지 않아도 된다.

```
Student s1 = (Student)map.get("1-1");
```
◀────▶
```
Student s1 = map.get("1-1");
```

타입 문자로 사용할 타입을 명시하면 한 종류의 타입만 저장할 수 있도록 제한할 수 있지만, 그래도 여전히 모든 종류의 타입을 지정할 수 있다는 것에는 변함이 없다. 그렇다면, 타입 매개변수 T에 지정할 수 있는 타입의 종류를 제한할 수 있는 방법은 없을까?

```
FruitBox<Toy> fruitBox = new FruitBox<Toy>();
fruitBox.add(new Toy());     // OK. 과일상자에 장난감을 담을 수 있다.
```

다음과 같이 지네릭 타입에 'extends'를 사용하면, 특정 타입의 자손들만 대입할 수 있게 제한할 수 있다.

```
class FruitBox<T extends Fruit> {  // Fruit의 자손만 타입으로 지정가능
    ArrayList<T> list = new ArrayList<T>();
    ...
}
```

여전히 한 종류의 타입만 담을 수 있지만, Fruit클래스의 자손들만 담을 수 있다는 제한이 더 추가된 것이다.

```
FruitBox<Apple> appleBox = new FruitBox<Apple>(); // OK
FruitBox<Toy>   toyBox = new FruitBox<Toy>(); // 에러. Toy는 Fruit의 자손이 아님
```

만일 클래스가 아니라 인터페이스를 구현해야 한다는 제약이 필요하다면, 이때도 'extends'를 사용한다. 'implements'를 사용하지 않는다는 점에 주의하자.

```
interface Eatable {}
class FruitBox<T extends Eatable> { ... }
```

클래스 Fruit의 자손이면서 Eatable인터페이스도 구현해야 한다면 아래와 같이 '&'기호로 연결한다.

```
class FruitBox<T extends Fruit & Eatable> { ... }
```

예제
12-3

```java
import java.util.ArrayList;

class Fruit implements Eatable {
    public String toString() { return "Fruit";}
}
class Apple extends Fruit { public String toString() { return "Apple";}}
class Grape extends Fruit { public String toString() { return "Grape";}}
class Toy              { public String toString() { return "Toy"  ;}}

interface Eatable {}

class Ex12_3 {
    public static void main(String[] args) {
        FruitBox<Fruit> fruitBox = new FruitBox<Fruit>();
        FruitBox<Apple> appleBox = new FruitBox<Apple>();
        FruitBox<Grape> grapeBox = new FruitBox<Grape>();
//      FruitBox<Grape> grapeBox = new FruitBox<Apple>(); // 에러. 타입 불일치
//      FruitBox<Toy>   toyBox   = new FruitBox<Toy>();    // 에러.

        fruitBox.add(new Fruit());
        fruitBox.add(new Apple());
        fruitBox.add(new Grape());
        appleBox.add(new Apple());
//      appleBox.add(new Grape());   // 에러. Grape는 Apple의 자손이 아님
        grapeBox.add(new Grape());

        System.out.println("fruitBox-"+fruitBox);
        System.out.println("appleBox-"+appleBox);
        System.out.println("grapeBox-"+grapeBox);
    } // main
}

class FruitBox<T extends Fruit & Eatable> extends Box<T> {}

class Box<T> {
    ArrayList<T> list = new ArrayList<T>();
    void add(T item) { list.add(item);     }
    T get(int i)     { return list.get(i); }
    int size()       { return list.size(); }
    public String toString() { return list.toString();}
}
```

결과
```
fruitBox-[Fruit, Apple, Grape]
appleBox-[Apple]
grapeBox-[Grape]
```

지네릭 클래스 Box의 객체를 생성할 때, 객체별로 다른 타입을 지정하는 것은 적절하다. 지네릭스는 이처럼 인스턴스별로 다르게 동작하도록 만든 기능이니까.

```
Box<Apple> appleBox = new Box<Apple>();   // OK. Apple객체만 저장가능
Box<Grape> grapeBox = new Box<Grape>();   // OK. Grape객체만 저장가능
```

그러나 모든 객체에 대해 동일하게 동작해야하는 static멤버에 타입 변수 T를 사용할 수 없다. T는 인스턴스변수로 간주되기 때문이다. 이미 알고 있는 것처럼 static멤버는 인스턴스변수를 참조할 수 없다.

```
class Box<T> {
    static T item; // 에러
    static int compare(T t1, T t2) { ... } // 에러
        ...
}
```

static멤버는 타입 변수에 지정된 타입, 즉 대입된 타입의 종류에 관계없이 동일한 것이어야 하기 때문이다. 즉, 'Box〈Apple〉.item'과 'Box〈Grape〉.item'이 다른 것이어서는 안된다는 뜻이다. 그리고 지네릭 타입의 배열을 생성하는 것도 허용되지 않는다. 지네릭 배열 타입의 참조변수를 선언하는 것은 가능하지만, 'new T[10]'과 같이 배열을 생성하는 것은 안된다는 뜻이다.

```
class Box<T> {
    T[] itemArr;  // OK. T타입의 배열을 위한 참조변수
        ...
    T[] toArray() {
        T[] tmpArr = new T[itemArr.length]; // 에러. 지네릭 배열 생성불가
        ...
        return tmpArr;
    }
        ...
}
```

지네릭 배열을 생성할 수 없는 것은 new연산자 때문인데, 이 연산자는 컴파일 시점에 타입 T가 뭔지 정확히 알아야 한다. 그런데 위의 코드에 정의된 Box〈T〉클래스를 컴파일하는 시점에서는 T가 어떤 타입이 될지 전혀 알 수 없다. instanceof연산자도 new연산자와 같은 이유로 T를 피연산자로 사용할 수 없다.

지네릭 클래스를 생성할 때, 참조변수에 지정된 지네릭 타입과 생성자에 지정된 지네릭 타입은 일치해야 한다.

```
ArrayList<Tv> list = new ArrayList<Tv>();  // OK. 지네릭 타입 일치
List<Tv>      list = new ArrayList<Tv>();  // OK. 다형성. 지네릭 타입 일치
```

만일 일치하지 않으면 다음과 같이 컴파일 에러가 발생한다. Product와 Tv가 서로 상속관계라도 마찬가지이다.

```
ArrayList<Product> list = new ArrayList<Tv>(); // 에러. 지네릭 타입 불일치
```

그러면 지네릭 타입에 다형성을 적용할 방법은 없을까? 지네릭 타입으로 '와일드 카드'를 사용하면 된다. 와일드 카드는 기호 '?'를 사용하는데 다음과 같이 'extends'와 'super'로 상한(upper bound)과 하한(lower bound)을 제한할 수 있다.

> 〈? extends T〉　와일드 카드의 상한 제한. T와 그 자손들만 가능
> 〈? super T〉　　와일드 카드의 하한 제한. T와 그 조상들만 가능
> 〈?〉　　　　　　제한 없음. 모든 타입이 가능. 〈? extends Object〉와 동일

와일드 카드를 이용하면 다음과 같이 하나의 참조변수로 다른 지네릭 타입이 지정된 객체를 다룰 수 있다.(Tv와 Audio가 Product의 자손이라고 가정)

```
// 지네릭 타입이 '? exnteds Product'이면, Product와 Product의 모든 자손이 OK
ArrayList<? extends Product> list = new ArrayList<Tv>();     // OK
ArrayList<? extends Product> list = new ArrayList<Audio>();  // OK
```

와일드 카드를 아래와 같이 메서드의 매개변수에 적용하면,

```
static Juice makeJuice(FruitBox<? extends Fruit> box) {
    String tmp = "";
    for(Fruit f : box.getList()) tmp += f + " ";
    return new Juice(tmp);
}
```

다음과 같이 지네릭 타입이 다른 여러 객체를 매개변수로 지정할 수 있다.(Apple이 Fruit의 자손이라고 가정)

```
System.out.println(Juicer.makeJuice(new FruitBox<Fruit>())); // OK
System.out.println(Juicer.makeJuice(new FruitBox<Apple>();); // OK
```

```java
import java.util.ArrayList;

class Fruit2                  { public String toString() { return "Fruit";}}
class Apple2 extends Fruit2 { public String toString() { return "Apple";}}
class Grape2 extends Fruit2 { public String toString() { return "Grape";}}

class Juice {
   String name;

   Juice(String name)        { this.name = name + "Juice"; }
   public String toString() { return name;               }
}

class Juicer {
   static Juice makeJuice(FruitBox2<? extends Fruit2> box) {
      String tmp = "";

      for(Fruit2 f : box.getList())
         tmp += f + " ";
      return new Juice(tmp);
   }
}

class Ex12_4 {
   public static void main(String[] args) {
      FruitBox2<Fruit2> fruitBox = new FruitBox2<Fruit2>();
      FruitBox2<Apple2> appleBox = new FruitBox2<Apple2>();

      fruitBox.add(new Apple2());
      fruitBox.add(new Grape2());
      appleBox.add(new Apple2());
      appleBox.add(new Apple2());

      System.out.println(Juicer.makeJuice(fruitBox));
      System.out.println(Juicer.makeJuice(appleBox));
   } // main
}

class FruitBox2<T extends Fruit2> extends Box2<T> {}

class Box2<T> {
   ArrayList<T> list = new ArrayList<T>();
   void add(T item) { list.add(item);        }
   T get(int i)     { return list.get(i);  }
   ArrayList<T> getList() { return list;    }
   int size()       { return list.size();  }
   public String toString() { return list.toString();}
}
```

결과
```
Apple Grape Juice
Apple Apple Juice
```

메서드의 선언부에 지네릭 타입이 선언된 메서드를 지네릭 메서드라 한다. 앞서 살펴본 것처럼, Collections.sort( )가 바로 지네릭 메서드이며, 지네릭 타입의 선언 위치는 반환 타입 바로 앞이다.

```
static <T> void sort(List<T> list, Comparator<? super T> c)
```

지네릭 클래스에 정의된 타입 매개변수가 T이고 지네릭 메서드에 정의된 타입 매개변수가 T이어도 이 둘은 전혀 별개의 것이다. 같은 타입 문자 T를 사용해도 같은 것이 아니라는 것에 주의해야 한다. 참고로 지네릭 메서드는 지네릭 클래스가 아닌 클래스에도 정의될 수 있다.

```
class FruitBox<T> {
    ...
    static <T> void sort(List<T> list, Comparator<? super T> c) {
        ...
    }
}
```

위의 코드에서 지네릭 클래스 FruitBox에 선언된 타입 매개변수 T와 지네릭 메서드 sort( )에 선언된 타입 매개변수 T는 타입 문자만 같을 뿐 서로 다른 것이다. 그리고 sort( )가 static메서드라는 것에 주목하자. 앞서 설명한 것처럼, static멤버에는 타입 매개변수를 사용할 수 없지만, 이처럼 메서드에 지네릭 타입을 선언하고 사용하는 것은 가능하다.

메서드에 선언된 지네릭 타입은 지역 변수를 선언한 것과 같다고 생각하면 이해하기 쉬운데, 이 타입 매개변수는 메서드 내에서만 지역적으로 사용될 것이므로 메서드가 static이건 아니건 상관이 없다.

앞서 나왔던 makeJuice( )를 지네릭 메서드로 바꾸면 다음과 같다.

```
static <T extends Fruit> Juice makeJuice(FruitBox<T> box) {
    String tmp = "";
    for(Fruit f : box.getList()) tmp += f + " ";
    return new Juice(tmp);
}
```

이제 이 메서드를 호출할 때는 아래와 같이 타입 변수에 타입을 대입해야 한다.

```
FruitBox<Fruit> fruitBox = new FruitBox<Fruit>();
FruitBox<Apple> appleBox = new FruitBox<Apple>();
        ...
System.out.println(Juicer.<Fruit>makeJuice(fruitBox));
System.out.println(Juicer.<Apple>makeJuice(appleBox));
```

그러나 대부분의 경우 컴파일러가 대입된 타입을 추정할 수 있기 때문에 생략해도 된다. 위의 코드에서도 fruitBox와 appleBox의 선언부를 통해 컴파일러가 대입된 타입을 추정할 수 있다.

```
System.out.println(Juicer.makeJuice(fruitBox)); // 대입된 타입을 생략할 수 있다.
System.out.println(Juicer.makeJuice(appleBox));
```

한 가지 주의할 점은 지네릭 메서드를 호출할 때, 대입된 타입을 생략할 수 없는 경우에는 참조변수나 클래스 이름을 생략할 수 없다는 것이다.

```
System.out.println(<Fruit>makeJuice(fruitBox));      // 에러. 클래스 이름 생략불가
System.out.println(this.<Fruit>makeJuice(fruitBox));      // OK
System.out.println(Juicer.<Fruit>makeJuice(fruitBox));   // OK
```

같은 클래스 내에 있는 멤버들끼리는 참조변수나 클래스이름, 즉 'this.'이나 '클래스이름.'을 생략하고 메서드 이름만으로 호출이 가능하지만, 대입된 타입이 있을 때는 반드시 써줘야 한다. 이것은 단지 기술적인 이유에 의한 규칙이므로 그냥 지키기만 하면 된다.

지네릭 타입과 원시 타입(primitive type)간의 형변환이 가능할까? 잠시 생각해 본 다음에 아래의 코드를 보자.

```
Box          box   = null;
Box<Object> objBox = null;

box    = (Box)objBox;          // OK. 지네릭 타입 → 원시 타입. 경고 발생
objBox = (Box<Object>)box;     // OK. 원시 타입   → 지네릭 타입. 경고 발생
```

위에서 알 수 있듯이, 지네릭 타입과 넌지네릭(non-generic) 타입간의 형변환은 항상 가능하다. 다만 경고가 발생할 뿐이다. 그러면, 대입된 타입이 다른 지네릭 타입 간에는 형변환이 가능할까?

```
Box<Object> objBox = null;
Box<String> strBox = null;

objBox = (Box<Object>)strBox; // 에러. Box<String> → Box<Object>
strBox = (Box<String>)objBox; // 에러. Box<Object> → Box<String>
```

불가능하다. 대입된 타입이 Object일지라도 말이다. 이 사실은 이미 배웠다. 아래의 문장이 안 된다는 얘기는 Box⟨String⟩이 Box⟨Object⟩로 형변환될 수 없다는 사실을 간접적으로 알려주는 것이기 때문이다.

```
Box<Object> objBox = (Box<Object>)new Box<String>(); // 에러. 형변환 불가능
```

그러면 다음의 문장은 어떨까? Box⟨String⟩이 Box⟨? extends Object⟩로 형변환될까?

```
Box<? extends Object> wBox = new Box<String>();
```

형변환이 된다. 그래서 전에 배운 makeJuice메서드의 매개변수에 다형성이 적용될 수 있었던 것이다.

```
// 매개변수로 FruitBox<Fruit>, FruitBox<Apple>, FruitBox<Grape> 등이 가능
static Juice makeJuice(FruitBox<? extends Fruit> box) { ... }

FruitBox<? extends Fruit> box = new FruitBox<Fruit>(); // OK
FruitBox<? extends Fruit> box = new FruitBox<Apple>(); // OK
```

컴파일러는 지네릭 타입을 이용해서 소스파일을 체크하고, 필요한 곳에 형변환을 넣어준다. 그리고 지네릭 타입을 제거한다. 즉, 컴파일된 파일(*.class)에는 지네릭 타입에 대한 정보가 없는 것이다. 이렇게 하는 주된 이유는 지네릭이 도입되기 이전(JDK1.5 이전)의 소스 코드와의 호환성을 유지하기 위해서이다.

지네릭 타입의 제거 과정은 꽤 복잡하기 때문에 자세히 설명하기는 어렵다. 기본적인 제거 과정에 대해서만 살펴보자.

1. 지네릭 타입의 경계(bound)를 제거한다.

지네릭 타입이 〈T extends Fruit〉라면 T는 Fruit로 치환된다. 〈T〉인 경우는 T는 Object로 치환된다. 그리고 클래스 옆의 지네릭 타입 선언은 제거된다.

```
class Box<T extends Fruit> {
    void add(T t) {
        ...
    }
}
```
→
```
class Box {
    void add(Fruit t) {
        ...
    }
}
```

2. 지네릭 타입을 제거한 후에 타입이 일치하지 않으면, 형변환을 추가한다.

List의 get( )은 Object타입을 반환하므로 형변환이 필요하다.

```
T get(int i) {
    return list.get(i);
}
```
→
```
Fruit get(int i) {
    return (Fruit)list.get(i);
}
```

와일드 카드가 포함되어 있는 경우에는 다음과 같이 적절한 타입으로의 형변환이 추가된다.

```
static Juice makeJuice(FruitBox<? extends Fruit> box) {
    String tmp = "";
    for(Fruit f : box.getList()) tmp += f + " ";
    return new Juice(tmp);
}
```
↓
```
static Juice makeJuice(FruitBox box) {
    String tmp = "";
    Iterator it = box.getList().iterator();
    while(it.hasNext()) {
        tmp += (Fruit)it.next() + " ";
    }
    return new Juice(tmp);
}
```

열거형은 여러 상수를 선언해야 할 때, 편리하게 선언할 수 있는 방법이다. 일반적으로 상수를 선언할 때 다음과 같이 하는데, 이처럼 상수가 많을 때는 코드가 불필요하게 길어진다.

```
class Card {
    static final int CLOVER = 0;
    static final int HEART = 1;
    static final int DIAMOND = 2;
    static final int SPADE = 3;

    static final int TWO = 0;
    static final int THREE = 1;
    static final int FOUR = 2;

    final int kind;
    final int num;
}
```

이럴 때, 열거형을 이용하면 다음과 같이 간단히 상수를 선언할 수 있다. 위와 달리 따로 값을 지정해주지 않아도 자동적으로 0부터 시작하는 정수값이 할당된다. CLOVER의 값은 0이고 HEART는 1, DIAMOND는 2와 같은 식이다.

```
class Card {  //      0,     1,      2,      3
    enum Kind   { CLOVER, HEART, DIAMOND, SPADE }  // 열거형 Kind를 정의
    enum Value  { TWO, THREE, FOUR }               // 열거형 Value를 정의

    final Kind  kind;    // 타입이 int가 아닌 Kind임에 유의하자.
    final Value value;
}
```

그리고 이전의 코드에서는 아래와 같은 경우에 Card.CLOVER와 Card.TWO의 값이 0이라서 조건식이 true가 되는데, 사실 카드의 무늬와 숫자는 비교 대상이 아니므로 이 조건식은 false가 되는 것이 맞다.

```
if(Card.CLOVER==Card.TWO)  // true지만 false이어야 의미상 맞음.
```

열거형을 이용해서 상수를 정의한 경우는 값을 비교하기 전에 타입을 먼저 비교하므로 값이 같더라도 타입이 다르면 컴파일 에러가 발생한다.

```
if(Card.Kind.CLOVER==Card.Value.TWO) {  // 컴파일 에러. 타입이 달라서 비교 불가
```

열거형을 정의하는 방법은 간단하다. 다음과 같이 괄호{} 안에 상수의 이름을 나열하기만 하면 된다.

> **enum** 열거형이름 { 상수명1, 상수명2, ... }

예를 들어 동서남북 4방향을 상수로 정의하는 열거형 Direction은 다음과 같다.

> **enum Direction { EAST, SOUTH, WEST, NORTH }**

이 열거형에 정의된 상수를 사용하는 방법은 '열거형이름.상수명'이다. 클래스의 static변수를 참조하는 것과 동일하다.

```
class Unit {
    int x, y;          // 유닛의 위치
    Direction dir;     // 열거형 인스턴스 변수를 선언

    void init() {
        dir = Direction.EAST;   // 유닛의 방향을 EAST로 초기화
    }
}
```

열거형 상수간의 비교에는 '=='를 사용할 수 있다. equals( )가 아닌 '=='로 비교가 가능하다는 것은 그만큼 빠른 성능을 제공한다는 얘기다. 그러나 '<', '>'와 같은 비교연산자는 사용할 수 없고 compareTo( )는 사용가능하다. 앞서 배운 것과 같이 compareTo( )는 두 비교대상이 같으면 0, 왼쪽이 크면 양수, 오른쪽이 크면 음수를 반환한다.

```
if(dir==Direction.EAST) {
    x++;
} else if (dir > Direction.WEST) { // 에러. 열거형 상수에 비교연산자 사용불가
    ...
} else if (dir.compareTo(Direction.WEST) > 0) { // compareTo()는 가능
    ...
}
```

모든 열거형의 조상은 java.lang.Enum이며, 이 클래스는 다음과 같은 메서드를 제공한다.

메서드	설명
Class⟨E⟩ getDeclaringClass( )	열거형의 Class객체를 반환한다.
String name( )	열거형 상수의 이름을 문자열로 반환한다.
int ordinal( )	열거형 상수가 정의된 순서를 반환한다.(0부터 시작)
T valueOf(Class⟨T⟩ enumType, String name)	지정된 열거형에서 name과 일치하는 열거형 상수를 반환한다.

ordinal( )은 모든 열거형의 조상인 java.lang.Enum클래스에 정의된 것으로, 열거형 상수가 정의된 순서(0부터 시작)를 정수로 반환한다.

이외에도 values( )처럼 컴파일러가 모든 열거형에 자동적으로 추가해주는 메서드가 두 개 더 있다.

```
static E[] values()
static E valueOf(String name)
```

values( )는 열거형 Direction에 정의된 모든 상수를 출력하는데 사용된다.

```
Direction[] dArr = Direction.values();

for(Direction d : dArr)  // for(Direction d : Direction.values())
    System.out.printf("%s=%d%n", d.name(), d.ordinal());
```

그리고 valueOf(String name)는 열거형 상수의 이름으로 문자열 상수에 대한 참조를 얻을 수 있게 해준다.

```
Direction d = Direction.valueOf("WEST");

System.out.println(d); // WEST
System.out.println(Direction.WEST==Direction.valueOf("WEST")); // true
```

예제
12-5

```java
enum Direction { EAST, SOUTH, WEST, NORTH }

class Ex12_5 {
    public static void main(String[] args) {
        Direction d1 = Direction.EAST;
        Direction d2 = Direction.valueOf("WEST");
        Direction d3 = Enum.valueOf(Direction.class, "EAST");

        System.out.println("d1="+d1);
        System.out.println("d2="+d2);
        System.out.println("d3="+d3);

        System.out.println("d1==d2 ? "+ (d1==d2));
        System.out.println("d1==d3 ? "+ (d1==d3));
        System.out.println("d1.equals(d3) ? "+ d1.equals(d3));
//      System.out.println("d2 > d3 ? "+ (d1 > d3)); // 에러
        System.out.println("d1.compareTo(d3) ? "+ (d1.compareTo(d3)));
        System.out.println("d1.compareTo(d2) ? "+ (d1.compareTo(d2)));

        switch(d1) {
            case EAST: // Direction.EAST라고 쓸 수 없다.
                System.out.println("The direction is EAST."); break;
            case SOUTH:
                System.out.println("The direction is SOUTH."); break;
            case WEST:
                System.out.println("The direction is WEST."); break;
            case NORTH:
                System.out.println("The direction is NORTH."); break;
            default:
                System.out.println("Invalid direction."); break;
        }

        Direction[] dArr = Direction.values();

        for(Direction d : dArr)  // for(Direction d : Direction.values())
            System.out.printf("%s=%d%n", d.name(), d.ordinal());
    }
}
```

결과
```
d1=EAST
d2=WEST
d3=EAST
d1==d2 ? false
d1==d3 ? true
d1.equals(d3) ? true
d1.compareTo(d3) ? 0
d1.compareTo(d2) ? -2
The direction is EAST.
EAST=0
SOUTH=1
WEST=2
NORTH=3
```

Enum클래스에 정의된 ordinal( )이 열거형 상수가 정의된 순서를 반환하지만, 이 값을 열거형 상수의 값으로 사용하지 않는 것이 좋다. 이 값은 내부적인 용도로만 사용되기 위한 것이기 때문이다.

열거형 상수의 값이 불규칙적인 경우에는 다음과 같이 열거형 상수의 이름 옆에 원하는 값을 괄호( )와 함께 적어주면 된다.

```
enum Direction { EAST(1), SOUTH(5), WEST(-1), NORTH(10) }
```

그리고 지정된 값을 저장할 수 있는 인스턴스 변수와 생성자를 새로 추가해 주어야 한다. 이때 주의할 점은, 먼저 열거형 상수를 모두 정의한 다음에 다른 멤버들을 추가해야 한다는 것이다. 그리고 열거형 상수의 마지막에 ';'도 잊지 말아야 한다.

```
enum Direction {
    EAST(1), SOUTH(5), WEST(-1), NORTH(10);   // 끝에 ';'를 추가해야 한다.

    private final int value;   // 정수를 저장할 필드(인스턴스 변수)를 추가
    Direction(int value) { this.value = value; } // 생성자를 추가

    public int getValue() { return value; }
}
```

열거형의 인스턴스 변수는 반드시 final이어야 한다는 제약은 없지만, value는 열거형 상수의 값을 저장하기 위한 것이므로 final을 붙였다. 그리고 외부에서 이 값을 얻을 수 있게 getValue( )도 추가하였다.

```
Direction d = new Direction(1); // 에러. 열거형의 생성자는 외부에서 호출불가
```

열거형 Direction에 새로운 생성자가 추가되었지만, 위와 같이 열거형의 객체를 생성할 수 없다. 열거형의 생성자는 제어자가 묵시적으로 private이기 때문이다.

```
enum Direction {
    ...
    Direction(int value) {  // private Direction(int value)와 동일
    ...
}
```

예제
12-6

```java
enum Direction2 {
   EAST(1, ">"), SOUTH(2,"V"), WEST(3, "<"), NORTH(4,"^");

   private static final Direction2[] DIR_ARR = Direction2.values();
   private final int value;
   private final String symbol;

   Direction2(int value, String symbol) { // 접근 제어자 private이 생략됨
      this.value  = value;
      this.symbol = symbol;
   }

   public int getValue()    { return value;  }
   public String getSymbol() { return symbol; }

   public static Direction2 of(int dir) {
       if (dir < 1 || dir > 4)
           throw new IllegalArgumentException("Invalid value :" + dir);

       return DIR_ARR[dir - 1];
   }

   // 방향을 회전시키는 메서드. num의 값만큼 90도씩 시계방향으로 회전한다.
   public Direction2 rotate(int num) {
      num = num % 4;

      if(num < 0) num +=4; // num이 음수일 때는 시계반대 방향으로 회전

      return DIR_ARR[(value-1+num) % 4];
   }

   public String toString() {
      return name()+getSymbol();
   }
} // enum Direction2

class Ex12_6 {
   public static void main(String[] args) {
      for(Direction2 d : Direction2.values())
         System.out.printf("%s=%d%n", d.name(), d.getValue());

      Direction2 d1 = Direction2.EAST;
      Direction2 d2 = Direction2.of(1);

      System.out.printf("d1=%s, %d%n", d1.name(), d1.getValue());
      System.out.printf("d2=%s, %d%n", d2.name(), d2.getValue());
      System.out.println(Direction2.EAST.rotate(1));
      System.out.println(Direction2.EAST.rotate(2));
      System.out.println(Direction2.EAST.rotate(-1));
      System.out.println(Direction2.EAST.rotate(-2));
   }
}
```

결과
```
EAST=1
SOUTH=2
WEST=3
NORTH=4
d1=EAST, 1
d2=EAST, 1
SOUTHV
WEST<
NORTH^
WEST<
```

자바를 개발한 사람들은 소스코드에 대한 문서를 따로 만들기보다 소스코드와 문서를 하나의 파일로 관리하는 것이 낫다고 생각했다. 그래서 소스코드의 주석'/** ~ */'에 소스코드에 대한 정보를 저장하고, 소스코드의 주석으로부터 HTML문서를 생성해내는 프로그램(javadoc. exe)을 만들어서 사용했다. 다음은 모든 애너테이션의 조상인 Annotation인터페이스의 소스코드의 일부이다.

```
/**
 * The common interface extended by all annotation types.  Note that an
 * interface that manually extends this one does <i>not</i> define
 * an annotation type.  Also note that this interface does not itself
 * define an annotation type.
      ...
 * The {@link java.lang.reflect.AnnotatedElement} interface discusses
 * compatibility concerns when evolving an annotation type from being
 * non-repeatable to being repeatable.
 *
 * @author   Josh Bloch
 * @since    1.5
 */
public interface Annotation {
      ...
```

'/**'로 시작하는 주석 안에 소스코드에 대한 설명들이 있고, 그 안에 '@'이 붙은 태그 들이 눈에 띌 것이다. 미리 정의된 태그들을 이용해서 주석 안에 정보를 저장하고, javadoc.exe라는 프로그램이 이 정보를 읽어서 문서를 작성하는데 사용한다.

 이 기능을 응용하여, 프로그램의 소스코드 안에 다른 프로그램을 위한 정보를 미리 약속된 형식으로 포함시킨 것이 바로 애너테이션이다. 애너테이션은 주석(comment)처럼 프로그래밍 언어에 영향을 미치지 않으면서도 다른 프로그램에게 유용한 정보를 제공할 수 있다는 장점이 있다.

참 고 │ 애너테이션(annotation)의 뜻은 주석, 주해, 메모이다.

예를 들어, 자신이 작성한 소스코드 중에서 특정 메서드만 테스트하기를 원한다면, 다음과 같이 '@Test'라는 애너테이션을 메서드 앞에 붙인다. '@Test'는 '이 메서드를 테스트해야 한다'는 것을 테스트 프로그램에게 알리는 역할을 할 뿐, 메서드가 포함된 프로그램 자체에는 아무런 영향을 미치지 않는다. 주석처럼 존재하지 않는 것이나 다름없다.

```
@Test     // 이 메서드가 테스트 대상임을 테스트 프로그램에게 알린다.
public void method() {
        ...
}
```

테스트 프로그램에게 테스트할 메서드를 일일이 알려주지 않고, 해당 메서드 앞에 애너테이션만 붙이면 된다니 얼마나 편리한가. 그렇다고 모든 프로그램에게 의미가 있는 것은 아니고, 해당 프로그램에 미리 정의된 종류와 형식으로 작성해야만 의미가 있다. '@Test'는 테스트 프로그램을 제외한 다른 프로그램에게는 아무런 의미가 없는 정보일 것이다.

애너테이션은 JDK에서 기본적으로 제공하는 것과 다른 프로그램에서 제공하는 것들이 있는데, 어느 것이든 그저 약속된 형식으로 정보를 제공하기만 하면 될 뿐이다. 애너테이션이 제공한 정보를 이용해서 내부적으로 어떻게 처리하는 지까지 지금의 학습 단계에서 고민하지 않기 바란다.

JDK에서 제공하는 표준 애너테이션은 주로 컴파일러를 위한 것으로 컴파일러에게 유용한 정보를 제공한다. 그리고 새로운 애너테이션을 정의할 때 사용하는 메타 애너테이션도 제공한다.

참고) JDK에서 제공하는 애너테이션은 'java.lang.annotation'패키지에 포함되어 있다.

자바에서 기본적으로 제공하는 애너테이션은 몇 개 없다. 그나마 이들의 일부는 '메타 애너테이션(meta annotation)'으로 애너테이션을 정의하는데 사용되는 애너테이션의 애너테이션이다. 아직 여러 분들은 대부분 새로운 애너테이션을 정의하기보다는 이미 작성된 애너테이션을 사용하는 경우가 많을 것이므로 가벼운 마음으로 읽으면 좋을 것 같다.

애너테이션	설명
@Override	컴파일러에게 메서드를 오버라이딩하는 것이라고 알린다.
@Deprecated	앞으로 사용하지 않을 것을 권장하는 대상에 붙인다.
@SuppressWarnings	컴파일러의 특정 경고메시지가 나타나지 않게 해준다.
@SafeVarargs	지네릭스 타입의 가변인자에 사용한다.(JDK1.7)
@FunctionalInterface	함수형 인터페이스라는 것을 알린다.(JDK1.8)
@Native	native메서드에서 참조되는 상수 앞에 붙인다.(JDK1.8)
@Target*	애너테이션이 적용가능한 대상을 지정하는데 사용한다.
@Documented*	애너테이션 정보가 javadoc으로 작성된 문서에 포함되게 한다.
@Inherited*	애너테이션이 자손 클래스에 상속되도록 한다.
@Retention*	애너테이션이 유지되는 범위를 지정하는데 사용한다.
@Repeatable*	애너테이션을 반복해서 적용할 수 있게 한다.(JDK1.8)

▲ 표 12-1 자바에서 기본적으로 제공하는 표준 애너테이션(*가 붙은 것은 메타 애너테이션)

메타 애너테이션은 잠시 후에 소개하기로 하고, 메타 애너테이션을 제외한 애너테이션에 대해서 먼저 알아보자.

메서드 앞에만 붙일 수 있는 애너테이션으로, 조상의 메서드를 오버라이딩하는 것이라는 걸 컴파일러에게 알려주는 역할을 한다. 아래의 코드에서처럼 오버라이딩할 때 조상 메서드의 이름을 잘못 써도 컴파일러는 이것이 잘못된 것인지 알지 못한다.

```
class Parent {
    void parentMethod() { }
}

class Child extends Parent {
    void parentmethod() { }   // 오버라이딩하려 했으나 실수로 이름을 잘못적음
}
```

오버라이딩할 때는 이처럼 메서드의 이름을 잘못 적는 경우가 많은데, 컴파일러는 그저 새로운 이름의 메서드가 추가된 것으로 인식할 뿐이다. 게다가 실행 시에도 오류가 발생하지 않고 조상의 메서드가 호출되므로 어디서 잘못되었는지 알아내기 어렵다.

```
class Child extends Parent {
    void parentmethod(){}
}
```
→
```
class Child extends Parent {
    @Override
    void parentmethod() {}
}
```

그러나 위의 오른쪽 코드와 같이 메서드 앞에 '@Override'를 붙이면, 컴파일러가 같은 이름의 메서드가 조상에 있는지 확인하고 없으면, 에러메시지를 출력한다.

오버라이딩할 때 메서드 앞에 '@Override'를 붙이는 것이 필수는 아니지만, 알아내기 어려운 실수를 미연에 방지해주므로 반드시 붙이도록 하자.

예제 12-7	
| ```
class Parent {
    void parentMethod() { }
}

class Child extends Parent {
    @Override
    void parentmethod() { } // 조상 메서드의 이름을 잘못 적었음.
}
``` | 컴파일결과 `Ex12_7.java:6: error: method does not override or implement a method from a supertype`<br>`        @Override`<br>`        ^`<br>`1 error` |

이 예제를 컴파일하면 위와 같은 에러메시지가 나타난다. 오버라이딩을 해야 하는데 하지 않았다는 뜻이다. '@Override'를 메서드 앞에 붙이지 않았다면 나타나지 않았을 메시지이다. Child클래스에서 메서드의 이름을 'parentMethod'로 변경하고 다시 컴파일해보자. 이번에 에러메시지가 나타나지 않을 것이다.
```

새로운 버전의 JDK가 소개될 때, 새로운 기능이 추가될 뿐만 아니라 기존의 부족했던 기능들을 개선하기도 한다. 이 과정에서 기존의 기능을 대체할 것들이 추가되어도, 이미 여러 곳에서 사용되고 있을지 모르는 기존의 것들을 함부로 삭제할 수 없다.

그래서 생각해낸 방법이 더 이상 사용되지 않는 필드나 메서드에 '@Deprecated'를 붙이는 것이다. 이 애너테이션이 붙은 대상은 다른 것으로 대체되었으니 더 이상 사용하지 않을 것을 권한다는 의미이다. 예를 들어 java.util.Date클래스의 대부분의 메서드에는 '@Deprecated'가 붙어있는데, Java API에서 Date클래스의 getDate( )를 보면 아래와 같이 적혀있다.

```
int getDate()
  Deprecated.
  As of JDK version 1.1, replaced by Calendar.get(Calendar.DAY_OF_MONTH).
```

이 메서드 대신에 JDK1.1부터 추가된 Calendar클래스의 get( )을 사용하라는 얘기다. 기존의 것 대신 새로 추가된 개선된 기능을 사용하도록 유도하는 것이다. 굳이 기존의 것을 사용하겠다면, 아무도 못 말리겠지만 가능하면 '@Deprecated'가 붙은 것들은 사용하지 않아야 한다.

```
class NewClass {
    @Deprecated
    int oldField;

    @Deprecated
    int getOldField() { return oldField; };
}
```

만일 '@Deprecated'가 붙은 대상을 사용하는 코드를 작성하면, 컴파일할 때 아래와 같은 메시지가 나타난다.

```
Note: AnnotationEx2.java uses or overrides a deprecated API.
Note: Recompile with -Xlint:deprecation for details.
```

해당 소스파일(AnnotationEx2.java)이 'deprecated'된 대상을 사용하고 있으며, '-Xlint: deprecation'옵션을 붙여서 다시 컴파일하면 자세한 내용을 알 수 있다는 뜻이다.

```
C:\jdk1.8\work\ch12>javac -Xlint:deprecation AnnotationEx2.java
AnnotationEx2.java:21: warning: [deprecation] oldField in NewClass
has been deprecated
    nc.oldField = 10;
       ^
```

27 **@FunctionalInterface**

'함수형 인터페이스(functional interface)'를 선언할 때, 이 애너테이션을 붙이면 컴파일러가 '함수형 인터페이스'를 올바르게 선언했는지 확인하고, 잘못된 경우 에러를 발생시킨다. 필수는 아니지만, 붙이면 실수를 방지할 수 있으므로 '함수형 인터페이스'를 선언할 때는 이 애너테이션을 반드시 붙이도록 하자.

> **참 고** 함수형 인터페이스는 추상 메서드가 하나뿐이어야 한다는 제약이 있다. p.556을 참고

```java
@FunctionalInterface
public interface Runnable {
    public abstract void run(); // 추상 메서드
}
```

컴파일러가 보여주는 경고메시지가 나타나지 않게 억제해준다. 이전 예제에서처럼 컴파일러의 경고메시지는 무시하고 넘어갈 수도 있지만, 모두 확인하고 해결해서 컴파일 후에 어떠한 메시지도 나타나지 않게 해야 한다.

그러나 경우에 따라서는 경고가 발생할 것을 알면서도 묵인해야 할 때가 있는데, 이 경고를 그대로 놔두면 컴파일할 때마다 메시지가 나타난다. 이전 예제에서 확인한 것과 같이 '-Xlint'옵션을 붙이지 않으면 컴파일러는 경고의 자세한 내용은 보여주지 않으므로 다른 경고들을 놓치기 쉽다. 이때는 묵인해야 하는 경고가 발생하는 대상에 반드시 '@SuppressWarnings'를 붙여서 컴파일 후에 어떤 경고 메시지도 나타나지 않게 해야 한다.

'@SuppressWarnings'로 억제할 수 있는 경고 메시지의 종류는 여러 가지가 있는데, JDK의 버전이 올라가면서 계속 추가될 것이다. 이 중에서 주로 사용되는 것은 "deprecation", "unchecked", "rawtypes", "varargs" 정도이다.

"deprecation"은 앞서 살펴본 것과 같이 '@Deprecated'가 붙은 대상을 사용해서 발생하는 경고를, "unchecked"는 지네릭스로 타입을 지정하지 않았을 때 발생하는 경고를, "rawtypes"는 지네릭스를 사용하지 않아서 발생하는 경고를, 그리고 "varargs"는 가변인자의 타입이 지네릭 타입일 때 발생하는 경고를 억제할 때 사용한다.

억제하려는 경고 메시지를 애너테이션의 뒤에 괄호( ) 안에 문자열로 지정하면 된다.

```
@SuppressWarnings("unchecked")      // 지네릭스와 관련된 경고를 억제
ArrayList list = new ArrayList();   // 지네릭 타입을 지정하지 않았음.
list.add(obj);                      // 여기서 경고가 발생하지만 억제됨
```

만일 둘 이상의 경고를 동시에 억제하려면 다음과 같이 한다. 배열에서처럼 괄호{ }를 추가로 사용해야 한다는 것에 주의하자.

```
@SuppressWarnings({"deprecation", "unchecked", "varargs"})
```

앞서 설명한 것과 같이 메타 애너테이션은 '애너테이션을 위한 애너테이션', 즉 애너테이션에 붙이는 애너테이션으로 애너테이션을 정의할 때 애너테이션의 적용대상(target)이나 유지기간(retention)등을 지정하는데 사용된다.

> **참고** 메타 애너테이션은 'java.lang.annotation'패키지에 포함되어 있다.

애너테이션	설명
@Target	애너테이션이 적용가능한 대상을 지정하는데 사용한다.
@Documented	애너테이션 정보가 javadoc으로 작성된 문서에 포함되게 한다.
@Inherited	애너테이션이 자손 클래스에 상속되도록 한다.
@Retention	애너테이션이 유지되는 범위를 지정하는데 사용한다.
@Repeatable	애너테이션을 반복해서 적용할 수 있게 한다.(JDK1.8)

애너테이션이 적용가능한 대상을 지정하는데 사용된다. 아래는 '@SuppressWarnings'를 정의한 것인데, 이 애너테이션에 적용할 수 있는 대상을 '@Target'으로 지정하였다. 앞서 언급한 것과 같이 여러 개의 값을 지정할 때는 배열에서처럼 괄호{}를 사용해야한다.

```
@Target({TYPE, FIELD, METHOD, PARAMETER,CONSTRUCTOR, LOCAL_VARIABLE})
@Retention(RetentionPolicy.SOURCE)
public @interface SuppressWarnings {
    String[] value();
}
```

'@Target'으로 지정할 수 있는 애너테이션 적용대상의 종류는 아래와 같다.

대상 타입	의미
ANNOTATION_TYPE	애너테이션
CONSTRUCTOR	생성자
FIELD	필드(멤버변수, enum상수)
LOCAL_VARIABLE	지역변수
METHOD	메서드
PACKAGE	패키지
PARAMETER	매개변수
TYPE	타입(클래스, 인터페이스, enum)
TYPE_PARAMETER	타입 매개변수(JDK1.8)
TYPE_USE	타입이 사용되는 모든 곳(JDK1.8)

'TYPE'은 타입을 선언할 때, 애너테이션을 붙일 수 있다는 뜻이고 'TYPE_USE'는 해당 타입의 변수를 선언할 때 붙일 수 있다는 뜻이다. 위의 표의 값들은 'java.lang.annotation. ElementType'이라는 열거형에 정의되어 있으며, 아래와 같이 static import문을 쓰면 'ElementType.TYPE'을 'TYPE'과 같이 간단히 할 수 있다.

```
import static java.lang.annotation.ElementType.*;

@Target({FIELD, TYPE, TYPE_USE})    // 적용대상이 FIELD, TYPE, TYPE_USE
public @interface MyAnnotation { }  // MyAnnotation을 정의

@MyAnnotation        // 적용대상이 TYPE인 경우
class MyClass {
    @MyAnnotation    // 적용대상이 FIELD인 경우
    int i;

    @MyAnnotation    // 적용대상이 TYPE_USE인 경우
    MyClass mc;
}
```

애너테이션이 유지(retention)되는 기간을 지정하는데 사용된다. 애너테이션의 유지 정책 (retention policy)의 종류는 다음과 같다.

유지 정책	의미
SOURCE	소스 파일에만 존재. 클래스파일에는 존재하지 않음.
CLASS	클래스 파일에 존재. 실행시에 사용불가. 기본값
RUNTIME	클래스 파일에 존재. 실행시에 사용가능.

'@Override'나 '@SuppressWarnings'처럼 컴파일러가 사용하는 애너테이션은 유지 정책이 'SOURCE'이다. 컴파일러를 직접 작성할 것이 아니면, 이 유지정책은 필요없다.

```
@Target(ElementType.METHOD)
@Retention(RetentionPolicy.SOURCE)
public @interface Override {}
```

유지 정책을 'RUNTIME'으로 하면, 실행 시에 '리플렉션(reflection)'을 통해 클래스 파일에 저장된 애너테이션의 정보를 읽어서 처리할 수 있다. '@FunctionalInterface'는 '@Override'처럼 컴파일러가 체크해주는 애너테이션이지만, 실행 시에도 사용되므로 유지 정책이 'RUNTIME'으로 되어 있다.

```
@Documented
@Retention(RetentionPolicy.RUNTIME)
@Target(ElementType.TYPE)
public @interface FunctionalInterface {}
```

유지 정책 'CLASS'는 컴파일러가 애너테이션의 정보를 클래스 파일에 저장할 수 있게는 하지만, 클래스 파일이 JVM에 로딩될 때는 애너테이션의 정보가 무시되어 실행 시에 애너테이션에 대한 정보를 얻을 수 없다. 이것이 'CLASS'가 유지정책의 기본값임에도 불구하고 잘 사용되지 않는 이유이다.

> 참고 | 지역 변수에 붙은 애너테이션은 컴파일러만 인식할 수 있으므로, 유지정책이 'RUNTIME'인 애너테이션을 지역 변수에 붙여도 실행 시에 인식되지 않는다.

@Documented

애너테이션에 대한 정보가 javadoc으로 작성한 문서에 포함되도록 한다. 자바에서 제공하는 기본 애너테이션 중에 '@Override'와 '@SuppressWarnings'를 제외하고는 모두 이 메타 애너테이션이 붙어 있다.

```
@Documented
@Retention(RetentionPolicy.RUNTIME)
@Target(ElementType.TYPE)
public @interface FunctionalInterface {}
```

@Inherited

애너테이션이 자손 클래스에 상속되도록 한다. '@Inherited'가 붙은 애너테이션을 조상 클래스에 붙이면, 자손 클래스도 이 애너테이션이 붙은 것과 같이 인식된다.

```
@Inherited                    // @SuperAnno가 자손까지 영향 미치게
@interface SuperAnno {}

@SuperAnno
class Parent {}

class Child extends Parent {}   // Child에 애너테이션이 붙은 것으로 인식
```

위의 코드에서 Child클래스는 애너테이션이 붙지 않았지만, 조상인 Parent클래스에 붙은 '@SuperAnno'가 상속되어 Child클래스에도 '@SuperAnno'가 붙은 것처럼 인식된다.

보통은 하나의 대상에 한 종류의 애너테이션을 붙이는데, '@Repeatable'이 붙은 애너테이션은 여러 번 붙일 수 있다.

```
@Repeatable(ToDos.class) // ToDo애너테이션을 여러 번 반복해서 쓸 수 있게 한다.
@interface ToDo {
    String value();
}
```

예를 들어 '@ToDo'라는 애너테이션이 위와 같이 정의되어 있을 때, 다음과 같이 My Class클래스에 '@ToDo'를 여러 번 붙이는 것이 가능하다.

```
@ToDo("delete test codes.")
@ToDo("override inherited methods")
class MyClass {
    ...
}
```

일반적인 애너테이션과 달리 같은 이름의 애너테이션이 하나의 대상에 여러 번 적용될 수 있기 때문에, 이 애너테이션들을 하나로 묶어서 다룰 수 있는 애너테이션도 추가로 정의해야 한다.

```
@interface ToDos { // 여러 개의 ToDo애너테이션을 담을 컨테이너 애너테이션 ToDos
    ToDo[] value(); // ToDo애너테이션 배열타입의 요소를 선언.  이름이 반드시 value이어야 함
}

@Repeatable(ToDos.class) // 괄호 안에 컨테이너 애너테이션을 지정해 줘야한다.
@interface ToDo {
    String value();
}
```

지금까지 애너테이션을 사용하는 방법에 대해서 살펴봤는데, 이제 직접 애너테이션을 만들어서 사용해볼 차례이다. 새로운 애너테이션을 정의하는 방법은 아래와 같다. '@'기호를 붙이는 것을 제외하면 인터페이스를 정의하는 것과 동일하다.

```
@interface 애너테이션이름 {
    타입 요소이름();   // 애너테이션의 요소를 선언한다.
         ...
}
```

엄밀히 말해서 '@Override'는 애너테이션이고 'Override'는 '애너테이션의 타입'이다.

애너테이션 내에 선언된 메서드를 '애너테이션의 요소(element)'라고 하며, 아래에 선언된 TestInfo애너테이션은 다섯 개의 요소를 갖는다.

> **참고**   애너테이션에도 인터페이스처럼 상수를 정의할 수 있지만, 디폴트 메서드는 정의할 수 없다.

```
@interface TestInfo {
    int       count();
    String    testedBy();
    String[]  testTools();
    TestType  testType(); // enum TestType { FIRST, FINAL }
    DateTime  testDate(); // 자신이 아닌 다른 애너테이션(@DateTime)을 포함할 수 있다.
}

@interface DateTime {
    String yymmdd();
    String hhmmss();
}
```

애너테이션의 요소는 반환값이 있고 매개변수는 없는 추상 메서드의 형태를 가지며, 상속을 통해 구현하지 않아도 된다. 다만, 애너테이션을 적용할 때 이 요소들의 값을 빠짐없이 지정해주어야 한다. 요소의 이름도 같이 적어주므로 순서는 상관없다.

```
@TestInfo(
    count=3, testedBy="Kim",
    testTools={"JUnit","AutoTester"},
    testType=TestType.FIRST,
    testDate=@DateTime(yymmdd="160101", hhmmss="235959")
)
public class NewClass { ... }
```

애너테이션의 각 요소는 기본값을 가질 수 있으며, 기본값이 있는 요소는 애너테이션을 적용할 때 값을 지정하지 않으면 기본값이 사용된다.

> **참고** 기본값으로 null을 제외한 모든 리터럴이 가능하다.

```
@interface TestInfo {
    int count() default 1;        // 기본값을 1로 지정
}

@TestInfo     // @TestInfo(count=1)과 동일
public class NewClass { ... }
```

애너테이션 요소가 오직 하나뿐이고 이름이 value인 경우, 애너테이션을 적용할 때 요소의 이름을 생략하고 값만 적어도 된다.

```
@interface TestInfo {
    String value();
}

@TestInfo("passed")     // @TestInfo(value="passed")와 동일
class NewClass { ... }
```

요소의 타입이 배열인 경우, 괄호{}를 사용해서 여러 개의 값을 지정할 수 있다.

```
@interface TestInfo {
    String[] testTools();
}

@Test(testTools={"JUnit", "AutoTester"}) // 값이 여러 개인 경우
@Test(testTools="JUnit")                  // 값이 하나일 때는 괄호{}생략가능
@Test(testTools={})                       // 값이 없을 때는 괄호{}가 반드시 필요
```

기본값을 지정할 때도 마찬가지로 괄호{}를 사용할 수 있다.

```
@interface TestInfo {
   String[] info()  default {"aaa","bbb"}; // 기본값이 여러 개인 경우. 괄호{}사용
   String[] info2() default "ccc";             // 기본값이 하나인 경우. 괄호 생략가능
}

@TestInfo               // @TestInfo(info={"aaa","bbb"}, info2="ccc")와 동일
@TestInfo(info2={})  // @TestInfo(info={"aaa","bbb"}, info2={})와 동일
class NewClass { ... }
```

요소의 타입이 배열일 때도 요소의 이름이 value이면, 요소의 이름을 생략할 수 있다. 예를 들어, '@SuppressWarnings'의 경우, 요소의 타입이 String배열이고 이름이 value이다.

```
@interface SuppressWarnings {
    String[] value();
}
```

그래서 애너테이션을 적용할 때 요소의 이름을 생략할 수 있는 것이다.

```
//    @SuppressWarnings(value={"deprecation", "unchecked"})
    @SuppressWarnings({"deprecation", "unchecked"})
    class NewClass { ... }
```

모든 애너테이션의 조상은 Annotation이다. 그러나 애너테이션은 상속이 허용되지 않으므로 아래와 같이 명시적으로 Annotation을 조상으로 지정할 수 없다.

```
@interface TestInfo extends Annotation { // 에러. 허용되지 않는 표현
    int         count();
    String      testedBy();
        ...
}
```

게다가 아래의 소스에서 볼 수 있듯이 Annotation은 애너테이션이 아니라 일반적인 인터페이스로 정의되어 있다.

```
package java.lang.annotation;

public interface Annotation {   // Annotation자신은 인터페이스이다.
    boolean equals(Object obj);
    int hashCode();
    String toString();

    Class<? extends Annotation> annotationType(); // 애너테이션의 타입을 반환
}
```

모든 애너테이션의 조상인 Annotation인터페이스가 위와 같이 정의되어 있기 때문에, 모든 애너테이션 객체에 대해 equals(), hashCode(), toString()과 같은 메서드를 호출하는 것이 가능하다.

```
Class<AnnotationTest> cls = AnnotationTest.class;
Annotation[] annoArr = cls.getAnnotations();

for(Annotation a : annoArr) {
    System.out.println("toString():"+a.toString());
    System.out.println("hashCode():"+a.hashCode());
    System.out.println("equals():"+a.equals(a));
    System.out.println("annotationType():"+a.annotationType());
}
```

위의 코드는 AnnotationTest클래스에 적용된 모든 애너테이션에 대해 toString(), hashCode(), equals()를 호출한다.

값을 지정할 필요가 없는 경우, 애너테이션의 요소를 하나도 정의하지 않을 수 있다. Serializable이나 Cloneable인터페이스처럼, 요소가 하나도 정의되지 않은 애너테이션을 마커 애너테이션이라고 한다.

```
@Target(ElementType.METHOD)
@Retention(RetentionPolicy.SOURCE)
public @interface Override {}   // 마커 애너테이션. 정의된 요소가 하나도 없다.

@Target(ElementType.METHOD)
@Retention(RetentionPolicy.SOURCE)
public @interface Test {}        // 마커 애너테이션. 정의된 요소가 하나도 없다.
```

애너테이션의 요소를 선언할 때 반드시 지켜야 하는 규칙은 다음과 같다.

- 요소의 타입은 기본형, String, enum, 애너테이션, Class만 허용된다.
- ( ) 안에 매개변수를 선언할 수 없다.
- 예외를 선언할 수 없다.
- 요소를 타입 매개변수로 정의할 수 없다.

다음의 코드에서 무엇이 잘못되었는지 찾아보자.

```java
@interface AnnoTest {
    int id = 100;
    String major(int i, int j);
    String minor() throws Exception;
    ArrayList<T> list();
}
```

아래의 코드에 적힌 주석을 보고 자신의 생각과 비교해 보자.

```java
@interface AnnoTest {
    int id = 100;                   // OK. 상수 선언. static final int id = 100;
    String major(int i, int j);      // 에러. 매개변수를 선언할 수 없음
    String minor() throws Exception; // 에러. 예외를 선언할 수 없음
    ArrayList<T> list();             // 에러. 요소의 타입에 타입 매개변수 사용불가
}
```

```java
import java.lang.annotation.*;

@Deprecated
@SuppressWarnings("1111") // 유효하지 않은 애너테이션은 무시된다.
@TestInfo(testedBy="aaa", testDate=@DateTime(yymmdd="160101",hhmmss="235959"))
class Ex12_8 {
    public static void main(String args[]) {
        // Ex12_8의 Class객체를 얻는다.
        Class<Ex12_8> cls = Ex12_8.class;

        TestInfo anno = cls.getAnnotation(TestInfo.class);
        System.out.println("anno.testedBy()="+anno.testedBy());
        System.out.println("anno.testDate().yymmdd()="
                                            +anno.testDate().yymmdd());
        System.out.println("anno.testDate().hhmmss()="
                                            +anno.testDate().hhmmss());

        for(String str : anno.testTools())
            System.out.println("testTools="+str);

        System.out.println();

        // Ex12_8에 적용된 모든 애너테이션을 가져온다.
        Annotation[] annoArr = cls.getAnnotations();

        for(Annotation a : annoArr)
            System.out.println(a);
    } // main의 끝
}

@Retention(RetentionPolicy.RUNTIME)   // 실행 시에 사용가능하도록 지정
@interface TestInfo {
    int      count()       default 1;
    String   testedBy();
    String[] testTools()   default "JUnit";
    TestType testType()    default TestType.FIRST;
    DateTime testDate();
}

@Retention(RetentionPolicy.RUNTIME)   // 실행 시에 사용가능하도록 지정
@interface DateTime {
    String yymmdd();
    String hhmmss();
}

enum TestType { FIRST, FINAL }
```

```
결과  anno.testedBy()=aaa
     anno.testDate().yymmdd()=160101
     anno.testDate().hhmmss()=235959
     testTools=JUnit

     @java.lang.Deprecated()
     @TestInfo(count=1, testType=FIRST, testTools=[JUnit], testedBy=aaa, testDate=@
     DateTime(yymmdd=160101, hhmmss=235959))
```

애너테이션을 직접 정의하고, 애너테이션의 요소의 값을 출력하는 방법을 보여주는 예제이다. Ex12_8클래스에 적용된 애너테이션을 실행시간에 얻으려면, 아래와 같이 하면 된다.

```
Class<Ex12_8> cls = Ex12_8.class;
TestInfo anno = cls.getAnnotation(TestInfo.class);
```

'Ex12_8.class'는 클래스 객체를 의미하는 리터럴이다. 앞서 9장에서 배운 것과 같이, 모든 클래스 파일은 클래스 로더(class loader)에 의해 메모리에 올라갈 때, 클래스에 대한 정보가 담긴 객체를 생성하는데 이 객체를 클래스 객체라고 한다. 이 객체를 참조할 때는 '클래스이름.class'의 형식을 사용한다.

클래스 객체에는 해당 클래스에 대한 모든 정보를 가지고 있는데, 애너테이션의 정보도 포함되어 있다.

클래스 객체가 가지고 있는 getAnnotation( )이라는 메서드에 매개변수로 정보를 얻고자 하는 애너테이션을 지정해주거나 getAnnotations( )로 모든 애너테이션을 배열로 받아올 수 있다.

```
TestInfo anno = cls.getAnnotation(TestInfo.class);
System.out.println("anno.testedBy()="+anno.testedBy());

// AnnotationEx5에 적용된 모든 애너테이션을 가져온다.
Annotation[] annoArr = cls.getAnnotations();
```

참고 Class클래스를 Java API에서 찾아보면 클래스의 정보를 제공하는 다양한 메서드가 정의되어 있는 것을 확인할 수 있다.

연습문제

12-1 클래스 Box가 다음과 같이 정의되어 있을 때, 다음 중 오류가 발생하는 문장은? 경고가 발생하는 문장은?

```
class Box<T> { // 지네릭 타입 T를 선언
  T item;

  void setItem(T item) {
    this.item = item;
  }

  T getItem() {
    return item;
  }
}
```

① Box<Object> b = new Box<String>();
② Box<Object> b = (Object)new Box<String>();
③ new Box<String>().setItem(new Object());
④ new Box<String>().setItem("ABC");

12-2 지네릭 메서드 makeJuice( )가 아래와 같이 정의되어 있을 때, 이 메서드를 올바르게 호출한 문장을 모두 고르시오. (Apple과 Grape는 Fruit의 자손이라고 가정하자.)

```
class Juicer {
  static <T extends Fruit> String makeJuice(FruitBox<T> box) {
    String tmp = "";
    for (Fruit f : box.getList())
      tmp += f + " ";
    return tmp;
  }
}
```

① Juicer.<Apple>makeJuice(new FruitBox<Fruit>());
② Juicer.<Fruit>makeJuice(new FruitBox<Grape>());
③ Juicer.<Fruit>makeJuice(new FruitBox<Fruit>());
④ Juicer.makeJuice(new FruitBox<Apple>());
⑤ Juicer.makeJuice(new FruitBox<Object>());

12-3 다음 중 올바르지 않은 문장을 모두 고르시오.

```
class Box<T extends Fruit> { // 지네릭 타입 T를 선언
  T item;

  void setItem(T item) {
    this.item = item;
  }

  T getItem() {
    return item;
  }
}
```

① Box<?> b = new Box();
② Box<?> b = new Box<>();
③ Box<?> b = new Box<Object>();
④ Box<Object> b = new Box<Fruit>();
⑤ Box b = new Box<Fruit>();
⑥ Box<? extends Fruit> b = new Box<Apple>();
⑦ Box<? extends Object> b = new Box<? extends Fruit>();

12-4 아래의 메서드는 두 개의 ArrayList를 매개변수로 받아서, 하나의 새로운 ArrayList로 병합하는 메서드이다. 이를 지네릭 메서드로 변경하시오.

```
public static ArrayList<? extends Product> merge(
  ArrayList<? extends Product> list, ArrayList<? extends Product> list2) {
    ArrayList<? extends Product> newList = new ArrayList<>(list);

    newList.addAll(list2);

    return newList;
}
```

12-5 다음 중 메타 애너테이션이 아닌 것을 모두 고르시오.

① Documented

② Target

③ Native

④ Inherited

12-6 애너테이션 TestInfo가 다음과 같이 정의되어 있을 때, 이 애너테이션이 올바르게 적용되지 않은 것은?

```
@interface TestInfo {
    int count() default 1;
    String[] value() default "aaa";
}
```

① @TestInfo   class Exercise12_7 {}

② @TestInfo(1)   class Exercise12_7 {}

③ @TestInfo("bbb")   class Exercise12_7 {}

④ @TestInfo("bbb","ccc") class Exercise12_7 {}

CHAPTER 13

쓰레드

thread

프로세스(process)란 간단히 말해서 '실행 중인 프로그램(program)'이다. 프로그램을 실행하면 OS로부터 실행에 필요한 자원(메모리)을 할당받아 프로세스가 된다.

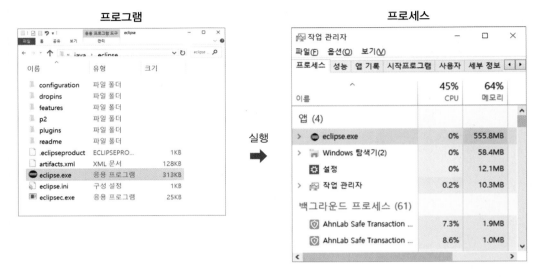

▲ 그림 13-1 프로그램과 프로세스

프로세스는 프로그램을 수행하는 데 필요한 데이터와 메모리 등의 자원 그리고 쓰레드로 구성되어 있으며 프로세스의 자원을 이용해서 실제로 작업을 수행하는 것이 바로 쓰레드이다.

  그래서 모든 프로세스에는 최소한 하나 이상의 쓰레드가 존재하며, 둘 이상의 쓰레드를 가진 프로세스를 '멀티쓰레드 프로세스(multi-threaded process)'라고 한다.

> (참고) 쓰레드를 프로세스라는 작업공간(공장)에서 작업을 처리하는 일꾼(worker)으로 생각하면 이해하기 쉬울 것이다.

(a) 싱글쓰레드 = 자원 + 쓰레드

(b) 멀티쓰레드 = 자원 + 쓰레드 + 쓰레드 + ...

도스(DOS)와 같은 OS는 한 번에 한 가지 작업만 할 수 있다. 반면에 윈도우와 같은 멀티태스킹이 가능한 OS는 동시에 여러 작업을 수행할 수 있다. 싱글쓰레드 프로그램과 멀티쓰레드 프로그램의 차이도 이와 같다고 생각하면 된다. 멀티쓰레딩의 장점은 다음과 같다.

> **멀티쓰레딩의 장점**
> - CPU의 사용률을 향상시킨다.
> - 자원을 보다 효율적으로 사용할 수 있다.
> - 사용자에 대한 응답성이 향상된다.
> - 작업이 분리되어 코드가 간결해진다.

메신저로 채팅하면서 파일을 다운로드 받거나 음성대화를 나눌 수 있는 것이 가능한 이유가 바로 멀티쓰레드로 작성되어 있기 때문이다. 만일 싱글쓰레드로 작성되어 있다면 파일을 다운로드 받는 동안에는 다른 일(채팅)을 전혀 할 수 없을 것이다.

여러 사용자에게 서비스를 해주는 서버 프로그램의 경우 멀티쓰레드로 작성하는 것은 필수적이어서 하나의 서버 프로세스가 여러 개의 쓰레드를 생성해서 쓰레드와 사용자의 요청이 일대일로 처리되도록 프로그래밍해야 한다.

만일 싱글쓰레드로 서버 프로그램을 작성한다면 사용자의 요청마다 새로운 프로세스를 생성해야하는데 프로세스를 생성하는 것은 쓰레드를 생성하는 것에 비해 더 많은 시간과 메모리 공간이 필요하기 때문에 많은 수의 사용자 요청을 서비스하기 어렵다.

> **참고** 쓰레드를 가벼운 프로세스, 즉 경량 프로세스(LWP, light-weight process)라고 부르기도 한다.

그러나 멀티쓰레딩에 장점만 있는 것은 아니어서 멀티쓰레드 프로세스는 여러 쓰레드가 같은 프로세스 내에서 자원을 공유하면서 작업을 하기 때문에 발생할 수 있는 동기화(synchronization), 교착상태(deadlock)와 같은 문제들을 고려해서 신중히 프로그래밍해야 한다. 동기화에 대한 자세한 내용은 이 장의 뒷부분에서 자세히 설명할 것이다.

> **참고** 교착상태란 두 쓰레드가 자원을 점유한 상태에서 서로 상대편이 점유한 자원을 사용하려고 기다리느라 진행이 멈춰있는 상태를 말한다.

쓰레드를 구현하는 방법은 Thread클래스를 상속받는 방법과 Runnable인터페이스를 구현하는 방법, 모두 두 가지가 있다. 어느 쪽을 선택해도 별 차이는 없지만 Thread클래스를 상속받으면 다른 클래스를 상속받을 수 없기 때문에, Runnable인터페이스를 구현하는 방법이 일반적이다.

　Runnable인터페이스를 구현하는 방법은 재사용성(reusability)이 높고 코드의 일관성(consistency)을 유지할 수 있기 때문에 보다 객체지향적인 방법이다.

```
1. Thread클래스를 상속
class MyThread extends Thread {
    public void run() { /* 작업내용 */ } // Thread클래스의 run()을 오버라이딩
}
```

```
2. Runnable인터페이스를 구현
class MyThread implements Runnable {
    public void run() { /* 작업내용 */ } // Runnable인터페이스의 run()을 구현
}
```

Runnable인터페이스는 오로지 run()만 정의되어 있는 간단한 인터페이스이다. Runnable인터페이스를 구현하기 위해서 해야 할 일은 추상메서드인 run()의 몸통{}을 만들어 주는 것뿐이다.

```
public interface Runnable {
    public abstract void run();
}
```

쓰레드를 구현한다는 것은, 위의 두 방법 중 어떤 것을 선택하든지, 그저 쓰레드를 통해 작업하고자 하는 내용으로 run()의 몸통{}을 채우는 것일 뿐이다.

<div class="example-label">예제
13-1</div>

```
class Ex13_1 {
    public static void main(String args[]) {
        ThreadEx1_1 t1 = new ThreadEx1_1();

        Runnable r = new ThreadEx1_2();
        Thread t2 = new Thread(r);       // 생성자 Thread(Runnable target)

        t1.start();
        t2.start();
    }
}

class ThreadEx1_1 extends Thread {
    public void run() {
        for(int i=0; i < 5; i++) {
            System.out.println(getName()); // 조상인 Thread의 getName()을 호출
        }
    }
}

class ThreadEx1_2 implements Runnable {
    public void run() {
        for(int i=0; i < 5; i++) {
            // Thread.currentThread() - 현재 실행중인 Thread를 반환한다.
            System.out.println(Thread.currentThread().getName());
        }
    }
}
```

```
결과  Thread-0
     Thread-0
     Thread-0
     Thread-0
     Thread-0
     Thread-1
     Thread-1
     Thread-1
     Thread-1
     Thread-1
```

Thread클래스를 상속받은 경우와 Runnable인터페이스를 구현한 경우의 인스턴스 생성방법이 다르다.

```
ThreadEx1_1 t1 = new ThreadEx1_1(); // Thread의 자손 클래스의 인스턴스를 생성

Runnable r = new ThreadEx1_2();   // Runnable을 구현한 클래스의 인스턴스를 생성
Thread   t2 = new Thread(r);       // 생성자 Thread(Runnable target)

Thread   t2 = new Thread(new ThreadEx1_2()); // 위의 두 줄을 한 줄로 간단히
```

Runnable인터페이스를 구현한 경우, Runnable인터페이스를 구현한 클래스의 인스턴스를 생성한 다음, 이 인스턴스를 Thread클래스의 생성자의 매개변수로 제공해야 한다.

static Thread currentThread( )	현재 실행중인 쓰레드의 참조를 반환한다.
String getName( )	쓰레드의 이름을 반환한다.

쓰레드를 생성했다고 해서 자동으로 실행되는 것은 아니다. start( )를 호출해야만 쓰레드가
실행된다.

```
ThreadEx1_1 t1 = new ThreadEx1_1(); // 쓰레드 t1을 생성한다.
ThreadEx1_1 t2 = new ThreadEx1_1(); // 쓰레드 t2를 생성한다.

t1.start();     // 쓰레드 t1을 실행시킨다.
t2.start();     // 쓰레드 t2를 실행시킨다.
```

사실은 start( )가 호출되었다고 해서 바로 실행되는 것이 아니라, 일단 실행대기 상태에 있다
가 자신의 차례가 되어야 실행된다. 물론 실행대기중인 쓰레드가 하나도 없으면 곧바로 실행
상태가 된다.

> **참고**　쓰레드의 실행순서는 OS의 스케줄러가 작성한 스케줄에 의해 결정된다. 쓰레드의 상태에 대한 내용은 후에 자세
> 히 다룰 것이다.

한 가지 더 알아 두어야 하는 것은 한 번 실행이 종료된 쓰레드는 다시 실행할 수 없다는 것이
다. 즉, 하나의 쓰레드에 대해 start( )가 한 번만 호출될 수 있다는 뜻이다.

　그래서 만일 쓰레드의 작업을 한 번 더 수행해야 한다면 아래의 오른쪽 코드와 같이 새로운
쓰레드를 생성한 다음에 start( )를 호출해야 한다. 만일 아래 왼쪽의 코드처럼 하나의 쓰레드
에 대해 start( )를 두 번 이상 호출하면 실행시에 IllegalThreadStateException이 발생한다.

```
ThreadEx1_1 t1 = new ThreadEx1_1();
t1.start();
  ...
t1.start();  // 예외발생
```

```
ThreadEx1_1 t1 = new ThreadEx1_1();
t1.start();

t1 = new ThreadEx1_1(); // 다시 생성
t1.start(); // OK
```

쓰레드를 실행시킬 때 run( )이 아닌 start( )를 호출한다는 것에 대해서 다소 의문이 들었을 것이다. 이제 start( )와 run( )의 차이와 쓰레드가 실행되는 과정에 대해서 자세히 살펴보자.

　main메서드에서 run( )을 호출하는 것은 생성된 쓰레드를 실행시키는 것이 아니라 단순히 클래스에 선언된 메서드를 호출하는 것일 뿐이다.

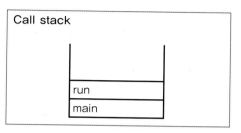

▲ 그림 13-2　main메서드에서 run( )을 호출했을 때의 호출스택

반면에 start( )는 새로운 쓰레드가 작업을 실행하는데 필요한 호출스택(call stack)을 생성한 다음에 run( )을 호출해서, 생성된 호출스택에 run( )이 첫 번째로 올라가게 한다.

　모든 쓰레드는 독립적인 작업을 수행하기 위해 자신만의 호출스택을 필요로 하기 때문에, 새로운 쓰레드를 생성하고 실행시킬 때마다 새로운 호출스택이 생성되고 쓰레드가 종료되면 작업에 사용된 호출스택은 소멸된다.

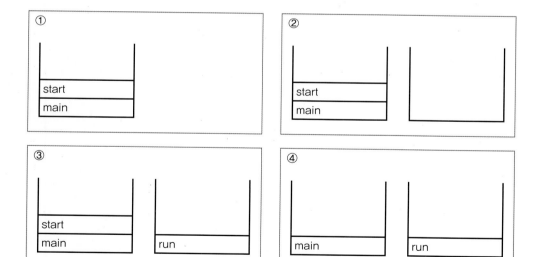

① main메서드에서 쓰레드의 start( )를 호출한다.
② start( )는 새로운 쓰레드를 생성하고, 쓰레드가 작업하는데 사용될 호출스택을 생성한다.
③ 새로 생성된 호출스택에 run( )이 호출되어, 쓰레드가 독립된 공간에서 작업을 수행한다.
④ 이제는 호출스택이 2개이므로 스케줄러가 정한 순서에 의해서 번갈아 가면서 실행된다.

이미 눈치 챘겠지만 main메서드의 작업을 수행하는 것도 쓰레드이며, 이를 main쓰레드라고 한다. 우리는 지금까지 우리도 모르는 사이에 이미 쓰레드를 사용하고 있었던 것이다. 앞서 쓰레드가 일꾼이라고 하였는데, 프로그램이 실행되기 위해서는 작업을 수행하는 일꾼이 최소한 하나는 필요하지 않겠는가. 그래서 프로그램을 실행하면 기본적으로 하나의 쓰레드(일꾼)를 생성하고, 그 쓰레드가 main메서드를 호출해서 작업이 수행되도록 하는 것이다.

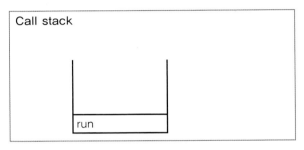

▲ 그림 13-3　**main메서드가 종료된 후의 호출스택**

지금까지는 main메서드가 수행을 마치면 프로그램이 종료되었으나, 위의 그림에서와 같이 main메서드가 수행을 마쳤다하더라도 다른 쓰레드가 아직 작업을 마치지 않은 상태라면 프로그램이 종료되지 않는다.

> **실행 중인 사용자 쓰레드가 하나도 없을 때 프로그램은 종료된다.**

쓰레드는 '사용자 쓰레드(user thread)'와 '데몬 쓰레드(daemon thread)', 두 종류가 있는데 자세한 것은 곧 설명할 것이다.

(참고)　사용자 쓰레드(user thread)는 'non-daemon thread'라고도 한다.

앞에서 멀티쓰레드 프로세스가 가진 장점을 간단히 설명했는데, 이번에는 예제를 통해서 싱글쓰레드 프로세스와 멀티쓰레드 프로세스의 차이를 보다 깊이 있게 이해할 수 있도록 하고자 한다.

두 개의 작업을 하나의 쓰레드(th1)로 처리하는 경우와 두 개의 쓰레드(th1, th2)로 처리하는 경우를 가정해보자. 하나의 쓰레드로 두 작업을 처리하는 경우는 한 작업을 마친 후에 다른 작업을 시작하지만, 두 개의 쓰레드로 작업 하는 경우에는 짧은 시간동안 2개의 쓰레드(th1, th2)가 번갈아 가면서 작업을 수행해서 동시에 두 작업이 처리되는 것과 같이 느끼게 한다.

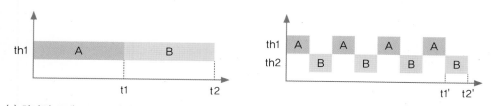

(a) 하나의 쓰레드로 두 개의 작업을 수행하는 경우　　(b) 두 개의 쓰레드로 두 개의 작업을 수행하는 경우

▲ 그림 13-4　싱글쓰레드 프로세스와 멀티쓰레드 프로세스의 비교(싱글 코어)

위의 그래프에서 알 수 있듯이 하나의 쓰레드로 두개의 작업을 수행한 시간과 두개의 쓰레드로 두 개의 작업을 수행한 시간(t2≒t2')은 거의 같다. 오히려 두 개의 쓰레드로 작업한 시간이 싱글쓰레드로 작업한 시간보다 더 걸리게 되는데 그 이유는 쓰레드간의 작업 전환(context switching)에 시간이 걸리기 때문이다.

작업 전환을 할 때는 현재 진행 중인 작업의 상태, 예를 들면 다음에 실행해야할 위치(PC, 프로그램 카운터) 등의 정보를 저장하고 읽어 오는 시간이 소요된다. 참고로 쓰레드의 스위칭에 비해 프로세스의 스위칭이 더 많은 정보를 저장해야하므로 더 많은 시간이 소요된다.

> 참고　프로세스 또는 쓰레드 간의 작업 전환을 '컨텍스트 스위칭(context switching)'이라고 한다.

그래서 싱글 코어에서 단순히 CPU만을 사용하는 계산작업이라면 오히려 멀티쓰레드보다 싱글쓰레드로 프로그래밍하는 것이 더 효율적이다.

예제
13-2

```java
class Ex13_2 {
    public static void main(String args[]) {
        long startTime = System.currentTimeMillis();

        for(int i=0; i < 300; i++)
            System.out.printf("%s", new String("-"));

        System.out.print("소요시간1:" +(System.currentTimeMillis()- startTime));

        for(int i=0; i < 300; i++)
            System.out.printf("%s", new String("|"));

        System.out.print("소요시간2:"+(System.currentTimeMillis() - startTime));
    }
}
```

결
과
```
----------------------------------------------------------------------------------
----------------------------------------------------------------------------------
----------------------------------------------------------------------------------
---------------------------------------------------------------소요시간1:45||||||
||||||||||||||||||||||||||||||||||||||||||||||||||||||||||||||||||||||||||||||||||
||||||||||||||||||||||||||||||||||||||||||||||||||||||||||||||||||||||||||||||||||
||||||||||||||||||||||||||||||||||||||||||||||||||||||||||||||||||||||||||||||||||
||||||||||||||||||||||||||||||||||||||||||||||||||||||||||소요시간2:60
```

'─'를 출력하는 작업과 '|'를 출력하는 작업을 하나의 쓰레드가 연속적으로 처리하는 시간을 측정하는 예제이다. 수행시간을 측정하기 쉽게 "─"대신 'new String("─")'를 사용해서 수행속도를 늦췄다.

System.out.printf("%s", new String("-")); // "-"대신, new String("-") 사용

컴퓨터의 성능이나 실행환경에 의해서 실행결과는 달라질 수 있으며, 저자의 컴퓨터에서 10번 수행했을 때 평균 소요시간은 57밀리세컨드(milli second, 천분의 일초)이었다.

  이제 새로운 쓰레드를 하나 생성해서 두 개의 쓰레드가 작업을 하나씩 나누어서 수행한 후 실행결과를 비교해보도록 하자.

예제
13-3

```java
class Ex13_3 {
    static long startTime = 0;

    public static void main(String args[]) {
        ThreadEx3_1 th1 = new ThreadEx3_1();
        th1.start();
        startTime = System.currentTimeMillis();

        for(int i=0; i < 300; i++)
            System.out.printf("%s", new String("-"));

        System.out.print("소요시간1:" + (System.currentTimeMillis()
                                            - Ex13_3.startTime));
    }
}

class ThreadEx3_1 extends Thread {
    public void run() {
        for(int i=0; i < 300; i++)
            System.out.printf("%s", new String("|"));

        System.out.print("소요시간2:" + (System.currentTimeMillis()
                                            - Ex13_3.startTime));
    }
}
```

결과1

```
-------------------------------------|||||||||||||||||||||||||||----------------
-------------------|||||||||||||||||||||||||||||||||------------------------
-----------|||||||||||||||||||||||||||||||--------------------------------
-||||||||||||||||||||||||||||||-------------------------------------||||||||
|||||||||||||||||||||----------------------------------------||||||||||||||
|||||||||||||||||||-----------------------------||||||||||||||||||||||||
||||||-----------------------------------||||||||||||||||||||||||||||---
----------------------소요시간1:65||||||||||||||||||||||||소요시간2:65
```

결과2

```
--||||||||----|---------------------------||-||||-|||||||-|||||---|-||--|-||
|||-----|||||------|--------|||||||||--|--|||||---------------|||||||||||||||
|||||||||||||||||||||||||||||---|||||-|----------------------------|||||||
||||||||||||||||||-|------------------------|||||||||||||||||||||||||||||
||||||||||||||||||||||||||||-------------------||||||||||||||||||||--|||||||||
|||||||||||||||||||||||||||-------------------||||||||||||||||||||||||-소요
시간2:56-------------------------------------------------------------
--------------------------------------------------소요시간1:62
```

참고 : 결과1은 싱글코어(1 core), 결과2는 멀티코어(4 core)에서 실행한 결과이다.

이전 예제와는 달리 두 작업이 아주 짧은 시간동안 번갈아가면서 실행되었으며 거의 동시에 작업이 완료되었음을 알 수 있다.

이 예제 역시 컴퓨터의 성능이나 실행환경에 의해서 실행결과는 달라질 수 있으며, 저자의 컴퓨터에서 10번 수행했을 때 평균 소요시간은 63.1밀리세컨드(millisecond, 천분의 일초)로 이전의 예제보다 6.1밀리세컨드(63.1−57=6.1)의 작업시간이 더 소요되었다.

두 개의 쓰레드로 작업하는데도 더 많은 시간이 걸린 이유는 두 가지이다. 하나는 두 쓰레드가 번갈아가면서 작업을 처리하기 때문에 쓰레드간의 작업전환시간이 소요되기 때문이고, 나머지 하나는 한 쓰레드가 화면에 출력하고 있는 동안 다른 쓰레드는 출력이 끝나기를 기다려야하는데, 이때 발생하는 대기시간 때문이다.

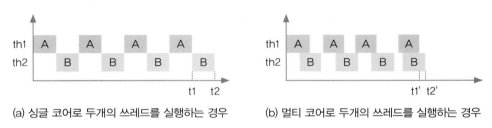

(a) 싱글 코어로 두개의 쓰레드를 실행하는 경우   (b) 멀티 코어로 두개의 쓰레드를 실행하는 경우

▲ 그림 13 − 5   싱글코어와 멀티코어의 비교

실행결과를 싱글 코어일 때와 멀티 코어일 때를 비교해 놓았는데, 싱글 코어인 경우에는 멀티쓰레드라도 하나의 코어가 번갈아가면서 작업을 수행하는 것이므로 두 작업이 절대 겹치지 않는다. 그러나, 멀티 코어에서는 멀티쓰레드로 두 작업을 수행하면, 동시에 두 쓰레드가 수행될 수 있으므로 실행결과2와 그림 13−5의 (b)처럼 두 작업, A와 B가 겹치는 부분이 발생한다. 그래서 화면(console)이라는 자원을 놓고 두 쓰레드가 경쟁하게 되는 것이다.

위의 결과는 실행할 때마다 다른 결과를 얻을 수 있는데 그 이유는 실행 중인 예제프로그램(프로세스)이 OS의 프로세스 스케줄러의 영향을 받기 때문이다. JVM의 쓰레드 스케줄러에 의해서 어떤 쓰레드가 얼마동안 실행될 것인지 결정되는 것과 같이 프로세스도 프로세스 스케줄러에 의해서 실행순서와 실행시간이 결정되기 때문에 매 순간 상황에 따라 프로세스에게 할당되는 실행시간이 일정하지 않고 쓰레드에게 할당되는 시간 역시 일정하지 않게 된다. 그래서 쓰레드가 이러한 불확실성을 가지고 있다는 것을 염두에 두어야 한다.

자바가 OS(플랫폼) 독립적이라고 하지만 실제로는 OS종속적인 부분이 몇 가지 있는데 쓰레드도 그 중의 하나이다.

참고 : JVM의 종류에 따라 쓰레드 스케줄러의 구현방법이 다를 수 있기 때문에 멀티쓰레드로 작성된 프로그램을 다른 종류의 OS에서도 충분히 테스트해 볼 필요가 있다.

두 쓰레드가 서로 다른 자원을 사용하는 작업의 경우에는 싱글쓰레드 프로세스보다 멀티쓰레드 프로세스가 더 효율적이다. 예를 들면 사용자로부터 데이터를 입력받는 작업, 네트워크로 파일을 주고받는 작업, 프린터로 파일을 출력하는 작업과 같이 외부기기와의 입출력을 필요로 하는 경우가 이에 해당한다.

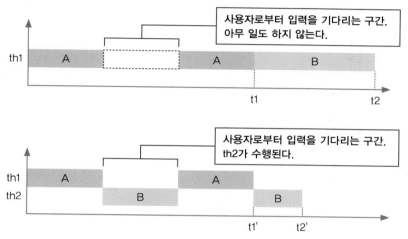

▲ 그림 13-6　싱글쓰레드 프로세스(위)와 멀티쓰레드 프로세스(아래)의 비교

만일 사용자로 부터 입력받는 작업(A)과 화면에 출력하는 작업(B)을 하나의 쓰레드로 처리한 다면 그림 13-6의 첫 번째 그래프처럼 사용자가 입력을 마칠 때까지 아무 일도 하지 못하고 기다리기만 해야 한다.

　그러나 두 개의 쓰레드로 처리한다면 사용자의 입력을 기다리는 동안 다른 쓰레드가 작업을 처리할 수 있기 때문에 보다 효율적인 CPU의 사용이 가능하다.

　작업 A와 B가 모두 종료되는 시간 t2와 t2'를 비교하면 t2 〉 t2'로 멀티 쓰레드 프로세스의 경우가 작업을 더 빨리 마치는 것을 알 수 있다.

참고　쓰레드가 입출력(I/O)처리를 위해 기다리는 것을 I/O블락킹이라고 한다.

예제
13-4

```java
import javax.swing.JOptionPane;

class Ex13_4 {
    public static void main(String[] args) throws Exception {
        String input = JOptionPane.showInputDialog("아무 값이나 입력하세요.");
        System.out.println("입력하신 값은 " + input + "입니다.");

        for(int i=10; i > 0; i--) {
            System.out.println(i);
            try {
                Thread.sleep(1000);   // 1초간 시간을 지연한다.
            } catch(Exception e ) {}
        }
    }
}
```

결과

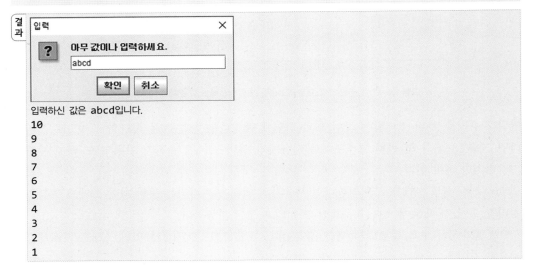

이 예제는 하나의 쓰레드로 사용자의 입력을 받는 작업과 화면에 숫자를 출력하는 작업을 처리하기 때문에 사용자가 입력을 마치기 전까지는 화면에 숫자가 출력되지 않다가 사용자가 입력을 마치고 나서야 화면에 숫자가 출력된다.

예제
13-5

```java
import javax.swing.JOptionPane;

class Ex13_5 {
    public static void main(String[] args) throws Exception  {
        ThreadEx5_1 th1 = new ThreadEx5_1();
        th1.start();

        String input = JOptionPane.showInputDialog("아무 값이나 입력하세요.");
        System.out.println("입력하신 값은 " + input + "입니다.");
    }
}

class ThreadEx5_1 extends Thread {
    public void run() {
        for(int i=10; i > 0; i--) {
            System.out.println(i);
            try {
                sleep(1000);
            } catch(Exception e ) {}
        }
    } // run()
}
```

결과

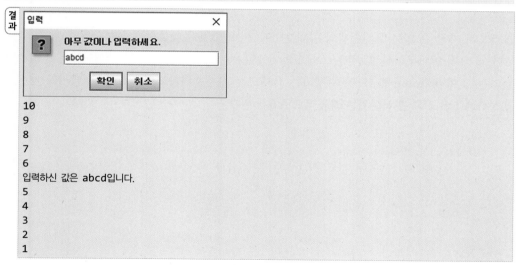

```
10
9
8
7
6
입력하신 값은 abcd입니다.
5
4
3
2
1
```

이전 예제와는 달리 사용자로부터 입력받는 부분과 화면에 숫자를 출력하는 부분을 두 개의 쓰레드로 나누어서 처리했기 때문에 사용자가 입력을 마치지 않았어도 화면에 숫자가 출력되는 것을 알 수 있다.

쓰레드는 우선순위(priority)라는 속성(멤버변수)을 가지고 있는데, 이 우선순위의 값에 따라 쓰레드가 얻는 실행시간이 달라진다. 쓰레드가 수행하는 작업의 중요도에 따라 쓰레드의 우선순위를 서로 다르게 지정하여 특정 쓰레드가 더 많은 작업시간을 갖도록 할 수 있다.

예를 들어 파일전송기능이 있는 메신저의 경우, 파일다운로드를 처리하는 쓰레드보다 채팅 내용을 전송하는 쓰레드의 우선순위가 더 높아야 사용자가 채팅하는데 불편함이 없을 것이다. 대신 파일다운로드 작업에 걸리는 시간은 더 길어질 것이다.

이처럼 시각적인 부분이나 사용자에게 빠르게 반응해야하는 작업을 하는 쓰레드의 우선순위는 다른 작업을 수행하는 쓰레드에 비해 높아야 한다.

쓰레드의 우선순위 지정하기

쓰레드의 우선순위와 관련된 메서드와 상수는 다음과 같다.

```
void setPriority(int newPriority)    쓰레드의 우선순위를 지정한 값으로 변경한다.
int  getPriority()                   쓰레드의 우선순위를 반환한다.

public static final int MAX_PRIORITY  = 10   // 최대우선순위
public static final int MIN_PRIORITY  = 1    // 최소우선순위
public static final int NORM_PRIORITY = 5    // 보통우선순위
```

쓰레드가 가질 수 있는 우선순위의 범위는 1~10이며 숫자가 높을수록 우선순위가 높다.

한 가지 더 알아두어야 할 것은 쓰레드의 우선순위는 쓰레드를 생성한 쓰레드로부터 상속받는다는 것이다. main메서드를 수행하는 쓰레드는 우선순위가 5이므로 main메서드 내에서 생성하는 쓰레드의 우선순위는 자동적으로 5가 된다.

예제
13-6

```
class Ex13_6 {
    public static void main(String args[]) {
        ThreadEx6_1 th1 = new ThreadEx6_1();
        ThreadEx6_2 th2 = new ThreadEx6_2();

        th2.setPriority(7);

        System.out.println("Priority of th1(-) : " + th1.getPriority());
        System.out.println("Priority of th2(|) : " + th2.getPriority());
        th1.start();
        th2.start();
    }
}

class ThreadEx6_1 extends Thread {
    public void run() {
        for(int i=0; i < 300; i++) {
            System.out.print("-");
            for(int x=0; x < 10000000; x++);
        }
    }
}

class ThreadEx6_2 extends Thread {
    public void run() {
        for(int i=0; i < 300; i++) {
            System.out.print("|");
            for(int x=0; x < 10000000; x++);
        }
    }
}
```

결과
1

```
Priority of th1(-) : 5
Priority of th2(|) : 7
|||||||||||||||||||||||||||||||||||||||||||||||||||||||||||||||||||
|||||||||||||||||||||||||||||||||---|||||||||||||||||||||||||||||||
|||||||||||||||||||||||||||||||||||||||||||||||||||||||||||||||||||
|----||||||||||||||||||||||||||||||||||||||||||||||||||----------
----------------------------------------------------------------
----------------------------------------------------------------
----------------------------------------------------------------
---------------------------------------------
```

결과
2

```
Priority of th1(-) : 5
Priority of th2(|) : 7
-|-|-|-||-|-|-|-|-|-|-|-|-|-|--|-|-|-|-|-|-|-|-|-|-|-|-|-|-|-|-|-|-
-|-|-|-|-|-|-|-|-|-|-|-|-|-|-|-|-|-|-|-|-|-|-|-|-|-|-|-|-|-|-|-|-|-
-|-|-|-|-|-|-|-|-|-|-|-|-|-|-|-|-|-|-|-|-|-|-|-|-|-|-|-|-|-|-|-|-|-
-|-|-|-|-|-|-|-|-|-|-|-|-|-|-|-|-|-|-|-|-|-|-|-|-|-|-|-|-|-|-|-|-|-
-|-|-|-|-|-|-|-|-|-|-|-|-|-|-|-|-|-|-|-|-|-|-|-|-|-|-|-|-|-|-|-|-|-
-|-|-|-|-|-|-|-|-|-|-|-|-|-|-|-|-|-|-|-|-|-|-|-|-|-|-|-|-|-|-|-|-|-
-|-|-|-|-|-|-|-|-|-|-|-|-|-|-|-|-|-|-|-|-|-|-|-|-|-|-|-|-|-|-|-|-|-
-|-|-|-|--|-|-|-|-|-|-|-|-|-|-|-|-|-|-|-|-|-|-|-|-|||-|-|-|-|-|-|-
```

참고   결과1은 싱글코어(1 core), 결과2는 멀티코어(4 core)에서 실행한 결과이다.

th1과 th2 모두 main메서드에서 생성하였기 때문에 main메서드를 실행하는 쓰레드의 우선순위인 5를 상속받았다. 그 다음에 th2.setPriority(7)로 th2의 우선순위를 7로 변경한 다음에 start( )를 호출해서 쓰레드를 실행시켰다. 이처럼 쓰레드를 실행하기 전에만 우선순위를 변경할 수 있다는 것을 기억하자. 우선순위가 높아지면 한 번에 작업이 끝나버릴 수 있기 때문에 아무 일도 하지 않는 반복문을 추가하여 작업을 지연시켰다.

```
for(int i=0; i < 300; i++) {
    System.out.print("|");
    for(int x=0; x < 10000000; x++);   // 작업을 지연시키기 위한 for문
}
```

이전의 예제와는 달리 우선순위가 높은 th2의 실행시간이 th1에 비해 상당히 늘어났다.

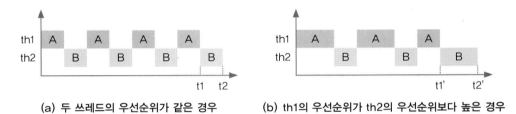

(a) 두 쓰레드의 우선순위가 같은 경우　　　(b) th1의 우선순위가 th2의 우선순위보다 높은 경우

▲ 그림 13-7　쓰레드의 우선순위에 따른 할당되는 시간의 차이

그림 13-7은 윈도우즈에서 싱글 코어로 두 개의 쓰레드로 두개의 작업을 실행했을 때의 결과를 그림으로 나타낸 것인데, 우선순위가 같은 경우 각 쓰레드에게 거의 같은 양의 실행시간이 주어지지만, 우선순위가 다르다면 우선순위가 높은 th1에게 상대적으로 th2보다 더 많은 양의 실행시간이 주어지고 결과적으로 작업 A가 B보다 더 빨리 완료될 수 있다.

그러나 실행결과2에서 알 수 있듯이 멀티코어에서는 쓰레드의 우선순위에 따른 차이가 거의 아니 전혀 없었다. 우선순위를 다르게 하여 여러 번 테스트해도 결과는 같았다. 결국 우선순위에 차등을 두어 쓰레드를 실행시키는 것이 별 효과가 없었다.

그저 쓰레드에 높은 우선순위를 주면 더 많은 실행시간과 실행기회를 갖게 될 것이라고 기대할 수 없는 것이다.

멀티코어라 해도 OS마다 다른 방식으로 스케줄링하기 때문에, 어떤 OS에서 실행하느냐에 따라 다른 결과를 얻을 수 있다. 굳이 우선순위에 차등을 두어 쓰레드를 실행하려면, 특정 OS의 스케줄링 정책과 JVM의 구현을 직접 확인해봐야 한다. 자바는 쓰레드가 우선순위에 따라 어떻게 다르게 처리되어야 하는지에 대해 강제하지 않으므로 쓰레드의 우선순위와 관련된 구현이 JVM마다 다를 수 있기 때문이다.

만일 확인한다 하더라도 OS의 스케줄러에 종속적이라서 어느 정도 예측만 가능한 정도일 뿐 정확히 알 수는 없다.

16 쓰레드 그룹(thread group)

쓰레드 그룹은 서로 관련된 쓰레드를 그룹으로 다루기 위한 것으로, 폴더를 생성해서 관련된 파일들을 함께 넣어서 관리하는 것처럼 쓰레드 그룹을 생성해서 쓰레드를 그룹으로 묶어서 관리할 수 있다.

또한 폴더 안에 폴더를 생성할 수 있듯이 쓰레드 그룹에 다른 쓰레드 그룹을 포함 시킬 수 있다. 사실 쓰레드 그룹은 보안상의 이유로 도입된 개념으로, 자신이 속한 쓰레드 그룹이나 하위 쓰레드 그룹은 변경할 수 있지만 다른 쓰레드 그룹의 쓰레드를 변경할 수는 없다.

쓰레드를 쓰레드 그룹에 포함시키려면 Thread의 생성자를 이용하면 된다.

```
Thread(ThreadGroup group, String name)
Thread(ThreadGroup group, Runnable target)
Thread(ThreadGroup group, Runnable target, String name)
Thread(ThreadGroup group, Runnable target, String name, long stackSize)
```

모든 쓰레드는 반드시 쓰레드 그룹에 포함되어 있어야 하기 때문에, 위와 같이 쓰레드 그룹을 지정하지 않고 생성한 쓰레드는 기본적으로 자신을 생성한 쓰레드와 같은 쓰레드 그룹에 속하게 된다.

자바 어플리케이션이 실행되면, JVM은 main과 system이라는 쓰레드 그룹을 만들고 JVM 운영에 필요한 쓰레드들을 생성해서 이 쓰레드 그룹에 포함시킨다. 예를 들어 main메서드를 수행하는 main이라는 이름의 쓰레드는 main쓰레드 그룹에 속하고, 가비지컬렉션을 수행하는 Finalizer쓰레드는 system쓰레드 그룹에 속한다.

우리가 생성하는 모든 쓰레드 그룹은 main쓰레드 그룹의 하위 쓰레드 그룹이 되며, 쓰레드 그룹을 지정하지 않고 생성한 쓰레드는 자동적으로 main쓰레드 그룹에 속하게 된다.

그 외에 Thread의 쓰레드 그룹과 관련된 메서드는 다음과 같다.

```
ThreadGroup getThreadGroup()   쓰레드 자신이 속한 쓰레드 그룹을 반환한다.
void uncaughtException(Thread t, Throwable e) 처리되지 않은 예외에 의해 쓰레드
        그룹의 쓰레드가 실행이 종료되었을 때, JVM에 의해 이 메서드가 자동적으로 호출된다.
```

생성자 / 메서드	설 명
ThreadGroup(String name)	지정된 이름의 새로운 쓰레드 그룹을 생성
ThreadGroup(ThreadGroup parent, String name)	지정된 쓰레드 그룹에 포함되는 새로운 쓰레드 그룹을 생성
int activeCount()	쓰레드 그룹에 포함된 활성상태에 있는 쓰레드의 수를 반환
int activeGroupCount()	쓰레드 그룹에 포함된 활성상태에 있는 쓰레드 그룹의 수를 반환
void checkAccess()	현재 실행중인 쓰레드가 쓰레드 그룹을 변경할 권한이 있는지 체크. 만일 권한이 없다면 SecurityException을 발생시킨다.
void destroy()	쓰레드 그룹과 하위 쓰레드 그룹까지 모두 삭제한다. 단, 쓰레드 그룹이나 하위 쓰레드 그룹이 비어있어야 한다.
int enumerate(Thread[] list) int enumerate(Thread[] list, boolean recurse) int enumerate(ThreadGroup[] list) int enumerate(ThreadGroup[] list, boolean recurse)	쓰레드 그룹에 속한 쓰레드 또는 하위 쓰레드 그룹의 목록을 지정된 배열에 담고 그 개수를 반환. 두 번째 매개변수인 recurse의 값을 true로 하면 쓰레드 그룹에 속한 하위 쓰레드 그룹에 쓰레드 또는 쓰레드 그룹까지 배열에 담는다.
int getMaxPriority()	쓰레드 그룹의 최대우선순위를 반환
String getName()	쓰레드 그룹의 이름을 반환
ThreadGroup getParent()	쓰레드 그룹의 상위 쓰레드 그룹을 반환
void interrupt()	쓰레드 그룹에 속한 모든 쓰레드를 interrupt
boolean isDaemon()	쓰레드 그룹이 데몬 쓰레드 그룹인지 확인
boolean isDestroyed()	쓰레드 그룹이 삭제되었는지 확인
void list()	쓰레드 그룹에 속한 쓰레드와 하위 쓰레드 그룹에 대한 정보를 출력
boolean parentOf(ThreadGroup g)	지정된 쓰레드 그룹의 상위 쓰레드 그룹인지 확인
void setDaemon(boolean daemon)	쓰레드 그룹을 데몬 쓰레드 그룹으로 설정/해제
void setMaxPriority(int pri)	쓰레드 그룹의 최대 우선순위를 설정

18 **데몬 쓰레드(daemon thread)**

데몬 쓰레드는 다른 일반 쓰레드(데몬 쓰레드가 아닌 쓰레드)의 작업을 돕는 보조적인 역할을 수행하는 쓰레드이다. 일반 쓰레드가 모두 종료되면 데몬 쓰레드는 강제적으로 자동 종료되는데, 그 이유는 데몬 쓰레드는 일반 쓰레드의 보조역할을 수행하므로 일반 쓰레드가 모두 종료되고 나면 데몬 쓰레드의 존재의 의미가 없기 때문이다.

이 점을 제외하고는 데몬 쓰레드와 일반 쓰레드는 다르지 않다. 데몬 쓰레드의 예로는 가비지 컬렉터, 워드프로세서의 자동저장, 화면자동갱신 등이 있다.

데몬 쓰레드는 무한루프와 조건문을 이용해서 실행 후 대기하고 있다가 특정 조건이 만족되면 작업을 수행하고 다시 대기하도록 작성한다.

```
public void run() {
    while(true) {
        try {
            Thread.sleep(3 * 1000); // 3초마다
        } catch(InterruptedException e) {}

        // autoSave의 값이 true이면 autoSave()를 호출한다.
        if(autoSave) autoSave();
    }
}
```

데몬 쓰레드는 일반 쓰레드의 작성방법과 실행방법이 같으며 다만 쓰레드를 생성한 다음 실행하기 전에 setDaemon(true)를 호출하기만 하면 된다. 그리고 데몬 쓰레드가 생성한 쓰레드는 자동적으로 데몬 쓰레드가 된다는 점도 알아두자.

boolean isDaemon()	쓰레드가 데몬 쓰레드인지 확인한다. 데몬 쓰레드이면 **true**를 반환한다.
void setDaemon(boolean on)	쓰레드를 데몬 쓰레드로 또는 사용자 쓰레드로 변경한다. 매개변수 **on**의 값을 **true**로 지정하면 데몬 쓰레드가 된다.

예제
13-7

```
class Ex13_7 implements Runnable  {
    static boolean autoSave = false;

    public static void main(String[] args) {
        Thread t = new Thread(new Ex13_7());
        t.setDaemon(true);              // 이 부분이 없으면 종료되지 않는다.
        t.start();

        for(int i=1; i <= 10; i++) {
            try{
                Thread.sleep(1000);
            } catch(InterruptedException e) {}
            System.out.println(i);

            if(i==5) autoSave = true;
        }

        System.out.println("프로그램을 종료합니다.");
    }

    public void run() {
        while(true) {
            try {
                Thread.sleep(3 * 1000); // 3초마다
            } catch(InterruptedException e) {}

            // autoSave의 값이 true이면 autoSave()를 호출한다.
            if(autoSave) autoSave();
        }
    }
    public void autoSave() {
        System.out.println("작업파일이 자동저장되었습니다.");
    }
}
```

```
결
과   1
     2
     3
     4
     5
     6
     작업파일이 자동저장되었습니다.
     7
     8
     작업파일이 자동저장되었습니다.
     9
     10
     프로그램을 종료합니다.
```

3초마다 변수 autoSave의 값을 확인해서 그 값이 true이면, autoSave()를 호출하는 일을 무한히 반복하도록 쓰레드를 작성하였다. 만일 이 쓰레드를 데몬 쓰레드로 설정하지 않았다면, 이 프로그램은 강제종료하지 않는 한 영원히 종료되지 않을 것이다.

```
Thread t = new Thread(new Ex13_7());

t.setDaemon(true);      // 데몬 쓰레드로 지정. 이 부분이 없으면 종료되지 않는다.
t.start();
```

setDaemon메서드는 반드시 start()를 호출하기 전에 실행되어야한다. 그렇지 않으면 IllegalThreadStateException이 발생한다.

쓰레드는 생성된 후부터 종료될 때까지 여러 상태를 가질 수 있으며, 그 상태는 다음과 같다.

상태	설명
NEW	쓰레드가 생성되고 아직 start( )가 호출되지 않은 상태
RUNNABLE	실행 중 또는 실행 가능한 상태
BLOCKED	동기화블럭에 의해서 일시정지된 상태(lock이 풀릴 때까지 기다리는 상태)
WAITING, TIMED_WAITING	쓰레드의 작업이 종료되지는 않았지만 실행가능하지 않은(unrunnable) 일시정지상태. TIMED_WAITING은 일시정지시간이 지정된 경우를 의미
TERMINATED	쓰레드의 작업이 종료된 상태

다음 그림은 쓰레드의 생성부터 소멸까지의 모든 과정을 그린 것인데, 앞서 소개한 메서드들에 의해서 쓰레드의 상태가 어떻게 변화되는지를 잘 보여 준다.

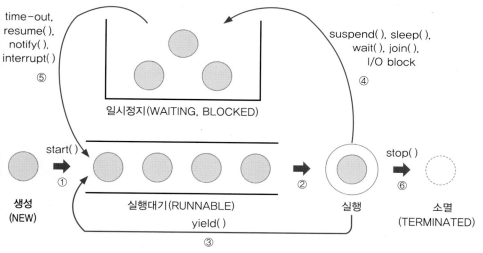

▲ 그림 13-8 쓰레드의 상태

① 쓰레드를 생성하고 start( )를 호출하면 바로 실행되는 것이 아니라 실행대기열에 저장되어 자신의 차례가 될 때까지 기다려야 한다. 실행대기열은 큐(queue)와 같은 구조로 먼저 실행대기열에 들어온 쓰레드가 먼저 실행된다.

② 실행대기상태에 있다가 자신의 차례가 되면 실행상태가 된다.

③ 주어진 실행시간이 다되거나 yield( )를 만나면 다시 실행대기상태가 되고 다음 차례의 쓰레드가 실행상태가 된다.

④ 실행 중에 suspend( ), sleep( ), wait( ), join( ), I/O block에 의해 일시정지상태가 될 수 있다. I/O block은 입출력작업에서 발생하는 지연상태를 말한다. 사용자의 입력을 기다리는 경우를 예로 들수 있는데, 이런 경우 일시정지 상태에 있다가 사용자가 입력을 마치면 다시 실행대기상태가 된다.

⑤ 지정된 일시정지시간이 다되거나(time-out), notify( ), resume( ), interrupt( )가 호출되면 일시정지상태를 벗어나 다시 실행대기열에 저장되어 자신의 차례를 기다리게 된다.

⑥ 실행을 모두 마치거나 stop( )이 호출되면 쓰레드는 소멸된다.

쓰레드 프로그래밍이 어려운 이유는 동기화(synchronization)와 스케줄링(scheduling) 때문이다. 앞서 우선순위를 통해 쓰레드간의 스케줄링을 하는 방법을 배우기는 했지만, 이것만으로는 한참 부족하다. 효율적인 멀티쓰레드 프로그램을 만들기 위해서는 보다 정교한 스케줄링을 통해 프로세스에게 주어진 자원과 시간을 여러 쓰레드가 낭비없이 잘 사용하도록 프로그래밍 해야 한다.

　쓰레드의 스케줄링을 잘하기 위해서는 쓰레드의 상태와 관련 메서드를 잘 알아야 하는데, 먼저 쓰레드의 스케줄링과 관련된 메서드는 다음과 같다.

메서드	설 명
static void sleep(long millis) static void sleep(long millis, int nanos)	지정된 시간(천분의 일초 단위)동안 쓰레드를 일시정지시킨다. 지정한 시간이 지나고 나면, 자동적으로 다시 실행대기상태가 된다.
void join() void join(long millis) void join(long millis, int nanos)	지정된 시간동안 쓰레드가 실행되도록 한다. 지정된 시간이 지나거나 작업이 종료되면 join()을 호출한 쓰레드로 다시 돌아와 실행을 계속한다.
void interrupt()	sleep()이나 join()에 의해 일시정지상태인 쓰레드를 깨워서 실행대기상태로 만든다. 해당 쓰레드에서는 InterruptedException이 발생함으로써 일시정지상태를 벗어나게 된다.
void stop()	쓰레드를 즉시 종료시킨다.
void suspend()	쓰레드를 일시정지시킨다. resume()을 호출하면 다시 실행대기상태가 된다.
void resume()	suspend()에 의해 일시정지상태에 있는 쓰레드를 실행대기상태로 만든다.
static void yield()	실행 중에 자신에게 주어진 실행시간을 다른 쓰레드에게 양보(yield)하고 자신은 실행대기상태가 된다.

▲ 표 13-1　쓰레드의 스케줄링과 관련된 메서드

참 고　resume(), stop(), suspend()는 쓰레드를 교착상태(dead-lock)로 만들기 쉽기 때문에 deprecated되었다.

22 **sleep( )**

sleep( )은 지정된 시간동안 쓰레드를 멈추게 한다.

```
static void sleep(long millis)
static void sleep(long millis, int nanos)
```

밀리세컨드(millis, 1000분의 일초)와 나노세컨드(nanos, 10억분의 일초)의 시간단위로 세밀하게 값을 지정할 수 있지만 어느 정도의 오차가 발생할 수 있다는 것은 염두에 둬야 한다. 예를 들어, 쓰레드가 0.0015초를 동안 멈추게 하려면 다음과 같이 한다.

> **참고** 나노세컨드(nanos)로 지정할 수 있는 값의 범위는 0~999999이며, 999999나노세컨드는 약 1밀리세컨드이다.

```
try {
    Thread.sleep(1, 500000);  // 쓰레드를 0.0015초 동안 멈추게 한다.
} catch(InterruptedException e) {}
```

sleep( )에 의해 일시정지 상태가 된 쓰레드는 지정된 시간이 다 되거나 interrupt( )가 호출되면, InterruptedException이 발생되어 잠에서 깨어나 실행대기 상태가 된다.

그래서 sleep( )을 호출할 때는 항상 try-catch문으로 예외를 처리해줘야 한다. 매번 예외처리를 해주는 것이 번거롭기 때문에, 아래와 같이 try-catch문까지 포함하는 새로운 메서드를 만들어서 사용하기도 한다.

```
void delay(long millis) {
    try {
        Thread.sleep(millis);
    } catch(InterruptedException e) {}
}
```

예제
13-8

```
class Ex13_8 {
    public static void main(String args[]) {
        ThreadEx8_1 th1 = new ThreadEx8_1();
        ThreadEx8_2 th2 = new ThreadEx8_2();
        th1.start(); th2.start();

        try {
            th1.sleep(2000);
        } catch(InterruptedException e) {}

        System.out.print("<<main 종료>>");
    } // main
}

class ThreadEx8_1 extends Thread {
    public void run() {
        for(int i=0; i < 300; i++) System.out.print("-");
        System.out.print("<<th1 종료>>");
    } // run()
}

class ThreadEx8_2 extends Thread {
    public void run() {
        for(int i=0; i < 300; i++) System.out.print("|");
        System.out.print("<<th2 종료>>");
    } // run()
}
```

결
과
```
----------------------------------------------------------------------
------------------------------------------------------|||||||||||||
|||||||||||||||||||||||||||||||||||||||||||||||||||||||||----------------
----------------------------------------------------------------------
---------------------------------------------------|------|||||||||||||||||||
||||||||||||||||||||||||||||||||||||||||||||||||||||||||||||||||||||||
||||||||||||||||||||||||||||||||||||||||||||||||||||||||||||||||||||||
|||||||||||||||||||||||||||||||||||||||||<<th1 종료>><<th2 종료>><<main 종료
>>
```

위의 결과를 보면 쓰레드 th1의 작업이 가장 먼저 종료되었고, 그 다음이 th2, main의 순인
것을 알 수 있다. 그러나 아래의 코드를 생각해보면 이 결과가 뜻밖이라는 생각이 들 것이다.

```
    try {
        th1.sleep(2000);  // th1을 2초동안 멈추게? Thread.sleep(2000);이 바람직
    } catch(InterruptedException e) {}
```

왜냐하면 sleep( )는 항상 현재 실행 중인 쓰레드에 대해 작동하기 때문에 'th1.sleep (2000)'
과 같이 호출되었어도 실제로 영향을 받는 것은 main메서드를 실행하는 main쓰레드이기 때
문이다.

진행 중인 쓰레드의 작업이 끝나기 전에 취소시켜야할 때가 있다. 예를 들어 큰 파일을 다운로드받을 때 시간이 너무 오래 걸리면 중간에 다운로드를 포기하고 취소할 수 있어야 한다. interrupt( )는 쓰레드에게 작업을 멈추라고 요청한다. 단지 멈추라고 요청만 하는 것일 뿐 쓰레드를 강제로 종료시키지는 못한다. interrupt( )는 그저 쓰레드의 interrupted상태(인스턴스 변수)를 바꾸는 것일 뿐이다.

그리고 interrupted( )는 쓰레드에 대해 interrupt( )가 호출되었는지 알려준다. interrupt( )가 호출되지 않았다면 false를, interrupt( )가 호출되었다면 true를 반환한다.

```
Thread th = new Thread();
th.start();
    ...
th.interrupt(); // 쓰레드 th에 interrupt()를 호출한다.
    ...
class MyThread extends Thread {
    public void run() {
        while(!interrupted()) { // interrupted()의 결과가 false인 동안 반복
            ...
        }
    }
}
```

interrupt( )가 호출되면, interrupted( )의 결과가 false에서 true로 바뀌어 while문을 벗어나게 된다. while문의 조건식에 '!'가 포함되어 있는 것에 주의하자.

isInterrupted( )도 쓰레드의 interrupt( )가 호출되었는지 확인하는데 사용할 수 있지만, interrupted( )와 달리 isInterrupted( )는 쓰레드의 interrupted상태를 false로 초기화하지 않는다.

void interrupt( )	쓰레드의 interrupted상태를 false에서 true로 변경
boolean isInterrupted( )	쓰레드의 interrupted상태를 반환
static boolean interrupted( )	현재 쓰레드의 interrupted상태를 반환 후, false로 변경

한 쓰레드가 sleep( ), wait( ), join( )에 의해 '일시정지 상태(WAITING)'에 있을 때, 이 쓰레드에 대해 interrupt( )를 호출하면, sleep( ), wait( ), join( )에서 Interrupted Exception이 발생하고 이 쓰레드는 '실행대기 상태(RUNNABLE)'로 바뀐다. 즉, 멈춰있던 쓰레드를 깨워서 실행가능한 상태로 만드는 것이다.

아래는 예제13-5을 interrupt( )와 interrupted( )를 사용해서 수정한 것으로 카운트다운 도중에 사용자의 입력이 들어오면 카운트다운을 종료한다.

예제 13-9

```java
import javax.swing.JOptionPane;

class Ex13_9 {
    public static void main(String[] args) throws Exception {
        ThreadEx9_1 th1 = new ThreadEx9_1();
        th1.start();

        String input = JOptionPane.showInputDialog("아무 값이나 입력하세요.");
        System.out.println("입력하신 값은 " + input + "입니다.");
        th1.interrupt();  // interrupt()를 호출하면, interrupted상태가 true가 된다.
        System.out.println("isInterrupted():"+ th1.isInterrupted()); // true
    }
}

class ThreadEx9_1 extends Thread {
    public void run() {
        int i = 10;

        while(i!=0 && !isInterrupted()) {
            System.out.println(i--);
            for(long x=0;x<2500000000L;x++); // 시간 지연
        }
        System.out.println("카운트가 종료되었습니다.");
    }
}
```

결과

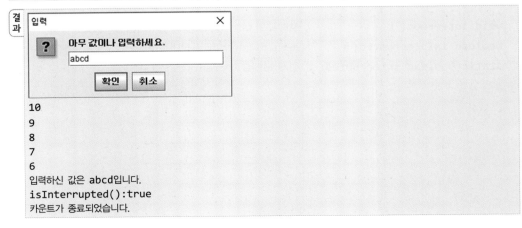

```
10
9
8
7
6
입력하신 값은 abcd입니다.
isInterrupted():true
카운트가 종료되었습니다.
```

suspend( )는 sleep( )처럼 쓰레드를 멈추게 한다. suspend( )에 의해 정지된 쓰레드는 resume( )을 호출해야 다시 실행대기 상태가 된다. stop( )은 호출되는 즉시 쓰레드가 종료된다.

suspend( ), resume( ), stop( )은 쓰레드의 실행을 제어하는 가장 손쉬운 방법이지만, suspend( )와 stop( )이 교착상태(deadlock)를 일으키기 쉽게 작성되어있으므로 사용이 권장되지 않는다. 그래서 이 메서드들은 모두 'deprecated'되었다. Java API문서 stop( )을 찾아보면 아래와 같이 'Deprecated.'라고 적혀있다.

```
void stop(Throwable obj)
  Deprecated.
This method was originally designed to force a thread to stop and
throw a given Throwable as an exception. It was inherently unsafe
(see stop() for details), and furthermore could be used to gener-
ate exceptions that the target thread was not prepared to handle.
```

'deprecated'의 의미는 '전에는 사용되었지만, 앞으로 사용하지 않을 것을 권장한다.'이다. 'deprecated'된 메서드는 하위 호환성을 위해서 삭제하지 않는 것일 뿐이므로 사용해서는 안된다.

예제
13-10

```
class Ex13_10 {
    public static void main(String args[]) {
        RunImplEx10 r = new RunImplEx10();
        Thread th1 = new Thread(r, "*");
        Thread th2 = new Thread(r, "**");
        Thread th3 = new Thread(r, "***");
        th1.start();
        th2.start();
        th3.start();

        try {
            Thread.sleep(2000);
            th1.suspend();      // 쓰레드 th1을 잠시 중단시킨다.
            Thread.sleep(2000);
            th2.suspend();
            Thread.sleep(3000);
            th1.resume();       // 쓰레드 th1이 다시 동작하도록 한다.
            Thread.sleep(3000);
            th1.stop();         // 쓰레드 th1을 강제종료시킨다.
            th2.stop();
            Thread.sleep(2000);
            th3.stop();
        } catch (InterruptedException e) {}
    } // main
}

class RunImplEx10 implements Runnable {
    public void run() {
        while(true) {
            System.out.println(Thread.currentThread().getName());
            try {
                Thread.sleep(1000);
            } catch(InterruptedException e) {}
        }
    } // run()
}
```

결과
*
**
***
*
**
***
**
***
**
***
***
***
***
***
***
*
***
*
***
*
***
**

참고   실행환경과 상황에 따라 실행결과가 위와 다를 수 있다.

join( ) – 다른 쓰레드의 작업을 기다린다.

쓰레드 자신이 하던 작업을 잠시 멈추고 다른 쓰레드가 지정된 시간동안 작업을 수행하도록 할 때 join( )을 사용한다.

```
void join()
void join(long millis)
void join(long millis, int nanos)
```

시간을 지정하지 않으면, 해당 쓰레드가 작업을 모두 마칠 때까지 기다리게 된다. 작업 중에 다른 쓰레드의 작업이 먼저 수행되어야할 필요가 있을 때 join( )을 사용한다.

```
try {
    th1.join();   // 현재 실행중인 쓰레드가 쓰레드 th1의 작업이 끝날때까지 기다린다.
} catch(InterruptedException e) {}
```

join( )도 sleep( )처럼 interrupt( )에 의해 대기상태에서 벗어날 수 있으며, join( )이 호출되는 부분을 try-catch문으로 감싸야 한다. join( )은 여러모로 sleep( )과 유사한 점이 많은데, sleep( )과 다른 점은 join( )은 현재 쓰레드가 아닌 특정 쓰레드에 대해 동작하므로 static메서드가 아니라는 것이다.

> 참고 join( )은 자신의 작업 중간에 다른 쓰레드의 작업을 참여(join)시킨다는 의미로 이름 지어진 것이다.

yield( ) – 다른 쓰레드에게 양보한다.

yield( )는 쓰레드 자신에게 주어진 실행시간을 다음 차례의 쓰레드에게 양보(yield)한다.

　예를 들어 스케쥴러에 의해 1초의 실행시간을 할당받은 쓰레드가 0.5초의 시간동안 작업한 상태에서 yield( )가 호출되면, 나머지 0.5초는 포기하고 다시 실행대기상태가 된다.

　yield( )와 interrupt( )를 적절히 사용하면, 프로그램의 응답성을 높이고 보다 효율적인 실행이 가능하게 할 수 있다.

예제
13-11

```
class Ex13_11 {
    static long startTime = 0;

    public static void main(String args[]) {
        ThreadEx11_1 th1 = new ThreadEx11_1();
        ThreadEx11_2 th2 = new ThreadEx11_2();
        th1.start();
        th2.start();
        startTime = System.currentTimeMillis();

        try {
            th1.join(); // main쓰레드가 th1의 작업이 끝날 때까지 기다린다.
            th2.join(); // main쓰레드가 th2의 작업이 끝날 때까지 기다린다.
        } catch(InterruptedException e) {}

        System.out.print("소요시간:" + (System.currentTimeMillis()
                                                - Ex13_11.startTime));
    } // main
}

class ThreadEx11_1 extends Thread {
    public void run() {
        for(int i=0; i < 300; i++) {
            System.out.print(new String("-"));
        }
    } // run()
}

class ThreadEx11_2 extends Thread {
    public void run() {
        for(int i=0; i < 300; i++) {
            System.out.print(new String("|"));
        }
    } // run()
}
```

결과
```
------|||||||||||||||||||||||||||||||||||---------------------------------
--------------------------------------------------|||||||||||||||
||||||||||||||||||||||||||||||||||||||||||||||||||||||||||||||||||||
||||||||||||||||||||||||||||||||||||||||||||||||||||||||||||||||||||
||||||||||||||||||||||||||||||||||||||||||||||||||||||||||||||||||||
||||||||||||||||||||||||---------------------------------------------
----------------------------------------------------------------------
--------------------------------------------소요시간:32
```

join( )을 사용하지 않았으면 main쓰레드는 바로 종료되었겠지만, join( )으로 쓰레드 th1과 th2의 작업을 마칠 때 까지 main쓰레드가 기다리도록 했다. 그래서 main쓰레드가 두 쓰레드의 작업에 소요된 시간을 출력할 수 있다.

싱글쓰레드 프로세스의 경우 프로세스 내에서 단 하나의 쓰레드만 작업하기 때문에 프로세스의 자원을 가지고 작업하는데 별문제가 없지만, 멀티쓰레드 프로세스의 경우 여러 쓰레드가 같은 프로세스 내의 자원을 공유해서 작업하기 때문에 서로의 작업에 영향을 주게 된다. 만일 쓰레드A가 작업하던 도중에 다른 쓰레드B에게 제어권이 넘어갔을 때, 쓰레드A가 작업하던 공유데이터를 쓰레드B가 임의로 변경하였다면, 다시 쓰레드A가 제어권을 받아서 나머지 작업을 마쳤을 때 원래 의도했던 것과는 다른 결과를 얻을 수 있다.

　이러한 일이 발생하는 것을 방지하기 위해서 한 쓰레드가 특정 작업을 끝마치기 전까지 다른 쓰레드에 의해 방해받지 않도록 하는 것이 필요하다. 그래서 도입된 개념이 바로 '임계 영역(critical section)'과 '잠금(락, lock)'이다.

공유 데이터를 사용하는 코드 영역을 임계 영역으로 지정해놓고, 공유 데이터(객체)가 가지고 있는 lock을 획득한 단 하나의 쓰레드만 이 영역 내의 코드를 수행할 수 있게 한다. 그리고 해당 쓰레드가 임계 영역 내의 모든 코드를 수행하고 벗어나서 lock을 반납해야만 다른 쓰레드가 반납된 lock을 획득하여 임계 영역의 코드를 수행할 수 있게 된다.

　이처럼 **한 쓰레드가 진행 중인 작업을 다른 쓰레드가 간섭하지 못하도록 막는 것을 '쓰레드의 동기화(synchronization)'**라고 한다.

> **쓰레드의 동기화 – 한 쓰레드가 진행중인 작업을 다른 쓰레드가 간섭하지 못하게 막는 것**

자바에서는 synchronized블럭을 이용해서 쓰레드의 동기화를 지원했지만, JDK1.5부터는 'java.util.concurrent.locks'와 'java.util.concurrent.atomic'패키지를 통해서 다양한 방식으로 동기화를 구현할 수 있도록 지원하고 있다.

먼저 가장 간단한 동기화 방법인 synchronized 키워드를 이용한 동기화에 대해서 알아보자. 이 키워드는 임계 영역을 설정하는데 사용된다. 아래와 같이 두 가지 방식이 있다.

---

1. 메서드 전체를 임계 영역으로 지정
```
public synchronized void calcSum() {
    //...
}
```
임계 영역(critical section)

2. 특정한 영역을 임계 영역으로 지정
```
synchronized(객체의 참조변수) {
    //...
}
```
임계 영역(critical section)

첫 번째 방법은 메서드 앞에 synchronized를 붙이는 것인데, synchronized를 붙이면 메서드 전체가 임계 영역으로 설정된다. 쓰레드는 synchronized메서드가 호출된 시점부터 해당 메서드가 포함된 객체의 lock을 얻어 작업을 수행하다가 메서드가 종료되면 lock을 반환한다.

두 번째 방법은 메서드 내의 코드 일부를 블럭{}으로 감싸고 블럭 앞에 'synchronized (참조변수)'를 붙이는 것인데, 이때 참조변수는 락(lock)을 걸고자하는 객체를 참조하는 것이어야 한다. 이 블럭을 synchronized블럭이라고 부르며, 이 블럭의 영역 안으로 들어가면서부터 쓰레드는 지정된 객체의 lock을 얻게 되고, 이 블럭을 벗어나면 lock을 반납한다.

두 방법 모두 lock의 획득과 반납이 모두 자동적으로 이루어지므로 우리가 해야 할 일은 그저 임계 영역만 설정해주는 것뿐이다.

모든 객체는 lock을 하나씩 가지고 있으며, 해당 객체의 lock을 가지고 있는 쓰레드만 임계 영역의 코드를 수행할 수 있다. 그리고 다른 쓰레드들은 lock을 얻을 때까지 기다리게 된다.

임계 영역은 멀티쓰레드 프로그램의 성능을 좌우하기 때문에 가능하면 메서드 전체에 락을 거는 것보다 synchronized블럭으로 임계 영역을 최소화해서 보다 효율적인 프로그램이 되도록 해야 한다.

예 제
13-12

```java
class Ex13_12 {
    public static void main(String args[]) {
        Runnable r = new RunnableEx12();
        new Thread(r).start(); // ThreadGroup에 의해 참조되므로 gc대상이 아니다.
        new Thread(r).start(); // ThreadGroup에 의해 참조되므로 gc대상이 아니다.
    }
}

class Account {
    private int balance = 1000;

    public  int getBalance() {
        return balance;
    }

    public void withdraw(int money){
        if(balance >= money) {
            try { Thread.sleep(1000);} catch(InterruptedException e) {}
            balance -= money;
        }
    } // withdraw
}

class RunnableEx12 implements Runnable {
    Account acc = new Account();

    public void run() {
        while(acc.getBalance() > 0) {
            // 100, 200, 300중의 한 값을 임으로 선택해서 출금(withdraw)
            int money = (int)(Math.random() * 3 + 1) * 100;
            acc.withdraw(money);
            System.out.println("balance:"+acc.getBalance());
        }
    } // run()
}
```

결
과
```
balance:700
balance:400
balance:200
balance:0
balance:-100
```

은행계좌(account)에서 잔고(balance)를 확인하고 임의의 금액을 출금(withdraw)하는 예제
인데, 아래를 보면 잔고가 출금하려는 금액보다 큰 경우에만 출금하도록 되어있다.

```java
public void withdraw(int money){
    if(balance >= money) {   // 출금액(money)보다 잔고(balance)가 클 때
        try { Thread.sleep(1000);} catch(Exception e) {}
        balance -= money;
    }
} // withdraw
```

그러나 실행결과를 보면 잔고(balance)가 음수가 되는 것을 볼 수 있는데, 그 이유는 한 쓰레
드가 if문의 조건식을 통과하고 출금하기 바로 직전에 다른 쓰레드가 끼어들어서 출금을 먼저
했기 때문이다.

예제
13-13

```
class Ex13_13 {
    public static void main(String args[]) {
        Runnable r = new RunnableEx13();
        new Thread(r).start();
        new Thread(r).start();
    }
}

class Account2 {
    private int balance = 1000; // private으로 해야 동기화가 의미가 있다.

    public  int getBalance() {
        return balance;
    }

    public synchronized void withdraw(int money){ // synchronized로 메서드를 동기화
        if(balance >= money) {
            try { Thread.sleep(1000);} catch(InterruptedException e) {}
            balance -= money;
        }
    } // withdraw
}

class RunnableEx13 implements Runnable {
    Account2 acc = new Account2();

    public void run() {
        while(acc.getBalance() > 0) {
            // 100, 200, 300중의 한 값을 임으로 선택해서 출금(withdraw)
            int money = (int)(Math.random() * 3 + 1) * 100;
            acc.withdraw(money);
            System.out.println("balance:"+acc.getBalance());
        }
    } // run()
}
```

결과
```
balance:800
balance:500
balance:200
balance:200
balance:100
balance:100
balance:100
balance:100
balance:0
balance:0
```

이전 예제의 withdraw( )에 그저 synchronized만 붙였을 뿐인데도, 전과 달리 결과에 음수 값이 나타나지 않는 것을 확인할 수 있다. 여기서 한 가지 주의할 점은 Account클래스의 인스턴스변수인 balance의 접근 제어자가 private이라는 것이다. 만일 private이 아니면, 외부에서 직접 접근할 수 있기 때문에 아무리 동기화를 해도 이 값의 변경을 막을 길이 없다. synchronized를 이용한 동기화는 지정된 영역의 코드를 한 번에 하나의 쓰레드가 수행하는 것을 보장하는 것일 뿐이기 때문이다.

34 **wait( )과 notify( )**

synchronized로 동기화해서 공유 데이터를 보호하는 것 까지는 좋은데, 특정 쓰레드가 객체의 락을 가진 상태로 오랜 시간을 보내지 않도록 하는 것도 중요하다. 만일 계좌에 출금할 돈이 부족해서 한 쓰레드가 락을 보유한 채로 돈이 입금될 때까지 오랜 시간을 보낸다면, 다른 쓰레드들은 모두 해당 객체의 락을 기다리느라 다른 작업들도 원활히 진행되지 않을 것이다.

이러한 상황을 개선하기 위해 고안된 것이 바로 wait( )과 notify( )이다. 동기화된 임계 영역의 코드를 수행하다가 작업을 더 이상 진행할 상황이 아니면, 일단 wait( )을 호출하여 쓰레드가 락을 반납하고 기다리게 한다. 그러면 다른 쓰레드가 락을 얻어 해당 객체에 대한 작업을 수행할 수 있게 된다. 나중에 작업을 진행할 수 있는 상황이 되면 notify( )를 호출해서, 작업을 중단했던 쓰레드가 다시 락을 얻어 작업을 진행할 수 있게 한다.

이는 마치 빵을 사려고 빵집 앞에 줄을 서있는 것과 유사한데, 자신의 차례가 되었는데도 자신이 원하는 빵이 나오지 않았으면, 다음 사람에게 순서를 양보하고 기다리다가 자신이 원하는 빵이 나오면 통보를 받고 빵을 사가는 것이다.

차이가 있다면, 오래 기다린 쓰레드가 락을 얻는다는 보장이 없다는 것이다. wait( )이 호출되면, 실행 중이던 쓰레드는 해당 객체의 대기실(waiting pool)에서 통지를 기다린다. notify( )가 호출되면, 해당 객체의 대기실에 있던 모든 쓰레드 중에서 임의의 쓰레드만 통지를 받는다. notifyAll( )은 기다리고 있는 모든 쓰레드에게 통보를 하지만, 그래도 lock을 얻을 수 있는 것은 하나의 쓰레드일 뿐이고 나머지 쓰레드는 통보를 받긴 했지만, lock을 얻지 못하면 다시 lock을 기다리는 신세가 된다.

wait( )과 notify( )는 특정 객체에 대한 것이므로 Object클래스에 정의되어있다. wait( )은 notify( ) 또는 notifyAll( )이 호출될 때까지 기다리지만, 매개변수가 있는 wait( )은 지정된 시간동안만 기다린다. 즉, 지정된 시간이 지난 후에 자동적으로 notify( )가 호출되는 것과 같다.

그리고 waiting pool은 객체마다 존재하는 것이므로 notifyAll( )이 호출된다고 해서 모든 객체의 waiting pool에 있는 쓰레드가 깨워지는 것은 아니다. notifyAll( )이 호출된 객체의 waiting pool에 대기 중인 쓰레드만 해당된다는 것을 기억하자.

> **wait( ), notify( ), notifyAll( )**
> - Object에 정의되어 있다.
> - 동기화 블록(synchronized블록) 내에서만 사용할 수 있다.
> - 보다 효율적인 동기화를 가능하게 한다.

예제
13-14

```java
import java.util.ArrayList;

class Customer implements Runnable {
    private Table  table;
    private String food;

    Customer(Table table, String food) {
        this.table = table;
        this.food  = food;
    }

    public void run() {
        while(true) {
            try { Thread.sleep(10);} catch(InterruptedException e) {}
            String name = Thread.currentThread().getName();

            if(eatFood())
                System.out.println(name + " ate a " + food);
            else
                System.out.println(name + " failed to eat. :(");
        } // while
    }

    boolean eatFood() { return table.remove(food); }
}

class Cook implements Runnable {
    private Table table;

    Cook(Table table) {        this.table = table; }

    public void run() {
        while(true) {
            int idx = (int)(Math.random()*table.dishNum());
            table.add(table.dishNames[idx]);
            try { Thread.sleep(100);} catch(InterruptedException e) {}
        } // while
    }
}

class Table {
    String[] dishNames = { "donut","donut","burger" };
    final int MAX_FOOD = 6;
    private ArrayList<String> dishes = new ArrayList<>();
```

```java
    public synchronized void add(String dish) { // synchronized를 추가
        if(dishes.size() >= MAX_FOOD)
            return;
        dishes.add(dish);
        System.out.println("Dishes:" + dishes.toString());
    }

    public boolean remove(String dishName) {
        synchronized(this) {
            while(dishes.size()==0) {
                String name = Thread.currentThread().getName();
                System.out.println(name+" is waiting.");
                try { Thread.sleep(500);} catch(InterruptedException e) {}
            }

            for(int i=0; i<dishes.size();i++)
                if(dishName.equals(dishes.get(i))) {
                    dishes.remove(i);
                    return true;
                }
        } // synchronized

        return false;
    }

    public int dishNum() { return dishNames.length; }
}

class Ex13_14 {
    public static void main(String[] args) throws Exception {
        Table table = new Table(); // 여러 쓰레드가 공유하는 객체

        new Thread(new Cook(table), "COOK").start();
        new Thread(new Customer(table, "donut"),  "CUST1").start();
        new Thread(new Customer(table, "burger"), "CUST2").start();

        Thread.sleep(5000);
        System.exit(0);
    }
}
```

```
결
과   Dishes:[burger]
    CUST2 ate a burger
    CUST1 failed to eat. :(    ← donut이 없어서 먹지 못했다.
    CUST2 is waiting.    ← 음식이 없어서 테이블에 lock을 건 채로 계속 기다리고 있다.
    CUST2 is waiting.
    CUST2 is waiting.
    ... 중간 생략 ...
```

여러 쓰레드가 공유하는 객체인 테이블(Table)의 add( )와 remove( )를 동기화하였다. 더 이상 전과 같은 예외는 발생하지 않지만, 뭔가 원활히 진행되고 있는 것 같지는 않다.

손님 쓰레드가 원하는 음식이 테이블에 없으면, 'failed to eat'을 출력하고, 테이블에 음식이 하나도 없으면, 0.5초마다 음식이 추가되었는지 확인하면서 기다리도록 작성되어 있다.

그런데, 요리사 쓰레드는 왜 음식을 추가하지 않고 손님 쓰레드를 계속 기다리게 하는 것일까?

```
synchronized(this) {
    while(dishes.size()==0) { // 0.5초마다 음식이 추가되었는지 확인한다.
        String name = Thread.currentThread().getName();
        System.out.println(name+" is waiting.");
        try { Thread.sleep(500);} catch(InterruptedException e) {}
    }
        ...
} // synchronized의 끝
```

그 이유는 손님 쓰레드가 테이블 객체의 lock을 쥐고 기다리기 때문이다. 요리사 쓰레드가 음식을 새로 추가하려해도 테이블 객체의 lock을 얻을 수 없어서 불가능하다. 이럴 때 사용하는 것이 바로 'wait( ) & notify( )'이다. 손님 쓰레드가 lock을 쥐고 기다리는 게 아니라, wait( )으로 lock을 풀고 기다리다가 음식이 추가되면 notify( )로 통보를 받고 다시 lock을 얻어서 나머지 작업을 진행하게 할 수 있다.

이 예제에 wait( )과 notify( )를 적용하여 개선한 것이 다음 예제이다

예제
13-15

```java
import java.util.ArrayList;

class Customer2 implements Runnable {
    private Table2  table;
    private String food;

    Customer2(Table2 table, String food) {
        this.table = table;
        this.food  = food;
    }

    public void run() {
        while(true) {
            try { Thread.sleep(100);} catch(InterruptedException e) {}
            String name = Thread.currentThread().getName();

            table.remove(food);
            System.out.println(name + " ate a " + food);
        } // while
    }
}

class Cook2 implements Runnable {
    private Table2 table;

    Cook2(Table2 table) { this.table = table; }

    public void run() {
        while(true) {
            int idx = (int)(Math.random()*table.dishNum());
            table.add(table.dishNames[idx]);
            try { Thread.sleep(10);} catch(InterruptedException e) {}
        } // while
    }
}
```

// 뒷 페이지에 계속됩니다.

```java
class Table2 {
    String[] dishNames = { "donut","donut","burger" }; // donut의 확률을 높인다.
    final int MAX_FOOD = 6;
    private ArrayList<String> dishes = new ArrayList<>();

    public synchronized void add(String dish) {
        while(dishes.size() >= MAX_FOOD) {
            String name = Thread.currentThread().getName();
            System.out.println(name+" is waiting.");
            try {
                wait(); // COOK쓰레드를 기다리게 한다.
                Thread.sleep(500);
            } catch(InterruptedException e) {}
        }
        dishes.add(dish);
        notify();   // 기다리고 있는 CUST를 깨우기 위함.
        System.out.println("Dishes:" + dishes.toString());
    }

    public void remove(String dishName) {
        synchronized(this) {
            String name = Thread.currentThread().getName();

            while(dishes.size()==0) {
                System.out.println(name+" is waiting.");
                try {
                    wait(); // CUST쓰레드를 기다리게 한다.
                    Thread.sleep(500);
                } catch(InterruptedException e) {}
            }

            while(true) {
                for(int i=0; i<dishes.size();i++) {
                    if(dishName.equals(dishes.get(i))) {
                        dishes.remove(i);
                        notify(); // 잠자고 있는 COOK을 깨우기 위함
                        return;
                    }
                } // for문의 끝

                try {
                    System.out.println(name+" is waiting.");
                    wait(); // 원하는 음식이 없는 CUST쓰레드를 기다리게 한다.
                    Thread.sleep(500);
                } catch(InterruptedException e) {}
            } // while(true)
        } // synchronized
    }
```

```
    public int dishNum() { return dishNames.length; }
}

class Ex13_15 {
    public static void main(String[] args) throws Exception {
        Table2 table = new Table2();

        new Thread(new Cook2(table), "COOK").start();
        new Thread(new Customer2(table, "donut"),  "CUST1").start();
        new Thread(new Customer2(table, "burger"), "CUST2").start();
        Thread.sleep(2000);
        System.exit(0);
    }
}
```

```
결  Dishes:[donut]
과  ... 중간 생략...
   Dishes:[donut, donut, donut, donut, donut, donut]
   COOK is waiting.
   CUST2 is waiting.
   CUST1 ate a donut
   Dishes:[donut, donut, donut, donut, donut, donut]
   CUST2 is waiting.  ← 원하는 음식이 없어서 손님이 기다리고 있다.
   COOK is waiting.   ← 테이블이 가득차서 요리사가 기다리고 있다.
   CUST1 ate a donut  ← 테이블의 음식이 소비되어 notify()가 호출된다.
   CUST2 is waiting.  ← 요리사가 아닌 손님이 통지를 받고, 원하는 음식이 없어서 다시 기다린다.
   CUST1 ate a donut  ← 테이블의 음식이 소비되어 notify()가 호출된다.
   Dishes:[donut, donut, donut, donut, donut]  ← 이번엔 요리사가 통지받고 음식추가
   CUST2 is waiting.  ← 음식추가 통지를 받았으나 원하는 음식이 없어서 다시 기다린다.
   Dishes:[donut, donut, donut, donut, donut, burger] ← 요리사가 음식추가(활동 중)
   CUST1 ate a donut
   CUST2 ate a burger ← 음식추가 통지를 받고, 원하는 음식을 소비(활동 중)
   Dishes:[donut, donut, donut, donut, donut]
   ... 중간 생략...
```

이전 예제에 wait( )과 notify( )를 추가하였다. 그리고 테이블에 음식이 없을 때뿐만 아니라, 원하는 음식이 없을 때도 손님이 기다리도록 바꾸었다.

실행결과를 보니 이제 뭔가 좀 잘 돌아가는 것 같다. 그런데, 여기에도 한 가지 문제가 있다. 테이블 객체의 waiting pool에 요리사 쓰레드와 손님 쓰레드가 같이 기다린다는 것이다. 그래서 notify( )가 호출되었을 때, 요리사 쓰레드와 손님 쓰레드 중에서 누가 통지를 받을지 알 수 없다.

만일 테이블의 음식이 줄어들어서 notify( )가 호출되었다면, 요리사 쓰레드가 통지를 받아야 한다. 그러나 notify( )는 그저 waiting pool에서 대기 중인 쓰레드 중에서 하나를 임의로 선택해서 통지할 뿐, 요리사 쓰레드를 선택해서 통지할 수 없다. 운 좋게 요리사 쓰레드가 통지를 받으면 다행인데, 손님 쓰레드가 통지를 받으면 lock을 얻어도 여전히 자신이 원하는 음식이 없어서 다시 waiting pool에 들어가게 된다.

연습문제

13-1 쓰레드를 구현하는 방법에는 Thread클래스로부터 상속받는 것과 Runnable인터페이스를 구현하는 것 두 가지가 있는데, 다음의 코드는 Thread클래스를 상속받아서 쓰레드를 구현한 것이다. 이 코드를 Runnable인터페이스를 구현하도록 변경하시오.

```java
class Exercise13_1 {
   public static void main(String args[]) {
      Thread1 th1 = new Thread1();
      th1.start();
   }
}

class Thread1 extends Thread {
   public void run() {
      for (int i = 0; i < 300; i++) {
         System.out.print('-');
      }
   }
}
```

13-2 다음 중 쓰레드를 일시정지 상태(WAITING)로 만드는 것이 아닌 것은?(모두 고르시오)

① suspend()

② resume()

③ join()

④ sleep()

⑤ wait()

⑥ notify()

13-3 다음 코드의 실행결과로 옳은 것은?

```java
class Exercise13_3 {
    public static void main(String[] args) {
        Thread2 t1 = new Thread2();
        t1.run();

        for (int i = 0; i < 10; i++)
            System.out.print(i);
    }
}

class Thread2 extends Thread {
    public void run() {
        for (int i = 0; i < 10; i++)
            System.out.print(i);
    }
}
```

① 01021233454567689789처럼 0부터 9까지의 숫자가 섞여서 출력된다.

② 01234567890123456789처럼 0부터 9까지의 숫자가 순서대로 출력된다.

③ IllegalThreadStateException이 발생한다.

13-4 다음 중 interrupt( )에 의해서 실행대기 상태(RUNNABLE)가 되지 않는 경우는?(모두 고르시오)

① sleep( )에 의해서 일시정지 상태인 쓰레드

② join( )에 의해서 일시정지 상태인 쓰레드

③ wait( )에 의해서 일시정지 상태인 쓰레드

④ suspend( )에 의해서 일시정지 상태인 쓰레드

13-5 다음의 코드는 쓰레드 th1을 생성해서 실행시킨 다음 6초 후에 정지시키는 코드이다. 그러나 실제로 실행시켜보면 쓰레드를 정지시킨 다음에도 몇 초가 지난 후에서야 멈춘다. 그 이유를 설명하고, 쓰레드를 정지시키면 지체없이 바로 정지되도록 코드를 개선하시오.

```
class Exercise13_5 {
   static boolean stopped = false;

   public static void main(String[] args)
   {
      Thread5 th1 = new Thread5();
      th1.start();

      try {
         Thread.sleep(6 * 1000);
      } catch (Exception e) {}

      stopped = true; // 쓰레드를 정지시킨다.
      System.out.println("stopped");
   }
}

class Thread5 extends Thread {
   public void run() {
      // Exercise13_5.stopped의 값이 false인 동안 반복한다.
      for (int i = 0; !Exercise13_5.stopped; i++) {
         System.out.println(i);

         try {
            Thread.sleep(3 * 1000);
         } catch (Exception e) {}
      }
   } // run()
}
```

결과
```
0
1
2
stopped
```

람다와 스트림

Lambda & stream

01 # 람다식(Lambda Expression)

람다식(Lambda expression)은 간단히 말해서 메서드를 하나의 '식(expression)'으로 표현한 것이다. 람다식은 함수를 간략하면서도 명확하게 표현할 수 있게 해준다.

메서드를 람다식으로 표현하면 메서드의 이름과 반환값이 없어지므로, 람다식을 '익명 함수 (anonymous function)'라고도 한다.

```
int[] arr =  new int[5];
Arrays.setAll(arr, (i) -> (int)(Math.random()*5)+1);
```

앞서 11장에서 처음으로 람다식이 등장했는데, 위의 문장에서 '(i)->(int)(Math.random( )*5)+1'이 바로 람다식이다. 이 람다식이 하는 일을 메서드로 표현하면 다음과 같다.

```
int method(int i) {
    return (int)(Math.random()*5) + 1;
}
```

위의 메서드보다 람다식이 간결하면서도 이해하기 쉽다는 것에 이견이 없을 것이다. 게다가 모든 메서드는 클래스에 포함되어야 하므로 클래스도 새로 만들어야 하고, 객체도 생성해야 만 비로소 이 메서드를 호출할 수 있다. 그러나 람다식은 이 모든 과정없이 오직 람다식 자체 만으로도 이 메서드의 역할을 대신할 수 있다.

게다가 람다식은 메서드의 매개변수로 전달되어지는 것이 가능하고, 메서드의 결과로 반환 될 수도 있다. 람다식으로 인해 메서드를 변수처럼 다루는 것이 가능해진 것이다.

메서드를 람다식으로 만드는 방법은 아주 간단하다. 메서드에서 이름과 반환타입을 제거하고 매개변수 선언부와 몸통{} 사이에 '->'를 추가하기만 하면 된다.

```
int max(int a, int b) {
    return a > b ? a : b;
}
```

```
int max(int a, int b) -> {
    return a > b ? a : b;
}
```

반환값이 있는 메서드의 경우, return문 대신 '식(expression)'으로 대신 할 수 있다. 식의 연산결과가 자동적으로 반환값이 된다. 이때는 '문장(statement)'이 아닌 '식'이므로 끝에 ';'을 붙이지 않는다.

```
(int a, int b) -> { return a > b ? a : b; }
```

```
(int a, int b) -> a > b ? a : b
```

람다식에 선언된 매개변수의 타입은 추론이 가능한 경우는 생략할 수 있는데, 대부분의 경우에 생략가능하다. 람다식에 반환타입이 없는 이유도 항상 추론이 가능하기 때문이다.

```
(int a, int b) -> a > b ? a : b
```

```
(a, b) -> a > b ? a : b
```

아래와 같이 선언된 매개변수가 하나뿐인 경우에는 괄호( )를 생략할 수 있다. 단, 매개변수의 타입이 있으면 괄호( )를 생략할 수 없다.

```
(a)     -> a * a
(int a) -> a * a
```

```
a       -> a * a  // OK
int a   -> a * a  // 에러
```

마찬가지로 괄호{} 안의 문장이 하나일 때는 괄호{}를 생략할 수 있다. 이 때 문장의 끝에 ';'을 붙이지 않아야 한다는 것에 주의하자.

```
(String name, int i) -> {
    System.out.println(name+"="+i);
}
```

```
(String name, int i) ->
    System.out.println(name+"="+i)
```

그러나 괄호{} 안의 문장이 return문일 경우 괄호{}를 생략할 수 없다.

```
(int a, int b) -> { return a > b ? a : b; }  // OK
(int a, int b) ->   return a > b ? a : b     // 에러
```

아래의 표는 메서드를 람다식으로 변환하여 보여준다. 람다식을 가리고 왼쪽의 메서드만 보면서 람다식을 직접 작성한 다음 바르게 변환하였는지 확인해 보자.

메서드	람다식

`int max(int a, int b) {`
`    return a > b ? a : b;`
`}`
	`(int a, int b) -> { return a > b ? a : b; }`
	
	`(int a, int b) -> a > b ? a : b`
	
	`(a, b) -> a > b ? a : b`

`void printVar(String name, int i){`
`    System.out.println(name+"="+i );`
`}`
	`(String name, int i) ->`
	`    { System.out.println(name+"="+i); }`
	
	`(name, i) ->`
	`    { System.out.println(name+"="+i); }`
	
	`(name, i) ->`
	`        System.out.println(name+"="+i)`

`int square(int x) {`
`    return x * x;`
`}`
	`(int x) -> x * x`
	
	`(x)  -> x * x`
	
	`x   -> x * x`

`int roll() {`
`    return (int)(Math.random()*6);`
`}`
	`() -> { return  (int)(Math.random()*6); }`
	
	`() -> (int)(Math.random() * 6)`

`int sumArr(int[] arr) {`
`    int sum = 0;`
`    for(int i : arr)`
`        sum += i;`
`    return sum;`
`}`
	`(int[] arr) -> {`
	`    int sum = 0;`
	`    for(int i : arr)`
	`        sum += i;`
	`    return sum;`
	`}`

자바에서 모든 메서드는 클래스 내에 포함되어야 하는데, 람다식은 어떤 클래스에 포함되는 것일까? 지금까지 람다식이 메서드와 동등한 것처럼 설명해왔지만, 사실 람다식은 익명 클래스의 객체와 동등하다.

```
(int a, int b) -> a > b ? a : b
```

```
new Object() {
    int max(int a, int b) {
        return a > b ? a : b;
    }
}
```

위의 오른쪽 코드에서 메서드 이름 max는 임의로 붙인 것일 뿐 의미는 없다. 어쨌든 람다식으로 정의된 익명 객체의 메서드를 어떻게 호출할 수 있을 것인가? 이미 알고 있는 것처럼 참조변수가 있어야 객체의 메서드를 호출 할 수 있으니까 일단 이 익명 객체의 주소를 f라는 참조변수에 저장해 보자.

```
타입 f = (int a, int b) -> a > b ? a : b;   // 참조변수의 타입을 뭘로 해야 할까?
```

그러면, 참조변수 f의 타입은 어떤 것이어야 할까? 참조형이니까 클래스 또는 인터페이스가 가능하다. 그리고 람다식과 동등한 메서드가 정의되어 있는 것이어야 한다. 그래야 참조변수로 익명 객체(람다식)의 메서드를 호출할 수 있기 때문이다.

예를 들어 아래와 같이 메서드 max가 선언된 MyFunction인터페이스가 정의되어 있다고 가정하자.

```
interface MyFunction {
    public abstract int max(int a, int b);
}
```

그러면 이 인터페이스를 구현한 익명 클래스의 객체는 다음과 같이 생성할 수 있다.

```
MyFunction f = new MyFunction() {
                    public int max(int a, int b) {
                        return a > b ? a : b;
                    }
                };
int big = f.max(5, 3); // 익명 객체의 메서드를 호출
```

MyFunction인터페이스에 정의된 메서드 max( )는 람다식 '(int a, int b) -> a > b ? a : b' 과 메서드의 선언부가 일치한다. 그래서 위 코드의 익명 객체를 람다식으로 아래와 같이 대체할 수 있다.

```
MyFunction f = (int a, int b) -> a > b ? a : b; // 익명 객체를 람다식으로 대체
int big = f.max(5, 3); // 익명 객체의 메서드를 호출
```

이처럼 MyFunction인터페이스를 구현한 익명 객체를 람다식으로 대체가 가능한 이유는, 람다식도 실제로는 익명 객체이고, MyFunction인터페이스를 구현한 익명 객체의 메서드 max( )와 람다식의 매개변수의 타입과 개수 그리고 반환값이 일치하기 때문이다.

지금까지 살펴본 것처럼, 하나의 메서드가 선언된 인터페이스를 정의해서 람다식을 다루는 것은 기존의 자바의 규칙들을 어기지 않으면서도 자연스럽다.

그래서 인터페이스를 통해 람다식을 다루기로 결정되었으며, 람다식을 다루기 위한 인터페이스를 '함수형 인터페이스(functional interface)'라고 부르기로 했다.

```
@FunctionalInterface
interface MyFunction {   // 함수형 인터페이스 MyFunction을 정의
    public abstract int max(int a, int b);
}
```

단, 함수형 인터페이스에는 오직 하나의 추상 메서드만 정의되어 있어야 한다는 제약이 있다. 그래야 람다식과 인터페이스의 메서드가 1:1로 연결될 수 있기 때문이다.

함수형 인터페이스 MyFunction이 아래와 같이 정의되어 있을 때,

```
@FunctionalInterface
interface MyFunction {
    void myMethod();          // 추상 메서드
}
```

메서드의 매개변수가 MyFunction타입이면, 이 메서드를 호출할 때 람다식을 참조하는 참조
변수를 매개변수로 지정해야한다는 뜻이다.

```
void aMethod(MyFunction f) { // 매개변수의 타입이 함수형 인터페이스
    f.myMethod();                 // MyFunction에 정의된 메서드 호출
}
        ...
MyFunction f = () -> System.out.println("myMethod()");
aMethod(f);
```

또는 참조변수 없이 아래와 같이 직접 람다식을 매개변수로 지정하는 것도 가능하다.

```
aMethod(()-> System.out.println("myMethod()")); // 람다식을 매개변수로 지정
```

그리고 메서드의 반환타입이 함수형 인터페이스타입이라면, 이 함수형 인터페이스의 추상메
서드와 동등한 람다식을 가리키는 참조변수를 반환하거나 람다식을 직접 반환할 수 있다.

```
MyFunction myMethod() {
    MyFunction f = ()->{};
    return f;                // 이 줄과 윗 줄을 한 줄로 줄이면, return ()->{};
}
```

람다식을 참조변수로 다룰 수 있다는 것은 메서드를 통해 람다식을 주고받을 수 있다는 것을
의미한다. 즉, 변수처럼 메서드를 주고받는 것이 가능해진 것이다.

 사실상 메서드가 아니라 객체를 주고받는 것이라 근본적으로 달라진 것은 아무것도 없지만,
람다식 덕분에 예전보다 코드가 더 간결하고 이해하기 쉬워졌다.

```
@FunctionalInterface
interface MyFunction {
    void run();  // public abstract void run();
}

class Ex14_1 {
    static void execute(MyFunction f) { // 매개변수의 타입이 MyFunction인 메서드
        f.run();
    }

    static MyFunction getMyFunction() { // 반환 타입이 MyFunction인 메서드
        MyFunction f = () -> System.out.println("f3.run()");
        return f;
    }

    public static void main(String[] args) {
        // 람다식으로 MyFunction의 run()을 구현
        MyFunction f1 = ()-> System.out.println("f1.run()");

        MyFunction f2 = new MyFunction() {  // 익명클래스로 run()을 구현
            public void run() {    // public을 반드시 붙여야 함
                System.out.println("f2.run()");
            }
        };

        MyFunction f3 = getMyFunction();

        f1.run();
        f2.run();
        f3.run();

        execute(f1);
        execute( ()-> System.out.println("run()") );
    }
}
```

```
f1.run()
f2.run()
f3.run()
f1.run()
run()
```

대부분의 메서드는 타입이 비슷하다. 매개변수가 없거나 한 개 또는 두 개, 반환 값은 없거나 한 개. 게다가 지네릭 메서드로 정의하면 매개변수나 반환 타입이 달라도 문제가 되지 않는다. 그래서 java.util.function패키지에 일반적으로 자주 쓰이는 형식의 메서드를 함수형 인터페이스로 미리 정의해 놓았다. 매번 새로운 함수형 인터페이스를 정의하지 말고, 가능하면 이 패키지의 인터페이스를 활용하는 것이 좋다.

그래야 함수형 인터페이스에 정의된 메서드 이름도 통일되고, 재사용성이나 유지보수 측면에서도 좋다. 자주 쓰이는 가장 기본적인 함수형 인터페이스는 다음과 같다.

함수형 인터페이스	메서드	설 명
java.lang. Runnable	void **run**( )	매개변수도 없고, 반환값도 없음.
Supplier⟨T⟩	T **get**( ) T→	매개변수는 없고, 반환값만 있음.
Consumer⟨T⟩	T→ void **accept**(T t)	Supplier와 반대로 매개변수만 있고, 반환값이 없음
Function⟨T,R⟩	T→ R **apply**(T t) →R	일반적인 함수. 하나의 매개변수를 받아서 결과를 반환
Predicate⟨T⟩	T→ boolean **test**(T t) →boolean	조건식을 표현하는데 사용됨. 매개변수는 하나, 반환 타입은 boolean

매개변수와 반환값의 유무에 따라 4개의 함수형 인터페이스가 정의되어 있고, Function의 변형으로 Predicate가 있는데, 반환값이 boolean이라는 것만 제외하면 Function과 동일하다. Predicate는 조건식을 함수로 표현하는데 사용된다.

참고 : 타입 문자 'T'는 'Type'을, 'R'은 'Return Type'을 의미한다.

Predicate는 Function의 변형으로, 반환타입이 boolean이라는 것만 다르다. Predicate는 조건식을 람다식으로 표현하는데 사용된다.

```
Predicate<String> isEmptyStr = s -> s.length()==0;
String s = "";

if(isEmptyStr.test(s))  // if(s.length()==0)
    System.out.println("This is an empty String.");
```

매개변수가 두 개인 함수형 인터페이스

매개변수의 개수가 2개인 함수형 인터페이스는 이름 앞에 접두사 'Bi'가 붙는다.

참고 | 매개변수의 타입으로 보통 'T'를 사용하므로, 알파벳에서 'T'의 다음 문자인 'U', 'V', 'W'를 매개변수의 타입으로 사용하는 것일 뿐 별다른 의미는 없다.

함수형 인터페이스	메서드	설 명
BiConsumer⟨T,U⟩	T, U → void **accept**(T t, U u)	두개의 매개변수만 있고, 반환값이 없음
BiPredicate⟨T,U⟩	T, U → boolean **test**(T t, U u) → boolean	조건식을 표현하는데 사용됨. 매개변수는 둘, 반환값은 boolean
BiFunction⟨T,U,R⟩	T, U → R **apply**(T t, U u) → R	두 개의 매개변수를 받아서 하나의 결과를 반환

참고 | Supplier는 매개변수는 없고 반환값만 존재하는데, 메서드는 두 개의 값을 반환할 수 없으므로 BiSupplier가 없는 것이다.

두 개 이상의 매개변수를 갖는 함수형 인터페이스가 필요하다면 직접 만들어서 써야한다. 만일 3개의 매개변수를 갖는 함수형 인터페이스를 선언한다면 다음과 같을 것이다.

```
@FunctionalInterface
interface TriFunction<T,U,V,R> {
    R apply(T t, U u, V v);
}
```

UnaryOperator와 BinaryOperator

Function의 또 다른 변형으로 UnaryOperator와 BinaryOperator가 있는데, 매개변수의 타입과 반환타입의 타입이 모두 일치한다는 점만 제외하고는 Function과 같다.

참고 | UnaryOperator와 BinaryOperator의 조상은 각각 Function과 BiFunction이다.

함수형 인터페이스	메서드	설 명
UnaryOperator⟨T⟩	T → T **apply**(T t) → T	Function의 자손, Function과 달리 매개변수와 결과의 타입이 같다.
BinaryOperator⟨T⟩	T, T → T **apply**(T t, T t) → T	BiFunction의 자손, BiFunction과 달리 매개변수와 결과의 타입이 같다.

예제
14-2

```java
import java.util.function.*;
import java.util.*;

class Ex14_2 {
    public static void main(String[] args) {
        Supplier<Integer>  s = ()-> (int)(Math.random()*100)+1;
        Consumer<Integer>  c = i -> System.out.print(i+", ");
        Predicate<Integer> p = i -> i%2==0;
        Function<Integer, Integer> f = i -> i/10*10; // i의 일의 자리를 없앤다.

        List<Integer> list = new ArrayList<>();
        makeRandomList(s, list);
        System.out.println(list);
        printEvenNum(p, c, list);
        List<Integer> newList = doSomething(f, list);
        System.out.println(newList);
    }

    static <T> List<T> doSomething(Function<T, T> f, List<T> list) {
        List<T> newList = new ArrayList<T>(list.size());

        for(T i : list) {
            newList.add(f.apply(i));
        }

        return newList;
    }

    static <T> void printEvenNum(Predicate<T> p, Consumer<T> c, List<T> list) {
        System.out.print("[");
        for(T i : list) {
            if(p.test(i))
                c.accept(i);
        }
        System.out.println("]");
    }

    static <T> void makeRandomList(Supplier<T> s, List<T> list) {
        for(int i=0;i<10;i++) {
            list.add(s.get());
        }
    }
}
```

결과
```
[20, 69, 25, 80, 16, 45, 46, 3, 3, 75]
[20, 80, 16, 46, ]
[20, 60, 20, 80, 10, 40, 40, 0, 0, 70]
```

여러 조건식을 논리 연산자인 &&(and), ||(or), !(not)으로 연결해서 하나의 식을 구성할 수 있는 것처럼, 여러 Predicate를 and( ), or( ), negate( )로 연결해서 하나의 새로운 Predicate로 결합할 수 있다.

```java
Predicate<Integer> p = i -> i < 100;
Predicate<Integer> q = i -> i < 200;
Predicate<Integer> r = i -> i%2 == 0;
Predicate<Integer> notP = p.negate();      // i >= 100

// 100 <= i && (i < 200 || i%2==0)
Predicate<Integer> all = notP.and(q.or(r));
System.out.println(all.test(150));         // true
```

이처럼 and( ), or( ), negate( )로 여러 조건식을 하나로 합칠 수 있다. 물론 아래와 같이 람다식을 직접 넣어도 된다.

```java
Predicate<Integer> all = notP.and(i -> i < 200).or(i -> i%2 == 0);
```

> **참고**　Predicate의 끝에 negate( )를 붙이면 조건식 전체가 부정이 된다.

그리고 static메서드인 isEqual( )은 두 대상을 비교하는 Predicate를 만들 때 사용한다. 먼저, isEqual( )의 매개변수로 비교대상을 하나 지정하고, 또 다른 비교대상은 test( )의 매개변수로 지정한다.

```java
Predicate<String> p = Predicate.isEqual(str1);
boolean result = p.test(str2);     // str1과 str2가 같은지 비교하여 결과를 반환
```

위의 두 문장을 합치면 아래와 같다. 오히려 아래의 문장이 이해하기 더 쉬울 것이다.

```java
// str1과 str2가 같은지 비교
boolean result = Predicate.isEqual(str1).test(str2);
```

10 **Predicate의 결합 예제**

예제
14-3

```java
import java.util.function.*;

class Ex14_3 {
    public static void main(String[] args) {
        Predicate<Integer> p = i -> i < 100;
        Predicate<Integer> q = i -> i < 200;
        Predicate<Integer> r = i -> i%2 == 0;
        Predicate<Integer> notP = p.negate(); // i >= 100

        Predicate<Integer> all = notP.and(q.or(r));
        System.out.println(all.test(150));        // true

        String str1 = "abc";
        String str2 = "abc";

        // str1과 str2가 같은지 비교한 결과를 반환
        Predicate<String> p2 = Predicate.isEqual(str1);
        boolean result = p2.test(str2);
        System.out.println(result);
    }
}
```

결과
```
true
true
```

컬렉션 프레임웍의 인터페이스에 다수의 디폴트 메서드가 추가되었는데, 그 중의 일부는 함수형 인터페이스를 사용한다. 다음은 그 메서드들의 목록이다.

> **참고** 단순화하기 위해 와일드 카드는 생략하였다.

인터페이스	메서드	설명
Collection	boolean removeIf(Predicate⟨E⟩ filter)	조건에 맞는 요소를 삭제
List	void replaceAll(UnaryOperator⟨E⟩ operator)	모든 요소를 변환하여 대체
Iterable	void forEach(Consumer⟨T⟩ action)	모든 요소에 작업 action을 수행
Map	V compute(K key, BiFunction⟨K,V,V⟩ f)	지정된 키의 값에 작업 f를 수행
	V computeIfAbsent(K key, Function⟨K,V⟩ f)	키가 없으면, 작업 f 수행 후 추가
	V computeIfPresent(K key, BiFunction⟨K,V,V⟩ f)	지정된 키가 있을 때, 작업 f 수행
	V merge(K key, V value, BiFunction⟨V,V,V⟩ f)	모든 요소에 병합작업 f를 수행
	void forEach(BiConsumer⟨K,V⟩ action)	모든 요소에 작업 action을 수행
	void replaceAll(BiFunction⟨K,V,V⟩ f)	모든 요소에 치환작업 f를 수행

이름만 봐도 어떤 일을 하는 메서드인지 충분히 알 수 있을 것이다. Map인터페이스에 있는 'compute'로 시작하는 메서드들은 맵의 value를 변환하는 일을 하고 merge( )는 Map을 병합하는 일을 한다. 이 메서드들을 어떤 식으로 사용하는 지는 다음의 예제를 보자.

12 컬렉션 프레임웍과 함수형 인터페이스 예제

예제
14-4

```java
import java.util.*;

class Ex14_4 {
    public static void main(String[] args)  {
        ArrayList<Integer> list = new ArrayList<>();
        for(int i=0;i<10;i++)
            list.add(i);

        // list의 모든 요소를 출력
        list.forEach(i->System.out.print(i+","));
        System.out.println();

        // list에서 2 또는 3의 배수를 제거한다.
        list.removeIf(x-> x%2==0 || x%3==0);
        System.out.println(list);

        list.replaceAll(i->i*10); // list의 각 요소에 10을 곱한다.
        System.out.println(list);

        Map<String, String> map = new HashMap<>();
        map.put("1", "1");
        map.put("2", "2");
        map.put("3", "3");
        map.put("4", "4");

        // map의 모든 요소를 {k,v}의 형식으로 출력한다.
        map.forEach((k,v)-> System.out.print("{"+k+","+v+"},"));
        System.out.println();
    }
}
```

결과
```
0,1,2,3,4,5,6,7,8,9,
[1, 5, 7]
[10, 50, 70]
{1,1},{2,2},{3,3},{4,4},
```

메서드의 기본적인 사용법만 보여주는 간단한 예제이므로 쉽게 이해가 될 것이다. 이 예제의 람다식을 변형해서 다양하게 테스트해보면 좋은 연습이 될 것이다.

람다식이 하나의 메서드만 호출하는 경우에는 '메서드 참조(method reference)'라는 방법으로 람다식을 간략히 할 수 있다. 예를 들어 문자열을 정수로 변환하는 람다식은 아래와 같이 작성할 수 있다.

```
Function<String, Integer> f = (String s) -> Integer.parseInt(s);
```

보통은 이렇게 람다식을 작성하는데, 이 람다식을 메서드로 표현하면 아래와 같다.

> **참고**　람다식은 엄밀히 말하자면 익명클래스의 객체지만 간단히 메서드만 적었다..

```
Integer wrapper(String s) {        // 이 메서드의 이름은 의미없다.
    return Integer.parseInt(s);
}
```

이 wrapper메서드는 별로 하는 일이 없다. 그저 값을 받아서 Integer.parseInt()에게 넘겨주는 일만 할 뿐이다. 차라리 이 거추장스러운 메서드를 벗겨내고 Integer.parseInt()를 직접 호출하는 것이 낫지 않을까?

```
Function<String, Integer> f = (String s) -> Integer.parseInt(s);
                              ⬇
Function<String, Integer> f = Integer::parseInt; // 메서드 참조
```

위 메서드 참조에서 람다식의 일부가 생략되었지만, 컴파일러는 생략된 부분을 우변의 parseInt메서드의 선언부로부터, 또는 좌변의 Function인터페이스에 지정된 지네릭 타입으로부터 쉽게 알아낼 수 있다.

종류	람다	메서드 참조
static메서드 참조	(x) -> ClassName.method(x)	ClassName::method
인스턴스메서드 참조	(obj, x) -> obj.method(x)	ClassName::method
특정 객체 인스턴스메서드 참조	(x)　　-> obj.method(x)	obj::method

> 하나의 메서드만 호출하는 람다식은
> '클래스이름::메서드이름' 또는 '참조변수::메서드이름'으로 바꿀 수 있다.

14 **생성자의 메서드 참조**

생성자를 호출하는 람다식도 메서드 참조로 변환할 수 있다.

```
Supplier<MyClass> s = () -> new MyClass();  // 람다식
Supplier<MyClass> s = MyClass::new;          // 메서드 참조
```

매개변수가 있는 생성자라면, 매개변수의 개수에 따라 알맞은 함수형 인터페이스를 사용하면 된다. 필요하다면 함수형 인터페이스를 새로 정의해야 한다.

```
Function<Integer, MyClass> f  = (i) -> new MyClass(i); // 람다식
Function<Integer, MyClass> f2 = MyClass::new;            // 메서드 참조

BiFunction<Integer, String, MyClass> bf  = (i, s) -> new MyClass(i, s);
BiFunction<Integer, String, MyClass> bf2 = MyClass::new; // 메서드 참조
```

그리고 배열을 생성할 때는 아래와 같이 하면 된다.

```
Function<Integer, int[]> f  = x -> new int[x];   // 람다식
Function<Integer, int[]> f2 = int[]::new;         // 메서드 참조
```

메서드 참조는 람다식을 마치 static변수처럼 다룰 수 있게 해준다. 메서드 참조는 코드를 간략히 하는데 유용해서 많이 사용된다. 람다식을 메서드 참조로 변환하는 연습을 많이 해서 빨리 익숙해지기 바란다.

> 참고 │ 메서드 참조를 람다식으로 바꿔보면 이해하기 쉬워진다.

지금까지 우리는 많은 수의 데이터를 다룰 때, 컬렉션이나 배열에 데이터를 담고 원하는 결과를 얻기 위해 for문과 Iterator를 이용해서 코드를 작성해왔다. 그러나 이러한 방식으로 작성된 코드는 너무 길고 알아보기 어렵다. 그리고 재사용성도 떨어진다.

또 다른 문제는 데이터 소스마다 다른 방식으로 다뤄야한다는 것이다. Collection이나 Iterator와 같은 인터페이스를 이용해서 컬렉션을 다루는 방식을 표준화하기는 했지만, 각 컬렉션 클래스에는 같은 기능의 메서드들이 중복해서 정의되어 있다. 예를 들어 List를 정렬할 때는 Collections.sort( )를 사용해야하고, 배열을 정렬할 때는 Arrays.sort( )를 사용해야 한다.

이러한 문제점들을 해결하기 위해서 만든 것이 '스트림(Stream)'이다. 스트림은 데이터 소스를 추상화하고, 데이터를 다루는데 자주 사용되는 메서드들을 정의해 놓았다. 데이터 소스를 추상화하였다는 것은, 데이터 소스가 무엇이던 간에 같은 방식으로 다룰 수 있게 되었다는 것과 코드의 재사용성이 높아진다는 것을 의미한다.

스트림을 이용하면, 배열이나 컬렉션뿐만 아니라 파일에 저장된 데이터도 모두 같은 방식으로 다룰 수 있다.

예를 들어, 문자열 배열과 같은 내용의 문자열을 저장하는 List가 있을 때,

```
String[]     strArr  = { "aaa", "ddd", "ccc" };
List<String> strList = Arrays.asList(strArr);
```

이 두 데이터 소스를 기반으로 하는 스트림은 다음과 같이 생성한다.

```
Stream<String> strStream1 = strList.stream();          // 스트림을 생성
Stream<String> strStream2 = Arrays.stream(strArr);   // 스트림을 생성
```

이 두 스트림으로 데이터 소스의 데이터를 읽어서 정렬하고 화면에 출력하는 방법은 다음과 같다. 데이터 소스가 정렬되는 것이 아니라는 것에 유의하자.

```
strStream1.sorted().forEach(System.out::println);
strStream2.sorted().forEach(System.out::println);
```

두 스트림의 데이터 소스는 서로 다르지만, 정렬하고 출력하는 방법은 완전히 동일하다.

스트림은 데이터 소스를 변경하지 않는다.

그리고 스트림은 데이터 소스로 부터 데이터를 읽기만할 뿐, 데이터 소스를 변경하지 않는다는 차이가 있다. 필요하다면, 정렬된 결과를 컬렉션이나 배열에 담아서 반환할 수도 있다.

```
// 정렬된 결과를 새로운 List에 담아서 반환한다.
List<String> sortedList = strStream2.sorted().collect(Collectors.toList());
```

스트림은 일회용이다.

스트림은 Iterator처럼 일회용이다. Iterator로 컬렉션의 요소를 모두 읽고 나면 다시 사용할 수 없는 것처럼, 스트림도 한번 사용하면 닫혀서 다시 사용할 수 없다. 필요하다면 스트림을 다시 생성해야한다.

```
strStream1.sorted().forEach(System.out::println);
int numOfStr = strStream1.count(); // 에러. 스트림이 이미 닫혔음.
```

스트림은 작업을 내부 반복으로 처리한다.

스트림을 이용한 작업이 간결할 수 있는 비결중의 하나가 바로 '내부 반복'이다. 내부 반복이라는 것은 반복문을 메서드의 내부에 숨겼다는 것을 의미한다. forEach()는 스트림에 정의된 메서드 중의 하나로 매개변수에 대입된 람다식을 데이터 소스의 모든 요소에 적용한다.

```
for(String str : strList)              stream.forEach(System.out::println);
    System.out.println(str);
```

참고 ┃ 메서드 참조 System.out::println를 람다식으로 표현하면 (str)->System.out.println(str)과 같다.

즉, forEach()는 메서드 안으로 for문을 넣은 것이다. 수행할 작업은 매개변수로 받는다.

```
void forEach(Consumer<? super T> action)  {
    Objects.requireNonNull(action);   // 매개변수의 널 체크

    for(T t : src) {                // 내부 반복
        action.accept(T);
    }
}
```

지연된 연산

스트림 연산에서 한 가지 중요한 점은 최종 연산이 수행되기 전까지는 중간 연산이 수행되지 않는다는 것이다. 스트림에 대해 distinct()나 sort()같은 중간 연산을 호출해도 즉각적인 연산이 수행되지 않는다. 중간 연산을 호출하는 것은 단지 어떤 작업이 수행되어야하는지를 지정해주는 것일 뿐이다. 최종 연산이 수행되어야 비로소 스트림의 요소들이 중간 연산을 거쳐 최종 연산에서 소모된다.

Stream〈Integer〉와 IntStream

요소의 타입이 T인 스트림은 기본적으로 Stream〈T〉이지만, 오토박싱&언박싱으로 인한 비효율을 줄이기 위해 데이터 소스의 요소를 기본형으로 다루는 스트림, IntStream, LongStream, DoubleStream이 제공된다. 일반적으로 Stream〈Integer〉대신 IntStream을 사용하는 것이 더 효율적이고, IntStream에는 int타입의 값으로 작업하는데 유용한 메서드들이 포함되어 있다. 보다 자세한 것은 곧 설명할 것이다.

병렬 스트림

스트림으로 데이터를 다룰 때의 장점 중 하나가 바로 병렬 처리가 쉽다는 것이다. 병렬 스트림은 내부적으로 Java에서 제공하는 fork&join프레임웍을 이용해서 자동적으로 연산을 병렬로 수행한다. 우리가 할일이라고는 그저 스트림에 parallel()이라는 메서드를 호출해서 병렬로 연산을 수행하도록 지시하면 될 뿐이다. 반대로 병렬로 처리되지 않게 하려면 sequential()을 호출하면 된다. 모든 스트림은 기본적으로 병렬 스트림이 아니므로 sequential()을 호출할 필요가 없다. 이 메서드는 parallel()을 호출한 것을 취소할 때만 사용한다.

> **참고** parallel()과 sequential()은 새로운 스트림을 생성하는 것이 아니라, 그저 스트림의 속성을 변경할 뿐이다.

```
int sum = strStream.parallel()  // strStream을 병렬 스트림으로 전환
                   .mapToInt(s -> s.length())
                   .sum();
```

스트림으로 작업을 하려면, 스트림이 필요하니까 일단 스트림을 생성하는 방법부터 먼저 시작하자. 스트림의 소스가 될 수 있는 대상은 배열, 컬렉션, 임의의 수 등 다양하며, 이 다양한 소스들로부터 스트림을 생성하는 방법에 대해서 배우게 될 것이다.

컬렉션의 최고 조상인 Collection에 stream()이 정의되어 있다. 그래서 Collection의 자손인 List와 Set을 구현한 컬렉션 클래스들은 모두 이 메서드로 스트림을 생성할 수 있다. stream()은 해당 컬렉션을 소스(source)로 하는 스트림을 반환한다.

```
Stream<E> stream() // Collection인터페이스의 메서드
```

예를 들어 List로부터 스트림을 생성하는 코드는 다음과 같다.

```
List<Integer> list = Arrays.asList(1,2,3,4,5); // 가변인자
Stream<Integer> intStream = list.stream();    // list를 소스로 하는 스트림 생성
```

forEach()는 지정된 작업을 스트림의 모든 요소에 대해 수행한다. 아래의 문장은 스트림의 모든 요소를 화면에 출력한다.

```
intStream.forEach(System.out::println); // 스트림의 모든 요소를 출력한다.
intStream.forEach(System.out::println); // 에러. 스트림이 이미 닫혔다.
```

한 가지 주의할 점은 forEach()가 스트림의 요소를 소모하면서 작업을 수행하므로 같은 스트림에 forEach()를 두 번 호출할 수 없다는 것이다. 그래서 스트림의 요소를 한번 더 출력하려면 스트림을 새로 생성해야 한다. forEach()에 의해 스트림의 요소가 소모되는 것이지, 소스의 요소가 소모되는 것은 아니기 때문에 같은 소스로부터 다시 스트림을 생성할 수 있다.
　forEach()에 대한 것은 나중에 더 자세히 배우기로 하고, 지금은 forEach()로 스트림의 모든 요소를 화면에 출력하는 방법만 알아두자.

배열을 소스로 하는 스트림을 생성하는 메서드는 다음과 같이 Stream과 Arrays에 static메서드로 정의되어 있다.

```
Stream<T> Stream.of(T... values) // 가변 인자
Stream<T> Stream.of(T[])
Stream<T> Arrays.stream(T[])
Stream<T> Arrays.stream(T[] array, int startInclusive, int endExclusive)
```

예를 들어 문자열 스트림은 다음과 같이 생성한다.

```
Stream<String> strStream=Stream.of("a","b","c"); // 가변 인자
Stream<String> strStream=Stream.of(new String[]{"a","b","c"});
Stream<String> strStream=Arrays.stream(new String[]{"a","b","c"});
Stream<String> strStream=Arrays.stream(new String[]{"a","b","c"}, 0, 3);
```

그리고 int, long, double과 같은 기본형 배열을 소스로 하는 스트림을 생성하는 메서드도 있다.

```
IntStream IntStream.of(int... values)     // Stream이 아니라 IntStream
IntStream IntStream.of(int[])
IntStream Arrays.stream(int[])
IntStream Arrays.stream(int[] array,int startInclusive,int endExclusive)
```

이 외에도 long과 double타입의 배열로부터 LongStream과 DoubleStream을 반환하는 메서드들이 있지만 일일이 나열하지 않아도 쉽게 유추해낼 수 있을 것이므로 생략한다.

난수를 생성하는데 사용하는 Random클래스에는 아래와 같은 인스턴스 메서드들이 포함되어 있다. 이 메서드들은 해당 타입의 난수들로 이루어진 스트림을 반환한다.

```
IntStream      ints()
LongStream     longs()
DoubleStream   doubles()
```

이 메서드들이 반환하는 스트림은 크기가 정해지지 않은 '무한 스트림(infinite stream)'이므로 limit( )도 같이 사용해서 스트림의 크기를 제한해 주어야 한다. limit( )은 스트림의 개수를 지정하는데 사용되며, 무한 스트림을 유한 스트림으로 만들어 준다.

```
IntStream   intStream = new Random().ints(); // 무한 스트림
intStream.limit(5).forEach(System.out::println);   // 5개의 요소만 출력한다.
```

아래의 메서드들은 매개변수로 스트림의 크기를 지정해서 '유한 스트림'을 생성해서 반환하므로 limit( )을 사용하지 않아도 된다.

```
IntStream      ints(long streamSize)
LongStream     longs(long streamSize)
DoubleStream   doubles(long streamSize)
```

```
IntStream   intStream = new Random().ints(5); // 크기가 5인 난수 스트림을 반환
```

위 메서드들에 의해 생성된 스트림의 난수는 아래의 범위를 갖는다.

```
Integer.MIN_VALUE <=    ints()    <= Integer.MAX_VALUE
   Long.MIN_VALUE <=    longs()   <= Long.MAX_VALUE
              0.0 <=  doubles()   < 1.0
```

IntStream과 LongStream은 다음과 같이 지정된 범위의 연속된 정수를 스트림으로 생성해서 반환하는 range( )와 rangeClosed( )를 가지고 있다.

```
IntStream  IntStream.range(int begin, int end)
IntStream  IntStream.rangeClosed(int begin, int end)
```

range( )의 경우 경계의 끝인 end가 범위에 포함되지 않고, rangeClosed( )의 경우는 포함된다.

```
IntStream  intStream = IntStream.range(1, 5);        // 1,2,3,4
IntStream  intStream = IntStream.rangeClosed(1, 5);  // 1,2,3,4,5
```

int보다 큰 범위의 스트림을 생성하려면 LongStream에 있는 동일한 이름의 메서드를 사용하면 된다.

지정된 범위(begin~end)의 난수를 발생시키는 스트림을 얻는 메서드는 아래와 같다. 단, end는 범위에 포함되지 않는다.

```
IntStream      ints(int begin,    int end)
LongStream     longs(long begin, long end)
DoubleStream   doubles(double begin, double end)

IntStream      ints(long streamSize, int begin,    int end)
LongStream     longs(long streamSize, long begin, long end)
DoubleStream   doubles(long streamSize, double begin, double end)
```

Stream클래스의 iterate()와 generate()는 람다식을 매개변수로 받아서, 이 람다식에 의해 계산되는 값들을 요소로 하는 무한 스트림을 생성한다.

```
static <T> Stream<T> iterate(T seed, UnaryOperator<T> f)
static <T> Stream<T> generate(Supplier<T> s)
```

iterate()는 씨앗값(seed)으로 지정된 값부터 시작해서, 람다식 f에 의해 계산된 결과를 다시 seed값으로 해서 계산을 반복한다. 아래의 evenStream은 0부터 시작해서 값이 2씩 계속 증가한다.

```
Stream<Integer> evenStream = Stream.iterate(0, n->n+2); // 0, 2, 4, 6, ...
```

n -> n + 2
0 -> 0 + 2
2 -> 2 + 2
4 -> 4 + 2
...

generate()도 iterate()처럼, 람다식에 의해 계산되는 값을 요소로 하는 무한 스트림을 생성해서 반환하지만, iterate()와 달리, 이전 결과를 이용해서 다음 요소를 계산하지 않는다.

```
Stream<Double>  randomStream  = Stream.generate(Math::random);
Stream<Integer> oneStream     = Stream.generate(()->1);
```

그리고 generate()에 정의된 매개변수의 타입은 Supplier⟨T⟩이므로 매개변수가 없는 람다식만 허용된다. 한 가지 주의할 점은 iterate()와 generate()에 의해 생성된 스트림을 아래와 같이 기본형 스트림 타입의 참조변수로 다룰 수 없다는 것이다.

```
IntStream     evenStream   = Stream.iterate(0, n->n+2);        // 에러.
DoubleStream randomStream  = Stream.generate(Math::random);  // 에러.
```

굳이 필요하다면, 아래와 같이 mapToInt()와 같은 메서드로 변환을 해야 한다.

```
IntStream evenStream = Stream.iterate(0, n->n+2).mapToInt(Integer::valueOf);
Stream<Integer> stream = evenStream.boxed(); // IntStream → Stream<Integer>
```

java.nio.file.Files는 파일을 다루는데 필요한 유용한 메서드들을 제공하는데, list( )는 지정된 디렉토리(dir)에 있는 파일의 목록을 소스로 하는 스트림을 생성해서 반환한다.

> **참고** Path는 하나의 파일 또는 경로를 의미한다.

```
Stream<Path>        Files.list(Path dir)
```

이 외에도 Files클래스에는 Path를 요소로 하는 스트림을 생성하는 메서드가 더 있지만, 이 장의 주제를 벗어나므로 설명을 생략한다.

　그리고, 파일의 한 행(line)을 요소로 하는 스트림을 생성하는 메서드도 있다. 아래의 세 번째 메서드는 BufferedReader클래스에 속한 것인데, 파일 뿐만 아니라 다른 입력대상으로부터도 데이터를 행단위로 읽어올 수 있다.

> **참고** BufferedReader에 대한 자세한 내용은 p.650를 참고하자.

```
Stream<String>  Files.lines(Path path)
Stream<String>  Files.lines(Path path, Charset cs)
Stream<String>  lines()        // BufferedReader클래스의 메서드
```

빈 스트림

요소가 하나도 없는 비어있는 스트림을 생성할 수도 있다. 스트림에 연산을 수행한 결과가 하나도 없을 때, null보다 빈 스트림을 반환하는 것이 낫다.

```
Stream emptyStream = Stream.empty(); // empty()는 빈 스트림을 생성해서 반환한다.
long count = emptyStream.count();      // count의 값은 0
```

count( )는 스트림 요소의 개수를 반환하며, 위의 문장에서 변수 count의 값은 0이 된다.

스트림이 제공하는 다양한 연산을 이용하면 복잡한 작업들을 간단히 처리할 수 있다. 마치 데이터베이스에 SELECT문으로 질의(쿼리, query)하는 것과 같은 느낌이다.

> **참고** 스트림에 정의된 메서드 중에서 데이터 소스를 다루는 작업을 수행하는 것을 연산(operation)이라고 한다.

스트림이 제공하는 연산은 중간 연산과 최종 연산으로 분류할 수 있는데, 중간 연산은 연산결과를 스트림으로 반환하기 때문에 중간 연산을 연속해서 연결할 수 있다. 반면에 최종 연산은 스트림의 요소를 소모하면서 연산을 수행하므로 단 한번만 연산이 가능하다.

> **중간 연산** 연산 결과가 스트림인 연산. 스트림에 연속해서 중간 연산할 수 있음
> **최종 연산** 연산 결과가 스트림이 아닌 연산. 스트림의 요소를 소모하므로 단 한번만 가능

```
stream.distinct().limit(5).sorted().forEach(System.out::println)
       중간 연산    중간 연산   중간 연산          최종 연산
```

모든 중간 연산의 결과는 스트림이지만, 연산 전의 스트림과 같은 것은 아니다. 위의 문장과 달리 모든 스트림 연산을 나누어 쓰면 아래와 같다. 각 연산의 반환타입을 눈여겨보자.

```
String[] strArr = { "dd","aaa","CC","cc","b" };
Stream<String> stream          = Stream.of(strArr); // 문자열 배열이 소스인 스트림
Stream<String> filteredStream  = stream.filter();    // 걸러내기(중간 연산)
Stream<String> distinctedStream = stream.distinct(); // 중복제거(중간 연산)
Stream<String> sortedStream    = stream.sort();      // 정렬(중간 연산)
Stream<String> limitedStream   = stream.limit(5);    // 스트림 자르기(중간 연산)
int            total           = stream.count();     // 요소 개수 세기(최종연산)
```

CHAPTER 14

24 스트림의 연산 – 중간연산

Stream에 정의된 중간 연산을 정리하면 다음과 같다. 앞으로 하나씩 자세히 설명할 것이므로 지금은 어떤 것들이 있다는 정도만 가볍게 봐두자.

중간 연산		설명
Stream<T> distinct()		중복을 제거
Stream<T> filter(Predicate<T> predicate)		조건에 안 맞는 요소 제외
Stream<T> limit(long maxSize)		스트림의 일부를 잘라낸다.
Stream<T> skip(long n)		스트림의 일부를 건너뛴다.
Stream<T> peek(Consumer<T> action)		스트림의 요소에 작업수행
Stream<T> sorted() Stream<T> sorted(Comparator<T> comparator)		스트림의 요소를 정렬한다.
Stream<R> DoubleStream IntStream LongStream Stream<R> DoubleStream IntStream LongStream	map(Function<T,R> mapper) mapToDouble(ToDoubleFunction<T> mapper) mapToInt(ToIntFunction<T> mapper) mapToLong(ToLongFunction<T> mapper) flatMap(Function<T,Stream<R>> mapper) flatMapToDouble(Function<T,DoubleStream> m) flatMapToInt(Function<T,IntStream> m) flatMapToLong(Function<T,LongStream> m)	스트림의 요소를 변환한다.

중간 연산은 map()과 flatMap()이 핵심이다. 나머지는 이해하기 쉽고 사용법도 간단하다.

Stream에 정의된 최종 연산을 정리하면 다음과 같다. 앞으로 하나씩 자세히 설명할 것이므로 지금은 어떤 것들이 있다는 정도만 가볍게 봐두자.

최종 연산	설명
`void forEach(Consumer<? super T> action)` `void forEachOrdered(Consumer<? super T> action)`	각 요소에 지정된 작업 수행
`long count()`	스트림의 요소의 개수 반환
`Optional<T> max(Comparator<? super T> comparator)` `Optional<T> min(Comparator<? super T> comparator)`	스트림의 최대값/최소값을 반환
`Optional<T> findAny()     // 아무거나 하나` `Optional<T> findFirst() // 첫 번째 요소`	스트림의 요소 하나를 반환

`boolean allMatch(Predicate<T> p) // 모두 만족하는지`
`boolean anyMatch(Predicate<T> p) // 하나라도 만족하는지`
`boolean noneMatch(Predicate<T> p) // 모두 만족하지 않는지`
	주어진 조건을 모든 요소가 만족시키는지, 만족시키지 않는지 확인

`Object[] toArray()` `A[]        toArray(IntFunction<A[]> generator)`	스트림의 모든 요소를 배열로 반환

`Optional<T> reduce(BinaryOperator<T> accumulator)`
`T reduce(T identity, BinaryOperator<T> accumulator)`
`U reduce(U identity, BiFunction<U,T,U> accumulator,`
`                      BinaryOperator<U> combiner)`
	스트림의 요소를 하나씩 줄여가면서(리듀싱) 계산한다.

`R collect(Collector<T,A,R> collector)`
`R collect(Supplier<R> supplier, BiConsumer<R,T>`
`            accumulator, BiConsumer<R,R> combiner)`
	스트림의 요소를 수집한다.
	주로 요소를 그룹화하거나 분할한 결과를 컬렉션에 담아 반환하는데 사용된다.

최종 연산은 reduce( )와 collect( )가 핵심이다. 나머지는 이해하기 쉽고 사용법도 간단하다.

skip( )과 limit( )은 스트림의 일부를 잘라낼 때 사용하며, 사용법은 아주 간단하다. skip(3)은 처음 3개의 요소를 건너뛰고, limit(5)는 스트림의 요소를 5개로 제한한다.

```
Stream<T> skip(long n)
Stream<T> limit(long maxSize)
```

예를 들어 10개의 요소를 가진 스트림에 skip(3)과 limit(5)을 순서대로 적용하면 4번째 요소부터 5개의 요소를 가진 스트림이 반환된다.

```
IntStream intStream = IntStream.rangeClosed(1, 10); // 1~10의 요소를 가진 스트림
intStream.skip(3).limit(5).forEach(System.out::print);  // 45678
```

기본형 스트림에도 skip( )과 limit( )이 정의되어 있는데, 반환 타입이 기본형 스트림이라는 점만 다르다.

```
IntStream skip(long n)
IntStream limit(long maxSize)
```

distinct( )는 스트림에서 중복된 요소들을 제거하고, filter( )는 주어진 조건(Predicate)에 맞지 않는 요소를 걸러낸다.

```
Stream<T> filter(Predicate<? super T> predicate)
Stream<T> distinct()
```

distinct( )의 사용 방법은 간단하다.

```
IntStream intStream = IntStream.of(1, 2, 2, 3, 3, 3, 4, 5, 5, 6);
intStream.distinct().forEach(System.out::print); // 123456
```

filter( )는 매개변수로 Predicate를 필요로 하는데, 아래와 같이 연산결과가 boolean인 람다식을 사용해도 된다.

```
IntStream intStream = IntStream.rangeClosed(1, 10); // 1~10
intStream.filter(i -> i%2 == 0).forEach(System.out::print); // 246810
```

필요하다면 filter( )를 다른 조건으로 여러 번 사용할 수도 있다.

```
// 아래의 두 문장은 동일한 결과를 얻는다.
intStream.filter(i->i%2!=0 && i%3!=0).forEach(System.out::print); // 157
intStream.filter(i->i%2!=0).filter(i->i%3!=0).forEach(System.out::print);
```

28 스트림의 중간연산 – sorted( )

스트림을 정렬할 때는 sorted( )를 사용하면 된다.

```
Stream<T> sorted()
Stream<T> sorted(Comparator<? super T> comparator)
```

sorted( )는 지정된 Comparator로 스트림을 정렬하는데, Comparator대신 int값을 반환하는 람다식을 사용하는 것도 가능하다. Comparator를 지정하지 않으면 스트림 요소의 기본 정렬 기준(Comparable)으로 정렬한다. 단, 스트림의 요소가 Comparable을 구현한 클래스가 아니면 예외가 발생한다.

```
Stream<String> strStream = Stream.of("dd","aaa","CC","cc","b");
strStream.sorted().forEach(System.out::print); // CCaaabccdd
```

위의 코드는 문자열 스트림을 String에 정의된 기본 정렬(사전순 정렬)로 정렬해서 출력한다. 아래의 표는 위의 문자열 스트림(strStream)을 다양한 방법으로 정렬한 후에 forEach(System.out::print)로 출력한 결과를 보여준다.

 String.CASE_INSENSITIVE_ORDER는 String클래스에 정의된 Comparator이다.

문자열 스트림 정렬 방법	출력결과

strStream.sorted( )   // 기본 정렬
strStream.sorted(Comparator.naturalOrder( ))   // 기본 정렬
strStream.sorted((s1, s2) -> s1.compareTo(s2)); // 람다식도 가능
strStream.sorted(String::compareTo);   // 위의 문장과 동일
	CCaaabccdd

strStream.sorted(Comparator.reverseOrder( ))   // 기본 정렬의 역순
strStream.sorted(Comparator.<String>naturalOrder( ).reversed( ))
	ddccbaaaCC

strStream.sorted(String.CASE_INSENSITIVE_ORDER) // 대소문자 구분안함	aaabCCccdd
strStream.sorted(String.CASE_INSENSITIVE_ORDER.reversed( )) // 오타 아님→	ddCCccbaaa

strStream.sorted(Comparator.comparing(String::length))   // 길이 순 정렬
strStream.sorted(Comparator.comparingInt(String::length)) // no오토박싱
	bddCCccaaa

strStream.sorted(Comparator.comparing(String::length).reversed( ))	aaaddCCccb

JDK1.8부터 Comparator인터페이스에 static메서드와 디폴트 메서드가 많이 추가되었는데, 이 메서드들을 이용하면 정렬이 쉬워진다. 이 메서드들은 모두 Comparator〈T〉를 반환하며, 가장 기본적인 메서드는 comparing( )이다.

```
comparing(Function<T, U> keyExtractor)
comparing(Function<T, U> keyExtractor, Comparator<U> keyComparator)
```

스트림의 요소가 Comparable을 구현한 경우, 매개변수 하나짜리를 사용하면 되고 그렇지 않은 경우, 추가적인 매개변수로 정렬기준(Comparator)을 따로 지정해 줘야한다.

```
comparingInt(ToIntFunction<T> keyExtractor)
comparingLong(ToLongFunction<T> keyExtractor)
comparingDouble(ToDoubleFunction<T> keyExtractor)
```

비교대상이 기본형인 경우, comparing( )대신 위의 메서드를 사용하면 오토박싱과 언박싱과정이 없어서 더 효율적이다. 그리고 정렬 조건을 추가할 때는 thenComparing( )을 사용한다.

```
thenComparing(Comparator<T> other)
thenComparing(Function<T, U> keyExtractor)
thenComparing(Function<T, U> keyExtractor, Comparator<U> keyComp)
```

예를 들어 학생 스트림(studentStream)을 반(ban)별, 성적(totalScore)순, 그리고 이름(name)순으로 정렬하여 출력하려면 다음과 같이 한다.

```
studentStream.sorted(Comparator.comparing(Student::getBan)
                .thenComparing(Student::getTotalScore)
                .thenComparing(Student::getName))
                .forEach(System.out::println);
```

예제
14-5

```
import java.util.*;
import java.util.stream.*;

class Ex14_5 {
    public static void main(String[] args) {
        Stream<Student> studentStream = Stream.of(
                    new Student("이자바", 3, 300),
                    new Student("김자바", 1, 200),
                    new Student("안자바", 2, 100),
                    new Student("박자바", 2, 150),
                    new Student("소자바", 1, 200),
                    new Student("나자바", 3, 290),
                    new Student("감자바", 3, 180)
                );

        studentStream.sorted(Comparator.comparing(Student::getBan) // 반별 정렬
                .thenComparing(Comparator.naturalOrder()))         // 기본 정렬
                .forEach(System.out::println);
    }
}

class Student implements Comparable<Student> {
    String name;
    int ban;
    int totalScore;
    Student(String name, int ban, int totalScore) {
        this.name =name;
        this.ban =ban;
        this.totalScore =totalScore;
    }

    public String toString() {
        return String.format("[%s, %d, %d]", name, ban, totalScore);
    }

    String getName()       { return name;}
    int getBan()           { return ban;}
    int getTotalScore()  { return totalScore;}

    // 총점 내림차순을 기본 정렬로 한다.
    public int compareTo(Student s) {
        return s.totalScore - this.totalScore;
    }
}
```

```
결과  [김자바, 1, 200]
     [소자바, 1, 200]
     [박자바, 2, 150]
     [안자바, 2, 100]
     [이자바, 3, 300]
     [나자바, 3, 290]
     [감자바, 3, 180]
```

학생의 성적 정보를 요소로 하는 Stream⟨Student⟩을 반별로 정렬한 다음에, 총점별 내림차순으로 정렬한다. 정렬하는 코드를 짧게 하려고, Comparable을 구현해서 총점별 내림차순 정렬이 Student클래스의 기본 정렬이 되도록 했다.

스트림의 요소에 저장된 값 중에서 원하는 필드만 뽑아내거나 특정 형태로 변환해야 할 때가 있다. 이 때 사용하는 것이 바로 map( )이다. 이 메서드의 선언부는 아래와 같으며, 매개변수로 T타입을 R타입으로 변환해서 반환하는 함수를 지정해야한다.

> **Stream<R> map(Function<? super T,? extends R> mapper)**

예를 들어 File의 스트림에서 파일의 이름만 뽑아서 출력하고 싶을 때, 아래와 같이 map( )을 이용하면 File객체에서 파일의 이름(String)만 간단히 뽑아낼 수 있다.

```
Stream<File> fileStream = Stream.of(new File("Ex1.java"), new File("Ex1"),
      new File("Ex1.bak"), new File("Ex2.java"), new File("Ex1.txt"));

// map()으로 Stream<File>을 Stream<String>으로 변환
Stream<String> filenameStream = fileStream.map(File::getName);
filenameStream.forEach(System.out::println); // 스트림의 모든 파일이름을 출력
```

map( ) 역시 중간 연산이므로, 연산결과는 String을 요소로 하는 스트림이다. map( )으로 Stream〈File〉을 Stream〈String〉으로 변환했다고 볼 수 있다.

그리고 map( )도 filter( )처럼 하나의 스트림에 여러 번 적용할 수 있다. 다음의 문장은 File의 스트림에서 파일의 확장자만을 뽑은 다음 중복을 제거해서 출력한다.

```
fileStream.map(File::getName)  // Stream<File> → Stream<String>
   .filter(s -> s.indexOf('.')!=-1)        // 확장자가 없는 것은 제외
   .map(s -> s.substring(s.indexOf('.')+1)) // Stream<String>→Stream<String>
   .map(String::toUpperCase)               // 모두 대문자로 변환
   .distinct()                             // 중복 제거
   .forEach(System.out::print);            // JAVABAKTXT
```

예제
14-6

```java
import java.io.*;
import java.util.stream.*;

class Ex14_6 {
    public static void main(String[] args) {
        File[] fileArr = { new File("Ex1.java"), new File("Ex1.bak"),
            new File("Ex2.java"), new File("Ex1"), new File("Ex1.txt")
        };

        Stream<File> fileStream = Stream.of(fileArr);

        // map()으로 Stream<File>을 Stream<String>으로 변환
        Stream<String> filenameStream = fileStream.map(File::getName);
        filenameStream.forEach(System.out::println); // 모든 파일의 이름을 출력

        fileStream = Stream.of(fileArr);   // 스트림을 다시 생성

        fileStream.map(File::getName)          // Stream<File> → Stream<String>
            .filter(s -> s.indexOf('.')!=-1)    // 확장자가 없는 것은 제외
            .map(s -> s.substring(s.indexOf('.')+1)) // 확장자만 추출
            .map(String::toUpperCase)          // 모두 대문자로 변환
            .distinct()                        //  중복 제거
            .forEach(System.out::print);   // JAVABAKTXT

        System.out.println();
    }
}
```

결
과
```
Ex1.java
Ex1.bak
Ex2.java
Ex1
Ex1.txt
JAVABAKTXT
```

연산과 연산 사이에 올바르게 처리되었는지 확인하고 싶다면, peek( )를 사용하자. forEach( )와 달리 스트림의 요소를 소모하지 않으므로 연산 사이에 여러 번 끼워 넣어도 문제가 되지 않는다.

```
fileStream.map(File::getName)          // Stream<File> → Stream<String>
    .filter(s -> s.indexOf('.')!=-1)              // 확장자가 없는 것은 제외
    .peek(s->System.out.printf("filename=%s%n", s))  // 파일명을 출력한다.
    .map(s -> s.substring(s.indexOf('.')+1))          // 확장자만 추출
    .peek(s->System.out.printf("extension=%s%n", s)) // 확장자를 출력한다.
    .forEach(System.out::println);
```

filter( )나 map( )의 결과를 확인할 때 유용하게 사용될 수 있다. 이전 예제에는 실행결과가 복잡해지지 않도록 peek( )를 넣지 않았는데, 위와 같이 peek( )를 직접 넣어보고 변경된 결과를 확인해 보자.

스트림의 타입이 Stream〈T[ ]〉인 경우, Stream〈T〉로 변환해야 작업이 더 편리할 때가 있다. 그럴 때 flatMap( )을 사용한다. 예를 들어 아래와 같이 요소가 문자열 배열(String[ ])인 스트림이 있을 때,

```
Stream<String[]> strArrStrm = Stream.of(
        new String[]{"abc", "def", "ghi"  },
        new String[]{"ABC", "GHI", "JKLMN"}
);
```

각 요소의 문자열들을 합쳐서 문자열이 요소인 스트림, 즉 Stream〈String〉으로 만들려면 어떻게 해야 할까? 먼저 스트림의 요소를 변환해야하니까 일단 map( )을 써야할 것이고 여기에 배열을 스트림으로 만들어주는 Arrays.stream(T[ ])를 함께 사용해보자.

```
Stream<Stream<String>> strStrStrm = strArrStrm.map(Arrays::stream);
```

예상한 것과 달리, Stream〈String[ ]〉을 'map(Arrays::stream)'으로 변환한 결과는 Stream〈String〉이 아닌, Stream〈Stream〈String〉〉이다. 즉, 스트림의 스트림인 것이다. 이 상황을 그림으로 그려보면 다음과 같다.

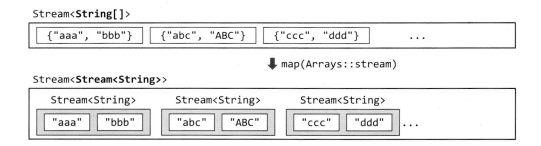

각 요소의 문자열들이 합쳐지지 않고, 스트림의 스트림 형태로 되어버렸다. 이 때, 간단히 map( )을 아래와 같이 flatMap( )으로 바꾸기만 하면 우리가 원하는 결과를 얻을 수 있다.

```
Stream<String> strStrm = strArrStrm.flatMap(Arrays::stream);
```

map( )과 flatMap( )의 차이를 간단히 정리하면 다음과 같다.

```
Stream<String[]>  ────map(Arrays::stream)────▶  Stream<Stream<String>>

Stream<String[]>  ────flatMap(Arrays::stream)────▶  Stream<String>
```

예제
14-7

```java
import java.util.*;
import java.util.stream.*;

class Ex14_7 {
    public static void main(String[] args) {
        Stream<String[]> strArrStrm = Stream.of(
            new String[]{"abc", "def", "jkl"},
            new String[]{"ABC", "GHI", "JKL"}
        );

//      Stream<Stream<String>> strStrmStrm = strArrStrm.map(Arrays::stream);
        Stream<String> strStrm = strArrStrm.flatMap(Arrays::stream);

        strStrm.map(String::toLowerCase)
                .distinct()
                .sorted()
                .forEach(System.out::println);
        System.out.println();

        String[] lineArr = {
            "Believe or not It is true",
            "Do or do not There is no try",
        };

        Stream<String> lineStream = Arrays.stream(lineArr);
        lineStream.flatMap(line -> Stream.of(line.split(" +")))
            .map(String::toLowerCase)
            .distinct()
            .sorted()
            .forEach(System.out::println);
        System.out.println();
    }
}
```

결과
```
abc
def
ghi
jkl

believe
do
is
it
no
not
or
there
true
try
```

map()과 flatMap()의 차이를 간단히 정리하면 다음과 같다.

Stream<String> $\xrightarrow{\text{map(s->Stream.of(s.split(" +")))}}$ Stream<Stream<String>>

Stream<String> $\xrightarrow{\text{flatMap(s->Stream.of(s.split(" +")))}}$ Stream<String>

" +"는 정규식 표현으로 하나 이상의 공백을 의미하며, s.split(" +")의 결과는 문자열 s를 공백을 구분자로 자른 문자열 배열이다.

Optional⟨T⟩은 'T타입의 객체'를 감싸는 래퍼 클래스이다. 그래서 Optional타입의 객체에는 모든 타입의 객체를 담을 수 있다.

> **참고** java.util.Optional은 JDK1.8부터 추가되었다.

```
public final class Optional<T> {
    private final T value;    // T타입의 참조변수
        ...
}
```

최종 연산의 결과를 그냥 반환하는 게 아니라 Optional객체에 담아서 반환을 하면, 반환된 결과가 null인지 매번 if문으로 체크하는 대신 Optional에 정의된 메서드를 통해서 간단히 처리할 수 있다.

　Optional⟨T⟩를 이용하면, 널 체크를 위한 if문 없이도 NullPointerException이 발생하지 않는 보다 간결하고 안전한 코드를 작성하는 것이 가능하다.

36 **Optional⟨T⟩객체 생성하기**

Optional객체를 생성할 때는 of( ) 또는 ofNullable( )을 사용한다.

```
String str = "abc";
Optional<String> optVal = Optional.of(str);
Optional<String> optVal = Optional.of("abc");
Optional<String> optVal = Optional.of(new String("abc"));
```

만일 참조변수의 값이 null일 가능성이 있으면, of( )대신 ofNullable( )을 사용해야한다. of( ) 는 매개변수의 값이 null이면 NullPointerException일 발생하기 때문이다.

```
Optional<String> optVal = Optional.of(null); // NullPointerException발생
Optional<String> optVal = Optional.ofNullable(null);  // OK
```

Optional⟨T⟩타입의 참조변수를 기본값으로 초기화할 때는 empty( )를 사용한다. null로 초 기화하는 것이 가능하지만, empty( )로 초기화 하는 것이 바람직하다.

> 참고 : empty( )는 지네릭 메서드라서 앞에 ⟨T⟩를 붙였다. 추정 가능하므로 생략할 수 있다.

```
Optional<String> optVal = null;   // 널로 초기화. 바람직하지 않음
Optional<String> optVal = Optional.<String>empty(); // 빈 객체로 초기화
```

Optional객체에 저장된 값을 가져올 때는 get( )을 사용한다. 값이 null일 때는 NoSuch ElementException이 발생하며, 이를 대비해서 orElse( )로 대체할 값을 지정할 수 있다.

```java
Optional<String> optVal = Optional.of("abc");
String str1 = optVal.get();        // optVal에 저장된 값을 반환. null이면 예외발생
String str2 = optVal.orElse("");  // optVal에 저장된 값이 null일 때는, ""를 반환
```

orElse( )의 변형으로는 null을 대체할 값을 반환하는 람다식을 지정할 수 있는 orElseGet( ) 과 null일 때 지정된 예외를 발생시키는 orElseThrow( )가 있다.

```java
T orElseGet(Supplier<? extends T> other)
T orElseThrow(Supplier<? extends X> exceptionSupplier)
```

사용하는 방법은 아래와 같다.

```java
String str3=optVal2.orElseGet(String::new);  // () -> new String()와 동일
String str4=optVal2.orElseThrow(NullPointerException::new); // 널이면 예외발생
```

isPresent( )는 Optional객체의 값이 null이면 false를, 아니면 true를 반환한다. ifPresent (Consumer⟨T⟩ block)은 값이 있으면 주어진 람다식을 실행하고, 없으면 아무 일도 하지 않는다.

```java
if(str!=null) {
    System.out.println(str);
}
```

만일 위와 같은 조건문이 있다면, isPresent( )를 이용해서 다음과 같이 쓸 수 있다.

```java
if(Optional.ofNullable(str).isPresent()) {
    System.out.println(str);
}
```

이 코드를 ifPresent( )를 이용해서 바꾸면 더 간단히 할 수 있다. 아래의 문장은 참조변수 str 이 null이 아닐 때만 값을 출력하고, null이면 아무 일도 일어나지 않는다.

```java
Optional.ofNullable(str).ifPresent(System.out::println);
```

IntStream과 같은 기본형 스트림의 최종 연산의 일부는 Optional대신 기본형을 값으로 하는 OptionalInt, OptionalLong, OptionalDouble을 반환한다. 아래는 IntStream에 정의된 메서드들이다.

```
OptionalInt     findAny()
OptionalInt     findFirst()
OptionalInt     reduce(IntBinaryOperator op)
OptionalInt     max()
OptionalInt     min()
OptionalDouble  average()
```

반환 타입이 Optional〈T〉가 아니라는 것을 제외하고는 Stream에 정의된 것과 유사하지만 기본형 Optional에 저장된 값을 꺼낼 때 사용하는 메서드는 이름이 조금씩 다르다는 것에 주의하자.

Optional클래스	값을 반환하는 메서드	
Optional〈T〉	T	get( )
OptionalInt	int	getAsInt( )
OptionalLong	long	getAsLong( )
OptionalDouble	double	getAsDouble( )

OptionalInt는 다음과 같이 정의되어 있다. 앞서 래퍼 클래스에 대해서 배웠으므로, 이렇게 정의되어 있을 것이라고 짐작하는 것은 그리 어려운 일이 아니었을 것이다.

```
public final class OptionalInt {
    ...
    private final boolean isPresent;    // 값이 저장되어 있으면 true
    private final int value;            // int타입의 변수
```

기본형 int의 기본값은 0이므로 아무런 값도 갖지 않는 OptionalInt에 저장되는 값은 0일 것이다. 그러면, 아래의 두 OptionalInt객체는 같은 것일까?

```
OptionalInt opt  = OptionalInt.of(0);   // OptionalInt에 0을 저장
OptionalInt opt2 = OptionalInt.empty(); // OptionalInt에 0을 저장
```

다행히 저장된 값이 없는 것과 0이 저장된 것은 isPresent라는 인스턴스 변수로 구분이 가능하다. isPresent( )는 이 인스턴스변수의 값을 반환한다.

```
System.out.println(opt.isPresent());   // true
System.out.println(opt2.isPresent());  // false
System.out.println(opt.equals(opt2));  // false
```

예제
14-8

```java
import java.util.*;

class Ex14_8 {
    public static void main(String[] args) {
        Optional<String>  optStr = Optional.of("abcde");
        Optional<Integer> optInt = optStr.map(String::length);
        System.out.println("optStr="+optStr.get());
        System.out.println("optInt="+optInt.get());

        int result1 = Optional.of("123")
                        .filter(x->x.length() >0)
                        .map(Integer::parseInt).get();

        int result2 = Optional.of("")
                        .filter(x->x.length() >0)
                        .map(Integer::parseInt).orElse(-1);

        System.out.println("result1="+result1);
        System.out.println("result2="+result2);

        Optional.of("456").map(Integer::parseInt)
                        .ifPresent(x->System.out.printf("result3=%d%n",x));

        OptionalInt optInt1  = OptionalInt.of(0);    // 0을 저장
        OptionalInt optInt2  = OptionalInt.empty(); // 빈 객체를 생성

        System.out.println(optInt1.isPresent());    // true
        System.out.println(optInt2.isPresent());    // false

        System.out.println(optInt1.getAsInt());   // 0
//      System.out.println(optInt2.getAsInt());   // NoSuchElementException
        System.out.println("optInt1="+optInt1);
        System.out.println("optInt2="+optInt2);
        System.out.println("optInt1.equals(optInt2)?"+optInt1.equals(optInt2));
    }
}
```

```
결
과   optStr=abcde
     optInt=5
     result1=123
     result2=-1
     result3=456
     true
     false
     0
     optInt1=OptionalInt[0]
     optInt2=OptionalInt.empty
     optInt1.equals(optInt2)?false
```

최종 연산은 스트림의 요소를 소모해서 결과를 만들어낸다. 그래서 최종 연산후에 스트림은 닫히게 되고 더 이상 사용할 수 없다. 최종 연산의 결과는 스트림 요소의 합과 같은 단일 값이거나, 스트림의 요소가 담긴 배열 또는 컬렉션일 수 있다.

　forEach( )나 count( ) 같은 최종 연산의 일부는 이미 배웠으며, 나머지도 별로 어렵지 않다. 다만, collect( )는 별도로 다뤄야 할 정도로 복잡하므로 별도의 단원으로 설명할 것이다.

forEach( )

forEach( )는 peek( )와 달리 스트림의 요소를 소모하는 최종연산이다. 반환 타입이 void이므로 스트림의 요소를 출력하는 용도로 많이 사용된다.

```
void forEach(Consumer<? super T> action)
```

지금까지 자주 사용해왔기 때문에 충분히 익숙할 것이라 생각하고 자세한 설명은 생략한다.

스트림의 요소에 대해 지정된 조건에 모든 요소가 일치하는 지, 일부가 일치하는지 아니면 어떤 요소도 일치하지 않는지 확인하는데 사용할 수 있는 메서드들이다. 이 메서드들은 모두 매개변수로 Predicate를 요구하며, 연산결과로 boolean을 반환한다.

```
boolean allMatch (Predicate<? super T> predicate)    모든 요소가 일치하면 참
boolean anyMatch (Predicate<? super T> predicate)    하나의 요소라도 일치하면 참
boolean noneMatch(Predicate<? super T> predicate)    모든 요소가 불일치하면 참
```

예를 들어 학생들의 성적 정보 스트림 stuStream에서 총점이 낙제점(총점 100이하)인 학생이 있는지 확인하는 방법은 다음과 같다.

```
boolean noFailed = stuStream.anyMatch(s->s.getTotalScore()<=100)
```

이외에도 스트림의 요소 중에서 조건에 일치하는 첫 번째 것을 반환하는 findFirst( )가 있는데, 주로 filter( )와 함께 사용되어 조건에 맞는 스트림의 요소가 있는지 확인하는데 사용된다. 병렬 스트림인 경우에는 findFirst( )대신 findAny( )를 사용해야 한다.

```
Optional<Student> stu = stuStream.filter(s->s.getTotalScore()<= 100).findFirst();
Optional<Student> stu = parallelStream.filter(s->s.getTotalScore()<=100).findAny();
```

findAny( )와 findFirst( )의 반환 타입은 Optional〈T〉이며, 스트림의 요소가 없을 때는 비어있는 Optional객체를 반환한다.

> 참고) 비어있는 Optional객체는 내부적으로 null을 저장하고 있다.

```
Optional<T> findFirst()    조건에 일치하는 첫 번째 요소를 반환
Optional<T> findAny()      조건에 일치하는 요소를 하나 반환(병렬 스트림)
```

reduce( )는 이름에서 짐작할 수 있듯이, 스트림의 요소를 줄여나가면서 연산을 수행하고 최종결과를 반환한다. 그래서 매개변수의 타입이 BinaryOperator⟨T⟩인 것이다. 처음 두 요소를 가지고 연산한 결과를 가지고 그 다음 요소와 연산한다.

이 과정에서 스트림의 요소를 하나씩 소모하며, 스트림의 모든 요소를 소모하게 되면 그 결과를 반환한다.

```
Optional<T> reduce(BinaryOperator<T> accumulator)
```

이 외에도 연산결과의 초기값(identity)을 갖는 reduce( )도 있는데, 이 메서드들은 초기값과 스트림의 첫 번째 요소로 연산을 시작한다. 스트림의 요소가 하나도 없는 경우, 초기값이 반환되므로, 반환 타입이 Optional⟨T⟩가 아니라 T이다.

> **참고** BinaryOperator⟨T⟩는 BiFunction의 자손이며, BiFunction⟨T,T,T⟩와 동등하다.

```
T reduce(T identity, BinaryOperator<T> accumulator)
U reduce(U identity, BiFunction<U,T,U> accumulator, BinaryOperator<U> combiner)
```

위의 두 번째 메서드의 마지막 매개변수인 combiner는 병렬 스트림에 의해 처리된 결과를 합칠 때 사용하기 위해 사용하는 것이며, 후에 병렬 스트림에서 설명할 것이다.

앞서 소개한 최종 연산 count( )와 sum( ) 등은 내부적으로 모두 reduce( )를 이용해서 아래와 같이 작성된 것이다.

```
int count = intStream.reduce(0, (a,b) -> a + 1);               // count()
int sum   = intStream.reduce(0, (a,b) -> a + b);               // sum()
int max   = intStream.reduce(Integer.MIN_VALUE,(a,b)-> a>b ? a:b); // max()
int min   = intStream.reduce(Integer.MAX_VALUE,(a,b)-> a<b ? a:b); // min()
```

reduce( )가 내부적으로 어떻게 동작하는지 이해를 돕기 위해, reduce( )로 스트림의 모든 요소를 다 더하는 과정을 for문으로 표현해 보았다.

```
int a = identity; // 초기값을 a에 저장한다.

for(int b : stream)
    a = a + b;     // 모든 요소의 값을 a에 누적한다.
```

위의 for문을 보고 나면, reduce( )가 아마도 다음과 같이 작성되어 있을 것이라고 추측하는 것은 그리 어려운 일이 아닐 것이다.

```
T reduce(T identity, BinaryOperator<T> accumulator) {
    T a = identity;

    for(T b : stream)
        a = accumulator.apply(a, b);

    return a;
}
```

reduce( )를 사용하는 방법은 간단하다. 그저 초기값(identity)과 어떤 연산(Binary Operator)으로 스트림의 요소를 줄여나갈 것인지만 결정하면 된다.

예제
14-9

```java
import java.util.*;
import java.util.stream.*;

class Ex14_9 {
    public static void main(String[] args) {
        String[] strArr = {
            "Inheritance", "Java", "Lambda", "stream",
            "OptionalDouble", "IntStream", "count", "sum"
        };

        Stream.of(strArr).forEach(System.out::println);

        boolean noEmptyStr = Stream.of(strArr).noneMatch(s->s.length()==0);
        Optional<String> sWord = Stream.of(strArr)
                            .filter(s->s.charAt(0)=='s').findFirst();

        System.out.println("noEmptyStr="+noEmptyStr);
        System.out.println("sWord="+ sWord.get());

        // Stream<String>을 IntStream으로 변환
        IntStream intStream1 = Stream.of(strArr).mapToInt(String::length);
        IntStream intStream2 = Stream.of(strArr).mapToInt(String::length);
        IntStream intStream3 = Stream.of(strArr).mapToInt(String::length);
        IntStream intStream4 = Stream.of(strArr).mapToInt(String::length);

        int count = intStream1.reduce(0, (a,b) -> a + 1);
        int sum   = intStream2.reduce(0, (a,b) -> a + b);

        OptionalInt max = intStream3.reduce(Integer::max);
        OptionalInt min = intStream4.reduce(Integer::min);
        System.out.println("count="+count);
        System.out.println("sum="+sum);
        System.out.println("max="+ max.getAsInt());
        System.out.println("min="+ min.getAsInt());
    }
}
```

결과
```
Inheritance
Java
Lambda
stream
OptionalDouble
IntStream
count
sum
noEmptyStr=true
sWord=stream
count=8
sum=58
max=14
min=3
```

45 **collect( )와 Collectors**

스트림의 최종 연산 중에서 가장 복잡하면서도 유용하게 활용될 수 있는 것이 collect( )이다. collect( )는 스트림의 요소를 수집하는 최종 연산으로 앞서 배운 리듀싱(reducing)과 유사하다. collect( )가 스트림의 요소를 수집하려면, 어떻게 수집할 것인가에 대한 방법이 정의되어 있어야 하는데, 이 방법을 정의한 것인 바로 컬렉터(collector)이다.

컬렉터는 Collector인터페이스를 구현한 것으로, 직접 구현할 수도 있고 미리 작성된 것을 사용할 수도 있다. Collectors클래스는 미리 작성된 다양한 종류의 컬렉터를 반환하는 static 메서드를 가지고 있으며, 이 클래스를 통해 제공되는 컬렉터만으로도 많은 일들을 할 수 있다.

> **collect( )**   스트림의 최종연산. 매개변수로 컬렉터를 필요로 한다.
> **Collector**   인터페이스. 컬렉터는 이 인터페이스를 구현해야한다.
> **Collectors**   클래스. static메서드로 미리 작성된 컬렉터를 제공한다.

collect( )는 매개변수의 타입이 Collector인데, 매개변수가 Collector를 구현한 클래스의 객체이어야 한다는 뜻이다. 그리고 collect( )는 이 객체에 구현된 방법대로 스트림의 요소를 수집한다.

> (참고) sort( )할 때, Comparator가 필요한 것처럼 collect( )할 때는 Collector가 필요하다.

```
Object collect(Collector collector) // Collector를 구현한 클래스의 객체를 매개변수로
Object collect(Supplier supplier,BiConsumer accumulator,BiConsumer combiner)
```

그리고 매개변수가 3개나 정의된 collect( )는 잘 사용되지는 않지만, Collector인터페이스를 구현하지 않고 간단히 람다식으로 수집할 때 사용하면 편리하다.

스트림의 모든 요소를 컬렉션에 수집하려면, Collectors클래스의 toList( )와 같은 메서드를 사용하면 된다. List나 Set이 아닌 특정 컬렉션을 지정하려면, toCollection( )에 원하는 컬렉션의 생성자 참조를 매개변수로 넣어주면 된다.

```
List<String> names = stuStream.map(Student::getName)
                              .collect(Collectors.toList());
ArrayList<String> list = names.stream()
            .collect(Collectors.toCollection(ArrayList::new));
```

Map은 키와 값의 쌍으로 저장해야하므로 객체의 어떤 필드를 키로 사용할지와 값으로 사용할지를 지정해줘야 한다.

```
Map<String,Person> map = personStream
            .collect(Collectors.toMap(p->p.getRegId(), p->p));
```

위의 문장은 요소의 타입이 Person인 스트림에서 사람의 주민번호(regId)를 키로 하고, 값으로 Person객체를 그대로 저장한다.

참고 : 항등 함수를 의미하는 람다식 'p->p' 대신 Function.identity( )를 쓸 수도 있다.

스트림에 저장된 요소들을 'T[ ]'타입의 배열로 변환하려면, toArray( )를 사용하면 된다. 단, 해당 타입의 생성자 참조를 매개변수로 지정해줘야 한다. 만일 매개변수를 지정하지 않으면 반환되는 배열의 타입은 'Object[ ]'이다.

```
Student[] stuNames = studentStream.toArray(Student[]::new); // OK
Student[] stuNames = studentStream.toArray();   // 에러.
Object[]  stuNames = studentStream.toArray();   // OK.
```

앞서 살펴보았던 최종 연산들이 제공하는 통계 정보를 collect( )로 똑같이 얻을 수 있다. collect( )를 사용하지 않고도 쉽게 얻을 수 있는 데, 굳이 collect( )를 사용한 방법을 보여주는 것은 collect( )의 사용법을 보여주기 위한 것이다. 나중에 groupingBy( )와 함께 사용할 때 비로소 이 메서드들이 왜 필요한지 알게 될 것이다. 보다 간결한 코드를 위해 Collectors의 static메서드를 호출할 때는 'Collectors.'를 생략하였다. static import되어 있다고 가정하자.

> **참고** summingInt( )외에도 summingLong( ), summingDouble( )이 있다. averagingInt( )도 마찬가지다.

```java
long count = stuStream.count();
long count = stuStream.collect(counting()); // Collectors.counting()

long totalScore = stuStream.mapToInt(Student::getTotalScore).sum();
long totalScore = stuStream.collect(summingInt(Student::getTotalScore));

Optional<Student> topStudent = stuStream
                .max(Comparator.comparingInt(Student::getTotalScore));
Optional<Student> topStudent = stuStream
        .collect(maxBy(Comparator.comparingInt(Student::getTotalScore)));

IntSummaryStatistics stat = stuStream
                .mapToInt(Student::getTotalScore).summaryStatistics();
IntSummaryStatistics stat = stuStream
                .collect(summarizingInt(Student::getTotalScore));
```

각 메서드가 구체적으로 어떤 일을 하는지에 대해서는 앞에서 이미 설명을 했으므로 생략한다. 다만 summingInt( )와 summarizingInt( )를 혼동하지 않도록 주의하자.

리듀싱 역시 collect( )로 가능하다. IntStream에는 매개변수 3개짜리 collect( )만 정의되어 있으므로 boxed( )를 통해 IntStream을 Stream〈Integer〉로 변환해야 매개변수 1개짜리 collect( )를 쓸 수 있다.

```
IntStream intStream = new Random().ints(1,46).distinct().limit(6);

OptionalInt        max = intStream.reduce(Integer::max);
Optional<Integer> max = intStream.boxed().collect(reducing(Integer::max));

long  sum = intStream.reduce(0, (a,b) -> a + b);
long  sum = intStream.boxed().collect(reducing(0, (a,b) -> a + b));

int grandTotal = stuStream.map(Student::getTotalScore).reduce(0, Integer::sum);
int grandTotal = stuStream.collect(reducing(0,Student::getTotalScore,Integer::sum));
```

Collectors.reducing( )에는 아래와 같이 3가지 종류가 있다. 세 번째 메서드만 제외하고 reduce( )와 같다. 세 번째 것은 위의 예에서 알 수 있듯이 map( )과 reduce( )를 하나로 합쳐 놓은 것 뿐이다.

```
Collector reducing(BinaryOperator<T> op)
Collector reducing(T identity, BinaryOperator<T> op)
Collector reducing(U identity, Function<T,U> mapper, BinaryOperator<U> op)
```

위의 메서드 목록은 와일드 카드를 제거하여 간략히한 것이다.

joining( )은 문자열 스트림의 모든 요소를 하나의 문자열로 연결해서 반환한다. 구분자를 지정해줄 수도 있고, 접두사와 접미사도 지정가능하다. 스트림의 요소가 String이나 StringBuffer처럼CharSequence의 자손인 경우에만 결합이 가능하므로 스트림의 요소가 문자열이 아닌 경우에는 먼저 map( )을 이용해서 스트림의 요소를 문자열로 변환해야 한다.

```
String studentNames = stuStream.map(Student::getName).collect(joining());
String studentNames = stuStream.map(Student::getName).collect(joining(","));
String studentNames = stuStream.map(Student::getName).collect(
                                            joining(",","[", "]"));
```

만일 map( )없이 스트림에 바로 joining( )하면, 스트림의 요소에 toString( )을 호출한 결과를 결합한다.

```
// Student의 toString()으로 결합
String studentInfo = stuStream.collect(joining(","));
```

스트림의 그룹화와 분할

지금까지는 기존의 다른 연산으로도 대체가능한 경우에 대해서 설명했기 때문에, collect( )가 왜 필요한지 잘 느끼지 못했을 것이다. 그러나 이제부터는 본격적으로 collect( )의 유용함을 알게 될 것이다.

그룹화는 스트림의 요소를 특정 기준으로 그룹화하는 것을 의미하고, 분할은 스트림의 요소를 두 가지, 지정된 조건에 일치하는 그룹과 일치하지 않는 그룹으로의 분할을 의미한다. 아래의 메서드 정의에서 알 수 있듯이, groupingBy( )는 스트림의 요소를 Function으로, partitioningBy( )는 Predicate로 분류한다.

```
Collector partitioningBy(Predicate predicate)
Collector partitioningBy(Predicate predicate, Collector downstream)

Collector groupingBy(Function classifier)
Collector groupingBy(Function classifier, Collector downstream)
Collector groupingBy(Function classifier, Supplier mapFactory,
                                          Collector downstream)
```

메서드의 정의를 보면 groupingBy( )와 partitioningBy( )가 분류를 Function으로 하느냐 Predicate로 하느냐의 차이만 있을 뿐 동일하다는 것을 알 수 있다. 스트림을 두 개의 그룹으로 나눠야 한다면, 당연히 partitioningBy( )로 분할하는 것이 더 빠르다. 그 외에는 groupingBy( )를 쓰면 된다. 그리고 그룹화와 분할의 결과는 Map에 담겨 반환된다.

메서드의 정의만으로는 잘 감이 오지 않을 것이다. 이제 이 메서드들이 실제로 어떻게 쓰이는지 직접 보면 생각보다 어렵지 않다고 느끼게 될 것이다.

먼저 상대적으로 간단한 partitioningBy()부터 시작하자. partitioningBy()를 이해하고 나면, groupingBy()는 쉽게 이해가 될 것이다. 가장 기본적인 분할은 학생들을 성별로 나누어 List에 담는 것이다.

```
// 1. 기본 분할
Map<Boolean, List<Student>> stuBySex = stuStream
        .collect(partitioningBy(Student::isMale));   // 학생들을 성별로 분할

List<Student> maleStudent   = stuBySex.get(true);   // Map에서 남학생 목록을 얻는다.
List<Student> femaleStudent = stuBySex.get(false);  // Map에서 여학생 목록을 얻는다.
```

이번엔 counting()을 추가해서 남학생의 수와 여학생의 수를 구해보자.

```
// 2. 기본 분할 + 통계 정보
Map<Boolean, Long> stuNumBySex = stuStream
        .collect(partitioningBy(Student::isMale, counting()));

System.out.println("남학생 수 :"+ stuNumBySex.get(true));   // 남학생 수 :8
System.out.println("여학생 수 :"+ stuNumBySex.get(false));  // 여학생 수 :10
```

counting()대신 summingLong()을 사용하면, 남학생과 여학생의 총점을 구할 수 있다. 그러면, 남학생 1등과 여학생 1등은 어떻게 구할 수 있을까?

```
        Map<Boolean, Optional<Student>> topScoreBySex = stuStream
            .collect(
                partitioningBy(Student::isMale,
                    maxBy(comparingInt(Student::getScore))
                )
            );

System.out.println("남학생 1등 :"+ topScoreBySex.get(true));
System.out.println("여학생 1등 :"+ topScoreBySex.get(false));
// 남학생 1등 :Optional[[나자바, 남, 1, 1, 300]]
// 여학생 1등 :Optional[[김지미, 여, 1, 1, 250]]
```

mapBy( )는 반환타입이 Optional⟨Student⟩라서 위와 같은 결과가 나왔다. Optional ⟨Student⟩가 아닌 Student를 반환 결과로 얻으려면, 아래와 같이 collectingAndThen( )과 Optional::get을 함께 사용하면 된다.

```java
Map<Boolean, Student> topScoreBySex = stuStream
    .collect(
        partitioningBy(Student::isMale,
            collectingAndThen(
                maxBy(comparingInt(Student::getScore)), Optional::get
            )
        )         // 남학생 1등 :[나자바, 남, 1, 1, 300]
    );            // 여학생 1등 :[김지미, 여, 1, 1, 250]
System.out.println("남학생 1등 :"+ topScoreBySex.get(true));
System.out.println("여학생 1등 :"+ topScoreBySex.get(false))
```

성적이 150점 아래인 학생들은 불합격처리하고 싶다. 불합격자를 성별로 분류하여 얻어내려면 어떻게 해야 할까? partitioningBy( )를 한 번 더 사용해서 이중 분할을 하면 된다.

```java
Map<Boolean, Map<Boolean, List<Student>>> failedStuBySex = stuStream
    .collect(
        partitioningBy(Student::isMale,
            partitioningBy(s -> s.getScore() < 150)
        )
    );
List<Student> failedMaleStu   = failedStuBySex.get(true).get(true);
List<Student> failedFemaleStu = failedStuBySex.get(false).get(true);
```

```java
import java.util.*;
import java.util.function.*;
import java.util.stream.*;
import static java.util.stream.Collectors.*;
import static java.util.Comparator.*;

class Student2 {
   String name;
   boolean isMale; // 성별
   int hak;        // 학년
   int ban;        // 반
   int score;

   Student2(String name, boolean isMale, int hak, int ban, int score) {
      this.name   = name;
      this.isMale = isMale;
      this.hak = hak;
      this.ban = ban;
      this.score  = score;
   }
   String   getName()    { return name;    }
   boolean  isMale()     { return isMale;  }
   int      getHak()     { return hak;     }
   int      getBan()     { return ban;     }
   int      getScore()   { return score;   }

   public String toString() {
      return String.format("[%s, %s, %d학년 %d반, %3d점]",
         name, isMale ? "남":"여", hak, ban, score);
   }
   // groupingBy()에서 사용
   enum Level { HIGH, MID, LOW }  // 성적을 상, 중, 하 세 단계로 분류
}

class Ex14_10 {
   public static void main(String[] args) {
      Student2[] stuArr = {
         new Student2("나자바", true,  1, 1, 300),
         new Student2("김지미", false, 1, 1, 250),
         new Student2("김자바", true,  1, 1, 200),
         new Student2("이지미", false, 1, 2, 150),
         new Student2("남자바", true,  1, 2, 100),
         new Student2("안지미", false, 1, 2,  50),
         new Student2("황지미", false, 1, 3, 100),
         new Student2("강지미", false, 1, 3, 150),
         new Student2("이자바", true,  1, 3, 200),
```

```
            new Student2("나자바", true,  2, 1, 300),
            new Student2("김지미", false, 2, 1, 250),
            new Student2("김자바", true,  2, 1, 200),
            new Student2("이지미", false, 2, 2, 150),
            new Student2("남자바", true,  2, 2, 100),
            new Student2("안지미", false, 2, 2,  50),
            new Student2("황지미", false, 2, 3, 100),
            new Student2("강지미", false, 2, 3, 150),
            new Student2("이자바", true,  2, 3, 200)
    };

    System.out.printf("1. 단순분할(성별로 분할)%n");
    Map<Boolean, List<Student2>> stuBySex =  Stream.of(stuArr)
            .collect(partitioningBy(Student2::isMale));

    List<Student2> maleStudent   = stuBySex.get(true);
    List<Student2> femaleStudent = stuBySex.get(false);

    for(Student2 s : maleStudent)   System.out.println(s);
    for(Student2 s : femaleStudent) System.out.println(s);

    System.out.printf("%n2. 단순분할 + 통계(성별 학생수)%n");
    Map<Boolean, Long> stuNumBySex = Stream.of(stuArr)
            .collect(partitioningBy(Student2::isMale, counting()));

    System.out.println("남학생 수 :"+ stuNumBySex.get(true));
    System.out.println("여학생 수 :"+ stuNumBySex.get(false));

    System.out.printf("%n3. 단순분할 + 통계(성별 1등)%n");
    Map<Boolean, Optional<Student2>> topScoreBySex = Stream.of(stuArr)
            .collect(partitioningBy(Student2::isMale,
                maxBy(comparingInt(Student2::getScore))
            ));
    System.out.println("남학생 1등 :"+ topScoreBySex.get(true));
    System.out.println("여학생 1등 :"+ topScoreBySex.get(false));

    Map<Boolean, Student2> topScoreBySex2 = Stream.of(stuArr)
        .collect(partitioningBy(Student2::isMale,
            collectingAndThen(
                maxBy(comparingInt(Student2::getScore)), Optional::get
            )
        ));

    System.out.println("남학생 1등 :"+ topScoreBySex2.get(true));
    System.out.println("여학생 1등 :"+ topScoreBySex2.get(false));
// 뒷 페이지에 계속됩니다.
```

```
            System.out.printf("%n4. 다중분할(성별 불합격자, 100점 이하)%n");

            Map<Boolean, Map<Boolean, List<Student2>>> failedStuBySex =
                Stream.of(stuArr).collect(partitioningBy(Student2::isMale,
                    partitioningBy(s -> s.getScore() <= 100))
                );
            List<Student2> failedMaleStu   = failedStuBySex.get(true).get(true);
            List<Student2> failedFemaleStu = failedStuBySex.get(false).get(true);

            for(Student2 s : failedMaleStu)   System.out.println(s);
            for(Student2 s : failedFemaleStu) System.out.println(s);
        }
}
```

```
1. 단순분할(성별로 분할)
[나자바, 남, 1학년 1반, 300점]
[김자바, 남, 1학년 1반, 200점]
[남자바, 남, 1학년 2반, 100점]
[이자바, 남, 1학년 3반, 200점]
[나자바, 남, 2학년 1반, 300점]
[김자바, 남, 2학년 1반, 200점]
[남자바, 남, 2학년 2반, 100점]
[이자바, 남, 2학년 3반, 200점]
[김지미, 여, 1학년 1반, 250점]
[이지미, 여, 1학년 2반, 150점]
[안지미, 여, 1학년 2반,  50점]
[황지미, 여, 1학년 3반, 100점]
[강지미, 여, 1학년 3반, 150점]
[김지미, 여, 2학년 1반, 250점]
[이지미, 여, 2학년 2반, 150점]
[안지미, 여, 2학년 2반,  50점]
[황지미, 여, 2학년 3반, 100점]
[강지미, 여, 2학년 3반, 150점]

2. 단순분할 + 통계(성별 학생수)
남학생 수 :8
여학생 수 :10

3. 단순분할 + 통계(성별 1등)
남학생 1등 :Optional[[나자바, 남, 1학년 1반, 300점]]
여학생 1등 :Optional[[김지미, 여, 1학년 1반, 250점]]
남학생 1등 :[나자바, 남, 1학년 1반, 300점]
여학생 1등 :[김지미, 여, 1학년 1반, 250점]

4. 다중분할(성별 불합격자, 100점 이하)
[남궁성, 남, 1학년 2반, 100점]
[남궁성, 남, 2학년 2반, 100점]
[안지미, 여, 1학년 2반,  50점]
[황지미, 여, 1학년 3반, 100점]
[안지미, 여, 2학년 2반,  50점]
[황지미, 여, 2학년 3반, 100점]
```

일단 가장 간단한 그룹화를 해보자. stuStream을 반 별로 그룹지어 Map에 저장하는 방법은
다음과 같다.

```
Map<Integer, List<Student>> stuByBan = stuStream
        .collect(groupingBy(Student::getBan));  // toList()가 생략됨
```

groupingBy( )로 그룹화를 하면 기본적으로 List〈T〉에 담는다. 그래서 아래 문장을 위와
같이쓸 수 있는 것이다. 만일 원한다면, toList( )대신 toSet( )이나 toCollection (HashSet
::new)을 사용할 수도 있다. 단, Map의 지네릭 타입도 적절히 변경해줘야 한다는 것을 잊지
말자.

```
Map<Integer, List<Student>> stuByBan = stuStream
    .collect(groupingBy(Student::getBan, toList())); // toList() 생략가능

Map<Integer, HashSet<Student>> stuByHak = stuStream
    .collect(groupingBy(Student::getHak, toCollection(HashSet::new)));
```

이번엔 조금 복잡하게 stuStream을 성적의 등급(Student.Level)으로 그룹화 해보자. 아래의
문장은 모든 학생을 세 등급(HIGH, MID, LOW)으로 분류하여 집계한다.

```
Map<Student.Level, Long> stuByLevel = stuStream
    .collect(groupingBy(s-> {
            if(s.getScore() >= 200)           return Student.Level.HIGH;
            else if(s.getScore() >= 100)      return Student.Level.MID;
            else                              return Student.Level.LOW;
    }, counting())
); // [MID] - 8명, [HIGH] - 8명, [LOW] - 2명
```

groupingBy( )를 여러 번 사용하면, 다수준 그룹화가 가능하다. 만일 학년별로 그룹화 한 후
에 다시 반별로 그룹화하고 싶으면 다음과 같이 한다.

```
Map<Integer, Map<Integer, List<Student>>> stuByHakAndBan = stuStream
        .collect(groupingBy(Student::getHak, // 학년별 그룹화
                groupingBy(Student::getBan) // 반별 그룹화
        ));
```

위의 코드를 발전시켜서 각 반의 1등을 출력하고 싶다면, collectingAndThen( )과 max By( )
를 써서 다음과 같이 하면 된다.

```
Map<Integer, Map<Integer, Student>> topStuByHakAndBan = stuStream
        .collect(groupingBy(Student::getHak,
                groupingBy(Student::getBan,
                        collectingAndThen(
                            maxBy(comparingInt(Student::getScore)),
                            Optional::get
                        )
                    )
            ));
```

아래의 코드는 학년별과 반별로 그룹화한 다음에, 성적그룹으로 변환(mapping)하여 Set에
저장한다.

```
Map<Integer, Map<Integer, Set<Student.Level>>> stuByHakAndBan = stuStream
    .collect(
        groupingBy(Student::getHak,
            groupingBy(Student::getBan,
                mapping(s-> {
                        if(s.getScore() >= 200)      return Student.Level.HIGH;
                        else if(s.getScore() >= 100) return Student.Level.MID;
                        else                         return Student.Level.LOW;
                    } , toSet()))
            )
        )
    );
```

예제
14-11

```java
import java.util.*;
import java.util.function.*;
import java.util.stream.*;
import static java.util.stream.Collectors.*;
import static java.util.Comparator.*;

class Student3 {
    String name;
    boolean isMale;   // 성별
    int hak;          // 학년
    int ban;          // 반
    int score;

    Student3(String name, boolean isMale, int hak, int ban, int score) {
        this.name   = name;
        this.isMale = isMale;
        this.hak    = hak;
        this.ban    = ban;
        this.score  = score;
    }

    String   getName()    { return name;    }
    boolean  isMale()     { return isMale;  }
    int      getHak()     { return hak;     }
    int      getBan()     { return ban;     }
    int      getScore()   { return score;   }

    public String toString() {
        return String.format("[%s, %s, %d학년 %d반, %3d점]",
            name, isMale ? "남":"여", hak, ban, score);
    }

    enum Level {
        HIGH, MID, LOW
    }
}

class Ex14_11 {
    public static void main(String[] args) {
        Student3[] stuArr = {
            new Student3("나자바", true,  1, 1, 300),
            new Student3("김지미", false, 1, 1, 250),
            new Student3("김자바", true,  1, 1, 200),
            new Student3("이지미", false, 1, 2, 150),
            new Student3("남자바", true,  1, 2, 100),
            new Student3("안지미", false, 1, 2,  50),
            new Student3("황지미", false, 1, 3, 100),
            new Student3("강지미", false, 1, 3, 150),
```
// 뒷 페이지에 계속됩니다.

```
        new Student3("이자바", true,  1, 3, 200),
        new Student3("나자바", true,  2, 1, 300),
        new Student3("김지미", false, 2, 1, 250),
        new Student3("김자바", true,  2, 1, 200),
        new Student3("이지미", false, 2, 2, 150),
        new Student3("남자바", true,  2, 2, 100),
        new Student3("안지미", false, 2, 2,  50),
        new Student3("황지미", false, 2, 3, 100),
        new Student3("강지미", false, 2, 3, 150),
        new Student3("이자바", true,  2, 3, 200)
};

System.out.printf("1. 단순그룹화(반별로 그룹화)%n");
Map<Integer, List<Student3>> stuByBan = Stream.of(stuArr)
        .collect(groupingBy(Student3::getBan));

for(List<Student3> ban : stuByBan.values()) {
    for(Student3 s : ban) {
        System.out.println(s);
    }
}

System.out.printf("%n2. 단순그룹화(성적별로 그룹화)%n");
Map<Student3.Level, List<Student3>> stuByLevel = Stream.of(stuArr)
        .collect(groupingBy(s-> {
                if(s.getScore() >= 200) return Student3.Level.HIGH;
            else if(s.getScore() >= 100) return Student3.Level.MID;
            else                         return Student3.Level.LOW;
        }));

TreeSet<Student3.Level> keySet = new TreeSet<>(stuByLevel.keySet());

for(Student3.Level key : keySet) {
    System.out.println("["+key+"]");

    for(Student3 s : stuByLevel.get(key))
        System.out.println(s);
    System.out.println();
}

System.out.printf("%n3. 단순그룹화 + 통계(성적별 학생수)%n");
Map<Student3.Level, Long> stuCntByLevel = Stream.of(stuArr)
        .collect(groupingBy(s-> {
                if(s.getScore() >= 200) return Student3.Level.HIGH;
            else if(s.getScore() >= 100) return Student3.Level.MID;
            else                         return Student3.Level.LOW;
        }, counting()));
```

```
        for(Student3.Level key : stuCntByLevel.keySet())
            System.out.printf("[%s] - %d명, ", key, stuCntByLevel.get(key));
        System.out.println();
/*
        for(List<Student3> level : stuByLevel.values()) {
            System.out.println();
            for(Student3 s : level) {
                System.out.println(s);
            }
        }
*/
        System.out.printf("%n4. 다중그룹화(학년별, 반별)");
        Map<Integer, Map<Integer, List<Student3>>> stuByHakAndBan =
            Stream.of(stuArr)
                .collect(groupingBy(Student3::getHak,
                        groupingBy(Student3::getBan)
                ));

        for(Map<Integer, List<Student3>> hak : stuByHakAndBan.values()) {
            for(List<Student3> ban : hak.values()) {
                System.out.println();
                for(Student3 s : ban)
                    System.out.println(s);
            }
        }

        System.out.printf("%n5. 다중그룹화 + 통계(학년별, 반별 1등)%n");
        Map<Integer, Map<Integer, Student3>> topStuByHakAndBan =
            Stream.of(stuArr)
                .collect(groupingBy(Student3::getHak,
                        groupingBy(Student3::getBan,
                            collectingAndThen(
                                maxBy(comparingInt(Student3::getScore))
                                , Optional::get
                            )
                        )
                ));

        for(Map<Integer, Student3> ban : topStuByHakAndBan.values())
            for(Student3 s : ban.values())
                System.out.println(s);
```

// 뒷 페이지에 계속됩니다.

```
        System.out.printf("%n6. 다중그룹화 + 통계(학년별, 반별 성적그룹)%n");
        Map<String, Set<Student3.Level>> stuByScoreGroup = Stream.of(stuArr)
            .collect(groupingBy(s-> s.getHak() + "-" + s.getBan(),
                mapping(s-> {
                    if(s.getScore() >= 200)          return Student3.Level.HIGH;
                    else if(s.getScore() >= 100) return Student3.Level.MID;
                    else                             return Student3.Level.LOW;
                } , toSet())
        ));

        Set<String> keySet2 = stuByScoreGroup.keySet();

        for(String key : keySet2) {
            System.out.println("["+key+"]" + stuByScoreGroup.get(key));
        }
    } // main의 끝
}
```

결과

```
1. 단순그룹화(반별로 그룹화)
[나자바, 남, 1학년 1반, 300점]
[김지미, 여, 1학년 1반, 250점]
[김자바, 남, 1학년 1반, 200점]
[나자바, 남, 2학년 1반, 300점]
[김지미, 여, 2학년 1반, 250점]
[김자바, 남, 2학년 1반, 200점]
[이지미, 여, 1학년 2반, 150점]
[남자바, 남, 1학년 2반, 100점]
[안지미, 여, 1학년 2반,  50점]
[이지미, 여, 2학년 2반, 150점]
[남자바, 남, 2학년 2반, 100점]
[안지미, 여, 2학년 2반,  50점]
[황지미, 여, 1학년 3반, 100점]
[강지미, 여, 1학년 3반, 150점]
[이자바, 남, 1학년 3반, 200점]
[황지미, 여, 2학년 3반, 100점]
[강지미, 여, 2학년 3반, 150점]
[이자바, 남, 2학년 3반, 200점]

2. 단순그룹화(성적별로 그룹화)
[HIGH]
[나자바, 남, 1학년 1반, 300점]
[김지미, 여, 1학년 1반, 250점]
[김자바, 남, 1학년 1반, 200점]
[이자바, 남, 1학년 3반, 200점]
[나자바, 남, 2학년 1반, 300점]
[김지미, 여, 2학년 1반, 250점]
[김자바, 남, 2학년 1반, 200점]
[이자바, 남, 2학년 3반, 200점]

[MID]
[이지미, 여, 1학년 2반, 150점]
```

```
[남자바,  남,  1학년 2반,  100점]
[황지미,  여,  1학년 3반,  100점]
[강지미,  여,  1학년 3반,  150점]
[이지미,  여,  2학년 2반,  150점]
[남자바,  남,  2학년 2반,  100점]
[황지미,  여,  2학년 3반,  100점]
[강지미,  여,  2학년 3반,  150점]

[LOW]
[안지미,  여,  1학년 2반,   50점]
[안지미,  여,  2학년 2반,   50점]
```

3. 단순그룹화 + 통계(성적별 학생수)
```
[MID] - 8명, [HIGH] - 8명, [LOW] - 2명,
```

4. 다중그룹화(학년별, 반별)
```
[나자바,  남,  1학년 1반,  300점]
[김지미,  여,  1학년 1반,  250점]
[김자바,  남,  1학년 1반,  200점]

[이지미,  여,  1학년 2반,  150점]
[남자바,  남,  1학년 2반,  100점]
[안지미,  여,  1학년 2반,   50점]
[황지미,  여,  1학년 3반,  100점]
[강지미,  여,  1학년 3반,  150점]
[이자바,  남,  1학년 3반,  200점]

[나자바,  남,  2학년 1반,  300점]
[김지미,  여,  2학년 1반,  250점]
[김자바,  남,  2학년 1반,  200점]

[이지미,  여,  2학년 2반,  150점]
[남자바,  남,  2학년 2반,  100점]
[안지미,  여,  2학년 2반,   50점]

[황지미,  여,  2학년 3반,  100점]
[강지미,  여,  2학년 3반,  150점]
[이자바,  남,  2학년 3반,  200점]
```

5. 다중그룹화 + 통계(학년별, 반별 1등)
```
[나자바,  남,  1학년 1반,  300점]
[이지미,  여,  1학년 2반,  150점]
[이자바,  남,  1학년 3반,  200점]
[나자바,  남,  2학년 1반,  300점]
[이지미,  여,  2학년 2반,  150점]
[이자바,  남,  2학년 3반,  200점]
```

6. 다중그룹화 + 통계(학년별, 반별 성적그룹)
```
[1-1][HIGH]
[2-1][HIGH]
[1-2][MID, LOW]
[2-2][MID, LOW]
[1-3][MID, HIGH]
[2-3][MID, HIGH]
```

필자가 스트림으로 프로그램을 작성하면서 어려움을 겪었던 것 중의 하나가 스트림 간의 변환이었는데, 변환하는 방법이 어려운 것이 아니라 언제 어떤 메서드를 써야하는지 매번 찾아보는 것이 어려웠다. 아마 독자 여러분도 비슷한 어려움을 겪으리라 예상되어 표로 간단히 정리해 보았다. 앞서 배운 스트림의 생성과 함께 잘 정리해 두면 유용할 것이다.

from	to	변환 메서드
1. 스트림 → 기본형 스트림		
Stream\<T>	IntStream LongStream DoubleStream	mapToInt(ToIntFunction\<T> mapper) mapToLong(ToLongFunction\<T> mapper) mapToDouble(ToDoubleFunction\<T> mapper)
2. 기본형 스트림 → 스트림		
IntStream LongStream DoubleStream	Stream\<Integer> Stream\<Long> Stream\<Double>	boxed()
	Stream\<U>	mapToObj(DoubleFunction\<U> mapper)
3. 기본형 스트림 → 기본형 스트림		
IntStream LongStream DoubleStream	LongStream DoubleStream	asLongStream() asDoubleStream()
4. 스트림 → 부분 스트림		
Stream\<T> IntStream	Stream\<T> IntStream	skip(long n) limit(long maxSize)
5. 두 개의 스트림 → 스트림		
Stream\<T>, Stream\<T>	Stream\<T>	concat(Stream\<T> a, Stream\<T> b)
IntStream, IntStream	IntStream	concat(IntStream a, IntStream b)
LongStream, LongStream	LongStream	concat(LongStream a, LongStream b)
DoubleStream, DoubleStream	DoubleStream	concat(DoubleStream a, DoubleStream b)
6. 스트림의 스트림 → 스트림		
Stream\<Stream\<T>>	Stream\<T>	flatMap(Function mapper)
Stream\<IntStream>	IntStream	flatMapToInt(Function mapper)
Stream\<LongStream>	LongStream	flatMapToLong(Function mapper)
Stream\<DoubleStream>	DoubleStream	flatMapToDouble(Function mapper)

Stream<T>
IntStream
LongStream
DoubleStream
	Stream<T>
	IntStream
	LongStream
	DoubleStream
		parallel() // 스트림 → 병렬 스트림
		sequential() // 병렬 스트림 → 스트림

8. 스트림 → 컬렉션

Stream<T> IntStream LongStream DoubleStream	Collection<T>	collect(Collectors.toCollection(Supplier factory))
	List<T>	collect(Collectors.toList())
	Set<T>	collect(Collectors.toSet())

9. 컬렉션 → 스트림

Collection<T>, List<T>, Set<T>	Stream<T>	stream()

10. 스트림 → Map

Stream<T>
IntStream
LongStream
DoubleStream
	Map<K,V>	collect(Collectors.toMap(Function key, Function value))
		collect(Collectors.toMap(Function k, Function v,
		                        BinaryOperator))
		collect(Collectors.toMap(Function k, Function v,
		          BinaryOperator merge, Supplier mapSupplier))

11. 스트림 → 배열

Stream<T>	Object[]	toArray()
	T[]	toArray(IntFunction<A[]> generator)
IntStream LongStream DoubleStream	int[] long[] double[]	toArray()

연습문제

14-1 메서드를 람다식으로 변환하여 아래의 표를 완성하시오.

메서드	람다식

`int max(int a, int b) {`
`    return a > b ? a : b;`
`}`
	`(int a, int b) -> a > b ? a : b`

`int printVar(String name, int i) {`
`    System.out.println(name+"="+i );`
`}`
	(a)

`int square(int x) {`
`    return x * x;`
`}`
	(b)

`int roll() {`
`    return (int)(Math.random() * 6);`
`}`
	(c)

`int sumArr(int[] arr) {`
`    int sum = 0;`
`    for(int i : arr)`
`        sum += i;`
`    return sum;`
`}`
	(d)

`int[] emptyArr() {`
`    return new int[]{};`
`}`
	(e)

14-2 람다식을 메서드 참조로 변환하여 표를 완성하시오.(변환이 불가능한 경우, '변환불가'라고 적어야함.)

람다식	메서드 참조
(String s) -> s.length()	
()-> new int[]{}	
arr -> Arrays.stream(arr)	
(String str1, String str2) -> str1.equals(str2)	
(a, b) -> Integer.compare(a, b)	
(String kind, int num) -> new Card(kind, num)	
(x) -> System.out.println(x)	
()-> Math.random()	
(str) -> str.toUpperCase()	
() -> new NullPointerException()	
(Optional opt) -> opt.get()	
(StringBuffer sb, String s) -> sb.append(s)	
(String s) -> System.out.println(s)	

14-3 아래의 괄호안에 알맞은 함수형 인터페이스는?

```
(     ) f;   // 함수형 인터페이스 타입의 참조변수 f를 선언.
f = (int a, int b) -> a > b ? a : b;
```

① Function
② BiFunction
③ Predicate
④ BinaryOperator
⑤ IntFunction

14-4 두 개의 주사위를 굴려서 나온 눈의 합이 6인 경우를 모두 출력하시오.

(Hint) 배열을 사용하시오.

```
결
과  [1, 5]
    [2, 4]
    [3, 3]
    [4, 2]
    [5, 1]
```

14-5 문자열 배열 strArr의 모든 문자열의 길이를 더한 결과를 출력하시오.

```
String[] strArr = { "aaa","bb","c", "dddd" };
```

```
결
과  sum=10
```

14-6 문자열 배열 strArr의 문자열 중에서 가장 긴 것의 길이를 출력하시오.

```
String[] strArr = { "aaa","bb","c", "dddd" };
```

```
결
과  4
```

14-7 임의의 로또번호(1~45)를 정렬해서 출력하시오.

```
결   1
과   20
     25
     33
     35
     42
```

15

입출력

I/O

I/O란 Input과 Output의 약자로 입력과 출력, 간단히 줄여서 입출력이라고 한다. 입출력은 컴퓨터 내부 또는 외부의 장치와 프로그램간의 데이터를 주고받는 것을 말한다.

예를 들면 키보드로부터 데이터를 입력받는다든가 System.out.println( )을 이용해서 화면에 데이터를 출력한다던가 하는 것이 가장 기본적인 입출력의 예이다.

스트림(stream)

자바에서 입출력을 수행하려면, 즉 어느 한쪽에서 다른 쪽으로 데이터를 전달하려면, 두 대상을 연결하고 데이터를 전송할 수 있는 무언가가 필요한데 이것을 스트림(stream)이라고 정의했다. 입출력에서의 스트림은 14장의 스트림과 같은 용어를 쓰지만 다른 개념이다.

> 참고 : 스트림은 TV와 DVD를 연결하는 입력선과 출력선과 같은 역할을 한다.

스트림이란 데이터를 운반하는데 사용되는 연결통로이다.

스트림은 연속적인 데이터의 흐름을 물에 비유해서 붙여진 이름인데, 여러 가지로 유사한 점이 많다. 물이 한쪽 방향으로만 흐르는 것과 같이 스트림은 단방향통신만 가능하기 때문에 하나의 스트림으로 입력과 출력을 동시에 처리할 수 없다.

그래서 입력과 출력을 동시에 수행하려면 입력을 위한 입력스트림(input stream)과 출력을 위한 출력스트림(output stream), 모두 2개의 스트림이 필요하다.

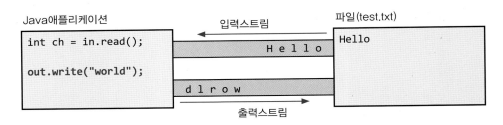

스트림은 먼저 보낸 데이터를 먼저 받게 되어 있으며 중간에 건너뜀 없이 연속적으로 데이터를 주고받는다. 큐(queue)와 같은 FIFO(First In First Out)구조로 되어 있다고 생각하면 이해하기 쉬울 것이다.

스트림은 바이트단위로 데이터를 전송하며 입출력 대상에 따라 다음과 같은 입출력스트림이 있다.

입력스트림	출력스트림	입출력 대상의 종류
`FileInputStream`	`FileOutputStream`	파일
`ByteArrayInputStream`	`ByteArrayOutputStream`	메모리(byte배열)
`PipedInputStream`	`PipedOutputStream`	프로세스(프로세스간의 통신)
`AudioInputStream`	`AudioOutputStream`	오디오장치

위의 표와 같이 여러 종류의 입출력 스트림이 있으며, 어떠한 대상에 대해서 작업을 할 것인지 그리고 입력을 할 것인지 출력을 할 것인지에 따라서 해당 스트림을 선택해서 사용하면 된다. 예를 들어 어떤 파일의 내용을 읽고자 하는 경우 FileInputStream을 사용하면 될 것이다.

이들은 모두 InputStream 또는 OutputStream의 자손들이며, 각각 읽고 쓰는데 필요한 추상메서드를 자신에 맞게 구현해 놓았다.

자바에서는 java.io패키지를 통해서 많은 종류의 입출력관련 클래스들을 제공하고 있으며, 입출력을 처리할 수 있는 표준화된 방법을 제공함으로써 입출력의 대상이 달라져도 동일한 방법으로 입출력이 가능하기 때문에 프로그래밍을 하기에 편리하다.

InputStream	OutputStream
`abstract int read()`	`abstract void write(int b)`
`int read(byte[] b)`	`void write(byte[] b)`
`int read(byte[] b, int off, int len)`	`void write(byte[] b, int off, int len)`

참고 read( )의 반환타입이 byte가 아니라 int인 이유는 read( )의 반환값의 범위가 0~255와 –1이기 때문이다.

위의 표에 나온 메서드의 사용법만 잘 알고 있어도 데이터를 읽고 쓰는 것은 입출력 대상의 종류에 관계없이 아주 간단한 일이 될 것이다.

InputStream의 read( )와 OutputStream의 write(int b)는 입출력의 대상에 따라 읽고 쓰는 방법이 다를 것이기 때문에 각 상황에 알맞게 구현하라는 의미에서 추상메서드로 정의되어 있다.

이전 페이지에서 언급한 스트림 외에도 스트림의 기능을 보완하기 위한 보조 스트림이 제공된다. 보조스트림은 실제 데이터를 주고받는 스트림이 아니기 때문에 데이터를 입출력할 수 있는 기능은 없지만, 스트림의 기능을 향상시키거나 새로운 기능을 추가할 수 있다. 그래서 보조 스트림만으로는 입출력을 처리할 수 없고, 스트림을 먼저 생성한 다음에 이를 이용해서 보조 스트림을 생성해야한다.

  예를 들어 test.txt라는 파일을 읽기위해 FileInputStream을 사용할 때, 성능 향상을 위해 버퍼를 이용하는 보조 스트림인 BufferedInputStream을 사용하는 코드는 다음과 같다.

```
// 먼저 기반 스트림을 생성한다.
FileInputStream fis = new FileInputStream("test.txt");

// 기반 스트림을 이용해서 보조 스트림을 생성한다.
BufferedInputStream bis = new BufferedInputStream(fis);
bis.read();    // 보조 스트림인 BufferedInputStream으로부터 데이터를 읽는다.
```

코드 상으로는 보조 스트림인 BufferedInputStream이 입력기능을 수행하는 것처럼 보이지만, 실제 입력기능은 BufferedInputStream과 연결된 FileInputStream이 수행하고, 보조 스트림인 BufferedInputStream은 버퍼만을 제공한다. 버퍼를 사용한 입출력과 사용하지 않은 입출력간의 성능차이는 상당하기 때문에 대부분의 경우에 버퍼를 이용한 보조 스트림을 사용한다.

  BufferedInputStream, DataInputStream, DigestInputStream, LineNumberInput Stream, PushbackInputStream은 모두 FilterInputStream의 자손들이고, FilterInput Stream은 InputStream의 자손이라서 결국 모든 보조 스트림 역시 InputStream과 Output Stream의 자손들이므로 입출력방법이 같다.

입력	출력	설명
FilterInputStream	FilterOutputStream	필터를 이용한 입출력 처리
BufferedInputStream	BufferedOutputStream	버퍼를 이용한 입출력 성능향상
DataInputStream	DataOutputStream	int, float와 같은 기본형 단위(primitive type)로 데이터를 처리
SequenceInputStream	없음	두 개의 스트림을 하나로 연결
LineNumberInputStream	없음	읽어 온 데이터의 라인 번호를 카운트 (JDK1.1부터 LineNumberReader로 대체)
ObjectInputStream	ObjectOutputStream	데이터를 객체단위로 읽고 쓰는데 사용. 주로 파일을 이용하며 객체 직렬화와 관련있음
없음	PrintStream	버퍼를 이용하며, 추가적인 print관련 기능 (print, printf, println메서드)
PushbackInputStream	없음	버퍼를 이용해서 읽어 온 데이터를 다시 되돌리는 기능(unread)

▲ 표 15-1 보조스트림의 종류

지금까지 알아본 스트림은 모두 바이트기반의 스트림이었다. 바이트기반이라 함은 입출력의 단위가 1 byte라는 뜻이다. 이미 알고 있는 것과 같이 C언어와 달리 Java에서는 한 문자를 의미하는 char형이 1 byte가 아니라 2 byte이기 때문에 바이트기반의 스트림으로 2 byte인 문자를 처리하는 데는 어려움이 있다.

이 점을 보완하기 위해서 문자기반의 스트림이 제공된다. 문자데이터를 입출력할 때는 바이트기반 스트림 대신 문자기반 스트림을 사용하자.

바이트기반 스트림	문자기반 스트림
FileInputStream **File**OutputStream	**File**Reader **File**Writer
ByteArrayInputStream **ByteArray**OutputStream	**CharArray**Reader **CharArray**Writer
PipedInputStream **Piped**OutputStream	**Piped**Reader **Piped**Writer
StringBufferInputStream*(deprecated)* **StringBuffer**OutputStream*(deprecated)*	**String**Reader **String**Writer

> **참고** StringBufferInputStream, StringBufferOutputStream은 StringReader와 StringWriter로 대체되어 더 이상 사용되지 않는다.

문자기반 스트림의 이름은 바이트기반 스트림의 이름에서 InputStream은 Reader로 OutputStream은 Writer로만 바꾸면 된다. 단, ByteArrayInputStream에 대응하는 문자기반 스트림은 char배열을 사용하는 CharArrayReader이다.

아래의 표는 바이트기반 스트림과 문자 기반 스트림의 읽기와 쓰기에 사용되는 메서드를 비교한 것인데 byte배열 대신 char배열을 사용한다는 것과 추상메서드가 달라졌다. Reader와 Writer에서도 역시 추상메서드가 아닌 메서드들은 추상메서드를 이용해서 작성되었으며, 프로그래밍적인 관점에서 볼 때 read( )를 추상메서드로 하는 것보다 int read(char[ ] cbuf, int off, int len)를 추상메서드로 하는 것이 더 바람직하다.

바이트기반 스트림과 문자기반 스트림은 이름만 조금 다를 뿐 활용방법은 거의 같다.

InputStream	Reader
abstract int read() int read(**byte[] b**) int read(**byte[] b**, int off, int len)	int read() int read(**char[]** cbuf) **abstract** int read(**char[]** cbuf, int off, int len)

OutputStream	Writer
abstract void write(int b) void write(**byte[]** b) void write(**byte[]** b, int off, int len)	void write(int c) void write(**char[]** cbuf) **abstract** void write(**char[]** cbuf, int off, int len) void write(String str) void write(String str, int off, int len)

보조 스트림 역시 다음과 같은 문자기반 보조 스트림이 존재하며 사용목적과 방식은 바이트기반 보조 스트림과 다르지 않다.

바이트기반 보조스트림	문자기반 보조스트림
BufferedInputStream **Buffered**OutputStream	**Buffered**Reader **Buffered**Writer
FilterInputStream **Filter**OutputStream	**Filter**Reader **Filter**Writer
LineNumberInputStream(deprecated)	**LineNumber**Reader
PrintStream	**Print**Writer
PushbackInputStream	**Pushback**Reader

앞서 얘기한 바와 같이 InputStream과 OutputStream은 모든 바이트 기반 스트림의 조상이며 다음과 같은 메서드가 선언되어 있다.

InputStream 메서드명	설 명
int available( )	스트림으로부터 읽어 올 수 있는 데이터의 크기를 반환한다.
void close( )	스트림을 닫음으로써 사용하고 있던 자원을 반환한다.
void mark(int readlimit)	현재위치를 표시해 놓는다. 후에 reset( )에 의해서 표시해 놓은 위치로 다시 돌아갈 수 있다. readlimit은 되돌아갈 수 있는 byte의 수이다.
boolean markSupported( )	mark( )와 reset( )을 지원하는지를 알려 준다. mark( )와 reset( )기능을 지원하는 것은 선택적이므로, mark( )와 reset( )을 사용하기 전에 markSupported( )를 호출해서 지원여부를 확인해야한다.
abstract int read( )	1 byte를 읽어 온다(0~255사이의 값). 더 이상 읽어 올 데이터가 없으면 -1을 반환한다. abstract메서드라서 InputStream의 자손들은 자신의 상황에 알맞게 구현해야한다.
int read(byte[ ] b)	배열 b의 크기만큼 읽어서 배열을 채우고 읽어 온 데이터의 수를 반환한다. 반환하는 값은 항상 배열의 크기보다 작거나 같다.
int read(byte[ ] b, int off, int len)	최대 len개의 byte를 읽어서, 배열 b의 지정된 위치(off)부터 저장한다. 실제로 읽어 올 수 있는 데이터가 len개보다 적을 수 있다.
void reset( )	스트림에서의 위치를 마지막으로 mark( )이 호출되었던 위치로 되돌린다.
long skip(long n)	스트림에서 주어진 길이(n)만큼을 건너뛴다.

OutputStream 메서드명	설 명
void close( )	입력소스를 닫음으로써 사용하고 있던 자원을 반환한다.
void flush( )	스트림의 버퍼에 있는 모든 내용을 출력소스에 쓴다.
abstract void write(int b)	주어진 값을 출력소스에 쓴다.
void write(byte[ ] b)	주어진 배열 b에 저장된 모든 내용을 출력소스에 쓴다.
void write(byte[ ] b, int off, int len)	주어진 배열 b에 저장된 내용 중에서 off번째부터 len개 만큼만을 읽어서 출력소스에 쓴다.

스트림의 종류에 따라서 mark( )와 reset( )을 사용하여 이미 읽은 데이터를 되돌려서 다시 읽을 수 있다. 이 기능을 지원하는 스트림인지 확인하는 markSuppoprted( )를 통해서 알 수 있다.

flush( )는 버퍼가 있는 출력스트림의 경우에만 의미가 있으며, OutputStream에 정의된 flush( )는 아무런 일도 하지 않는다.

프로그램이 종료될 때, 사용하고 닫지 않은 스트림을 JVM이 자동적으로 닫아 주기는 하지만, 스트림을 사용해서 모든 작업을 마치고 난 후에는 close( )를 호출해서 반드시 닫아 주어야 한다. 그러나 ByteArrayInputStream과 같이 메모리를 사용하는 스트림과 System.in, System.out과 같은 표준 입출력 스트림은 닫아 주지 않아도 된다.

ByteArrayInputStream/ByteArrayOutputStream은 메모리, 즉 바이트배열에 데이터를 입출력 하는데 사용되는 스트림이다. 주로 다른 곳에 입출력하기 전에 데이터를 임시로 바이트배열에 담아서 변환 등의 작업을 하는데 사용된다.

　자주 사용되지 않지만 스트림을 이용한 입출력방법을 보여 주는 예제를 작성하기에는 적합해서, 이 스트림을 이용해서 읽고 쓰는 여러 방법을 보여 주는 예제들을 작성해 보았다.

　스트림의 종류가 달라도 읽고 쓰는 방법은 동일하므로 이 예제들을 통해서 스트림에 읽고 쓰는 방법을 잘 익혀두기 바란다.

예제 15-1

```java
import java.io.*;
import java.util.Arrays;

class Ex15_1 {
    public static void main(String[] args) {
        byte[] inSrc  = {0,1,2,3,4,5,6,7,8,9};
        byte[] outSrc = null;

        ByteArrayInputStream  input  = null;
        ByteArrayOutputStream output = null;

        input  = new ByteArrayInputStream(inSrc);
        output = new ByteArrayOutputStream();

        int data = 0;

        while((data = input.read())!=-1)
            output.write(data);            // void write(int b)

        outSrc = output.toByteArray(); // 스트림의 내용을 byte배열로 반환한다.

        System.out.println("Input Source  :" + Arrays.toString(inSrc));
        System.out.println("Output Source :" + Arrays.toString(outSrc));
    }
}
```

```
결과
Input Source  :[0, 1, 2, 3, 4, 5, 6, 7, 8, 9]
Output Source :[0, 1, 2, 3, 4, 5, 6, 7, 8, 9]
```

ByteArrayInputStream/ByteArrayOutputStream을 이용해서 바이트배열 inSrc의 데이터를 outSrc로 복사하는 예제인데, read( )와 write( )를 사용하는 가장 기본적인 방법을 보여준다. while문의 조건식이 조금 복잡한데, 이 조건식은 아래와 같은 순서로 처리된다.

```
(data = input.read())!=-1

① data = input.read()   // read()를 호출한 반환값을 변수 data에 저장한다.(괄호 먼저)
② data != -1            // data에 저장된 값이 -1이 아닌지 비교한다.
```

바이트배열은 사용하는 자원이 메모리 밖에 없으므로 가비지컬렉터에 의해 자동적으로 자원을 반환하므로 close( )로 스트림을 닫지 않아도 된다. read( )와 write(int b)를 사용하기 때문에 한 번에 1 byte만 읽고 쓰므로 작업효율이 떨어진다.

예제
15-2

```java
import java.io.*;
import java.util.Arrays;

class Ex15_2 {
    public static void main(String[] args) {
        byte[] inSrc  = {0,1,2,3,4,5,6,7,8,9};
        byte[] outSrc = null;
        byte[] temp = new byte[10];

        ByteArrayInputStream  input  = null;
        ByteArrayOutputStream output = null;

        input  = new ByteArrayInputStream(inSrc);
        output = new ByteArrayOutputStream();

        input.read(temp,0,temp.length); // 읽어 온 데이터를 배열 temp에 담는다.
        output.write(temp,5, 5);        // temp[5]부터 5개의 데이터를 write한다.

        outSrc = output.toByteArray();

        System.out.println("Input Source  :" + Arrays.toString(inSrc));
        System.out.println("temp          :" + Arrays.toString(temp));
        System.out.println("Output Source :" + Arrays.toString(outSrc));
    }
}
```

```
결과  Input Source  :[0, 1, 2, 3, 4, 5, 6, 7, 8, 9]
      temp          :[0, 1, 2, 3, 4, 5, 6, 7, 8, 9]
      Output Source :[5, 6, 7, 8, 9]
```

int read(byte[ ] b, int off, int len)와 void write(byte[ ] b, int off, int len)를 이용해서 입출력하는 방법을 보여주는 예제이다. 이전 예제와는 달리 byte배열을 이용해서 한 번에 배열의 크기만큼 읽고 쓸 수 있다. 바구니(배열 temp)를 이용하면 한 번에 더 많은 물건을 옮길수 있는 것과 같다고 이해하면 좋을 것이다.

byte배열 temp의 크기(temp.length)가 10이라서 10 byte를 읽어왔지만 output에 출력할 때는 temp[5]부터 5 byte만 출력하였다.

```java
input.read(temp,0,temp.length); // 읽어 온 데이터를 배열 temp에 담는다.
output.write(temp,5, 5);        // temp[5]부터 5개의 데이터를 write한다.
```

배열을 이용한 입출력은 작업의 효율을 증가시키므로 가능하면 입출력 대상에 따라 알맞은 크기의 배열을 사용하는 것이 좋다.

예제
15-3

```java
import java.io.*;
import java.util.Arrays;

class Ex15_3 {
    public static void main(String[] args) {
        byte[] inSrc  = {0,1,2,3,4,5,6,7,8,9};
        byte[] outSrc = null;
        byte[] temp = new byte[4];     // 이전 예제와 배열의 크기가 다르다.

        ByteArrayInputStream  input  = null;
        ByteArrayOutputStream output = null;

        input  = new ByteArrayInputStream(inSrc);
        output = new ByteArrayOutputStream();

        System.out.println("Input Source  :" + Arrays.toString(inSrc));

        try {
            while(input.available() > 0) {
                input.read(temp);
                output.write(temp);

                outSrc = output.toByteArray();
                printArrays(temp, outSrc);
            }
        } catch(IOException e) {}
    } // main의 끝

    static void printArrays(byte[] temp, byte[] outSrc) {
        System.out.println("temp          :" +Arrays.toString(temp));
        System.out.println("Output Source :" +Arrays.toString(outSrc));
    }
}
```

결
과
```
Input Source  :[0, 1, 2, 3, 4, 5, 6, 7, 8, 9]
temp          :[0, 1, 2, 3]
Output Source :[0, 1, 2, 3]
temp          :[4, 5, 6, 7]
Output Source :[0, 1, 2, 3, 4, 5, 6, 7]
temp          :[8, 9, 6, 7]
Output Source :[0, 1, 2, 3, 4, 5, 6, 7, 8, 9, 6, 7]
```

read( )나 write( )이 IOException을 발생시킬 수 있기 때문에 try-catch문으로 감싸주었다. 그리고 available( )은 블락킹(blocking)없이 읽어 올 수 있는 바이트의 수를 반환한다.

아마도 예상과 다른 결과가 나왔을 텐데 그 이유는 마지막에 읽은 배열의 9번째와 10번째 요소값인 8과 9만을 출력해야하는데 temp에 남아 있던 6, 7까지 출력했기 때문이다.

temp에 담긴 내용을 지우고 쓰는 것이 아니라 보다 나은 성능을 위해서 그냥 기존의 내용 위에 덮어 쓴다. 그래서 temp의 내용은 '[4, 5, 6, 7]'이었는데, 8과 9를 읽고 난 후에는 '[8, 9, 6, 7]'이 된다.

원하는 결과를 얻기 위해서는 아래 왼쪽의 코드를 오른쪽과 같이 수정해야한다. 왼쪽의 코드는 배열의 내용전체를 출력하지만, 오른쪽의 코드는 읽어온 만큼(len)만 출력한다.

```
while(input.available()>0) {
    input.read(temp);
    output.write(temp);
}
```

→

```
while(input.available() > 0) {
    int len = input.read(temp);
    output.write(temp, 0, len);
}
```

참고 | 블락킹이란 데이터를 읽어 올 때 데이터를 기다리기 위해 멈춰있는 것을 뜻한다. 예를 들어 사용자가 데이터를 입력하기 전까지 기다리고 있을 때 블락킹 상태에 있다고 한다.

FileInputStream/FileOutputStream은 파일에 입출력을 하기 위한 스트림이다. 실제 프로그래밍에서 많이 사용되는 스트림 중의 하나이다.

생성자	설 명
FileInputStream(String name)	지정된 파일이름(name)을 가진 실제 파일과 연결된 FileInputStream을 생성한다.
FileInputStream(File file)	파일의 이름이 String이 아닌 File인스턴스로 지정해주어야 하는 점을 제외하고 FileInputStream(String name)와 같다.
FileInputStream(FileDescriptor fdObj)	파일 디스크립터(fdObj)로 FileInputStream을 생성한다.

생성자	설 명
FileOutputStream(String name)	지정된 파일이름(name)을 가진 실제 파일과 연결된 FileOutputStream을 생성한다.
FileOutputStream(String name, boolean append)	지정된 파일이름(name)을 가진 실제 파일과 연결된 FileOutputStream을 생성한다. 두번째 인자인 append를 true로 하면, 출력 시 기존의 파일내용의 마지막에 덧붙인다. false면, 기존의 파일내용을 덮어쓰게 된다.
FileOutputStream(File file)	파일의 이름을 String이 아닌 File인스턴스로 지정해주어야 하는 점을 제외하고 FileOutputStream(String name)과 같다.
FileOutputStream(File file, boolean append)	파일의 이름을 String이 아닌 File인스턴스로 지정해주어야 하는 점을 제외하고 FileOutputStream(String name, boolean append)과 같다.
FileOutputStream(FileDescriptor fdObj)	파일 디스크립터(fdObj)로 FileOutputStream을 생성한다.

예제
15-4

```java
import java.io.*;

class FileViewer {
    public static void main(String args[]) throws IOException{
        FileInputStream fis = new FileInputStream(args[0]);
//      이클립스에서는 윗 줄 대신 아래 줄 입력하고 Run(ctrl+F11)으로 실행
//      FileInputStream fis = new FileInputStream(".\\src\\FileViewer.java");

        int data = 0;

        while((data=fis.read())!=-1) {
            char c = (char)data;
            System.out.print(c);
        }
    }
}
```

결과

```
C:\jdk1.8\work\ch15>java FileViewer FileViewer.java
import java.io.*;

class FileViewer {
        public static void main(String args[]) throws IOException{
                FileInputStream fis = new FileInputStream(args[0]);

                int data = 0;

                while((data=fis.read())!=-1) {
                        char c = (char)data;
                        System.out.print(c);
                }
        }
}
```

커맨드라인으로부터 입력받은 파일의 내용을 읽어서 그대로 화면에 출력하는 간단한 예제이다. read( )의 반환값이 int형(4 byte)이긴 하지만, 더 이상 입력값이 없음을 알리는 −1을 제외하고는 0~255(1 byte)범위의 정수값이기 때문에, char형(2 byte)으로 변환한다 해도 손실되는 값은 없다.

read( )가 한 번에 1 byte씩 파일로부터 데이터를 읽어 들이긴 하지만, 데이터의 범위가 십진수로 0~255(16진수로 0x00~0xff)범위의 정수값이고, 또 읽을 수 있는 입력값이 더 이상 없음을 알릴 수 있는 값(−1)도 필요하다. 그래서 다소 크긴 하지만 정수형 중에서는 연산이 가장 효율적이고 빠른 int형 값을 반환하도록 한 것이다.

예제
15-5

```java
import java.io.*;

class FileCopy {
    public static void main(String args[]) {
        try {
            FileInputStream  fis = new FileInputStream(args[0]);
            FileOutputStream fos = new FileOutputStream(args[1]);

            int data =0;
            while((data=fis.read())!=-1)
                fos.write(data);              // void write(int b)

            fis.close();
            fos.close();
        } catch (IOException e) {
            e.printStackTrace();
        }
    }
}
```

결과
```
C:\jdk1.8\work\ch15>java FileCopy FileCopy.java FileCopy.bak

C:\jdk1.8\work\ch15>type FileCopy.bak
import java.io.*;

class FileCopy {
    public static void main(String args[]) {
        try {
                FileInputStream  fis  = new FileInputStream(args[0]);
... 중간 생략 ...
}

C:\jdk1.8\work\ch15>
```

FileInputStream과 FileOutputStream을 사용해서 FileCopy.java파일의 내용을 그대로 FileCopy.bak로 복사하는 일을 한다.

단순히 FileCopy.java의 내용을 read( )로 읽어서, write(int b)로 FileCopy.bak에 출력한다. 이처럼 텍스트파일을 다루는 경우에는 FileInputStream/FileOutputStream보다 문자기반의 스트림인 FileReader/FileWriter를 사용하는 것이 더 좋다.

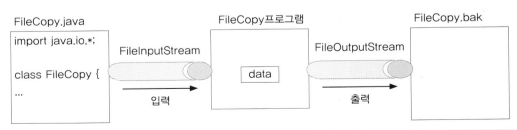

참고 : 만일 이 예제가 생성하는 'FileCopy.bak' 파일이 이클립스에서 보이지 않는다면, Package Explorer를 클릭하고 키보드에서 F5를 누르면 나타날 것이다.

FilterInputStream/FilterOutputStream은 InputStream/OutputStream의 자손이면서 모든 보조 스트림의 조상이다. 보조 스트림은 자체적으로 입출력을 수행할 수 없기 때문에 기반 스트림을 필요로 한다. 다음은 FilterInputStream/FilterOutputStream의 생성자다.

> **protected**　FilterInputStream(InputStream in)
> **public**　　　FilterOutputStream(OutputStream out)

FilterInputStream/FilterOutputStream의 모든 메서드는 단순히 기반 스트림의 메서드를 그대로 호출할 뿐이다. FilterInputStream/FilterOutputStream자체로는 아무런 일도 하지 않음을 의미한다. FilterInputStream/FilterOutputStream은 상속을 통해 원하는 작업을 수행하도록 읽고 쓰는 메서드를 오버라이딩해야 한다.

```java
public class FilterInputStream extends InputStream {
    protected volatile InputStream in;

    protected FilterInputStream(InputStream in) {
        this.in = in;
    }

    public int read() throws IOException {
        return in.read();
    }
    ...
}
```

생성자 FilterInputStream(InputStream in)는 접근 제어자가 protected이기 때문에 Filter InputStream의 인스턴스를 생성해서 사용할 수 없고 상속을 통해서 오버라이딩되어야 한다.

FilterInputStream/FilterOutputStream을 상속받아서 기반스트림에 보조기능을 추가한 보조스트림 클래스는 다음과 같다.

> **FilterInputStream의 자손** BufferedInputStream, DataInputStream, PushbackInputStream 등
> **FilterOutputStream의 자손** BufferedOutputStream, DataOutputStream, PrintStream 등

BufferedInputStream/BufferedOutputStream은 스트림의 입출력 효율을 높이기 위해 버퍼를 사용하는 보조스트림이다. 한 바이트씩 입출력하는 것 보다는 버퍼(바이트배열)를 이용해서 한 번에 여러 바이트를 입출력하는 것이 빠르기 때문에 대부분의 입출력 작업에 사용된다.

생성자	설 명
BufferedInputStream(InputStream in, int size)	주어진 InputStream인스턴스를 입력소스(input source)로하며 지정된 크기(byte단위)의 버퍼를 갖는 BufferedInputStream인스턴스를 생성한다.
BufferedInputStream(InputStream in)	주어진 InputStream인스턴스를 입력소스(input source)로하며 버퍼의 크기를 지정해주지 않으므로 기본적으로 8192 byte 크기의 버퍼를 갖게 된다.

BufferedInputStream의 버퍼크기는 입력소스로부터 한 번에 가져올 수 있는 데이터의 크기로 지정하면 좋다. 보통 입력소스가 파일인 경우 size의 값을 8192로 하는 것이 보통이며, 버퍼의 크기를 변경해가면서 테스트하면 최적의 버퍼크기를 알아낼 수 있다.

　프로그램에서 입력소스로부터 데이터를 읽기 위해 처음으로 read메서드를 호출하면, BufferedInputStream은 입력소스로부터 버퍼 크기만큼의 데이터를 읽어다 자신의 내부 버퍼에 저장한다. 이제 프로그램에서는 BufferedInputStream의 버퍼에 저장된 데이터를 읽으면 되는 것이다. 외부의 입력소스로부터 읽는 것보다 내부의 버퍼로부터 읽는 것이 훨씬 빠르기 때문에 그만큼 작업 효율이 높아진다.

　프로그램에서 버퍼에 저장된 모든 데이터를 다 읽고 그 다음 데이터를 읽기위해 read메서드가 호출되면, BufferedInputStream은 입력소스로부터 다시 버퍼크기 만큼의 데이터를 읽어다 버퍼에 저장해 놓는다. 이와 같은 작업이 계속해서 반복된다.

15 BufferedOutputStream

메서드 / 생성자	설 명
BufferedOutputStream(OutputStream out, int size)	주어진 OutputStream인스턴스를 출력소스(output source)로하며 지정된 크기(단위byte)의 버퍼를 갖는 BufferedOutputStream인스턴스를 생성한다.
BufferedOutputStream(OutputStream out)	주어진 OutputStream인스턴스를 출력소스(output source)로하며 버퍼의 크기를 지정해주지 않으므로 기본적으로 8192 byte 크기의 버퍼를 갖게 된다.
flush( )	버퍼의 모든 내용을 출력소스에 출력한 다음, 버퍼를 비운다.
close( )	flush( )를 호출해서 버퍼의 모든 내용을 출력소스에 출력하고, BufferedOutputStream인스턴스가 사용하던 모든 자원을 반환한다.

BufferedOutputStream 역시 버퍼를 이용해서 출력소스와 작업을 하게 되는데, 입력소스로부터 데이터를 읽을 때와는 반대로, 프로그램에서 write메서드를 이용한 출력이 Buffered OutputStream의 버퍼에 저장된다. 버퍼가 가득 차면, 그 때 버퍼의 모든 내용을 출력소스에 출력한다. 그리고는 버퍼를 비우고 다시 프로그램으로부터의 출력을 저장할 준비를 한다.

버퍼가 가득 찼을 때만 출력소스에 출력을 하기 때문에, 마지막 출력부분이 출력소스에 쓰이지 못하고 BufferedOutputStream의 버퍼에 남아있는 채로 프로그램이 종료될 수 있다는 점을 주의해야한다.

그래서 프로그램에서 모든 출력작업을 마친 후 BufferedOutputStream에 close( )나 flush( )를 호출해서 마지막에 버퍼에 있는 모든 내용이 출력소스에 출력되도록 해야 한다.

 참고 BufferedOutputStream의 close( )는 flush( )를 호출하여 버퍼의 내용을 출력스트림에 쓰도록 한 후, Buffered OutputStream인스턴스의 참조변수에 null을 지정함으로써 사용하던 자원들이 반환되게 한다.

```
import java.io.*;

class Ex15_6 {
    public static void main(String args[]) {
        try {
            FileOutputStream fos = new FileOutputStream("123.txt");
            // BufferedOutputStream의 버퍼 크기를 5로 한다.
            BufferedOutputStream bos = new BufferedOutputStream(fos, 5);
            // 파일 123.txt에   1 부터 9까지 출력한다.
            for(int i='1'; i <= '9'; i++) {
                bos.write(i);
            }

            fos.close();  // FileOutputStream을 닫는다
        } catch (IOException e) {
            e.printStackTrace();
        }
    }
}
```

예제
15-6

결과

```
C:\jdk1.8\work\ch15>java Ex15_6

C:\jdk1.8\work\ch15>type 123.txt
12345
```

크기가 5인 BufferedOutputStream을 이용해서 파일 123.txt에 1부터 9까지 출력하는 예제인데 결과를 보면 5까지만 출력된 것을 알 수 있다. 그 이유는 버퍼에 남아있는 데이터가 출력되지 못한 상태로 프로그램이 종료되었기 때문이다.

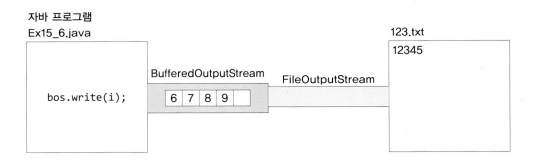

이 예제에서 fos.close()를 호출해서 스트림을 닫아주기는 했지만, 이렇게 해서는 BufferedOutputStream의 버퍼에 있는 내용이 출력되지 않는다. bos.close();로 BufferedOutputStream의 close()를 호출해 주어야 버퍼에 남아있던 모든 내용이 출력된다. BufferedOutputStream의 close()는 기반 스트림인 FileOutputStream의 close()를 호출하기 때문에 FileOutputStream의 close()는 따로 호출해주지 않아도 된다.

아래의 코드는 BufferedOutputStream의 조상인 FilterOutputStream의 소스코드인데 FilterOutputStream에 정의된 close()는 flush()를 호출한 다음에 기반스트림의 close()를 호출하는 것을 알 수 있다. BufferedOutputStream는 FilterOutputStream의 close()를 오버라이딩 없이 그대로 상속받는다.

```java
public class FilterOutputStream extends OutputStream {
    protected OutputStream out;

    public FilterOutputStream(OutputStream out) {
        this.out = out;
    }
      ...
    public void close() throws IOException {
        try {
            flush();
        } catch (IOException ignored) {}
        out.close(); // 기반 스트림의 close()를 호출한다.
    }
}
```

이처럼 보조 스트림을 사용한 경우에는 기반 스트림의 close()나 flush()를 호출할 필요없이 단순히 보조 스트림의 close()를 호출하기만 하면 된다.

만일 이 예제가 생성하는 '123.txt' 파일이 이클립스에서 보이지 않는다면, Package Explorer를 클릭하고 키보드에서 F5를 누르면 나타날 것이다.

SequenceInputStream은 여러 개의 입력스트림을 연속적으로 연결해서 하나의 스트림으로부터 데이터를 읽는 것과 같이 처리할 수 있도록 도와준다. SequenceInputStream의 생성자를 제외하고 나머지 작업은 다른 입력스트림과 다르지 않다. 큰 파일을 여러 개의 작은 파일로 나누었다가 하나의 파일로 합치는 것과 같은 작업을 수행할 때 사용하면 좋을 것이다.

> **참고** SequenceInputStream은 다른 보조 스트림들과는 달리 FilterInputStream의 자손이 아닌 InputStream을 바로 상속받아서 구현하였다.

생성자	설 명
SequenceInputStream(Enumeration e)	Enumeration에 저장된 순서대로 입력스트림을 하나의 스트림으로 연결한다.
SequenceInputStream(InputStream s1, InputStream s2)	두 개의 입력스트림 s1, s2를 하나로 연결한다.

위 생성자들을 사용하는 방법은 다음과 같다.

```
[사용 예 1]
Vector files = new Vector();
files.add(new FileInputStream("file.001"));
files.add(new FileInputStream("file.002"));
SequenceInputStream in = new SequenceInputStream(files.elements());

[사용 예 2]
FileInputStream  file1 = new FileInputStream("file.001");
FileInputStream  file2 = new FileInputStream("file.002");
SequenceInputStream in = new SequenceInputStream(file1, file2)
```

18 **SequenceInputStream 예제**

```java
import java.io.*;
import java.util.*;

class Ex15_7 {
    public static void main(String[] args) {
        byte[] arr1 = {0,1,2};
        byte[] arr2 = {3,4,5};
        byte[] arr3 = {6,7,8};
        byte[] outSrc = null;

        Vector v = new Vector();
        v.add(new ByteArrayInputStream(arr1));
        v.add(new ByteArrayInputStream(arr2));
        v.add(new ByteArrayInputStream(arr3));

        SequenceInputStream   input  = new SequenceInputStream(v.elements());
        ByteArrayOutputStream output = new ByteArrayOutputStream();

        int data = 0;

        try {
            while((data = input.read())!=-1) {
                output.write(data);     // void write(int b)
            }
        } catch(IOException e) {}

        outSrc = output.toByteArray();

        System.out.println("Input Source1  :" + Arrays.toString(arr1));
        System.out.println("Input Source2  :" + Arrays.toString(arr2));
        System.out.println("Input Source3  :" + Arrays.toString(arr3));
        System.out.println("Output Source  :" + Arrays.toString(outSrc));
    }
}
```

결
과
```
Input Source1  :[0, 1, 2]
Input Source2  :[3, 4, 5]
Input Source3  :[6, 7, 8]
Output Source  :[0, 1, 2, 3, 4, 5, 6, 7, 8]
```

3개의 ByteArrayInputStream을 Vector와 SequenceInputStream을 이용해서 하나의 입력
스트림처럼 다룰 수 있다. Vector에 저장된 순서대로 입력되므로 순서에 주의하도록 하자.

PrintStream은 데이터를 기반스트림에 다양한 형태로 출력할 수 있는 print, println, printf 와 같은 메서드를 오버로딩하여 제공한다.

　PrintStream은 데이터를 적절한 문자로 출력하는 것이기 때문에 문자기반 스트림의 역할을 수행한다. 그래서 JDK1.1에서 부터 PrintStream보다 향상된 기능의 문자기반 스트림인 PrintWriter가 추가되었으나 그 동안 매우 빈번히 사용되던 System.out이 PrintStream이다 보니 둘 다 사용할 수밖에 없게 되었다.

　PrintStream과 PrintWriter는 거의 같은 기능을 가지고 있지만 PrintWriter가 PrintStream에 비해 다양한 언어의 문자를 처리하는데 적합하기 때문에 가능하면 PrintWriter를 사용하는 것이 좋다.

생성자 / 메서드	설 명
PrintStream(File file) PrintStream(File file, String csn) PrintStream(OutputStream out) PrintStream(OutputStream out, 　　　　　　　　boolean autoFlush) PrintStream(OutputStream out, 　　boolean autoFlush, String encoding) PrintStream(String fileName) PrintStream(String fileName, String csn)	지정된 출력스트림을 기반으로 하는 PrintStream인 스턴스를 생성한다. autoFlush의 값을 true로 하면 println메서드가 호출되거나 개행문자가 출력될 때 자동으로 flush된다. 기본값은 false이다.
boolean checkError( )	스트림을 flush하고 에러가 발생했는지를 알려 준다.
void print(boolean b)　void println(boolean b) void print(char c)　　void println(char c) void print(char[ ] c)　void println(char[ ] c) void print(double d)　void println(double d) void print(float f)　　void println(float f) void print(int i)　　　void println(int l) void print(long l)　　void println(long l) void print(Object o)　void println(Object o) void print(String s)　void println(String s)	인자로 주어진 값을 출력소스에 문자로 출력한다. println메서드는 출력 후 줄바꿈을 하고, print메서드는 줄을 바꾸지 않는다.
void println( )	줄바꿈 문자(line separator)를 출력함으로써 줄을 바꾼다.
PrintStream printf(String format, Object... args)	정형화된(formatted) 출력을 가능하게 한다.
protected void setError( )	작업 중에 오류가 발생했음을 알린다. (setError( )를 호출한 후에, checkError( )를 호출하면 true를 반환한다.)

20 **문자 기반 스트림 – Reader**

바이트기반 스트림의 조상이 InputStream/OutputStream인 것과 같이 문자기반의 스트림에서는 Reader/Writer가 그와 같은 역할을 한다. 다음은 Reader/Writer의 메서드인데 byte 배열 대신 char배열을 사용한다는 것 외에는 InputStream/OutputStream의 메서드와 다르지 않다.

메서드	설 명
abstract void close( )	입력스트림을 닫음으로써 사용하고 있던 자원을 반환한다.
void mark(int readlimit)	현재위치를 표시해놓는다. 후에 reset( )에 의해서 표시해 놓은 위치로 다시 돌아갈 수 있다.
boolean markSupported( )	mark( )와 reset( )을 지원하는지를 알려 준다.
int read( )	입력소스로부터 하나의 문자를 읽어 온다. char의 범위인 0~65535의 정수를 반환하며, 입력스트림의 마지막 데이터에 도달하면, –1을 반환한다.
int read(char[ ] c)	입력소스로부터 매개변수로 주어진 배열 c의 크기만큼 읽어서 배열 c에 저장한다. 읽어 온 데이터의 개수 또는 –1을 반환한다.
abstract int read(char[ ] c, int off, int len)	입력소스로부터 최대 len개의 문자를 읽어서 , 배열 c의 지정된 위치(off)부터 읽은 만큼 저장한다. 읽어 온 데이터의 개수 또는 –1을 반환한다.
int read(CharBuffer target)	입력소스로부터 읽어서 문자버퍼(target)에 저장한다.
boolean ready( )	입력소스로부터 데이터를 읽을 준비가 되어있는지 알려 준다.
void reset( )	입력소스에서의 위치를 마지막으로 mark( )가 호출되었던 위치로 되돌린다.
long skip(long n)	현재 위치에서 주어진 문자 수(n)만큼을 건너뛴다.

메서드	설 명
Writer append(char c)	지정된 문자를 출력소스에 출력한다.
Writer append(CharSequence c)	지정된 문자열(CharSequence)을 출력소스에 출력한다.
Writer append(CharSequence c, int start, int end)	지정된 문자열(CharSequence)의 일부를 출력소스에 출력 (CharBuffer, String, StringBuffer가 CharSequence를 구현)
abstract void close( )	출력스트림를 닫음으로써 사용하고 있던 자원을 반환한다.
abstract void flush( )	스트림의 버퍼에 있는 모든 내용을 출력소스에 쓴다.(버퍼가 있는 스트림에만 해당됨)
void write(int b)	주어진 값을 출력소스에 쓴다.
void write(char[ ] c)	주어진 배열 c에 저장된 모든 내용을 출력소스에 쓴다.
abstract void write(char[ ] c, int off , int len)	주어진 배열 c에 저장된 내용 중에서 off번째부터 len길이만큼만 출력소스에 쓴다.
void write(String str)	주어진 문자열(str)을 출력소스에 쓴다.
void write(String str, int off, int len)	주어진 문자열(str)의 일부를 출력소스에 쓴다.(off번째 문자부터 len개 만큼의 문자열)

한 가지 더 얘기하고 싶은 것은 문자기반 스트림이라는 것이 단순히 2 byte로 스트림을 처리하는 것만을 의미하지는 않는다는 것이다. 문자 데이터를 다루는데 필요한 또 하나의 정보는 인코딩(encoding)이다.

　문자기반 스트림, 즉 Reader/Writer 그리고 그 자손들은 여러 종류의 인코딩과 자바에서 사용하는 유니코드(UTF-16)간의 변환을 자동적으로 처리해준다. Reader는 특정 인코딩을 읽어서 유니코드로 변환하고 Writer는 유니코드를 특정 인코딩으로 변환하여 저장한다.

FileReader/FileWriter는 파일로부터 텍스트 데이터를 읽고, 파일에 쓰는데 사용된다. 사용방법은 FileInputStream/FileOutputStream과 다르지 않으므로 자세한 내용은 생략한다.

예제
15-8

```java
import java.io.*;

class Ex15_8 {
    public static void main(String args[]) {
        try {
            String fileName = "test.txt";
            FileInputStream fis = new FileInputStream(fileName);
            FileReader fr = new FileReader(fileName);

            int data = 0;
            // FileInputStream을 이용해서 파일내용을 읽어 화면에 출력한다.
            while((data=fis.read())!=-1) {
                System.out.print((char)data);
            }
            System.out.println();
            fis.close();

            // FileReader를 이용해서 파일내용을 읽어 화면에 출력한다.
            while((data=fr.read())!=-1)
                System.out.print((char)data);
            System.out.println();
            fr.close();
        } catch (IOException e) {
            e.printStackTrace();
        }
    } // main
}
```

결과
```
C:\jdk1.8\work\ch15>type test.txt
Hello, 안녕하세요?

C:\jdk1.8\work\ch15>java Ex15_8
Hello, ¾?³???¾¼¿??
Hello, 안녕하세요?
```

이 예제는 바이트기반 스트림인 FileInputStream과 문자기반 스트림인 FileReader의 차이점을 보여 주기 위한 것으로 같은 내용의 파일(test.txt)을 한번은 FileInputStream으로 다른 한번은 FileReader로 읽어서 화면에 출력했다. 결과에서도 알 수 있듯이, FileInputStream을 사용했을 때는 한글이 깨져서 출력되는 것을 알 수 있다.

예제
15-9

```
import java.io.*;

class Ex15_9 {
    public static void main(String args[]) {
        try {
            FileReader fr = new FileReader(args[0]);
            FileWriter fw = new FileWriter(args[1]);

            int data = 0;
            while((data=fr.read())!=-1) {
                if(data!='\t' && data!='\n' && data!=' ' && data !='\r')
                    fw.write(data);
            }

            fr.close();
            fw.close();
        } catch (IOException e) {
            e.printStackTrace();
        }
    } // main
}
```

결과

```
C:\jdk1.8\work\ch15>java FileConversion Ex15_9.java convert.txt

C:\jdk1.8\work\ch15>type convert.txt
importjava.io.*;classEx15_9{publicstaticvoidmain(Stringargs[]){try{FileRea-
derfis=newFileReader(args[0]);FileWriterfos=newFileWriter(args[1]);int-
data=0;while((data=fis.read())!=-1){if(data!='\t'&&data!='\n'&&data!=''&&-
data!='\r')fos.write(data);}fis.close();fos.close();}catch(IOExceptione)
{e.printStackTrace();}}//main}
```

파일의 공백을 모두 없애는 예제인데 입력스트림으로부터 읽은 데이터를 변환해서 출력스트림에 쓰는 작업의 예를 보여 주기 위한 것이다. 간단한 예제이므로 이해하는데 어려움이 없을 것이다.

 만일 이 예제가 생성하는 'convert.txt' 파일이 이클립스에서 보이지 않는다면, Package Explorer를 클릭하고 키보드에서 F5를 누르면 나타날 것이다.

StringReader/StringWriter는 CharArrayReader/CharArrayWriter와 같이 입출력 대상이 메모리인 스트림이다. StringWriter에 출력되는 데이터는 내부의 StringBuffer에 저장되며 StringWriter의 다음과 같은 메서드를 이용해서 저장된 데이터를 얻을 수 있다.

> **StringBuffer getBuffer( )** StringWriter에 출력한 데이터가 저장된 StringBuffer를 반환한다.
> **String   toString( )** StringWriter에 출력된 (StringBuffer에 저장된) 문자열을 반환한다.

근본적으로 String도 char배열이지만, 아무래도 char배열보다는 String으로 처리하는 것이 여러모로 편리한 경우가 더 많을 것이다.

예제
15-10

```java
import java.io.*;

class Ex15_10 {
    public static void main(String[] args) {
        String inputData = "ABCD";
        StringReader input  = new StringReader(inputData);
        StringWriter output = new StringWriter();

        int data = 0;

        try {
            while((data = input.read())!=-1) {
                output.write(data);     // void write(int b)
            }
        } catch(IOException e) {}

        System.out.println("Input Data  :" + inputData);
        System.out.println("Output Data :" + output.toString());
    }
}
```

결과
```
Input Data  :ABCD
Output Data :ABCD
```

BufferedReader/BufferedWriter는 버퍼를 이용해서 입출력의 효율을 높일 수 있도록 해주는 역할을 한다. 버퍼를 이용하면 입출력의 효율이 비교할 수 없을 정도로 좋아지기 때문에 사용하는 것이 좋다.

　BufferedReader의 readLine( )을 사용하면 데이터를 라인단위로 읽을 수 있고 Buffered Writer는 newLine( )이라는 줄바꿈 해주는 메서드를 가지고 있다.

예제
15-11

```java
import java.io.*;

class Ex15_11 {
    public static void main(String[] args) {
        try {
            FileReader fr = new FileReader("Ex15_11.java");
// 이클립스에서는 윗 줄 대신 아래 줄 입력
//          FileReader fr = new FileReader(".\\src\\Ex15_11.java");
            BufferedReader br = new BufferedReader(fr);

            String line = "";
            for(int i=1;(line = br.readLine())!=null;i++) {
                //   ";"를 포함한 라인을 출력한다.
                if(line.indexOf(";")!=-1)
                    System.out.println(i+":"+line);
            }

            br.close();
        } catch(IOException e) {}
    } // main
}
```

결과
```
 1:import java.io.*;
 6:            FileReader fr = new FileReader("Ex15_11.java");
 7:            BufferedReader br = new BufferedReader(fr);
 9:            String line = "";
10:            for(int i=1;(line = br.readLine())!=null;i++) {
11:                    //   ";"를 포함한 라인을 출력한다.
12:                    if(line.indexOf(";")!=-1)
13:                        System.out.println(i+":"+line);
16:            br.close();
```

BufferedReader의 readLine( )을 이용해서 파일을 라인단위로 읽은 다음 indexOf( )를 이용해서 ';'를 포함하고 있는지 확인하여 출력하는 예제이다. 파일에서 특정 문자 또는 문자열을 포함한 라인을 쉽게 찾아낼 수 있음을 보여 준다.

InputStreamReader/OutputStreamWriter는 이름에서 알 수 있는 것과 같이 바이트기반 스트림을 문자기반 스트림으로 연결시켜주는 역할을 한다. 그리고 바이트기반 스트림의 데이터를 지정된 인코딩의 문자데이터로 변환하는 작업을 수행한다.

생성자 / 메서드	설 명
InputStreamReader(InputStream in)	OS에서 사용하는 기본 인코딩의 문자로 변환하는 InputStreamReader를 생성한다.
InputStreamReader(InputStream in, String encoding)	지정된 인코딩을 사용하는 InputStreamReader를 생성한다.
String getEncoding( )	InputStreamReader의 인코딩을 알려 준다.

생성자 / 메서드	설 명
OutputStreamWriter(OutputStream in)	OS에서 사용하는 기본 인코딩의 문자로 변환하는 OutputStreamWriter를 생성한다.
OutputStreamWriter(OutputStream in, String encoding)	지정된 인코딩을 사용하는 OutputStreamWriter를 생성한다.
String getEncoding( )	OutputStreamWriter의 인코딩을 알려 준다.

한글 윈도우에서 중국어로 작성된 파일을 읽을 때 InputStreamReader(InputStream in, String encoding)를 이용해서 인코딩이 중국어로 되어 있다는 것을 지정해주어야 파일의 내용이 깨지지 않고 올바르게 보일 것이다. 인코딩을 지정해 주지 않는다면 OS에서 사용하는 인코딩을 사용해서 파일을 해석해서 보여 주기 때문에 원래 작성된 데로 볼 수 없을 것이다.

이와 마찬가지로 OutputStreamWriter를 이용해서 파일에 텍스트데이터를 저장할 때 생성자 OutputStreamWriter(OutputStream in, String encoding)를 이용해서 인코딩을 지정하지 않으면 OS에서 사용하는 인코딩으로 데이터를 저장할 것이다.

```
Properties prop = System.getProperties();
System.out.println(prop.get("sun.jnu.encoding"));
```

예제
15-12

```java
import java.io.*;

class Ex15_12 {
    public static void main(String[] args) {
        String line = "";

        try {
            InputStreamReader isr = new InputStreamReader(System.in);
            BufferedReader br = new BufferedReader(isr);

            System.out.println("사용중인 OS의 인코딩 :" + isr.getEncoding());

            do {
                System.out.print("문장을 입력하세요. 마치시려면 q를 입력하세요.>");
                line = br.readLine();
                System.out.println("입력하신 문장 : "+line);
            } while(!line.equalsIgnoreCase("q"));

//          br.close();    // System.in과 같은 표준입출력은 닫지 않아도 된다.
            System.out.println("프로그램을 종료합니다.");
        } catch(IOException e) {}
    } // main
}
```

```
결  C:\jdk1.8\work\ch15>java Ex15_12
과  사용중인 OS의 인코딩 :MS949
   문장을 입력하세요. 마치시려면 q를 입력하세요.>asdf
   입력하신 문장 : asdf
   문장을 입력하세요. 마치시려면 q를 입력하세요.>hello
   입력하신 문장 : hello
   문장을 입력하세요. 마치시려면 q를 입력하세요.>q
   입력하신 문장 : q
   프로그램을 종료합니다.
```

BuffredReader의 readLine( )을 이용해서 사용자의 화면입력을 라인단위로 입력받으면 편리하다. 그래서 BufferedReader와 InputStream인 System.in을 연결하기 위해 Input StreamReader를 사용하였다. JDK1.5부터는 Scanner가 추가되어 이와 같은 방식을 사용하지 않아도 간단하게 처리가 가능하다.

그리고 현재 사용 중인 OS의 인코딩을 확인하려면 생성자 InputStreamReader(Input Stream in)를 사용해서 InputStreamReader의 인스턴스를 생성한 다음, getEncoding( )을 호출하면 된다.

한글 윈도우즈에서 사용하는 인코딩의 종류는 MS949이며, 이 예제를 실행하는 OS의 종류에 따라 인코딩이 다를 수 있다.

표준 입출력은 콘솔(console, 도스창)을 통한 데이터 입력과 콘솔로의 데이터 출력을 의미한다. 자바에서는 표준 입출력(standard I/O)을 위해 3가지 입출력 스트림, System.in, System.out, System.err을 제공하는데, 이 들은 자바 어플리케이션의 실행과 동시에 사용할 수 있게 자동적으로 생성되기 때문에 개발자가 별도로 스트림을 생성하는 코드를 작성하지 않고도 사용이 가능하다.

자바를 처음 시작할 때부터 지금까지 줄 곧 사용해온 System.out을 스트림의 생성없이 사용할 수 있었던 것이 바로 이러한 이유 때문이다.

> **System.in** 콘솔로부터 데이터를 입력받는데 사용(표준 출력)
>
> **System.out** 콘솔로 데이터를 출력하는데 사용(표준 입력)
>
> **System.err** 콘솔로 데이터를 출력하는데 사용(표준 입력)

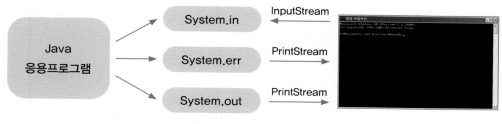

▲ 그림 15-1 자바에서의 표준입출력

System클래스의 소스에서 알 수 있듯이 in, out, err은 System클래스에 선언된 클래스변수(static변수)이다. 선언부분만을 봐서는 out, err, in의 타입은 InputStream과 PrintStream이지만 실제로는 버퍼를 이용하는 BufferedInputStream과 BufferedOutputStream의 인스턴스를 사용한다.

```
public final class System {
    public final static InputStream in = nullInputStream();
    public final static PrintStream out = nullPrintStream();
    public final static PrintStream err = nullPrintStream();
        ...
}
```

초기에는 System.in, System.out, System.err의 입출력대상이 콘솔 화면이지만, setIn( ), setOut( ), setErr( )를 사용하면 입출력을 콘솔 이외에 다른 입출력 대상으로 변경하는 것이 가능하다.

메서드	설 명
static void **setOut**(PrintStream out)	System.out의 출력을 지정된 PrintStream으로 변경
static void **setErr**(PrintStream err)	System.err의 출력을 지정한 PrintStream으로 변경
static void **setIn**(InputStream in)	System.in의 입력을 지정한 InputStream으로 변경

> 참고 │ JDK1.5부터 java.util.Scanner클래스가 제공되면서 System.in으로 부터 데이터를 입력받아 작업하는 것이 편리해 졌다.

예제 15-13

```java
class Ex15_13 {
    public static void main(String[] args) {
        System.out.println("out : Hello World!");
        System.err.println("err : Hello World!");
    }
}
```

결과
```
out : Hello World!
err : Hello World!
```

System.out, System.err 모두 출력대상이 콘솔이기 때문에 System.out대신 System.err을 사용해도 같은 결과를 얻는다.

예제
15-14

```java
import java.io.*;

class Ex15_14 {
    public static void main(String[] args) {
        PrintStream      ps  = null;
        FileOutputStream fos = null;

        try {
            fos = new FileOutputStream("test.txt");
            ps  = new PrintStream(fos);
            System.setOut(ps);     // System.out의 출력대상을 test.txt파일로 변경
        } catch(FileNotFoundException e) {
            System.err.println("File not found.");
        }

        System.out.println("Hello by System.out");
        System.err.println("Hello by System.err");
    }
}
```

결
과
```
C:\jdk1.8\work\ch15>java Ex15_14
Hello by System.err

C:\jdk1.8\work\ch15>type test.txt
Hello by System.out

C:\jdk1.8\work\ch15>
```

System.out의 출력소스를 test.txt파일로 변경하였기 때문에 System.out을 이용한 출력은 모두 test.txt파일에 저장된다. 그래서 실행결과에는 System.err를 이용한 출력만 나타난다.

참고 ┆ 만일 이 예제가 생성하는 'test.txt' 파일이 이클립스에서 보이지 않는다면, Package Explorer를 클릭하고 키보드에서 F5를 누르면 나타날 것이다.

파일은 기본적이면서도 가장 많이 사용되는 입출력 대상이기 때문에 중요하다. 그래서 관련된 기본적인 내용뿐 만 아니라 다양한 활용예제들을 실었다. 이 들을 응용해서 다양한 예제들을 만들어 보면 실력향상에 많은 도움이 될 것이다.

자바에서는 File클래스를 통해서 파일과 디렉토리를 다룰 수 있도록 하고 있다. 그래서 File 인스턴스는 파일 일 수도 있고 디렉토리일 수도 있다. 앞으로 File클래스의 생성자와 메서드를 관련된 것들끼리 나누어서 예제와 함께 설명하고자 한다.

먼저 File의 생성자와 경로에 관련된 메서드를 알아보자.

생성자 / 메서드	설 명
File(String fileName)	주어진 문자열(fileName)을 이름으로 갖는 파일을 위한 File인스턴스를 생성한다. 파일 뿐만 아니라 디렉토리도 같은 방법으로 다룬다. 여기서 fileName은 주로 경로(path)를 포함해서 지정해주지만, 파일 이름만 사용해도 되는 데 이 경우 프로그램이 실행되는 위치가 경로(path)로 간주된다.
File(String pathName, String fileName) File(File pathName, String fileName)	파일의 경로와 이름을 따로 분리해서 지정할 수 있게 한 생성자. 이 중 두 번째 것은 경로를 문자열이 아닌 File인스턴스인 경우를 위해서 제공된 것이다.
File(URI uri)	지정된 uri로 파일을 생성
String getName( )	파일이름을 String으로 반환
String getPath( )	파일의 경로(path)를 String으로 반환
String getAbsolutePath( ) File getAbsoluteFile( )	파일의 절대경로를 String으로 반환 파일의 절대경로를 File로 반환
String getParent( ) File getParentFile( )	파일의 조상 디렉토리를 String으로 반환 파일의 조상 디렉토리를 File로 반환
String getCanonicalPath( ) File getCanonicalFile( )	파일의 정규경로를 String으로 반환 파일의 정규경로를 File로 반환

멤버변수	설 명
static String pathSeparator	OS에서 사용하는 경로(path) 구분자. 윈도우 ";", 유닉스 ":"
static char pathSeparatorChar	OS에서 사용하는 경로(path) 구분자. 윈도우에서는 ';', 유닉스 ':'
static String separator	OS에서 사용하는 이름 구분자. 윈도우 "₩", 유닉스 "/"
static char separatorChar	OS에서 사용하는 이름 구분자. 윈도우 '₩', 유닉스 '/'

예제
15-15

```java
import java.io.*;

class Ex15_15 {
    public static void main(String[] args) throws IOException {
        File f = new File("c:\\jdk1.8\\work\\ch15\\Ex15_15.java");
        String fileName = f.getName();
        int pos = fileName.lastIndexOf(".");

        System.out.println("경로를 제외한 파일이름 - " + f.getName());
        System.out.println("확장자를 제외한 파일이름 - "+ fileName.substring(0,pos));
        System.out.println("확장자 - " + fileName.substring(pos+1));

        System.out.println("경로를 포함한 파일이름    - " + f.getPath());
        System.out.println("파일의 절대경로          - " + f.getAbsolutePath());
        System.out.println("파일의 정규경로          - " + f.getCanonicalPath());
        System.out.println("파일이 속해 있는 디렉토리 - " + f.getParent());
        System.out.println();
        System.out.println("File.pathSeparator - " + File.pathSeparator);
        System.out.println("File.pathSeparatorChar - "
                                            + File.pathSeparatorChar);
        System.out.println("File.separator - " + File.separator);
        System.out.println("File.separatorChar - " + File.separatorChar);
        System.out.println();
        System.out.println("user.dir="+System.getProperty("user.dir"));
        System.out.println("sun.boot.class.path="
                        + System.getProperty("sun.boot.class.path"));
    }
}
```

결과

```
경로를 제외한 파일이름 - Ex15_15.java
확장자를 제외한 파일이름 - Ex15_15
확장자 - java
경로를 포함한 파일이름    - C:\jdk1.8\work\ch15\Ex15_15.java
파일의 절대경로          - C:\jdk1.8\work\ch15\Ex15_15.java
파일의 정규경로          - C:\jdk1.8\work\ch15\Ex15_15.java
파일이 속해 있는 디렉토리 - C:\jdk1.8\work\ch15

File.pathSeparator - ;
File.pathSeparatorChar - ;
File.separator - \
File.separatorChar - \

user.dir=C:\jdk1.8\work\ch15
sun.boot.class.path=C:\jdk1.8\jre\lib\resources.jar;C:\jdk1.8\jre\lib\rt.
jar;C:\jdk1.8\jre\lib\sunrsasign.jar;C:\jdk1.8\jre\lib\jsse.jar;C:\jdk1.8\
jre\lib\jce.jar;C:\jdk1.8\jre\lib\charsets.jar;C:\jdk1.8\jre\lib\jfr.jar;C:\jd-
k1.8\jre\classes
```

File인스턴스를 생성하고 메서드를 이용해서 파일의 경로와 구분자 등의 정보를 출력하는 예제이다. 결과를 보면 어떤 결과를 얻기 위해서는 어떤 메서드를 사용해야하는지 감이 잡힐 것이다.

절대경로(absolute path)는 파일시스템의 루트(root)로부터 시작하는 파일의 전체 경로를 의미한다. OS에 따라 다르지만, 하나의 파일에 대해 둘 이상의 절대경로가 존재할 수 있다. 현재 디렉토리를 의미하는 '.'와 같은 기호나 링크를 포함하고 있는 경우가 이에 해당한다. 그러나 정규경로(canonical path)는 기호나 링크 등을 포함하지 않는 유일한 경로를 의미한다.

예를 들어 'C:\jdk1.8\work\ch15\Ex15_15.java'의 또 다른 절대경로는 'C:\jdk1.8\work\ch15\.\Ex15_15.java'가 있지만, 정규경로는 'C:\jdk1.8\work\ch15\Ex15_15.java' 단 하나 뿐이다.

시스템속성 중에서 user.dir의 값을 확인하면 현재 프로그램이 실행 중인 디렉토리를 알 수 있다. 그리고 우리가 OS의 시스템변수로 설정하는 classpath외에 sun.boot.class.path라는 시스템속성에 기본적인 classpath가 있어서 기본적인 경로들은 이미 설정되어 있다. 그래서 처음에 JDK설치 후 classpath를 따로 지정해주지 않아도 되는 것이다. 이 속성은 JDK1.2이후부터 추가된 것이라 그 이전의 버전에서는 rt.jar와 같은 파일을 classpath에 지정해주어야 했다.

예제에서 사용된 'File f = new File("c:\\jdk1.8\\work\\ch15\\Ex15_15.java");'대신 다른 생성자를 사용해서 File인스턴스를 생성할 수 있다.

```
File f = new File("c:\\jdk1.8\\work\\ch15", "Ex15_15.java");
             또는
File dir = new File("c:\\jdk1.8\\work\\ch15");
File f = new File(dir, "Ex15_15.java");
```

한 가지 더 알아두어야 할 것은 File인스턴스를 생성했다고 해서 파일이나 디렉토리가 생성되는 것은 아니라는 것이다. 파일명이나 디렉토리명으로 지정된 문자열이 유효하지 않더라도 컴파일 에러나 예외를 발생시키지 않는다.

새로운 파일을 생성하기 위해서는 File인스턴스를 생성한 다음, 출력스트림을 생성하거나 createNewFile( )을 호출해야한다.

```
1. 이미 존재하는 파일을 참조할 때 :
   File f = new File("c:\\jdk1.8\\work\\ch15", "Ex15_15.java");

2. 기존에 없는 파일을 새로 생성할 때 :
   File f = new File("c:\\jdk1.8\\work\\ch15", "NewFile.java");
   f.createNewFile();       // 새로운 파일이 생성된다.
```

예제
15-16

```java
import java.io.*;

class Ex15_16 {
    public static void main(String[] args) {
        if(args.length != 1) {
            System.out.println("USAGE : java Ex15_16 DIRECTORY");
            System.exit(0);
        }

        File f = new File(args[0]);

        if(!f.exists() || !f.isDirectory()) {
            System.out.println("유효하지 않은 디렉토리입니다.");
            System.exit(0);
        }

        File[] files = f.listFiles();

        for(int i=0; i < files.length; i++) {
            String fileName = files[i].getName();
            System.out.println(
                    files[i].isDirectory() ? "["+fileName+"]" : fileName);
        }
    } // main
}
```

결과
```
C:\jdk1.8\work\ch15>java Ex15_16
USAGE : java Ex15_16 DIRECTORY

C:\jdk1.8\work\ch15>java Ex15_16 work
유효하지 않은 디렉토리입니다.

C:\jdk1.8\work\ch15>java Ex15_16 c:\jdk1.8
[bin]
COPYRIGHT
[db]
[docs]
[include]
[javafx-8u60-apidocs]
javafx-8u60-apidocs.zip
javafx-src.zip
... 중간 생략 ...
release
[src]
src.zip
THIRDPARTYLICENSEREADME-JAVAFX.txt
THIRDPARTYLICENSEREADME.txt
[work]
```

지정한 디렉토리(폴더)에 포함된 파일과 디렉토리의 목록을 보여 주는 예제이다. 간단한 예제
이므로 자세한 설명은 생략한다.

예제
15-17

```
import java.io.*;

class Ex15_17 {
   static int deletedFiles = 0;

   public static void main(String[] args) {
      if(args.length != 1) {
         System.out.println("USAGE : java Ex15_17 Extension");
         System.exit(0);
      }

      String currDir = System.getProperty("user.dir");

      File dir = new File(currDir);
      String ext = "." + args[0];

      delete(dir, ext);
      System.out.println(deletedFiles + "개의 파일이 삭제되었습니다.");
   } // end of main

   public static void delete(File dir, String ext) {
      File[] files = dir.listFiles();

      for(int i=0; i < files.length; i++)
         if(files[i].isDirectory()) {
            delete(files[i], ext);
         } else {
            String filename = files[i].getAbsolutePath();

            if(filename.endsWith(ext)) {
               System.out.print(filename);
               if(files[i].delete()) {
                  System.out.println(" - 삭제 성공");
                  deletedFiles++;
               } else
                  System.out.println(" - 삭제 실패");
            }
         } // if(files[i].isDirectory()) {
   } // end of delete
}
```

결과
```
C:\jdk1.8\work\ch15\temp>java Ex15_17 bak
C:\jdk1.8\work\ch15\temp\Ex15_17.java.bak - 삭제 성공
C:\jdk1.8\work\ch15\temp\temptemp\Ex15_17.java.bak - 삭제 성공
... 중간 생략 ...
4개의 파일이 삭제되었습니다.
```

이 예제 역시 재귀호출을 이용해서 지정된 디렉토리와 하위 디렉토리에 있는 파일 중에서 지정된 확장자를 가진 파일을 delete( )를 호출해서 삭제한다. delete( )는 해당 파일을 삭제하는 데 성공하면 true를 실패하면 false를 반환한다.

```java
import java.io.*;

class Ex15_18 {
    public static void main(String[] args) {
        if (args.length != 1) {
            System.out.println("Usage: java Ex15_18 DIRECTORY");
            System.exit(0);
        }

        File dir = new File(args[0]);

        if(!dir.exists() || !dir.isDirectory()) {
            System.out.println("유효하지 않은 디렉토리입니다.");
            System.exit(0);
        }

        File[] list = dir.listFiles();

        for (int i = 0; i < list.length; i++) {
            String fileName = list[i].getName();
            // 파일명
            String newFileName = "0000" + fileName;
            newFileName = newFileName.substring(newFileName.length() - 7);
            list[i].renameTo(new File(dir, newFileName));
        }
    } // end of main
}
```

renameTo(File f)를 이용해서 파일의 이름을 바꾸는 간단한 예제이다. 여기서는 파일명이 숫자로 되어 있을 때 앞에 '0000'을 붙인 다음 substring( )으로 이름의 길이를 맞춰 주는 내용으로 작성하였다.

파일이름이 '1.jpg', '2.jpg'와 같이 숫자로 되어 있는 경우, 파일이름으로 정렬을 하면 '1.jpg' 다음에 '2.jpg'가 아닌 '11.jpg'가 오게 된다. 이것을 바로 잡기위해 파일이름 앞에 '0000'을 붙이면, 파일이름으로 정렬하였을 때 '00001.jpg' 다음에 '00002.jpg'가 온다.

이 예제는 저자가 이미지 뷰어를 통해서 파일명이 숫자인 이미지파일들을 슬라이드로 볼 때 순서를 바로잡기 위해서 사용하던 것이다.

직렬화(serialization)란 객체를 데이터 스트림으로 만드는 것을 뜻한다. 다시 얘기하면 객체에 저장된 데이터를 스트림에 쓰기(write)위해 연속적인(serial) 데이터로 변환하는 것을 말한다.

반대로 스트림으로부터 데이터를 읽어서 객체를 만드는 것을 역직렬화(deserialization)라고 한다.

직렬화라는 용어 때문에 괜히 어렵게 느껴질 수 있는데 사실 객체를 저장하거나 전송하려면 당연히 이렇게 할 수 밖에 없다.

이미 앞서 객체에 대해서 설명했지만, 여기서 객체란 무엇이며, 객체를 저장한다는 것은 무엇을 의미하는가에 대해서 다시 한 번 정리하고 넘어가는 것이 좋을 것 같다.

객체는 클래스에 정의된 인스턴스변수의 집합이다. 객체에는 클래스변수나 메서드가 포함되지 않는다. 객체는 오직 인스턴스변수들로만 구성되어 있다.

전에는 이해를 돕기 위해 객체를 생성하면 인스턴스변수와 메서드를 함께 그리곤 했지만 사실 객체에는 메서드가 포함되지 않는다. 인스턴스변수는 인스턴스마다 다른 값을 가질 수 있어야하기 때문에 별도의 메모리공간이 필요하지만 메서드는 변하는 것이 아니라서 메모리를 낭비해 가면서 인스턴스마다 같은 내용의 코드(메서드)를 포함시킬 이유는 없다.

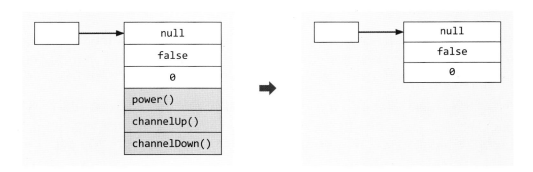

그래서 객체를 저장한다는 것은 객체의 모든 인스턴스변수의 값을 저장한다는 것과 같은 의미이다. 어떤 객체를 저장하고자 한다면, 현재 객체의 모든 인스턴스변수의 값을 저장하기만 하면 된다. 그리고 저장했던 객체를 다시 생성하려면, 객체를 생성한 후에 저장했던 값을 읽어서 생성한 객체의 인스턴스변수에 저장하면 되는 것이다.

직렬화(스트림에 객체를 출력)에는 ObjectOutputStream을 사용하고 역직렬화(스트림으로부터 객체를 입력)에는 ObjectInputStream을 사용한다.

ObjectInputStream과 ObjectOutputStream은 각각 InputStream과 OutputStream을 직접 상속받지만 기반스트림을 필요로 하는 보조스트림이다. 그래서 객체를 생성할 때 입출력(직렬화/역직렬화)할 스트림을 지정해주어야 한다.

```
ObjectInputStream(InputStream in)
ObjectOutputStream(OutputStream out)
```

만일 파일에 객체를 저장(직렬화)하고 싶다면 다음과 같이 하면 된다.

```
FileOutputStream   fos = new FileOutputStream("objectfile.ser");
ObjectOutputStream out = new ObjectOutputStream(fos);

out.writeObject(new UserInfo());
```

위의 코드는 objectfile.ser이라는 파일에 UserInfo객체를 직렬화하여 저장한다. 출력할 스트림(FileOutputStream)을 생성해서 이를 기반스트림으로 하는 ObjectOutputStream을 생성한다. ObjectOutputStream의 writeObject(Object obj)를 사용해서 객체를 출력하면, 객체가 파일에 직렬화되어 저장된다.

역직렬화 방법 역시 간단하다. 직렬화할 때와는 달리 입력스트림을 사용하고 writeObject(Object obj)대신 readObject( )를 사용하여 저장된 데이터를 읽기만 하면 객체로 역직렬화된다.

다만 readObject( )의 반환타입이 Object이기 때문에 객체 원래의 타입으로 형변환 해주어야 한다.

```
FileInputStream   fis = new FileInputStream("objectfile.ser");
ObjectInputStream in  = new ObjectInputStream(fis);

UserInfo info = (UserInfo)in.readObject();
```

ObjectInputStream과 ObjectOutputStream에는 readObject( )와 writeObject( ) 이외에도 여러 가지 타입의 값을 입출력할 수 있는 메서드를 제공한다.

ObjectInputStream		ObjectOutputStream
void	defaultReadObject( )	void defaultWriteObject( )
int	read( )	void write(byte[ ] buf)
int	read(byte[ ] buf, int off, int len)	void write(byte[ ] buf, int off, int len)
boolean	readBoolean( )	void write(int val)
byte	readByte( )	void writeBoolean(boolean val)
char	readChar( )	void writeByte(int val)
double	readDouble( )	void writeBytes(String str)
float	readFloat( )	void writeChar(int val)
int	readInt( )	void writeChars(String str)
long	readLong( )	void writeDouble(double val)
short	readShort( )	void writeFloat(float val)
Object	readObject( )	void writeInt(int val)
int	readUnsignedByte( )	void writeLong(long val)
int	readUnsignedShort( )	void writeObject(Object obj)
Object	readUnshared( )	void writeShort(int val)
String	readUTF( )	void writeUnshared(Object obj)
		void writeUTF(String str)

이 메서드들은 직렬화와 역직렬화를 직접 구현할 때 주로 사용되며, defaultReadObject( )와 defaultWriteObject( )는 자동 직렬화를 수행한다.

객체를 직렬화/역직렬화하는 작업은 객체의 모든 인스턴스변수가 참조하고 있는 모든 객체에 대한 것이기 때문에 상당히 복잡하며 시간도 오래 걸린다. readObject( )와 writeObject( )를 사용한 자동 직렬화가 편리하기는 하지만 직렬화작업시간을 단축시키려면 직렬화하고자 하는 객체의 클래스에 추가적으로 다음과 같은 2개의 메서드를 직접 구현해주어야 한다.

```
private void writeObject(ObjectOutputStream out)
    throws IOException {
    // write메서드를 사용해서 직렬화를 수행한다.
}

private void readObject(ObjectInputStream in)
    throws IOException, ClassNotFoundException {
    // read메서드를 사용해서 역직렬화를 수행한다.
}
```

직렬화가 가능한 클래스를 만드는 방법은 간단하다. 직렬화하고자 하는 클래스가 java.io. Serializable인터페이스를 구현하도록 하면 된다.

예를 들어 왼쪽과 같이 UserInfo라는 클래스가 있을 때, 이 클래스를 직렬화가 가능하도록 변경하려면 오른쪽과 같이 Serializable인터페이스를 구현하도록 변경하면 된다.

```
public class UserInfo {
    String name;
    String password;
    int    age;
}
```

```
public class UserInfo
    implements java.io.Serializable {
        String name;
        String password;
        int    age;
}
```

Serializable 인터페이스는 아무런 내용도 없는 빈 인터페이스이지만, 직렬화를 고려하여 작성한 클래스인지를 판단하는 기준이 된다.

```
public interface Serializable { }
```

아래와 같이 Serializable을 구현한 클래스를 상속받는다면, Serializable을 구현하지 않아도 된다. UserInfo는 Serializable을 구현하지 않았지만 조상인 SuperUserInfo가 Serializable를 구현하였으므로 UserInfo역시 직렬화가 가능하다.

```
public class SuperUserInfo implements Serializable {
    String name;
    String password;
}

public class UserInfo extends SuperUserInfo {
    int age;
}
```

그러나 다음과 같이 조상클래스가 Serializable을 구현하지 않았다면 자손클래스를 직렬화할 때 조상클래스에 정의된 인스턴스변수 name과 password는 직렬화 대상에서 제외된다.

```
public class SuperUserInfo {
    String name;        // 직렬화 대상에서 제외
    String password;    // 직렬화 대상에서 제외
}

public class UserInfo extends SuperUserInfo implements Serializable {
    int age;
}
```

아래의 UserInfo클래스는 Serializable을 구현하고 있지만, 이 클래스의 객체를 직렬화하면 java.io.NotSerializableException이 발생하면서 직렬화에 실패한다. 그 이유는 직렬화할 수 없는 클래스의 객체를 인스턴스변수가 참조하고 있기 때문이다.

모든 클래스의 최고조상인 Object는 Serializable을 구현하지 않았기 때문에 직렬화할 수 없다. 만일 Object가 Serializable을 구현했다면 모든 클래스가 직렬화 될 수 있을 것이다.

```java
public class UserInfo implements Serializable {
    String name;
    String password;
    int    age;
    Object obj = new Object();     // Object객체는 직렬화할 수 없다.
}
```

위의 경우와 비교해서 다음과 같은 경우에는 직렬화가 가능하다는 것을 알아두자. 인스턴스변수 obj의 타입이 직렬화가 안 되는 Object이긴 하지만 실제로 저장된 객체는 직렬화가 가능한 String인스턴스이기 때문에 직렬화가 가능하다.

인스턴스변수의 타입이 아닌 실제로 연결된 객체의 종류에 의해서 결정된다는 것을 기억하자.

```java
public class UserInfo implements Serializable {
    String name;
    String password;
    int    age;
    Object obj = new String("abc");  // String은 직렬화될 수 있다.
}
```

직렬화하고자 하는 객체의 클래스에 직렬화가 안 되는 객체에 대한 참조를 포함하고 있다면, 제어자 transient를 붙여서 직렬화 대상에서 제외되도록 할 수 있다.

또는 password와 같이 보안상 직렬화되면 안되는 값에 대해서 transient를 사용할 수 있다. 다르게 표현하면 transient가 붙은 인스턴스변수의 값은 그 타입의 기본값으로 직렬화된다고 볼 수 있다.

즉, UserInfo객체를 역직렬화하면 참조변수인 obj와 password의 값은 null이 된다.

```java
public class UserInfo implements Serializable {
    String name;
    transient String password;  // 직렬화 대상에서 제외된다.
    int    age;
    transient Object obj = new Object(); // 직렬화 대상에서 제외된다.
}
```

38 **직렬화와 역직렬화 예제1**

예제15-19는 예제15-20에 사용될 UserInfo클래스의 소스이다. 그래서 예제15-20을 실행하기 전에 예제15-19를 먼저 컴파일해야 한다.

예제
15-19

```java
public class UserInfo implements java.io.Serializable {
    String name;
    String password;
    int    age;

    public UserInfo() {
        this("Unknown", "1111", 0);
    }

    public UserInfo(String name, String password, int age) {
        this.name = name;
        this.password = password;
        this.age = age;
    }

    public String toString() {
        return "("+ name + "," + password + "," + age + ")";
    }
}
```

```
예제
15-20
import java.io.*;
import java.util.ArrayList;

public class Ex15_20 {
    public static void main(String[] args) {
        try {
            String fileName = "UserInfo.ser";
            FileOutputStream      fos = new FileOutputStream(fileName);
            BufferedOutputStream bos = new BufferedOutputStream(fos);

            ObjectOutputStream out = new ObjectOutputStream(bos);

            UserInfo u1 = new UserInfo("JavaMan","1234",30);
            UserInfo u2 = new UserInfo("JavaWoman","4321",26);

            ArrayList<UserInfo> list = new ArrayList<>();
            list.add(u1);
            list.add(u2);

            // 객체를 직렬화한다.
            out.writeObject(u1);
            out.writeObject(u2);
            out.writeObject(list);
            out.close();
            System.out.println("직렬화가 잘 끝났습니다.");
        } catch(IOException e) {
            e.printStackTrace();
        }
    } // main
} // class
```

결과 직렬화가 잘 끝났습니다.

생성한 객체를 직렬화하여 파일(UserInfo.ser)에 저장하는 예제이다. 버퍼를 이용한 FileOutputStream을 기반으로 하는 ObjectOutputStream생성한 다음, writeObject( )를 이용해서 객체를 ObjectInputStream에 출력하면 UserInfo.ser 파일에 객체가 직렬화되어 저장된다.

객체를 직렬화하는 코드는 이처럼 허무하게 간단하지만, 객체에 정의된 모든 인스턴스변수에 대한 참조를 찾아들어가기 때문에 상당히 복잡하고 시간이 걸리는 작업이 될 수 있다.

이 예제처럼 ArrayList와 같은 객체를 직렬화하면 ArrayList에 저장된 모든 객체들과 각 객체의 인스턴스변수가 참조하고 있는 객체들까지 모두 직렬화된다.

 확장자를 직렬화(serialization)의 약자인 'ser'로 하는 것이 보통이지만 이에 대한 제약은 없다.

 만일 이 예제가 생성하는 'UserInfo.ser' 파일이 이클립스에서 보이지 않는다면, Package Explorer를 클릭하고 키보드에서 F5를 누르면 나타날 것이다.

예제
15-21

```java
import java.io.*;
import java.util.ArrayList;

public class Ex15_21 {
    public static void main(String[] args) {
        try {
            String fileName = "UserInfo.ser";
            FileInputStream    fis = new FileInputStream(fileName);
            BufferedInputStream bis = new BufferedInputStream(fis);

            ObjectInputStream in = new ObjectInputStream(bis);

            // 객체를 읽을 때는 출력한 순서와 일치해야한다.
            UserInfo u1 = (UserInfo)in.readObject();
            UserInfo u2 = (UserInfo)in.readObject();
            ArrayList list = (ArrayList)in.readObject();

            System.out.println(u1);
            System.out.println(u2);
            System.out.println(list);
            in.close();
        } catch(Exception e) {
            e.printStackTrace();
        }
    } // main
} // class
```

결과
```
(JavaMan,1234,30)
(JavaWoman,4321,26)
[(JavaMan,1234,30), (JavaWoman,4321,26)]
```

이 전의 예제에서 직렬화한 객체를 역직렬화하는 예제이다. 이전과 반대로 FileInputStream 과 ObjectInputStream을, 그리고 writeObject( ) 대신 readObject( )를 사용했다는 점을 제외하고는 거의 같다.

ObjectInputStream의 readObject( )로 직렬화한 객체를 역직렬화하였는데, read Object( ) 의 리턴타입이 Object이므로 원래의 타입으로 형변환을 해주어야한다.

한 가지 주의해야할 점은 객체를 역직렬화 할 때는 직렬화할 때의 순서와 일치해야한다는 것이다. 예를 들어 객체 u1, u2, list의 순서로 직렬화 했다면, 역직렬화 할 때도 u1, u2, list 의 순서로 처리해야한다.

그래서 직렬화할 객체가 많을 때는 각 객체를 개별적으로 직렬화하는 것보다 ArrayList와 같은 컬렉션에 저장해서 직렬화하는 것이 좋다. 역직렬화할 때 ArrayList 하나만 역직렬화 하면 되므로 역직렬화할 객체의 순서를 고려하지 않아도 되기 때문이다.

연 습 문 제

15-1 커맨드라인으로 부터 파일명과 숫자를 입력받아서, 입력받은 파일의 내용의 처음부터 입력받은 숫자만큼의 라인을 출력하는 프로그램(FileHead.java)을 작성하라.

(Hint) BufferedReader의 readLine( )을 사용하라.

```
C:\jdk1.8\work\ch15>java FileHead 10
USAGE: java FileHead 10 FILENAME

C:\jdk1.8\work\ch15>java FileHead 10 aaa
aaa은/는 디렉토리이거나, 존재하지 않는 파일입니다.

C:\jdk1.8\work\ch15>java FileHead 10 FileHead.java
1:import java.io.*;
2:
3:class FileHead
4:{
5:   public static void main(String[] args)
6:   {
7:        try {
8:                int line = Integer.parseInt(args[0]);
9:                String fileName = args[1];
10:

C:\jdk1.8\work\ch15>
```

15-2 지정된 이진파일의 내용을 실행결과와 같이 16진수로 보여주는 프로그램(HexaViewer. java)을 작성하라.

(Hint) PrintStream과 printf( )를 사용하라.

```
C:\jdk1.8\work\ch15>java HexaViewer HexaViewer.class
CA FE BA BE 00 00 00 31 00 44 0A 00 0C 00 1E 09
00 1F 00 20 08 00 21 0A 00 08 00 22 0A 00 1F 00
23 07 00 24 0A 00 06 00 25 07 00 26 0A 00 08 00
27 0A 00 06 00 28 08 00 29 07 00 2A 0A 00 2B 00
2C 0A 00 08 00 2D 0A 00 08 00 2E 0A 00 06 00 2F
0A 00 08 00 2F 07 00 30 0A 00 12 00 31 07 00 32
01 00 06 3C 69 6E 69 74 3E 01 00 03 28 29 56 01
00 04 43 6F 64 65 01 00 0F 4C 69 6E 65 4E 75 6D
62 65 72 54 61 62 6C 65 01 00 04 6D 61 69 6E 01
00 16 28 5B 4C 6A 61 76 61 2F 6C 61 6E 67 2F 53
... 중간생략 ...

C:\jdk1.8\work\ch15>
```

15-3 커맨드라인으로 부터 여러 파일의 이름을 입력받고, 이 파일들을 순서대로 합쳐서 새로운 파일을 만들어 내는 프로그램(FileMergeTest.java)을 작성하시오. 단, 합칠 파일의 개수에는 제한을 두지 않는다.

```
C:\jdk1.8\work\ch15>java FileMergeTest
USAGE: java FileMergeTest MERGE_FILENAME FILENAME1 FILENAME2 ...

C:\jdk1.8\work\ch15>java FileMergeTest result.txt 1.txt 2.txt 3.txt

C:\jdk1.8\work\ch15>type result.txt
1111111111
2222222222
33333333333333

C:\jdk1.8\work\ch15>java FileMergeTest result.txt 1.txt 2.txt

C:\jdk1.8\work\ch15>type result.txt
1111111111
2222222222

C:\jdk1.8\work\ch15>type 1.txt
1111111111

C:\jdk1.8\work\ch15>type 2.txt
2222222222

C:\jdk1.8\work\ch15>type 3.txt
33333333333333

C:\jdk1.8\work\ch15>
```

15-4 다음은 콘솔 명령어 중에서 디렉토리를 변경하는 cd명령을 구현한 것이다. 알맞은 코드를 넣어 cd( )를 완성하시오.

```java
import java.io.*;
import java.util.*;
import java.util.regex.*;

class Exercise15_4 {
    static String[] argArr; // 입력한 매개변수를 담기위한 문자열배열
    static File     curDir; // 현재 디렉토리

    static {
        try {
            curDir = new File(System.getProperty("user.dir"));
        } catch (Exception e) {}
    }

    public static void main(String[] args) {
        Scanner s = new Scanner(System.in);

        while (true) {
            try {
                String prompt = curDir.getCanonicalPath() + ">>";
                System.out.print(prompt);

                // 화면으로부터 라인단위로 입력받는다.
                String input = s.nextLine();

                input  = input.trim(); // 입력받은 값에서 불필요한 앞뒤 공백을 제거한다.
                argArr = input.split(" +");

                String command = argArr[0].trim();

                if ("".equals(command)) continue;

                command = command.toLowerCase(); // 명령어를 소문자로 바꾼다.

                if (command.equals("q")) { // q 또는 Q를 입력하면 실행종료한다.
                    System.exit(0);
                } else if (command.equals("cd")) {
                    cd();
                } else {
                    for (int i = 0; i < argArr.length; i++) {
                        System.out.println(argArr[i]);
                    }
```

```
                }
            } catch (Exception e) {
                e.printStackTrace();
                System.out.println("입력오류입니다.");
            }
        } // while(true)
    } // main

    public static void cd() {
        if(argArr.length==1) {
            System.out.println(curDir);
            return;
        } else if(argArr.length > 2) {
            System.out.println("USAGE : cd directory");
            return;
        }

        String subDir = argArr[1];

        /*
        (1) 아래의 로직에 맞게 코드를 작성하시오.
          1. 입력된 디렉토리(subDir)가 ".."이면,
            1.1 현재 디렉토리의 조상 디렉토리를 얻어서 현재 디렉토리로 지정한다.
                (File클래스의 getParentFile()을 사용)
          2. 입력된 디렉토리(subDir)가 "."이면, 단순히 현재 디렉토리의 경로를 화면에 출력한다.
          3. 1 또는 2의 경우가 아니면,
            3.1 입력된 디렉토리(subDir)가 현재 디렉토리의 하위디렉토리인지 확인한다.
            3.2 확인결과가 true이면, 현재 디렉토리(curDir)을 입력된 디렉토리(subDir)로
                변경한다.
            3.3 확인결과가 false이면, "유효하지 않은 디렉토리입니다."고 화면에 출력한다.
        */

    } // cd()
}
```

```
결과
C:\jdk1.8\work\ch15>java Exercise15_4
C:\jdk1.8\work\ch15>>
C:\jdk1.8\work\ch15>>cd ch15
유효하지 않은 디렉토리입니다.
C:\jdk1.8\work\ch15>>cd ..
C:\jdk1.8\work>>cd ch15
C:\jdk1.8\work\ch15>>
C:\jdk1.8\work\ch15>>cd .
C:\jdk1.8\work\ch15
C:\jdk1.8\work\ch15>>q
C:\jdk1.8\work\ch15>
```

MEMO

네트워킹

Networking

네트워킹(networking)이란 두 대 이상의 컴퓨터를 케이블로 연결하여 네크워크(network)를 구성하는 것을 말한다. 네트워킹의 개념은 컴퓨터들을 서로 연결하여 데이터 손쉽게 주고받거나 또는 자원(프린터와 같은 주변기기)을 함께 공유하고자 하는 노력에서 시작되었다.

초기의 네트워크는 단 몇 대의 컴퓨터로 구성되었으나 지금은 전 세계의 셀 수도 없을 만큼 많은 수의 컴퓨터가 인터넷이라는 하나의 거대한 네트워크를 구성하고 있으며, 인터넷을 통해 다양하고 방대한 양의 데이터를 공유하는 것이 가능해졌다. 이에 맞춰 메신저나 온라인게임과 같은 인터넷을 이용하는 다양한 네트워크 어플리케이션들이 많이 생겨났다.

자바에서 제공하는 java.net패키지를 사용하면 네트워크 어플리케이션의 데이터 통신 부분을 쉽게 작성할 수 있으며, 간단한 네트워크 어플리케이션은 단 몇 줄의 자바코드 만으로도 작성이 가능하다.

이 장에서는 가장 기본적인 네트워킹 예제들과 채팅 어플리케이션을 작성할 수 있을 정도 수준의 내용만을 다룰 것이지만 이를 기반으로 점차 발전시켜 나간다면 메신저나 간단한 온라인게임을 자신의 손으로 직접 작성해낸다는 것이 꿈만은 아닐 것이다.

만일 자바로 네트워킹 어플리케이션을 작성하는 것이 어렵게 느껴진다면, 아마도 네크워킹과 관련된 기본지식을 아직 충분히 학습하지 못했기 때문일 것이다. 이 단원에서 기본적인 네트워킹 관련지식에 대해서 학습하겠지만 보다 자세한 내용은 전문서적을 참고하길 바란다.

'클라이언트/서버'는 컴퓨터간의 관계를 역할로 구분하는 개념이다. 서버(server)는 서비스를 제공하는 컴퓨터(service provider)이고, 클라이언트(client)는 서비스를 사용하는 컴퓨터(service user)가 된다.

일반적으로 서버는 다수의 클라이언트에게 서비스를 제공하기 때문에 고사양의 하드웨어를 갖춘 컴퓨터이지만, 하드웨어의 사양으로 서버와 클라이언트를 구분하는 것이 아니고 하드웨어의 사양에 관계없이 서비스를 제공하는 소프트웨어가 실행되는 컴퓨터를 서버라 한다.

서비스는 서버가 클라이언트로부터 요청받은 작업을 처리하여 그 결과를 제공하는 것을 뜻하며 서버가 제공하는 서비스의 종류에 따라 파일 서버(file server), 메일 서버(mail server), 어플리케이션 서버(application server) 등이 있다. 예를 들어 파일 서버(file server)는 클라이언트가 요청한 파일을 제공하는 서비스를 수행한다.

서버에 접속하는 클라이언트의 수에 따라 하나의 서버가 여러가지 서비스를 제공하기도 하고 하나의 서비스를 여러 대의 서버로 제공하기도 한다.

서버가 서비스를 제공하기 위해서는 서버 프로그램이 있어야 하고 클라이언트가 서비스를 제공받기 위해서는 서버 프로그램과 연결할 수 있는 클라이언트 프로그램이 있어야 한다. 예를 들어 웹서버에 접속하여 정보를 얻기 위해서는 웹브라우저(클라이언트 프로그램)가 있어야 하고, FTP서버에 접속해서 파일을 전송받기 위해서는 알FTP와 같은 FTP클라이언트 프로그램이 필요하다.

일반 PC의 경우 주로 서버에 접속하는 클라이언트 역할을 수행하지만, FTP Serv-U와 같은 FTP서버프로그램이나 Tomcat과 같은 웹서버 프로그램을 설치하면 서버역할도 수행할 수 있다. 파일공유 프로그램인 토랜트 같은 프로그램은 클라이언트 프로그램과 서버 프로그램을 하나로 합친 것으로 이를 설치한 컴퓨터는 클라이언트인 동시에 서버가 되어 다른 컴퓨터로부터 파일을 가져오는 동시에 또 다른 컴퓨터에게 파일을 제공할 수 있다.

네트워크를 구성할 때 전용서버를 두는 것을 서버기반모델(server-based model)이라 하고 별도의 전용서버없이 각 클라이언트가 서버역할을 동시에 수행하는 것을 P2P모델(peer-to-peer)이라 한다.

서버기반 모델(server-based model)	P2P 모델(peer-to-peer model)
- 안정적인 서비스의 제공이 가능하다. - 공유 데이터의 관리와 보안이 용이하다. - 서버구축비용과 관리비용이 든다.	- 서버구축 및 운용비용을 절감할 수 있다. - 자원의 활용을 극대화 할 수 있다. - 자원의 관리가 어렵다. - 보안이 취약하다.

IP주소는 컴퓨터(호스트, host)를 구별하는데 사용되는 고유한 값으로 인터넷에 연결된 모든 컴퓨터는 IP주소를 갖는다. IP주소는 4 byte(32 bit)의 정수로 구성되어 있으며, 4개의 정수가 마침표를 구분자로 'a.b.c.d'와 같은 형식으로 표현된다. 여기서 a, b, c, d는 부호없는 1 byte값, 즉 0~255사이의 정수이다.

　IP주소는 다시 네트워크주소와 호스트주소로 나눌 수 있는데, 32 bit(4 byte)의 IP주소 중에서 네트워크주소와 호스트주소가 각각 몇 bit를 차지하는 지는 네트워크를 어떻게 구성하였는지에 따라 달라진다. 그리고 서로 다른 두 호스트의 IP주소의 네트워크주소가 같다는 것은 두 호스트가 같은 네트워크에 포함되어 있다는 것을 의미한다.

원도우즈 OS에서 호스트의 IP주소를 확인하려면 콘솔에서 ipconfig.exe를 실행시키면 된다.

```
C:\Documents and Settings\Administrator>ipconfig

Windows IP Configuration

Ethernet adapter 로컬 영역 연결:

        Connection-specific DNS Suffix  . :
        IP Address. . . . . . . . . . . . : 192.168.10.100
        Subnet Mask . . . . . . . . . . . : 255.255.255.0
        Default Gateway . . . . . . . . . : 192.168.10.1

C:\Documents and Settings\Administrator>
```

앞서 ipconfig.exe를 실행해서 얻은 IP주소와 서브넷 마스크를 2진수로 표현하면 다음과 같다.

IP주소

192	168	10	100

1 1 0 0 0 0 0 0 1 0 1 0 1 0 0 0 0 0 0 0 1 0 1 0 0 1 1 0 0 1 0 0

네트워크 주소	호스트 주소

서브넷 마스크(Subnet Mask)

255	255	255	0

1 1 1 1 1 1 1 1 1 1 1 1 1 1 1 1 1 1 1 1 1 1 1 1 0 0 0 0 0 0 0 0

IP주소와 서브넷 마스크를 비트연산자 '&'로 연산하면 IP주소에서 네트워크 주소만을 뽑아낼 수 있다.

'&'연산자는 bit의 값이 모두 1일 때만 1을 결과로 얻기 때문에 IP주소의 마지막 8 bit는 모두 0이 되었다. 이 결과로 부터 IP주소 192.168.10.100의 네트워크 주소는 24 bit(192.168.10)이라는 것과 호스트 주소는 마지막 8 bit(100)이라는 것을 알 수 있다.

IP주소에서 네트워크주소가 차지하는 자리수가 많을수록 호스트 주소의 범위가 줄어들기 때문에 네트워크의 규모가 작아진다. 이 경우 호스트 주소의 자리수가 8자리이기 때문에 256개(2^8)의 호스트만 이 네트워크에 포함될 수 있다.

호스트 주소가 0인 것은 네트워크 자신을 나타내고, 255는 브로드캐스트 주소로 사용되기 때문에 실제로는 네트워크에 포함 가능한 호스트 개수는 254개이다.

이처럼 IP주소와 서브넷 마스크를 '&'연산하면 네트워크 주소를 얻어낼 수 있어서 서로 다른 두 호스트의 IP주소를 서브넷 마스크로 '&'연산을 수행해서 비교하면 이 두 호스트가 같은 네트워크 상에 존재하는지의 여부를 쉽게 확인할 수 있다.

자바에서는 IP주소를 다루기 위한 클래스로 InetAddress를 제공하며 다음과 같은 메서드가 정의되어 있다.

메서드	설명
byte[ ] getAddress( )	IP주소를 byte배열로 반환한다.
static InetAddress[ ] getAllByName(String host)	도메인명(host)에 지정된 모든 호스트의 IP주소를 배열에 담아 반환한다.
static InetAddress getByAddress(byte[ ] addr)	byte배열을 통해 IP주소를 얻는다.
static InetAddress getByName(String host)	도메인명(host)을 통해 IP주소를 얻는다.
String getCanonicalHostName( )	FQDN(fully qualified domain name)을 반환한다.
String getHostAddress( )	호스트의 IP주소를 반환한다.
String getHostName( )	호스트의 이름을 반환한다.
static InetAddress getLocalHost( )	지역 호스트의 IP주소를 반환한다.
boolean isMulticastAddress( )	IP주소가 멀티캐스트 주소인지 알려준다.
boolean isLoopbackAddress( )	IP주소가 loopback 주소(127.0.0.1)인지 알려준다.

▼ 예제16-1 실행결과

```
결과
getHostName() :www.naver.com
getHostAddress() :222.122.84.200
toString() :www.naver.com/222.122.84.200
getAddress() :[-34, 122, 84, -56]
getAddress()+256 :222.122.84.200.

getHostName() :mycom
getHostAddress() :192.168.10.100

ipArr[0] :www.naver.com/222.122.84.200
ipArr[1] :www.naver.com/222.122.84.250
ipArr[2] :www.naver.com/61.247.208.6
```

```java
import java.net.*;
import java.util.*;

class Ex16_1 {
    public static void main(String[] args) {
        InetAddress ip = null;
        InetAddress[] ipArr = null;

        try {
            ip = InetAddress.getByName("www.naver.com");
            System.out.println("getHostName() :"+ip.getHostName());
            System.out.println("getHostAddress() :"+ip.getHostAddress());
            System.out.println("toString() :"+ip.toString());

            byte[] ipAddr = ip.getAddress();
            System.out.println("getAddress() :"+Arrays.toString(ipAddr));

            String result = "";
            for(int i=0; i < ipAddr.length;i++)
                result += (ipAddr[i] < 0 ? ipAddr[i] + 256 : ipAddr[i])+".";
            System.out.println("getAddress()+256 :"+result);
            System.out.println();
        } catch (UnknownHostException e) {
            e.printStackTrace();
        }

        try {
            ip = InetAddress.getLocalHost();
            System.out.println("getHostName() :"+ip.getHostName());
            System.out.println("getHostAddress() :"+ip.getHostAddress());
            System.out.println();
        } catch (UnknownHostException e) {
            e.printStackTrace();
        }

        try {
            ipArr = InetAddress.getAllByName("www.naver.com");

            for(int i=0; i < ipArr.length; i++)
                System.out.println("ipArr["+i+"] :" + ipArr[i]);
        } catch (UnknownHostException e) {
            e.printStackTrace();
        }
    } // main
}
```

하나의 도메인명(www.naver.com)에 여러 IP주소가 맵핑될 수도 있고 또 그 반대의 경우도
가능하기 때문에 전자의 경우 getAllByName( )을 통해 모든 IP주소를 얻을 수 있다.
  그리고 getLocalHost( )를 사용하면 호스트명과 IP주소를 알아낼 수 있다.

URL(Uniform Resource Locator)

URL은 인터넷에 존재하는 여러 서버들이 제공하는 자원에 접근할 수 있는 주소를 표현하기 위한 것으로 '프로토콜://호스트명:포트번호/경로명/파일명?쿼리스트링#참조'의 형태로 이루어져 있다.

 참고 URL에서 포트번호, 쿼리, 참조는 생략할 수 있다.

---

http://www.codechobo.com:80/sample/hello.html?referer=codechobo#index1

프로토콜	자원에 접근하기 위해 서버와 통신하는데 사용되는 통신규약(http)
호스트명	자원을 제공하는 서버의 이름(www.codechobo.com)
포트번호	통신에 사용되는 서버의 포트번호(80)
경로명	접근하려는 자원이 저장된 서버상의 위치(/sample/)
파일명	접근하려는 자원의 이름(hello.html)
쿼리(query)	URL에서 '?'이후의 부분(referer＝codechobo)
참조(anchor)	URL에서 '#'이후의 부분(index1)

참고 HTTP프로토콜에서는 80번 포트를 사용하기 때문에 URL에서 포트번호를 생략하는 경우 80으로 간주한다. 각 프로토콜에 따라 통신에 사용하는 포트번호가 다르며 생략되면 각 프로토콜의 기본 포트가 사용된다.

자바에서는 URL을 다루기 위한 클래스로 URL클래스를 제공하며 다음과 같은 메서드가 정의되어 있다.

메서드	설명
URL(String spec)	지정된 문자열 정보의 URL객체를 생성한다.
URL(String protocol, String host, String file)	지정된 값으로 구성된 URL객체를 생성한다.
URL(String protocol, String host, int port, String file)	지정된 값으로 구성된 URL객체를 생성한다.
String getAuthority( )	호스트명과 포트를 문자열로 반환한다.
Object getContent( )	URL의 Content객체를 반환한다.
Object getContent(Class[ ] classes)	URL의 Content객체를 반환한다.
int getDefaultPort( )	URL의 기본 포트를 반환한다.(http는 80)
String getFile( )	파일명을 반환한다.
String getHost( )	호스트명을 반환한다.
String getPath( )	경로명을 반환한다.
int getPort( )	포트를 반환한다.
String getProtocol( )	프로토콜을 반환한다.
String getQuery( )	쿼리를 반환한다.
String getRef( )	참조(anchor)를 반환한다.
String getUserInfo( )	사용자정보를 반환한다.
URLConnection openConnection( )	URL과 연결된 URLConnection을 얻는다.
URLConnection openConnection(Proxy proxy)	URL과 연결된 URLConnection을 얻는다.
InputStream openStream( )	URL과 연결된 URLConnection의 InputStream을 얻는다.
boolean sameFile(URL other)	두 URL이 서로 같은 것인지 알려준다.
void set(String protocol, String host, int port, String file, String ref)	URL객체의 속성을 지정된 값으로 설정한다.
void set(String protocol, String host, int port, String authority, String userInfo, String path, String query, String ref)	URL객체의 속성을 지정된 값으로 설정한다.
String toExternalForm( )	URL을 문자열로 변환하여 반환한다.
URI toURI( )	URL을 URI로 변환하여 반환한다.

▲ 표 16-1 URL의 메서드

URL객체를 생성하는 방법은 다음과 같다.

```
URL url = new URL("http://www.codechobo.com/sample/hello.html");
URL url = new URL("www.codechobo.com", "/sample/hello.html");
URL url = new URL("http","www.codechobo.com",80,"/sample/hello.html");
```

설명보다 예제의 실행결과를 보는 것이 메서드에 대한 이해가 더 빠를 것이다. 다음 예제의
실행결과를 보자.

예제
16-2

```
import java.net.*;

class Ex16_2 {
    public static void main(String args[]) throws Exception {
        URL url = new URL("http://www.codechobo.com:80/sample/"
                                 + "hello.html?referer=codechobo#index1");

        System.out.println("url.getAuthority():"+ url.getAuthority());
        System.out.println("url.getContent():"+ url.getContent());
        System.out.println("url.getDefaultPort():"+ url.getDefaultPort());
        System.out.println("url.getPort():"+ url.getPort());
        System.out.println("url.getFile():"+ url.getFile());
        System.out.println("url.getHost():"+ url.getHost());
        System.out.println("url.getPath():"+ url.getPath());
        System.out.println("url.getProtocol():"+ url.getProtocol());
        System.out.println("url.getQuery():"+ url.getQuery());
        System.out.println("url.getRef():"+ url.getRef());
        System.out.println("url.getUserInfo():"+ url.getUserInfo());
        System.out.println("url.toExternalForm():"+ url.toExternalForm());
        System.out.println("url.toURI():"+ url.toURI());
    }
}
```

결과
```
url.getAuthority():www.codechobo.com:80
url.getContent():sun.net.www.protocol.http.HttpURLConnection$HttpInputStream@
c17164
url.getDefaultPort():80
url.getPort():80
url.getFile():/sample/hello.html?referer=codechobo
url.getHost():www.codechobo.com
url.getPath():/sample/hello.html
url.getProtocol():http
url.getQuery():referer=codechobo
url.getRef():index1
url.getUserInfo():null
url.toExternalForm():http://www.codechobo.com:80/sample/hello.html?referer=
codechobo#index1
url.toURI():http://www.codechobo.com:80/sample/hello.html?referer=codechobo#ind
ex1
```

10 # URLConnection클래스

URLConnection은 어플리케이션과 URL간의 통신연결을 나타내는 클래스의 최상위 클래스로 추상클래스이다. URLConnection을 상속받아 구현한 클래스로는 HttpURLConnection과 JarURLConnection이 있으며 URL의 프로토콜이 http프로토콜이라면 openConnection()은 HttpURLConnection을 반환한다. URLConnection을 사용해서 연결하고자하는 자원에 접근하고 읽고 쓰기를 할 수 있다. 그 외에 관련된 정보를 읽고 쓸 수 있는 메서드가 제공된다.

참고 openConnection()은 URL클래스의 메서드이다.

참고 HttpURLConnection은 sun.net.www.protocol.http패키지에 속해있다.

메서드	설명
void addRequestProperty(String key, String value)	지정된 키와 값을 RequestProperty에 추가한다. 기존에 같은 키가 있어도 값을 덮어쓰지 않는다.
void connect()	URL에 지정된 자원에 대한 통신연결을 연다.
boolean getAllowUserInteraction()	UserInteraction의 허용여부를 반환한다.
int getConnectTimeout()	연결종료시간을 천분의 일초로 반환한다.
Object getContent()	content객체를 반환한다.
Object getContent(Class[ ] classes)	content객체를 반환한다.
String getContentEncoding()	content의 인코딩을 반환한다.
int getContentLength()	content의 크기를 반환한다.
String getContentType()	content의 type을 반환한다.
long getDate()	헤더(header)의 date필드의 값을 반환한다.
boolean getDefaultAllowUserInteraction()	defaultAllowUserInteraction의 값을 반환한다.
String getDefaultRequestProperty(String key)	RequestProperty에서 지정된 키의 디폴트값을 얻는다.
boolean getDefaultUseCaches()	useCache의 디폴트 값을 얻는다.
boolean getDoInput()	doInput필드값을 얻는다.
boolean getDoOutput()	doOutput필드값을 얻는다.
long getExpiration()	자원(URL)의 만료일자를 얻는다.(천분의 일초단위)
FileNameMap getFileNameMap()	FileNameMap(mimetable)을 반환한다.
String getHeaderField(int n)	헤더의 n번째 필드를 읽어온다.
String getHeaderField(String name)	헤더에서 지정된 이름의 필드를 읽어온다.
long getHeaderFieldDate(String name, long default)	지정된 필드의 값을 날짜값으로 변환하여 반환한다. 필드값이 유효하지 않을 경우 default값을 반환한다.
int getHeaderFieldInt(String name, int default)	지정된 필드의 값을 정수값으로 변환하여 반환한다. 필드값이 유효하지 않을 경우 default값을 반환한다.

메서드	설명
String getHeaderFieldKey(int n)	헤더의 n번째 필드를 읽어온다.
Map getHeaderFields( )	헤더의 모든 필드와 값이 저장된 Map을 반환한다.
long getIfModifiedSince( )	ifModifiedSince(변경여부)필드의 값을 반환한다.
InputStream getInputStream( )	URLConnetion에서 InputStream을 반환한다.
long getLastModified( )	LastModified(최종변경일)필드의 값을 반환한다.
OutputStream getOutputStream( )	URLConnetion에서 OutputStream을 반환한다.
Permission getPermission( )	Permission(허용권한)을 반환한다.
int getReadTimeout( )	읽기제한시간의 값을 반환한다.(천분의 일초)
Map getRequestProperties( )	RequestProperties에 저장된 (키, 값)을 Map으로 반환
String getRequestProperty(String key)	RequestProperty에서 지정된 키의 값을 반환한다.
URL getURL( )	URLConnection의 URL의 반환한다.
boolean getUseCaches( )	캐쉬의 사용여부를 반환한다.
String guessContentTypeFromName(String fname)	지정된 파일(fname)의 content-type을 추측하여 반환한다.
String guessContentTypeFromStream(InputStream is)	지정된 입력스트림(is)의 content-type을 추측하여 반환한다.
void setAllowUserInteraction(boolean allowuserinteraction)	UserInteraction의 허용여부를 설정한다.
void setConnectTimeout(int timeout)	연결종료시간을 설정한다.
void setContentHandlerFactory(ContentHandlerFactory fac)	ContentHandlerFactory를 설정한다.
void setDefaultAllowUserInteraction(boolean defaultallowuserinteraction)	UserInteraction허용여부의 기본값을 설정한다.
void setDefaultRequestProperty(String key, String value)	RequestProperty의 기본 키쌍(key-pair)을 설정한다.
void setDefaultUseCaches(boolean defaultusecaches)	캐쉬 사용여부의 기본값을 설정한다.
void setDoInput(boolean doinput)	DoInput필드의 값을 설정한다.
void setDoOutput(boolean dooutput)	DoOutput필드의 값을 설정한다.
void setFileNameMap(FileNameMap map)	FileNameMap을 설정한다.
void setIfModifiedSince(long ifmodifiedsince)	ModifiedSince필드의 값을 설정한다.
void setReadTimeout(int timeout)	읽기제한시간을 설정한다.(천분의 일초)
void setRequestProperty(String key, String value)	ReqeustProperty에 (key, value)를 저장한다.
void setUseCaches(boolean usecaches)	캐쉬의 사용여부를 설정한다.

예제
16-3

```java
import java.net.*;

public class Ex16_3 {
    public static void  main(String args[]) {
        String address = "http://www.codechobo.com/sample/hello.html";

        try {
            URL url = new URL(address);
            URLConnection conn = url.openConnection();
System.out.println("conn.toString():" + conn);
System.out.println("getAllowUserInteraction():"
                                            + conn.getAllowUserInteraction());
System.out.print("\tgetConnectTimeout():" + conn.getConnectTimeout());
System.out.println("getContent():" + conn.getContent());
System.out.println("getContentEncoding():" + conn.getContentEncoding());
System.out.print("\tgetContentLength():"+ conn.getContentLength());
System.out.println("getContentType():"   + conn.getContentType());
System.out.print("\tgetDate():" + conn.getDate());
System.out.println("getDefaultAllowUserInteraction():"
                                    + conn.getDefaultAllowUserInteraction());
System.out.println("getDefaultUseCaches():" + conn.getDefaultUseCaches());
System.out.print("\tgetDoInput():" + conn.getDoInput());
System.out.println("getDoOutput():" + conn.getDoOutput());
System.out.print("\tgetExpiration():" + conn.getExpiration());
System.out.println("getHeaderFields():" + conn.getHeaderFields());
System.out.println("getIfModifiedSince():" + conn.getIfModifiedSince());
System.out.print("\tgetLastModified():" + conn.getLastModified());
System.out.println("getReadTimeout():" + conn.getReadTimeout());
System.out.println("getURL():" + conn.getURL());
System.out.println("getUseCaches():" + conn.getUseCaches());
        } catch(Exception e) { e.printStackTrace();}
    } // main
}
```

결
과

```
conn.toString():sun.net.www.protocol.http.HttpURLConnection:http://www.codecho
bo.com/sample/hello.html
getAllowUserInteraction():false        getConnectTimeout():0
getContent():sun.net.www.protocol.http.HttpURLConnection$HttpInputStream@61de33
getContentEncoding():null              getContentLength():174
getContentType():text/html             getDate():1189338850000
getDefaultAllowUserInteraction():false
getDefaultUseCaches():true             getDoInput():true
getDoOutput():false                    getExpiration():0
getHeaderFields():{Content-Length=[174], Connection=[Keep-Alive],
... 중간 생략 ...
getIfModifiedSince():0                 getLastModified():1188746241000
getReadTimeout():0
getURL():http://www.codechobo.com/sample/hello.html
getUseCaches():true
```

예 제
16-4

```java
import java.net.*;
import java.io.*;

public class Ex16_4 {
    public static void  main(String args[]) {
        URL url = null;
        BufferedReader input = null;
        String address = "http://www.codechobo.com/sample/hello.html";
        String line = "";

        try {
            url  = new URL(address);
            input=new BufferedReader(new InputStreamReader(url.openStream()));

            while((line=input.readLine()) !=null) {
                System.out.println(line);
            }
            input.close();
        } catch(Exception e) {
            e.printStackTrace();
        }
    } // main
}
```

결
과
```
<!DOCTYPE html>
<html lang="en">
<head>
    <title>Document</title>
</head>
<body>
    Hello, everybody.
</body>
</html>
```

URL에 연결하여 그 내용을 읽어오는 예제이다. 만일 URL이 유효하지 않으면 Malformed-URLException이 발생한다. 읽어올 데이터가 문자 데이터이기 때문에 BufferedReader를 사용하였다. openStream( )을 호출해서 URL의 InputStream을 얻은 이후로는 파일로 부터 데이터를 읽는 것과 다르지 않다.

openStream( )은 openConnection( )을 호출해서 URLConnection을 얻은 다음 여기에 다시 getInputStream( )을 호출한 것과 같다. 즉, URL에 연결해서 InputStream을 얻어온다.

```
InputStream in = url.openStream();
```
⟷
```
URLConnection conn =
            url.openConnection();
InputStream in =
            conn.getInputStream();
```

13 **URLConnection클래스 예제3**

예제
16-5

```java
import java.net.*;
import java.io.*;

public class Ex16_5 {
    public static void  main(String args[]) {
        URL url = null;
        InputStream in = null;
        FileOutputStream out = null;
        String address = "http://www.codechobo.com/book/src/javabasic_src.zip";

        int ch = 0;

        try {
            url = new URL(address);
            in = url.openStream();
            out = new FileOutputStream("javabasic_src.zip");

            while((ch=in.read()) !=-1) {
                out.write(ch);
            }
            in.close();
            out.close();
        } catch(Exception e) {
            e.printStackTrace();
        }
    } // main
}
```

결과
```
C:\jdk1.8\work\ch16>dir *.zip
 C 드라이브의 볼륨에는 이름이 없습니다.
 볼륨 일련 번호: B962-DF19

 C:\jdk1.8\work\ch16 디렉터리

2018-11-04  04:36p          10,922,314 javabasic_src.zip
               1개 파일      10,922,314 바이트
               0 디렉터리   63,450,337,280 바이트 남음

C:\jdk1.8\work\ch16>
```

이전 예제와 유사한데 텍스트 데이터가 아닌 이진 데이터를 읽어서 파일에 저장한다는 것만
다르다. 그래서 FileReader가 아닌 FileOutputStream을 사용하였다.

소켓 프로그래밍은 소켓을 이용한 통신 프로그래밍을 뜻하는데, 소켓(socket)이란 프로세스 간의 통신에 사용되는 양쪽 끝단(endpoint)을 의미한다. 서로 멀리 떨어진 두 사람이 통신하기 위해서 전화기가 필요한 것처럼, 프로세스간의 통신을 위해서는 그 무언가가 필요하고 그것이 바로 소켓이다.

　자바에서는 java.net패키지를 통해 소켓 프로그래밍을 지원하는데, 소켓통신에 사용되는 프로토콜에 따라 다른 종류의 소켓을 구현하여 제공한다.

　이 단원에서는 TCP와 UDP를 이용한 소켓프로그래밍에 대해서 학습할 것이다.

15 TCP와 UDP

TCP/IP 프로토콜은 이기종 시스템간의 통신을 위한 표준 프로토콜로 프로토콜의 집합이다.
TCP와 UDP 모두 TCP/IP 프로토콜(TCP/IP protocol suites)에 포함되어 있으며, OSI 7계
층의 전송계층(transport layer)에 해당하는 프로토콜이다.

TCP와 UDP는 전송 방식이 다르며, 각 방식에 따른 장단점이 있다. 어플리케이션의 특징에
따라 적절한 프로토콜을 선택하여 사용하도록 하자.

항목	TCP	UDP

연결방식	• 연결기반(connection-oriented)
	  – 연결 후 통신(전화기)
	  – 1:1 통신방식
		• 비연결기반(connectionless-oriented)
		  – 연결없이 통신(소포)
		  – 1:1, 1:n, n:n 통신방식

특징	• 데이터의 경계를 구분안함 (byte-stream)
	• 신뢰성 있는 데이터 전송
	  – 데이터의 전송순서가 보장됨
	  – 데이터의 수신여부를 확인함
	    (데이터가 손실되면 재전송)
	  – 패킷을 관리할 필요가 없음
	• UDP보다 전송속도가 느림
		• 데이터의 경계를 구분함.(datagram)
		• 신뢰성 없는 데이터 전송
		  – 데이터의 전송순서가 바뀔 수 있음
		  – 데이터의 수신여부를 확인안함
		    (데이터가 손실되어도 알 수 없음)
		  – 패킷을 관리해주어야 함
		• TCP보다 전송속도가 빠름

관련 클래스	• Socket • ServerSocket	• DatagramSocket • DatagramPacket • MulticastSocket

TCP를 이용한 통신은 전화에, UDP를 이용한 통신은 소포에 비유된다. TCP는 데이터를 전
송하기 전에 먼저 상대편과 연결을 한 후에 데이터를 전송하며 잘 전송되었는지 확인하고 전
송에 실패했다면 해당 데이터를 재전송하기 때문에 신뢰 있는 데이터의 전송이 요구되는 통
신에 적합하다. 예를 들면 파일을 주고받는데 적합하다.

UDP는 상대편과 연결하지 않고 데이터를 전송하며, 데이터를 전송하지만 데이터가 바르게
수신되었는지 확인하지 않기 때문에 데이터가 전송되었는지 확인할 길이 없다. 또한 데이터
를 보낸 순서대로 수신한다는 보장이 없다.

대신 이러한 확인과정이 필요하지 않기 때문에 TCP에 비해 빠른 전송이 가능하다. 게임이나
동영상의 데이터를 전송하는 경우와 같이 데이터가 중간에 손실되어 좀 끊기더라도 빠른 전
송이 필요할 때 적합하다. 이때 전송 순서가 바뀌어 늦게 도착한 데이터는 무시하면 된다.

앞으로 이 두 프로토콜을 이용한 소켓프로그래밍에 대해서 알아볼 것인데, 이들의 장단점을
잘 파악하여 목적에 맞는 것을 선택하여 사용하자.

16 TCP소켓 프로그래밍

앞서 살펴본 것과 같이 TCP소켓 프로그래밍은 클라이언트와 서버간의 일대일 통신이다. 먼저 서버 프로그램이 실행되어 클라이언트 프로그램의 연결요청을 기다리고 있어야한다. 서버 프로그램과 클라이언트 프로그램간의 통신과정을 단계별로 보면 다음과 같다.

> 1. 서버 프로그램에서는 서버소켓을 사용해서 서버 컴퓨터의 특정 포트에서 클라이언트의 연결요청을 처리할 준비를 한다.
> 2. 클라이언트 프로그램은 접속할 서버의 IP주소와 포트 정보를 가지고 소켓을 생성해서 서버에 연결을 요청한다.
> 3. 서버소켓은 클라이언트의 연결요청을 받으면 서버에 새로운 소켓을 생성해서 클라이언트의 소켓과 연결되도록 한다.
> 4. 이제 클라이언트의 소켓과 새로 생성된 서버의 소켓은 서버소켓과 관계없이 일대일 통신을 한다.

서버소켓(ServerSocket)은 포트와 결합(bind)되어 포트를 통해 원격 사용자의 연결요청을 기다리다가 연결요청이 올 때마다 새로운 소켓을 생성하여 상대편 소켓과 통신할 수 있도록 연결한다. 여기까지가 서버소켓의 역할이고. 실제적인 데이터 통신은 서버소켓과 관계없이 소켓과 소켓 간에 이루어진다.

이는 마치 전화시스템과 유사해서 서버소켓은 전화교환기에, 소켓은 전화기에 비유할 수 있다. 전화교환기(서버소켓)는 외부전화기(원격 소켓)로부터 걸려온 전화를 내부의 전화기(소켓)로 연결해주고 실제 통화는 전화기(소켓) 대 전화기(원격 소켓)로 이루어지게 하기 때문이다.

여러 개의 소켓이 하나의 포트를 공유해서 사용할 수 있지만, 서버소켓은 다르다. 서버소켓은 포트를 독점한다. 만일 한 포트를 둘 이상의 서버소켓과 연결하는 것이 가능하다면 클라이언트 프로그램이 어떤 서버소켓과 연결되어야하는지 알 수 없을 것이다.

포트(port)는 호스트(컴퓨터)가 외부와 통신을 하기 위한 통로로 하나의 호스트가 65536개의 포트를 가지고 있으며 포트는 번호로 구별된다. 포트의 번호는 0~65535의 범위에 속하는 값인데 보통 1023번 이하의 포트는 FTP나 Telnet과 같은 기존의 다른 통신 프로그램들에 의해서 사용되는 경우가 많기 때문에 1023번 이상의 번호 중에서 사용하지 않는 포트를 골라서 사용해야 한다

다시 정리하면, 서버소켓은 소켓간의 연결만 처리하고 실제 데이터는 소켓들끼리 서로 주고
받는다. 소켓들이 데이터를 주고받는 연결통로는 바로 입출력스트림이다.

　소켓은 두 개의 스트림, 입력스트림과 출력스트림을 가지고 있으며, 이 스트림들은 연결된
상대편 소켓의 스트림들과 교차연결된다. 한 소켓의 입력스트림은 상대편 소켓의 출력스트림
과 연결되고, 출력스트림은 입력스트림과 연결된다. 그래서 한 소켓에서 출력스트림으로 데
이터를 보내면 상대편 소켓에서는 입력스트림으로 받게 된다.
이것 역시 앞서 비유한 전화기(소켓)와 비슷해서 소켓이 두 개의 입출력스트림을 갖는 것처럼
전화기 역시 입력과 출력을 위한 두 개의 라인을 가지고 있다.

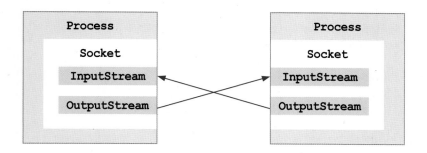

자바에서는 TCP를 이용한 소켓프로그래밍을 위해 Socket과 ServerSocket클래스를 제공하
며 다음과 같은 특징을 갖는다.

> **Socket**　　프로세스간의 통신을 담당하며, InputStream과 OutputStream을 가지고 있다.
> 　　　　　　이 두 스트림을 통해 프로세스간의 통신(입출력)이 이루어진다.
>
> **ServerSocket**　포트와 연결(bind)되어 외부의 연결요청을 기다리다 연결요청이 들어오면,
> 　　　　　　Socket을 생성해서 소켓과 소켓간의 통신이 이루어지도록 한다.
> 　　　　　　한 포트에 하나의 ServerSocket만 연결할 수 있다.
> 　　　　　　(프로토콜이 다르면 같은 포트를 공유할 수 있다.)

예제
16-6

```java
import java.net.*;
import java.io.*;
import java.util.Date;
import java.text.SimpleDateFormat;

public class TcpIpServer {
    public static void main(String args[]) {
        ServerSocket serverSocket = null;

        try {
            // 서버소켓을 생성하여 7777번 포트와 결합(bind)시킨다.
            serverSocket = new ServerSocket(7777);
            System.out.println(getTime()+"서버가 준비되었습니다.");
        } catch(IOException e) { e.printStackTrace(); }

        while(true) {
            try {
                System.out.println(getTime()+"연결요청을 기다립니다.");
                // 서버소켓은 클라이언트의 연결요청이 올 때까지 실행을 멈추고 계속 기다린다.
                // 클라이언트의 연결요청이 오면 클라이언트 소켓과 통신할 새로운 소켓을 생성한다.
                Socket socket = serverSocket.accept();
                System.out.println(getTime()+ socket.getInetAddress()
                                        + "로부터 연결요청이 들어왔습니다.");
                // 소켓의 출력스트림을 얻는다.
                OutputStream out = socket.getOutputStream();
                DataOutputStream dos = new DataOutputStream(out);

                // 원격 소켓(remote socket)에 데이터를 보낸다.
                dos.writeUTF("[Notice] Test Message1 from Server.");
                System.out.println(getTime()+"데이터를 전송했습니다.");

                // 스트림과 소켓을 닫아준다.
                dos.close();
                socket.close();
            } catch (IOException e) {
                e.printStackTrace();
            }
        } // while
    } // main

    // 현재시간을 문자열로 반환하는 함수
    static String getTime() {
        SimpleDateFormat f = new SimpleDateFormat("[hh:mm:ss]");
        return f.format(new Date());
    }
} // class
```

```
결
과  C:\jdk1.8\work\ch16>java TcpIpServer
    [01:24:31]서버가 준비되었습니다.
    [01:24:31]연결요청을 기다립니다.
    [01:24:57]/127.0.0.1로부터 연결요청이 들어왔습니다.
    [01:24:57]데이터를 전송했습니다.
    [01:24:57]연결요청을 기다립니다.
    ^C
    C:\jdk1.8\work\ch16>
```

이 예제는 간단한 TCP/IP서버를 구현한 것이다. 이 예제를 실행하면 서버소켓이 7777번 포트에서 클라이언트 프로그램의 연결요청을 기다린다. 클라이언트의 요청이 올 때까지 진행을 멈추고 계속 기다린다. 그러다가 클라이언트 프로그램이 서버에 연결을 요청하면, 서버소켓은 새로운 소켓을 생성하여 클라이언트 프로그램의 소켓(원격소켓)과 연결한다.

새로 생성된 소켓은 "[Notice] Test Message1 from Server."라는 데이터를 원격소켓에 전송하고 연결을 종료한다. 그리고 서버소켓은 다시 클라이언트 프로그램의 요청을 기다린다. 위 실행결과는 서버 프로그램(TcpIpServer.java)을 실행시킨 후 클라이언트 프로그램(TcpIpClient.java)를 실행시키고 바로 Ctrl+C로 서버 프로그램을 종료시킨 것이다.

```java
while(true) {
    try {
        ...
        Socket socket = serverSocket.accept();
        ...
```

클라이언트 프로그램의 요청을 지속적으로 처리하기 위해 무한반복문을 사용했기 때문에 서버 프로그램을 종료시키려면 윈도우즈의 경우 ctrl+C를 눌러서 강제종료 시켜야한다. 이 예제의 자세한 실행과정은 다음 예제인 클라이언트 프로그램과 함께 단계별로 자세히 설명하겠다.

예제
16-7

```
import java.net.*;
import java.io.*;

public class TcpIpClient {
    public static void main(String args[]) {
        try {
            String serverIp = "127.0.0.1";

            System.out.println("서버에 연결중입니다. 서버IP :" + serverIp);
            // 소켓을 생성하여 연결을 요청한다.
            Socket socket = new Socket(serverIp, 7777);

            // 소켓의 입력스트림을 얻는다.
            InputStream in = socket.getInputStream();
            DataInputStream dis = new DataInputStream(in);

            // 소켓으로 부터 받은 데이터를 출력한다.
            System.out.println("서버로부터 받은 메시지 :"+dis.readUTF());
            System.out.println("연결을 종료합니다.");

            // 스트림과 소켓을 닫는다.
            dis.close();
            socket.close();
            System.out.println("연결이 종료되었습니다.");
        } catch(ConnectException ce) {
            ce.printStackTrace();
        } catch(IOException ie) {
            ie.printStackTrace();
        } catch(Exception e) {
            e.printStackTrace();
        }
    } // main
}
```

결과
```
C:\jdk1.8\work\ch16>java TcpIpClient
서버에 연결중입니다. 서버IP :127.0.0.1
서버로부터 받은 메시지 :[Notice] Test Message1
from Server.
연결을 종료합니다.
연결이 종료되었습니다.

C:\jdk1.8\work\ch16>
```

이 예제는 이전 예제인 TCP/IP서버(TcpIpServer.java)와 통신하기 위한 클라이언트 프로그램이다. 연결하고자 하는 서버의 IP와 포트번호를 가지고 소켓을 생성하면 자동적으로 서버에 연결요청을 하게 된다.

```
String serverIp = "127.0.0.1";
Socket socket = new Socket(serverIp, 7777); // 서버에 연결을 요청
```

서버와 연결을 실패하면 ConnectException이 발생하지만, 서버와 연결되면 소켓의 입력스트림을 얻어서 서버가 전송한 데이터를 읽을 수 있다.

```
InputStream in = socket.getInputStream();
DataInputStream dis = new DataInputStream(in); // 소켓의 입력 스트림을 얻는다.
```

지금까지 TCP/IP를 이용하는 아주 간단한 클라이언트/서버 프로그램을 살펴보았는데 그리 어렵게 느끼지는 않았을 것 같다. 서버와 클라이언트가 어떻게 통신하는지만 이해하면 그 외에는 다른 프로그램들과 다르지 않기 때문이다.

위의 예제에서는 한 대의 호스트에서 서버 프로그램과 클라이언트 프로그램을 테스트할 수 있도록 서버의 IP를 127.0.0.1로 설정하였지만, 원래는 서버가 실제로 사용하고 있는 IP를 지정해 주어야한다. 이제 서버와 클라이언트의 연결과정을 단계별로 그림과 함께 자세히 살펴볼 것인데 이전 예제와는 달리 서버의 IP는 192.168.10.100, 클라이언트의 IP는 192.168.10.101이라고 가정하고 시작하자.

1. 서버프로그램(TcpIpServer.java)를 실행한다.

2. 서버 소켓을 생성한다.

```
serverSocket = new ServerSocket(7777); // TcpIpServer.java
```

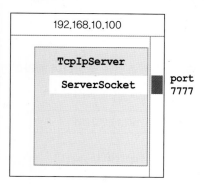

3. 서버소켓이 클라이언트 프로그램의 연결요청을 처리할 수 있도록 대기상태로 만든다.
클라이언트 프로그램의 연결요청이 오면 새로운 소켓을 생성해서 클라이언트 프로그램의 소켓과 연결한다.

```
Socket socket = serverSocket.accept(); // TcpIpServer.java
```

4. 클라이언트 프로그램(TcpIpClient.java)에서 소켓을 생성하여 서버소켓에 연결을 요청한다.

```
// TcpIpClient.java
Socket socket = new Socket("192.168.10.100", 7777);
```

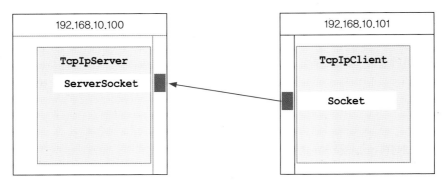

5. 서버소켓은 클라이언트 프로그램의 연결요청을 받아 새로운 소켓을 생성하여 클라이언트 프로그램의 소켓과 연결한다.

```
Socket socket = serverSocket.accept();
```

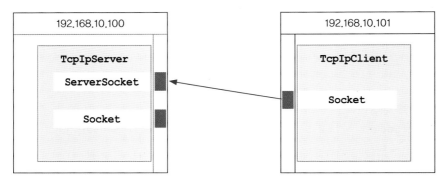

6. 서버소켓은 클라이언트 프로그램의 연결요청을 받아 새로운 소켓을 생성하여 클라이언트 프로그램의 소켓과 연결한다.

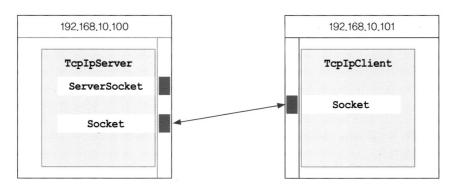

TCP소켓 프로그래밍에서는 Socket과 ServerSocket을 사용하지만, UDP소켓 프로그래밍에서는 DatagramSocket과 DatagramPacket을 사용한다.

앞서 살펴본 바와 같이 UDP는 연결지향적인 프로토콜이 아니기 때문에 ServerSocket이 필요하지 않다. UDP통신에서 사용하는 소켓은 DatagramSocket이며 데이터를 DatagramPacket에 담아서 전송한다.

DatagramPacket은 헤더와 데이터로 구성되어 있으며, 헤더에는 DatagramPacket을 수신할 호스트의 정보(호스트의 주소와 포트)가 저장되어 있다. 소포(packet)에 수신할 상대편의 주소를 적어서 보내는 것과 같다고 이해하면 된다.

그래서 DatagramPacket을 전송하면 DatagramPacket에 지정된 주소(호스트의 포트)의 DatagramSocket에 도착한다.

예제 16-8

```java
import java.net.*;
import java.io.*;

public class UdpClient {
    public void start() throws IOException, UnknownHostException {
        DatagramSocket datagramSocket = new DatagramSocket();
        InetAddress     serverAddress = InetAddress.getByName("127.0.0.1");

        // 데이터가 저장될 공간으로 byte배열을 생성한다.
        byte[] msg = new byte[100];

        DatagramPacket outPacket =
                          new DatagramPacket(msg, 1, serverAddress, 7777);
        DatagramPacket inPacket = new DatagramPacket(msg, msg.length);

        datagramSocket.send(outPacket);     // DatagramPacket을 전송한다.
        datagramSocket.receive(inPacket);   // DatagramPacket을 수신한다.

        System.out.println("current server time :"
                                        + new String(inPacket.getData()));
        datagramSocket.close();
    } // start()

    public static void main(String args[]) {
        try {
            new UdpClient().start();
        } catch(Exception e) {
            e.printStackTrace();
        }
    } // main
}
```

결과
```
C:\jdk1.8\work\ch16>java UdpClient
current server time :[02:43:57]

C:\jdk1.8\work\ch16>
```

참고 이 예제를 실행하기 전에 예제16-9를 먼저 실행해야 한다.

예제
16-9

```java
import java.net.*;
import java.io.*;
import java.util.Date;
import java.text.SimpleDateFormat;

public class UdpServer {
    public void start() throws IOException {
        // 포트 7777번을 사용하는 소켓을 생성한다.
        DatagramSocket socket = new DatagramSocket(7777);
        DatagramPacket inPacket, outPacket;

        byte[] inMsg = new byte[10];
        byte[] outMsg;

        while(true) {
            // 데이터를 수신하기 위한 패킷을 생성한다.
            inPacket = new DatagramPacket(inMsg, inMsg.length);
            socket.receive(inPacket); // 패킷을 통해 데이터를 수신(receive)한다.

            // 수신한 패킷으로 부터 client의 IP주소와 Port를 얻는다.
            InetAddress address = inPacket.getAddress();
            int port = inPacket.getPort();

            // 서버의 현재 시간을 시분초 형태([hh:mm:ss])로 반환한다.
            SimpleDateFormat sdf = new SimpleDateFormat("[hh:mm:ss]");
            String time = sdf.format(new Date());
            outMsg = time.getBytes(); // time을 byte배열로 변환한다.

            // 패킷을 생성해서 client에게 전송(send)한다.
            outPacket = new DatagramPacket(outMsg, outMsg.length, address, port);
            socket.send(outPacket);
        }
    } // start()

    public static void main(String args[]) {
        try {
            new UdpServer().start();   // UDP서버를 실행시킨다.
        } catch (IOException e) {
            e.printStackTrace();
        }
    } // main
}
```

결과 | C:\jdk1.8\work\ch16>java UdpServer

서버로부터 서버시간을 전송받아 출력하는 간단한 UDP소켓 클라이언트와 서버 프로그램이다. 클라이언트가 DatagramPacket을 생성해서 DatagramSocket으로 서버에 전송하면, 서버는 전송받은 DatagramPacket의 getAddress( ), getPort( )를 호출해서 클라이언트의 정보를 얻어서 서버시간을 DatagramPacket에 담아서 전송한다.

찾아보기

ㄱ

가비지 컬렉터	4
가상 머신	6
감소 연산자	74
객체	161
객체 배열	169, 254
객체지향 언어	160
경량 프로세스	507
교착상태	507
구조체	170
기능	162
기본 생성자	196
기본형	56
기본형 매개변수	185

ㄴ

나머지 연산자	84
난수	109
내부 클래스	270
네트워크 주소	679
네트워킹	676
노드	400
논리 부정 연산자	90
논리 연산자	87
논리적 에러	292

ㄷ

다중 상속	227, 264
다차원 배열	147
다형성	246
단일 상속	227
단축키	28
단축키 설정	29
대소 비교 연산자	85
대입 연산자	48, 93
대입된 타입	461
데몬 쓰레드	525
동기화	537
동적 로딩	5

등가 비교 연산자	85
디폴트 메서드	268

ㄹ

라이브러리	388
락	538
람다식	552
래퍼 클래스	351
런타임 에러	292
리터럴	51
링크드 리스트	400

ㅁ

마커 애너테이션	498
매개변수	177
매개변수 다형성	251
매개변수 타입	461
매개변수화된 타입	461
멀티 catch블럭	300
멀티 쓰레드	513
멀티 쓰레드 프로세스	506
메모리 주소	56
메서드	176
메서드 구현부	176
메서드 선언부	176
메서드 영역	173
메서드 참조	566
메서드 호출	179
메타 애너테이션	488
무한 반복문	111
문자 기반 스트림	627
문자 리터럴	53
문자열 결합	54
문자열 리터럴	53, 332
문자열 숫자 변환	354

ㅂ

바이트 기반 스트림	625
바이트 코드	6

반복문	110
반올림	83, 348
반환 타입	177
반환값	183
배열	130
배열의 길이	133
배열의 생성	131
배열의 선언	131
배열의 요소	132
배열의 인덱스	132
배열의 초기화	134
배열의 출력	135
배열이름.length	133
버림	348
범위 검색	430
변경불가 컬렉션	444
변수	48
별찍기	113
병렬 스트림	570
보조 스트림	626
복합 대입 연산자	93
부동소수점	57
부호 연산자	76
뷰	26
블럭{}	100
비교 연산자	85
빈 문자열	333
빈 스트림	576

ㅅ

사용자 쓰레드	512
사용자 정의 예외	307
사용자 정의 타입	171
사칙 연산자	79
산술변환	80
삼항 연산자	91
상속	222
상속 계층도	222
상수	51
상한	469
생성자	195

서버	677
서버 기반 모델	677
서브넷 마스크	679
소켓	690
속성	162
스태틱 메서드	188
스택	403
스트림	568
스트림	624
스트림의 변환	618
식	70
싱글 쓰레드	513
싱글톤 컬렉션	444
쓰레드	506
쓰레드 그룹	523
쓰레드 우선순위	520

ㅇ

애너테이션	481
언박싱	356
에러	292
역직렬화	662
연결된 예외	312
연산자	70
열거형	475
열거형 상수	476
예외 되던지기	310
예외 선언	303
예외 처리	295
오류	292
오버라이딩	229
오버라이딩 조건	230
오버로딩	192
오버플로우	62, 64
오토박싱	356
올림	348
와일드 카드	469
우선순위	72
워크스페이스	27
원시 타입	461
원인 예외	312

유니코드	57
이름 붙은 반복문	122
이름없는 패키지	235
이진 탐색 트리	430
이진 트리	429
이차원 배열	147
이클립스	19
이클립스 단축키	28
익명 객체	555
익명 클래스	279
익명 함수	552
인수	179
인스턴스	163
인스턴스 메서드	188
인스턴스 변수	173
인스턴스화	163
인터페이스	263
일반 산술 변환	80
임계 영역	538
입출력	624

ㅈ

자동 완성 기능	30
자동 형변환	78
자료형	56
자바	2
자바 API문서	15
자바 가상 머신	6
자바 개발 도구	7
자바 인터프리터	16
자바 컴파일러	16
자손 클래스	222
재사용성	160
재진입	541
저장범위	57
전위형	74
절대 경로	658
접근 시간	400
접근 제어자	243
접두사	52
접미사	52

정규 경로	658
제어문	93
제어자	239
조건 연산자	91
조상 클래스	222
주석	32
중간 연산	577, 578
중첩 for문	113
중첩 if문	104
증감 연산자	74
지네릭 메서드	471
지네릭 클래스	461
지네릭 타입 호출	461
지네릭스	458
지시자	58
지역 변수	173, 178
지연된 연산	570
직렬화	662

ㅊ

참조 변수	56
참조변수 형변환	248
참조형	56
참조형 매개변수	186
참조형 반환타입	187
최종연산	577, 579
추상 메서드	258
추상 클래스	242
추상 클래스	257

ㅋ

캐스트 연산자	77
캐스팅	77
캡슐화	244
커맨드 라인	145
컨텍스트 스위칭	513
컬렉션 동기화	443
컬렉션 클래스	388
컬렉션 프레임웍	388
컴파일 에러	292

콘솔	18
큐	403
클라이언트	677
클래스	161
클래스 로더	501
클래스 메서드	188
클래스 변수	173
클래스 영역	173
클래스 패스	236

ㅌ

타입	50
타입 변수	459
타입 변환방법	66
타입 안정성	458
타입의 저장범위	57
템플릿	30
통합 개발 환경	19

ㅍ

패키지	234
패키지 선언	235
퍼스펙티브	26
평가	70
포함관계	225
표준 애너테이션	483
표준 입출력	653
프레임웍	388
프로세스	506
피연산자	70

ㅎ

하한	469
함수형 인터페이스	556
해시코드	327
형변환	77
형식화 클래스	375
호스트 주소	679
호출 스택	184

화면입력	61
환경변수	11
후위형	74

A

absolute path	658
abstract	242
abstract class	257
abstract method	258
access modifier	243
acess time	400
allMatch( )	596
Annotation	497
anonymous class	279
anonymous function	552
anyMatch( )	596
argument	179
array	130
ArrayIndex OutOfBoundsException	133
ArrayList	394
Arrays	153, 414
Arrays.toString( )	135
assignment operator	48
autoboxing	356

B

BiConsumer	560
BiFunction	560
BigDecimal	353
BigInteger	353
binary search tree	430
binary tree	429
BinaryOperator	560
binarySearch( )	415
BiPredicate	560
block	100
boolean	57
break문	106, 119

BufferedInputStream	639
BufferedOutputStream	639
BufferedReader	650
BufferedWriter	650
byte	57
byte code	6

C

Calendar	367
call stack	184
canonical path	658
CASE_INSENSITIVE_ORDER	421
case문	106
casting	77
catch블럭	297
cause exception	312
chained exception	312
char	50, 57
checked예외	302
Class	501
class hierarchy	222
class method	188
class path	236
class variable	173
ClassLoader	501
client	677
collect( )	600
Collection	390
Collections	443
collections framework	388
Collector	600
Collectors	600
command line	145
comment	32
Comparable	420
Comparator	420
Comparator	583
compile-time error	292
composite	225
constant	51

constructor	195	
Consumer	559	
content assist	30	
context switching	513	
continue문	120	
counting( )	602	
critical section	538	

D

d	52
daemon thread	525
data type	56
Date	374
deadlock	507
DecimalFormat	376
default	243
default constructor	196
default method	268
default문	106
Deprecated	485
deserialization	662
distinct( )	581
Documented	491
double	50, 57
do-while문	118
Dynamic Loading	5

E

eclipse	19
element	132
empty stream	576
empty string	333
encapsulation	244
Entry	436
enum	475
Enumeration	411
equals( )	325
equalsIgnoreCase( )	86
error	292
evaluation	70

exception	292
Exception Handling	295
exception re-throwing	310
Exception클래스	293, 294
expression	70
extends	222, 469

F

f	52
false	52
fianlly블럭	306
FIFO	403
File	656
FileInputStream	634
FileOutputStream	634
FileReader	647
FileWriter	647
filter( )	581
FilterInputStream	637
FilterOutputStream	637
final	51, 241
finalize( )	324
findAny( )	596
findFirst( )	596
flatMap( )	588
float	50, 57
floating-point	57
forEach( )	595
for문	110
Function	559
FunctionalInterface	486, 556

G

Garbage Collector(GC)	4
generic class	461
generic method	471
generics	458
getMessage( )	299
getter	245
GregorianCalendar	367

groupingBy( )	611

H

has-a	226
hash code	327
hashCode( )	327
HashMap	436
HashSet	424
Hashtable	436

I

I/O	624
I/O blocking	517
IDE	19
identityHashCode( )	327
if-else if문	102
if-else문	102
if문	93
immutable	330
implements	265
import문	237
index	132
InetAddress	680
inheritance	222
Inherited	491
inner클래스	270
InputStream	625, 629
InputStreamReader	651
instance variable	173
instanceof	250
int	57
interface	263
interrupt( )	531
IP address	678
is-a	226
Iterator	411

J

J2EE	2

J2ME	2	map( )	585	package	234
java	2	Map.Entry	436	parallel stream	570
Java API	15	Math	348	parameter	177, 179
Java API 소스보기	399	memory address	56	parameterized type	461
java.exe	16	meta annotation	483	parseInt( )	61
java.lang.Enum	477	method	176	partitioningBy( )	606
java.net	676	method body	176, 178	peek( )	587
java.text패키지	375	method header	176	peer to peer	677
java.util.function	559	method reference	566	perspective	26
javac.exe	16	modifier	239	polymorphism	246
JDK	7	multiple inheritance	227, 264	postfix	74
JIT컴파일러	6			Predicate	559, 562
join( )	337, 535			prefix	74
joining( )	604	**N**		primitive parameter	185
JVM	4, 6			primitive type	56
		networking	676	print( )	46
		new	165	printf( )	58
L		node	400	println( )	46
		noneMatch( )	596	printStackTrace( )	299
L	52	notify( )	541	PrintStream	644
lambda expression	552	notifyAll( )	541	private	243
lazy operation	570	Number	353	process	506
LIFO	403			Properties	448
limit( )	580			protected	243
LinkedHashMap	448	**O**		public	243
LinkedHashSet	423, 448				
LinkedList	400	ObjectInputStream	663		
List	389, 391	ObjectOutputStream	663	**Q, R**	
ListIterator	411	Object클래스	228, 324		
literal	51	operand	70	queue	403
local variable	173, 178	Optional	590	random( )	109
lock	538	OptionalDouble	593	range search	430
logical error	292	OptionalInt	593	raw type	461
long	50	OptionalLong	593	Reader	645
lower bound	469	OutputStream	625, 629	reduce( )	597
lvalue	93	OutputStreamWriter	651	reducing( )	603
LWP	507	overflow	62	reenterance	541
		overloading	192	reference parameter	186
		Override	484	reference type	56
M		overriding	229	Repeatable	492
				Retention	490
main메서드	17	**P**		return type	177
main쓰레드	512			return value	183
Map	389, 393	P2P 모델	677		

return문	178, 182
round( )	83
Runnable	508
runtime error	292
Runtime클래스	293, 294
rvalue	93

S

Scanner	61
SequenceInputStream	642
Serializable	665
serialization	662
server	677
ServerSocket	693
Set	389, 392
setter	245
SimpleDateFormat	379
single inheritance	227
skip( )	580
sleep( )	529
socket	690
Socket	693
sort( )	415
sorted( )	582
specifier	58
stack	403
Standard I/O	653
static	240
static method	188
stream	568, 624
String	50, 330
String 리터럴	332
String 메서드	334
StringBuffer	340
StringBuffer 메서드	344
StringBuilder	347
StringJoiner	337
StringReader	649
StringWriter	649
String배열	142
String배열의 초기화	142

String클래스	143
structure	170
subnet mask	679
substring( )	144
summingInt( )	602
super	232, 469
super( )	233
Supplier	559
SuppressWarnings	487
switch문	106
synchronization	537
synchronized	538
System.err	653
System.in	653
System.out	653

T

Target	489
TCP	691
template	30
this	202
this( )	200, 202
thread	506, 508
thread priority	520
ThreadGroup	523
throw	301
throws	303
toString( )	328
transient	666
TreeSet	429
true	52
try-catch문	295
type	50, 56
type conversion	77
type variable	459

U

UDP	691
UnaryOperator	560
unboxing	356

unchecked예외	302
unicode	57
unnamed package	235
upper bound	469
URL	682
URLConnection	685
user thread	512
user-defined exception	307
user-defined type	171

V

valueOf( )	338
variable	48
view	26
Virtual Machine	6
void	177, 182

W, Y

wait( )	541
waiting pool	541
while문	115
wild card	469
workspace	27
wrapper class	351
Writer	645
yield( )	535

기호

--	74
!	90
&&	87
?	469
||	87
++	74

Java의 정석 기초편

- **지은이** 남궁 성 castello@naver.com ● **편집** 최 주연
- **펴낸이** 이 정자 ● **펴낸곳** 도우출판 ● **전화** 031.266.8940
- **팩스** 0505.589.8945 ● **인쇄일** 2019년 12월 9일 ● **발행일** 2019년 12월 10일

http://www.codechobo.com
https://github.com/castello/javajungsuk_basic − 소스파일 및 자료실
http://cafe.naver.com/javachobostudy.cafe − Q&A 게시판

값 **25,000**원

ISBN 978−89−94492−04−9